I0096430

www.ingramcontent.com/pod-product-compliance
Lightning Source LLC
Chambersburg PA
CBHW080417030426
42335CB00020B/2478
* 9 7 8 1 9 8 9 8 8 0 7 8 4 *

دائرة المعارف کارگاهی صنعت ساختمان

دکتر مهندس سعید نعمتی

سریال کتاب: P2245140075

سرشناسه: NMT 2022

عنوان: دائرة المعارف کارگاهی صنعت ساختمان

پدیدآورنده: دکتر سعید نعمتی

طراح جلد: KPH Design

شابک کانادا: ISBN: 978-1-989880-78-4

موضوع: مهندسی عمران ، معماری ، مقررات ملی

ساختمان متا دیتا: /Encyclopedia /Construction

Building مشخصات کتاب: Paperback /وزیری

تعداد صفحات: ۲۶۸

تاریخ نشر در کانادا: فبریه ۲۰۲۲

هر گونه کپی و استفاده غیر قانونی شامل پیگرد قانونی است.

تمامی حقوق چاپ و انتشار در خارج از کشور ایران محفوظ و متعلق به انتشارات می‌باشد

Copyright @ 2022 by Kidsocado Publishing House

All Rights Reserved

Kidsocado Publishing House

خانه انتشارات کیدزوکادو

ونکوور، کانادا

تلفن : +1 (833) 633 8654

واتس آپ: +1 (236) 333 7248

ایمیل : info@kidsocado.com

وبسایت انتشارات: https://kidsocadopublishinghouse.com

وبسایت فروشگاه: https://kphclub.com

سلام هم زبان

دستیابی ایرانیان مقیم خارج از کشور به کتاب‌های بسیار متنوع و جدیدی که به تازگی در ایران نگاشته و چاپ می‌شوند، محدود است. ما قصد داریم این خدمت را به فارسی زبانان دنیا هدیه دهیم تا آنها بتوانند مانند شما با یک کلیک کتاب‌هایی در زمینه های مختلف را خریداری کنند و درب منزل تحویل بگیرند.

گروه KPH و یا خانه انتشارات کیدزوکادو تحت حمایت گروه کیدزوکادو این افتخار را دارد تا برای اولین بار کتاب‌های با ارزش تألیفی فارسی را در اختیار ایرانیان مقیم خارج از ایران قرار دهد. از اینکه توانستیم کتابهای جدید و با ارزشی که به قلم عالی نویسندگان و نخبگان خوب ایرانی نگاشته شده است را در اختیار شما قرار دهیم و در هر چه بیشتر معرفی کردن ایران و ایرانیان و فارسی زبانان قدم برداریم، بسیار احساس رضایتمندی داریم.

این کتاب‌ها تحت اجازه مستقیم نویسنده و یا انتشارات کتاب صورت گرفته و سود حاصله بعد از کسر هزینه‌ها، به نویسنده پرداخته می شود.

خانه انتشارات کیدزوکادو در قبال مطالب داخل کتاب هیچگونه مسئولیتی ندارد و صرفاً به عنوان یک انتشار دهنده می‌باشد. شما خواننده عزیز، می‌توانید ما را با گذاشتن نظرات در وب سایتی که کتاب را تهیه کرده‌اید به این کار فرهنگی دلگرمتر کنید. از کامنتی که در برگیرنده نظرتان نسبت به کتاب است عکس بگیرید و برای ما به این ایمیل بفرستید. از هر ۴ نفری که برایمان کامنت می‌فرستند، یک نفر یک کتاب رایگان دریافت می‌کند.

ایمیل : info@kidsocado.com

تقدیم به:

تمامی کارگران گمنام صنعت ساختمان

فهرست

مقدمه:

اکثر مجادلات حرفه ای که در کارگاههای پروژه های عمرانی مابین عناصر سه گانه آن اعم از کارفرما، پیمانکار، مشاور و احیانا یک عامل چهارم روی میدهد، ناشی از عدم اطلاع دقیق از مقررات ملی و سایر اسناد و مدارک منضم به پیمان است. همچنین تصمیم گیریهای خلق الساعه که روزانه بارها در کارگاههای ساختمانی به عمل می آیند عموما سنگ بنای بسیاری از اختلافات فنی بعدی و احیانا پرونده های حقوقی آتی است. در جلسات مدیریتی و حتی در جلسات کارشناسی نیز معمولا وقت کافی جهت انطباق دادن مفاد صورتجلسات با ضوابط و مقررات ملی وجود ندارد و لذا گاها ملاحظه میگردد که از یک طرف بار مالی نابجایی بر یکی از عناصر فوق الذکر طرح تحمیل و از طرف دیگر تصمیمات فنی غلطی اتخاذ و ابلاغ میشوند. شاید یکی از دلایل اصلی این وضعیت نابهنجار تنوع مقررات ملی و حجم زیاد ابلاغیه های فنی است که علاوه بر عدم امکان اشراف ذهنی بر تمامی وجوه آنها، در برخی موارد ظاهرا و حتی باطنا با یکدیگر در تضاد می باشند.

از طرفی تک تک کلمات مستعمل در مکاتبات کارگاهی، دارای بار حقوقی بوده و لازم است در بکارگیری آنها نهایت دقت و وسواس به عمل آید تا خدای ناخواسته کار به داوری در مراجع ذیصلاح نکشد. حتی اینگونه مراجع نیز در زمان صدور رای، طبیعتا اشراف کافی به تمامی بندهای حقوق مهندسی ندارند و از این رو است که اکثر این دعاوی به کارشناسان رسمی دادگستری ارجاع میگردند. این کارشناسان نیز جهت تهیه یک گزارش جامع و مانع نیاز دارند تا از مرجعی واحد و خلاصه شده به صورت یک کتاب دستی استفاده نمایند. مرجعی که تا قبل از انتشار این کتاب در ایران وجود نداشته است. این معضل تا حدی جهانی بوده و کلا گریبانگیر روح مهندسی عمران است. از این رو صاحب این قلم با تکیه بر سالها تجربه مدیریتی و اجرایی در پروژه های کلان عمرانی داخل و خارج از کشور با گرد هم آوردن حدود دو هزار و سیصد و هفتاد مورد از مهمترین و رایج ترین سر واژه ها از لابلای بیست و دو جلد مقررات ملی ساختمان تلاش نموده تا خصوصا مهندسان جوان را در تصمیم گیریهای فنی و در مواجهه با مشکلات مدیریتی کارگاههای عمرانی یاری رساند.

امید است این اقدام گامی در راستای ارتقاء سطح مدیریتی مهندسان کشورمان باشد.

سعید نعمتی

فبریه ۲۰۲۲ – استرالیا

الف (آب - ایمنی و بهداشت)

آب: آب به سه صورت در بتن به کار می رود : آب مصرفی برای شستشوی سنگدانه ها، آب به عنوان یکی از اجزای تشکیل دهنده بتن که در هنگام ساخت آن به کار می رود، و آب مصرفی برای عمل آوری بتن.

آب آشامیدنی: آبی که از موارد خارجی، به مقداری که سبب بیماری شود یا اثر زیان آور بیولوژیک داشته باشد، پاک باشد و از نظر ترکیب فیزیکی، شیمیایی یا میکروبی با استانداردهای آب آشامیدنی، که از طرف مقامات مسئول و قانونی بهداشتی رسماً اعلام شده، مطابقت داشته باشد. آبی را که قابل آشامیدن است، مزه یا بوی مشخصی ندارد، و تمیز و صاف است می توان در بتن به کار برد. تنها استثناء آن است که سوابق قبلی نشان دهنده نامناسب بودن این آب برای بتن باشد، در این صورت، این آب نباید در بتن به کار برده شود.

آب بندی: ← کاربرد پلاستیکها در ساختمان

آب خصوصی: ← آب مورد نیاز

آب خوری (آب سردکن): آب خوری نباید در فضای توالت یا حمام نصب شود. از دهانه خروجی آب از آب خوری، آب باید طوری ریزش کند که پس از خروج به روی دهانه برنگردد و آن را آلوده نسازد. دهانه خروجی آب باید بالاتر از سطح تراز سرریز آب داخل تشتک روی آب خوری باشد.

آب سردکن: ← آب خوری

آب صابون: ← آزمایش لوله کشی فاضلاب بهداشتی

آب غیر آشامیدنی: آبی که برای آشامیدن، مصارف شخصی و پخت و پز، بهداشتی و مناسب نباشد. این آب را به شرطی می توان در بتن به کار برد که ضوابط زیر را برآورده سازند: PH آب مصرفی در بتن نباید کمتر از ۵ یا بیشتر از ۸.۵ باشد. مقاومت فشاری ۷ و ۲۸ روزه آزمونه های ملات ساخته شده با آب غیر آشامیدنی حداقل معال ۹۰ درصد مقاومت نظیر آزمونه های مشابه ساخته شده با آب مقطر باشد. زمان گیرش اولیه خمیر سیمان ساخته شده با آب غیر آشامیدنی بیش از (یک ساعت) با زمان گیرش نظیر خمیر سیمان ساخته شده با آب مقطر تفاوت نداشته باشد. نتیجه انبساط حجم به دست آمده از آزمایش سلامت سیمان، در آزمونه ساخته شده با آب غیر آشامیدنی باید از نتیجه به دست آمده از آزمونه نظیر ساخته شده با آب آشامیدنی بیشتر نباشد. میزان چربی معدنی آب مصرفی در یک حجم معین از بتن از ۲/۵ درصد وزن سیمان مصرفی در همان حجم از بتن بیشتر نباشد. آزمایش باید مطابق با یکی از استانداردهای معتبر بین المللی صورت گیرد.

آب فشان مغروق: ← اتصال لوله آب به بیده

آب گرم: آبی که دمای آن بیش از ۴۹ درجه سانتیگراد (۱۲۰ درجه فارنهایت) باشد.

آب گل آلوده: ← آب

آب مقطر: ← آب غیر آشامیدنی

آب مورد نیاز: هر ساختمان (یا ملک) که محل سکونت، اقامت یا کار انسان و به لوازم بهداشتی مجهز باشد باید لوله کشی توزیع آب مصرفی، به مقدار و با فشاری که در مقررات مشخص شده است، داشته باشد. در آن دسته از لوازم بهداشتی که از آب آنها برای آشامیدن، حمام کردن، پخت و پز یا در تولید مواد خوراکی، پزشکی و دارویی استفاده می شود، باید منحصراً با آب آشامیدنی تغذیه شوند. همه لوازم بهداشتی ساختمان باید با آب آشامیدنی تغذیه شوند، مگر آن که در مقررات جز این مقرر شده باشد. آب مصرفی برای شستشوی لوازم بهداشتی (مانند فلاش والو، فلاش تانک) یا آبیاری فضای سبز، ممکن است غیر آشامیدنی باشد. لوله

کشی توزیع آب مصرفی ساختمان ممکن است از شبکه لوله کشی آب شهری یا از شبکه لوله کشی آب خصوصی تغذیه شود. در صورت تغذیه لوله کشی توزیع آب آشامیدنی ساختمان از شبکه آب خصوصی، آشامیدنی بودن آن باید از طرف مقامات مسئول قانونی تأیید شود. در صورتی که در داخل ساختمان دو شبکه لوله کشی آب آشامیدنی باشد که یکی از شبکه آب شهری و دیگری از شبکه آب خصوصی تغذیه شود، این دو شبکه لوله کشی آب آشامیدنی ساختمان باید بکلی از یکدیگر جدا باشد.

ابعاد اتاق ترانسفورماتور: ابعاد اتاق ترانسفورماتور را باید با توجه به رشد بار در آینده انتخاب کرد تا امکان استفاده از ترانسفورماتورهای با قدرت بیشتر، بدون لزوم انجام تغییرات بنایی در اتاق فراهم باشد. برای همین صرفنظر از قدرت پیش بینی شده اولیه، چنانچه در آینده احتمال استفاده از ترانسفورماتوری با قدرت بیشتر از ۶۳۰ کیلووات آمپر وجود نداشته باشد، می توان از اتاق کوچک استفاده کرد، ولی اگر این احتمال وجود داشته باشد، یا قدرت اولیه بیش از این مقدار باشد، باید از اتاق ترانفسورماتور بزرگ یا خیلی بزرگ (بسته به مورد) استفاده شود. در هر حال فضای آزاد در اطراف ترانسفورماتور نباید از ۰/۸ متر کمتر باشد. ارتفاع اتاق ترانسفورماتور مهمترین عامل در تهویه طبیعی، به منظور خنک کردن آن، به شمار می رود. برای همین ارتفاع اتاق نباید از مقادیر داده شده برای هر کدام از اندازه های اتاقها کمتر باشد. توصیه آن است که، در صورت امکان، ارتفاع اتاق از مقادیر ارائه شده بلندتر باشد. چنانچه به علت مشخصات ساختمان (شبکه بندی نامناسب، وجود ستونها و غیره) احداث اتاق به ابعاد ذکر شده امکانپذیر نباشد، ممکن است آنها را، با صوابدید مجری مقررات، تغییر داد. به هر حال این تغییر نباید از ۱۰٪ - بیشتر باشد.

آبگرمکن: هر دستگاهی که آب مصرفی را گرم کند و آن را به شکه توزیع آب گرم مصرفی بفرستد. طراحی و نصب آبگرمکن، مخصوص تولید آب گرم مصرفی مورد نیاز لوازم بهداشتی و دیگر مصرف کننده های آب گرم مصرفی ساختمان، باید با رعایت الزامات مقرر شده در آئین نامه انجام گیرد. ظرفیت ذخیره و ظرفیت ساعتی آبگرمکن باید به اندازه ای انتخاب شود که پاسخ گوی مصرف روزانه و نیز حداکثر مصرف ساعتی آب گرم مصرفی مورد نیاز جمعیت ساکن ساختمان باشد. ظرفیت ذخیره آبگرمکن برای هر واحد مسکونی نباید از ۱۱۰ لیتر کمتر باشد. حداکثر فشار کار مجاز آب گرم کن باید دست کم ۸۶۰ کیلو پاسکال باشد. حداکثر فشار کار مجاز آبگرمکن باید در محل مناسب و به صورت بادوام و دائمی روی آن نقش شده باشد. در پائین ترین نقطه آبگرمکن یا مخزن ذخیره آب گرم مصرفی باید شیر تخلیه، از نوع مورد تأیید، نصب شود. آبگرمکن و مخزن ذخیره آب گرم مصرفی باید با عایق گرمایی در برابر اتلاف انرژی گرمایی حفاظت شود. ضخامت عایق گرمایی باید طوری انتخاب شود که تلفات انرژی گرمایی از سطوح خارجی آن از ۴۷ وات بر متر مربع بیشتر نباشد. در محاسبه اتلاف انرژی، دمای محیط محل نصب دستگاه نباید از ۱۸ درجه سانتیگراد بیشتر گرفته شود. آبگرمکن باید شیر اطمینان فشار و شیر اطمینان دما، یا شیر ترکیبی فشار- دما، از نوع مورد تأیید داشته باشد. ظرفیت تخلیه شیر اطمینان باید برای ظرفیت گرمایی آبگرمکن مناسب باشد. شیر اطمینان دما باید حداکثر برای تخلیه در دمای ۹۹ درجه سانتیگراد در سطح دریا تنظیم شود. شیر اطمینان فشار باید حداکثر برای تخلیه در فشار ۱۰۳۵ کیلو پاسکال در سطح دریا تنظیم شود. شیر اطمینان باید در قسمت بالای آبگرمکن یا مخزن ذخیره آب گرم مصرفی و در ارتفاع ۱۵ سانتی متر پایین تر از تراز سطح بالای مخزن نصب شود. بین آبگرمکن یا مخزن ذخیره آب گرم مصرفی و شیر اطمینان نباید هیچ شیر دیگری نصب شود. لوله تخلیه شیر اطمینان باید از نوع غیر قابل انعطاف و مناسب برای کار در دمای ۹۹ درجه سانتیگراد باشد. قطر نامی لوله تخلیه آب از شیر اطمینان باید دست کم برابر قطر دهانه خروجی شیر اطمینان باشد. تخلیه آب در لوله تخلیه شیر اطمینان باید به طور ثقلی انجام گیرد و شیب لوله همواره به طرف نقطه تخلیه باشد. روی این لوله نباید هیچ شیری نصب شود. مسیر لوله تخلیه شیر اطمینان باید طوری انتخاب شود که خروج آب موجب خسارت و خرابی نشود، ایجاد خطر نکند و سر و صدای آن باعث مزاحمت نشود. این لوله باید در برابر احتمال یخ زدن حفاظت شود. انتهای لوله تخلیه باید با دهانه باز و بدون دنده، باشد و آب تخلیه شده با فشاراتمسفر به نزدیک نقطهٔ تخلیه برسد. اتصال این لوله به شبکه لوله کشی فاضلاب ساختمان باید از نوع غیر مستقیم و با فاصله هوایی صورت گیرد. اتصال مستقیم این لوله به شبکه لوله کشی فاضلاب ساختمان مجاز نیست. آبگرمکن باید به کنترل خودکار دما مجهز باشد، به طوری که بتوان به کمک آن، دمای آب گرم مصرفی را از حداقل تا حداکثر مورد نیاز تنظیم کرد. اگر آبگرمکن از نوع برقی است باید برای قطع و وصل انرژی ورودی به آن کلید جداگانه و مستقلی پیش بینی شود. اگر آبگرمکن با شعله مستقیم (سوخت

مایع یا گاز) کار می کند باید روی لوله ورودی سوخت به مشعل آن، شیر جداگانه و مستقلی پیش بینی شود. اگر آبگرمکن انرژی گرمایی خود را از آب گرم کننده یا بخار می گیرد، باید روی لوله گرم کننده ورودی به آن شیر جداگانه و مستقلی پیش بینی شود.

اتصال: مجموعه اجزایی که دو و یا چند عضو را به هم متصل می نمایند. همه اتصالات باید در زیر فشار آزمایش پس از نصب، آب بند و گاز بند و مقاوم باشند. پیش از اتصال، دهانه لوله باید در سطح عمود بر محور بریده شود، براده ها و مواد اضافی از لبه های دهانه جدا گردد و داخل لوله از هر گونه مواد اضافی که مانع جریان آب می شود، کاملاً پاک و تمیز گردد. دهانه انتهای لوله باید کاملاً باز و سطح مقطع داخلی آن برابر سطح مقطع داخلی لوله یا فیتینگ مورد نظر برای اتصال باشد. در هر مورد، نوع اتصال انتخابی باید مورد تأیید قرار گیرد.

اتصال برگشت جریان: هر اتصالی در لوله کشی که ممکن است موجب برگشت جریان شود.

اتصال خورجینی: نوعی اتصال تیر به ستون است که در آن تیرها از دو طرف ستون عبور می نمایند و هر تیر با دو نبشی از بالا و پائین به ستون وصل می شود.

دو نمونه از اتصال خورجینی

اتصال در لوله کشی فاضلاب بهداشتی ساختمان: انواع اتصال باید در فشار آزمایش پس از نصب، آب بند و گازبند باشند. پیش از اتصال، دهانه های لوله و فیتینگ باید از مواد اضافی پاک شود و سطوح داخلی لوله و فیتینگ از هرگونه مواد اضافی، که ممکن است در برابر جریان فاضلاب ایجاد مانع کند، کاملاً تمیز شود. دهانه انتهای لوله و فیتینگ کاملاً باز باشد و سطح داخل فیتینگ برابر سطح مقطع لوله باشد. هنگام اتصال نباید مواد درزبندی، از درز محل اتصال، وارد لوله شود. اتصال لوله و فیتینگ چدنی سرکاسه دار باید از نوع کنف و سرب باشد. فاصله بین سرکاسه و انتهای بدون سرکاسه لوله یا فیتینگ، که در داخل آن قرار میگیرد، باید کاملاً خشک و تمیز باشد و ابتدا در آن کنف کوبیده شود. کنف درزگیر باید به صورت طناب و شامل ۷ تا ۱۰ رشته منظم و تاب داده شده باشد. سرب درزگیری باید دارای کیفیت یکنواخت، تمیز و عاری از مواد خارجی باشد. سرب مذاب روی کنف کوبیده شده ریخته شود. سرب ریزی باید به طور پیوسته و بدون انقطاع صورت گیرد. عمق سرب ریزی نباید کمتر از ۲۵ میلی متر باشد. فاصله سطح بالای قسمت سرب از لبه سرکاسه نباید بیش از ۳ میلی متر باشد. پس از پایان سرب ریزی باید سطح بالای آن کوبیده شود تا سرب داغ همه حفره ها وگوشه ها را کاملاً پر کند. تا پایان آزمایش لوله کشی فاضلاب، هیچگونه مواد رنگی نباید سطح درزبندی را بپوشاند. در اتصال لوله و فیتینگ چدنی بدون سرکاسه سطح خارجی دو سر لوله یا فیتینگی که به هم متصل می شوند باید کاملاً صاف باشد. لبه انتهایی دو سر باید با قطر خارجی کاملاً مساوی باشند و مقابل یکدیگر و کاملاً روی هم قرار گیرند. یک لاستیک آب بندی مخصوص، به شکل لوله و مقاوم در برابر اثر فاضلاب، طبق دستور کارخانه سازنده لوله، باید روی دو سر لوله یا فیتینگ قرار گیرد. آب بندی و درزبندی لاستیک آب بندی روی قسمت انتهایی هر سر لوله یا فیتینگ باید با استفاده از بست های حلقوی، از تسمه های فولادی زنگ ناپذیری انجام گیرد که با پیچ و مهره روی لاستیک آب بندی محکم می شوند. تسمه های فولادی باید طبق دستور کارخانه سازنده باشد و سفت کردن پیچ و مهره باید طوری باشد که

روی محیط لاستیک آب بندی فشار یکنواختی وارد شود. اتصال لوله و فیتینگ پی وی سی (PVC) باید با چسب مخصوص و در حالت سرد صورت گیرد. نوع چسب و روش اتصال باید طبق دستور کارخانه سازنده لوله باشد. اتصال لوله و فیتینگ پلی اتیلن (PE) باید در حالت گرم و بدون اضافه کردن مواد خارجی انجام شود و اتصال با ذوب کردن لبه دهانه های دو قسمت لوله و فیتینگ صورت گیرد. ابتدا دهانه دو قطعه در قالب مخصوص قرار می گیرد و گرم می شود. بر اثر گرم شدن، سطوح مقابل هم ذوب و در هم تنیده و یکپارچه می شود. دمای ذوب باید طبق دستور کارخانه سازنده لوله باشد. اتصال لوله و فیتینگ فولادی گالوانیزه باید از نوع دنده ای باشد. در لوله کشی فاضلاب بهداشتی ساختمان استفاده از انواع اتصالهای زیر مجاز نیست: ۱) اتصال با سیمان یا بتن، ۲) اتصال با خمیرهای قیردار، ۳) اتصال با رینگهای لاستیکی برای لوله های با قطرهای متفاوت، ۴) استفاده از چسب برای اتصال لوله و فیتینگ پلاستیکی ناهمجنس.

نمونه ای از لوله کشی فاضلاب یک ساختمان و انشعابات مربوطه

اتصال در لوله کشی فولادی گالوانیزه: اتصال اجزای لوله کشی فولادی گالوانیزه تا قطر نامی ۵۰ میلی متر (۲ اینچ) باید از نوع اتصال دنده ای باشد. در اتصال اجزای لوله کشی فولادی گالوانیزه در قطرهای نامی ۶۵ و ۸۰ و ۱۰۰ میلی متر (۲/۶ و ۳ و ۴/۵ اینچ) می توان از اتصال دنده ای یا فلنجی استفاده کرد. اتصال اجزای لوله کشی فولادی گالوانیزه در قطرهای نامی ۱۲۵ و ۱۵۰ میلی متر (۵ و ۶ اینچ) باید از نوع اتصال فلنجی باشد. اتصال فلنجی باید چدنی، چکش خوار یا فولادی گالوانیزه، از نوع دنده ای و طبق مقررات انتخاب فلنج باشد. واشر آب بندی بین دو فلنج مقابل نباید برای آب آشامیدنی اثر زیان آور داشته باشد.

اتصال دنده ای: اتصال دنده ای یا اتصال فشاری باید با کمک واسطه، از جنس برنجی یا فولادی با روکش نیکل، طبق توصیه سازنده لوله، صورت گیرد.

اتصال دو لوله مسی: در اتصال لحیمی موئینگی سطوح اتصال دو قطعه را باید کاملاً تمیز کرد و مفتول لحیم کاری را باید تا دمای ذوب گرم کرد، به طوری که فاصله موئینه بین دو قطعه را در تمام سطوح اتصال (گیر) پرکند. در اتصال لحیمی موئینگی، در شرایط عادی، مفتول لحیم کاری باید از نوع نرم باشد. دمای ذوب لحیم کاری نرم باید کمتر از ۴۲۷ درجه سانتی گراد (۸۰۰ درجه فارنهایت) باشد. مفتول لحیم کاری ممکن است از آلیاژ قلع - نقره یا قلع - مس یا قلع - آنتیموان (۵-۹۵) باشد. استفاده از مفتول لحیم کاری که میزان سرب آن بیش از دو دهم درصد باشد مجاز نیست. در اتصال فیتینگ فشاری، فیتینگ های انتخابی باید طبق استانداردهای مقرر شده باشد. در اتصال لحیمی موئینگی و اتصال فیتینگ فشاری، در لوله کشی مسی، استفاده از استانداردهای دیگر به شرطی مجاز است که مفتول لحیم کاری و طول گیر در اتصال لحیمی و نوع دنده و اندازه آن در اتصال فشاری، طبق استانداردهای مقرر شده بالا و مورد تأیید باشد.

اتصال ساده: در این حالت فرض می‌شود اتصال تیرها، شاهتیرها و خرپاها انعطاف پذیر (بدون قید دورانی) بوده و می‌توان آنها را فقط در مقابل برش (عکس العملهای تکیه گاه) محاسبه کرد.

اتصال ستون به کف ستون: اتصال ستون به کف ستون باید برای انتقال نیروهای موجود در پای ستون طراحی گردد. برای نیروی محوری فشاری، هنگامی که انتقال نیروی فشاری به کف ستونها از طریق فشار مستقیم تماسی انجام می‌شود، باید سطح تماس آنها برای انتقال نیروی فشاری صاف و آماده شده باشد. بعلاوه باید اتصال کافی بین دو قطعه (ستون و کف ستون) موجود باشد تا قادر به انتقال نیروهای حین ساخت و یا هر نوع نیروی احتمالی دیگر باشد.

نمونه ای از اتصال ستون به کف ستون

اتصال غیر مستقیم به لوله فاضلاب ساختمان: لوله فاضلاب خروجی از لوازم بهداشتی و مصرف کننده های دیگر که مستقیماً به لوله فاضلاب بهداشتی ساختمان متصل نمی شود. فاضلاب از این لوله با فاصله هوایی به داخل یک سیفون، یکی از لوازم بهداشتی، یا هر دریافت کننده فاضلاب، مانند ترنچ روی کف یا کف شوی، می ریزد. انتقال آب صاف یا فاضلاب خروجی از دستگاه هایی که در آماده سازی، تولید، حمل و نقل و نگهداری مواد خوراکی به کار می روند، جز سینک آشپزخانه، به لوله کشی فاضلاب ساختمان باید با فاصله هوایی و از نوع غیر مستقیم باشد. انتقال آب صاف یا فاضلاب خروجی از دستگاه ها و لوازم مربوط به تأسیسات آبیاری فضاهای سبز، استخر شنا، لوله تخلیه شیر اطمینان، ضد عفونی و استریل، به لوله کشی فاضلاب ساختمان باید با فاصله هوایی و از نوع غیر مستقیم باشد. انتقال آب صاف یا فاضلاب خروجی از دستگاهها و لوازم مربوط به تصفیه آب، فیلترها، دیگ های آب گرم، و تأسیسات گرمایی و سرمایی، به لوله کشی فاضلاب ساختمان باید با فاصله هوایی و از نوع غیر مستقیم باشد. فاضلاب خروجی از نوع غیر مستقیم باید با فاصله هوایی به یک دریافت کننده فاضلاب، از قبیل کفشوی، حوضچه فاضلاب، کانال آب رفت روی کف، یا علم فاضلاب ریزش کند. لوله خروجی پس از این دریافت کننده باید سیفون و هواکش داشته باشد و پس از آن به لوله کشی فاضلاب ساختمان متصل شود. اگر لوله فاضلاب با اتصال غیر مستقیم، قبل از ریختن به نقطه دریافت کننده، بیش از ۶۰ سانتی متر (با اندازه گیری افقی) یا بیش از ۱۲۰ سانتی متر (با اندازه گیری کل طول افقی و قائم) فاصله داشته باشد باید روی آن سیفون نصب شود. فاصله هوایی باید دست کم دو برابر قطر داخلی لوله فاضلاب ورودی باشد. دریافت کننده فاضلاب غیرمستقیم باید سیفون، صافی یا شبکه قابل برداشتن داشته باشد و در محلی آشکار و در دسترس نصب شود. دریافت کننده فاضلاب غیرمستقیم باید در فضایی با تعویض هوا و قابل دسترسی نصب شود. دریافت کننده نباید در حمام، توالت، انبار و وفضاهای بدون دسترسی و تعویض هوا نصب شود. دریافت کننده از نوع علم، باید سیفون مستقل داشته باشد. فاصله قائم بین دهانه ورودی فاضلاب به علم و سیفون آن حداقل ۴۵ و حداکثر ۱۰۵ سانتی متر است. قطر لوله خروجی از دریافت کننده دست کم باید برابر قطر لوله فاضلاب غیرمستقیم باشد و فاضلاب باید به کمک یک قیف طوری در آن بریزد که موجب تراوش نشود. لوله تخلیه بخار یا آب گرم، که دمای آن بالاتر از ۶۵ درجه سانتیگراد باشد، نباید آب صاف را مستقیماً به داخل شبکه لوله کشی فاضلاب بریزد. اتصال این لوله به شبکه لوله کشی فاضلاب باید به طور غیرمستقیم، با فاصله هوایی و استفاده از دریافت کننده ای باشد که در آن فرصت کاهش دما وجود داشته باشد. فاضلاب خروجی از ماشین رختشویی و ماشین ظرفشویی باید با اتصال غیرمستقیم به لوازم بهداشتی دیگر، کف شوی یا علم فاضلاب بریزد. سینک آشپزخانه نیاز به اتصال غیرمستقیم ندارد. فاضلاب آشپزخانه مکان های عمومی مانند رستوران، هتل و غیره، باید به چربیگیر مجهز باشد و پس از جدا شدن چربی آن، به شبکه لوله کشی فاضلاب بهداشتی ساختمان هدایت شود. برای سینک و ماشین ظرفشویی خانگی چربیگیر لازم نیست.

اتصال فشاری: هر نوع اتصال که به کمک یک واشر یا خمیر آب بندی صورت گیرد و در آن دهانه یکی از لوله ها به داخل لوله دیگر وارد و فشرده شود. ← اتصال دنده ای

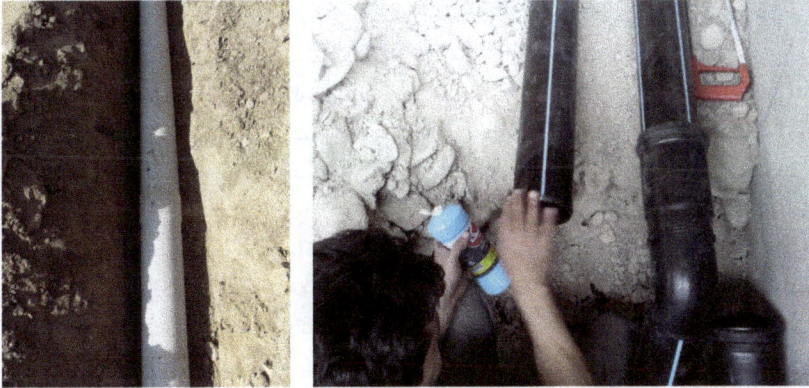

دو نمونه اتصال فشاری

اتصال فیتینگ برنجی: اتصال فیتینگ برنجی واسط به لوله مسی از نوع لحیمی موئینگی، یا از نوع فشاری باید باشد. اتصال فیتینگ برنجی واسط به لوله یا فیتنگ فولادی گالوانیزه باید از نوع دنده ای باشد.

اتصال قابل انبساط: هر نوع اتصال که به صورت قطعه انبساط، حلقه انبساط، خم بیش از ۹۰ درجه یا دو خم با لوله برگشت، انقباض و انبساط لوله را امکان پذیر سازد.

اتصال قابل انعطاف: هر نوع اتصال بین دو لوله که به یکی از آنها امکان خم شدن یا حرکت بدهد، در حالی که لوله دیگر بدون خم شدن و بدون حرکت باقی بماند.

اتصال کلافهای افقی در ساختمانهای آجری: در هر تراز، کلافهای باید به یکدیگر متصل شوند تا کلاف بندی به صورت شبکه به هم پیوسته ای باشد. آرماتورها در محل تلاقی کلافها باید به اندازه ۵۰ سانتیمتر همپوشانی داشته باشند تا اتصال کلافها بخوبی تأمین گردد. کلاف افقی نباید در هیچ جا منقطع باشد. عبور لوله یا دودکش به قطر بیش از یک ششم عرض کلاف از درون کلاف مجاز نمی باشد. بدیهی است لوله یا دودکش باید از وسط کلاف عبور نموده و نباید باعث قطع میلگردها گردد.

اتصال لحیمی بدون سرب: اتصالی که در آن مقدار سرب در مفتول لحیم کاری و در تنه کار بیش از دو دهم درصد نباشد.

اتصال لوله آب به بیده: اتصال لوله کشی توزیع آب مصرفی به نوعی از بیده که آب فشان مغروق دارد، مطلقاً ممنوع است. تغذیه آب بیده تنها در صورتی مجاز است که آب مورد نیاز آن از تانک آب جداگانه و مخصوص آن بیده تأمین شود. این تانک باید با فاصله هوایی از شبکه توزیع آب ساختمان جدا باشد.

اتصال لوله آب به فلاش تانک: اتصال آب از شبکه توزیع آب آشامیدنی به فلاش تانک باید با نصب یک شیر قطع و وصل و یک شیر شناور مورد تأیید حفاظت شود.

اتصال لوله آب به فلاش والو: اتصال آب از شبکه توزیع آب آشامیدنی به فلاش والو باید با فاصله هوایی، نصب یک شیر یک طرفه و یک خلاء شکن، یا با نصب شیر یک طرفه دوتایی حفاظت شود. اگر فلاش والو از نوعی باشد که در آن مانع برگشت جریان پیش بینی شده باشد نصب لوازم دیگری لازم نیست.

اتصال لوله آب گرم به لوازم بهداشتی: اتصال لوله آب گرم مصرفی به لوازم بهداشتی که مصرف کننده آب گرم هستند، باید به شیر طرف چپ باشد. لبه زیر دهانه ورود آب از شیر شناور به فلاش تانک باید دست کم ۴۰ میلی متر از لبه روی دهانه لوله سرریز آب تانک بالاتر باشد.

اتصال لوله های غیرفلزی: اتصال لوله های غیرفلزی به لوله یا فیتینگ فولادی یا مسی باید به کمک یک واسط برنجی یا فولادی با روکش نیکل صورت گیرد.

اتصال لوله هواکش و شیب آن: هر لوله هواکش فاضلاب بهداشتی ساختمان، از قبیل هواکش جداگانه، شاخه افقی هواکش، هواکش مداری و غیره، باید به لوله قائم هواکش یا هواکش لوله قائم فاضلاب متصل شود یا به طور مستقل تا خارج از ساختمان ادامه یابد. شاخه افقی هر لوله هواکش باید به سمت نقطه اتصال آن به شاخه افقی فاضلاب شیب داشته باشد، به طوری که تقطیر بخار آب در داخل لوله هواکش بتواند به آسانی به لوله فاضلاب تخلیه شود. اتصال لوله هواکش خشک به شاخه افقی فاضلاب باید به قسمت بالای آن، بالاتر از محور لوله افقی باشد. زاویه اتصال لوله هواکش خشک به لوله افقی فاضلاب نباید کوچکتر از ۴۵ درجه نسبت به سطح افق باشد. لوله هواکش خشک، بلافاصله پس از اتصال به لوله افقی فاضلاب، باید با زاویه بیش از ۴۵ درجه نسبت به سطح افق تا دست کم ۱۵ سانتی متر بالاتر از تراز لبه سرریز دستگاهی که هواکش برای آن نصب شده است، بالا رود. اتصال هر شاخه افقی هواکش به لوله قائم هواکش یا هواکش لوله قائم فاضلاب باید دست کم ۱۵ سانتیمتر بالاتر از لبه سرریز بالاترین دستگاهی که هواکش آن به ای شاخه افقی فاضلاب متصل شده است، باشد. نقطه اتصال لوله هواکش خشک هر یک از لوازم بهداشتی به لوله فاضلاب، جز در مورد توالت غربی و شرقی و دیگر دستگاه های سیفون سرخود که روی کف نصب می شوند، نباید پایین تر از سطح سرریز سیفون لوازم بهداشتی که این لوله هواکش برای آن نصب می شود، باشد. فاصله نقطه اتصال لوله هواکش به شاخه افقی فاضلاب، تا نقطه سرریز سیفون لوازم بهداشتی، نباید از دو برابر قطر نامی لوله فاضلاب کمتر باشد. اتصال لوله هواکش به تاج سیفون مجاز نیست. برای دو عدد از لوازم بهداشتی که در یک طبقه قرار دارند می توان به طور مشترک یک هواکش جداگانه نصب کرد. اگر برای دو عدد از لوازم بهداشتی که در یک سطح قرار دارد، هواکش مشترک نصب شود، اتصال لوله هواکش مشترک باید در نقطه تلاقی لوله های فاضلاب این لوازم بهداشتی، یا در پایین دست آن نقطه، باشد. اگر برای دو عدد از لوازم بهداشتی که در یک سطح واقع نشده باشند هواکش مشترک نصب شود، شاخه فاضلاب دستگاهی که بالاتر قرار گرفته به عنوان هواکش دستگاهی که پایین تر قرار گرفته عمل می کند و قطر نامی آن دست کم باید یک اندازه بزرگتر از لوله فاضلاب دستگاه بالاتر، یا برابر قطر نامی لوله فاضلاب دستگاه پایین تر (هر کدام بزرگتر است) باشد. در این حالت دستگاه بالاتر نمی تواند توالت باشد. برای یک گروه از لوازم بهداشتی که در یک حمام، یا فضای مشابه، واقع اند و معمولا همزمان استفاده نمی شوند، می توان هواکش تر نصب نمود. هواکش خشک این گروه لوازم بهداشتی باید بعد از سیفون بالاترین دستگاه (دستشویی یا سینک) به لوله فاضلاب متصل شود. هواکش تر، که در عین حال برای لوازم بهداشتی بالا دست به عنوان لوله فاضلاب هم عمل می کند، از محل اتصال هواکش خشک به لوله فاضلاب شروع و تا نقطه اتصال فاضلاب پایین ترین دستگاه، که هواکش تر برای آن در نظر گرفته شده است، ادامه می یابد. این لوله فاضلاب در عین حال برای لوازم بهداشتی پایین دست به عنوان هواکش عمل می کند. در این مجموعه از لوازم بهداشتی، اتصال فاضلاب توالت، پایین ترین اتصال به شاخه افقی فاضلاب باید باشد. در صورتی که لوله فاضلاب لوازم بهداشتی دیگری، در پائین دست به این شاخه فاضلاب (هواکش تر) متصل شود لازم است برای آنها هواکش جداگانه ای پیش بینی شود.

اتصال لوله یا فیتینگ فولادی به لوله یا فیتینگ مسی: اتصال لوله یا فیتینگ فولادی به لوله یا فیتینگ مسی باید با واسطه یک فیتینگ برنجی یا فیتینگ مورد تأیید دیگر صورت گیرد.

اتصال مستقیم: الف) اتصال مستقیم بین لوله کشی آب آشامیدنی و لوله کشی آب غیر آشامیدنی مجاز نیست، مگر آنکه با نصب لوازم مورد تأیید، از برگشت جریان جلوگیری شود.

ب) اتصال مستقیم بین لوله کشی توزیع آب سرد مصرفی و لوله کشی آب گرم مصرفی مجاز نیست، مگر آنکه با نصب لوازم تأیید، از برگشت جریان جلوگیری شود.

پ) اتصال مستقیم بین لوله کشی آب آشامیدنی که از شبکه آب شهری تغذیه می شود و شبکه لوله کشی آب آشامیدنی که از منابع خصوصی تغذیه می شود مجاز نیست.

ت) اتصال مستقیم لوله کشی آب آشامیدنی به لوله کشی فاضلاب و آب باران مطلقاً مجاز نیست.

اتصال مکانیکی: اتصال لوله به لوله، به فیتینگ، فیتینگ به فیتینگ، غیر از اتصال دنده ای، سرب و کنف واشر و خمیر، لحیمی، جوشی یا سیمانی. اتصالی که در آن، قطعات در امتداد محور به هم فشرده می شوند. گاه اتصال، قسمتی از یک کوپلینگ یا آداپتور است.

اتصالات: کلیه اتصالاتی که سختی و صلبیت آنها در یکسرگی و یکپارچگی سازه نقش اساسی دارد و جزء فرضیات اصلی محاسبه بوده است، باید قادر به تحمل لنگرها، برشها و نیروهای محوری که تحت اثر بارهای ضریب دار کامل، بر آنها وارد خواهد شد باشند. اتصالات گوشه (ماهیچه ها) که به صورت شیبدار یا منحنی (با توجه به شرایط معماری) ساخته می شوند، باید طوری طراحی شوندکه لنگر مقاوم خمیری مربوط به مقطع مجاور ماهیچه را به طور کامل به وجود آورند. قعطات تقویتی برای یکسرگی در جاهایی لازم است باید به کار رود، به طوری که در اعضایی که با آنها در مجاورت اتصال به عضو دیگری ختم می شود، باید این نقاط به صورت یکسره با اعضای دیگر قاب در آید. این قطعات باید به صورت جفت در دو طرف جان عضوی که به صورت سرتاسری از داخل اتصال می گذرد قرار داده شود. استفاده از پیچهای پرمقاومت در گره هایی که سطوح تماس آنها رنگ شده است در صورتی مجاز است که این گره های اتصال دارای چنان ابعادی باشند که در صورت لغزش در اتصال و تبدیل آن به اتصال برشی (تماسی)، این حرکات مانع از تشکیل مفصلهای خمیری مفروض تحت اثر بارهای ضریبدار به شکلی که در طرح و محاسبه در نظر بوده است، نشود. ← آزمایشهای غیرمخرب

یک نمونه اتصال ماهیچه ای

اتصالات فولادی لوله کشی گاز: در اجرای لوله کشی گاز چنانچه لوله کشی توکار باشد باید از اتصالات جوشی فولادی بدون درز بر اساس استاندارد استفاده گردد و در صورتی که لوله کشی روکار باشد می توان از اتصالات جوشی درزدار IS به شماره B۲۳۱۱ استفاده کرد. چنانچه لوله کشی روکار باشد می توان از اتصالات دنده ای تا قطر ۵۰ میلیمتر (۲ اینچ) از نوع فولادی که با استاندارد مطابقت داشته باشد استفاده کرد.

اتلاف انرژی گرمایی: ← آبگرمکن

آجر: آجر فرآورده ای ساختمانی است که در انواع رسی، شیلی و شیستی، ماسه آهکی و بتنی و شکل های گوناگون تولید شده و عمدتاً در دیوار چینی، نماسازی، کرسی چینی، کف سازی و کفپوشی، سقف طاق ضربی، شیب بندی بام (ضایعات آجر) و ... به مصرف می رسد.آجر هم از پخت خشت خام رسی و هم از پخت خشت تهیه شده از شیل و شیست، در دماهای حدود ۱۰۰۰ درجه سلسیوس به دست می آید. آجر باید کاملا پخته، یکنواخت و سخت باشد و در برخورد با آجر دیگر صدای زنگ بدهد. وجود یک ترک عمیق در سطح متوسط آجر حداکثر تا عمق ۴۰ میلیمتر در آجر پشت کار بلامانع است. در آجرهای سوراخدار، سوراخها باید عمود بر سطح بزرگ آجر و به طور یکنواخت در سطح آن توزیع شده و جمع مساحت آنها بین ۲۵ تا ۴۰ درصد سطح آجر باشد. اندازه سوراخهای مربع و قطر سوراخهای دایره ای باید حداکثر به ۲۶ میلیمتر محدود شود و ضخامت جداره بین سوراخ و لبه آجر بیش از ۱۵ میلیمتر و فاصله بین دو سوراخ بیش از ۱۰ میلیمتر باشد. وزن ویژه هر دو نوع آجر نباید از ۱/۷ و وزن فضایی آنها از ۱/۳ گرم بر سانتیمتر مکعب کمتر شود. مقاومت فشاری آجرهای دستی از ۸ و ماشینی از ۸/۵ مگاپاسکال (نیوتن بر میلیمتر مربع) کمتر نباشد. ضخامت تیغه های آجری مجوف دیواری و بلوک سفالی سقفی باید حداقل ۸ سانتیمتر باشد.

آجر مصرفی در مناطق دارای یخبندان باید در برابر یخبندان مقاومت داشته باشد. مصرف تکه آجر شامل سه قد، نیمه، چارک و کلوک در قسمتهای درونی و پشت کار و نیز در مکانهایی که مصرف آجر مقدور نیست، مجاز می باشد. جذب آب آجر باید بین ۸ تا ۲۱ درصد باشد. در غیر این صورت مصرف آن فقط در اجزایی مجاز است که در معرض رطوبت قرار نمی گیرد. ← کرسی چینی ساختمانهای آجری با کلاف

آجر بتنی: آجر ساختمانی بتنی، نوعی بلوک سیمانی توپر است که از سیمان پرتلند، سنگدانه های معدنی مناسب و آب تهیه می شود و برای بهره گیری از اثرهای ویژه، می توان مواد دیگری نیز به آن افزود.

آجر رسی: ← کرسی چینی ساختمانهای آجری با کلاف ← آجر

آجر شیستی: ← آجر

آجر شیلی: ← آجر

آجرچینی دیوار غیر باربر

آجر ماسه آهکی: آجرهای ماسه آهکی از مخلوط ماسه سیلیسی یا سیلیکاتی (یا سنگ خرد شده یا مخلوطی از این دو) و آهک، در زیر فشار بخار آب و گرما تولیدمی شوند. خاکستربادی، سرباره کوره آهنگدازی و به طور کلی، دیگر ضایعات صنعتی مناسب، برای تهیه این نوع آجرها قابل استفاده می باشند. آجرهای ماسه آهکی معمولاً به صورت توپر و سوراخدار به ابعاد حدود آجر رسی یا مضاربی از آن ساخته شده و بر حسب مقاومت فشاری دسته بندی می شوند. آجر ماسه آهکی به رنگ خاکستری است و با افزودن مواد رنگی می توان انواع رنگی آن را نیز تولید کرد. ← کرسی چینی ساختمانهای آجری با کلاف

آجر معمولی: آجری است که برای کارهای عمومی ساختمان مناسب است و استفاده از آن در ساخت اعضای غیر باربر توصیه شده است.

آجر معمولی

آجر مهندسی: آجری است که دارای جسم متراکم و پرمقاومت بوده و برای ساخت اعضای باربر مناسب است. این نوع آجر بر حسب میزان مقاومت وجذب آب به سه درجه ۱ و ۲و۳ تقسیم می شود.

نمونه ای از اسکلت فولادی

اجرای ساختمان: عبارت است از تجهیز کارگاه، آماده سازی، اسکلت سازی، سفت کاری، نازک کاری، اجرای تأسیسات مکانیکی و تأسیسات برقی، محوطه سازی، حصارکشی و امور مربوط به مدیریت، اجرا و ساخت و ساز تا بهره برداری. ← عملیات اجرایی ساختمان

اجرای ساختمان جدید: مجری انبوه ساز در صورتی می تواند مسوولیت اجرای ساختمان یا مجتمع یا مجموعه ساختمانی جدیدی را به عنوان مجری انبوه ساز بپذیرد که یکی از ساختمانها یا مجتمع ها یا مجموعه های ساختمانی در دست اجرای وی به پایان نازک کاری رسیده باشد و مراتب مورد تایید ناظر هماهنگ کننده قرار گیرد.

اجرای کار لوله کشی آب باران ساختمان: اجرای کار لوله کشی باید توسط کارگران آموزش دیده و ماهر صورت گیرد و از طرف کارشناسان مؤسسات مسئول نظارت و سرپرستی شود. لوله کشی باید با توجه به صرفه جویی در مصالح و دستمزد، حفاظت در برابر خرابی و آسیب دیدگی، خوردگی، یخ بندان، گرفتگی و جلوگیری از سر و صدای مزاحم ناشی از جریان آب، اجرا شود. لوله کشی باید به ترتیبی اجرا شود که جریان آب باران به طور ثقلی از کفشوهای آب باران و دیگر سطوح باران گیر دور شود و از طریق لوله های قائم و لوله های افقی در پایین ترین طبقه از ساختمان خارج شود. شیب لوله های افقی تا حد امکان یکنواخت باشد. اگر تغییر شیب لازم شود، در محل تغییر شیب دریچه بازدید نصب شود. لوله آب باران باید تا ممکن است مستقیم نصب شود. اگر تغییر جهت لازم شود باید از زانوهای پیش ساخته استفاده شود. خم کردن لوله مجاز نیست. در اطراف دریچه های بازدید و دسترسی باید فضای کافی برای فنر زدن و تمیز کردن گرفتگی احتمالی لوله و فیتینگ پیش بینی شود. در صورت استفاده از لوله پلی اتیلن، به دلیل انبساط زیاد این لوله، باید در نقاط مناسب قطعه انبساط نصب شود. لوله ها باید به موازت سطوح دیوارها و کف و سقف ساختمان نصب شوند. لوله های قائم آب باران نباید در داخل ستون های بتنی دفن شوند. اگر ناگزیر طول کوتاهی از لوله در داخل بتن دفن شود، باید پیش بینی های لازم برای امکان دسترسی و تعمیر بعمل آید. لوله های روکار باید به موازات سطوح دیوارها و کف و سقف نصب شوند و با بست در محل نصب محکم و ثابت باقی بمانند. فاصله لوله روکار با سطوح دیوار و سقف پشت آن باید دست کم ۲۵ میلی متر باشد تا رنگ کردن سطوح خارجی لوله به سهولت امکان پذیرباشد. در عبور لوله از دیوار، کف و سقف باید فضای اطراف لوله در هر دو طرف با مصالح ساختمانی مناسب پر شود تا از ورود حشرات و دیگر جانوران به داخل ساختمان جلوگیری به عمل آید. اگر لوله از فضای تر عبور می کند، دور لوله در محل عبور از دیوار یا کف باید با مواد آب بند حفاظت شود. لوله کشی باید طوری اجرا شود که بار اسکلت و سازه ساختمان، یا انبساط ساختمان، روی آن

اثر نگذارد. اگر عبور لوله از درز انبساط ساختمان ناگریز باشد، باید روی لوله در محل درز انبساط ساختمان قطعه انبساط، با جدار صاف داخلی، نصب شود. نصب قطعه انبساط روی لوله، در عبور از درزهای ساختمان، در طبقات زیرزمین، الزامی نیست. در عبور لوله از دیوار، کف و سقف باید مقررات آتش سوزی مربوط به این اجزای ساختمان، در مورد فضای اطراف لوله، نیز رعایت شود و در لوله با مواد مقاوم در برابر آتش پر شود. لوله قائم آب باران که در خارج از ساختمان نصب شود، باید با بست به سطوح(خارجی ساختمان ثابت و محکم شود. بین این لوله و سطوح خارجی ساختمان، باید دست کم ۲۵ میلی متر فاصله باقی بماند. اگر لوله قائم آب باران خارجی، آب باران را از بام بالاتر به بام پایین تر منتقل می کند، باید دهانه خروجی آب از لوله قائم با کمک یک زانوی ۹۰ درجه (یا دو زانوی ۴۵ درجه) جریان آب را از حالت قائم به حالت افقی در آورد. در نقطه خروجی آب از دهانه لوله باید سطح بام پایین تر با سنگ یا بتن در برابر اثر خوردگی آب خروجی مقاوم شود.

اجرای کار لوله کشی توزیع آب مصرفی: اجرای کار لوله کشی باید توسط کارگران آموزش دیده و ماهر صورت گیرد و از طرف کارشناسان مسئول اجرای کار سرپرستی شود. لوله کشی باید با توجه به صرفه جویی در مصالح و دستمزد، حفاظت در برابر خرابی و آسیب دیدگی، خوردگی، یخ بندان، جلوگیری از محبوس شدن هوا در لوله ها و مزاحمت ناشی از سر و صدای جریان آب اجرا شود.

الف) در جریان نصب لوله و دیگر اجزای لوله کشی باید داخل لوله ها و فیتینگ ها از ذارت فلز، ماسه، خاک، مواد آب بندی و غیره کاملاً پاک شود.

ب) در نقاط بالای شبکه لوله کشی که احتمال محبوس شدن هوا باشد باید شیر تخلیه هوا نصب شود و در نقاط پایین شبکه لوله کشی باید شیر تخلیه آب نصب شود. برای تخلیه آب شبکه لوله کشی ساختمان باید بعد از کنتور آب ساختمان و بلافاصله بعد از شیر قطع و وصل و شیر و یک طرفه، شیر تخلیه آب نصب شود. در هر قسمت از شبکه لوله کشی که تخلیه آب لوله ها از شیرهای برداشت آب لوازم بهداشتی و دیگر مصرف کننده ها امکان پذیر باشد، نصب شیر تخلیه آب لازم نیست. در لوله کشی فولادی گالوانیزه خم کردن لوله مجاز نیست و باید از زانوهای فولادی گالوانیزه، یا چدن چکش خوار استفاده شود. در اتصال دنده ای، مواد آب بند باید فقط روی دنده های خارجی (دنده نر) اضافه شود. تغییر سطح مقطع داخلی در اتصالات لوله کشی نباید ناگهانی باشد و باید با واسطه تبدیل ها به تدریج صورت گیرد. در لوله کشی غیر فلزی نوع و محل بست ها و تأمین شرایط انبساط و انقباض لوله های باید طبق دستور کارخانه سازنده رعایت شود. لوله کشی باید در مسیرهایی که در "مسیر لوله ها" مقرر شده، اجرا شود. سطوح داخلی شفت های قائم که لوله در آن نصب می شود باید نازک کاری شده و کاملاً صاف باشد. لوله و دیگر اجزای لوله کشی باید با بست، و به ترتیبی که در مبحث مربوطه مقرر شده است، در مسیرهای تعیین شده ثابت شوند. در لوله کشی توزیع آب گرم مصرفی باید امکان انبساط و انقباض لوله ها پیش بینی های لازم صورت گیرد. در مسیرهایی که لوله ها در معرض یخ زدن باشند، باید با عایق گرمایی، یا روش های مورد تأیید دیگر حفاظت شوند. عبور لوله از دیوار، تیغه، سقف و کف باید از داخل غلافی که قطر داخلی آن دست کم ۲۰ میلی متر از قطر خارجی لوله بزرگتر باشد، صورت گیرد. فاصله بین لوله و غلاف باید با مواد مناسب پر شود. هیچ نوع اتصال، جز اتصال جوشی نباید در داخل اجزای ساختمان، یا داخل غلاف لوله قرار گیرد. در عبور لوله از دیوار، کف و سقف باید مقررات آتش سوزی مربوط به این جدارها در مورد فضای دور لوله نیز رعایت شود و دور لوله با مواد مقاوم در برابر آتش، با مقاومتی برابر آن چه برای جدار ساختمانی تعریف شده است، پر شود. اتصال لوله آب به مخازن ذخیره، شیرهای فشار شکن، آب گرمکن، دستگاه های تصفیه آب و موارد مشابه، باید از نوع اتصال بازشو (مانند مهره ماسوره) باشد تا امکان جدا کردن آن وجود داشته باشد. فاصله مهره ماسوره با دستگاه نباید پیش از ۳۰ میلی متر باشد.

اجرای کار لوله کشی فاضلاب بهداشتی ساختمان: اجرای کار لوله کشی باید توسط کارگران آموزش دیده و ماهر صورت گیرد و از صورت کارشناسان مؤسسات مسئول نظارت و سرپرستی شود. لوله کشی باید با توجه به صرفه جویی در مصالح و دستمزد، حفاظت در برابر خرابی و آسیب دیدگی، خوردگی، یخ بندان، گرفتگی، تراکم هوا در مسیر جریان و جلوگیری از سر و صدای مزاحم جریان فاضلاب اجرا شود. لوله کشی باید به ترتیبی اجرا شود که جریان فاضلاب به طور ثقلی از لوازم بهداشتی و دیگر مصرف کننده های آب، دور شود و از طریق شاخه های افقی، لوله های قائم و لوله اصلی افقی از ساختمان خارج شود. شیب لوله های افقی باید تا حد ممکن یکنواخت باشد. اگر تغییر در شیب لازم شود باید در محل تغییر شیب دریچه بازدید نصب شود. لوله

باید تا حد ممکن مستقیم نصب شود. اگر تغییر جهت لازم شود باید از انواع زانوه های پیش ساخته استفاده شود. حداکثر زاویه اتصالات در تغییر جهت لوله های اصلی ۴۵ درجه است. تغییر سطح مقطع لوله کشی باید تدریجی و با واسطه تبدیل صورت گیرد و از تغییر ناگهانی سطح مقطع خودداری شود. در اطراف نقاط دسترسی باید فضای کافی برای فنر زدن و رفع گرفتگی احتمالی لوله و فیتینگ پیش بینی شود. از نصب "انتهای بسته" در انتهای شاخه افقی فاضلاب باید خودداری شود نصب دریچه بازدید در انتهای شاخه افقی "انتهای بسته" محسوب نمی شود. در صورت استفاده از لوله پلی اتیلن، به دلیل انبساط زیاد این لوله، باید در نقاط مناسب قطعه انبساط نصب شود. مسیر لوله کشی باید تا حد ممکن مستقیم و ساده باشد، در هر مورد باید کوتاه ترین و مناسب ترین مسیر انتخاب شود. از بکار بردن خم ها و تغییر جهت های تند باید خودداری شود. لوله ها باید تا حد ممکن به موازات دیوار، کف و سقف نصب شود. لوله ها باید در مسیرهایی نصب شوند که دسترسی و تعمیر و تعویض آنها آسان و بدون اشکال باشد. دریچه های بازدید باید در نقاط قابل دسترسی نصب شوند. لوله های روکار باید با شیب مناسب به موازات سطوح دیوار، کف و سقف نصب شوند و با بست در محل نصب محکم و ثابت باقی بمانند. در عبور لوله از دیوار، سقف و کف، فضای اطراف لوله از هر دو طرف باید با مصالح ساختمانی مناسب کاملاً پر شود. اگر لوله از جدار فضای تر عبور می کند، دور لوله در محل عبور از دیوار، کف یا سقف باید با مواد آب بندی حفاظت شود. لوله هایی که از دیوار خارجی ساختمان عبور می کنند یا از داخل خاک زیرزمین، پس از عبور از کف سازی، وارد فضای ساختمان می شوند، باید از داخل غلاف لوله عبور کنند. دور لوله، در دو طرف دیوار یا کف سازی، باید با مواد آب بند کاملاً مسدود شود. لوله کشی باید طوری اجرا شود که بار اسکلت و سازه ساختمان، یا انبساط ساختمان، روی آن اثر نگذارد. مسیر لوله کشی باید طوری انتخاب شود که لوله تا حد امکان از درزهای انبساط ساختمان عبور نکند. اگر عبور لوله از درزهای انبساط ساختمان ناگریز باشد باید روی لوله در محل عبور از درز انبساط ساختمان قطعه انبساط با جدار صاف داخل نصب شود. نصب قطعه انبساط روی لوله، در عبور از درزهای انبساط ساختمان، در طبقات زیرزمین، الزامی نیست. اگر لوله در داخل ترنچ، خزیده رو یا شفت نصب می شود، باید برای دسترسی و نگهداری و آزمایش و تمیز کردن، در اطراف آن جای کافی پیش بینی شود. در جایی که لوله در خاک دفن می شود و احتمال عبور وسایل حمل و نقل، تحمل بار مخازن و تأسیسات سنگین وجود دارد، لوله باید در زیر بلوک بتنی (یا داخل کانال بتنی) حفاظت شود. اگر اتصال لوله و فیتینگ در داخل بلوک بتنی قرار گیرد باید برای دسترسی به آن پیش بینی لازم به عمل آید. در عبور لوله از دیوار، کف و سقف باید مقررات آتش سوزی مربوط به این جدارها در مورد فضای دور لوله نیز رعایت شود و دور لوله با مواد مقاوم در برابر آتش، با مقاومتی برابر آن چه برای جدار ساختمانی تعریف شده، پر شود. اتصال انشعاب خروجی فاضلاب لوازم بهداشتی به شاخه افقی فاضلاب باید با زاویه بیش از ۱۵ درجه باشد و جریان فاضلاب از لوازم بهداشتی به آن به طور ریزش (ثقلی) صورت گیرد. اتصال خروجی فاضلاب لوازم بهداشتی به شاخه افقی، لوله قائم یا لوله اصلی باید قابل جدا شدن باشد. این اتصال باید کاملاً آب بند و گازبند باشد.

اجرای کار لوله کشی هواکش فاضلاب: اجرای کار لوله کشی باید توسط کارگران آموزش دیده و ماهر صورت گیرد و از طرف کارشناسان مؤسسات مسئول نظارت و سرپرستی شود.

اجرای همزمان: چنانچه مجری در حدود ظرفیت اشتغال تعیین شده برای او، مسوولیت اجرای همزمان بیش از یک ساختمان یا مجتمع ساختمانی را تقبل نماید، ملزم می باشد در هر ساختمان یا مجتمع ساختمانی حسب پیچدگی و حجم و ارتقاء کار، طبق نظر سازمان استان، یک نفر مهندس رشته معماری یا عمران یا کاردان فنی رشته های ذکر شده یا معمار تجربی را به صورت تمام وقت، به عنوان مسوول اجرای کارگاه در محل احداث بنا مستقر نماید.

آجرنما: آجری است که بدون نیاز به اندودکاری یا پوششهای دیگر مستقیماً برای نماسازی به مصرف می رسد.

نمونه ای از کاربرد آجرنما در ساختمان

اجزای اتاقهای فشار متوسط و ضعیف و خصوصیات آنها: باید برای نصب تجهیزات (تابلوهای) فشار قوی یک اتاق و برای نصب تجهیزات (تابلوهای) فشار ضعیف پست ترانسفورماتور اتاقی دیگر پیش بینی و احداث شود. در برخی موارد ممکن است خصوصیات ساختمان ایجاب کند که برای تجهیزات فشار قوی و ضعیف از یک اتاق واحد استفاده شود. این کار به شرط استفاده از تابلوهای تمام بسته و حفظ فواصل مجاز، مجاز خواهد بود. مقررات زیر باید در طرح و ساخت اتاقهای فشار متوسط و ضعیف اجرا و فواصل مجاز داده شده مراعات شوند.

الف) در اتاقهای فشار متوسط و فشار ضعیف، یا اتاق مشترک فشار متوسط - فشار ضعیف، حداقل فواصل مطابق جدول مربوطه است. فاصله تابلوهای تمام بسته فشار متوسط و فشار ضعیف از هم نباید از ۱/۵ متر کمتر باشد.

ب) ارتفاع اتاقها باید با هر دو شرط زیر مطابقت کند: ارتفاع اتاق ≤ ارتفاع بلندترین تابلو + ۰/۵ متر و در عین حال ارتفاع اتاقها نباید هیچگاه از ۲ متر کمتر باشد.

ج) ابعاد کانالهای کابل یا فضهای زیر اتاقها باید با یکدیگر و با کانلهای ارتباط با اتاق ترانسفروماتور هماهنگی کامل داشته، به قدر کافی عمیق و عریض باشند تا هنگام نصب و بهره برداری، شعاع انحنای کابلها از مقدار مجاز کمتر نشود. به همین خاطر، برای کابلهای با مقطع بزرگ لازم خواهد بود زاویای داخلی کانالهای فارسی بر شود. برای هدایت آب یا مایعات دیگری که ممکن است به داخل کانالها و فضاهای مورد بحث رخنه کند، باید برای آنها شیبی مناسب برای دفع به سمت خارج تعبیه شود.

د) ابعاد درها باید برای حمل و نقل تابلوها و دیگر متعلقات کافی و از نوع ضد حریق یا آهنی باشد. پیش بینی در به سمت خارج (فضای آزاد یا محوطه) در اولویت قرار دارد ولی در صورتیکه انجام این کار امکانپذیر نباشد، در ممکن است به سمت داخل ساختمان پیش بینی شود به شرط آنکه راهروهای داخلی و درهای ساختمان برای حمل و نقل تابلوها مناسب باشد. درهای اطاق باید به سمت خارج بازشود و قفل درها باید از نوعی باشد که خروج از اتاق، حتی هنگامی که در قفل است، امکانپذیر باشد.

ه) چنانچه اتاقها دارای پنجره ها باید مجهز به شبکه محافظ یا شیشه های مسلح باشند. مقررات ذکر شده در ردیفهای ستاره دار مذکور برای اتاقهای مجزا یا مشترک فشار متوسط و فشار ضعیف نیر معتبر است.

اجزای تشکیل دهنده راه خروج: اجزای تشکیل دهنده بخش های سه گانه راه خروج باید با مقررات این بخش که به تفکیک شرح داده شده، مطابقت داشته باشند، مگر آنکه در ضوابط اختصاصی راههای خروج برحسب نوع تصرف مقررات ویژه و متفاوتی تصریح شده باشد که در آن صورت مقرراتی باید ملاک عمل قرار گیرند که ایمنی بیشتری را تأمین کنند.

اجزای جمع کننده: اجزایی که بخشی از نیروهای اینرسی ناشی از زلزله داخل دیافراگم را به سیستم مقاوم در برابر بارهای جانبی منتقل می کنند.

اجزای سازه ای ساختمانهای آجری بدون کلاف: رعایت موارد کلی زیر الزامی است: تمامی اجزای باربر ساختمان باید به گونه مناسبی به هم پیوسته باشند تا ساختمان در برابر نیروها به طور یکپارچه عمل کند. به وبژه لازم است سقف با حفظ انسجام خود به صورت یکپارچه، نیروی ناشی از زلزله را به اجزای قائم منتقل نماید. ساختمان باید در دو امتداد عمود بر هم قادر به تحمل نیروهای افقی ناشی از زلزله باشد و در هر یک از این امتدادها نیز باید نیروهای افقی به سمت شالوده به گونه ای مناسب منتقل گردد. دیوارهای باربر باید در یک راستای قائم تا پی ادامه داشته باشند. ساختمان باید دارای تقارن سازه ای مناسب باشد، در غیر

این صورت باید از درز انقطاع استفاده شود. از قرار دادن اجزای ساختمانی، تأسیسات و یا اجسام سنگین روی طره ها، اجزای لاغر، دهانه های بزرگ و بام پرهیز شود.

احتراق گاز: سوختن یا اکسیداسیون سریع گاز که معمولاً با ایجاد گرما و شعله همراه است.

احداث پل سر پوشیده موقت در راه عبور عمومی: بر روی محلهای حفاری که در معابر عمومی برای استفاده از تسهیلات عمومی یا نصب انشعابات مربوط صورت می گیرد، باید یک پل موقت عبور عابر پیاده با مقاومت و ایستایی لازم با عرض حداقل ۱/۵ متر یا عرض پیاده رو با نرده حفاظتی مناسب ایجاد شود. در صورتی که حفاری در خیابان صورت گرفته باشد، باید موقتاً پلی با مقاومت کافی و با عرض مناسب که به تأیید مرجع رسمی ساختمان می رسد، برای عبور خودروها ایجاد شود. بیرون زدگی هر یک از اجزاء سازه های موقت از قبیل حصار حفاظتی موقت کارگاه، سرپوش حفاظتی، داربست و . . . از محدوده بنای در دست ساخت ممنوع است مگر با شرایط زیر:

الف) فاصله عمودی بیرون زدگی از روی سطح پیاده رو نباید کمتر از ۲۵۰ سانتی متر و از روی سطح سواره رو کمتر از ۴۵۰ سانتی متر باشد.

ب) درب ها و پنجره ها نباید از داخل کارگاه به سمت گذر عمومی باز شوند.

ج) در اجزای نرده حفاظتی نبایستی قسمت های تیز و برنده وجود داشته باشد. پاخورها چوبی حفاظی است قرنیز مانند که باید در طرف باز سکوهای کار و سایر موارد جهت جلوگیری از لغزش و ریزش ابزار کار و مصالح ساختمانی نصب گردد. پاخورها باید از چوب مناسب به ضخامت حداقل ۲/۵ سانتیمتر و به ارتفاع ۱۵ سانتیمتر باشند. در صورت استفاده از ورق فلزی لبه های آن نباید تیز و برنده باشد. کلیه پرتگاهها و دهانه های باز در قسمت های مختلف کارگاه ساختمانی و محوطه آن که احتمال خطر سقوط افراد را در بر دارند، باید تا زمان محصور شدن یا پوشیده شدن نهایی و یا نصب حفاظ ها، پوشش ها و نرده های دائمی و اصلی، به وسیله نرده ها یا پوشش های موقت به طور محکم و مناسب حفاظت گردند. پوشش حفاظتی موقت باید دارای شرایط زیر باشد: الف) در مورد دهانه های باز ابعاد کمتر از ۴۵ سانتیمتر، تخته های چوبی با ضخامت حداقل ۲/۵ سانتیمتر.

ب) در مورد دهانه های باز با ابعاد بیشتر از ۴۵ سانتیمتر تا ۲۵۰ سانتیمتر، تخته های چوبی با ضخامت حداقل ۵ سانتیمتر. برای جلوگیری از ریزش مصالح و ابزار و همچنین حفظ محیط زیست باید جداره خارجی ساختمان در دست احداث با استفاده از پرده های برزتنی یا پلاستیکی مقاوم پوشانده شود. برای سقف های موقت که به صورت سکوهای کار مورد استفاده قرار می گیرند، باید از تخته های چوبی با ضخامت ۵ و عرض ۲۵ سانتیمتر که محکم به یکدیگر بسته شده باشند، استفاده شود. به علاوه فاصله تکیه گاه تخته ها نباید بیش از ۲۵۰ سانتیمتر باشد. در مواردی که نصب سکوهای کار و نرده های حفاظتی در ارتفاع بیش از ۳/۵ متر امکان پذیر نباشد، باید برای جلوگیری از سقوط افراد، از تورهای ایمنی با رعایت مواردی زیر استفاده شود:

الف) تورهای ایمنی باید در فاصله ای که سازندگان آنها مشخص نموده اند، نصب شوند، به نحوی که ارتفاع سقوط احتمالی کارگران بیشتر از شش متر نباشد و در صورت سقوط، امکان اصابت آنها به اجسام سخت وجود نداشته باشد.

ب) برپایی و نصب تورهای ایمنی، همچنین جمع آوری و بر چیدن آنها باید توسط شخص ذیصلاح و با استفاده از کمربند ایمنی و طناب مهار صورت گیرد. این تورها قبل از استفاده و در مدت بهره برداری باید به طور مستمر توسط شخص ذیصلاح بازرسی و کنترل شوند. استفاده از تورهای فرسوده و آسیب دیده به هیچ وجه مجاز نمی باشد. حصار حفاظتی موقت سازه ای است موقتی که برای جلوگیری از ورود افراد متفرقه و غیر مسئول به داخل محدود کارگاه ساختمانی ساخته و بر پا میگردد. ارتفاع حصار حفاظتی موقت نباید از کف معابر عمومی و یا فضای مجاور آن کمتر از ۱۹۰ سانتیمتر باشد. حصار حفاظتی موقت باید در فواصل حداکثر ۲ متر دارای پایه های عمودی بوده و ساختمان و اجرای آن بایستی با توجه به شرایط زیر طراحی، ساخته و برپا می گردند.

- ✓ بار طراحی برای محل های عبور کم خطر ۱۰۰ کیلوگرم بر متر مربع و یک بار متمرکز ۱۰۰ کیلوگرمی در هر نقطه از اجزای افقی آن در نظر گرفته شود.
- ✓ بار طراحی برای محلهای عبور پر خطر و دارای احتمال برخورد خودروهای عبوری با حصار باید با توجه به ضوابط و مقررات آئین نامه بارگذاری پلها (حفاظت از وسایل نقلیه و تامین ایمنی عابران پیاده) انتخاب گردد.

ج) تخته چوبی و یا سایر مصالحی که برای ساخت حصار حفاظتی موقت بکار می روند باید فاقد اجزا و یا گوشه های تیز و برنده باشند، تا در صورت تماس و یا برخورد عابرین با حصار برای آنها حادثه ای بوجود نیاید.

نصب نرده موقت در اطراف پرتگاه در کارگاه

احداث راهروی سر پوشیده موقت در راه عبور عمومی: در موارد زیر در تمام طول و عرض مجاور بنا، احداث راهروی سر پوشیده موقت در راه عبور عمومی با رعایت مفاد مربوطه الزامی است:

الف) در صورتی که فاصله بنای در دست تخریب از معابر عمومی کمتر از ۴۰ درصد ارتفاع آن باشد.

ب) در صورتی که فاصله بنای در دست احداث یا تعمیر و بازسازی از معابر عمومی کمتر از ۲۵ درصد ارتفاع آن باشد. در صورتی که راه عبور عمومی محدود یا مسدود شده باشد، باید از راه عبور موقت در محل مناسبی که به تأیید مراجعه ذیربط برسد، ایجاد گردد. راهرو سر پوشیده موقت سازه ای است حفاظتی که به صورت موقت در پیاده روها یا سایر معابر عمومی برای جلوگیری از خطرهای ناشی از پرتاب شدن مصالح، وسایل و تجهیزات ساختمانی ایجاد می شود. ارتفاع راهروی سر پوشیده نباید کمتر از ۲/۵ متر و عرض آن نیز کمتز از ۱/۵ متر باشد مگر آنکه عرض پیاده روی موجود کمتر از آن باشد که در این صورت، هم عرض پیاده رو خواهد بود. راهرو باید فاقد هر گونه مانع بوده و دارای نور کافی در تمام اوقات باشد. سقف راهرو باید توانایی تحمل هر گونه ریزش و سقوط احتمالی مصالح ساختمانی با حداقل مقاومت ۷۰۰ کیلوگرم بر متر مربع را داشته باشد. به علاوه سایر قسمتهای آن نیز باید تحمل بار مذکور و نیروی وارده را داشته باشد. لبه های بیرونی سقف راهرو باید دارای دیواره شیب داری از چوب یا بشکه فلزی مقاوم به ارتفاع حداقل یک متر باشد. زاویه این حفاظ را نسبت به سقف می توان حداکثر ۴۵ درجه به طرف خارج اختیار کرد. در صورت استفاده از تخته چوبی در سقف راهرو باید ضخامت آنها حداقل ۵ سانتی متر بوده و به ترتیبی در کنار هم قرار گرفته باشند که از ریزش مصالح ساختمانی به حداقل به داخل راهرو جلوگیری به عمل آید. به کاربردن مصالح غیر مقاوم مانند توری سیمی، گونی و از این قبیل ممنوع می باشد. در هر صورت باید تدابیری اتخاذ شود تا از ریزش هر گونه مواد و مصالح، آب و ضایعات از سقف و دیواره بیرونی راهروی سرپوشیده جلوگیری به عمل آید. اطراف راهروی سرپوشیده موقت که در مجاورت کارگاه ساختمانی قرار دارد، باید دارای حفاظ یا نرده ای به ارتفاع لازم مطابق مشخصات و ویژگیهای های فنی لازم باشد. سرپوش حفاظتی، پوشش است حفاظتی، از قبیل توری فلزی یا تخته چوبی که برای جلوگیری از آسیب ناشی از اثر سقوط اشیا در دیواره اطراف ساختمان در حال احداث نصب می شود. سرپوش حفاظتی باید چنان طراحی و ساخته شود که در مقابل نیروهای وارده مقاوم بوده و در اثر ریزش مصالح یا ابزار بر روی آن خطری متوجه افراد، تجهیزات و مستحدثاتی که در زیر آن قرار دارند نگردد.

احداث مجتمع: نظر به اینکه تراکم ساختمانی، کاربری آن، رعایت حقوق همسایگی، مسایل و بازتابهای ترافیکی، ارزشهای هویتی، انطباق تراکم جمعیتی یا ساختمانی، مسایل ایمنی در هنگام وقوع حوادث غیر مترقبه، حفظ فضای باز به ازای واحدهای احداثی و نظایر آن در زمین های مربوط به احداث مجتمع ها و مجموعه های ساختمانی نیازمند مشارکت و اعلام نظر متخصصان رشته شهرساز و بعضاً رشته ترافیک می باشد، شهرداریها موظفند در تمامی ساختمانهایی که ضرورت توجه و رعایت به موارد فوق احساس شود، نسبت به استفاده از خدمات مهندسان شهرساز و ترافیک بهره برداری نمایند ضمناً به سازمانهای استانها توصیه

می‌شود در خصوص طراحی ساختمان‌های گروه «د» و مجتمع‌های ساختمانی از خدمات مهندسان شهرساز در امور طراحی به منظور ایجاد هماهنگی با ساختمان‌های مجاور و رعایت مسایل شهرسازی استفاده گردد.

اختلاط بتن: بتن باید طوری مخلوط شود که تمامی مواد تشکیل دهند آن به صورت همگن در مخلوط کن پخش شوند. قبل از پر کردن مجدد، باید مخلوط کن را بطور کامل تخلیه کرد. بتن آماده باید مطابق استانداردهای «مشخصات بتن آماده» یا «مشخصات بتن تهیه شده از طریق پیمانه کردن حجمی و اختلاط پیوسته» مخلوط و تحویل شود. بتن مخلوط شده در کارگاه باید مطابق ضوابط زیر تهیه شود: ۱- اختلاط بتن باید با مخلوط کن مورد تأیید دستگاه نظارت انجام گیرد. ۲- مخلوط کن باید با سرعت توصیه شده از طرف کارخانه سازنده چرخانده شود. ۳- ترتیب ورود مواد متشکله بتن به مخلوط کن باید متناسب با نوع مخلوط کن و نوع بتن باشد. ۴- عمل اختلاط باید حداقل تا ۱/۵ دقیقه، پس از ریختن تمامی مواد تشکیل دهنده به داخل مخلوط کن ادامه یابد، مگر آنکه با آزمایش‌های انجام شده براساس «مشخصات بتن آماده» ثابت شود زمانی کوتاه تر هم می‌تواند قابل قبول باشد. ۵- اختلاط با کامیونهای مخلوط کن باید براساس ضوابط مندرج در استاندارد ها صورت گیرد. ۶- نقل و انتقال، پیمانه کردن و اختلاط مصالح بتن باید با ضوابط استاندارد «مشخصات بتن آماده» یا «مشخصات بتن تهیه شده از طریق پیمانه کردن حجمی و اختلاط پیوسته» مطابقت داشته باشد. ۷- سابقه کار روزانه باید برای تمامی مخلوط های تهیه شده بطور تفصیلی و مشتمل بر مشخصات بتن از جمله موارد زیر، نگهداری شود:

الف) نسبت های به کار رفته برای اختلاط مصالح. ب) نتایج آزمایش های بتن تازه . پ) دمای بتن و دمای محیط در هنگام بتن ریزی. ت) محل نهایی و حجم تقریبی بتن های ریخته شده در سازه. ث) زمان و تاریخ اختلاط و بتن ریزی.

اختلاط بتن با دست: اختلاط بتن با دست به هیچ وجه مجاز نیست بجز موارد استثنائی و کم اهمیت، با دستور دستگاه نظارت و برای بتن از رده پایین تر از C16. رعایت نکات زیر توسط پیمانکار برای ساخت بتن با دست الزامی است:

الف) حداکثر حجم بتن برای هر بار ساخت با دست ۳۰۰ لیتر است.

ب) برای تهیه بتن ابتدا روی یک سطح صاف، تمیز و غیر قابل نفوذ شن به صورت یکنواخت ریخته، سپس روی آن ماسه یکنواخت پخش می شود. در هر حالت ضخامت دو قشر نباید از ۳۰ سانتیمتر تجاوز نماید.

پ) سیمان خشک به صورت یکنواخت روی مصالح سنگی پخش و سپس با وسایل مناسب بطور کامل مخلوط می شود.

ت) پس از اختلاط کامل مصالح، آب بتدریج به مخلوط اضافه و بطور یکنواخت مخلوط گردد تا بتن همگن بدست آید.

ث) چنانچه از پیمانه های حجمی استفاده شود باید وزن مصالح سنگی خشک قبلاً به دقت اندازه گیری و پیمانه های حجمی بر این اساس ساخته شده باشد.

ج) بتن ساخته شده با دست باید حداکثر ۳۰ دقیقه پس از ساخت مصرف شود.

اختلاط بتن با دست

ارتفاع حد زیرین تابلوها: حد زیرین ارتفاع تابلوهایی که از زیر آنها عبور میشود نباید از ۲/۵ متر پایین تر باشد و یا سازه و اجزای آن بالاتر از این ارتفاع نسبت به متوسط تراز کف و زمین معبر قرار گیرند. حد زیرین تابلوهای دیواری و تابلوهای ایستاده

ای که ضخامت آنها از ۱۰ سانتیمتر تجاوز نمی کند و از زیر آن افراد عبور نمی کنند، باید حداقل ۶۰ سانتیمتر بالاتر از متوسط کف و زمین باشد.

ارتفاع طبقه و بنا: منظور از ارتفاع یک طبقه، فاصله قائم از کف تمام شده آن طبقه تا کف تمام شده طبقه بالاتر است. ارتفاع طبقه آخر بنا، حد فاصل کف تمام شده آن طبقه تا کف تمام شده متوسط سطح بام ساختمان می باشد. ارتفاع بنا به ارتفاع تمام طبقات یا فاصله قائم از کف زمین طبیعی تا متوسط ارتفاع بام ساختمان گفته می شود.

ارتفاع مجاز حد فوقانی تابلوها: در تابلوهای معرف کاربری حداکثر ارتفاع مجاز نصب لبه فوقانی تابلوهای دیواری مربوط به کاربری های واقع در طبقه همکف و نیز تابلوهای طره و ایستاده با پایه نگهداری آنها، زیر سطح کف پنجره طبقه اول و حداکثر ۶ متر از متوسط کف معبر است. حداکثر ارتفاع مجاز نصب تابلوهای دیواری نام ساختمان، حدنهایی دست انداز بام است.

ارتفاع و تعداد طبقات ساختمانهای آجری با کلاف: رعایت نکات زیر الزامی است:

الف) حداکثر تعداد طبقات بدون احتساب زیرزمین به دو محدود می شود.

ب) در احتساب تعداد طبقات، تراز روی سقف زیرزمین نباید نسبت به متوسط تراز زمین مجاور بیش از ۱/۵ متر باشد، در غیر این صورت، این طبقه نیز به عنوان طبقه ای از ساختمان منظور می گردد.

پ) تراز روی بام نسبت به متوسط تراز زمین مجاور نباید بیش از ۸ متر باشد.

ت) حداکثر ارتفاع طبقه (از روی کلاف زیرین تا زیر سقف) محدود به ۴ متر می باشد و در صورت تجاوز از این حد، باید یک کلاف افقی اضافی در داخل دیوارها و در ارتفاع حداکثر ۴ متر از روی کلاف زیرین تعبیه گردد. به این ترتیب می توان ارتفاع را حداکثر تا ۶ متر افزایش داد.

آزمایش بارگذاری: آزمایش بارگذاری باید بنحوی انجام گیرد که در صورت بروز خرابی، امنیت جانی افراد آزمایش کننده و سالم ماندن تجهیزات تأمین شده باشد. هرگاه شرایط و وضع ساختمان طوری باشد که بازرسان ساختمان نسبت به ایمنی آن تردید داشته باشند، و ارزیابی ایمنی از طریق انجام محاسبات فنی به رفع ابهام و تردید منجر نشود، بازرسان می توانند از طریق کمیسیون فنی بدوی و تصویب کمیسیون فنی نهایی دستور آزمایش بارگذاری تمام ساختمان و یا قسمتی از آن را که مشکوک است صادر کنند. در این دستور باید جزئیات و مشخصات فنی و نقشه های لازم برای آزمایش بارگذاری اعلام شود. آزمایش بارگذاری بایدتحت نظرکمیسیون فنی بدوی پس ازگذشت حداقل۸ هفته از زمان اجرای قسمت یا موضع مورد نظربه عمل آید مگر آنکه طراح و صاحب کار با آزمایش قطعات در سن کمتر موافقت کنند. در صورتی که اجرای ساختمان توسط پیمانکار یا پیمانکاران انجام پذیرد تقاضای تقلیل سن آزمایش باید با موافقت آنان همراه باشد.

آزمایش حریق استاندارد: آزمایش یا آزمایش‌های استاندارد ویژه برای شناسایی مقاومت و رفتار مصالح، فرآورده‌ها، اعضا و اجزای ساختمانی در مقابل آتش سوزی، که مشخصات اجرایی آنها بعداً به وسیله مقررات مربوط به خود تعیین خواهد شد.

آزمایش لوله کشی آب باران: لوله کشی آب باران ساختمان باید طبق الزامات مقررات، آزمایش شود. پیش از آزمایش و تأیید لوله کشی، هیچ یک از اجزای لوله کشی نباید با رنگ یا اجزای ساختمان پوشانده شود. به هنگام آزمایش، همه اجزای لوله کشی باید آشکار و قابل بازرسی باشد. آزمایش با آب باید برای حداکثر فشار استاتیک مربوط به ارتفاع بلندترین لوله های قائم آب باران، صورت گیرد. لوله های قائم آب باران باید به طور کامل، از کفشوهای آب باران بام، با آب پر شوند. لوله های افقی آب باران در پائین ترین طبقه باید هم زمان با لوله های قائم، به طور کامل با آب پر شوند. مدت آزمایش دست کم ۱۵ دقیقه است. پس از پر کردن کامل لوله ها با آب، در صورت کاهش سطح آب در لوله ها، باید همه قطعات و اتصالها مورد بازرسی قرار گیرند و نشت آب مشاهده نشود. در صورت مشاهده نشت آب، باید قطعه یا اتصال معیوب ترمیم یا تعویض شود و آزمایش با آب تکرار شود.

آزمایش لوله کشی فاضلاب بهداشتی: آزمایش لوله کشی فاضلاب بهداشتی ساختمان باید طبق الزامات مقررات انجام شود. آزمایش لوله کشی را باید پیش از نصب لوازم بهداشتی، و آزمایش نهایی را باید پس از نصب لوازم بهداشتی انجام داد. پیش از انجام آزمایش و تأیید لوله کشی، هیچ یک از اجزای لوله کشی نباید با رنگ یا اجزای ساختمان پوشیده شود. به هنگام آزمایش، همه اجزای لوله کشی فاضلاب بهداشتی ساختمان باید آشکار و قابل بازرسی باشد. پیش از نصب لوازم بهداشتی آزمایش ممکن

است با آب یا هوا انجام شود. آزمایش با آب ممکن است قسمت به قسمت یا در صورتی که مصالح لوله کشی و اتصال ها در برابر فشار ارتفاع (استاتیک) ساختمان مقاوم باشند، به طور یک جا برای کلیه شبکه لوله کشی انجام شود. در حالتی که کلیه شبکه لوله کشی به طور یک جا با آب آزمایش شود باید همه دهانه های باز شبکه لوله کشی، جز بالاترین دهانه باز آن، به طور موقت بسته شود و تمام لوله ها با آب پر شود. پس از مدت ۱۵ دقیقه باید همه قطعات و اتصال ها مورد بازرسی قرار گیرد و نشت آب مشاهده نشود. در صورت مشاهده نشت آب باید قطعه معیوب یا اتصال ضعیف ترمیم یا تعویض شود و آزمایش با آب تکرار شود. در این حالت آزمایش شبکه لوله کشی فاضلاب و هواکش ممکن است با هم انجام گیرد. در حالتی که شبکه لوله کشی قسمت به قسمت آزمایش شود باید با استفاده از دریچه های باز دید و دسترسی، که روی لوله قائم پیش بینی شده اند، ساختمان در ارتفاع به چند منطقه تقسیم شود و آزمایش با آب در هر منطقه به طور جداگانه صورت گیرد. در هر منطقه، جز بالاترین ۳ متر، فشار آزمایش با آب نباید از ۳ متر ستون آب کمتر باشد و هیچ یک از قطعات یا اتصال ها نباید در معرض فشاری کمتر از ۳ متر قرار گیرد. پس از ۱۵ دقیقه باید همه قطعات و اتصالها مورد بازرسی قرار گیرد و نشت آب مشاهد نشود. در صورت مشاهده نشت باید قطعه معیوب یا اتصال ضعیف ترمیم و تعویض شود و آزمایش با آب تکرار شود. در این حالت آزمایش شبکه لوله کشی فاضلاب باید جدا از شبکه لوله کشی هواکش انجام گیرد. در آزمایش با هوا باید لوله کشی کاملاً از آب خالی باشد و دهانه های خروجی همه جا با کیسه های مخصوص که با هوای فشرده پر می شود یا وسایل دیگر که دهانه را کاملاً مسدود و هوا بند می کند به طور موقت بسته شود. آزمایش با هوا باید با راندن هوای فشرده به داخل شبکه لوله کشی صورت گیرد و با فشارسنج اندازه گیری شود. فشار آزمایش ۳۴/۵ کیلوپاسکال است. پس از آن که فشارسنج فشار لازم را نشان داد، آزمایش باید به مدت دست کم ۱۵ دقیقه ادامه یابد و در این مدت فشارسنج هیچ کاهش فشاری را نشان ندهد. در صورت مشاهده کاهش فشار در مدت آزمایش، باید همه قطعات و اتصال های لوله کشی با آب صابون بازرسی شود. در صورت مشاهده قطعات معیوب یا اتصال ضعیف، این قطعات تعویض اتصال ترمیم شود و آزمایش با هوا تکرار شود. در آزمایش با هوا، شبکه لوله کشی فاضلاب و شبکه لوله کشی هواکش فاضلاب ممکن است با هم انجام گیرد. آزمایش نهایی باید پس از نصب همه لوازم بهداشتی و کامل شدن سیستم لوله کشی فاضلاب و شبکه لوله کشی هواکش انجام شود. آزمایش نهایی با دود یا هوا انجام می شود. در این آزمایش باید انتهای لوله اصلی که فاضلاب را از ساختمان به خارج، یا به نقطه ورودی به دستگاه تصفیه فاضلاب در داخل ساختمان (یا ملک) هدایت می کند، و نیز انتهای لوله های هواکش مسدود شود و دود (با استفاده از ماشین های ایجاد دود) یا هوا، با فشار وارد شبکه لوله کشی فاضلاب و شبکه لوله کشی هواکش شود. در این آزمایش باید همه سیفون های فاضلاب با آب پر شود. اندازه گیری با فشارسنج صورت می گیرد. فشار آزمایش ۲۵ میلی متر آب و مدّت آن ۱۵ دقیقه است. در مدت آزمایش نباید فشارسنج هیچ کاهش فشاری نشان دهد. این آزمایش دست کم باید سه بار تکرار شود. در صورتی که لوله ها یا فیتینگهای شبکه لوله کشی، یا قسمتی از آنها، از نوع پلاستیکی (پی وی سی یا پلی اتیلن) باشد، به کار بردن دود برای آزمایش نهایی مجاز نیست.

آزمایش نشت لوله کشی گاز: قبل از اینکه لوله کشی گاز داخل ساختمان به تجهیزات گازسوز متصل شده و مورد استفاده قرار گیرد، باید برای اطمینان از عدم نشت لوله ها آن را با دقت آزمایش نمود، در صورتی که قسمتی از لوله پوشانده شده و یا در داخل کانال غیر قابل دسترس قرار گیرد آزمایش فوق باید قبل از پوشانیدن لوله انجام شود. برای انجام این آزمایش باید از هوا (یا نیتروژن) استفاده نمود. فشار آزمایش باید ۰/۷ بار (۱۰ پوند بر اینچ مربع) باشد و برای این آزمایش باید از فشارسنجی که دامنه کاری آن (۱۵-۰) پوند بر اینچ مربع و یا (۲-۰) بار مندرج شده باشد، استفاده نمود که بتواند افت فشارهای جزئی ای را که در اثر وجود نشت در لوله کشی به وجود می آیند نشان می دهد. در این آزمایش باید حداقل تا مدت ۲۴ ساعت هیچ گونه افت فشاری در سیستم لوله کشی مشاهده نشود.

آزمایش و تحویل گیری آسانسور: آسانسور(ها) پس از نصب و راه اندازی باید توسط مهندسین صاحب صلاحیت آزمایش و تحویل شود. این تحویل گیری مانع از ضمانت شرکت سازنده، فروشنده و نصاب آسانسور نخواهد بود. تا زمان عقد قرار داد نگهداری مناسب با اشخاص حقیقی و حقوقی صاحب صلاحیت، مسئولیت آسانسور(ها) با کارفرما یا بهره بردار ساختمان خواهد بود و در قبال هر حادثه ای باید جوابگو باشد. هنگام تحویل گیری آسانسور(ها) علاوه بر مواردی که قبلاً ذکر شده رعایت نکات زیر کاملاً الزامی است. کابین باید در تراز هر طبقه توقف نماید و در حین ورود و خروج مسافر یا بار در آن تراز باقی بماند.

رواداری توقف کابین از سطح تراز ورودی نباید از ۲۵± میلیمتر بیشتر شود. در صورتیکه به دلیل ظرفیت سنگین و یا ارتفاع زیاد و یا هر دلیل دیگر کابین بعد از کم یا زیاد شدن مسافرین و بار، تغییر سطح دهد و از رواداری مجاز تجاوز نماید باید مکانیزم تراز طبقه شدن مجدد به سیستم اضافه شود. کابین نباید هنگام حرکت به سمت بالا یا پایین لرزش یا تکان داشته و صداهای سایش یا غیر معمول بدهد. قوه محرکه آسانسور باید کمترین لرزش و صدا را داشته باشد و با بالانس کردن صحیح و نصب لرزه گیرهای مناسب از به وجود آمدن و انتقال این موارد با سازه ساختمان جلوگیری شده باشد. در مواقع قطع برق، باید بتوان بطور دستی کابین را به نزدیکترین طبقه رسانید تا مسافران خارج شوند. دستورالعمل نحوه عملکرد باید در موتورخانه نصب باشد. یوک کابین باید از جنس فلز و استحکام آن توسط سازنده تضمین شده باشد. درهای کابین و طبقات (در نوع خودکار) باید هماهنگ باز و بسته شده و در موقع باز شدن به همدیگر متصل باشند. ضربه ناشی از برخورد در به مانع (مخصوصاً به مسافر) نباید از ۱۵۰ نیوتین بیشتر باشد. در کابین و در طبقات در هنگام بسته بودن باید کاملاً محدوده بازشوی ورودی را پوشش داده و قفل شود (قفل ایمنی). دگمه های زنگ اخبار و توقف اضطراری پایین ترین دگمه بوده و در ارتفاعی برابر با ۸۹۰ میلی متر نصب شوند و بالاترین دگمه نباید بیش از ۱۳۷۰ میلی متر از کف کابین ارتفاع داشته باشد. زنگ اخبار آسانسور باید مجهز به باطری قابل شارژ باشد و حتی المقدور امکان نصب زنگ کمکی در اتاق نگهبانی نیز فراهم گردد. ترجیحاً وسیله مکالمه دو طرفه در کابین نصب شود (تلفن و ...). درهای لولایی طبقات باید مجهز به پنجره مرئی شوند تا بودن کابین در طبقه مشخص شود. کیفیت و ابعاد این پنجره و شیشه باید طبق ضوابط استانداردهای ملی یا استانداردهای معتبر بین المللی باشد. روشن بودن داخل کابین بطور دائم الزامی است. تعبیه هواکش برای کابین الزامی است. در صورتیکه کابین درب نداشته باشد باید لبه ایمنی مجهز به میکروسوئیچ و یک چشم الکترونیکی یا دو چشم الکترونیکی در آستانه ورودی کابین نصب شود. ریلهای راهنمای آسانسور باید از جنس فولاد مخصوص بوده و با استحکام درستی انتخاب و نصب آنها توسط شرکت آسانسوری تضمین شده باشند. در موقع تحویل گیری آسانسور باید شناسنامه مربوطه به آسانسور نیز دریافت شود و در هر قرار داد نگهداری، این شناسنامه به رویت شرکت نگهدارنده برسد تا آخرین تغییرات اساسی در آسانسور به اطلاعات آن شناسنامه اضافه گردد. درهای خودکار آسانسور(ها) باید با وسیله ای مجهز شوند تا در حین بسته شدن چنانچه مانعی درچهار چوب در باشد تشخیص داده و ضمن جلوگیری از بسته شدن بطور خودکار شروع به باز شدن نمایند و بعد از مدت چند ثانیه (معمولاً ۴ ثانیه) توقف مجدداً بسته شود. دستگیره ای بر روی یکی از دیواره های کابین، ترجیحاً در عقب با سطحی صاف و با فاصله ای حداقل ۲۰ میلی متر از دیواره و در ارتفاع ۹۰۰ میلی متر از کف کابین نصب شود. حداقل شدت روشنایی بر روی دگمه های کنترل کابین و یا راهروها، وقتیکه در کابین و در طبقات باز میشود نباید از ۵۰ لوکس کمتر باشد و این روشنایی باید دائمی باشد. حداکثر ارتفاع دگمه ها و نشانگرهای کابین نباید بیش از ۱۸۰۰ میلیمتر باشد دگمه های نشان دهنده جهت، اندازه ای برابر ۱۸ میلیمتر خواهد داشت. نشانگر قابل رویتی برای نشان دادن اینکه تقاضای مسافر ثبت شده روی دگمه ها یا کنار آنها برای هر آسانسور باید وجود داشته باشد و پس از جواب دادن و به این تقاضا باید خاموش شده یا تغییر رنگ دهد. نشانگر رسیدن کابین به طبقه برای هر طبقه بصورت صوتی یا نوری با نشان دادن جهت حرکت آسانسور کار گذاشته شود که نشانگر نوری مذکور از هر طرف باید ابعادی حداقل به اندازه ۶۳ میلیمتر داشته باشد و نشانگر صوتی فوق برای جهت بالا یکبار و پایین دوبار زنگ بزند. در کلیه طبقات به جز طبقه ورودی اصلی، یک علامت تصویری با طرح استاندارد شده در مجاورت هر دگمه آسانسور نصب شود که نشان می دهد که در مواقع آتش سوزی از آسانسور استفاده نشود و راه پله خروجی و اضطراری را نشان بدهد. اتصال زمین مناسبی برای سیستم برق آسانسور مطابق مفاد مقررات مبحث طرح و اجرای تاسیسات برقی ساختمانها در نظر گرفته شود. در صورتیکه ساختمان به هر دلیلی قبل از تکمیل سیستم آسانسور مورد بهره برداری قرار گیرد، باید تمام نقاط دسترسی به چاه و آسانسور و موتورخانه آسانسور در برابر خطر سقوط حفاظت شوند.

آزمایشهای غیر مخرب: اتصالات جوشی بین اعضای اصلی قابهای خمشی ویژه باید به کمک آزمایشهای غیرمخرب مورد بررسی قرار گیرند. تمام جوشهای شیاری با نفوذ کامل در وصله ها و اتصالات باید به روش آزمایش اولتراسونیک و یا رادیوگرافی مورد آزمایش قرار گیرند. در صورت تشخیص دستگاه نظارت یا مهندس ناظر، جوشهای شیاری با نفوذ نسبی و جوشهای گوشه مورد استفاده در ساخت و وصله اعضاء و اتصالات باید تحت آزمایش رنگ نافذ یا مغناطیسی قرار گیرند.

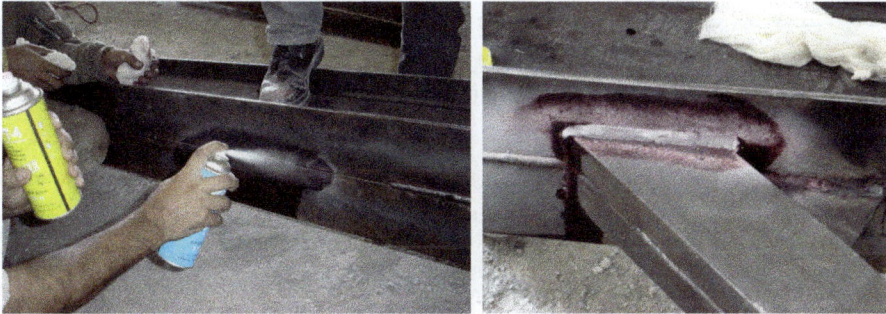

آزمایش رنگ نافذ

آزمون خمش: آزمون خمش به دو صورت خمش سرد و خمش مجدد صورت می گیرد. آزمون خمش سرد بر روی نمونه های با طول حداقل ۲۵۰ میلیمتر که مستقیماً از خط تولید به دست آمده و هیچگونه عملیات مکانیکی (از جمله تراشکاری) بر روی آن اعمال نشده است انجام می شود. روش آزمون خمش سرد مطابق استاندارد صورت می گیرد. در آزمون خمش مجدد، نمونه های آزمون که مشابه نمونه های خمش سرد است، به میزان ۹۰ درجه در دمای محیط خم و سپس نمونه به مدت حداقل نیم ساعت تا دمای ۱۰۰ درجه سانتیگراد گرم می شود. پس از آنکه نمونه سرد شده و به دمای محیط رسید آن را با نیروی پیوسته و یکنواخت، به میزان ۲۰ درجه برمی گردانند. میلگرد زمانی از نظر هر یک از آزمون های خمش قابل قبول تلقی گردد که پس از خمش، هیچگونه، ترک، شکستگی یا سایر عیوب در آن ایجاد نگردد و مشاهد نشود. در صورتی که قرار است در میلگردها از وصله جوشی استفاده شود، باید این میلگردها تحت آزمایش جوش پذیری قرار گیرند. در این آزمایش نمونه های جوش شده باید تحت آزمایش کشش و خمش قرار گیرند. در آزمایش کشش، زمانی میلگرد از نظر جوش پذیری قابل قبول تلقی میگردد که مقطع گسیخته شده، در محل جوش یا در مجاورت آن نباشد. در آزمایش خمش، زمانی میلگرد از نظر جوش پذیری قابل قبول تلقی می گردد که پس از خم کردن، ترکی در منطقه جوش شده و خود جوش به وجود نیاید.در مورد میلگردهایی که تا حد پوسته شدن زنگ زده باشند، بویژه میلگردهایی که به طور موضعی و عمیق دچار خوردگی شده باشند باید پس از ماسه پاشی آزمایش های زیر بر روی نمونه های آنها انجام شود:

الف) آزمایش و کنترل مجدد موارد مذکور در بندهای فوق

ب) اندازه گیری مجدد قطر اسمی میلگردهای و مطابقت آن با رواداری های مذکور در استاندارد. در صورتی که میلگردهای پوسته شده ضوابط فوق را برآورده نسازند، غیر قابل قبول تلقی می شوند.میلگردهایی که دچار خم و اعوجاج شدید شده اند فقط هنگامی قابل مصرف می باشند که مجدداً تحت آزمایش خمش قرار گرفته و ضوابط مزبور را برآورده سازند.

آزمونهای اولیه تأسیسات الکتریکی: تأسیسات الکتریکی را باید قبل از شروع بهره برداری و یا پس از هر تغییر عمده در آن، آزمود تا نسبت به صحت کارهای انجام شده طبق این مقررات اطمینان حاصل شود.

آسانسور: وسیله ای است متشکل از کابین و معمولاً وزنه تعادل و اجزاء دیگر که با روشهای مختلفی مسافر (نفر) یا بار یا هر دو را در مسیر بین طبقات ساختمان جابجا می کند. ← وظایف و مسوولیت های مجریان ساختمان

آسانسور کششی: آسانسوری است که حرکت آن بر اثر اصطکاک بین سیم بکسل و شیار فلکه کشش، به هنگام چرخش آن، توسط سیستم محرکه انجام می شود.

آسانسور هیدرولیکی: در این نوع آسانسور عامل حرکت کابین، سیلندر و پیستون هیدرولیکی است و ممکن است وزنه تعادل نیز داشته باشد و معمولاً برای ارتفاعات کم و سرعتهای کم کاربرد دارد.

آسانسورهای کنار هم دارای چاه مشترک: عرض کل چاه مشترک برابر با مجموع عرض چاههای هر آسانسور بعلاوه ضخامت دیواره ها یا سازه های جدا کننده است. عرض هر دیواره حداقل ۲۰۰ میلی متر میباشد. عمق چاهک برابر با عمق سریعترین آسانسور موجود در چاه مشترک میباشد. حداقل ارتفاع کف آخرین توقف تا زیر سقف موتورخانه برابر با ارتفاع استاندارد برای سریعترین آسانسور موجود در چاه مشترک میباشد. در صورتیکه در ساختمان تنها یک دستگاه آسانسور خودروبر در نظر گرفته شود میبایست از جدول ابعاد آسانسور ظرفیت ۲۵۰۰ کیلوگرم استفاده گردد. در صورتیکه در ساختمان بیش از یک دستگاه آسانسور خودروبر پیش بینی شده باشد، حداقل یکی از آنها از جدول ابعاد آسانسور ظرفیت ۲۵۰۰ کیلوگرم و برای دیگری میتواند از جدول آسانسور ظرفیت ۲۰۰۰ کیلوگرم استفاده نمود و مقابل ورودی آسانسور ظرفیت ۲۰۰۰ کیلوگرم علایم هشدار دهنده ابعاد و نوع ماشین قابل استفاده نصب گردد.

استاندارد مصالح: ویژگیها و روش آزمایش مواد و مصالح و فرآورده های ساختمانی باید منطبق بر استانداردهای معتبر باشد. تولید کنندگان و واردکنندگان باید ویژگیهای شیمیایی، فیزیکی و مکانیکی مواد و مصالح و فرآورده های ساختمانی را مطابق استانداردهای معتبر تأمین کنند و در صورت درخواست مصرف کننده، تولید کننده، توزیع کننده یا وارد کننده ملزم به ارائه آن است. طراحان و مجریان باید در نقشه ها و مدارک فنی مربوط، ویژگیهای مواد و مصالح و فرآورده های ساختمانی را تعیین نمایند. استفاده از مواد و مصالح و فرآورده های ساختمانی با ویژگیهای نامشخص و غیر قابل قبول مجاز نیست.

استفاده از علائم ایمنی تصویری و تابلوها: علائم تصویری استفاده شده، ممکن است تفاوتهای ناچیزی با علائم مشخص شده در این مقررات داشته باشد، چنین علائمی بشرط آنکه دارای مفهوم بوده و در تصمیم گیری مانعی ایجاد نکند، مجاز است. بازتاب نوری و تیرگی رنگ تابلو باید طوری باشد که به راحتی قابل رؤیت و درک باشد. تابلوها و علائم تصویری ایمنی باید در ارتفاع مناسب و در دید چشم نصب شوند. در مکانهائی که نور طبیعی ضعیف است، باید از رنگهای بازتاب نور و خود نور و مواد شب رنگ و یا نور مصنوعی استفاده کرد. زمانی که خطر مصرح در تابلو، دیگر وجود نداشته باشد، تابلو باید سریعاً از محل برچیده شود.

نمونه هایی از علائم ایمنی تصویری

استفاده از علائم ایمنی در برابر حریق: اگر نور طبیعی در محل نصب «علائم ایمنی در برابر حریق» کم باشد، فراهم نمودن روشنایی کافی از طریق چراغ های روشنایی اضطراری یا ساختن علائم با شب رنگ های بازتاب نور الزامی است. هنگام حریق استفاده از علائم مکمل نوری، کلامی یا صوتی به منظور هدایت به خروجی های اضطراری و مسیرهای فرار و مکان استقرار تجهیزات اطفاء حریق توصیه می شود. رنگ قرمز مشخص کننده مکان تجهیزات اطفاء حریق می باشد. مکان تجهیزات با به کارگیری تابلو و یا رنگ آمیزی پس زمینه ای که تجهیزات روی آن قرار دارند مشخص می شود. در صورتیکه تجهیزات به طور عمده قرمز باشند ممکن است به تشخیص مسئولین نیاز به رنگ کردن پس زمینه وجود نداشته باشد. اگر بنا به هر دلیلی تجهیزات آتش نشانی در مکانی دور از دید مستقیم قرار داشته باشد، باید مکان آنها با علائم و جهت نماهای مناسب تجهیزات آتش نشانی طبق مشخصات «علائم تصویری ایمنی» معین شود. علامت تصویری ایمنی می تواند با متن نوشتاری همراه شود، اما متن نوشتاری به تنهایی به عنوان علامت تصویری ایمنی کفایت نمی کند. شماره تلفن آتش نشانی می تواند بعنوان مکمل در جوار علامت تصویری ذکر شود. نصب تابلوی حاوی پلان معماری هر طبقه با تعیین موقعیت وسائل اطفای حریق و راه های خروج در آن توصیه می

شود. مجوز صادره جهت سیستمهای اعلام و اطفای حریق باید بصورت ادواری کنترل شود. همچنین تعمیر، حفظ و نگهداری سیستمهای اعلام و اطفای حریق الزامی است.

استفاده از مواد حباب ساز: بتنی که احتمال دارد در معرض یخ زدن و آب شدن یا تحت اثر مواد شیمیایی یخ زدا قرار گیرد باید با مواد افزودنی حباب ساز ساخته شود. مقدار درصد حباب هوا در بتن تازه باید طبق استاندارد اندازه گیری شده باشد.

استفاده مجدد از مصالح: در صورتی که مشخصات مواد و مصالح و فرآورده های ساختمانی مستعمل، با توجه به نوع مصرف آن با حداقل ویژگیهای تعیین شده مطابقت کند، استفاده از آن بلامانع است.

استقرار ترانسفورماتور: جهت استقرار ترانسفورماتور در اطاق ترانسفورماتور باید به نحوی باشد که شرایط زیر برقرار شود.

الف) اگر محور طولی ترانسفورماتور به موازات در باشد، بوشینگهای فشار قوی باید رو به داخل اطاق باشد.

ب) اگر محور طولی ترانسفورماتور عمود بر در باشد روغن نمای مخزن انبساط ترانسفورماتور باید رو به در اطاق باشد.

استقرار راههای خروج: در هر طبقه یا هر بخش از یک طبقه در هر بنا که دو خروج مجزا از هم طراحی شود، فاصله بین خروجها باید حداقل برابر با نصف اندازه بزرگترین قطر آن طبقه یا آن بخش باشد. اندازه گیری باید در خط مستقیم بین خروجها انجام شود، مگر در مورد آن گروه خروجهای دوربندی شده که متوسط راهروهای ارتباطی به هم مربوط هستند که در آن موارد، فاصله بین خروجها استثنائاً می تواند در طول مسیر راهرو اندازه گیری شود. در فضاها یا بناهایی که دارای بیش از دو خروج باشند، دست کم ۲ واحد از خروجها باید با مشخصات فوق الذکر طراحی شوند، مگر آنکه تمام بنا توسط شبکه خودکار تائید شده، محافظت گردد که در آن صورت فاصله بین خروجها چنانچه بطور مستقیم اندازه گیری شود، استثنائاً می تواند تا ثلث قطر کلی طبقه یا سطح مورد نظر کاهش یابد. سایر خروجها نیز باید در موقعیتی قرار گیرند که در صورت مسدود شدن هر یک توسط آتش و دود، از قابلیت خروجهای دیگر کاسته نشود. پلکان های طرح قیچی چنانچه با ساختار غیر سوختنی ۲ ساعت مقاوم حریق دوربندی و از یکدیگر جدا شوند، استثنائاً می توانند بعنوان خروجهای مجزا مورد قرار گیرند، که در این موارد ایجاد هر گونه روزنه نفوذی یا باز شوی ارتباطی بین دورندها، حتی به صورت محافظت شده، مجاز نخواهد بود. مسیرهای خروج باید به گونه ای طراحی شوند که برای رسیدن به یک خروج، عبور از میان آشپزخانه ها، انبارها، سرویسهای بهداشتی، فضاهای کاری، رختکن ها، اتاقهای خواب و فضاهای مشابهی که درهای آنها در معرض قفل شدن هستند، لازم نباشد. مسیرهای دسترسی خروج و درهای منجر به خروجها باید به گونه ای طراحی و آراسته شوند که به وضوح قابل تشخیص باشند. نصب هر گونه دیوار پوش، پرده، آویز، آیینه و نظایر آنها روی درهای خروج ممنوع است.

آسفالت ماستیک: با قالب گیری به صورت قطعات پیش ساخته تولید شده و با چسب قیری روی زیر سازی نصب می شود.

اضافه جریان: هر جریانی که بیش از جریان اسمی باشد.

اطفای حریق: در داخل ساختمان ها تابلوهای مشخص کننده راههای خروج و محل وسایل اطفای حریق، بعلت جمع شدن دود ناشی از حریق در بالا، باید در ارتفاع پائین تر از سقف (تابلوهای روی دیوار در ارتفاع ۱/۷ تا ۲ متر و تابلوهای روی درب ها تا حداکثر ۲/۵ متر بالاتر از کف) نصب گردد. در محلهای با احتمال خطر یا وجود مواد قابل اشتعال زیاد، علاوه بر علائم و تابلوهای الزامی، نصب تابلوهای کوچک دیواری در ارتفاع نزدیک کف و حتی علائم روی کف توصیه می شود.

اطلاعات اولیه طراحی پله برقی: مهندسین طراح باید با استفاده از اطلاعات زیر و اطلاعات تکمیلی اخذ شده از شرکتهای معتبر سازنده نسبت به انتخاب نوع، تعداد، ظرفیت و مکان صحیح قرار گیری پله برقی (ها) اقدام نمایند و مسئولیت هر گونه اشتباهی در خصوص موارد ذکر شده بعهده آنان می باشد. پله برقی (ها) باید در محلی قرار گیرد که بیشترین تردد مسافرین از آنجا صورت بگیرد و بدون بروز اغتشاش در مسیر حرکت عادی آن طبقه، افراد را به سطح بالاتر یا پایین تر منتقل نماید. در صورت ضورت و عدم امکان رویت باید با علائم مناسبی افراد به سمت پله برقی (ها) هدایت شوند. در ابتدا و انتهای پله برقی فضای غیر محصور مناسبی در نظر گرفته شود بنحوی که مسافرین براحتی به مسیر حرکت خود ادامه داده و از ازدحام در قسمت ورودی و خروجی جلوگیری شود. حداقل عرض این فضا باید ۰/۲ متر از فاصله بین مرکز دو دستگیره بیشتر بوده و عمق آن از انتهای دستگیره حداقل ۲/۵ متر باشد. در صورتیکه عمق ۲ متر باشد حداقل عرض باید دو برابر فاصله بین مرکز دو دستگیره باشد. در مکانهای پرتردد نظیر مترو و پایانه های مسافری باید از پله های عریض استفاده نمود. در صورتیکه پله برقی (ها) در محیط روباز استفاده می شود

باید از نوعی انتخاب شود که قابلیت کار در این محیط را دارا باشد. اطراف منطقه باز طبقه فوقانی می بایستی بنحوی محصور گردد که امکان سقوط اشیاء یا افراد منتهی گردد. حداکثر سرعت پله برقی در صورتیکه زاویه شیب آن بیش از ۳۰ درجه نباشد ۰/۷۵ متر بر ثانیه می باشد در صورتیکه زاویه شیب بین ۳۰ تا ۳۵ درجه باشد حداکثر سرعت نامی ۰/۵ متر بر ثانیه می باشد. حداقل فاصله قائم مجاز ما بین نوک هر پله تا هر مانع فوقانی ۲/۳۰ متر میباشد. زاویه شیب پله برقی نباید از ۳۰ درجه تجاوز نماید در صورتیکه حداکثر ارتفاع پله از ۶ متر و حداکثر سرعت از ۰/۵ متر بر ثانیه تجاوز ننماید این زاویه تا ۳۵ درجه قابل افزایش می باشد.

اعضای باربر: اعضایی از ساختمان که بار مرده و زنده ساختمان را به شالوده‌ها انتقال می دهند. ← آجر مهندسی

اعوجاج: ← آزمون خمش

افت فشار: ← آزمایش نشت لوله کشی گاز

افزایش بنا: انجام هرگونه عملیات ساختمانی که سطح یا حجم یک بنا را افزایش دهد.

اکترود یا الکترودهای زمین پست: در نزدیکی هر پست باید حداقل یک اتصال زمین اساسی احداث شود. اتصال زمینهای دیگر باید در انتهای خطوط تغذیه کننده یا تابلوهای اصلی بعد از پست ترانسفورماتور احداث شوند. انتخاب نوع اتصال زمین با توجه به الکترود زمین انشعاب فشار ضعیف به عمل می آید، با این تفاوت که به جای جریان نامی کنتور، جریان نامی کلید اصلی تابلو در انتخاب نوع اتصال زمین در نظر گرفته می‌شود.

آگهی علائم تصویری و تابلو: شامل پیام تصویری، رنگ و مطالب آنها است.

آلودگی ظاهری آب: آلودگی آب در حدی که کیفیت آن از نظر سلامتی غیر بهداشتی نباشد ولی خصوصیات ظاهری آن، مانند رنگ، طعم، بو و غیره در حدی باشد که نتوان آن را به عنوان آب آشامیدنی مناسب دانست.

آلودگی غیر بهداشتی آب: وارد شدن مواد زیان آور در لوله کشی توزیع آب آشامیدنی، ممکن است آن را سمی کند یا موجب انتشار بیمارهای ناشی از فاضلاب شود و از این طریق برای سلامتی عمومی خطر جدی ایجاد نماید.

آلومینیم: آلومینیم فلزی است نقره ای رنگ، با جلای فلزی، نرم، سبک و دارای قابلیت شکل پذیری زیاد و پس از فولاد پرمصرف ترین فلز صنعتی است. از مزایای آلومینیم و آلیاژهای آن سبکی وزن و زنگ نزن بودن است ولی در مقابل ضریب ارتجاعی کم و در نتیجه تغییر شکل زیاد آنها زیر بار و حساسیت در برابر افزایش گرما و تغییر محسوس در خواص مکانیکی آنها در گرمای بیش از ۱۰۰ درجه سلسیوس، مصرف سازه ای این مصالح را محدود می سازد.

آلیاژهای آلومینیم مصرفی در کارهای ساختمانی: آلیاژهای آلومینیم با مقاومت نسبتاً کم که بیشتر برای ساخت ورق ساده یا موج دار، پوشش شیروانی ها، درزبندی و درزپوش، کارهای تزئینی، در و پنجره، برخی منابع نگهداری مایعات و ... استفاده می شوند. آلیاژهی آلومینیم با مقاومت زیاد که در قطعات باربر اصلی در کارهای ساختمانی و ساخت اسکلت سبک سازه ها به کار می روند. از گرد آلومینیم در ساختن رنگ وبتن گازی استفاده می شود. آلیاژهای آلومینیمی که در کارهای ساختمانی مصرف می شوند، به صورت نیمرخهای مختلف مانند ورق، میلگرد، چهارگوش و ... وجود دارند. برای اتصالات ساختمانی آلومینیمی، از پرچ، جوش و پیچ استفاده می شود. پرچ کردن برای آن دسته از آلیاژهای آلومینیم مناسب است که قابلیت جوش پذیری خوبی ندارند. آلومینیم به صورتهای زیر تولید و مصرف می شود: ورق آلومینیمی (به شکلهای ساده و موجدار) برای پوشش بام، درزپوش، کلاهک شومینه، مجاری هوا، کرکره ها و پوشش عایق حرارتی و رطوبتی و بازتاب گرما استفاده می شود. از ورقهای نازک آلومینیم نیز به عنوان محافظ رطوبت در دیوارها و سقفها و عایق استفاده می شود.

استفاده از آلومینیوم به عنوان پوشش عایق رطوبتی بام

نیمرخهای آلومینیمی (در ساخت چارچوب و قاب در و پنجره، قاب دیوارهای غیر باربر، چارچوب، کف پله ها، نرده، ریلها و میله ها) استفاده می شود. آلومینیم و آلیاژهای آن را با نیمرخ های مختلف مانند تیرها I و H شکل، ناودانی، نبشی و مقاطع Z و T شکل می سازند. لوله ها و قوطی های آلومینیمی برای استفاده در کارهای ساختمانی مانند نرده، اتصال زنجیری، جان پناهها، حفاظ ها و دیوار کوبهای روشنایی مناسبند. ویژگی انواع نیمرخهای آلومینیمی باید مطابق با ویژگیهای ارائه شده در استاندارد باشد.

مثالی از استفاده از لوله و دیگر پروفیلهای آلومینیومی در ساختمان

آماده سازی برای جوشکاری: الف) قبل از شروع جوشکاری باید لبه لوله ها و اتصالات به وسیله برسی دستی یا برقی تا حد براق شدن از مواد زائد مانند رنگ، چربی ها و کثافات تمیز گردد.

ب) در صورتی که لوله با دستگاه لوله بر بریده شده باشد، قبل از شروع جوشکاری طوقه ایجاد شده در داخل لوله باید بوسیله برقو یا سوهان گردکاملا برداشته شود.

پ) در مورد جوش لب به لب اگر ضخامت لوله یا اتصال کمتر از ۳ میلی متر باشد، پخ زدن لبه لوله اختیاری است و می توان به وسیله سوهان یا سنگ سمباده برقی پخ ملایمی بر روی لبه ها ایجاد نمود.

ت) پس از هم راستا کردن لوله ها باید دو سر لوله را درگیره همطرازی قرار داده و یک پاس جوش را تا حد امکان در زیر گیره انجام داد.

ث) بعد از جوشکاری هر پاس و قبل از شروع پاس بعدی، باید سرباره و ناخالصی هر پاس جوش را با سنگ زدن بر طرف نمود.

ج) لوله هایی که سر آنها دو پهن شده باشد، قبل از شروع جوشکاری باید سر آنها را کاملا گرد نمود. برای اینکار حتی الامکان از چکش کاری لوله خودداری گردد و در صورت لزوم باید قسمت آسیب دیده لوله بریده شود.

آماده سازی محل بتن ریزی: تمامی مواد زاید از جمله یخ باید از محل های مورد بتن ریزی زدوده شوند. قالب ها باید به نحوی مناسب تمیز و اندود شوند. مصالح بنای که در تماس با بتن خواهند بود باید به خوبی خیس شوند. تمامی میلگردها قبل از بتن

ریزی باید کاملاً تمیز شده و عاری از پوشش های آلاینده باشند. قبل از ریختن بتن، باید آب اضافه از محل بتن ریزی خارج شود، مگر آنکه استفاده از قیف و لوله مخصوص بتن ریزی در آب (ترِمی) مورد نظر باشد و یا دستگاه نظارت آن را مجاز بداند. قبل از ریختن بتن جدید روی بتن سخت شده قبلی باید لایه ضعیف احتمالی سطح بتن و هر نوع ماده زاید دیگر زدوده شود.

اندودکاری قالب با روغن مخصوص

الزامات الکتریکی علائم و تابلوها: سیم ها و تجهیزات الکتریکی باید مطابق ضوابط طرح و اجرای تاسیسات برقی ساختمان ها اجرا شده و دارای روکش و عایق مناسب بوده و بصورت ثابت نصب گردند.

الزامات انتخاب و نصب لوازم بهداشتی: دستشویی: الف) روی دهانه تخلیه آب دستشویی باید شبکه قابل برداشتن و مقاوم در برابر خوردگی قرار گیرد.ب) دهانه تخلیه آب دستشویی باید امکان قرار دادن درپوش موقتی باشد و دستشویی سرریز داشته باشد.پ) قطر دهانه تخلیه آب دستشویی باید دست کم ۳۲ میلی متر باشد.ت) اگر دستشویی به صورت لگن های سرتاسری باشد، هر ۵۰ سانتی متر طول آن باید به عنوان یک دستشویی تلقّی شود و همه الزامات مندرج در این مقررات در مورد آن رعایت شود.ث) فاصله محور دستشویی از سطح دیوار مجاور یا هر مانع دیگر، نباید کمتر از ۴۵ سانتی متر باشد. توالت غربی: الف) توالت غربی باید طوری نصب شود که فاصله محور آن از سطوح دیوار مجاور یا هر مانع دیگر، کمتر از ۴۵ سانتی متر و از محور لوازم بهداشتی دیگر کمتر از ۷۶ سانتی متر نباشد. جلو توالت غربی باید دست کم ۵۰ سانتی متر تا دیوار یا در مقابل آن جای خالی پیش بینی شود. کابین توالت غربی نباید کمتر از ۹۰ سانتی متر پهنا و ۱۵۰ سانتی متر درازا داشته باشد. ب) در فضاهای عمومی، توالت غربی باید از نوع بزرگ باشد و نشیمن گاه و لولایی قابل برداشتن داشته باشد.پ) توالت غربی باید از نوعی باشد که هر بار پس از ریزش و تخلیه آب، همواره مقداری آب در لگن آن باقی بماند. ت) نشمین گاه و در لولایی توالت غربی، از نظر اندازه باید متناسب با لگن و از نظر جنس مقاوم در برابر رطوبت باشد.ث) لوله خروجی فاضلاب توالت غربی باید با یک زانوی ۸۰×۱۰۰ میلی متر (۳×۴ اینچ) و یا با یک فلنج به همین اندازه به لوله فاضلاب ساختمان متصل شود. توالت شرقی: الف) توالت شرقی باید طوری نصب شود که فاصله محور طولی آن از سطح دیوار مجاور یا هر مانع دیگر، کمتر از ۴۵ سانتی متر، و از محور طولی لوازم بهداشتی دیگر کمتر از ۷۶ سانتی متر نباشد. جلو توالت شرقی باید دست کم ۵۰ سانتی متر تا دیوار یا در مقابل آن جای خالی پیش بینی شود. کابین توالت شرقی نباید کمتر از ۹۰ سانتی متر پهنا و ۱۵۰ سانتی متر درازا داشته باشد.ب) توالت شرقی باید از نوع تخت یا کشکولی و از جنس مقاوم در برابر نفوذ آب و رطوبت باشد.پ) سطوح آشکار توالت شرقی باید صاف و صیقلی و بدون گوشه های زائدی، که شستشو و تمیز کردن آن را مشکل کند، باشد.ت) ساخت لگن توالت شرقی باید طوری باشد که هنگام شستشو آب از آن به کف کابین جریان نیابد و پس از تخلیه آب، در هیچ یک از نقاط سطح آن آب باقی نماند و کاملاً تخلیه شود.ث) قطر نامی لوله فاضلاب خروجی از توالت شرقی باید دست کم ۱۰۰ میلی متر (۴ اینچ) باشد.ج) اتصال لوله تخلیه فاضلاب توالت شرقی به لوله فاضلاب ساختمان، از طریق کف کابین، باید کاملاً آب بند و گازبند باشد.چ) به هنگام شستشوی لگن توالت شرقی، نباید از درزهای اطراف لگن، آب به داخل اجزای ساختمانی کف کابین نفوذ کند. پیسوار: الف) پیسوار باید طوری نصب شود که فاصله محور آن از سطح دیوار مجاور یا هر مانع دیگر، کمتر از ۴۰ سانتی متر و از محور لوازم بهداشتی دیگر کمتر از ۷۶ سانتی متر نباشد. جلو پیسوار باید دست کم ۵۰ سانتی متر، تا دیوار یا در مقابل آن جای خالی پیش بینی شود. ب) پیسوارهایی

که در فضاهای عمومی نصب می شوند باید سیفون آشکار و قابل دسترسی داشته باشند.پ) کف و دیوار اطراف پیسوار باید دست کم تا ۶۰ سانتی متر از جلو و به ارتفاع ۱۲۰ سانتی متر از کف و ۶۰ سانتی متر در هر طرف، با مواد آب بند و مقاوم در برابر نفوذ رطوبت ساخته شود و سطوح آن کاملاً صاف و صیقلی باشد. دوش: الف) لوله قائم دوش باید با بست به دیوار پشت دوش ثابت و محکم شود. کابین دوش: ۱) سطح کابین دوش باید دست کم ۰/۶ متر مربع باشد.۲) کابین دوش ممکن است اشکال مختلف داشته باشد. در حالت مربع یک ضلع، در حالت مثلث ارتفاع، و در حالت دایره یا بیضی قطر آن نباید کمتر از ۷۵ سانتی متر باشد. فضایی که برای شیر، جاصابونی، دستگیره و دیگر متعلقات لازم است باید خارج از اندازه های داده شده برای کابین دوش باشد. ۳) دیوارهای اطراف کابین باید دست کم تا ارتفاع ۱/۸۰ متر با مواد آب بند و مقاوم در برابر نفوذ رطوبت ساخته شود و سطوح آن کاملاً صاف و صیقلی و قابل شستشو باشد. پنجره و درهای شیشه ای کابین دوش باید طبق استانداردهای ایمنی باشد. کف کابین دوش یا زیردوشی باید به حالت تراز روی زیر سازی نرم و صاف کار گذاشته شود. کف کابین دوش یا زیردوشی باید کاملاً بدون درز، آب بند و مقاوم در برابر نفوذ رطوبت باشد. لبه های زیردوشی باید در همه طرف دست کم ۵۰ میلی متر نسبت به کف آن بالاتر باشد. اتصال لوله فاضلاب تخلیه زیردوشی یا کف شوی کف کابین به لوله فاضلاب ساختمان باید کاملاً آب بند و گازبند باشد. از درزهای اطراف کف شوی یا زیردوشی نباید آب و رطوبت به داخل اجزای ساختمان نفوذ پیدا کند. قطر نامی لوله تخلیه کف شوی کف کابین یا زیردوشی نباید از ۵۰ میلی متر (۲ اینچ) کمتر باشد. روی دهانه تخلیه باید شبکه مقاوم در برابر خوردگی و قابل برداشتن نصب شود که سوراخ های آن از ۶ میلی متر بزرگتر نباشد. اگر در یک فضای ساختمان چند کابین دوش، فقط با یک دهانه تخلیه پیش بینی شده باشد شیب بندی کف باید طوری صورت گیرد که فاضلاب یک کابین از داخل کابین دیگر عبور نکند.

آب بندی کف و دیوار اطراف سیستمهای بهداشتی

الزامات ساخت و نصب علائم و تابلوها: در کلیه تابلوها و علائم در صورتی که دارای تجهیزات الکتریکی داخلی باشد، باید تمهیدات لازم به منظور جلوگیری از نفوذ آب به داخل آن، پیش بینی گردد. ترسیم پیام علائم تصویری و تابلوها با رنگ و غیره، مستقیم روی دیوار یا روی سایر عناصر ساختمانی و طبیعی مانند درخت و صخره بصورتی که قابل برچیدن نباشد ممنوع است. تابلوها و علائم تصویری به غیر از تابلوها و علائم متحرک، شامل پایه ها و ادوات الکتریکی و نورپردازی آنها باید بصورت ثابت طراحی شوند. نصب تابلو و علائم تصویری بصورت که پس از نصب، تمامی یا بخشی از آن دارای هر گونه حرکتی به صورت لرزش، چرخش و حرکت توسط جریان هوا باشد ممنوع است. در ساخت تابلوها و علائم حتی الامکان باید از ایجاد سکوها، سوراخ ها و درزهای غیر معمول که محل جمع شدن گرد و غبار و بوجود آمدن لانه پرندگان و انبار تجهیزات و وسائل اضافی شود، اجتناب کرد.

الزامات عمومی ساختمانهای خشتی: رعایت محدودیتهای زیر در پلان ساختمان الزامی است:

الف) طول ساختمان از دو برابر عرض آن یا ۲۵ متر بیشتر نباشد.

ب) نسبت به دو محور اصلی قرینه باشد.

پ) پیشامدگی و پسرفتگی در پلان نداشته باشد.در صورت تجاوز از هر یک از بندهای فوق باید با استفاده از درز انقطاع ، ساختمان را به چند ساختمان کوچکتر که با شرایط فوق سازگار باشند، تقسیم کرد. حداقل عرض درز انقطاع ۴ سانتیمتر می باشد.
ت) باید از ایجاد اختلاف سطح در یک طبقه ساختمان پرهیز شود. در صورت وجود اختلاف سطح، دو قسمت ساختمان باید توسط درز انقطاع از یکدیگر جدا شوند.

الزامات عمومی ساختمانهای سنگی: رعایت محدویتهای زیر در پلان ساختمان الزامی است:

الف) طول ساختمان از دو برابر عرض آن یا ۲۵ متر بیشتر نباشد.
ب) نسبت به دو محور اصلی تقریباً قرینه باشد.
پ) پیشامدگی و پسرفتگی در پلان نداشته باشد.در صورت تجاوز از هر یک از بندهای فوق باید با استفاده از درز انقطاع، ساختمان را به چند ساختمان کوچکتر که با شرایط فوق سازگاری باشند، تقسیم کرد. حداقل عرض درز انقطاع ۴ سانتیمتر می باشد.
ت) باید از ایجاد اختلاف سطح در یک طبقه ساختمان پرهیز شود. در صورت وجود اختلاف سطح، دو قسمت ساختمان باید توسط درز انقطاع از یکدیگر جدا شوند.

الزامات نوع و مقاومت مصالح علائم و تابلوها: نوع مصالح تابلوها و علائم (غیر از تابلوها و علائم تصویری موقت) و پایه های نگهدارنده آن باید بادوام و مقاوم باشند و پوسیده و خراب نشوند. استفاده از مصالح قابل احتراق چون چوب، کاغذ و پلاستیک های قابل اشتعال سریع، در تابلوها و علائم تصویری دارای ادوات الکتریکی ممنوع است. استفاده از سطوح شیشه ای در تابلوها و علائم (غیر از شیشه نویسی) ممنوع است مگر آنکه از شیشه های نشکن بوده یا دارای شبکه محافظ داخلی باشند. پایه های نگهدارنده تابلوها و علائم تصویری در صورتی که داخل زمین کار گذاشته شود باید درون شالوده بتنی قرار گیرند. در تابلوها و علائم تصویری که روی نمای ساختمان قرار می گیرند، برای سازگاری و هماهنگی با معماری ساختمان، استفاده از مصالح نما، توصیه می شود.

الکترود: الکترودهای مصرفی باید طبق استاندارد AWS/ASME SFA5.1 یا معادل آن ساخته شده باشند. برای جوشکاری لوله با قطرهای زیر ۵۰ میلی متر (۲ اینچ) می توان از الکترودهای با شماره استاندارد E6010 یا E6013 استفاده نمود. ولی برای جوشکاری لوله های با قطر ۵۰ میلی متر (۲ اینچ) و بالاتر، فقط استفاده از الکترود E6010 مجاز می باشد. روی جعبه الکترود باید نام سازنده، شماره استاندارد الکترود، قطر الکترود، محدوده آمپر و ولتاژ مصرفی و تاریخ ساخت ذکر شده باشد. استفاده از الکترودهای فاسد شده یا الکترودهائی که پوشش آنها یکنواخت نبوده و در هنگام مصرف دچار ریزش و یا باعث بدسوزی، قطع و وصل جریان قطع یا انحراف قوس الکتریکی شود مجاز نیست.

الکترود جوشکاری: ویژگی های الکترود مصرفی برای جوشکاری باید با استاندارد منطبق باشد. اکترود عبارت است از فلز پرکننده جوش درزکه به صورت مفتول و یا میلگرد نازک بدون روکش و یا روکش دار عرضه می شود. جریان بین انبرک جوشکاری و قوس الکتریکی برقرار می گردد. خواص مکانیکی فلز الکترود باید تا حد امکان نزدیک به خواص مکانیکی فلزی باشد که جوش داده می شود و براب به کار بردن در محل های مختلف (جوشکاری افقی، قائم، سربالا و مانند اینها) مناسب باشد. در هر حال مقاومت جوش باید به حدی باشد که بتواند تنش های محاسباتی را تحمل کند. الکترود جوشکاری از دو قسمت تشکیل شده است.

الف) فلز جوشکاری: فلز جوشکاری را با قطرهای مختلف از ۲ تا ۶ میلیمتر و گاهی نیز بیشتر تهیه می کنند. عموماً برای جوشکاری سازه های فلزی از الکترود با قطرهای بزرگ استفاده می شود.
ب) پوشش روی فلز: فلز جوشکاری را با موادی که ممکن است نازک و یا ضخیم باشد می پوشانند. روکش های الکترود، ترکیب شیمیایی و خواص فیزیکی فلز جوش را کنترل و تنظیم می نمایند. روکش ها ممکن اکسید کننده، اسیدی، سلولزی یا قلیایی باشند.

الکترود زمین: یک قطعه یا قسمت هادی گروهی متشکل از قطعات هادی که در تماس بسیار نزدیکی با زمین بوده و با آن اتصال الکتریکی برقرار می کند. خصوصیات اتصال زمین باید از طرفی با خواسته های حفاظتی سیستم، و از طرف دیگر با مقررات ایمنی در برابر برق گرفتگی در اثر تماس با بدنه های هادی، مطابقت کند. چنانچه شرایط مناسب باشند، می توان برای هر دو منظور از یک الکترود زمین استفاده کرد و در غیر این صورت باید از دو سیستم اتصال زمین مجزا، یکی برای حفاظت سیستم فشار قوی

(فشار متوسط) و دیگری برای حفاظت در برابر برق گرفتگی و اتصال زمین سیستم فشار ضعیف (خنثی) استفاده کرد. در این حالت لازم است دو الکترود به نحوی ترتیب داده شوند که عملاً خارج از حوزه اثر ولتاژ همدیگر قرار گیرند. چنانچه در یک پست ترانسفورماتور خطوط ورودی و خروجی فشار قوی (فشار متوسط) همگی کابلی باشند و طول هر یک از خطوط قبل از پست، از ۳ کیلومتر کمتر نباشد، می توان برای هر دو منظور حفاظت سیستم و ایمنی، از یک الکترود زمین استفاده کرد در غیر این صورت لازم است از دو الکترود زمین استفاده شود. بدنه های هادی مربوط به فشار قوی (فشار متوسط) و فشار ضعیف و نقطه خنثای ضعیف، همگی به این الکترود وصل می‌شوند. در مواردی که امکان انتقال ولتاژ فشاری قوی (به خصوص صاعقه) به تجهیزات فشار ضعیف وجود دارد، لازم است از دو الکترود زمین استفاده شود. در این صورت، فاصله دو الکترود از یکدیگر، در نزدیکترین نقطه، نباید از ۲۰ متر کمتر باشد و در مورد الکترودهای قائم این فاصله احداث دو الکترود برای هر پست در موارد زیر لازم خواهد بود: الف) چنانچه حتی یکی از خطوط فشار قوی (فشار متوسط) ورودی یا خروجی پست، هوایی باشد (علی رغم مجهز بودن به صاعقه گیر)،

ب) در صورتی که خط یا خطوط فشار قوی (فشار متوسط) ورودی و خروجی پست کابلی باشند، حتی اگر یکی از آنها هم در فاصله ای کمتر از سه کیلومتر به خط هوایی تبدیل یا به خط هوایی وصل شده باشد، باز هم برای هر پست از دو الکترود استفاده کرد. اگر طول خط کابلی کمتر از ۳ کیلومتر باشد، ولتاژ صاعقه فرصت تخلیه از طریق زره یا غلاف کابل نخواهد یافت. در پستهایی که، طبق مقررات، احداث دو الکترود زمین الزامی باشد، معمولاً الکترود حفاظتی را در اطراف پست و الکترود ایمنی و سیستم (نقطه خنثای فشار ضعیف) را در نقطه ای دورتر احداث می کنند. هر یک از رشته های هادی خنثای کابلهای خروجی حامل نیرو، در صورت داشتن شرایط مناسب، می‌توانند برای اتصال به الکترود زمین مورد استفاده قرار گیرند. اگر خطوط خروجی از پست از نوع هوایی باشند، می توان الکترود زمین خنثای فشار ضعیف را یک دو دهنه بعد از پست احداث و به هادی خنثی وصل کرد. بدنه های هادی مربوط به تجهیزات فشار قوی (فشار متوسط) و فشار ضعیف، بسته به نوع ساختمان پست، از نظر شرایط وصل بودن بدنه های هادی، می توانند به دو حالت زیر به الکترودهای زمین وصل شوند:

الف) در مواردی که تفکیک تابلوها و تأسیسات فشار متوسط از فشار ضعیف ممکن نباشد (مانند پستهای تمام فلزی یا بتن مسلح که تابلوهای فشار متوسط و ضعیف آن را طریق اجزای فلزی ساختمان آن، یا میلگردهای بتن، به همدیگر وصل شده اند.) لازم است بدنه های هادی کلیه لوازم و تجهیزات، اعم از فشار ضعیف و فشار قوی (فشار متوسط)، به الکترود زمین حفاظتی وصل شوند. در این موارد نقطه خنثای فشار ضعیف باید به الکترود سیستم ایمنی وصل شود.

ب) در مواردی که امکان تفکیک تابلوها و تأسیسات فشارقوی (فشار متوسط) از فشار ضعیف وجود دارد، می توان بدنه های هادی تابلوها و وسائل فشار ضعیف را به جای وصل الکترود حفاظتی، به هادی خنثی، و از آن طریق به الکترود ایمنی وصل کرد. البته بدنه های هادی سیستم فشار قوی (فشار متوسط)، مانند حالت (الف)، به الکترود زمین حفاظتی وصل می‌شود. نظر به اینکه در اغلب ساختمانهای پست، تفکیک بدنه های فشار متوسط و فشار ضعیف مشکل است، وصل همه بدنه ها، اعم از فشار قوی (فشار متوسط) و ضعیف به الکترود حفاظتی، مطمئن تر خواهد بود. از انواع روشها و لوازم زیر می توان به صورت انفرادی یا اشتراکی استفاده کرد: میله های فولادی مخصوص با روکش مس، به صورت کوبیده شده در زمین، با حداقل ۱۶ میلیمتر قطر. لوله های گالوانیزه (لوله آب) به صورت کوبیده شده یا دفن شده (قائم)، حداقل ۱ اینچ. تسمه فولادی گالوانیزه گرم، با حداقل ۱۰۰ میلیمتر مربع سطح مقطع و ۳ میلیمتر ضخامت (۳۰× ۵ و ۳۰×۳/۵ میلیمتر). صفحه مسی دفن شده در زمین (چاه)، به ابعاد حداقل ۵۰×۵۰ سانتیمتر و با ۲ میلیمتر ضخامت. هادی مسی (تسمه با سطح مقطع حداقل ۵۰ میلیمتر مربع و با ۲ میلیمتر ضخامتهادی چند مفتولی ۳۵ میلیمتر مربع با حداقل قطر هر مفتول ۱/۸ میلیمتر). الکترودهای جاسازی شده در پی ها، با حداقل ضخامت فولاد ۳ میلیمتر. میله های فولادی در بتن مسلح (میلگردها). هر نوع جرم فلزی دفن شده در زمین، به شرطی که استفاده از آن ایجاد خرابی نکند (الکترولیز). زره و غلاف فلزی کابلهای دفن شده، به شرطی که نسبت به برقرار بودن دائمی آنها اطمینان وجود داشته باشد و در تماس با زمین باشند. مقاومت الکتریکی الکترود زمین به عوامل فراوان و مخصوصاً شرایط خاک در اطراف الکترود و طول الکترود بستگی دارد. برای حجم معینی از فلز الکترود هر چه یکی از ابعاد آن طولانی تر بوده و تماس الکترود با خاک بیشتر باشد، مقاومت آن نسبت به جرم کلی زمین کمتر خواهد بود. بنابراین یک الکترود میله ای یا تسمه ای که به صورت قائم

یا افقی نصب شده باشد نسبت به الکترود صفحه ای ارجحیت دارد. الکترود صفحه ای که اثر ترین الکترودها است. نوع خاک و مخصوصاً نمناک بودن آن در کم شدن مقاومت الکترود اثری زیاد دارد. به این علت رسیدن به نم طبیعی هدف الکترودهای قائم است. برای احراز ۲ اهم مقاومت زمین برای ایمنی، ممکن است از یک یا چند روش ذکر شده در بالا به موازات هم استفاده شود. در این صورت باید انتخاب نوع الکترودها با توجه به خورندگی متقابل یا حفاظت کاتودیک انجام شود. عمق دفن یا کوبیده شدن الکترود باید به قدری باشد که خشک شدن یا یخ زدگی زمین در فصول مختلف سال اثر قابل ملاحظه ای بر مقاومت آن نداشته باشد. در عین حال، عمق الکترودها نباید از مقادیر زیر کمتر باشد: الکترودهای کوبیده شده یا دفن شده به صورت قائم: ۲ متر، لبه بالایی الکترود صفحه ای از سطح زمین: ۱/۷ متر، الکترودهای افقی تسمه ای یا هادی مسی: ۰/۷ متر، الکترودهای زمین نباید در خاک دستی کوبیده یا دفن شوند، برای همین عمق الکترودها از سطح زمین بکر اندازه‌گیری می‌شود. در پایان کار احداث هر الکترود زمین، و از آن پس به صورت دوره ای، باید مقاومت آن را نسبت به جرم کلی زمین به کمک دستگاههای قابل قبول برای انجام این کار و توسط افراد کارآزموده اندازه گیری کرد واگر تغییرات قابل ملاحظه ای در مقاومت الکتریکی مشاهده شد، نسبت به توسعه سیستم اتصال زمین یا احداث الکترودهای جدید، با هدف احراز دو اهم برای سیستم، اقدام کرد. برای هر الکترود زمین یا سیستم زمین باید یک پرونده مخصوص تشکیل شود و اندازه گیریهای دوره ای، با ذکر تاریخ دیقیق، در آن ثبت شود. این پرونده باید در اختیار فرد، افراد یا تشکیلات بهره بردار از سیستم، برای بازرسی در دسترس باشد. برای تقلیل مقاومت الکترود زمین می توان آن را وسائل مختلف آبیاری کرد، مشروط به اینکه آبیاری به صورت مداوم انجام شود.

الکترود زمین اساسی (برای هر دو نوع زمین، حفاظت سیستم و ایمنی): در اغلب نقاط کشور، متداولترین روش احداث الکترود زمین همان است که به آن «چاه زمین» می گویند و آن عبارت است از یک صفحه مسی که در عمق زمین دفن می‌شود. عمق نصب الکترود منطقه ای از زمینی محاسبه می‌شود که در آن نم طبیعی به طور دائم وجود داشته باشد. صفحه مسی باید به صورت قائم در ته چاه قرار داده شود و در اطراف آن، حداقل به ضخامت ۲۰ سانتیمتر از هر طرف، پودر زغال هیزم ریخته و کوبیده شده باشد. اتصال هادی زمین به صفحه مسی ممکن به یکی از دو روش زیر انجام شود:

الف) در انتهای هادی، یک کابلشوی مسی، که به حداقل دو عدد پیچ با مهره های قفل کننده مجهز است، نصب می‌شود. این کابلشو ممکن است از نوع پرسی (با پرس هیدرولیک) باشد. کابلشو، به کمک دو عدد پیچ مسی مجهز به مهره های اصلی و قفل کننده، به صفحه مسی محکم می‌شود.

ب) به جای استفاده از پیچ می توان اتصالات را با استفاده از جوش اکسیژن (لحیم سخت) انجام داد، در این حالت باید دقت شود هادی به کابلشو و کابلشو به صفحه مسی در کل سطح تماس خود جوشکاری شده باشد و تنها به جوشکاری در طول محیط کابلشو اکتفا نشود. پس از آنکه صفحه مسی در داخل زغال کار گذاشته شد، متناوبا ۵ لایه سنگ نمک خرد و سرنده شده و ۵ لایه پودر زغال، هر یک به ضخامت ۱۵ سانتیمتر، در داخل چاه ریخته و فشرده می‌شود. از آن به بعد، چاه با خاک سرنده شده پر و لایه به لایه فشرده می‌شود. هنگام انجام عملیات یاد شده باید، تا جایی که ممکن است، هادی اتصال زمین در وسط چاه قرار بگیرد و به هیچ وجه نباید آن را تحت نیروی کششی قرار داد. هادی زمین از محل اتصال به صفحه مسی تا خارج شدن از زمین باید یکپارچه باشد و هیچ گونه زدگی و خوردگی در طول آن وجود نداشته باشد. به جای صفحه مسی می توان ۵ حلقه هادی اتصال زمین را، که قطر متوسط حلقه های آن ۵۰ سانتیمتر باشد، کنار هم پیچیده و در زمین قرار داد. بقیه شرایط مانند حالت استفاده از صفحه خواهد بود. در انجام اتصالات نباید از لحیم نرم (سرب یا قطع) استفاده شود. در حالی که عمق لبه بالایی صفحه مسی نباید از ۱/۵ متر کمتر باشد، برای حداکثر آن حدی تعیین نمی‌شود. مناسب ترین عمق چاه، عمقی است که در آن «نم دائمی زمین» وجود دارد. قبل از اقدام به حفره چاه برای اتصال زمین، توصیه می‌شود با شرکت برق منطقه ای محلی مؤسسه جایگزین آن مشورت شود تا نسبت به شرایط محلی زمین اطلاعات کافی کسب شود و آمادگی لازم به دست آید. در هر حال عمق چاه را مقامات صلاحیت دار تعیین خواهند کرد. چاهی که به منظور احداث الکترود زمین حفر می‌شود باید مختص همان کار باشد و از آن نباید برای هیچ منظور دیگری استفاده شود. به همین ترتیب، استفاده از هر گونه چاه دیگری (آب یا فاضلاب و غیره) به منظور ایجاد اتصال زمین تحت هر عنوان و به هر دلیلی ممنوع است.

الکترود زمین برای انشعاب فشار ضعیف: اعم از اینکه انشعاب مشترک یک فاز باشد یا سه فاز، باید حداقل یک اتصال زمین ایمنی برای آن پیش بینی شود. در شهرها، شهرکها و مجموعه ها، با توجه به شرایط ذکر شده در زیر، الکترودهای اتصال زمین باید از نوع اساسی یا از نوع ساده باشد. در سایر موارد انتخاب با مجری مقررات خواهد بود.

الف) برای مشترکان با کنتور تا ۲۵ آمپر یک فاز یا سه فاز: یک الکترود زمین ساده،

ب) برای مشترکان با کنتور ۶۰ آمپر سه فاز یا مجموعه های دارای چندین مشترک که کنتورهای آنها در یک نقطه متمرکز باشد و جمع جریانهای نامی کنتورهای هر فاز از ۶۰ آمپر تجاوز نکند: دو الکترود زمین ساده در فاصله حداقل ۶ متر از همدیگر یا یک الکترود ساده ولی به عمق ۴ متر،

ج) برای مشترکان با کنتور بیش از ۶۰ آمپر سه فاز یا مجموعه های دارای چندین مشترک که کنتورهای آنها در یک نقطه متمرکز باشد و جمع جریانهای نامی کنتورهای هر فاز از ۶۰ آمپر تجاوز کند: یک اتصال زمین اساسی یا اتصال زمین مشابه پست ترانسفروماتور تغذیه کننده آن ،

د) در مورد مجموعه هایی که کنتورهای آنها درب پیش از یک نقطه متمرکز یا به صورت انفرادی نصب شده و فاصله آنها نیز بیش از ۸ متر باشد، هر نقطه تمرکز یا کنتور انفرادی یک مشترک به حساب می آید.

الکترود زمین ساده (فقط برای وصل به هادی خنثای فشار ضعیف): گاهی احداث الکترود زمین اساسی برای همه مشترکان برق عملی و اقتصادی نخواهد بود. برای همین برای مواردی که تعداد مشترکان در سیستم زیاد است و میتوان با احداث تعدادی الکترود ساده تر با مقاومت بیشتر به مقاومت زمین مطلوب، دست یافت، از این نوع الکترود استفاده خواهد شد. الکترود زمین ساده یک لوله گالوانیزه به قطر حداقل ۱ اینچ (لوله آب) یا میله فولادی مخصوص است که در زمین کوبیده یا به صورت قائم دفن می شود. حداقل طول لوله در زمین بکر نباید از دو (۲) متر کمتر باشد. لوله باید یکپارچه، (بدون هر نوع بوشن و جوش) و سالم باشد و در زمان نصب، هیچگونه خراشیدگی، زنگ زدگی، خمیدگی و فرورفتگی نداشته باشد. اگر لوله به روش کوبیدن نصب شود، انتهای پشرو آن می تواند در دو طرف دارای بریدگیهای ۴۵ درجه (فارسی) باشد تا لوله راحت تر در زمین فرو برود. در صورتیکه لوله دفن می‌شود، باید ابتدا چاهی به عمق حداقل ۲ متر در زمین بکر بکنند (عمق خاک دستی، در صورت وجود به حساب نمی آید.) و پس از قرار دادن لوله در وسط آن، چاه را با ۵ لایه پودر ذغال چوب و ۵ لایه نمک سنگ خرد شده و سرند شده به تناوب پر کنند و آن را بکوبند. ضخامت هر لایه ذغال یا نمک ۱۵ سانتیمتر خواهد بود، از آن پس چاه را با خاک سرند شده پر می کنند و آن را لایه به لایه می کوبند. در محل خروج لوله از زمین، یک چاهک بتنی یا آجری (با ملات سیمان) که ابعاد آن حداقل ۳۰×۳۰×۳۰ سانتیمتر خواهد بود، سر لوله را، که باید حداقل ۲۰ سانتیمتر از کف چاهک بالاتر باشد، در بر خواهد گرفت. کف چاهک به قطر ۲۰ سانتیمتر خالی از هر گونه مصالح ساختمانی خواهد بود تا هنگام آبیاری، آب به بالای الکترود نفوذ کند. چاهک با یک دریچه مجهز به چهارچوب و در فلزی بسته می‌شود و در داخل آن نباید اجسام دیگری غیر از سرلوله و بست اتصال زمین و انتهای هادی زمین، وجود داشته باشد. بست اتصال هادی زمین به لوله نباید از جنس آلومینیم یا آلیاژهای آن باشد. این بست با پیچ محکم به دور لوله بسته می‌شود. هادی زمین باید با دو عدد پیچ و مهره به ترمینال مخصوصی که قسمتی از بست را تشکیل می دهد بسته شود. باید بتوان هادی اتصال زمین را، در طول عبور از محل اتصال به ترمینال الکترود زمین تا محل ترمینال اصلی در پای کنتور، به خوبی دید مگر در جاهایی که این هادی، برای محفوظ بودن، از درون یک لوله غیر فلزی محافظ رد شده باشد. در پایان کار، و سپس به صورت دوره ای، باید چاهک و هادی زمین را بازدید کرد تا از محکم بودن اتصالات و مصون ماندن آنها از زنگ زدگی و خوردگی اطمینان حاصل شود. به خاطر لزوم آبیاری الکترود زمین باید آن را در محلی احداث کرد که رطوبت حاصل به ساختمان و تأسیسات آن آسیب نرساند.

الکترودهای زمین مستقل: از نظر الکتریکی (الکترود زمین مستقل) الکترودهایی هستند که فاصله آنها از همدیگر به قدری است که در صورت عبور حداکثر ممکن جریان از یکی از آنها، پتانسیل سایر الکترودها به نحوی قابل ملاحظه تغییر نکنند.

الگوسازی: برای ساخت انبوه قطعات، ساختن الگو ضرروری است. این الگو باید شامل یک میز کار قیدهای مخصوص باشد تا کلید ابعاد و اندازه های قطعه را در برگیرد و تثبیت کند. در ساخت الگو باید کلیه پیش بینی های لازم از جمله ایجاد خیز اولیه، کشیدگی و اعوجاجات ناشی از جوشکاری و سایر که در شکل و اندازه های نهایی قطعه موثر هستند، انجام شود. پس از اطمینان

از ابعاد قطعه باید کلیه اجزا به وسیله خالجوش یا پیچ های موقت به هم متصل شوند. در مواردی که دو یا چند عضو تشکیل یک مجموعه را می دهند، نظیر تیرها و ستونهایی که یک قاب را تشکیل می دهند، پیش مونتاژ یک مجموعه کامل برای اطمینان از درستی ابعاد کل مجموعه ضروری است.

امواج صوتی هوابرد: امواج صوتی هوابرد به امواج صوتی گفته می‌شود که محیط انتشار آن هواست.

انبار کردن: انبار کردن مواد و مصالح و فرآورده های ساختمانی باید به گونه ای باشد که دسترسی به آنها آسان بوده، مصالحی که زودتر وارد می شوند زودتر خارج شده و مصرف شوند، با مصالح دیگر مخلوط نشده و شرایط محیطی باعث از دست رفتن ویژگیهای آنها نشود. همچنین امکان رخ دادن آتش سوزی وجود نداشته باشد.

انبار کردن مصالح: از انبار کردن و انباشتن مصالح ساختمانی در نزدیکی لبه های گودبرداری، دهانه چاه ها، گودال ها و غیره باید جلوگیری به عمل آید. برداشتن مصالح انبار شده توسط کارگر باید از بالاترین قسمت شروع گردد و از کشیدن و برداشتن آنها از قسمت های تحتانی که باعث ریزش و ایجاد حادثه شود، باید خودداری گردد. برای انبار کردن تخته های چوبی باید آنها را روی چوب های عرضی قرار داد، به طوری که کاملا روی زمین قرار نگیرند و بین هر چند ردیف، چوبهای عرضی قرار داده شود. کلیه تأسیسات و تجهیزات کارگاهی که به منظور انبار کردن مصالح به کار می روند، بایستی دارای پایداری لازم در مقابل نیروهای وارده (ثقلی و جانبی) باشند. کیسه های سیمان، گچ، آهک و غیره نباید بیش از ده ردیف روی هم چیده شوند و برداشتن آنها باید به صورت ردیف های افقی انجام شود. از انباشتن مصالح ساختمانی بیش از حد مجاز طراحی روی سقف های اجرا شده و همچنین در مجاورت تیغه ها و دیوارهای کم عرض باید جلوگیری به عمل آید. آهن آلات (تیر آهن، نبشی، میلگرد و . . .) باید به ارتفاع کم طوری روی هم انباشته شوند که خطر غلطیدن ناگهانی آنها وجود نداشته باشد. طرفین لوله های فلزی که انبار می شوند، باید با موانع مناسب مهار گردد تا از غلطیدن آنها بر روی هم و ایجاد حادثه جلوگیری شود. از انباشتن مصالحی از قبیل شن، ماسه، خاک و غیره در کنار دیوارها و تیغه ها تا حد امکان باید جلوگیری به عمل آید. در صورتی که این کار اجتناب ناپذیر باشد، باید این مصالح طوری انباشته شوند که فشار بیش از حد به دیوار یا تیغه وارد نشود. در انبار کردن مصالح و نگهداری مواد قابل انفجار و مایعات قابل اشتعال، ضوابط مندرج در آیین نامه های زیر بایستی لحاظ گردد: الف: آیین نامه «پیشگیری و مبارزه با آتش سوزی در کارگاهها» ب: آیین نامه «حفاظتی مواد خطرناک و مواد قابل اشتعال و مواد قابل انفجار».

انبارکردن سنگدانه ها: سنگدانه ها را باید به نحوی انبار کرد که مواد خارجی و زیان آور آنها را آلوده نکنند. سنگدانه ها را باید بر حسب اندازه دانه آنها را در محلهای مختلف انبار کرد.

انبارکردن قطعات: قطعات ساخته شده که پیش از حمل یا پیش از نصب، انبار می شوند باید از زمین فاصله داشته باشند. قطعات انبار شده نباید در معرض باران و برف قرار گیرند و محل انبار باید طوری باشد که از تجمع آب باران در زیر قطعات جلوگیری شود. تکیه گاههای مناسب برای قطعات انبار شده باید فراهم شود به نحوی که از تغییر شکل دایم آنها جلوگیری شود. شماره مشخصه هر یک از قطعات انبار شده باید بدون نیاز به جابجایی قطعات، قابل تشخیص باشد.

انبارکردن و مصرف سیمانهای فله: سیمان های فله، باید در سیلوهای استاندارد نگهداری شوند. سیلوهای سیمان و شالوده های آنها باید از نظر سازه ای محاسبه و طراحی شده باشند. سیلوهای سیمان باید مجهز به ترازنما، برای تعیین موقعیت تراز سیمان در داخل سیلو، و نیز دریچه ای در پایین برای میل زدن، در صورت طاق زدن سیمان باشند. برای هر محموله وارد شده به کارگاه، مشخّصات کارخانه و نوع سیمان و تاریخ تولید سیمان باید در برگ تحویل ثبت شده باشد. از آنجا که انتقال سیمان از مخزن کامیون به داخل سیلو به کمک هوای فشرده صورت می گیرد و در نتیجه سیمان به تدریج متورم می شود، نباید بیش از ۸۰ درصد ظرفیت اسمی سیلوها را پر کرد. سیمان های فله را باید براساس نوع آنها به طور جداگانه نگهداری کرد، به گونه ای که امکان اشتباه آنها با هم وجود نداشته باشد. نوع سیمان موجود در هر سیلو باید به نحو مناسبی مشخص شود. سیمان نگهداری شده در سیلو، باید حداکثر ۹۰ روز پس از تولید مصرف شود، و اگر بنا به دلایل غیر قابل اجتناب این امر امکان پذیر نشد، باید قبل از مصرف تحت آزمایش قرار گیرد.

انتخاب برنامه: کوتاهترین زمان انتظار در طبقه اصلی بهترین کیفیت سرویس دهی آسانسور میباشد. این زمان انتظار تاثیر مهمی روی تعداد و مشخصات آسانسورها دارد، بنابراین انتخاب برنامه باید با مطالعه دقیقی صورت گیرد. برای ساختمانهای مسکونی، نسبت به سطح کیفیت مورد نظر آنها، زمان انتظار ۶۰، ۸۰ و حداکثر ۱۰۰ ثانیه قابل قبول میباشد.

انتخاب شیر: شیرهایی که در لوله کشی توزیع آب و آب گرم مصرفی به کار می رود باید از نظر جنس، اندازه، ضخامت جدار، نوع دنده و دیگر مشخصات برای کاربرد با نوع لوله و فیتینگ مناسب باشد. در لوله کشی های فولادی گالوانیزه، تا قطر ۵۰ میلی متر (۲ اینچ)، شیرها باید از نوع برنجی یا برنزی، مخصوص اتصال دنده ای باشد. شیرهای به قطر نامی ۶۵ تا ۱۰۰ میلی متر باید از نوع برنجی یا برنزی مخصوص اتصال دنده ای، یا چدنی مخصوص اتصال فلنجی، باشد شیرهای به قطر نامی ۱۲۵ و ۱۵۰ میلی متر باید از نوع چدنی و مخصوص اتصال فلنجی باشد.در لوله کشی های مسی، شیرها باید از نوع برنجی یا برنزی و مخصوص اتصال دنده ای باشد. در لوله کشی های پلاستیکی، شیرها باید از نوع برنجی یا برنزی و مخصوص اتصال دنده ای باشد.

انتخاب فلاش والو: انتخاب فلاش والو باید با رعایت صرفه جویی در مصرف آب صورت گیرد، فلاش والو نباید جایی نصب شود که میزان فشار ورودی آب به آن کمتر از حداقل تعیین شده باشد. فلاش والو باید از نوعی باشد که یک سیکل کامل عمل ریزش آب و باز بسته شدن جریان را، به طور خودکار و بر اثر فشار آب ورودی، بتواند انجام دهد. فلاش والو باید وسیله تنظیم داشته باشد تا بتوان مقدار آب ریزشی آن را تنظیم کرد.

انتخاب فیتینگ: الف) فیتینگهایی که در لوله کشی توزیع آب سرد و آب گرم مصرفی در داخل ساختمان به کار می رود باید از نظر جنس، اندازه، ضخامت جدار و دیگر مشخصات با لوله ها مطابقت داشته باشد و برای کار با لوله های انتخاب شده مناسب باشد. سطح داخلی فیتینگ ها نباید بر آمدگی، لبه یا برجستگی های اضافی که ممکن است مانعی در برابر جریان آب ایجاد کند، داشته باشد. در صورت استفاده از مهره ماسوره انتخاب مهره ماسوره باید از نوعی باشد که سطح آب بند بین دو قطعه آن مخروطی یا تخم مرغی باشد. کاربرد مهره ماسوره ای که سطح آب بند آن صفحه صاف عمود بر محور باشد، مجاز نیست.

ب) فیتینگهایی که در لوله کشی فولاد گالوانیزه استفاده می شود باید از نوع چدنی چکش خوار یا فولادی دنده ای گالوانیزه باشد.

پ) فیتینگهایی که در لوله کشی مسی استفاده می شود باید از نوع مسی یا آلیاژ مس، مناسب برای اتصال لحیمی موئینگی یا اتصال فیتینگ فشاری باشد. انتخاب فیتینگ های مسی یا آلیاژ مس از استانداردهای دیگر به شرطی مجاز است که از نظر جنس، ضخامت جدار، اندازه و دیگر مشخصات، مشابه استانداردهای مشخص شده بالا و مورد تأیید باشد.

ت) فیتینگهایی که در لوله کشی پلاستیکی توزیع آب سرد و آب گرم مصرفی داخل ساختمان به کار می روند، باید از نظر بهداشتی، شرایط دما و فشار کار، برای اتصال به لوله پلاستیکی انتخاب شده مناسب باشند. فیتینگ هایی که در لوله کشی پلی اتیلن مشبک (PEX) به کار می روند باید از جنس برنجی یا فولادی با روکش نیکل و طبق استاندارد باشند. فیتینگ هایی که در لوله کشی پلی اتیلن مشبک – آلومینیم – پلی اتیلن مشبک (PEX-PEX) به کار می روند باید از جنس برنجی یا فولادی با روکش نیکل و طبق استاندارد باشند. فیتینگ هایی که در لوله کشی پلی اتیلن دمای بالا (PE-RT) به کار می روند باید از جنس برنجی یا فولادی با روکش نیکل باشد. فیتینگ هایی که در لوله کشی پلی اتیلن پنج لایه (PE-RT/AL/PE-RT) به کار می روند باید از جنس برنجی یا فولادی با روکش نیکل و طبق استاندارد باشد. انتخاب فیتینگ های پلاستیکی از استانداردهای دیگر به شرطی مجاز است که از نظر جنس، ضخامت جدار، اندازه و دیگر مشخصات، مشابه استانداردهای مقرر شده بالا و مورد تأیید باشد.

انتخاب قطر لوله گاز: قطر لوله های گاز باید به اندازه ای باشد که بتواند گاز کافی را برای حداکثر مصرف دستگاه یا دستگاههای گاز سوز مربوطه تأمین نماید بدون اینکه بین کنتور و وسایل گازسوز افت فشاری بیش از ۱۲/۷ میلی متر ستون آب به وجود آید.

اطلاعات مورد نیاز برای محاسبه قطر لوله گاز:

الف) حداکثر افت فشار مجاز بین کنتور و دستگاههای گازسوز (۱۲/۷ میلی متر ستون آب)،

ب) حداکثر مقدار گاز مصرفی مورد نظر در طرح،

پ) نسبت حداکثر مصرف احتمالی به مجموع ظرفیت دستگاههای نصب شده (ضریب هم زمانی مصرف). تذکر: ضریب همزمانی با توجه به میزان مصرف، تعداد وسایل گازسوز و سایر شرایط توسط طراح و یا مشاور تعیین می گردد و مقدار آن بین ۰/۷ تا ۱ در نظر گرفته شود.

ت) طول لوله کشی،

ث) چگالی گاز. حداکثر قطر اسمی مجاز لوله کشی گاز مصرفی با فشار ۱۷۸ میلی متر ستون آب، ۱۰۰ میلی متر (۴ اینچ) می باشد.

انتخاب محل جهت اتاق ترانسفورماتور: در انتخاب محل و نحوه استقرار اتاق ترانسفروماتور، علاوه بر ملاحظات مربوط به مرکز ثقل بار و خواسته های نظیر آن، که توضیح آن در این بحث نمی گنجد، لازم است مراتب زیر نیز رعایت شوند:

الف) اتاق باید در طبقه همکف قرار بگیرد و یکی از جبهه های آن مشرف به فضای آزاد باشد، در برابر این جبهه، حداقل تا فاصله ۵ متری نباید هیچگونه ساختمان یا مانع دیگری که تهویه اتاق و داخل خارج کردن ترانسفورماتور را با اشکال روبه رو کند وجود داشته باشد. در اصلی اتاق ترانسفورماتور باید در این جبهه قرار داشته، نقل و انتقال ترانسفورماتور به سادگی انجام پذیر باشد، برای همین ترجیح دارد وسیله نقلیه و جرثقیل بتوانند به این جبهه آمد و رفت کنند. اتاقهایی که به علل دیگر (مانند متعدد بودن طبقات زیرزمین و میزان تجهیزات مکانیکی با مصرف زیاد در آنها) باید در طبقات زیرزمین ساخته شوند، چنانچه حداقل ۵ متر فضای آزاد یاد شده در جلوی آنها وجود داشته، طول آنها نیز حداقل به اندازه ای که در زیر مشخص شده است، مانند اتاقی در طبقه همکف به حساب می آیند. حداقل طول فضای آزاد (متر) = عرض یا طول اتاق (متر)× (۲ + n) که در آن: n = تعداد اتاقهای ترانسفورماتور کنار یکدیگر. مقطع فضای آزاد نباید در تمام عمق آن کمتر از مقادیر فوق باشد.

ب) چنانچه ساختمان از نوعی باشد که نصب پست یا پستهای ترانسفورماتور در طبقات یا روی بام آن اجتناب ناپذیر شود، ضمن مراعات کلیه مقررات مربوط به تهویه اتاق و فواصل مجاز و درها و غیره، در آنها از ترانسفورماتورهای خشک استفاده کرد، در این صورت، مراعات و اجرای جزئیات مربوط به حائل آتش و غیره منتفی خواهد بود. همچنین، استفاده از هر نوع ترانسفورتور دیگر، مانند ترانسفورماتورهای روغنی یا دارای آسکارل (نوعی مایع خنک کن) و مانند آنها ممنوع است.

ج) در صورت امکان، جبهه مشرف به فضای آزاد اتاق ترانسفورماتور باید در جهتی انتخاب شود که تابش آفتاب به آن حداقل باشد (رو به شمال).

د) جبهه مشرف به فضای آزاد می تواند ضلع عرضی یا طولی اتاق باشد، در هر حال ترانسفورماتور را باید در راستای مناسب آن قرار داد.

انتخاب مسیر دودکش وسایل گازسوز: در انتخاب مسیر عبور دودکشهای وسایل گازسوز باید احتمال نفوذ گازهای سمی حاصل از احتراق به فضاهای مجاور دیوارهای حامل دودکش ها، مورد توجه قرار گرفته و پیش بینی های لازم برای جلوگیری از این خطر در هنگام طراحی دودکش ها به عمل آید. از آنجا که در ساختمانهای عموی تعداد مصرف کنندها و دستگاههای گازسوز ممکن است بسیار زیاد بوده و همه آنها به یک یا چند دودکش مشترک متصل گردند، لازم است طراحی دودکش های مشترک، اجرا و آزمایش های نهایی آنها و همچنین کلیه موارد مرتبط با دودکش های مشترک توسط افراد ذیصلاح انجام و کنترل گردد. در گرمابه های عمومی باید با دودکردن مسیر دودکشها (از جمله گربه روها) و همچنین کف نمره ها از نفوذ احتمالی گازهای حاصل از احتراق پیشگیری گردد.

انتخاب مصالح لوله کشی: روی هر شاخه از لوله و هر قطعه از اجزای لوله کشی، مانند فیتینگ، فلنج و شیر باید علامت کارخانه سازنده، و استاندارد مورد تأییدی که لوله و قطعه مورد نظر بر طبق آن ساخته و آزمایش شده است، به صورت ریختگی، برجسته یا مُهر پاک نشدنی نقش شده باشد. استفاده از مصالح کار کرده، آسیب دیده و معیوب مجاز نیست. مصالح لوله کشی باید در برابر اثر خوردگی و تغییر کیفیت، ناشی از اثر آب مصرفی که از شبکه آب شهری به ساختمان (یا ملک) انشعاب می دهد، مقاوم باشد. مصالح لوله کشی توزیع آب سرد و آب گرم مصرفی نباید بیش از ۸ درصد سرب داشته باشد. موادی که برای آب بندی در اتصال دنده ای، روی دنده ها اضافه می شود، نباید سرب داشته باشد. مصالح لوله کشی نباید بر کیفیت آب آشامیدنی اثر زیان آور داشته باشد و نباید رنگ، طعم و بوی آن را تغییر دهد.

انتخاب نوع سیم کشی: انتخاب نوع سیم کشی و طرز نصب به نکات زیر بستگی دارد:ماهیت محل، نوع و ماهیت دیوارها و سایر قسمتهای ساختمان که سیم کشی ها را دربردارند، قابلیت دسترسی به سیم کشی ها برای اشخاص و حیوانات اهلی، ولتاژ، تنشهای مکانیکی دیگری که ممکن است در حین نصب یا بهره برداری از تأسیسات الکتریکی در سیم کشی ها به وجود آید.

انتقال بتن: انتقال بتن از مخلوط کن تا محل نهایی بتن ریزی باید چنان صورت گیرد که از جدا شدن یا از بین رفتن مصالح جلوگیری شود. وسایل انتقال بتن باید امکان رساندن بتن به پای کار را طوری تأمین کنند که مواد تشکیل دهنده جدا نشوند و حالت خمیری بتن بین بتن ریزی های متوالی از دست نرود .

انتقال قطعات ساخته شده به پای کار: برای ارسال اقلام کوچک نظیر ورق های اتصال و پیچ و مهره و مانند آنها لازم است که این قطعات در جعبه های مناسب که شماره قطعات روی آنها درج شده باشد، حمل شوند. قطعاتی مانند مهاربندها، لاپه ها، میل مهارها و مانند آن باید به نحوی به یکدیگر بسته شوند که از گم شدن و یا آسیب دیدن در حین بارگذاری و تخلیه آنها جلوگیری شود. تمامی قطعات دارای پوشش رنگ و یا پوشش محافظ باید با دقت جابجا و بارگیری شوند تا از وارد شدن آسیب به پوشش آنها جلوگیری شود. استفاده از مواد نرم مانند چوب یا گونی مابین قطعات و در محل تماس با قلاب یا زنجیر بارگیری به حفاظت این پوشش ها کمک می کند. در مورد قطعات بسیار بلند یا بسیار بزرگ، باید از تکیه گاههایی در فواصل منظم از یکدیگر برای بلند کردن و استقرار این قطعات استفاده کرد تا از اعوجاج و آسیب دیدن قطعات تحت اثر وزن و نیز بر اثر ارتعاشات ناشی از حمل و نقل جلوگیری شود. در هنگام بارگیری قطعات برای حمل زمینی به پای کار، لازم است قطعات بزرگتر قبل از قطعات کوچکتر یا سبک تر روی وسیله نقلیه قرار گیرند تا از صدمه دیدن قطعات کوچک جلوگیری شود. برای حمل و نقل قطعاتی که بدلیل شکل غیر متقارن و یا وجود زائده هایی در سطح خود، نمی توانند به طور مطمئن روی وسیله نقلیه مستقر شوند، لازم است که با تعبیه تکیه گاههای خاص، وزن قطعه به صورت یکنواخت در سطح بزرگی توزیع شود تا از تمرکز تنش در قطعه و در وسیله حمل و نقل جلوگیری گردد. بستن قطعه به وسیله نقلیه باید در قوی ترین قسمت قطعه و یا در نقاط مهار پیش بینی شده در مرحله ساخت، صورت گیرد. سخت کننده هایی که برای حمل و نقل به قطعات متصل شده اند، ممکن است در عملیات نصب نیز مورد استفاده قرار گیرند. بنابراین نباید تا حصول اطمینان از عدم نیاز به آنها، از قطعه اصلی جدا شوند. قطعات بلند یا سنگین باید در زیر قرار گیرند و قطعات کوچکتر در فضای باقیمانده به نحوی چیده شوند که از آسیب رسیدن به آنها جلوگیری شود. همچنین باید به امکان جابجا شدن قطعات در حین حمل و نقل توجه نمود تا با چیدن مناسب از آسیب دیدن آنها جلوگیری گردد.

نمونه ای از قطعات ساخته شده و منتقل شده به پای کار

انتهای بسته (کور): انتهای شاخه افقی فاضلاب که به کلاهک، درپوش یا هر وسیله دیگری مسدود شده باشد و طول آن، پس از اتصال آخرین انشعاب فاضلاب، بیش از ۶۰ سانتیمتر باشد.

اندازه دریچه بازدید: در لوله کشی فاضلاب، تا قطر نامی ۱۰۰ میلی متر (۴ اینچ)، اندازه دریچه بازدید باید برابر باقطر نامی لوله فاضلاب باشد. در لوله کشی فاضلاب با قطر نامی بیش از ۱۰۰ میلی متر، اندازه دریچه بازدید باید ۱۰۰ میلی متر باشد در لوله

کشی افقی فاضلاب اصلی ساختمان با قطر نامی بیش از ۲۰۰ میلی متر (۸ اینچ)، برای بازدید باید آدم رو نصب شود. درپوش آدم رو باید در محل خود کاملاً مستقر، پایدار و گاز بند باشد.

انرژی گرمایی – سرمایی سالانه: مناطق مختلف کشور از نظر سطح نیاز انرژی گرمایی – سرمایی سالانه، به سه گروه تقسیم می گردند:نیاز انرژی گرمایی – سرمایی سالانه کم. نیاز انرژی گرمایی – سرمایی سالانه متوسط. نیاز انرژی گرمایی – سرمایی سالانه زیاد.

انسجام کلی سازه: ساختمانها و سایر سازه ها باید آن چنان طراحی شوند که آسیب دیدگی موضعی در آنها پایداری کلی سازه را به خطر نیاندازد و در حد امکان به سایر اعضای سازه گسترش نیابد. برای تأمین این منظور سیستم سازه باید به گونه ای انتخاب شود که بارها بتوانند از یک عضو آسیب دیده به سایر اعضا منتقل شوند و پایداری سازه در هر حالت حفظ گردد. این مقصود معمولاً با ازدیاد پیوستگی، نامعینی، شکل پذیری و یا ترکیبی از آنها در اعضای سازه تأمین می شود.

انشعاب آب برای تغذیه سختی گیر: انشعاب آب از لوله کشی آب مصرفی ساختمان برای تغذیه سختی گیر، در ساختمان های تجاری و صنعتی باید با نصب فاصله هوایی، شیر یک طرفه دوتایی یا شیر یک طرفه دوتایی یا شیر یک طرفه و یک خلاء شکن حفاظت شود. نصب یک شیر طرفه برای حفاظت اتصال آب به سختی گیر خانگی کافی است.

انشعاب آب برای تغذیه لوله کشی آب آتش نشانی: برای تغذیه لوله کشی آب آتش نشانی از شبکه لوله کشی آب مصرفی ساختمان، باید روی لوله انشعاب آب یک شیر قطع و وصل و یک شیر یک طرفه مورد تأیید نصب شود.

انشعاب آب برای تغذیه ماشین رخت شویی و ماشین ظرف شویی: ۱) اتصال آب برای تغذیه ماشین رخت شویی و ماشین ظرف شویی و دستگاههای مشابه دیگر باید با فاصله هوایی یا یک شیر یک طرفه و یک خلاء شکن حفاظت شود. ۲) در صورتی که در این ماشینها مانع جلوگیری از برگشت جریان پیش بینی شده باشد، نصب این لوازم روی لوله انشعاب لازم نیست.

انشعاب آب برای تغذیه مصارف غیر آشامیدنی: انشعاب آب برای تغذیه دستگاه ها و تأسیساتی که مصرف کننده آب هستند (مانند لوازم بهداشتی مخصوص، تانک ها و مخازن آب، پمپهای آب و هر سیستم مصرف کننده دیگری که ممکن است تحت فشار داخلی قرار گیرد). باید با فاصله هوایی شیر یک طرفه دوتایی، یا شیر اطمینان اختلاف فشار بین دو شیر یک طرفه حفاظت شود.

انشعاب های فرعی: تمام انشعاب های فرعی باید از بالا و یا از پهلوی لوله کشی های افقی گرفته شود.

انطباق بتن بر رده: در کنترل شرایط انطباق بتن بر رده مورد نظر، نباید از نتیجه آزمایش هیچکدام از نمونه ها صرفنظر شود مگر آنکه با دلیل کافی ثابت شود خطای عمده ای در نمونه برداری، نگهداری، حمل، عمل آوری، یا آزمایش روی داده است.

نمونه گیری بتن در کارگاه

انواع الکترود: الف) الکترودهای جوشکاری فولادهای ساختمانی ب) الکترودهای جوشکاری فولادهای کم آلیاژ ج) الکترودهای جوشکاری فولادهای مخصوص، نظیر فولادهای مقاوم در برابر حرارت و فولادهای با مقاومت بالا.

انواع تابلو و علائم تصویری از جهت مدت زمان استفاده: الف – علائم تصویری و تابلوی موقت: برای مدتی محدود به نمایش در می آید. در چنین تابلوهایی استفاده از مصالح مقاوم الزامی نیست، اما نکات ایمنی باید رعایت گردد. ب)علائم تصویری و تابلوی دائم: تابلوهایی هستند که محدودیتی از نظر مدت زمان نصب نداشته باشند. تابلوهایی که جواز نصب آنها دارای زما محدود است نیز در صورتی که امکان تمدید جواز داشته باشند، تابلوی دائم محسوب می گردند.

انواع تابلو و علائم تصویری از جهت نوع مصالح، شکل و اتصال: الف) تابلو و علائم تصویری کتیبه (افقی): مستقیماً منطبق و متصل به دیواره خارجی بنا یا عناصر سازه ای به صورت موازی با دیوار خارجی بنا نصب می گردند.

ب) تابلو و علائم تصویری طره (عمودی): به صورت عمود بر دیواره یا نمای ساختمان و سازه نصب می گردند.

ج) تابلو و علائم تصویری حجم دار: ضخامت آنها بیش از ۲۵ سانتیمتر بوده، و یا در آنها از عناصر حجم دار که بیش از ۲۵ سانتیمتر ضخامت دارند استفاده شده باشد.

د) تابلو و علائم تصویری ایستاده (با پایه مستقل): توسط پایه نگهدارنده روی زمین قرار می گیرند. پایه نگهدارنده می تواند سازه خاص تابلو یا نرده یا دیوار باشد.

ه) تابلو و علائم تصویری روی سایبان: به سایبانهای بنا نصب یا ترسیم شده و یا از آنها آویخته باشند. این سایبان ها به سازه هایی که با پوشش های مناسب پوشانده شده و از جداره ساختمان بیرون زده و بخشی از فضای مجاور بنا را می پوشاند، گفته می شود.

و) تابلو و علائم تصویری متحرک: تمام یا بخشی از آنها به منظور خاصی حرکت کند.

ز) تابلو و علائم تصویری قابل حمل: قابلیت جابجائی به مکانی دیگر دارند.

ح) تابلو و علائم تصویری الکتریکی: تابلویی است که سیم کشی برق داشته و کارکرد آن در همه اوقات یا گاهی با نیروی برق است. ولی علائم تصویری و تابلوهایی که با منبع روشنایی خارجی نورپردازی می شوند مشمول آن نیستند.

ط) شیشه نویسی: هر آگهی منصوب، منقوش و متصل به سطح شفاف ویترین و یا قرار گرفته در پشت شیشه که از بیرون قابل تشخیص باشد شیشه نویسی محسوب میشود.

ی) پلاک: تابلوهای کوچک با حداکثر مساحت تعیین شده در مقررات که پیام هائی چون معرفی کاربری های مستقر در بنا را دارد.

ک) پرچم: علائمی منصوب بر پایه از مصالح قابل انعطاف مثل پارچه و . . . است.

انواع شیشه بر حسب الزامات کاربردی: شیشه ها بر حسب کیفیت، شکل، نمای سطح و محل مناسب مصرف در انواع ایمنی، مسلح، تنیده، نشکن، متورق، مقاوم در برابر صوت، شیشه ضد گلوله، شیشه های بازتابنده (رنگی و پوشش دار)، ویژه (آینه ای، شیشه های مقاوم در برابر حرارت، شیشه عایق حرارتی، مات و سرامیکی) تولید می شوند.

انواع شیشه بر حسب فرآیند تولید: شیشه بر حسب فرآیند تولید که متشکل از چهار مرحله ذوب، شکل دادن، باز پخت یا تاباندن و پرداخت است، در انواع مختلف و به روشهای متفاوت تولید می شود.

انواع قرارداد اجرای ساختمان: قرارداد اجرای ساختمان معمولا به یکی از سه شکل زیر و برای انجام کل کار و یا بخشی از کار منعقد می‌شود: الف) قرارداد اجرای ساختمان با مصالح . ب) قرارداد اجرای ساختمان بدون مصالح یا دستمزدی . ج) قرارداد اجرای ساختمان به صورت پیمان مدیریت .

انواع مواد افزودنی تک منظوره: ۱) ماده افزودنی کندگیر کننده۲) ماده افزودنی تندگیر کننده۳) ماده افزودنی زود سخت کننده یا تسریع کننده زمان سخت شدگی۴) ماده افزودنی حباب هوا ساز۵) ماده افزودنی نگهدارنده آب۶) ماده افزودنی کاهنده جذب آب

انواع نقشه: بسته به مورد دو نوع نقشه برای اجرای ساختمان تهیه می شوند: نقشه های اجرایی، که علاوه بر اطلاعات نقشه های محاسباتی، شامل جزئیات اجرایی سازه از قبیل قطر، تعداد و طول میلگردها، محل قطع و وصله کردن آنها، نوع وصله ها و نظایر آن هستند، بطوریکه اجرای سازه به کمک این نقشه ها بدون ابهام میسر باشد. نقشه های اجرایی سازه های بتن آرمه با رعایت شرایط زیر باید توسط مهندس محاسب صلاحیتدار تهیه و به مقامات رسیدگی کننده تسلیم شود:

الف) نقشه ها باید با اطلاعات کافی و به طور واضح و با مقایس قابل قبول تهیه شوند.

ب) مقاومت خاک مبنای محاسبه و نیز ویژگی های مکانیکی بتن و فولاد باید ذکر شود.
پ) ابعاد و موقعیت تمام قطعات سازه ای، موقعیت و ابعاد تمامی بازشوها و سوراخ ها باید در نقشه ها داده شوند.
ت) جزئیات و مقاطع لازم برای تهیه نقشه های کارگاهی، قطر میلگردها، محل خم، قطع و وصله کردن آنها و اندازه های مربوط، باید داده شوند. قسمتی از این اطلاعات را می توان در جدول میلگردها قید کرد.
ث) ضخامت پوشش بتن روی میلگردها، قطر بزرگترین سنگدانه قابل مصرف در بتن و حداکثر نسب آب به سیمان و مقاومت مشخصه بتن و فولاد باید در نقشه ها داده شوند.
ج) موقعیت درزهای انقطاع، انبساط، اجرایی و جزئیات آنها در نقشه ها داده شوند.
چ) تهیه جدول میلگرد و تعیین وزن فولاد مصرفی به تفکیک هر نوع میلگرد، جزو وظایف طراح ساختمان در قبال کار فرما است، ولی تسلیم آن برای اخذ پروانه ساختمان ضرورت ندارد مگر موقعی که قسمتی از اطلاعات مربوط به میلگردها و نقشه های اجرایی قید نشده و تنها در این جداول به آنها اشاره شده باشد. نقشه های کارگاهی، که متناسب با شرایط هر سازه و سازندگان آن، با استفاده از جزئیات داده شده در نقشه های اجرای و با مقایس بزرگ، برای قسمت های خاص و حساس سازه تهیه می شوند. این نقشه ها باید براساس نیازهای کارگاه و بر مبنای نقشه های اجرایی، همزمان با عملیات اجرایی تهیه شوند و به تأیید دستگاه نظارت برسند.

آهک آبی و نیمه آبی: هرگاه ناخالصی سنگ آهک، مواد رسی و سیلیسی باشد از پختن آن بسته به مقدار ناخالصی آهک نیمه آبی یا آهک آبی تولید می شود.

آهک خالص: سفید رنگ است و وجود ناخالصی ها می تواند تا حدودی باعث تغییر رنگ آن شود.

آهک ساختمانی: آهک ماده چسباننده ساختمانی و به عبارت دیگر نوعی سیمان است. آهک ساختمانی ممکن است با توجه به درجه حرارت و نحوه پخت و خلوص سنگ آهک، کم و بیش حاوی ناخالصی هایی باشد. آهک زنده (Cao) میل ترکیبی زیادی با آب داشته و در تماس با آن می شکفد یا هیدراته می شود و به هیدروکسید کلسیم یا آهک شکفته [$Ca(OH)_2$] تبدیل می گردد. ویژگی انواع آهک ساختمانی باید مطابق با ویژگیهای ارائه شده در استاندارد باشد. آهک مصرفی باید ویژگیهای استاندارد را داشته باشد. آهک مصرفی در ساخت ملات، شفته و خشتهای تثبیت شده معمولا از نوع آهک سفید است. آهک باید در جایی مصرف شود که هوا نمناک باشد و یا دست کم آن را به مدت ۲۸ روز با وسایلی نمناک نگه دارند. آهک باید به صورت شیره آهک به مصرف برسد.

آهک منیزیومی یا دولومیتی: چنانچه ناخالصی سنگ آهک، کربنات منیزیم باشد آن را سنگ آهک دولومیتی می نامند و از پختن آن آهک منیزیومی حاصل می شود.

اولتراسونیک: ← آزمایشهای غیرمخرب

آویز: آویز وسیله ای است برای آویختن لوله از یک نقطه ثابت و نگه داشتن آن در ارتفاع پیش بینی شده، با امکان حرکت محدود طولی و عرضی.

ایمنی: منظور از ایمنی آن است که طراحی سیستم، اجزاء و اتصالات آن طوری باشد که سازه، پایداری و انسجام خود را حفظ نماید و ضمن حفظ شرایط اقتصادی، تحت اثر بارها و سربارهای متعارف آسیب ندیده و تحت بارها و سربارهای استثنایی گسیخته نشود.ایمنی عبارت است از: الف: مصون و محفوظ بودن، سلامت و بهداشت کلیه کارگران و افرادی که به نحوی در محیط کارگاه با عملیات ساختمانی ارتباط دارند.ب: مصون و محفظو بدون ، سلامت و بهداشت کلیه افرادی که در مجاورت یا نزدیکی (تا شعاع مؤثر) کارگاه ساختنمانی، عبور و مرور، فعالیت یا زندگی می کنندج: حفاظت و مراقبت از ابنیه، خودروها، تأسیسات، تجهیزات و نظایر آن در داخل یا مجاورت کارگاه ساختمانی.د: حفاظت از محیط زیست در داخل و مجاور کارگاه ساختمانی. رعایت اصول ایمنی و حفاظت کارگاه و مسائل زیست محیطی به عهده مجری می باشد. کارگاه ساختمانی باید به طور مطمئن و ایمن محصور و از ورود افراد متفرقه و غیر مسئول به داخل آن جلوگیری به عمل آید. همچنین در اطراف کارگاه ساختمانی نصب تابلوها و علایم هشدار دهنده، که در شب و روز قابل رویت باشد، ضروری است.

ایمنی کارگران: کارگرانی که در امر ساختن، حمل و ریختن بتن اشتغال دارند، باید به کفش، کلاه و دستکش حفاظتی مجهز باشند. همچنین کارگرانی که در ارتفاع به کار بستن آرماتور و قالب یا ریختن بتن می پردازند و در معرض خطر سقوط قرار دارند، باید مجهز به کمربند ایمنی و طناب مهار بوده و برای جلوگیری از سقوط آنها و نیز افتادن ابزار و وسایل کار از محل بتن ریزی موانعی نصب گردد. کارگرانی که به طور مداوم با سیمان کار می کنند و یا در اندود، بتن پاشی (شاتکریت) یا چکشی کردن بتن فعالیت دارند، باید به دستکش، عینک و ماسک تنفسی حفاظتی مجهز باشند. میخ های موجود در تخته ها و سایر اجزای قالب های چوبی باید بلافاصله بعد از باز شدن قالب به داخل چوب فرو کوبیده یا کشیده شود.

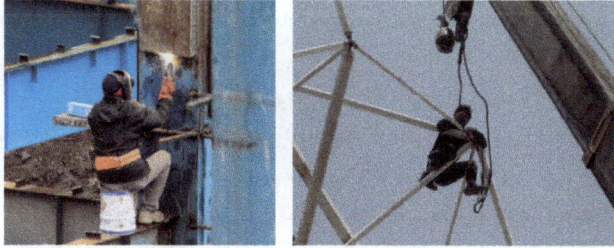

کار در ارتفاع در شرایط ناامن

ایمنی و بهداشت: اگر در یک ساختمان (یا ملک)، به سبب وجود تأسیسات بهداشتی یا فقدان آن، از نظر بهداشتی یا ایمنی وضعیت خطرناکی رخ دهد، صاحب ساختمان یا نماینده قانونی او باید برای برطرف کردن این خطر، با انجام اصلاحات لازم در تأسیسات بهداشتی موجود، تا زمانی که وضعیت سالم، بهداشتی و ایمنی پدید آید، اقدام کند. هر قسمت از ساختمان (یا ملک)، که در نتیجه نصب، تعمیر و یا نوسازی تأسیسات بهداشتی دستخوش تخریب، تغییر یا جابجایی شود، باید، پس از انجام کارهای مربوط به تأسیسات بهداشتی، مجدداً به حالت قابل قبول، بی خطر و ایمن بازسازی شود.

ب (بادبر – بهره برداری مناسب)

بادبُر: ← دسته بندی سنگ های ساختمانی از نظر شکل ظاهری

استفاده از سنگ بادبر (رگه ای یا مالون) در کوله های یک آبرو

بادکوبه ای: ← دسته بندی سنگ های ساختمانی از نظر شکل ظاهری

بار وارده: مجموعه کلیه نیروهایی است که به تکیه گاه وارد می شود و شامل وزن لوله، سیال داخل آن، فیتینگ ها، شیرها، عایق، و نیز کلیه نیروهایی که بر اثر انقباض و انبساط، فشارهای استاتیکی و دینامیکی، باد، برف یا یخبندان، و غیره به تکیه گاه وارد می شود.

بارهای ضمن اجرای ساختمان: برای اجزاء سازه ای که در ضمن انجام عملیات ساختمانی تحت تأثیر بارهای ثقلی و یا بارهای ناشی از اثرات محیطی قرار می گیرند، بسته به نوع عملیات و تجهیزاتی که مورد استفاده قرار می گیرد، بارهای مربوط باید به طور مناسبی در طراحی اجزاء مورد نظر قرار گیرند.

بارهای مرده: بارهای مرده عبارتند از وزن اجزای دائمی ساختمانها مانند:تیرها، ستونها، کف ها، دیوارها، بامها، راه پله ها و تیغه ها. وزن تأسیسات و تجهیزات ثابت نیز در ردیف این بارها محسوب می شوند.

باز آمیختن بتن: باز آمیختن بتن با آب پس از اتمام اختلاط، ضمن نقل و انتقال یا در محل بتن ریزی مجاز نمی باشد، مگر در موارد استثنایی و با کسب مجوز از دستگاه نظارت.

بازارچه: مجموعه ای بنا که برای عرضه غیر متمرکز کالاهای مختلف در نظر گرفته شده و یک راه عبور و مرورعمومی با حداقل ۹ متر عرض را در برمی گیرد.

بازرسی های ادواری شبکه لوله کشی توزیع آب مصرفی: نمونه آب از نظر خوردگی مصالح و آلودگی میکربی مورد آزمایش قرار گیرد. مخازن ذخیره آب دست کم سالی یک بار تخلیه و تمیز شود. اگر مخزن ذخیره فلزی است، در صورت نیاز، از داخل و خارج رنگ شود. لوازم حفاظت از آب آشامیدنی دست کم ماهی یک بار مورد بازرسی قرار گیرد. شیرهای خروجی آب از نظر خوردگی، نشت و کار سالم به طور منظم بازرسی شود. سرریز مخازن آب، فلاش و تانک و دستگاه های مشابه، از نظر مسدود نبودن، دست کم سالی یک بار بازرسی شود.

بازسازی: دوباره سازی بخشهای عمده ای از ساختمان که در اثر سانحه یا فرسودگی آسیب دیده اند. ⟵ سازمان میراث فرهنگی

بازشو: کلیه سطوح در پوسته خارجی ساختمان که برای ایجاد دسترسی، تأمین روشنایی، دید به خارج، خروج گاز حاصل از سوخت، تهویه و تعویض هوا ایجاد می گردند. (مثل انواع درها، دریچه ها، پنجره ها، نماهای شیشه ای، نورگیرها، هواکش ها، دودکش ها و . . .). ⟵ نعل درگاه ساختمانهای آجری با کلاف

بازشوها در ساختمانهای خشتی: رعایت محدودیتهای زیر برای بازشوها الزامی است:

الف) بازشوها حتی الامکان در قسمت مرکزی طول دیوارها تعبیه شوند.

ب) مجموع سطح بازشوها در هر دیوار باربر از یک سوم سطح آن دیوار بیشتر نباشد.

پ) طول کل بازشوها در هر دیوار از یک سوم طول دیوار بیشتر نباشد.

ت) فاصله اولین بازشو در هر دیوار باربر از بر خارجی ساختمان کمتر از دو سوم ارتفاع بازشو نباشد مگر اینکه در طرفین بازشو کلاف قائم قرار داده شود.

ث) حداکثر دهانه بازشوها ۱/۲۰ متر می باشد. در صورتی که دهانه بازشوها از این مقدار بیشتر باشد، با قرار دادن کلافهای قائم و افقی در اطراف بازشوها تقویت می شوند.

ج) حداقل فاصله افقی بین دو بازشو برابر ضخامت دیوار می باشد به شرطی که از ۶۵ سانتیمتر کمتر نباشد. در صورت عدم رعایت این فاصله، دو بازشوی نزدیک به یکدیگر مانند یک بازشو در نظر گرفته می شوند. در این حالت دیواری که در بین دو بازشو قرار می گیرد، باربر محسوب نمی شود و باید فاصله دو بازشو با مهاربندی چوبی به صورت قطری، تقویت گردد.

چ) حداکثر ارتفاع بازشوها ۲/۲۰ متر است. در صورت تجاوز از این حد، اطراف بازشوها باید به وسیله کلافهای افقی و قائم تقویت گردند. مقدار بازشوها باید با مقدار دیوار نسبی هماهنگ باشد.

ح) در بالا و پایین تمام بازشوهای بزرگ باید کلاف افقی چوبی قرار داده شود. این دو کلاف باید به وسیله کلافهای قائم به یکدیگر متصل شوند. حداقل قطر کلاف چوبی با مقطع دایره ای ۱۰ سانتیمتر می باشد. برای ساخت کلافهای چوبی می توان تیر و الوار چوبی یا ترکیبی از این دو که به نحو مناسبی به یکدیگر متصل شده اند استفاده کرد. در این صورت حداقل عرض و ضخامت کلاف باید ۱۰ سانتیمتر باشد. ضخامت هیچ یک از تیرها یا الوارهای به کار رفته در کلاف نباید از سه سانتیمتر کمتر باشد. لازم است از تخته های زیر سری به طول برابر با ضخامت دیوار، عرض ۱۵ سانتیمترو حداقل ضخامت ۱/۵ سانتیمتر، به فاصله ۶۵ سانتیمتر، زیر کلافهای چوبی قرار داده شود.

خ) در طرفین تمام بازشوهای بزرگ باید کلاف قائم چوی قرار داده شود. حداقل ضخامت کلافهای قائم باید ۷/۵ سانتیمتر باشد. برای ساخت کلافهای چوبی می توان از تیر یا الوار چوبی یا ترکیبی از این دو که به نحو مناسبی به یکدیگر متصل شده اند استفاده کرد. ضخامت هیچ یک از تیرها یا الوارهای به کار رفته در کلاف قائم نباید از سه سانتیمتر کمتر باشد.
د) کلافهای افقی و قائم باید کاملا به یکدیگر متصل شوند. اتصال کلافهای چوبی می تواند توسط میخ، بستهای فلزی یا قطعات چوبی مناسب تأمین گردد.
بازشوها در ساختمانهای سنگی: رعایت محدودیتهای زیر برای بازشوها الزامی است:
الف) بازشوها حتی الامکان در قسمت مرکزی طول دیوارها تعبیه شوند.
ب) مجموع سطح بازشوها در هر دیوار باربر از یک سوم سطح آن دیوار بیشتر نباشد.
پ) طول کل بازشوها در هر دیوار از یک سوم طول دیوار بیشتر نباشد.
ت) فاصله اولین بازشو در هر دیوار باربر از بر خارجی ساختمان کمتر از دوسوم ارتفاع بازشو نباشد مگر اینکه در طرفین بازشو کلاف قائم قرار داده شود.
ث) حداکثر دهانه بازشوها ۱/۲۰ متر می باشد. در صورتی که دهانه بازشوها از این مقدار بیشتر باشد، با قرار دادن کلافهای قائم و افقی در دو طرف، بازشوها تقویت می شوند.
ج) حداقل فاصله افقی بین دو بازشو برابر ضخامت دیوار می باشد به شرطی که از ۶۵ سانتیمتر کمتر نباشد. در صورت عدم رعایت این فاصله، دو بازشوی نزدیک به یکدیگر مانند یک بازشو در نظر گرفته می شوند. در این حالت دیواری که در بین دو بازشو قرار می گیرد، باربر محسوب نمی شود و باید فاصله دو بازشو با مهاربندی چوبی به صورت قطری، تقویت گردد.
چ) حداکثر ارتفاع بازشوها ۲. ۲۰ متر است. در صورت تجاوز از این حد، اطراف بازشوها باید به وسیله کلافهای افقی و قائم تقویت گردند.
ح) در هر یک از امتدادهای طولی و عرضی ساختمان مقدار دیوار نسبی در هر طبقه نباید از ۱۰ درصد کمتر باشد. مقدار دیوار نسبی هر طبقه در هر امتداد عبارت است از نسبت مساحت مقطع افقی دیوارهای موازی با امتداد مورد نظر به مساحت زیربنای ساختمان. برای تعیین مقدار دیوار نسبی فقط دیوارهایی که ضخامت آنها ۳۵ سانتیمتر یا بیشتر است، به حساب می آیند. دیوارهای بالا و پایین بازشوها در محاسبه دیوار نسبی منظور نمی شوند. به عبارت دیگر برای تعیین مقدار دیوار نسبی مقطع افقی شکسته ای که حداقل مساحت دیوار را به دست می دهد در نظر گرفته می شود.
بازشوها و تقویت کننده های اطراف آنها در ساختمانهای آجری بدون کلاف: رعایت موارد زیر در مورد اندازه و محل بازشوها الزامی است: ۱ - بازشوها نباید سبب قطع کلافها شوند. ۲- مجموع سطح بازشوها در هر دیوار باربر از یک سوم سطح آن دیوار بیشتر نباشد. ۳- مجموع طول بازشوها در هر دیوار باربر از نصف طول دیوار بیشتر نباشد. ۴- فاصله اولین بازشو در هر دیوار باربر از برخی ساختمان (از انتهای دیوار) کمتر دوسوم از ارتفاع بازشو یا کمتر از ۷۵ سانتیمتر نباشد، مگر آنکه در طرفین بازشو کلاف قائم (از کف تا سقف) قرار داده شود. ۵- فاصله دو بازشو نباید از دوسوم ارتفاع کوچکترین بازشوی طرفین خود و همچنین از یک ششم مجموع طول آن دو بازشو کمتر باشد. در غیر این صورت جرز بین دو بازشو جزئی از بازشو منظور می شود و نباید آن را به عنوان دیوار باربر به حساب آورد. ۶- نعل درگاه روی بازشوهای مجاور باید به صورت یکسره با دهانه ای برابر مجموع طول بازشوها به اضافه جرز بین آنها باشد. ۷- هیچ یک از ابعاد بازشوها از ۲/۵ متر بیشتر نباشد. در غیر این صورت باید طرفین بازشو را با تعبیه کلافهای قائم و افقی، تقویت نمود.
بازشوها و تقویت کنننده های اطراف آنها در ساختمانهای آجری با کلاف: رعایت مواد زیر در مورد اندازه و محل بازشوها الزامی است: بازشوها نباید سبب قطع کلافها شوند. مجموع سطح بازشوها در هر دیوار باربر از یک سوم سطح آن دیوار بیشتر نباشد. مجموع طول بازشوها در هر دیوار باربر از نصف طول دیوار بیشتر نباشد. فاصله اولین بازشو در هر دیوار باربر از بر خارجی ساختمان (از انتهای دیوار) کمتر از دوسوم ارتفاع بازشو یا کمتر از ۷۵ سانتیمتر نباشد، مگر آنکه در طرفین بازشو کلاف قائم (از کف تا سقف) قرار داده شود. فاصله دو بازشو نباید از دوسوم ارتفاع کوچکترین بازشوی طرفین خود و همچنین از یک ششم مجموع طول آن دو بازشو کمتر باشد. در غیر این صورت جرز بین دو بازشو جزئی از بازشو منظور می شود و نباید آن را به عنوان

دیوار باربر به حساب آورد. نعل درگاه روی بازشوهای مجاور باید به صورت یکسره با دهانه ای برابر مجموع طول بازشوها به اضافه جرز بین آنها و رعایت نکات ذکر شده باشد. هیچ یک از ابعاد بازشوها از ۲/۵ متر بیشتر نباشد. در غیر این صورت باید طرفین بازشو را با تعبیه کلافهای قائم که به کلافهای افقی متصل می شوند، تقویت نمود.

باکت یا جام: دریچه تخلیه باکت باید در کف آن تعبیه شده باشد و جام باید دارای تعداد بازشو کافی باشد. اندازه دهانه بازشو نباید از یک سوم طول باکت و ۵ برابر قطر بزرگترین دانه مصالح سنگی کمتر باشد. شیب جدار باکت در محل تخلیه آن نباید از ۶۰ درجه کمتر باشد. تخلیه بتن به داخل باکت باید به طور قائم و در مرکز آن باشد. چنانچه بتن داخل باکت، مستقیماً و یا از طریق ناوه شیبدار به داخل قالب تخلیه می شود، باید در انتهای نقطه تخلیه و در ارتفاع حداقل ۶۰ سانتیمتری، بتن توسط محفظه هدایت به محل نهایی ریخته شود.

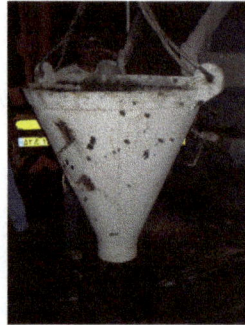

تخلیه بتن با باکت یا جام

بالابر: اتاقک یا سکویی که به مکانیسم بالا و پائین شدن در مسیر قائم و ثابت مجهز باشد.

استقرار بالابر بر فراز ساختمان

بالا سری: فاصله قائم بین کف بالاترین توقف تا زیر سقف چاه آسانسور را بالاسری گویند. این فاصله برای جلوگیری از برخورد تعمیر کاران یا اجزاء فوقانی کابین با سقف چاه پیش بینی میشود و اندازه آن متناسب با نوع و سرعت آسانسور از جداول استاندارد بدست می آید .

بام تخت: پوشش نهایی هر قسمت از ساختمان که شیبی کمتر یا مساوی ۱۰ درجه نسبت به سطح افقی دارد. بامهای تخت بخشی از پوسته خارجی ساختمان محسوب می شوند.

بام شیب دار: پوشش نهایی ساختمان که شیبی بیشتر از ۱۰ درجه و کمتر از ۶۰ درجه نسبت به سطح افقی دارد. در بالای سقف شیب دار فضای خارج و در زیر آن فضای کنترل شده یا کنترل نشده قرار دارد. در صورتی که فضای زیرین کنترل شده باشد، بام شیب دار بخشی از پوسته خارجی ساختمان محسوب می شوند.

بامپوش سفالی: از سفال بام، برای پوشش بام ساختمانها استفاده می شود. این پوشش باید سطحی مقاوم در برابر عوامل جوی ایجاد کند. معمولاً سفال بام به شکل های مسطح یا موجدار با شکلها، اندازه ها، بافت سطحی، رنگ و مقطع عرضی متفاوت تولید می شود.

یک نمونه بامپوش سفالی

بتن آسفالتی: بتن آسفالتی فرآورده های است قیری، که از اختلاط قیر و سنگدانه ساخته می شود. از انواع آسفالت برای ساخت لایه های رویه، در پشت بام ساختمانها، خیابانها، محوطه پارکینگها استفاده می شود. ویژگیهای بتن آسفالتی به ویژگیهای مواد تشکیل دهنده آن بستگی دارد.

بتن آهکی سبک: بتن آهکی سبک از جنس سیلیکات کلسیم است. از خواص آن سبک بودن و خاصیت عایق حرارتی است. قطعات پیش ساخته این بتن در ساخت سقف دیوارهای غیر باربر استفاده می شود.

بتن پاشیده: بتن پاشیده فرایندی است که در آن بتن یا ملات بر روی یک سطح پاشیده می شود تا لایه ای متراکم، خود نگهدار و باربر ایجاد گردد. در مواردی که شکل کار پیچیده یا قالب بندی مشکل و پرهزینه باشد، بویژه در بهسازی ساختمان ها و پل ها، از این نوع بتن استفاده می شود. استفاده از این نوع بتن به تجربه، تأمین تدابیر مناسب و کارگران فنی متخصص به ویژه در امر بتن پاشی نیاز دارد. امتیاز عمده این نوع بتن در مقایسه با بتن معمولی آن است که در این حالت فقط به قالب داخلی و یا یک سطح موجود نیاز می باشد، به همین دلیل این روش اجرای بتن برای سطوح مدور و قوسی مانند تونلها و دودکشها کاربرد روز افزون یافته است. بتن پاشیده بر مبنای زمان افزودن آب اختلاط به مخلوط سنگدانه ها و سیمان به «بتن پاشیده تر و خشک» تقسیم می شود. از نظر حداکثر اندازه سنگدانه های مصرفی نیز، بتن پاشیده به سه نوع تقسیم می گردد. برای حصول اطمینان از چسبندگی مناسب، تراکم کافی و خواص فیزیکی مطلوب، تهیه طرح اختلاط بتن پاشیده نیاز به دقت ویژه دارد. نسبت آب به سیمان برای این نوع بتن معمولاً در محدوده ۰/۳۵ الی ۰/۵ قرار می گیرد. حداکثر اندازه سنگدانه مخلوط مصرفی ۲۰ میلیمتر است. وزن مخصوص بتن پاشیده مشابه بتن معمولی متراکم شده است. افزودن مواد ریزدانه نظیر پودر سنگ، پوزولان ها سنگ شبیه دوده سیلیسی و سرباره به این نوع بتن غالباً موجب کاهش قابل ملاحظه در کمانه کردن و برگشت سگندانه های مخلوط می گردد. در تعیین نسبت های مخلوط بتن پاشیده باید توجه داشت که قسمتی از مخلوط در اثر کمانه سنگدانه ها به هنگام پاشیدن از دست می رود، بنابراین ترکیب بتن پاشیده شده با ترکیب اولیه آن متفاوت است، لذا باید بین ترکیب مخلوط اولیه، مخلوط در حال خروج از نازل (سرشیلنگی) و مخلوط پاشیده شده بر روی سطح، تفاوت قایل شد. به دلیل همین تفاوت، کنترل دقیق و انجام آزمایش در مراحل مختلف بتن پاشی ضروری است به دلیل سرعت بیش از اندازه ذرات در موقع پاشیدن بتن، توجه به مسائل ایمنی برای عوامل اجرایی از اهمیتی ویژه برخوردار است. جزئیات امر در مورد بتن پاشیده باید در مشخصات فنی خصوصی درج گردد.

عملیات بتن پاشی در تونل جهت اجرای پوشش بتنی قوسی موقت

بتن پوسته: بتن قسمتی از مقطع عضو که در خارج از قسمت محصور شده با میلگردهای عرضی، هسته، واقع شده باشد.

بتن ریزی: بتن باید تا حد امکان نزدیک به محل نهایی خود ریخته شود تا از جدایی دانه ها در اثر جابجایی مجدد جلوگیری شود. روند بتن ریزی باید طوری باشد که بتن هنگام ریختن و جا دادن به حالت خمیری باقی بماند و بتواند به راحتی به فضاهای بتن میلگردها راه یابد. در صورتی که اسلامپ بتن در موقع تحویل برای مصرف کمتر از میزان مقرر باشد باید از مصرف آن خودداری شود، با این وجود افزودن اسلامپ بتن تا هنگامی که هنوز از مخلوط کن تخلیه نشده، فقط با اجازه دستگاه نظارت و با افزودن دوغاب سیمان با یا بدون مواد افزودنی روان کننده میسر می باشد مشروط بر اینکه نسبت آب به سیمان از حداکثر مقدار مجاز طرح فراتر نرود. بتنی که به حالت نیمه سخت در آمده یا به مواد زیان آور بیرونی آلوده شده نباید در بتن ریزی قطعات سازه ای به کار رود. بتن ریزی باید از آغاز تا پایان به صورت عملیاتی سریع و پیوسته در محدوده مرزها یا درزهای از پیش تعیین شده قطعات ادامه یابد. درزهای اجرایی مورد نیاز باید با ضوابط مندرج در این مقررات مطابقت داشته باشد. سطح بتن ریخته شده به صورت لایه های افقی باید تراز باشد. استفاده از مواد حباب زا و ساخت بتن با حباب هوا برای بتن هایی که در معرض رطوبت و یخ زدن و آب شدن های متوالی قرار می گیرند، الزامی است. پس از رسیدن به تراز زیر پی و بستر مناسب پیمانکار باید با توجه به بارهای وارده به پی از طریق روش های مورد تأیید دستگاه نظارت نسبت به تحکیم پی اقدام نماید. در صورت سست بودن محل پی باید عملیات پی کنی تا تراز زمین سخت (با مقاومت مورد نظر) ادامه یافته و حفاری اضافی با مصالح مورد تأیید دستگاه نظارت تا تراز زیر پی پر شده و تحکیم یابد. بستر پی باید با حداقل ۱۰ سانتیمتر بتن رده C10 آماده و رگلاژ شود. پس از نصب قالب باید نسبت به بستن آرماتورها، صفحات زیر ستون، میل مهار و قطعات مدفون در بتن اقدام شود. در صورتی که به علت شرایط زمین پی، با تأیید دستگاه نظارت، بستن قالب ضرورت نداشته باشد پیمانکار باید با تعبیه پوشش های پلاستیکی و دیگر روش های مشابه از جذب آب بتن تازه توسط زمین اطراف پی جلوگیری نماید. بتن ریزی در دال ها باید در یک جهت و بطور متوالی انجام شود. محموله های بتن نباید در نقاط مختلف سطح و به صورت پراکنده ریخته و سپس پخش و تسطیح شوند. همچنین بتن نباید در یک محل و در حجم زیاد تخلیه و سپس به طور افقی در طول قالب حرکت داده شود. با توجه به حجم بتن و رورش های حمل و تخلیه، عملیات باید به صورتی انجام شود که تا حد امکان از بوجود آمدن اتصال سرد و دال ها پرهیز گردد. در عملیات بزرگ باید محل ختم بتن ریزی از قبل تعیین و در نقشه های اجرایی مشخص شود و عملیات تا محل درزهای ساختمانی ادامه یابد. چنانچه در اثر بروز اشکالات قطع بتن ریزی حادث شود باید محل قطع بتن ریزی برای ادامه عملیات بتن ریزی آماده شود. بتن ریزی در دیوارها باید در لایه های افقی با ضخامت یکنواخت صورت گیرد و هر لایه قبل از ریختن لایه بعدی بطور کامل متراکم شود. میزان و سرعت بتن ریزی باید چنان باشد که هنگام ریختن لایه جدید، لایه قبلی در حالت خمیری باشد. عدم رعایت این نکته باعث ایجاد اتصال سرد و نهایتاً عدم یکپارچگی بتن خواهد شد. پیمانه های اولیه بتن باید از دو انتهای عضو ریخته شوند و سپس بتن ریزی به سوی قسمت مرکزی سازه ادامه یابد. در تمام حالات باید از جمع شدن آب درانتها و گوشه ها جلوگیری شود. در بتن ریزی ستون ها و دیوارها تا حد امکان باید ارتفاع سقوط بتن را محدود نموده این ارتفاع برای جلوگیری از جدا شدن

دانه ها به ۰/۹ تا ۱/۲ متر محدود می شود. بتن باید در طول عملیات بتن ریزی با استفاده از وسایل مناسب متراکم شود، بطوری که میلگردها و اقلام مدفون را به طور کامل در بر گیرد و قسمت های داخلی و بخصوص گوشه های قالب ها را به خوبی پر کند. بتن های خود تراکم را می توان متراکم نکرد. ویبراتور در داخل بتن باید بطور منظم و فواصل مشخص به نحوی فرو برده شود که دو قسمت لرزانیده شده، با هم همپوشانی داشته باشند. قسمتی از ویبراتور باید در لایه زیرزمین که هنوز حالت خمیری دارد، فرو رود. ویبراتور باید تا حد امکان به صورت قائم وارد بتن گردد و به آرامی بیرون کشیده شود تا حباب هوا داخل بتن باقی نماند. متراکم کردن بتن با دست در کارهای کوچک و محدود و مخلوط های خمیری و روان، می توان با اجازه دستگاه نظارت از میله فولادی، تخماق یا وسایل مشابه برای تراکم بتن استفاده نمود. میله باید به اندازه کافی وارد بتن شود تا بتواند به راحتی به انتهای قالب یا انتهای لایه مربوط به همان مرحله بتن ریزی برسد، ضخامت میله باید چنان انتخاب شود که به راحتی از بین میلگردها عبور نماید.

بتن ریزی و متراکم کردن بتن

بتن ریزی در زیر آب: در مواردی که بتن ریزی در زیر سطح آب مورد نظر باشد می توان از قیف و لوله (تِرمی) یا پمپ برای بتن ریزی استفاده کرد.

الف) بتن ریزی با قیف و لوله (تِرمی): در این روش باید دقت شود تا در اثر جریان آب مواد سیمانی شسته نشوند. لازم است برای بتن با کارآیی زیاد بتن ریخته شده در آب حداقل ۳۵۰ کیلوگرم در متر مکعب مواد سیمانی داشت باشد. نسبت آب به سیمان در طرح اختلاط نباید از ۰/۴۵ تجاوز کند. سیستم قیف و لوله باید کاملاً آب بند بود و بتن به راحتی در آن حرکت نماید. در طول مدت بتن ریزی باید این سیستم از بتن پر باشد. قطر لوله ترمی باید حداقل ۸ برابر قطر بزرگترین اندازه سنگدانه مصرفی باشد. اسلامپ بتن باید بین ۱۷۰ تا ۲۵۰ میلیمتر انتخاب شود. سرلوله ترمی همواره باید به میزان ۶۰ تا ۱۵۰ سانتیمتر در داخل بتن ریخته شده قرار گیرد.

ب) بتن ریزی با پمپ: برای بتن ریزی با پمپ، باید طرح اختلاط بتن چنان انتخاب شود که نسبت آب به سیمان کمترین مقدار ممکن را داشته و مقدار آن از ۰/۶ تجاوز ننماید. مقدار سیمان باید نسبتاً زیاد باشد (در محدوده ۳۵۰ تا ۴۰۰ کیلوگرم در متر مکعب) تا چسبندگی کافی بتن تأمین شود و خطر شسته شدن سیمان از بین برود. به منظور افزایش کارایی بتن می توان از سنگدانه های گرد گوشه استفاده نمود. استفاده از دانه بندی پیوسته با حداکثر اندازه ۳۸ میلیمتر و همچنین مقدار کافی ریزدانه ضروری است. چنانچه سنگدانه ها حاوی مقدار کافی ریزدانه نباشد می توان با افزودن مواد زیر، چسبندگی کافی را در بتن ایجاد نمود. بتنی که پمپ می شود باید تا حدی روان تر باشد تا از مسدود شدن لوله ها جلوگیری شود. به منظور آنکه نسبت آب به سیمان از حد مجاز بالاتر نرود باید برای تأمین روانی از مواد افزودنی مناسب نظیر فوق روان کننده ها یا مواد افزودنی آب نگهدار استفاده شود. جز در مواردی که افزودنه های ویژه مصرف می شود باید از سقوط آزاد بتن به داخل آب جلوگیری کرد تا پدیده جداشدگی ذرات رخ ندهد. بتن ریزی در زیر آب می تواند با روش پیش آکنده نیز با رعایت ضوابط مربوط انجام شود. روش اجرای بتن در زیر آب عبارت است از:

الف) هنگام بتن ریزی باید اختلاف فشار هیدرولیکی داخل و خارج قالب از بین رفته و سطح آب در داخل و خارج قالب در یک تراز باشد.

ب) در موقع بت ریزی با قیف و لوله باید همیشه انتهای تحتانی لوله حداقل به طول ۱ تا ۱/۵ متر داخل بتن به طوری که آب نتواند از پایین وارد لوله شود. این این منظور باید بتدریج با پر شدن لوله آن را بالا کشید.

پ) باید از ایجاد سطوح افقی که لایه های مختلف بتن را از یکدیگر جدا می کنند اجتناب شود.

ت) وقتی سطح بتن به حد فوقانی مورد نظر رسید، باید آن قسمت از بتن که با مواد بیرونی در آمیخته و دانه های شن و ماسه و شیره بتن از هم جدا شده، جمع آوری و بیرون ریخته شود. این کار باید تا رسیدن به بتن خمیری سالم ادامه یابد.

ث) استفاده از سایر روش های بتن ریزی در زیر آب بنابر توصیه و تأیید دستگاه نظارت بلامانع است. جزئیات امر بتن ریزی زیر آب باید در مشخصات فنی خصوصی درج گردد.

بتن ریزی در مناطق ساحلی خلیج فارس و دریای عمان: در مناطق ساحلی خلیج فارس و دریای عمان که رطوبت کافی نیست باید ضمن رعایت ضوابط بتن ریزی در هوای گرم موارد زیرنیز مراعات شوند. در صورت وجود رطوبت، کافی فقط ضوابط زیر الزامی است. مصالح مناسب به شرح فوق انتخاب و نسبت های اختلاط چنان تعیین گردند که از مصرف سیمان زیاد احتراز شده و نسبت آب به سیمان و نفوذپذیری کاهش یابند. از سیمان مناسب با گرمازایی کم، سیمان پرتلند نوع ۲ و یا نوع ۱ با پوزولان و یا سیمان های پرتلند آمیخته پوزولانی یا روباره ای و یا سایر سیمان های پوزولانی استفاده شود. مقدار پوزولان بستگی به نوع آن و موقعیت محیطی ساز دارد. حداقل مقدار سیمان یا مواد سیمانی ۳۵۰ کیلوگرم در متر مکعب بتن و حداکثر آن ۴۲۵ کیلوگرم در متر مکعب بتن می باشد. مقدار کلریدهای آب مصرفی در بتن مسلح باید کمتر از ۵۰۰ قسمت در میلیون باشد. میزان کل کلرید قابل حل در آب در بتن سخت شده ۲۸ روزه، ناشی از تمامی مواد تشکیل دهنده بتن نباید از مقادیر مجاز تجاوز نماید. استفاده از آب نمکدار بویژه آب دریا برای شستشوی سنگدانه ها، تهیه و عمل آوردن بتن مجاز نمی باشد. حداکثر نسبت آب به مواد سیمانی (سیمان بعلاوه مواد پوزولانی و یا روباره ای) ۰/۴ باشد. سنگدانه های مصرفی بویژه سنگدانه های ریز باید به نحوی مناسب شسته و تمیز شوند. حداکثر جذب آب سنگدانه های مصرفی در بتن، برای سنگدانه های درشت به ۲/۵ درصد و برای سنگدانه های ریز به ۳ درصد محدود می شود. برای کاهش نفوذپذیری بتن، مخلوط بتن تازه باید از تراکم کافی برخوردار باشد و برای تأمین این منظور از افزودنیهای کاهنده قوی آب استفاده شود. استفاده از مواد افزودنی باید با تأیید دستگاه نظارت باشد. نحوه نگهداری و انبار کردن میلگردها باید به صورتی باشد تا از آلوده شدن آنها به مواد زیان آور جلوگیری شود. میلگردهای آلوده به خاک، املاح و مواد زیان آور که از راه تماس با زمین و یا به علل دیگر دچار آلودگی شده اند، باید قبل از مصرف کاملاً تمیز شده و زنگ آن زدوده شود. این میلگردها تنها در صورتی قابل استفاده هستند که خواص فیزیکی، مکانیکی و شیمیایی آن تغییر نکرده و طبق ویژگیهای استاندارد باشد. سیم هایی که برای بستن یا نگهداری آرماتورها در محل، به کار می روند باید به طرف داخل قالب خم شوند تا از میزان پوشش بتن روی آرماتور کاسته نشود. پوشش بتنی میلگردها باید مطابق شرایط محیطی فوق العاده شدید باشد.

انبار کردن نامناسب میلگردها بر روی خاک و تحت نزولات جوی

انبار کردن نامناسب میلگردها بر روی خاک و تحت نزولات جوی

بتن ریزی در هوای سرد: در بتن ریز در هوای سرد باید دقت لازم در انتخاب مصالح مصرفی، طرح اختلاط بتن، شرایط اختلاط، حمل، ریختن و عمل آوردن بتن صورت گیرد تا اطمینان حاصل شود که بتن تازه ریخته شده دچار یخ زدگی نگردد و بتن سخت شده نیز دارای کیفیت لازم باشد. دمای بتن در طول مدت بتن ریزی و عمل آوردن باید ثبت گردد تا اطمینان حاصل شود که محدوده توصیه شده در این مقررات حفظ شده باشد. دمای بتن باید حداقل دو بار در شبانه روز در نقاط مختلف سازه ثبت گردد تا از وضعیت نگهداری بتن اطمینان کافی حاصل شود. گوشه ها و لبه های بتن در مقابل یخ زدن آسیب پذیرند، بنابراین دمای این نقاط باید با دقت کنترل شود. می توان از سیمان زودگیر (پرتلند نوع سه) به جای سیمان معمولی برای اطمینان از سرعت بیشتر کسب مقاومت بتن استفاده نمود. استفاده از سیمان روباره ای و سیمان های آمیخته در بتن ریزی در هوای سرد توصیه نمی گردد. می توان از آب گرم برای رساندن بتن به دمای مطلوب استفاده نمود، در این حالت باید از تماس مستقیم آب گرم بیش از ۴۰ درجه سلسیوس و سیمان جلوگیری شود و این موضوع در نحوه ریختن مصالح در مخلوط کن مراعات گردد. سنگدانه ها نباید آغشته به یخ و برف باشند. معمولاً ماسه از شن مرطوب تر و احتمال وجود یخ در آن بیشتر است بنابراین اغلب گرم کردن ماسه ضرورت پیدا می کند. نسبت آب به سیمان باید با توجه به روند کسب مقاومت بتن در دمای محیط انتخاب گردد. نسبت آب به سیمان نباید از ۰/۵ بیشتر باشد، بنابراین لازم است قبل از شروع بتن ریزی تدابیر لازم برای کسب مقاومت بتن صورت گیرد. برای کاهش میزان آب قابل یخ زدن در بتن و همچنین کاهش میزان آب انداختن بتن تازه باید مقدار آب اختلاط حداقل ممکن نباشد بنابراین برای تأمین کارایی لازم می توان از مواد افزودنی خمیری کننده و روان کننده استفاده نمود. در صورتی که از مواد افزودنی روان کننده استفاده نمی شود اسلامپ بتن نباید بیشتر از ۵۰ میلیمتر انتخاب گردد. چنانچه تدابیری ویژه برای اختلاط و بتن ریزی فراهم نگردد، ریختن بتن در دمای ۲۰- درجه سلسیوس و کمتر از آن ممنوع است. دمای بتن هنگام ریختن نباید بیش از ۱۱ درجه سلسیوس زیادتر از مقادیر جدول باشد، در غیر این صورت موجوب کاهش کیفیت بین می گردد. حمل و ریختن بتن باید به نحوی باشد که بتن تازه، دمای خود را از دست ندهد. بتن باید تا حد امکان در وسایل سربسته و عایق بندی شده حمل گردد. قبل از بتن ریزی باید میلگردها، قالب، سطح بتن سخت شده قبلی و زمین از هر نوع یخ زدگی زدوده شود. عمل آوردن بتن تازه باید حداقل ۲۴ ساعت و تا رسیدن بتن به مقاومت ۵ مگاپاسکال ادامه یابد. برای عمل آوردن بتن تازه و محافظت آن از یخ زدن می توان از روش های زیر استفاده نمود:

۱- با استفاده از پوشش های عایق۲- با استفاده از گرم کردن بتن و محیط اطراف۳- سایر روش ها به تأیید دستگاه نظارت۴- بتن تازه باید در مقابل وزش باد، بویژه پس از برداشتن پوشش ها محافظت گردد. باید توجه داشت که از تبخیر زیاد آب و کربناتی شدن سطوح بتن در اثر احتراق مواد سوختنی برای گرم کردن آن جلوگیری شود. لازم است که از یخ زدگی بتن اشباع شده ای که مقاومت آن به ۱۴ مگاپاسکال نرسیده باشد، جلوگیری به عمل آید. باید از روش های استاندارد و با تهیه نمونه های کارگاهی برای تشخیص رسیدن بتن به مقاومت کافی استفاده نمود. می توان با روش های غیر مخرب استاندارد شده نیز مقاومت فشاری بتن را تخمین زد.

بتن ریزی در هوای گرم: هوای گرم هنگام بتن ریزی باعث پایین آمدن کیفیت بتن تازه و سخت شده می گردد. هوای گرم به دمای زیاد هوا همراه یا بدون باد و رطوبت کم اطلاق می شود. این عوامل باعث تبخیر سریع آب، افزایش سرعت آبگیری سیمان، کاهش کارایی بتن تازه و تسریع گیرش آن می شوند که می تواند موجب کاهش مقاومت نهایی بتن گردند. هوای گرم همچنین باعث ایجاد مشکلاتی در بتن ریزی و متراکم کردن آن و تشدید جمع شدگی خمیری می شود و موجب ترک در بتن جوان می گردد. حداکثر جذب آب سنگدانه های مصرفی در بتن، برای مناطق شدید و فوق العاده شدید برای سنگدانه های درشت ۲/۵ درصد و برای سنگدانه های ریز به ۳ درصد محدود می شود. دمای بتن در هنگام بتن ریزی نباید بیش از ۳۲ درجه سلسیوس برای بتن معمولی و ۱۵ درجه سلسیوس برای بتن حجیم باشد. بتن ریزی در هوای گرم باید با فراهم کردن شرایط مناسب، اتخاذ تدابیر لازم و تأیید دستگاه نظارت صورت گیرد. اختلاف دما در نقاط مختلف بتن، ناشی از گرمای هوا و گرمای آبگیری، تنش هایی در بتن ایجاد می کند که باید در محاسبه منظور شود. برای کاهش دمای بتن بر حسب مورد کاربرد روش های زیر الزامی است:

الف) برنامه ریزی مناسب و دقیق برای زمان های شروع مراحل ساخت بتن و بتن ریزی.

ب) تنظیم زمان بتن ریزی در هنگام خنک بودن هوا.

پ) بکار بردن سیمان های مناسب با حرارت زایی کم یا جایگزین کردن مقداری از سیمان با مواد پوزولانی یا استفاده از سیمان پرتلند پوزولانی یا روباره ای و استفاده از طرح اختلاط مناسب به منظور احتراز از مصرف سیمان زیاد.

ت) عدم استفاده از سیمان با دمای بیش از ۷۵ درجه سلسیوس.

ث) پایین نگهداشتن دمای سیمان با نگهداری سیمان در سیلوهای عایق بندی شده و یا رنگ آمیزی شده به رنگ سفید.

ج) کاهش دمای سنگدانه ها با انبار کردن آنها در سایه یا آب پاشی یا دمیدن هوای سرد به آنها.

چ) خنک کردن آب مصرفی و یا جایگزینی بخشی از بخشی از آن با یخ خرد شده یا یخ پولکی.

ح) عایق کردن منابع و لوله های تأمین آب و یا رنگ آمیزی به رنگ سفید برای قسمت هایی که در برابر تابش مستقیم آفتاب قرار می گیرند.

خ) نگهداری ابزار و ماشین آلات تهیه و حمل مخلوط بتن در سایه و یا آب پاشی آنها.

د) عایق کردن مخلوط کن ها یا پاشیدن آب سرد یا دمیدن هوای سرد به آنها یا رنگ آمیزی آنها به رنگ سفید. میلگردها، اجزای توکار و قالب های با دمای بیش از ۵۰ درجه سلسیوس باید بلافاصله قبل از بتن ریزی آب پاشی شوند و آب اضافی کاملاً جمع آوری گردد. به منظور جلوگیری از ایجاد ترک، باید تدابیر زیر برای جلوگیری از کاهش رطوبت و افزایش دمای بتن پس از بتن ریزی اتخاذ شود:

الف) حفظ بتن از جریان باد و تابش آفتاب توسط بادشکن و سایبان.

ب) جلوگیری از تبخیر آب بتن با آب پاشی بتن و هوای مجاور آن.

ج) در سازه هایی که ترک خوردن بتن بطور کلی غیر قابل قبول باشد، لازم است تدابیر احتیاطی ویژه ای اتخاذ گردد. عمل آوردن بتن طبق بند مربوطه الزامی است، ضمن آنکه روش آب پاشی برای عمل آوری بتن ترجیح داده می شود. در سطوح افقی می توان از ترکیبات غشایی عمل آورنده مورد تأیید دستگاه نظارت استفاده نمود. علاوه بر تأمین شرایط زمانی ذکر شده مدت آوردن بتن از ۷ روز کمتر نباشد.

بخش های سه گانه راه خروج: راه خروج از سه بخش مجزا و مشخص: دسترس خروج، خروج و تخلیه خروج تشکیل شده و راستاهای افقی و قائم (ارتباطات بین طبقات و سطوح مختلف) و حسب مورد تمام فضاهای رابط مانند اتاقها، درگاهها، راهروها، سرسراها، شیبراهها، پله ها، پلکان ها، خروجهای افقی، بالکن ها، بام ها، حیاط ها و محوطه های باز را شامل می گردد. آسانسورها جزو راه خروج محسوب نمی شوند.

بدنه هادی: بدنه های هادی (فلزی) و اجزای دیگر تجهیزات الکتریکی که هادی می باشند و می توان آنها را لمس نمود و بطور عادی برقدار نیستند اما در حالت وجود اتصالی، ممکن است برقدار شوند.

برآیند نیروهای جانبی زلزله: ← مرکز سختی

برپایی و نصب اسکلت ساختمان: عملیات ساخت و نصب اسکلت فلزی و همچنین اجرای سازه های بتنی از قبیل قالب بندی، آرماتوربندی، ساختن و ریختن بتن در قالب ها باید توسط اشخاص ذیصلاح انجام شود. در موقع نصب و برپایی اعضای فلزی سازه از قبیل ستونها، تیرها یا خرپاها، باید قبل از جدا کردن نگهدارنده ها و رها کردن آنها حداقل نیمی از پیچ و مهره ها بسته شده یا حداقل نیمی از جوشکاری لازم انجام گرفته باشد. همچنین قبل از نصب هر عضو سازه بر روی سازه دیگر، عضو زیرین سازه باید صددرصد پیچ و مهره یا جوشکاری شده باشد. در موقع نصب ستونها، برای جلوگیری از سقوط ستونهای نصب شده باید این ستونها به وسیله تیرهای واسطه با سایر ستونها، مهار شوند. چنانچه اتصال ستونها به وسیله تیرهای واسط امکان پذیر نباشد، باید با نظر شخص ذیصلاح موقتاً با مهارهای جانبی پایدار گردند. در هر حال هیچ ستونی نباید قبل از ایجاد اتصال با ستونهای مجاور و تأمین پایداری آن رها شود. برای بالا بردن تیرآهن و سایر اجزای فلزی باید از کابلها و طنابهای مخصوص استفاده شود. همچنین برای جلوگیری از صدمه دیدن کابل فلزی دراثر خمش بیش از حد، باید قطعات چوب و یا مواد مشابه بین تیرآهن و کابل قرار داده شود. استفاده از زنجیر برای بستن تیرآهن و سایر اجزای فلزی مجاز نمی باشد. استفاده از دستگاههای جوشکاری و برش برای نصب و برپایی اعضای فلزی سازه باید با رعایت مفاد آئین نامه صورت گیرد. وسایل بالابر و سایر وسایل و تجهیزاتی که در برپایی و نصب اجزای سازه های فلزی مورد استفاده قرار می گیرند باید مطابق با مفاد آئین نامه باشند. در شرایط نامساعد جوی از قبیل باد، طوفان و بارندگی و یا در صورت ناکافی بودن روشنایی و محدود بودن میدان دید، باید از ادامه کار بر روی اسکلت فلزی جلوگیری به عمل آید. همچنین تیرآهنها و سایر قطعات فولادی نباید در هنگام نصب، آغشته به برف، یخ و یا سایر مواد لغزنده باشند. در عملیات برپا نمودن و نصب اعضای فلزی سازه باید وسایل حفاظت فردی از قبیل کلاه ایمنی، کفش ایمنی، کمربند ایمنی، طناب مهار عینک و دستکش حفاظتی با رعایت مفاد آئین نامه مورد استفاده قرار گیرد. همچنین کارگرانی که سطح تیرآهنها و قطعات فولادی را با مواد شیمیایی زیان آور و یا روش سندبلاست تمیز می کنند، باید از ماسکهای تنفسی استفاده نمایند. در هنگام نصب و بر پا نمودن اسکلت های فلزی، محوطه زیر و اطراف کار باید محصور گردیده و از ورود افراد به داخل محوطه مذکور جلوگیری به عمل آید. قبل از بالا کشیدن تیرآهن ها و قطعات فولادی، اشیاء و قطعات واقع بر روی اسکلت که در معرض سقوط باشند، باید برداشته شوند. در قسمتهای مناسبی از قطعات فولادی و اجزای تشکیل دهنده اسکلت های فلزی باید نقاط اتصال مناسبی برای قلاب طناب مهار و داربست های معلق پیش بینی شود. قطعات فولادی مرکب که باید در ارتفاع نصب گردند، باید روی زمین مونتاژ و متصل گردند. خلیه آهن آلات از ترلیر، کامیون و کامیونت باید با استفاده از وسایل بالابر و جرثقیل صورت گیرد.

برچسب انرژی: برچسبی که توسط مقامات ذیصلاح بر روی تولیدات صنعتی مورد استفاده در ساختمان نصب می شود تا حد کیفیت محصولات انرژی مشخص گردد.

برچیدن کارگاه: پس از تحویل کار و تنظیم صورتجلسه تحویل و تحول، کارگاه ساختمان با توجه به مسوولیت مندرج در قراردارد باید حداکثر ظرف دو هفته برچیده شود.

برداشتن پایه های اطمینان: برای تیرهای با دهانه تا هفت متر برداشتن کل قالب و داربست و زدن پایه های اطمینان مجاز است ولی برای دهانه های بزرگتر از هفت متر، تنظیم قالب و داربست باید طوری باشد که برداشتن قالب بدون جابجایی پایه های اطمینان میسر باشد و یا برداشتن قالب و زدن پایه موقت، به صورت مرحله ای باشد. برای سازه های متشکل از دیوارها و دال های بتن آرمه، نظیر سازه هایی که با قالب های تونلی یا قالبواره های به ابعاد بزرگتر ساخته شوند، می توان برچیدن پایه های اطمینان و برپایی مجدد آنها را در دهانه های تا ده متر مجاز دانست مشروط بر آن که زدن پایه های اطمینان بلافاصله پس از برداشتن قالب باشد و در عمل اطمینان حاصل شود که هیچ نوع ترک یا تغییر شکل نامطلوب بروز نخواهد کرد. در این حالت نیز اجرای مرحله ای پایه اطمینان قالب توصیه می گردد. به طور کلی در صورتی که قطعه مورد نظر جزئی از سیستمی پیوسته باشد، موقعی می توان پایه های اطمینان را برداشت که تمامی قطعات مجاور آن هم بتن ریزی شده باشند و بتن مقاومت کافی را کسب کرده باشد.

دو نمونه از سازه های ساخته شده با قالب تونلی

در صورتی که تیر یا دال یکسره طراحی شده باشد، نمی توان پایه های اطمینان دهانه ای را برچید مگر آن که دهانه های طرفین آن بتن طرفین آن بتن ریزی شده باشند و بتن آن نیز مقاومت لازم را به دست آورده باشد. در صورت تکیه کردن مجموعه قالب بندی طبقه فوقانی روی طبقه تحتانی فقط وقتی می توان پایه های اطمینان طبقه زیرین را برچید که بتن طبقه بالا مقاومت لازم را به دست آورده باشد. توصیه می شود پایه های اطمینان همیشه در دو طبقه متوالی وجود داشته باشند و تا حد امکان هر دو پایه اطمینان نظیر در دو طبقه، روی هم و در امتدادی واحد قرار گیرند. برداشتن پایه های اطمینان باید بدون اعمال فشار و ضربه و طوری باشد که بار بتدریج از روی آنها حذف شود، (در دهانه های بزرگ از وسط دهانه به سمت تکیه گاه ها و در کنسول ها از لبه به طرف تکیه گاه). برداشتن بار از روی پایه های اطمینان در دهانه های بزرگ و قطعاتی که نقش سازه ای حساسی دارند، باید با وسایل قابل کنترل انجام پذیرد به طوری که در صورت لزوم در هر لحظه بتوان باربرداری از روی پایه ها را متوقف کرد.

نمونه ای از پایه های اطمینان در زیر سیستم سقف تازه بتن ریزی شده و عمود بر راستای تیرچه ها

بررسی اتصالات اصطکاکی در پیچهای پر مقاومت: بررسی اتصالات با پیچهای پر مقاومت (با عمل اصطکاکی) باید طبق استاندارد این نوع اتصالات و نوع پیچهایی که به کار می رود انجام گیرد.

بررسی بتن های با مقاومت کم یا دوام کم: در صورتی که براساس آزمایش های مقاومت آزمونه های عمل آمده در آزمایشگاه معلوم شود که بتن بر رده مورد نظر منطبق نیست و غیر قابل قبول است، باید تدابیری به شرح زیر برای حصول اطمینان از ظرفیت باربری سازه اتخاذ شود:

۱- در صورتی که با استفاده از تحلیل سازه موجود و بازبینی طراحی، بتوان ثابت کرد که ظرفیت باربری سازه به ازای مقاومت بتن کمتر از مقدار پیش بینی شده هم قابل قبول است نوع بتن از نظر تأمین مقاومت سازه قابل قبول تلقی می شود.

۲ر- در صورتی که شرط بند ۱ برآورده نشود ولی با انجام تحلیل و طراحی مجدد بتوان ثابت کرد که ظرفیت باربری تمامی قسمت های سازه با فرض وجود بتن با مقاومت کمتر در قسمت های احتمالی قابل قبول خواهد بود، نوع بتن از نظر تأمین مقاومت سازه قابل قبول تلقی می شود.

۳- در صورتی که شرایط بندهای ۱ و ۲ برآورده نشوند لازم است روی مغزه های گرفته شده از بتن در قسمت هایی که احتمال وجود بتن با مقاومت کمتر داده می شود آزمایش به عمل آید. این آزمایش ها باید با روش «آزمایش مغزه های مته شده و تیرهای اره شده» مطابقت داشته باشند. برای قسمت هایی از سازه که نتایج آزمایش های آزمونه های عمل آمده در آزمایشگاه مربوط به آنها شرایط پذیرش بتن را برآورده نکند باید سه مغزه تهیه و آزمایش شود.

- اگر بتن در شرایط بهره برداری از ساختمان، خشک باشد باید مغزه ها به مدت ۷ روز در هوا با دمای ۱۶ تا ۲۷ درجه سلسیوس و رطوبت نسبی کمتر از ۶۰ درصد خشک شوند و سپس مورد آزمایش قرار گیرند. اگر بتن در شرایط بهره برداری از ساختمان، مرطوب یا غیر قاب باشد، باید مغزه ها به مدت حداقل ۴۰ ساعت در آب غوطه ور شوند و سپس به صورت مرطوب مورد آزمایش قرار گیرند.

- در قسمتهایی از سازه که مقاومت بتن از طریق آزمایش مغزه ها ارزیابی می شود، در صورتی بتن از نظر تأمین مقاومت قابل قبول تلقی می شود که متوسط مقاومت های فشاری سه مغزه حداقل برابر ۰/۸۵ مقاومت مشخصه باشد و بعلاوه مقاومت هیچ یک از مغزه ها از ۰/۷۵ مقاومت مشخصه کمتر نباشد. برای کنترل دقت نتایج می توان مغزه گیری را تکرار کرد.

- در صورتی شرایط بند ۵ برآورده نشوند و ظرفیت باربری سازه مورد تردید باقی بماند باید آزمایش بارگذاری بر روی قسمت های مشکوک به عمل آید یا اقدامات مقتضی دیگری از جمله تقویت قطعه بتنی صورت گیرند.

- در صورتی که هیچکدام از موارد فوق برای پذیرش و یا اقداماتی که منجر به پذیرش بتن می شود عملی نگردد، تخریب بتن فوق الزامی است.

- در صورتی که ضوابط لازم برای دستیابی به دوام پیش بینی شده تأمین نشود لازم است با استفاده از سیستمهای حفاظتی بتن، نفوذ پذیری آن کاهش یابد تا حداقل ضوابط داوم لازم برآورده شود.

بررسی جوشها: بررسی جوشها باید مطابق با آیین نامه جوشکاری ساختمان انجام شود. اگر از آزمایشهای نوع غیر مخرب استفاده می‌شود، باید حدود و استاندارد قابل قبول بودن نتایج، در مدارک طرح و محاسبه به وضوح قید شده باشد.

بررسی نشت گاز در سیستم لوله کشی بعد از باز کردن جریان گاز: پس از اطمینان کامل از بسته بودن کلیه مجاری خروجی گاز بلافاصله بعد از باز کردن گاز باید سیستم لوله کشی را به یکی از روشهای زیر بررسی نمود تا اطیمنان حاصل شود که گاز به بیرون نشت نمی کند این عمل معمولاً توسط مأموران شرکت گاز ناحیه انجام می‌شود. بررسی نشت گاز با استفاده از کنتور: برای انجام این آزمایش ابتدا تمام شیرهای انتهای (مصرف) را در سیستم لوله کشی داخلی بسته و شیر اصلی ورود گاز باز شود، سپس با دقت، عقربه یا شماره انداز کنتور را به مدت ۱۵ دقیقه کنترل کرد. اگر عقربه یا شماره انداز در این مدت حرکت کرد، دلیل وجود نشت در سیستم لوله کشی می باشد. اگر عقربه یا شماره انداز حرکتی نکرد، برای اطمینان از صحت کار کنتور باید پیلوت یکی از وسایل گازسوز را روشن کرد و مجدداً نشان دهنده را زیر نظر گرفت. در این حال عقربه یا شماره انداز باید حرکت کرده و مصرف گاز پیلوت را نشان دهد. بررسی نشت گاز بدون استفاده از کنتور: برای این بررسی فشارسنجی که حداکثر تا ۲۵ میلی متر ستون آب مدرج شده باشد، باید به یکی از نقاط مصرف وصل و سپس شیر اصلی گاز را باز نمود تا بعد از اینکه فشار به حد ثابتی رسید آنرا بست. بعد از بستن این شیر اگر فشارسنج تا مدت ۳ دقیقه هیچ افت فشاری را نشان ندهد معلوم میشود که سیستم لوله کشی نشت ندارد.

برش پایه: مقدار کل نیروی جانبی و یا برش طرح در تراز پایه.

برش طبقه: مجموع نیروهای جانبی طراحی در ترازهای بالاتر از طبقه مورد نظر.

برش قائم ساختمانهای آجری با کلاف: در صورت وجود پیشامدگی سقف لازم است ضوابط زیر رعایت گردد: طول پیشامده طره در مورد بالکن های سه طرف باز از ۱/۲۰ متر و برای بالکن های دو طرف باز از ۱/۵۰ متر بیشتر نباشد و طره ها بخوبی در سقف طبقه مهار شوند. در صورتیکه طول پیشامده طره از حدود مذکور در فوق تجاوز نماید طره باید در برابر نیروهای قائم

زلزله محاسبه گردد. روی هیچ قسمت پیشامدگی ساختمان نباید دیواری ساخته شود ولی ساخت جان پناه تا ارتفاع ۷۰ سانتیمتر مجاز است. حتی المقدور از ایجاد اختلاف سطح در طبقه پرهیز شود. در صورت وجود اختلاف سطح در طبقه، باید دیوارهای حد فاصل دو قسمتی که اختلاف سطح دارند با کلاف بندی مناسب تقویت شوند و یا اینکه دو قسمت ساختمان بوسیله درز جدایی از یکدیگر جدا شوند.

برش قائم ساختمانهای آجری بدون کلاف: الف) پیشامدگی سقف: در صورت وجود پیشامدگی سقف لازم است ضوابط زیر رعایت گردد: ۱- طول پیشامدگی از یک متر بیشتر نباشد. ۲- روی هیچ قسمت پیشامدگی ساختمان نباید دیواری ساخته شود ولی ساخت جان پناه تا ارتفاع ۷۰ سانتیمتر مجاز است. ب) اختلاف سطح در طبقه: حتی المقدور از ایجاد اختلاف سطح در طبقه باید پرهیز شود. در صورت وجود اختلاف سطح در طبقه، باید دیوارهای حد فاصل دو قسمتی که اختلاف سطح دارند با کلاف بندی مناسب تقویت شوند.

برش گرمایی (برش با شعله هوا گاز): لبه هایی که با شعله بریده می‌شود، باید کاملاً یکنواخت و خالی از ناهمواریهای بیش از ۴ میلیمتر باشد. برشکاری باید به کمک ریل گذاری و استفاده از دستگاه اتوماتیک انجام شود. ناهمواریها و زخمهای بیش از ۴ میلیمتر را باید با سنگ زدن و در صورت لزوم تعمیرکاری توسط جوش، هموار کرد. همچنین لبه های بریده شده توسط شعله که مصالح جوش در آن قرار خواهد گرفت، باید به نحو قابل قبولی عاری از ناهمواری و بریدگی باشد. در نیمرخهای سنگین و قطعات ساخته شده با جوش به ضخامت بیش از ۴۰ میلیمتر، باید پیش گرم کردن تا دمای حداقل ۶۵ درجه سلسیوس قبل از برش گرمایی انجام شود.

برش مکانیزه با شعله هوا گاز

برش و جوشکاری با گاز و برق: قبل از شروع عملیات جوشکاری یا برش حرارتی، کلیه وسایل و ابزارهای اندازه فشار، شدت جریان و نظایر آن و همچنین شیلنگهای گاز و هوا باید کنترل شوند. کارگران جوشکار باید هنگام کار لباس کار مقام در برابر آتش و جرقه بر تن داشته و نیز مجهز به سایر وسایل حفاظت فردی از جمله عینک، نقاب و دستکش ساقه دار حفاظتی و همچنین کفش ایمنی مطابق شرایط باشند. همچنین لباس کار جوشکاران باید عاری از مواد روغنی، نفتی و سایر مواد قابل احتراق و اشتعال باشد. در مکان هایی که مواد قابل احتراق و اشتعال نگهداری می شود و یا در نزدیکی مواد یا دستگاههایی که گرد و غبار، بخار و یا گازهای قابل اشتعال و قابل انفجار ایجاد می کنند، باید از عملیات جوشکاری و برش حرارتی جلوگیری به عمل آید. در مواردی که امکان دور کردن مواد قابل احتراق و اشتعال از محوطه جوشکاری و برش حرارتی وجود ندارد، جهت جلوگیری از خطرات احتمالی باید این مواد با صفحات و مواد مقاوم در برابر آتش محصور و پوشانده شده و ضمن فراهم آوردن وسایل اطفاء حریق مناسب و کافی، یک فرد کمکی نیز در محل حاضر باشد. در مواقعی که جوشکاری روی فلزات داری پوشش قلع، روی و نظایر آن صورت می گیرد، لازم است سریعاً دود و گازهای ناشی از جوشکاری به طرق مناسب و موثر به خارج از محل کار هدایت شوند. جوشکاران نباید از ظروف و بشکه هایی که قبلاً محتوی مواد نفتی، روغنی و یا سایر مواد قابل اشتعال و انفجار

بوده اند، به عنوان تکیه گاه و زیر پای استفاده نمایند. از هر نوعن عملیات جوشکاری یا برش حرارتی بر روی ظروف و مخازن محتوی مواد قابل انفجار و قابل اشتعال باید جلوگیری به عمل آید. همچنین عملیات جوشکاری یا برش حرارتی بر روی ظروف و مخازن خالی که قبلاً حاوی اینگونه مواد بوده و ممکن است در آن گازهای قابل انفجار ایجاد شود، باید با رعایت نکات ایمنی زیر انجام شود: داخل آن به طور کامل به وسیله بخار یا مواد مؤثر دیگر شستشو شده و دریچه های آن کاملاً باز باشد. قسمتی از حجم آن با آب پر شود. هیچ نوع ظرف بسته، حتی اگر عاری از مواد قابل اشتعال و انفجار باشد، نباید مورد جوشکاری یا برش حرارتی قرار گیرد، مگر آنکه قبلاً منفذی در آن ایجاد شود. برای نشت یابی شیلنگ های برشکاری و جوشکاری و اتصلات آنها فقط باید از کف صابون استفاده شود. در هنگام تعویض مشعل برشکاری و جوشکاری، باید جریان گاز از طریق شیر و رگلاتور قطع گردد. از روش های خطرناک و غیر ایمن از قبیل خم کردن شیلنگ جهت انسداد آن باید اکیداً خودداری به عمل آید. ی: برای روشن کردن مشعل برشکاری و جوشکاری باید از فندک یا شعله پیلوت (گیرانه) استفاده شود. در هنگام انجام عملیات جوشکاری برقی در فضاهای مسدود و مرطوب، دستگاه جوشکاری باید در خارج از محیط بسته قرار گیرد. بدنه دستگاه جوشکاری برقی باید دارای اتصال زمین مؤثر بوده و همچنین کابلهای آن دارای روکش عایق محکم و مقاوم و فاقد هر گونه خوردگی و زدگی باشد. در پایان هر گونه عملیات جوشکاری و برشکاری، باید محل کار، بازرسی و پس از اطمینان از عدم وقوع اتش سوزی در اثر جرقه های ناشی از جوشکاری و برشکاری، محل ترک شود.

برشکاری: برشکاری می تواند با استفاده از برش حرارتی شعله گاز یا اشعه لیزر و یا برش سرد مانند قیچی یا اره صورت گیرد. برش با قیچی برای قطعاتی که بعداً با جوش به هم وصل می شوند، با رعایت شرایط زیر مجاز است: برای قطعات به ضخامت تا ۱۰ میلیمتر به شرط تمیز کاری سطح برش. برای قطعات به ضخامت تا ۱۶ میلیمتر، و فقط برای جوشهای گوشه به شرط اینکه با سنگ زدن یا ماشینکاری، به عمق حداقل ۲ میلیمتر و به طول حداقل ۲۰ میلیمتر از ابتدا و انتهای قسمتی که باید جوشکاری شود، برداشته شود. در صورتیکه استفاده از دستگاه برش ممکن نباشد، می توان از برش حرارتی دستی (شعله) استفاده نمود. لبه های ورق یا مقاطع بریده شده باید برای کنترل نامنظمی بازرسی شوند و در صورت لزوم سنگ زنی شوند. لبه هایی که بعداً جوشکاری می شوند، در صورت لزوم باید طبق نقشه پخ زده شوند.

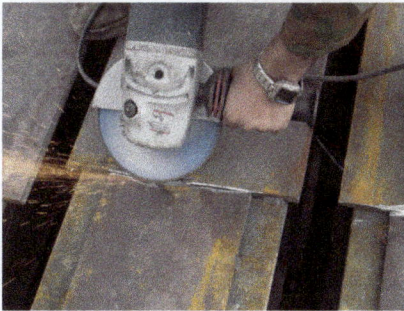

پخ زدن لبه ورقهای فولادی قبل از جوشکاری

برشگیر: برای یک تیر یکسره، برشگیرهای لازم در ناحیه لنگر منفی را می توان به طور یکنواخت بین نقطه لنگر حداکثر و هر یک از نقاط لنگر صفر توزیع نمود. به استثنای برشگیرهای نصب شده در داخل کنگره های ورق های ذوزنقه ای، برشگیرها باید حداقل دارای ۲۵ میلیمتر پوشش جانبی بتن باشند. همچنین به استثنای مواردی که برشگیر مستقیماً روی جان قرار دارد، قطر گلمیخ نباید بزرگتر از ۲/۵ برابر ضخامت بالی باشد که به آن جوش می شود. حداقل فاصله مرکز به مرکز گلمیخهای برشگیر در امتداد محور تیر مساوی ۶ برابر قطر و در امتداد عرضی، مساوی ۴ برابر قطر می باشد. برای برشگیر ناودانی، حداقل فاصله ۲

برابر و حداکثر آن ۸ برابر ارتفاع ناودانی است. حداکثر فاصله مرکز به مرکز برشگیر نباید از ۸ برابر ضخامت دال بتنی تجاوز نماید.

استفاده از برشگیر فولادی جهت ساخت سقف کامپوزیت بتن و فولاد

برق اضطراری: در صورتیکه وجود برق اضطراری برای یک ساختمان ضروری باشد باید حداقل یک آسانسور از هر مجموعه آسانسور در ساختمان از برق اضطراری تغذیه گردد و این خط تغذیه باید بتواند هر یک از آسانسورهای دیگر را به انتخاب تغذیه نماید. این سیستم باید بصورت خودکار فعال شود.

برق گرفتگی: پدیده ای است پاتوفیزیولوژیکی که در نتیجه عبور جریان الکتریکی از بدن انسان یا حیوان به وجود می آید.

برقو: ← آماده سازی برای جوشکاری

برگشت جریان: برگشت جریان آب، مایعات، مواد یا محلول های دیگر به داخل شبکه لوله کشی توزیع آب آشامیدنی، از هر شبکه لوله کشی یا منبع دیگر.

بریدن میلگردها: میلگردها باید با وسایل مکانیکی بریده شوند، استفاده از روشهای دیگر نیز به تأیید دستگاه نظارت دارد. در صورتی که استفاده از تمام طول میلگردها تابیده سرد اصلاح شده ضروری باشد، یا وصله آنها به روش جوش دادن نوک به نوک لازم شود، سرهای نتابیده آنها باید قطع گردد.

بست: وسیله ای دائمی که لوله را می گیرد و در حالت یا موقعیت معینی نگه می دارد.

بست و تکیه گاه: بست و تکیه گاه باید برای نگهداری لوله و دیگر اجزای لوله کشی مناسب باشد و مورد تأیید قرار گیرد. هر قسمت از لوله و دیگر اجزای لوله کشی باید به کمک بست و تکیه گاه در وضعیت معینی نگاه داشته شود. بست و تکیه گاه باید در برابر وزن لوله وسیال داخل آن (آب مصرفی، فاضلاب، آب باران) مقاوم باشد. بست و تکیه گاه، علاوه بر وزن لوله وسیال داخل آن، باید در برابر دیگر بارهای وارده (عایق، انقباض، انبساط، باد و غیره) تا حد کافی مقاوم باشد. مصالح ساخت بست و تکیه گاه باید در برابر اثر خورنده محیط نصب مقاوم باشد. اتصال بست و لوله باید به ترتیبی باشد که تماس مستقیم مصالح بست و سطوح خارجی لوله موجب ایجاد اثر الکترولیز نشود. اتصال بست به لوله باید به ترتیبی باشد که به سطوح خارجی لوله آب آسیب نرساند. اتصال تکیه گاه به دیوارها و سقفها و دیگر اجزای ساختمان باید به ترتیبی باشد که به این اجزا آسیب نرساند. اتصال تکیه گاه به دیوارها و سقف های ساختمان، که برای مقاومت در مدت معینی در برابر آتش طراحی شده اند، باید با استفاده از مصالحی صورت گیرد که به همین اندازه در برابر آتش مقاوم باشند. طراحی، ساخت و نصب بست و تکیه گاه باید با رعایت حرکات طولی و عرضی لوله، ناشی از انقباض و انبساط صورت گیرد و حرکت لوله ها، بدون تنش اضافی، امکان پذیر باشد. در مواردی که لوله در معرض انقباض و انبساط باشد، برای سهولت حرکت طولی لوله های افقی، بست و تکیه گاه باید از نوع هادی باشد. در مواردی که لوله افقی در معرض حرکات طولی ناشی از انقباض و انبساط باشد، بست و تکیه گاه لوله از نوع آویز باید امکان حرکت آونگی را داشته باشد. در نقاط ثابت بست و تکیه گاه لوله های افقی یا قائم باید از نوع مهار باشد. بست لوله های چدنی قائم (سرکاسه دار و بدون سرکاسه) باید از نوع گیره باشد. تکیه گاه لوله های چدنی قائم باید از نوع پایه باشد که زیر

پایین ترین زانوی لوله قائم قرار می گیرد و وزن لوله را به اجزای ساخته منتقل می کند. بست گیره ای لوله های چدنی قائم باید از پروفیل های فولادی یا چدنی باشد و لوله ها را محکم نگاه دارد. بست گیره ای لوله های چدنی قائم باید تا ممکن است در لوله های سرکاسه دار نزدیک سرکاسه و در لوله های بدون سرکاسه نزدیک اتصال قرار گیرد. تکیه گاه لوله های چدنی قائم باید با قطعات چدنی یا فولادی ساخته شود که بست لوله را به اجزای ساختمان متصل می کند. اتصال تکیه گاه ممکن است در اجزای ساختمان کار گذاشته شود یا با پیچ و مهره به اسکلت ساختمان محکم شود. پایه لوله های چدنی قائم باید روی بتن، آجر و سیمان، یا اسکلت فولادی که به سازه ساختمان متصل می شود، قرار گیرد. بست و تکیه گاه لوله های فولادی گالوانیزه قائم باید از نوع گیره ای، کورپی، آویز و یا اسکلت فلزی باشد. اگر لوله در معرض حرکات ناشی از انقباض و انبساط باشد، بست باید لوله را نگاه دارد ولی آویز امکان حرکت طولی لوله را بدهد. بست گیره ای یا کورپی لوله فولادی گالوانیزه قائم باید از جنس پروفیل های فولادی، چدن چکش خوار یا برنجی باشد. تکیه گاه لوله های فولادی گالوانیزه قائم باید با قطعات چدنی یا فولادی ساخته شود که بست لوله را به اجزای ساختمان متصل کند. اتصال تکیه گاه ممکن است در اجزای ساختمان کار گذاشته شود یا با پیچ و مهره به اسکلت فلزی ساختمان محکم شود. اگر لوله عایق دار باشد، بست گیره ای یا کورپی لوله را محکم نگاه می دارد و عایق روی بست را می پوشاند. ممکن است بست روی عایق لوله بسته شود. در این صورت لازم است بین عایق و بست یک لایی فولادی، دست کم به طول ۳۰ سانتی متر، قرار گیرد. بست لوله های مسی قائم باید از نوع گیره ای، کورپی یا آویز باشد. اگر لوله در معرض حرکات ناشی از انقباض و انبساط باشد، بست باید لوله را نگاه دارد ولی اویز امکان حرکت طولی لوله را را بدهد. بست گیره ای یا کورپی لوله های مسی باید از جنس برنجی، مسی یا پلاستیکی باشد. اگر جنس بست از پروفیل های فولادی باشد، باید بین سطح داخلی گیره یا کورپی و سطح خارجی لوله مسی یک لایی از ورق برنجی، قرار گیرد. تکیه گاه لوله های مسی باید با قطعات مسی، برنجی یا پلاستیکی ساخته شود که بست لوله را به اجزای ساختمان متصل کند. اتصال تکیه گاه ممکن است در اجزای ساختمان کار گذاشته شود یا با پیچ و مهره به اسکلت ساختمان محکم شود. اگر لوله عایق دار باشد بست گیره ای یا کورپی باید لوله را محکم نگاه دارد و عایق روی بست را می پوشاند. بست لوله های پلاستیکی و ترکیبی قائم باید از نوع گیره ای یا کورپی باشد. بست گیره ای یا کورپی باید با قطعات فولادی یا پلاستیکی ساخته شود. تکیه گاه لوله های پلاستیکی و ترکیبی قائم باید با قطعات فولادی یا پلاستیکی ساخته شود که بست لوله را به اجزای ساختمان متصل کند. اتصال تکیه گاه ممکن است در اجزای ساختمان کار گذاشته شود یا با پیچ و مهره به اسکلت ساختمان محکم شود. بست و تکیه گاه لوله های پلاستیکی و ترکیبی و قائم باید امکان حرکت طولی ناشی از انقباض و انبساط لوله را بدهد. در مورد نوع بست و تکیه گاه لوله های پلاستیکی و ترکیبی رعایت دستورالعمل های سازنده لوله الزامی است. بست و تکیه گاه لوله های چدنی افقی (سرکاسه دار و بدون سرکاسه) باید از نوع آویز، دیوار کوب، کورپی، یا بستر ماسه ای (در صورت دفن در خاک) باشد. بست باید از نوع گیره باشد که لوله را مهار کند و در وضعیت معینی نگاه دارد. تکیه گاه باید به کمک قطعات چدنی یا فولادی به اجزای ساختمان محکم شود، یا با پیچ و مهره به اسکلت فلزی ساختمان متصل شود. بست گیره ای لوله های چدنی افقی باید تا حد امکان، در لوله های سرکاسه دار نزدیک سرکاسه و در لوله های بدون سرکاسه نزدیک اتصال، قرار گیرد. بست و تیکه گاه لوله های فولادی گالوانیزه افقی باید از نوع آویز، دیوارکوب، گیره، کورپی یا مجموعه ای از قطعات فلزی باشد. اگر لوله در معرض حرکات ناشی از انقباض و انبساط باشد، در حالت آویز، باید لوله را نگاه دارد و آویز امکان حرکات طولی لوله و عرضی را بدهد. به این منظور آویز باید امکان حرکات آونگی داشته باشد. در بست و تکیه گاه آویز، بست باید از نوع گیره ای باشد. در بست و تکیه گاه دیوار کوب واسکلت فلزی، بست باید از نوع گیره ای یا کورپی باشد. تکیه گاه آویز ممکن است در اجزای ساختمان کار گذاشته شود. تکیه گاه دیوار کوب یا اسکلت فلزی ممکن است با اتصال پیچ و مهره ای باشد. در تیکه گاه دیوار کوب و اسکلت فلزی، اتصال بست به لوله باید در نقاط ثابت از نوع مهار و در نقاط دیگر از نوع هادی باشد. اگر لوله عایق دار باشد، بست گیره ای یا کورپی لوله را نگاه می دارد و عایق روی بست را می پوشاند. ممکن است بست روی عایق لوله بسته شود. در این صورت لازم است بین عایق و بست یک لایی فولادی قرار گیرد. لایی فولادی باید دست کم به ضخامت ۱/۵ میلی متر و طول ۳۰ سانتی متر باشد. بست لوله های فولادی گالوانیزه باید از پروفیل های فولادی، چدن چکش خوار یا برنجی باشد. بست و تکیه گاه لوله های مسی افقی باید از نوع آویز، دیوار کوب، گیره، کورپی یا اسکلت فلزی باشد. اگر لوله در معرض حرکات ناشی از انقباض و انبساط باشد، در حالت آویز،

بست باید لوله را نگاه دارد و آویز امکان حرکات طولی و عرضی لوله را بدهد. به این منظور آویز باید امکان حرکت آونگی داشته باشد. در بست و تکیه گاه آویز، بست باید از نوع گیره ای باشد. در بست و تکیه گاه دیوار کوب و اسکلت فلزی، بست باید از نوع گیره ای یا کورپی باشد تکیه گاه آویز ممکن است در اجزای ساختمان کار گذاشته شود. تکیه گاه دیوار کوب یا اسکلت فلزی ممکن است با اتصال پیچ و مهره ای باشد. در تکیه گاه دیوار کوب یا اسکلت فلزی، اتصال بست به لوله باید در نقاط ثابت از نوع مهار و در نقاط دیگر از نوع هادی باشد. اگر لوله عایق دار باشد، بست گیره ای یا کورپی لوله را نگاه می دارد و عایق روی بست را می پوشاند. ممکن است بست روی عایق لوله بسته شود، در این صورت لازم است بین عایق و بست یک لایی، از ورق برنجی قرار گیرد. لایی برنجی دست کم به ضخامت ۱/۵ میلی متر و طول ۳۰ سانتی متر باشد. بست و تکیه گاه لوله های مسی افقی باید از پروفیل های برنجی، مسی یا پلاستیکی باشد. اگر بست از پروفیل های فولادی باشد باید بین سطح داخلی گیره یا کورپی و سطح خارجی لوله مسی یکی لایی از ورق برنجی قرار گیرد. بست لوله های پلاستیکی یا ترکیبی افقی، باید از نوع گیره ای یا کورپی باشد. بست لوله های پلاستیکی یا ترکیبی افقی باید با قطعات فولادی یا پلاستیکی ساخته شود. تکیه گاه لوله های پلاستیکی یا ترکیبی افقی باید با قطعات فولادی یا پلاستیکی ساخته شود که بست لوله را به اجزای ساختمان متصل کند. اتصال تکیه گاه ممکن است در اجزای ساختمان کار گذاشته شود یا با پیچ و مهره بهم اسکت ساختمان محکم شو. بست و تکیه گاه لوله های پلاستیکی یا ترکیبی افقی باید امکان حرکت طولی ناشی از انقباض و انبساط لوله را بدهد. فاصله تکیه گاه ها بر حسب نوع بست و تکیه گاه متفاوت است و باید از فاصله بست های لوله ها تبعیت کند.

بستن مجاری خروجی گاز: قبل از باز کردن شیر اصلی گاز باید تمام سرهای آزاد لوله کشی را با نصب شیر و درپوش کاملاً مسدود کرد، به طوری که امکان نشت گاز از آنها وجود نداشته باشد.

بستن و محکم کردن پیچها: مجموعه پیچ و مهره و واشر از لحاظ خصوصیات هندسی، مکانیکی، شیمیایی و آزمایشهای ضروری باید به نحو مناسبی انتخاب شود. برای این منظور می توان از استانداردهای معتبر بین المللی (ترجیحاً AISC) پیروی نمود. باید تا حد ممکن از کاربرد پیچهای هم اندازه با رده های مقاومتی مختلف در یک سازه پرهیز نمود. طول پیچ باید به اندازه ای باشد که پس از محکم کردن آن، حداقل یک دانه کامل پیچ ازهر طرف مهره بیرون بماند. در اتصالات اصطکاکی با استفاده از پیچهای با مقاومت تسلیم $9000\ kg/cm^2$ در صورتیکه مصالح فولادی اعضای متصل شده دارای حد تسلیم کمتر از $2800\ kg/cm^2$ باشند، استفاده از واشر سخت زیر پیچ و مهره الزامی است. اگر اعضای متصل شونده دارای پوشش حفاظتی باشند، لازم است که از واشر زیر پیچ یا مهره چرخنده استفاده شود. در صورتیکه پیچ در سوراخ لوبیائی یا سوراخ بزرگ شده نصب می شود، لازم است که زا واشر مناسب زیر پیچ و مهره استفاده شود. در صورتیکه سطح فولاد مماس با پیچ دارای زاویه ای بیش از ۳ درجه نسبت به صفحه عمود بر محور پیچ باشد، باید از واشر سخت گوه ای در زیر پیچ یا مهره استفاده شود. هیچ نوع مصالح قابل تراکم مانند واشرهای لاستیکی یا مواد عایق بند نباید در لایه های اتصال وجود داشته باشد مگر آنکه در نقشه های اجزائی بوسیله طراح قید شده باشد. تمامی سطوح اتصال باید از هر گونه مواد خارجی یا آلودگی و پوسته به جز پوسته های محکم طبیعی فولاد، پاک باشند. در اتصالات اتکائی، و جود رنگ یا هر ترکیب شیمیائی در سطح مجاور سوراخ پیچ مجاز است. سطوح مجاور سوراخ پیچ در اتصالات اصطکاکی باید شرایط زیر را برآورده کنند:

الف) در اتصالات بدون پوشش، باید هر گونه رنگ یا آلودگی سطحی در محدوده ای نزدیک تر از یک قطر پیچ و حداقل ۲۵ میلیمتر از لبه سوراخ پاک شود.

ب) در اتصالات دارای پوشش، باید سطوح مجاور اتصال به وسیله ماسه پاشی یا ساچمه زنی آماده سازی شده و با رنگی استاندارد که حداقل ضریب اصطکاک ۳۳٪ را تأمین نماید، رنگ آمیزی شود. در سایر موارد باید آزمایش ویژه انجام شود تا از کفایت ضریب اصطکاک سطوح برای تأمین ویژگی های مکانیکی اتصال اطمینان حاصل شود.

ج) عملیات نصب اتصالات رنگ شده را نباید بیش از خشک شدن نهایی رنگ، شروع نمود. وسائل اتصال شامل پیچ و مهره و واشر را باید در برابر آلودگی و رطوبت در کارگاه حفاظت نمود. فقط تعداد لازم وسائل اتصال برای یک نوبت کاری را باید از انبار محفوظ خارج نمود. وسائل اتصال مصرف نشده در هر نوبت کاری را باید پس از اتمام نوبت، به انبار محفوظ باز گرداند. نباید روغن مخصوصی را که در کارخانه روی سطح وسائل اتصال پخش شده است، پاک نمود. وسائل اتصال مورد نظر برای

اتصالات اصطکاکی، باید از زنگ و آلودگی ناشی از محیط کارگاه پاک شوند و در اینصورت پیش از نصب، دندانه های آنها با روغن مخصوص استاندارد مجددا روغن زده شود. ابزارهای نمایشگر نیرو در اتصالات اصطکاکی را می توان در ترکیب با پیچ و مهره و واشر بکار برد. روش نصب و بازرسی این ابزارها باید توسط سازنده ارائه شود و به تأیید ناظر برسد. قبل و در مقاطعی از اجرای اتصالات اصطکاکی و یا اتصالات با پیچ های تحت کشش مستقیم لازم است موارد زیر در نظر گرفته شود:

الف) حصول اطمینان از ایجاد شدن نیروی کششی لازم در پیچ ها

ب) تنظیم ابزارهای مورد استفاده در محکم کردن پیچ ها.

در اتصالات زیر، پیچ ها باید در سوراخ های هم محور پیچ نصب شوند و فقط لازم است که تا حد بست اولیه محکم شوند:

الف) اتصالات با پیچ های اتکایی

ب) اتصالات با پیچ های بدون کشش مستقیم.

حد بست اولیه نشان دهنده حالتی است که تمامی سطوح یک اتصال در تماس کامل با یکدیگر باشند، اگر در این وضع، فضایی خالی بین سطوح اتصال موجود باشد به نحوی که تماس کامل برقرار نشود، باید اتصال باز شود و پس از قرار دادن ورق پر کننده مناسب و انجام اصلاحات لازم، تماس کامل برقرار شود. اگر نتوان سوراخ های پیچ ها را به وسیله میله های تنظیم در یک راستا قرار داد، می توان در صورت مجاز بودن از نظر طرح اتصال، با استفاده از برقو، سوراخ پیچ ها را گشاد کرد واز پیچ هی با قطر بزرگتر استفاده نمود. در اتصالات با پیچ های اصطکاکی و اتصالات با پیچ های تحت کشش مستقیم، باید پیچ و مهره و واشر در سوراخ های هم محور نصب شوند و یکی از روش های الف تا د مذکور در این بند تا رسیدن به حداقل کشش تعیین شده در طرح محکم شوند:

الف) چرخش مهره: در این روش، ابتدا همه پیچ ها از صلب ترین قسمت اتصال تا حد بست اولیه محکم می شوند و این کار به طرف لبه های آزاد اتصال ادامه می یابد. برای اطمینان از محکم شدن همه پیچ ها تا حد بست اولیه، این کار یک یا چند بار دیگر نیز تکرار می شود. پس از محکم شدن کلیه پیچ ها تا حد بست اولیه، باید کشش نهایی لازم در پیچ ها را با انجام چرخش اضافی مطابق مشخصات طرح ایجاد نمود.

ب) آچار تنظیم: برای محکم کردن پیچ ها می توان از آچار تنظیم استفاده نمود به این شرط که از صحت و دقت عملکرد آن با کنترل و تنظیم روزانه اطمینان حاصل شود و نیز از واشر سخت در زیر اعضای تحت چرخش استفاده شود. دراین روش باید اطمینان حاصل شود که مقدار چرخش نسبی پیچ و مهره از حد مجاز طبق مشخصات طرح بیشتر نشود. مراحل پیچ ها مانند بند الف فوق است.

ج) پیچ های ویژه: در این روش از پیچ هایی استفاده می شود که با رسیدن به نیروی کششی خاص، عضو شاخص متصل به کله آنها به صورت پیچش کنده می شود. در این روش باید اطمینان حاصل شود که نیروی کششی در لحظه کنده شدن عضو فوق الذکر، با مشخصات طرح مطابقت داشته باشد. مراحل محکم کردن این پیچ ها نیز مانند بند الف فوق است.

د) واشرهای ویژه: در این روش از واشرهای ویژه ای زیر کله پیچ یا مهره استفاده می شود و فشردگی برآمدگی های واشر تا حد معینی نشان دهنده رسیدن نیروی محوری پیچ به حد مورد نظر است. در این روش باید اطمینان حاصل شود که نیروی متناظر با رسیدن واشر به فرم نهایی خود، با خواسته های طرح مطابقت داشته باشد. مراحل محکم کردن این پیچ ها نیز مانند بند الف فوق است. در تمامی روش ها فوق، حداقل ۳ نمونه پیچ و مهره از هر قطر، طول و مقاومت مورد استفاده، باید در ابتدای کار مورد آزمایش قرار گیرند. محکم کردن پیچ های شل شده ناشی از محکم شدن پیچ های مجاور تا حد بست اولیه بلامانع است. اگر یک مهره یا پیچ پس از محکم شدن کامل، باید به دلائلی شل شود، لازم است که مجموعه پیچ و مهره کلا تعویض شود.

بستن و محکم کردن پیچهای یک سازه فولادی با سیستم بادی (راست) و آچار مدرج (چپ)

بسته: عبارت است از دو یا چند کلاف میلگرد به هم بسته شده، و یا تعدادی میلگرد شاخه مستقیم هم قطر و هم شکل و با یک مشخصه.

بسته بندی، حمل و نقل، انبار کردن و مصرف سیمان های کیسه ای: سیمان پرتلند باید در کیسه های مناسب، مقاوم و قابل انعطاب بسته بندی شود، به گونه ای که رطوبت و مواد خارجی نتوانند به داخل آن نفوذ کنند و کیسه سیمان در هنگام حمل و نقل پازه نشود. مشخّصات پاکت کاغذی سیمان های کیسه ای باید مطابق با استاندارد باشد. روی کیسه های سیمان باید نوع سیمان پرتلند (یک تا پنج) و تاریخ تولید سیمان درج شود. در سیمان های نوع یک، باید مقاومت سیمان نیز قید گردد. وزن اسمی هر کیسه سیمان پرتلند ۵۰ کیلوگرم می باشد. برای هر محموله وارد شده به کارگاه، مشخّصات کارخانه و نوع سیمان و تاریخ تولید باید در برگ تحویل ثبت شده باشد. سیمان های کیسه ای باید براساس نوع به طور جداگانه نگهداری شوند، به گونه ای که امکان اشتباه آنها با هم وجود نداشته باشد. سیمان های کیسه ای باید روی کف خشک، که دست کم به اندازه ۱۰ سانتیمتر از سطح اطراف خود بالاتر باشد، قرار گیرند. ترتیب قرار دادن کیسه های سیمان در انبار باید به گونه ای باشد که کیسه ها، به ترتیب ورود به انبار مصرف شوند. در مناطق خشک، حدّاکثر تعداد کیسه سیمان که می توان بر روی هم انبار کرد ۱۲ پاکت است، مشروط بر اینکه ارتفاع که آنها از ۱/۸ متر تجاوز نکند. اعداد فوق در مناطق شرجی و با رطوبت نسبی بیش از ۹۰ درصد، به ترتیب ۸ پاکت و ۱/۲ متر می باشد. در مناطق خشک، کیسه های سیمان باید نزدیک به یکدیگر، با فاصله ۵۰ تا ۸۰ میلیمتر از یکدیگر قرار داده شوند تا عبور جریان هوا از بین کیسه ها موجب خشک شدن سیمان بشود. در مناطق شرجی و با رطوبت نسبی بیش از ۹۰ درصد، کیسه های سیمان باید به یکدیگر چسبانیده شوند. کیسه های سیمان، در همه مناطق، باید حدّاقل ۳۰۰ میلیمتر از دیوارها و ۶۰۰ میلیمتر از سقف فاصله داشته باشند. در مناطق و در فصل هایی که احتمال بارندگی وجود داشته باشد، کیسه های سیمان یا باید در انبارهای سرپوشیده نگهداری شود و یا اینکه روی آنها با ورقه های پلاستیکی پوشانیده شده و این ورقه ها به نحو کاملاً مطمئنی در اطراف پایدار و محکم شود. در این مناطق و در این فصل ها، درها، پنجره ها و سیستمهای تهویه باید بسته نگهداشته شوند تا از جریان هوای مرطوب در انبار جلوگیری شود. سیمان های کیسه ای باید در مناطق با رطوبت نسبی حدّاکثر ۹۰٪، ۴۵ روز پس از تولید، و در سایر مناطق ۹۰ روز پس از تولید مصرف شوند، و اگر بنا به دلایل غیر قابل اجتناب این امر میسر نشد، این سیمان ها باید قبل از مصرف مورد آزمایش قرار گیرند. سیمانی که به مدت زیاد انبار شود ممکن است به صورت کلوخه های فشرده در آید. اینگونه سیمان ها را باید با غلتانیدن پاکت ها بر روی کف اصلاح کرد تا به صورت پودر در آیند. در صورتی که با یک بار غلتانیدن، پودر کلوخه به پودر تبدیل شود آن را می توان مصرف کرد.

انبار کردن نامناسب کیسه های سیمان از لحاظ تعداد، روکش، پایداری، فاصله از دیوار و ...

بسته بندی، عرضه و انبار کردن مواد افزودنی: بسته بندی، عرضه و انبار کردن مواد افزودنی باید مطابق با استاندارد صورت گیرد.

بلوک چوبی: بلوکهای چوبی نوعی پارکت ضخیم بوده و در ابعاد مختلف ساخته می شود. معمولترین اندازه آن ۹۰×۵۰×۵۰ میلیمتر است.

بلوک سفالی سقفی: ← آجر

بلوک سیمانی: بلوک سیمانی یا بلوک بتنی از اختلاط سیمان و آب با شن ریزدانه و ماسه یا دیگر سنگدانه های مناسب و لرزاندن و متراکم کردن مخلوط و عمل آوری و مراقبت از آنها ساخته می شود. بلوکهای سیمانی در چهار دسته دیواری، سقفی، نمادار، سبک تولید می شود. آجرهای بتنی نیز با شرایط بلوکهای بتنی تولید می شوند. ← آجر بتنی

بلوک شیشه ای: برای گرمابندی کردن و گذراندن نور، آجرهای شیشه ای تو خالی می سازند. آجر شیشه ای تو خالی از دو قطعه شیشه تو گرد پرس شده ساخته می شود. لبه دهانه آنها را تا دمای سرخ شدن گرما می دهند و سپس به همدیگر چسبانده و کمی فشار می دهند تا جوش بخورند. این نوع آجرهای شیشه ای توخالی، یک سیستم عایق صدا با مقاومت حرارتی مطلوب را تشکیل میدهند.

بلوکهای سقفی: ضخامت تیغه های بلوک سقفی باید حداقل ۱۵ میلیمتر و عرض تکیه گاه بلوک سقفی بر روی تیرچه دست کم ۱۷/۵ میلیمتر باشد.

نمونه ای از بلوکهای سقفی سبک یونولیتی

بلوکهای گچی: بلوکهای گچی قطعات سبکی هستند که از گچ ساختمانی، مواد افزودنی، مواد پرکننده یا مواد متخلخل کننده یا بدون آنها ساخته می شوند. این قطعات برای جداسازی فضاهای داخلی ساختمان به کار می روند. بلوکهای گچی به شکل مکعب مستطیل با سطوح کاملاً صاف بوده و محل تماس این قطعات بر روی یکدیگر به صورت کام و زبانه یا ساده می باشد. بلوکهای گچی در سه نوع متخلخل، نوع یک و نوع دو تولید می شوند که اختلاف آنها در وزن مخصوص است. مواد پر کننده و افزودنی مصرفی در ساخت بلوکهای گچی نباید معایبی در کیفیت بلوکها مانند شکفته شدن و یا شوره زدن ایجاد نماید. ویژگی انواع بلوکهای گچی، باید مطابق با ویژگیهای ارائه شده در استاندارد باشد.

استفاده از بلوکهای گچی سبک در دیوارهای داخلی

بناهای ضروری: آن دسته از بناهایی است که لازم است پس از وقوع زلزله قابل بهره برداری باقی بمانند.

بنای موجود: بنایی که مطابق مقررات و قوانین گذشته اجرا و تکمیل شده است.

بهر: عبارت است از تعدادی بسته یا مقدار معینی میلگرد هم قطر و هم شکل و با یک مشخصه که تحت شرایطی که یکنواخت فرض می شود تولید می گردد.

بهره برداری مناسب: منظور از تأمین شرایط بهره برداری مناسب این است که: تغییر شکل و ترک خوردگی بیش از حد ایجاد نشود. اجزای غیر سازه ای آسیب نبینند. ساکنان ساختمان در اثر لرزش سازه احساس ناامنی نکنند.

پ (پ هاش- پیمانه کردن با بیل و کمچه)

پ هاش: ← آب غیر آشامیدنی

پارکت: پارکت معمولاً از تکه های سخت چوب (از گونه های مختلف) در اندازه های متفاوت و نقشهای گوناگون ساخته می شود.

پاک کردن لوله ها: چنانچه لوله در اثر عوامل جوی و ماندن در هوای آزاد دچار زنگ زدگی سطحی شده باشد، باید آن را قبل از نصب با وسایل دستی یا ماشینی از جمله سنباده و برسی سیمی کاملاً تمیز نمود.

پای کار: محلی است که ساختمان در آنجا بر پا می شود.

پایانه حرارتی: بخشی از یک سیستم مرکزی سرمایی یا گرمایی که در آخر مدار قرار دارد و انرژی منتقل شده توسط مدار توزیع را به فضاهای کنترل شده انتقال می دهد (مانند رادیاتور).

پایایی بتن: پایایی یا داوم بتن ساخته شده از سیمان پرتلند به توانایی بتن برای مقابله با عوامل جوی، حملات شیمیایی، سایش، فرسایش و هر گونه فرآیند منجر به اضمحلال و تخریب اطلاق می شود. بتن پایا در شرایط محیطی مورد نظر، شکل، حداّقل کیفیت اولیه و قابلیت بهره برداری مورد نظر از سازه های بتنی را حفظ می کند. برای افزایش پایانی بتن باید نفوذ پذیری آن را با رعایت موارد زیر تقلیل داد: استفاده از سیمان مناسب،بهینه سازی عیار سیمان،انتخاب صحیح و مناسب نسبت های اختلاط بتن،استفاده از افزودنی شیمیایی مانند روان کننده ها، مواد حباب هوا ساز و. . . ، کاهش و محدود نمودن نسبت آب به مواد سیمانی (سیمان و پوزولان و مواد شبه سیمانی) ،تأمین حداکثر تراکم با وسایل و روش های مناسب، عمل آوری دقیق و کافی با روش های مناسب،

پایداری دیوارها: برای تأمین پایداری دیوارها باید آنها را به قطعات متقاطع مجاور مانند کف ها، بام ها، ستون ها، پشت بندهای دیواری، ستون های دیواری، دیوارهای متقاطع یا پی ها مهار کرد.

پایه: وسیله ای که بار قائم یک لوله قائم را، از انتهای تحتانی آن، به فونداسیون یا اسکلت دیگری منتقل می کند.

پایه های اطمینان: ← قالب

پایه های فلزی: ← قالب

پخت قیر و آسفالت: بشکه و دیگ های پخت قیر و آسفالت در مواقع استفاده باید در جای خود محکم شده باشند، به طوری که در حین کار هیچ خطری متوجه افراد نشود. بشکه و دیگ های پخت قیر و آسفالت در موقع استفاده باید در خارج از ساختمان و در فضای باز قرار داده شوند. قرار دادن آنها در معابر عمومی باید با رعایت کلیه موارد ایمنی و کسب اجازه از مرجع رسمی ساختمان صورت پذیرد. در موقع کار با دیگ های پخت قیر و آسفالت باید وسایل اطفاء حریق مناسب در دسترس باشد. شیلنگ مشعل هایی که جهت پخت قیر و آسفالت به کار می رود باید مورد بازدید قرار گرفته و محل اتصال آن به مخزن و مشعل با بست به طور مهار شده باشد. ظروف محتوی قیر داغ، نباید در محوطه بسته نگهداری شوند، مگر آنکه قسمتی از محوطه باز باشد و عمل تهویه به طور کامل و کافی انجام گیرد. کارگرانی که به گرم کردن قیر و پختن و حمل و پخش آسفالت اشتغال دارند باید به دستکش و ساعدبند حفاظتی مجهز باشند. بالا بردن آسفالت یا قیر داغ توسط کارگران از نردبان ممنوع است. برای گرم کردن بشکه های محتوی قیر جامد باید ترتیبی اتخاذ گردد که ابتدا قسمت فوقانی قیر در ظرف ذوب شود و از حرارت دادن و تابش شعله به قسمتهای زیرین ظرف قیر در ابتدای کار جلوگیری به عمل آید. هنگام حرارت دادن بشکه قیر، باید درب آن کاملاً باز باشد، اما درپوش کاملاً مناسب و محفوظ و دسته داری باید در دسترس باشد تا در صورت آتش گرفتن و شعله کشیدن قیر بتوان فوراً با قرار دادن آن، نسبت به خفه کردن آتش اقدام نمود. سطل های مخصوص حمل قیر و آسفالت داغ: علاوه بر دسته اصلی، باید دارای دسته کوچکی در قسمت تحتانی باشند تا عمل تخلیه آنها به راحتی انجام شود. کارگران پخت قیر و آسفالت پس از پایان کار، مجاز به پاکسازی لباسی که بر تن دارند با مواد قابل اشتعال از قبیل بنزین نمی باشند. در اینگونه موارد باید ابتدا لباس را از تن خارج و سپس در محل مناسب نسبت به نظافت و پاکسازی آن با مواد مناسب اقدام نمایند.

یک نمونه مشعل قیرکاری

پذیرش بتن: پذیرش بتن در کارگاه براساس نتایج آزمایش مقاومت فشاری نمونه های برداشته شده از بتن مصرفی می پذیرد. دفعات تصادفی نمونه برداری از بتن باید به نحوی یکنواخت در طول مدت تهیه و مصرف بتن توزیع شوند. نمونه ها باید قبل از ریختن در محل نهایی مصرف برداشته شوند. مقصود از هر نمونه برداری از بتن، تهیه حداّقل دو آزمونه از آن است که آزمایش فشاری آنها در سن ۲۸ روزه یا هر سن مقرر شده دیگری انجام می پذیرد و متوسط مقاومت های فشاری به دست آمده به عنوان نتیجه نهایی آزمایش منظور می شود. برای ارزیابی کیفیت بتن قبل از موعد مقرر می توان حداّقل یک آزمونه دیگر نیز به منظور انجام آزمایش مقاومت فشاری تهیه کرد. در صورتی که حجم هر اختلاط بتن بیشتر از یک متر مکعب باشد، تواتر نمونه برداری به ترتیب زیر خواهد بود:

الف) برای دال ها و دیوارها و پی ها، یک نمونه برداری از هر ۳۰ متر مکعب بتن یا ۱۵۰ متر مربع سطح.

ب) برای تیرها و کلاف ها، در صورتی که جدا از قطعات دیگر بتن ریزی می شوند، یک نمونه برداری از هر ۱۰۰ متر طول.

پ) برای ستون ها، یک نمونه برداری از هر ۵۰ متر طول. در صورتی که حجم هر اختلاط بتن کمتر از یک متر مکعب باشد، می توان مقادیر فوق را به همان نسبت تقلیل داد. حداقل یک نمونه برداری از هر رده و از هر نوع بتن در هر روز الزامی است. حداّقل ۶ نمونه برداری از هر رده بتن و از هر نوع بتن در کل سازه الزامی است. در صورتی که کل حجم بتن مصرفی یک پروژه ساختمانی از ۳۰ متر مکعب کمتر باشد می توان از نمونه برداری و آزمایش مقاومت صرفنظر کرد مشروط بر آن که به تشخیص دستگاه نظارت دلیلی برای رضایت بخش بودن کیفیت بتن موجود باشد.

پرچ: پرچهای ساختمانی معمولاً از فولاد معمولی و فولاد منگنزدار ساخته شده در سه نوع درجه ۱ و ۲ و ۳ تولید می شوند و به ترتیب برای کارهای عمومی ساختمان، استفاده در فولادهای معمولی با مقاومت زیاد و فولادهای پرمقاومت کم آلیاژ و پایدار در برابر خوردگی ناشی از عوامل جوی مناسب می باشند.

پروژه ساختمانی: کلیه عملیاتی است که طبق ضوابط و مقررات مصوب، ساخت و تأسیس و بازسازی آنها منوط به قبول مسؤولیت و تأیید متخصصان ذی صلاح برای طراحی، محاسبه و نظارت بر طرحهایی است که اعتبار آنها از محل بودجه عمومی کشور تأمین نشده باشد و شامل ساخت و ساز جدید و احداث بنا در سطح یا طبقات و بازسازی نیز می‌شود.

پلاستیکهای ساختمانی: واژه پلاستیک که امروزه به طور معمول به کار می رود، به گروهی از مواد مصنوعی دارد که از یک سری مواد معمولی همچون زغال سنگ، نمک، روغن، نفت، گاز طبیعی، پنبه، چوب و آب ساخته شده اند. از این مواد، مواد شیمیایی نسبتاً ساده ای به نام منومر که قادر به انجام واکنش به یکدیگرند، تولید می شود. از به هم پیوستن منومرها، مولکولهای زنجیره ای با جرم مولکولی بسیار زیاد به نام پلیمر حاصل می شود. مواد اصلی پلاستیکها را پلیمرها تشکیل می دهند. به طور کلی پلاستیک ترکیب شده است از جسم چسبنده و جسم پرکننده (گردهای آلی یا معدنی، رشته های نخی، پارچه ها و ورقها). برای بهره گیری بیشتر معمولاً پلاستیک با یک یا چند جسم دیگر ترکیب می شود تا ویژگیهای فیزیکی دلخواه در فرآورده به

دست آید. مواد نرم کننده برای کار پذیری بیشتر، مواد پرکننده برای افزایش حجم و در نتیجه ارزانتر شدن، الیاف برای افزایش تاب و پایایی مواد سخت کننده به منظور گیرش سریعتر به مواد پلاستیکی افزوده می شود. پلاستیکها بر حسب ماهیت، خصوصیات و عملکرد به دسته های زیر تقسیم می شوند: تقسیم بندی پلاستیکها بر حسب

پلاستیکی: ← آزمایش لوله کشی فاضلاب بهداشتی

پلاک سنگی: نصب قطعات مصالح ساختمانی از جمله پلاک سنگی روی نمای ساختمان باید به وسیله عناصر نگهدارنده و مهار کننده به طرق اطمینان بخش انجام گیرد تا امکان سقوط آن منتفی گردد.

استفاده از سنگ پلاک (قسمت سفید) در نمای ساختمان

پلان ساختمانهای آجری با کلاف: پلان ساختمان آجری با کلاف باید واجد خصوصیات زیر باشد:

الف) طول ساختمان از سه برابر عرض آن یا ۲۵ متر بیشتر نباشد.

ب) نسبت به هر دو محور اصلی تقریباً قرینه باشد.

پ) پیشامدگی های آن الزامات زیر را برآورده نماید: ۱- اندازه پیشامدگی در هر راستایی نباید از یک پنجم بعد ساختمان در همان راستا بیشتر باشد و علاوه بر آن بعد دیگر پیشامدگی نباید از مقدار پیشامده کمتر باشد.۲- چنانچه اتصال قسمت پیشامده با ساختمان، بیش از نصف بعد ساختمان در آن راستا باشد، این قسمت پیشامدگی تلقی نمی شود و در این صورت محدودیتی برای بعد دیگر وجود ندارد مشروط بر آن که پلان ساختمان به طور نامناسبی نامتقارن نگردد. در صورت نداشتن هر یک از الزامات فوق، باید با ایجاد درز انقطاع، ساختمان را به قطعات مناسب تقسیم نمود، به گونه ای که هر قطعه واجد شرایط یاد شده باشد. لازم نیست که درز انقطاع در شالوده ساختمان امتداد یابد.

پلکان خارجی: پلکانی که حداقل از یک طرف در ارتباط مستقیم با فضای آزاد باشد.

پلکان متحرک: پلکانی که به کمک وسایل و دستگاههای مکانیکی حرکت کند

پله: به قسمتی از پله برقی گفته می شود که افراد آن می ایستند و معمولاً جنس آنها از آلومینیوم با سطح شیار دار در جهت حرکت است.

پله برقی: پله برقی (ها) وسیله ای جهت جابجایی افراد در طبقات غیر هم سطح میباشند که نسبت به آسانسور حجم جابجایی مسافر بیشتری را دارا می باشد و در اماکن عمومی نظیر فرودگاهها، مترو، پایانه ها، ساختمانهای تجاری، فروشگاههای بزرگ و ... بکار می روند. انواع پله برقی با پله های فلزی و تسمه ای که زاویه شیب آنها بین ۲۷ تا ۳۵ درجه می باشد شامل مقررات این بخش می باشند. وسیله ای است که در مسیر حرکت افراد پیاده جهت بالا یا پایین بردن آنها در دو طبقه غیر هم سطح بکار می رود و بوسیله پله یا تسمه که توسط نیروی محرکه برقی بحرکت در آورده می شود سبب جابجایی افراد میگردد و شامل قطعات مکانیکی، الکتریکی و الکترونیکی می باشد.

پله های برقی و پیاده روهای متحرک: براساس ضوابط این مقررات، پله ها و پلکان های برقی و کف ها و پیاده روهای متحرک، جزو راه خروج محسوب نمی شوند.

پله های فرار: براساس ضوابط دستورالعمل، پله های فرار، اعتباری بعنوان خروج اصولی ندارند و لذا استفاده از آنها در ساختمان هایی که از این پس ساخته شوند، بمنظور جایگزینی با خروجهای معتبر (درگاه خروج، گذرگاه خروج، افقی، پلکان خروج و غیره)، مجاز نخواهد بود.

پلی اتیلن: ← آزمایش لوله کشی فاضلاب بهداشتی ← *اتصال در لوله کشی آب باران ساختمان*

پمپ: نصب مستقیم پمپ روی لوله انشعاب آب شهر مجاز نیست.

پمپ حوضچه فاضلاب یا آب باران: پمپ مخصوص انتقال فاضلاب یا آب باران به تراز بالاتر. این پمپ که با موتور برقی کار می کند، از سطح فاضلاب یا آب باران داخل حوضچه فرمان می گیرد و قطع و وصل می شود.

پمپ و مخزن تحت فشار: در این سیستم باید روی مخزن، شیر اطمینان مورد تأیید نصب شود. شیر اطمینان باید طوری انتخاب و تنظیم شود که در فشاری برابر حداکثر فشار کار مجاز مخزن، باز آب را تخلیه کند. لوله تخلیه شیر اطمینان نباید از جنس قابل انعطاف باشد. تخلیه آب از این لوله باید به طور ثقلی صورت گیرد. لوله تخلیه آب شیر اطمینان باید تا نزدیک نقطه تخلیه مناسبی (کف شوی یا یکی از لوازم بهداشتی) ادامه یابد. لوله تخلیه نباید مستقیماً به لوله فاضلاب متصل شود.

پمپ و مخزن ذخیره مرتفع: نکاتی که در "ذخیره سازی"، در مورد محل استقرار، اتصالات و دیگر الزامات مخازن ذخیره آب مقرر شده است، د رمورد مخازن ذخیره مرتفع نیز باید رعایت شود

پنجره: پنجره های چوبی باید از الوارهایی به ضخامت معین تهیه شود تا پس از رنده کردن، ضخامتهای استاندارد به دست آید. برای اینکه بازشوی پنجره براحتی باز و بسته شود باید پس از رنده کردن و آماده نمودن ۲ میلیمتر فضای آزاد (فضای بازی) میان قسمتهای مختلف پنجره وجود داشته باشد. پیش از رنگ زدن باید فضای باز میان پروفیل تحتانی بازشو و قاب ۳ میلیمتر باشد.

پنجره چشمی: پنجره‌ای که فقط برای تأمین دید به فضای مجاور تعبیه شده باشد.

پنجره حریق: پنجره‌ای که با "آزمایش حریق استاندارد" حائز شرایط مقاومت و محافظت در برابر حریق متناسب با محل استقرار خود باشد.

پودر گدازآور جوشکاری: پودرهای گداز آور جوشکاری در جوش قوس الکتریکی با الکترود فولادی بدون روکش مورد استفاده قرار گرفته و همچنین در جوشکاری با سیم جوشکاری برای برقراری قوس الکتریکی به کار می روند. پودر جوشکاری باید دارای خاصیت قلیایی بوده و با شرایط مکانیکی و فشار وارد بر آن انطباق داشته باشد. رطوبت پودر قبل از مصرف نباید از ۰/۱ درصد تجاوز کند.

پوزولان: پوزولان ها عبارتند از مواد سیلیسی یا سیلیسی و آلومینی که خود به تنهایی فاقد ارزش چسبانندگی اند یا ارزش چسبانندگی آنها کم است، اما به صورت ذرات بسیار ریز، در دمای متعارف و در مجاورت رطوبت با هیدروکسید کلسیم واکنش می دهند و ترکیباتی را تولید می کنند که ساختار آنها تا حدودی مشابه ترکیباتی است که بر اثر آبگیری سیمان پرتلند تولید می شود. پوزولان ها بر دو نوعند: پوزولان های طبیعی، و پوزولان های مصنوعی یا صنعتی. پوزولان های طبیعی در انواع خام یا تکلیس شده وجود دارند و به طور عمده شامل خاکسترهای آتشفشانی غیر بلورین باشند. پوزولان های مصنوعی یا صنعتی به طور عمده شامل دوده سیلیسی، خاکستر بادی، و خاکستر پوسته برنج می باشند. دوده سیلیسی یا میکرو سیلیس محصول فرعی کوره های قوس اکتریکی صنایع فرو آلیاژ و فرو سیلیس بوده وماده ای است با فعالیت پوزولانی بسیار شدید که بیش از ۸۵ درصد سیلیس بلوری نشده دارد. خاکستری بادی محصول فرعی سوخت زغال سنگ است که شامل سیلیس، آلومین و اکسیدهای آهن و کلسیم است. خاکستری بادی در انواع F و C وجود دارد. نوع C خاکستر بادی به دلیلی دارا بودن بیش از ۱۰ درصد اکسید کلسیم خاصیت سیمانی شدن نیز دارد. خاکستر پوسته برنج از سوختن پوسته برنج به دست می آید و دارای میزان زیادی سیلیس غیر کریستالی است. مشخصات پوزولان ها باید با یکی از استانداردهای معتبر بین المللی مطابقت داشته باشد.

پوسته خارجی ساختمان: کلیه سطوح پیرامونی ساختمان، اعم از دیوارها، سقف ها، کف ها، بازشوها، سطوح نورگذر و نظایر آنها که از یک طرف با فضای خارج و یا فضای کنترل نشده، و از طرف دیگر با فضای کنتر شده داخل ساختمان در ارتباط هستند. پوسته خارجی الزاماً در تمام موارد با پوسته فیزیکی ساختمان یکی نیست، زیرا پوسته فیزیکی ممکن است در برگیرنده فضاهای کنترل نشده نیز باشد. پوسته خارجی ساختمان شامل عناصری که در وجه خارجی خود مجاور خاک و زمین هستند نیز می باشد.

مهمترین بخش اکثر ساختمانها که در مبحث ضوابط طراحی آن برای صرفه جویی مصرف انرژی ساختمان مطرح می شود پوسته خارجی ساختمان است.

پوسته شدن: ← آزمون خمش

پوسته فیزیکی: کلیه سطوح پیرامونی ساختمان، اعم از دیوارها، سقفها، کف ها، بازشوها، و نظایر آنها که از یک طرف با فضای خارج و از طرف دیگر با فضای داخل یا فضای کنترل نشده در ارتباط هستند.

پوسته معماری: ← ساختمان

پوشش بتنی روی میلگردها: پوشش بتنی روی میلگردها برابر است با حداقل فاصله بین رویه میلگردها، اعم از طولی یا عرضی، تا نزدیکترین سطح آزاد بتن. ضخامت پوشش بتنی روی میلگردها نباید کمتر از مقادیر زیر اختیار شود: الف) قطر میلگردها ب) بزرگترین اندازه اسمی سنگدانه های تا ۳۲ میلیمتر، یا ۵ میلیمتر بیشتر از بزرگترین اندازه اسمی سنگدانه های بزرگتر از ۳۲ میلیمتر. ضخامت پوشش بتنی محافظ میلگردها متناسب با شرایط محیطی و نوع قطعه مورد نظر نباید از مقادیر داده شده کمتر باشد. در صورتی که بتن در جوار دیواره خاکی مقاوم ریخته شود و بطور دائم با آن در تماس باشد، ضخامت پوشش نباید کمتر از ۷۵ میلیمتر اختیار شود. در صورتی که بتن دارای سطح فرورفته و بر جسته (نقش دار یا دارای شکستگی) باشد، ضخامت پوشش باید در عمق فرورفتگی ها اندازه گیری شود. ضخامت پوشش بتنی برای محافظت میلگردها در برابر حریق.در صورتی که لازم باشد عضوی دارای درجه آتشپادی معینی باشد، حداقل ضخامت پوشش بتنی محافظ میلگردها باید توسط مراجع مربوط مقرر شود. میلگردها و تمامی قطعات و صفحات فولادی پیش بینی شده برای توسعه آتی ساختمان باید بنحوی مناسب در مقابل خوردگی محافظت شوند.

پوششهای رویه ای ناصاف: از پوششهای رویه ای ناصاف (با بافت سطحی) همانند رنگ بری پوشش سطح زیرین و یا تزئین استفاده می شود. سطح زیر کار می تواند چوب، فلز، گچ، بتن، بلوک یا ملاتهای سیمانی، آجر و … باشد و هر کدام با توجه به اینکه در داخل یا خارج ساختمان واقع شده باشند، ویژگیهای خاصی را برای رنگ ملزم می سازند. پوششهای رویه ای ناصاف نیز عموماً بر پایه آبی یا حلالی هستند. این پوششها با یکی از وسایل متداول رنگ آمیزی مانند قلم مو، غلتک یا پیستوله روی سطح پوشش داده می شوند. برای اجرای رنگهای رویه ای ناصاف خارجی معمولاً از غلتک و پیستوله استفاده می شود.

پی: به قسمتی از سازه ساختمان اطلاق می شود که روی سطح فوقانی آن ستون یا دیوار قرار گرفته و سطح تحتانی آن مستقیماً روی زمین یا روی شمع تکیه دارد و بار سازه را به زمین منتقل می کند. ← وظایف و مسوولیت های مجریان ساختمان

پی باسکولی: به مجموعه ای از دو پی منفرد اطلاق می شود که منتجه بارهای وارد بر یکی دارای برون محوری زیاد نسبت به مرکزی پی بوده و پی ها با تیری صلب به یکدیگر مرتبط شده اند. این تیر صلب، که بخشی از بار یکی از پی ها را به دیگری منتقل می نماید، نباید متکی بر خاک باشد. چنانچه این تیر رابط تحت اثر فشار خاک زیرزمین قرار گیرد باید طبق ضوابط مربوط به پی نواری طراحی گردد.

پی دیواری: ← پی نواری

پی گسترده : به پی ای اطلاق می شود که بار چند ستون یا دیوار را که در ردیف ها و امتدادهای مختلف قرار دارند به زمین منتقل می نماید. پی گسترده ممکن است به شکل دال، مجموعه تیر- دال و یا صندوقه ای ساخته شود.

پی گسترده

پی مرکب: ← پی

پی منفرد: به پی اطلاق می شود که بار یک یا دو ستون نزدیک به هم را در محل درز انبساط به زمین منتقل می نماید. پی منفرد می تواند به شکل مربع مستطیل، چند ضلعی منظم، دایره و یا هر شکل غیر منظم دیگر باشد و مقطع آن نیز می تواند به شکل مربع مستطیل، ذوزنقه و یا پلکانی باشد. پی های منفردی که نزدیک به هم باشند، می توانند به یکدیگر پیوسته و به صورت پی مرکب کار کنند.

پی نواری: به پی یکسره ای اطاق می شود که بار دیوار و یا چند ستون را، که در یک ردیف قرار دارند به زمین منتقل می نماید. مقطع پی می تواند به شکل مربع مستطیل، ذوزنقه و یا پاشنه دار (T وارونه) باشد. در حالتی که پی نوار صرفاً بار دیوار را به زمین منتقل کند پی دیواری نامیده می شود.

پی نواری زیر دیوار حائل

پی وی سی: ← آزمایش لوله کشی فاضلاب بهداشتی

پیاده رو متحرک: پیاده رو(های) متحرک وسیله ای جهت انتقال افراد در سطوح هم تراز یا اختلاف ارتفاع کم می باشند، سهولت انتقال افراد پیاده همراه با کودک یا چرخهای دستی خرید یا انتقال افراد ناتوان با صندلی چرخدار یا بدون آن، هدایت افراد به مکانهای خاص در فروشگاهها و نمایشگاهها از مزایای این وسایل می باشد. پیاده رو(های) متحرک در فرودگاهها، پایانه های مسافری، پارکینگ های خودرو، فروشگاهها، اماکن دیدنی و زیارتی و ... کاربرد دارد.

پیچ: پیچها در سه نوع پر مقاومت فولادی، پیچهای دو سر ساخته شده از فولاد آبدیده و پیچهای ساختمانی فولادی باز پخت شده تولید می شوند.

پیچ و مهره: ویژگی های شیمیایی و مکانیکی و هندسی پیچ و مهره و واشر باید با استانداردهای مرتبط بین المللی (ISO) منطبق باشد.

پیچهای با مقاومت زیاد: اگر استفاده از پیچهای با مقاومت زیاد، برای اتصالات مورد نظر باشد، مدارک طرح و محاسبه و نقشه ها باید نوع اتصال را از نظر عملکرد اصطکاکی، اتصال اتکایی و یا اتصال کششی معین کند.

پیچیدگی: پیچیدگی دخالت نوع کاربری در طراحی ساختمان و خصوصیات اجرایی آن براساس حیطه عملکرد کاربرها در قالب تقسیمات توزیع خدمات شهری طبقه بندی شده است و معیار کاربری قابلیت مناسبی برای طبقه بندی پیچیدگی کار ساختمان دارد.

پیش بینی محل نصب تنظیم کننده فشارگاز و کنتور: تنظیم کننده فشار گاز باید در فضای باز نصب شود. ابتدای لوله کشی داخلی ملک که با هماهنگی شرکت گاز ناحیه تعیین می گردد، باید نزدیک به مکانی باشد که در آینده تنظیم کننده فشار و کنتور نصب خواهد شد. چنانچه علمک گاز قبلاً نصب شده باشد به شرح زیر است:

۱) برآورد مصرف گاز تا ۲۵ متر مکعب در ساعت: فاصله ابتدای لوله کشی از انتهای شیر قبل از رگولاتور (که روی انشعاب نصب شده) L مساوی ۵۰ سانتیمتر

۲) برآورد مصرف گاز بیش از ۲۵ تا ۱۶۰ متر مکعب در ساعت: فاصله ابتدای لوله کشی از انتهای شیر قبل از رگولاتور (که روی انشعاب نصب شده) L مساوی ۶۰ سانتیمتر.

پیش خیز: میزان پیش خیز در ساخت (در صورت لزوم) برای تیرها، شاهتیرها، خرپاها و نظایر آنها، باید روی مدارک محاسباتی و نقشه ها قید گردد.

پیش خیز در تیرها: اگر برای بعضی از اعضای خمشی، پیش خیز بخصوصی لازم است تا در هنگام بارگذاری به شکل مورد نظر و در ارتباط با اعضای دیگر در آید، باید اینگونه محدودیتها در مدارک طرح و محاسبه به روشنی مشخص شود.در خرپاها با دهانه بیش از ۱۲ متر، لازم است به اندازه تغییر شکل بار مرده، پیش خیز داده شود.در شاهتیرهای مربوط به جراثقال با دهانه بزرگتر از ۱۲ متر باید پیش خیزی داده شود.در شاهتیرهای مربوط به جراثقال با دهانه بزرگتر از ۱۲ متر باید پیش خیزی در حدود تغییر شکل ناشی از بار مرده به اضافه نصف بار زنده، پیش بینی شود. تیرها و خرپاهایی که خیز معینی برای آنها قید نشده باشد، باید در کارخانه طوری ساخته شوند که به هر حال پس از نصب، تغییر شکل روبه بالا (خیز) داشته باشند.

پیش فروش واحدهای مسکونی: مجری انبوه ساز موظف است براساس شیوه نامه پیش فروش و پیش خرید واحدهای مسکونی اخذ مجوز مربوطه که توسط وزارت مسکن و شهرسازی ابلاغ می‌شود رعایت کامل حقوق پیش خریداران را بنماید.

پیش گرمایش فولادهای ساختمانی: برای نیمرخهای نورد شده سنگین و قطعات مرکب ساخته شده با جوش، باید قبل از انجام جوش، پیش گرمایش تا دمای لازم صورت گیرد.

پیشروی مجاز تابلوها در حریم معابر عمومی: کلیه تابلوهای دیواری باید به صورتی روی نمای ساختمان نصب شوند که اگر در ارتفاع کمتر از ۲/۵ متر نسبت به زمین و کف قرار گیرند، حداکثر پیش آمدگی آنها در حریم معبر عمومی ۱۰ سانتیمتر باشد. به تابلوهای طره که عمود بر نمای اصلی ساختمان نصب می گردند، به شرطی که پیش روی آنها در معبر عمومی حداکثر تا یک سوم عرض پیاده رو و حداقل ۹۰ سانتیمتر از لبه سواره رو فاصله داشته باشد.حداقل ارتفاع لبه زیرین تابلوهای طره و یا هر نوع پیش آمدگی تابلو، در محدوده ۱۵ متری تقاطع خیابانها نباید کمتر از ۵ متر باشد.

پیمانه کردن با بیل و کمچه: استفاده از بیل و کمچه برای پیمانه کردن صحیح نیست و باید حتماً از پیمانه ای با حجم معین استفاده شود. از افزودن خاک به ملات برای لوز دادن آن باید خودداری شود.

ت (تابلو کنترل آسانسور - تیر در سیستم تیر - دال)

تابلو کنترل آسانسور: مجموعه ای است شامل مدارهای فرمان و قدرت که وظیفه کنترل حرکت کابین و پاسخگویی به احضار را بعهده دارد، قسمت فرمان در انواع قدیمی از رله های متعدد و در انواع جدید عموماً از ریز پردازنده ها و سایر قطعات الکترونیکی ساخته میشود.

تابلوها و علائم تصویری ایمنی در ساختمانها و کارگاه ها: علائمی است که دارای پیام های منع کننده کاری خطرزا یا هشدار وجود خطری یا الزام به انجام کاری یا راههای گریز از خطر یا کمک های اولیه باشد. و شامل انواع زیر است:

۱) علائم تصویری باز دارنده: منبع کننده کاری است که احتمال خطر را افزایش داده یا آن را به وجود می آورد. خصوصیات اصلی: الف) دایره ای شکل ب) نشانه تصویری به رنگ سیاه روی زمینه سفید با حاشیه دایره و خط مورب (از چپ به راست) به رنگ قرمز (قسمت قرمز رن باید حداقل ۳۵٪ سطح علامت را بپوشاند).

۲) علائم تصویری هشدار دهنده: علائمی که احتمال خطری را هشدار می دهند. خصوصیات اصلی: الف) مثلثی شکلب) نشانه تصویری به رنگ سیاه روی زمینه زرد با حاشیه سیاه (قسمت زرد رنگ حداقل ۵٪ سطح علامت را بپوشاند).

۳) علائم تصویر الزامی کننده: علائمی که الزامات و اجبار کننده کار خاصی است. خصوصیات اصلی: الف) دایره ای شکل ب) نشانه تصویری سفید رنگ روی زمینه آبی (قسمت آبی رنگ حداقل ۵۰٪ سطح علامت را بپوشاند).

۴) علائمی تصویری آگاه کننده نسبت به شرایط ایمن: علائم تصویری مربوط به خروج اضطراری و کمک های اولیه: علائمی که اطلاعاتی را راجع به امکانات نجات و امدادی مثل خروج اضطراری و راه فرار، کمک های اولیه و ... ارائه می کنند. خصوصیات اصلی: الف) مربع یا مستطیل شکل ب) نشانه تصویری سفید رنگ روی زمینه سبز (قسمت سبز رنگ حداقل ۵۰٪ سطح علامت را بپوشاند).

۵) علائم خروج اضطراری و مسیرهای فرار

۶) علائم مکمل برای نشان دادن جهت خروج اضطراری.

۷) علائم تصویری مربوط به کمک های اولیه: علائمی که اطلاعاتی را راجع به امکانات کمک های اولیه و ... ارائه می کنند.

۸) علائم تصویری مربوط به تجهیزات اطفای حریق: علائمی که اطلاعاتی را راجع به امکانات و تجهیزات اطفای حریق ارائه می کنند. خصوصیات اصلی: الف) مربع یا مستطیل شکلب) نشانه تصویری سفید رنگ روی زمینه قرمز (قسمت قرمز رنگ حداقل ۵۰٪ سطح علامت را بپوشاند).

۹) علائم مکمل جهت دار برای دسترسی به وسائل اطفای حریق. در مواقع قطع برق وجود ابزار پشتیبان برای تابلوها و علائم تصویری ایمنی که از قدرت برق بهره می گیرند الزامی است. مگر در صورتی که قطع برق خود از بین برنده خطر باشد. تابلوها و علائم ایمنی و اضطراری باید طوری سازماندهی و نظارت شوند که در مدت فعالیت کاربری روشن باشند. دریچه های فیوز و بازدید تجهیزات الکتریکی تابلوها و علائم ایمنی باید به گونه ای طراحی شود که از دسترس کودکان دور بوده و تنها با کلید مخصوص باز و بسته شود. در تابلوها و علائم نورانی اگر سطح نمایش تابلو از جنس پلاستیک شفاف یا نیمه شفاف و یا مصالح مشابه باشد، لامپ های روشنائی و تجهیزات الکتریکی باید حداقل ۵ سانتیمتر از سطح ورقه های پلاستیک فاصله داشته باشند. در هیچ تابلو و علامت تصویری نمی توان از نورپردازی غیر الکتریکی چون شعله و آتش استفاده کرد، مگر در موارد خاص مانند پالایشگاه های مواد نفتی و با کسب اجازه از مسئولین اجرای مقررات.

تابلوهای توزیع و تقسیم نیرو: تابلو می تواند از یک یا چند صفحه از جنس عایق، که جاذب رطوبت و خودسوز نباشد (فیبر الکتریکی)، تشکیل شده یا تمام فلزی باشد. چنانچه تابلو در محلی که افراد غیر متخصص در آن رفت و آمد می کنند نصب شده باشد نباید هیچ یک از قسمتهای برقدار آن در دسترس یا قابل لمس باشد. به عبارت دیگر، تابلو باید با صفحات یا درهای عایق فلزی محصور شده باشد. برای دسترسی به قسمتهای برقدار تابلو باید بتوان صفحات محافظ یا درهای سرویس آن را، با استفاده از نوعی ابزار، پیاده کرد. علاوه بر این، در چنین محلهایی تابلو باید مجهز به در قفل شود باشد، به نحوی که کلیه کلیدها و لوازم و تجهیزات کنترل تابلو در پشت آن قرار گرفته باشد. چنانچه تابلو مجهز به کلیدهای کنترل روشنایی و نظایر آن باشد، این کلیدهای می توانند موقع قفل بودن در تابلو در دسترس باقی بمانند. از محل نصب کلیدها نباید امکان دسترسی به ترمینالهای آنها یا داخل تابلو، وجود داشته باشد. برای کمک به خنک شدن لوازم داخلی تابلو می توان آن را به منافذ عبور هوای خنک کننده مجهز کرد، مشروط بر اینکه آب ترشح شده نتواند به قسمتهای برقدار آن سرایت کند. تابلو باید ساخت کارخانه و مطابق استانداردهای ملی یا بین المللی معتبر باشد. تابلو ممکن است از یک یا چند منبع برای مصارف مستقل تغذیه شود (برای مثال منبع عادی و منبع اضطراری)، در این مقررات، آن قسمت از تابلو که با یک مدار مستقل تغذیه میشود، یک تابلو به حساب می آید. تابلوها باید با

مقررات زیر مطابقت کنند: الف) هر تابلو باید به یک کلید اصلی جدا کننده قابل قطع و وصل زیر بار مجهز باشد. جریان نامی این کلید باید حداقل برابر جریان نامی کل تابلو یا مصرف کل تابول باشد و جریان نامی ایستادگی کلید در برابر اتصال کوتاه نباید کمتر از جریان اتصال کوتاه احتمالی در محل نصب باشد، ب) هر تابلو باید به وسیله حفاظتی (کلید خودکار، فیوز) مخصوص خود مجهز باشد. جریان نامی وسیله حفاظتی نباید از جریان نامی تابلو بزرگتر باشد. چنانچه تابلو با مدار مختص به آن تغذیه شود، وسیله حفاظتی مدار می تواند وسیله حفاظتی تابلو نیز به شمار آید و نیازی به پیش بینی وسیله حفاظتی مجزا در تابلو نخواهد بود به شرط آنکه جریان نامی آن از جریان نامی تابلو بیشتر نباشد. بدین ترتیب، تنها تابلوهایی باید دارای فیوز یا کلید خودکار اصلی باشند که به صورت انشعابی از یک مدار تغذیه می شوند (یعنی یک کابل یا مدار چند تابلو را تغذیه کند).

مثالی از تابلوهای توزیع و تقسیم نیرو

تابیدگی قطعات: ← حروف و علائم و یادداشتهای فنی

تأسیسات الکتریکی: مجموعه ای از تجهیزات الکتریکی به هم پیوسته برای انجام هدف یا اهداف معین که دارای مشخصه های هماهنگ و مرتبط باشند.

تأسیسات انشعاب فشار ضعیف (منشعب از شبکه های عمومی): متقاضی باید با راهنمایی و رعایت ضوابط شرکت، محلی را برای نصب تجهیزات انشعاب تحویلی از طرف شرکت پیش بینی و احداث کند. بسته به شرایطی مانند تعداد و توان انشعاب یا انشعابهای ساختمان، محل مورد بحث ممکن است یک پست برق کامل، یک اتاق، اتاقک یا یک فرورفتگی در دیواری مناسب این کار باشد. اگر طبق مقررات و ضوابط احداث پست عمومی برق ضروری باشد، متقاضی باید ضمن رعایت مفاد فوق نسبت به تأمین زمین و احداث پست اقدام کند. همچنین محل مورد نظر باید برای این منظور به اندازه کافی وسیع و مناسب باشد و در عین حال که خارج از دسترس عمومی است، برای بازدید مأموران شرکت و قرائت کنتور در همه ساعات شبانه روز آماده باشد. هیچگونه دودکش و لوله کشی، اعم از آب، گاز، حرارت مرکزی و غیره، نباید از فضای اختصاص یافته برای محل انشعاب یا کنار آن عبور کندمحل نصب انشعاب باید فضای کافی برای نصب ترمینال اتصال زمین و انجام سیم کشیهای مربوط به آن را داشته باشد. این فضا باید علاوه بر جای لازم برای تجهیزات تحویلی شرکت برای نصب تجهیزات مشترک (مانند تابلو اصلی) نیز از فضای کافی برخوردار باشد. مسیر عبور و نحوه نصب هادی اتصال زمین باید به نحوی انتخاب و اجرا شود که هادی اتصال زمین از هر گونه صدمات احتمالی مکانیکی، شیمیایی، خوردگی و غیره محفوظ بماند و چنانچه بدون حفاظ مکانیکی نصب می‌شود، خارج از دسترس ولی در معرض بازرسی دائم قرار داشته باشد. چنانچه به منظور حفاظت مکانیکی هادی زمین، از نوعی لوله یا پوششی مشابه استفاده شده باشد این لوله یا پوشش نباید از جنس فلز باشد. مسیر مدارهای خروجی (انشعاب به مصرف کننده) و نحوه نصب آنها باید به گونه ای انتخاب و اجرا شود که ردگیری و تعویض مدارها در آینده بدون اشکال انجام پذیر باشد، بدین منظور لازم است از انواع کانال یا رایزر قابل بازدید استفاده شود. مسیر مدارها باید به نحوی انتخاب شود که حرارت تأسیسات دیگر، مانند لوله هایی آبگرم، بخار یا دودکشها و نظایر آن، بر روی مدارها اثر سوء نداشته باشد.

تاسیسات برقی: لوازم و تجهیزات و دستگاههایی در تاسیسات برقی ساختمانها قابل نصب استفاده خواهد بود که طبق مشخصات یک یا چند استاندارد ساخته و موفق به اخذ گواهی لازم نیز شده باشند، استفاده از هر نوع مصنوعات غیر استاندارد اکیداً ممنوع خواهد بود. در تهیه طرح و اجرای تاسیسات برقی ساختمانها، شدتهای روشنایی مصنوعی برای هر نوع محیط کار باید براساس مقادیر ذکر شده در «استاندارد شدت روشنایی داخلی» انتخاب شود. لزوم رعایت نشانه‌های ترسیمی استاندارد در کلیه نقشه‌ها و مدارک الزامی است. ⟵ وظایف و مسوولیت های مجریان ساختمان⟵ رشته های اصلی

تأسیسات جریان ضعیف: تأسیسات جریان ضعیف شامل سیستمهای زیر خواهد بود:تلفن، تلکس، نمابر و نظایر آن، اعلام حریق و اعلام نشت گاز، زنگ اخبار، احضار، ارتباط با در ورودی (دربازکن)، پخش صوت، پیام رسانی، آنتن مرکزی تلویزیون، رادیو، سیستمهای دیگر (تلویزیون مدار بسته، دزدیگر، ساعت مرکزی و غیره)، شبکه رایانه و سیستمهای چند رسانه ای. شبکه سیستم مدیریت ساختمان BMS و شبکه سیستم مدیریت انرژی EMS.

تامین هوای احتراق از طریق ارتباط فضای نصب با اتاقهای مرتبط به هوای آزاد: در این حالت از طریق ارتباط اتاق محل نصب دستگاه با اتاقهایی که حداقل یک در و یا یک پنجره بازشونده به هوای آزاد دارند، هوای مورد نیاز جهت احتراق، تهویه و رقیق سازی تامین می‌شود. بدین منظور رعایت دو شرط زیر الزامی است:

الف) کنترل حجمی: حجم کل فضاهایی که از طریق ارتباط هوایی با یکدیگر تامین هوای لازم برای احتراق، تهویه و رقیق سازی را بر عهده دارند در مورد وسایل گازسوز نصب شده بدون کلاهک تعدیل نباید کمتر از ۴ متر مکعب به ازای هر کیلووات ظرفیت اسمی دستگاه و برای لوازم گازسوز نصب شده با کلاهک تعدیل کمتر از یک متر مکعب به ازای هر کیلووات ظرفیت اسمی دستگاه گازسوز باشد.

ب) کنترل تهویه: ظرفیت کل تامین هوای فضاهایی را که حداقل یک در، یا یک پنجره باز شونده به هوای آزاد داشته باشند و با اتاق محل نصب، ارتباط هوایی پیدا کنند.

تامین هوای احتراق از طریق ارتباط فضای نصب با هوای آزاد: دستگاههای گازسوز با ظرفیت اسمی کمتر از ۳۵ کیلووات (۳۰۰۰۰ کیلوکالری در ساعت) در صورتی که در فضایی نصب شوند که دارای حداقل یک درب یا پنجره بازشونده به هوای آزاد بوده و هوا از درزهای آن نفوذ کند و حجم آن فضا حداقل ۴ متر مکعب به ازای هر کیلووات ظرفیت اسمی دستگاه گازسوز نصب شده در آن فضا باشد، نفوذ طبیعی هوا به داخل فضای محل نصب جوابگوی هوای لازم برای احتراق، تهویه و رقیق سازی گازهای دودکش خواهد بود. در صورتی که ساختمان محل نصب به صورت غیر عادی نفوذ ناپذیر بوده و هوا به داخل آن وارد نشود، هوای لازم برای احتراق، تهویه و رقیق سازی گازهای دودکش باید از خارج ساختمان یا فضاهایی از داخل ساختمان که از نظر ورود هوای آزاد با خارج ارتباط مستقیم دارد تامین گردد.

تامین هوای احتراق از طریق نصب دریچه و کانالهای متصل به هوای آزاد: در این حالت با نصب یک دریچه با سطح مقطع حداقل ۱۵۰ سانتی متر مربع و یا دو دریچه هر یک به مساحت حداقل ۷۵ سانتی متر مربع برای دستگاههای گازسوز با توان کمتر از ۵۰ کیلووات (۴۳۰۰۰ کیلوکالری در ساعت) که مستقیماً به هوای آزاد مرتبط می باشند تأمین هوای لازم صورت می گیرد. در صورتی که هوای احتراق گازسوز از طریق دریچه یا کانال مرتبط با فضای آزاد تأمین می گردد، دریچه یا کانال با تعبیه مسیر غیر مستقیم برای عبور جریان هوا، کرکره چوبی یا فلزی در دو انتها و توری فلزی (و یا تلفیقی از آنها) باید به گونه ای طراحی شود که:

- ✓ از نفوذ مستقیم سرما از بیرون به داخل فضای مسکونی ممانعت نماید،
- ✓ ورود پرندگان و حشرات به داخل فضای مسکونی ممکن نباشد،
- ✓ انسداد آن به سادگی میسر نباشد،
- ✓ روی دریچه یا کانال، یا در کنار آن، عبارت "مخصوص عبور جریان هوای وسیله گازسوز – به هیچ وجه مسدود نشود" به صورت واضح و قابل رؤیت نوشته شود،
- ✓ استفاده کننده از دستگاه گازسوز مجاز به انسداد دریچه یا کانال ارتباط به فضای آزاد نمی باشد.

تائید و تصویب مصالح: تائید و تصویب مصالح، لوازم و تأسیسات ساختمانی، طرحها، روشها و ساختارها، یعنی تائید و تصویب آنها توسط مقامات قانونی مسئول، مراکز و آزمایشگاه ها دارای صلاحیت که مطابق ضوابط، استانداردها و مقررات مربوط، با انجام آزمایش و بررسی مستقیم یا غیر مستقیم (توسط اشخاص مورد اعتماد، یا بر حسب اصول مطمئن از طرف مقامات ذیصلاح و نهادهای علمی و فنی شناخته شده) صورت می گیرد.

تجهیزات الکتریکی: وسائل، تجهیزات، لوازم، دستگاهها و مصالحی اند که برای تولید، انتقال، توزیع یا مصرف انرژی الکتریکی به کار می روند مانند مولدها، لوازم و اسبابها و دستگاههای برقی، وسائل اندازه گیری، وسایل حفاظتی، تجهیزات و مصالح سیستمهای سیم کشی و لوازم مصرف کننده انرژی الکتریکی.

تجهیزات حفاظتی: ویژگیهای تجهیزات حفاظتی باید با توجه به نوع حفاظتی که به وجود می آورند تعیین شود، مانند حفاظت در برابر:اضافه جریان (اضافه بار – اتصال کوتاه)، جریان اتصال زمین، اضافه ولتاژ، ولتاژ کم و نبود ولتاژ. مقادیری از جریان، ولتاژ و زمان، که باعث عمل وسیله حفاظتی می‌شود، باید با خصوصیات مدارهای و نوع خطراتی که ممکن است بروز کند متناسب باشد.

تجهیزات دستی: تجهیزاتی هستند قابل حمل که در هنگام استفاده عادی در دست گرفته می شوند و در آنها، موتور، در صورتیکه وجود داشته باشد قسمتی جدا نشدنی از تجهیزات را تشکیل می دهد.

تجهیزات سیم کشی: کلیه تجهیزات سیم کشی باید با مشخصات و شرایط مدار هماهنگی داشته باشند و درجه حفاظت آنها نیز براساس شرایط محلی که در آنجا نصب خواهند شد، یا بالاتر از آن، انتخاب شود. به عنوان مثال، استفاده از تجهیزات سیم کشی داخلی (معمولی) در هوای آزاد ممنوع است و برای این منظور لازم است از انواع وسائل مقاوم در برابر عوامل طبیعی استفاده شود. چنانچه محفظه های تجهیزات از جنس عایق نباشند و از جنس هادی (فلزی) باشند، باید مانند سایر بدنه های هادی با آنها رفتار شود و آنها را به هادی حفاظتی متصل کرد. انواع تجهیزاتی که صفحات رویی فلزی دارند، به شرط داشتن لایه عایق در پشت، از وصل به هادی حفاظتی معاف خواهند بود. ولتاژ اسمی تجهیزات باید با ولتاژ اسمی سیستم برق هماهنگی داشته باشند.

تجهیزات نصب ثابت: تجهیزاتی است که به نگهدارهایی محکم شده باشند یا به نحوی دیگر در محل معینی محکم و ثابت شده باشند.

تجهیزات و وسایل اختلاط و بتن ریزی: الف) تمامی وسایلی که برای مخلوط کردن و انتقال بتن به کار می روند باید تمیز باشند.

ب) پیمانه کردن مصالح تشکیل دهند بتن باید تا حد امکان به طریق وزنی انجام گیرد.

پ) رواداری توزین هر یک از اجزای تشکیل دهند بتن ۳ ± درصد است.

ت) رواداری دقت و حساسیت ترازوها و سایر قسمت های توزین باید ۰/۴ ± درصد کل ظرفیت دستگاه باشد.

ث) استفاده از روش های دیگر برای پیمانه کردن مصالح در صورتی مجاز خواهد بود که دقت مقدار مصالح بدست آمده از این روش قابل مقایسه با روش وزنی باشد.

ج) برای توزیع یکنواخت افزودنی های شیمیایی در حجم بتن باید ضمن استفاده از تجهیزات مناسب، دقت های لازم بکارگرفته شده و دستورالعمل کارخانه سازنده رعایت شود

چ) رطوبت مصالح سنگی بویژه ماسه قبل از ورود به دستگاه بتن ساز با توجه به کارایی و نسبت آب به سیمان باید کنترل شده و نتایج آن در محاسبه میزان آب اختلاط منظور گردد.

تحویل گیری و نگهداری پله برقی: مسئولیت کار کرد صحیح، ایمن و مداوم پله برقی (ها) پس از نصب و راه اندازی بعهده شرکت سازنده یا پیمانکار فروشنده آن می باشد ولی مهندسین یا مسئولین بهره برداری یا کارفرما باید طبق مفاد این مقررات و سایر مورد ایمنی و فنی مندرج در مشخصات فروشنده، پله برقی را تحویل بگیرند و در این زمینه مسئولیت دارند. در صورتیکه هر یک از موارد مندرج در این مقررات توسط فروشنده یا شرکت سازنده پله برقی و یا موارد ساختمانی رعایت نشده باشد تحویل گیری پله برقی غیر قابل قبول است. پس از تحویل گیری پله برقی، نگهداری و سرویس های منظم آن باید بعهده شرکتهای ذیصلاح گذاشته شود. هر گونه اشکال ناشی از عدم سرویس بعهده نگهدارنده می باشد و در صورت عدم عقد قرار داد نگهداری مسئولیت بعهده مسئولین ساختمان یا نمایندگان قانونی آنها می باشد.

تخته: ← قالب

تخریب: هر اقدامی که مستلزم جدا کردن مصالح از ساختمان به منظور حذف، نوسازی، تعمیر، مرمت و بازسازی تمام یا قسمتی از بنا باشد، تخریب نامیده می شود. قبل از شروع عملیات تخریب باید با کسب نظر از مهندس ناظر برنامه ریزی و اقدامهای زیر انجام گیرد:

مجوز لازم از مرجع رسمی ساختمان اخذ شود. با اطلاع و همکاری موسسات ذیربط جریان آب، برق، گاز و سرویسهای مشابه قطع یا در صورت لزوم سالم سازی، محدود و نگهداری شود، به طوری که راههای دسترسی به آنها و شیر آتش نشانی محفوظ بماند. زمان و مدت قطع سرویسهای فوق و شروع عملیات تخریت حداقل یک هفته قبل، به اطلاع ساکنین ساختمانهای مجاور رسانده شود. عدم رعایت محدویت فوق، فقط هنگامی مجاز است که عدم تخریب فوری بنا، ایمنی را به خطر اندازد. لزوم این امر باید قبلاً به تایید مرجع رسمی ساختمان رسیده باشد. اقدامات لازم، برای محافظت از پیاده روها و معابر عمومی مجاور ساختمان مورد تخریب، انجام شود و در و صورت نیاز به محدود یا مسدود نمودن آنها با کسب اجازه از مراجع ذیربط اقدام لازم به عمل آید. وسایل و تجهیزات لازم متناسب با محل و نوع ساختمان و روش تخریب تهیه شود. اثرات ناشی از تخریب بنا در پایداری سازه های همجوار، توسط شخص ذیصلاح بررسی و تدابیر لازم در جهت پایداری ابنیه مجاور اتخاذ گردد. برنامه ریزی برای جمع آوری و دفع مواد حاصل از تخریب و انتخاب محل مجاز برای انباشتن آنها انجام شود. در تخریب ساختمانهای خاص نظیر کارخانه ها، بیمارستانها، دودکشهای صنعتی و دیگر اماکنی که تاسیسات ویژه دارند، قسمتهای مربوطه باید توسط افراد ذیصلاح مورد بازدید قرار گیرد و وسایل و تجهیزات لازم برای تخریب و مقابله با خطرهای ناشی از آن فراهم شود. در صورتی که ساختمان مورد تخریب دارای برقگیر باشد، ابتدا باید برقگیر از ساختمان جدا شود و در صورت لزوم مجدداً در نزدیکترین فاصله نصب و آماده به کار گردد. کلیه شیشه های ساختمان مورد تخریب باید از محل نصب شده جدا و در مکان مناسبی انبار گردد. در عملیات تخریب باید کارگران با تجربه بکار گرفته شده و اشخاص ذیصلاح بر کار آنان نظارت و دستورالعملها، روشها و مراحل مختلف اجرای کار را به آنان گوشزد نمایند. همچنین سایر افراد از جمله رانندگان و متصدیان ماشین آلات و تجهیزات مربوطه، باید از اشخاص ذیصلاح باشند. کلیه راههای ارتباطی ساختمان مورد تخریب به استثنای پلکانها، راهروها، نردبانها و درهایی که برای عبور کارگران استفاده می شوند، باید در تمام مدت تخریب مسدود گردند. به علاوه هیچ راه خروجی قبل از اینکه راه دیگر تأیید شده ای جایگزین شود نباید تخریب گردد. در تخریب ساختمانهایی که بر اثر فرسودگی، سیل، آتش سوزی، زلزله، انفجار و نظایر آن آسیب دیده یا از بین رفته اند، برای جلوگیری از ریزش و خرابی ناگهانی باید دیوارها قبل از تخریب زیر نظر شخص ذیصلاح مهار و شمع بندی شوند. در صورتی که ارتفاع ساختمان مورد تخریب از ساختمانها و تاسیسات همجوار بیشتر باشد و امکان ریزش مصالح و ابزار کار به داخل یا روی بناها و تاسیسات مجاور وجود داشته باشد، باید اقدامات لازم از قبیل نصب سرپوش حفاظتی با مقاومت کافی به عمل آید. هر یک از اجزای ساختمان مورد تخریب و تجهیزات مورد استفاده اعم از کف، کف موقت، چوب بست، پله های موقت، سقف و سایر اجزای راهروهای سرپوشیده و راهروهای عبور و مرور کارگران، پلکانها و نردبانها نباید بیش از دو سوم مقاومت خود، بارگذاری شوند. میخهای موجود در تیرها یا تخته های ناشی از تخریب باید بلافاصله به داخل چوب فرو کوبیده یا بیرون کشیده شوند. تخریب باید از بالاترین قسمت یا طبقه شروع شود و به پایین ترین قسمت یا طبقه ختم گردد، مگر در موارد خاص که تخریب به طور یکجا، با استفاده از مواد منفجره در پی و طبقات از راه دور با رعایت کلیه احتیاط ها و مقررات ایمنی مربوط و کسب مجوزهای لازم انجام و یا از طریق کشیدن با کابل و واژگون کردن و یا از طریق ضربه زدن با وزنه های در حال نوسان انجام شود. در پایان کار روزانه، قسمتهای در دست تخریب نباید در شرایط ناپایداری که در برابر فشار باد یا ارتعاشات آسیب پذیر باشند، رها گردند و همچنین باید با بررسی لازم اطمینان حاصل شود که کلیه قسمتهای باقیمانده از عملیات تخریب و همچنین چوب بست ها، شمع ها، سپرها، حائل ها و سایر وسایل حفاظتی، پایداری و ایمنی لازم را دارند. انباشتن مصالح و ضایعات جدا شده از ساختمان مورد تخریب در پیاده رو و دیگر معابر و فضاهای عمومی بدون کسب مجوز از مرجع رسمی ساختمان ممنوع است. در صورتی که در محل مورد تخریب زمین و فضای کافی برای انباشتن مصالح و ضایعات وجود نداشته باشد. باید هر روز مواد جدا شده به مکان مجاز دیگر منتقل گردد. قبل از تخریب سقفها باید راههای ورودی به طبقه زیر آن طوری مسدود گردد، که هیچ کس نتواند از آن رفت و آمد کند. در طاقهای ضربی، چه

هنگامی که دهانه ای در آن ایجاد می شود و به چه درهنگام تخریب کلی آن، باید آجرها و مصالح بین دو تیر آهن تا تکیه گاههای طاق به طور کامل برداشته شود. در تخریب سقف هایی که از بتن پیش یا پس تنیده تشکیل یافته اند، باید توجه کافی به انرژی ذخیره شده در بتن و خطرهای ناشی از آزاد شدن آن به عمل آید. هنگام تخریب سقف، پس از برداشتن قسمتی از آن، باید روی تیرآهن ها یا تیرچه ها تخته های چوبی به عرض ۲۵ سانتیمتر و ضخامت ۵ سانتیمتر به طور عرضی و به تعداد کافی قرار داده شود تا کارگران مربوطه بتوانند در روی آنها به طور مطمئن مستقر شده و به کار خود ادامه دهند. در تخریب طاقهای شیروانی یا چوبی، ابتدا باید قسمتهای پوششی سقف برداشته شود، سپس نسبت به برچیدن خرپا یا اسکلت سقف اقدام گردد. هیچ یک از تکیه گاهها نباید در طبقه ای برداشته شود، مگر آنکه کلیه قسمتهای طبقه بالای آن قبلاً تخریب و برداشته شده باشد. تمام یا قسمتی از دیواری که ارتفاع آن بیش از ۲۲ برابر ضخامت آن باشد، نباید بدون مهاربندی جانبی آزاد بماند، مگر اینکه اساساً برای ارتفاع بیشتر محاسبه و ساخته شده باشد. قبل از تخریب هر یک از دیوارها، باید تا فاصله ۳ متری از آنها کلیه سوراخهایی که در کف قرار دارند با پوشش موقت مناسب پوشانده شوند. تخریب دیوارهایی که برای نگهداری خاک زمین یا ساختمان مجاور ساخته شده اند، باید پس از اجرای سازه های نگهبان انجام شود. در صورتی که برای تخریب اسکلت ساختمان از جرثقیل یا وسایل مشابه استفاده شود، باید برای حفظ تعادل و جلوگیری از لنگر بار و صدمه به اشخاص، ساختمانها، تاسیسات و تجهیزات یا اسکلت ساختمان مورد تخریب، از طناب هدایت کننده استفاده شود. قبل از بریدن تیرآهن باید اقدامات لازم به منظور جلوگیری از سقوط آزاد تیرآهن بعد از برش به عمل آید. قبل از تخریب دودکش های بلند صنعتی و سازه های مشابه، از طریق انفجار یا واژگونی، باید محدوده ای محافظت شده و مطمئن با وسعت کافی در اطراف آن در نظر گرفته شود. در صورتی که قرار باشد سازه های فوق الذکر به طریق دستی تخریب گردند، باید از داربست استفاده شده و به تناسب تخریب سازه از بالا به پایین، سکوی داربست نیز به تدریج پایین آورده شود، به ترتیبی که همواره محل استقرار کارگران مربوطه پایین تر از نقطه بالایی سازه بوده و این اختلاف ارتفاع حداقل ۵۰ سانتیمتر و حداکثر ۱۵۰ سانتیمتر باشد. مصالح و ضایعات حاصل از تخریب سازه های مورد بحث باید از داخل آنها به پایین ریخته شود و برای جلوگیری از انباشته شدن و تراکم مصالح و ضایعات، باید قبلاً دریچه ای در قسمت تحتانی سازه برای تخلیه آنها ایجاد شود. تخلیه مواد مذکور بایستی پس از توقف کار تخریب، انجام شود. مصالح ساختمانی و ضایعات حاصل از تخریب نباید به طور سقوط آزاد به خارج پرتاب شوند، مگر اینکه تخلیه از داخل کانالهای مخصوص پیش بینی شده انجام گیرد. در صورتی که مصالح قابل اشتعال جدا شده از ساختمان مورد تخریب، در همان محل، انبار و نگهداری شود، باید وسایل اطفای حریق مناسب به تعداد و مقدار کافی فراهم شود. ضایعات به دست آمده از مواد رادیواکتیو، آزبست، مواد سمی یا مواد آلوده کننده، باید جدا از بقیه ضایعات به دقت نگهداری و بسته بندی شوند و سپس به محل مجاز حمل گردند. مصالح و ضایعات ناشی از تخریب نباید روی کف طبقات به صورتی انباشته شوند که از ظرفیت باربری مجاز کف طبقه مربوط بیشتر باشد. به علاوه باید از وارد شدن فشارهای افقی ناشی از انبار شدن مصالح و ضایعات به دیوارها نیز جلوگیری شود. مصالح و ضایعات ناشی از تخریب نباید به نحوی انباشته شوند که برای ساختمانهای مجاور و یا معابر عمومی تولید اشکال نمایند. این مواد باید در فواصل مناسب بارگیری و به محل های مجاز حمل گردند. پیش از اقدام به تخریب هر ساختمانی که به شبکه آب یا فاضلاب شهری اتصال دارد، موضوع تخریب باید قبلاً به سازمان مسئول آن شبکه شهری، اطلاع داده شود. پیش از آنکه اتصال لوله کشی آب یا فاضلاب ساختمان از شبکه آب یا فاضلاب شهری به کلی جدا شود و کنتورها برداشته شود، نباید اجازه تخریب صادر گردد.

تخلخل: تخلخل فضای به جا مانده از گازهای محبوس شده در جوش می باشد که در خلال مرحله انجماد به صورت حفره باقی می ماند. این حفره ها عموما به شکل کروی و به صورت منفرد و یا مجتمع می‌باشند.

تخلیه خروج: بخشی از "راه خروج" که بین "خروج" و معبر عمومی قرار گرفته است. تخلیه خروج، آن بخش از راه خروج است که بین انتهای خروج و معبر عمومی (کوچه یا خیابان) واقع شود. براساس ضوابط این مقررات، هر خروج باید بطور مستقیم یا از طریق تخلیه خروج به معبر عمومی منتهی می گردد، مگر آنکه در این مقررات به گونه دیگری تصریح شده باشد. تمام قسمتهای تخلیه خروج، چه به صورت فضاهای داخلی و سرپوشیده و چه به صورت حیاط و محوطه باز، باید به گونه ای طرح و اجرا شوند که راهی ایمن، بدون مانع و قابل تشخیص برای دسترسی متصرفان به معبر عمومی تأمین گردد. عرض و ظرفیت تخلیه

خروج نباید از مجموع عرضها و ظرفیتهای خروجهای منتهی به آن کمتر در نظر گرفته شود. در طبقات و فضاهای هم تراز تخلیه های خروج، ساختار کف باید دارای مقاومتی دست کم معادل مقاومت حریق دوربندهای خروجها باشد و تمام فضا توسط شبکه بارنده خودکار تائید شده، محافظت شود. موارد استثناء: الف) فضاها و بخشهایی از طبقه تخلیه خروج که توسط ساختاری با مقاومت حریق معادل مقاومت حریق دوربندها از فضای تخلیه خروج جدا شده باشند. ب) تمام سطوح واقع در تراز تخلیه خروج، چنانچه تخلیه خروج، هال یا فضای ورودی کوچکی باشد که با ساختاری حداقل ۲۰ دقیقه مقاوم حریق از دیگر بخشها جدا شده، فاصله آن از فضای بیرون ساختمان بیش از ۳ متر و طول آن نیز بیش از ۹ متر نباشد، همچنین به منظوری جز راه خروج (تخلیه مستقیم به بیرون) مورد استفاده واقع نشود. فضاهایی با مشخصات فوق می توانند بعنوان تخلیه خروج، فقط برای حداکثر ۵۰ درصد تعداد کل خروجها و حداکثر ۵۰ درصد ظرفیت کل خروجهای بنا مورد استفاده واقع شوند. سایر خروجها باید مستقیماً به یک معبر عمومی ارتباط داشته باشند. البته در تصرفهای بازداشتی / تحت نظری، با رعایت سایر ضوابط اختصاصی، استثنائاً تمام خروجها می توانند به فضاهایی واقع در تراز تخلیه خروج منتهی شوند.

تخلیه هوای اتاق: ← هواکش

تخلیه هوای چاه و موتورخانه: هوای چاهی که آسانسور(ها) را در خود جای داده و بیش از دو طبقه امتداد داشته باشد باید مستقیماً یا از طریق موتورخانه به فضای آزاد تخلیه شود. مساحت دریچه تخلیه هوا نباید کمتر از ۱ درصد مساحت مقطع چاه آسانسور باشد. در صورتیکه سرعت آسانسور بیش از ۲/۵ متر بر ثانیه باشد سطح تخلیه هوا باید حداقل ۰/۳ متر مربع باشد. اگر تعداد دو یا سه آسانسور در یک چاه مشترک قرار گیرند سطح دریچه تخلیه هوا ۰/۳ متر مربع کافی می باشد. ولی برای چهار آسانسور می بایستی به ۰/۴ متر مربع افزایش یابد و به نحوی محافظت شود که از نفوذ باران، برف، پرندگان و ... به چاه جلوگیری شود. دریچه تخلیه هوا باید به صورت دستی عمل نماید. چاه آسانسور نباید وسیله تخلیه هوای ساختمان باشد. تخلیه هوای چاه هر گروه آسانسور مستقل از چاههای گروههای دیگر خواهد بود بنابراین نباید بین آنها ارتباط تخلیه هوا وجود داشته باشد.

تراز پایه: ترازی که فرض می شود تکان های زلزله تا آن تراز از زمین به ساختمان منتقل می شود و از آن تراز به بالا ساختمان حرکت جداگانه خود را نسبت به زمین دارا است. این تراز لزوماً در محاذات سطح زمین نیست. ← ارتفاع و تعداد طبقات ساختمان آجری با کلاف . تراز پایه، بنا به تعریف، به ترازی در ساختمان اطلاق می شود که در جریان زلزله از آن تراز به پائین حرکتی در ساختمان نسبت به زمین مشاهده نشود. این تراز در اغلب موارد در تراز لبه بالای شالوده در نظر گرفته می شود، ولی در مواردی که در تمام محیط زیرزمین دیوار حائل بتن آرمه وجود دارد و این دیوار با اسکلت ساختمان یکپارچه ساخته می شود، تراز پایه در تراز نزدیک ترین کف ساختمان به زمین کوبیده شده اطراف ساختمان در نظر گرفته می شود. مشروط بر آنکه دیوار حائل فوق الذکر حداقل تا زیر این کف از تمام جهات ادامه داشته باشد. ترازی است که فرض می شود در آن تراز حرکت زمین به سازه منتقل می شود یا به عنوان تکیه گاه سازه در ارتعاش دینامیکی محسوب می شود.

تراز طبقه شدن: منظور هم تراز شدن کف کابین با کف تمام شده طبقه درمحل ورودی به آسانسور است.

ترتیب استقرار آسانسورها: آسانسورها ترجیحا باید کنار هم قرار گیرند. استقرار پشت به پشت آنها نیز چون مانع استفاده مناسب از سیستم کنترل خواهد بود در مجموع نامناسب است.

ترک: ترک عمدتاً در اثر سرد شدن سریع جوش به وجود می آید. تعمیر جوش ترکدار مجاز نیست و هیچ نوع ترکی در جوش قابل قبول نمی باشد و جوش معیوب باید بریده شده و مجدداً جوشکاری گردد. ترک های ستاره ای که در نقطه پایانی جوش به وجود می آید، باید به وسیله سنگ زدن برطرف گردد.

ترکیب جوشها: اگر از دو یا چند نوع جوش بصورت مجموعه (جوش شیاری، گوشه، انگشتانه یا کام) در یک اتصال استفاده شود، باید ظرفیت مؤثر هر یک جداگانه نسبت به محور مجموعه جوش محاسبه و سپس ظرفیت مجاز مجموعه را تعیین کرد.

ترموپلاستها (گرمانرم ها): ترموپلاستها پلاستیکهایی هستند که هرگاه گرم شوند، نرم می گردند و هنگام سرد شدن، دوباره سخت می شوند و به دفعات می توان آنها را سرد و گرم کرد. تکرار سیکلهای گرما و سرما ممکن است سبب تغییر رنگ یا از دست رفتن مواد نرم کننده در پلاستیک شود که خود منجر به بروز تغییراتی در شکل ظاهری و دیگر ویژگیهای آن می شود.

برخی از این پلاستیکها عبارتند از: آکریلیکها، پلی اتیلن ها، پلی وینیل کلراید (PVC) ، پلی استایرن، نایلن (پلی آمیدها)، آکریلونیتریل – بوتادین – استایرن (ABS)، پلی پروپیلن ترموست ها (گرما سخت ها)

ترموستها: پلاستیکهایی هستند که بنا به ساختار مولکولی شان، حرارت مجدد موجب برگشت آنها به حالت خمیری نمی شود. مهمترین این پلاستیکها عبارتند از: آلکیدها، آمینوزها (اوره فرمالیدهید و ملامین فرمالدهید)، اپوکسی، پلی یورتان.

ترمینال اصلی زمین (شینه اصلی زمین): ترمینال یا شینه ای است که برای اتصال هادیهای حفاظتی شامل هادیهای همبندی برای هم ولتاژ کردن و هادیهای اتصال زمین عملیاتی (در صورت وجود)، پیش بینی و نصب می‌شود.

ترنچ: ترنچ شیار دراز، باریک و کم عمقی است که در زمین، برای لوله گذاری، حفر شود.

ترنچ لوله گذاری شده

تسهیلات بهداشتی و رفاهی کارگاه: در هر کارگاه ساختمانی، بسته به محل نوع کار، تعداد کارگران، زمان و ساعت کار، باید ضمن رعایت مقررات مربوط، تسهیلات رفاهی و بهداشتی زیر تأمین شود و در دسترس کارگران قرار گیرد. در عملیات ساختمانی، به کارگرانی که به طور مستمر با گچ، سیمان یا سایر مواد آلوده کننده تماس مستقیم دارند، باید یک بار برای هر شیفت کاری شیر داده شود. در تمام محل های کار در کارگاه ساختمانی، باید آب آشامیدنی سالم و کافی در اختیار کارگران قرار گیرد. آب آشامیدنی باید از منابع بهداشتی تأیید شده تهیه شود و کلیه نکات بهداشتی از نظر سالم نگه داشتن مخازن و ظروف نگهداری آب رعایت گردد. چنانچه در کارگاه ساختمانی برای مصارف غیر آشامیدنی، آب ذخیره و نگهداری شود، باید بر روی مخازن و شیرهای برداشت آب تابلوی «غیر قابل شرب» نصب شود. در هر کارگاه ساختمانی باید به ازای هر ۲۵ نفر کارگر، حداقل یک توالت و دستشویی بهداشتی و محصور، با آب و وسایل کافی شستشو ساخته و آماده شود. در هر کارگاه ساختمانی وجود حداقل یک توالت و دستشویی الزامی است. در هر کارگاه ساختمانی باید متناسب با فضای کارگاه فضای سر پوشیده و کاملاً بهداشتی، برای تعویض لباس کارگران فراهم شود. در هر کارگاه ساختمانی باید محلهایی برای غذا خوری و همچنین محلهای مناسب کافی و مجزا برای اقامت و استحرات موقت کارگرانی که به دلیل دوری محل کار از محل سکونت آنها یا درخواست کارفرما یا حسب وظیفه، مجبور به اقامت در کارگاه باشند، با وسایل و امکانات مورد نیاز فراهم شود. در کلیه کارگاههای ساختمانی، باید نور و روشنایی طبیعی و مصنوعی کافی و مناسب و در صورت لزوم وسیله روشنایی قابل حمل در محلهای کار، عبور و مرور، غذا خوری، اقامت و استراحت کارگران فراهم شود. کلیه محلهای کار، اقامت، استراحت و غذا خوری کارگران باید به طور طبیعی یا مصنوعی تهویه شوند. به گونه ای که هوای کافی و سالم برای محلهای فوق فراهم شود.

استراحتگاه غیراصولی کارگران

تعداد لوازم بهداشتی: تعداد لوزام بهداشتی مورد نیاز بر حسب نوع کاربری ساختمان و تعداد استفاده کننده گان، باید با رعایت الزامات مندرج در این قسمت از مقررات تعیین شود. برای هر جنس (مرد یا زن) باید لوازم بهداشتی، به تعداد لازم و به طور جداگانه پیش بینی شود جز موارد زیر: ۱) لوازم بهداشتی خانگی، ۲) ساختمان هایی که تعداد کل جمعیت آن ۱۰ نفر یا کمتر باشد، ۳) فروشگاههایی که مواد خوراکی یا آشامیدنی را برای مصرف در همان محلّ می فروشند و تعداد کلّ مشتریان هم زمان آنها کمتر از ۱۰ نفر باشد. تعداد توالت، دست شویی، دوش و وان باید، به نسبت جمعیت مرد و زن، برای هر یک پیش بینی شود. اگر تعداد مرد و زن مساوی است باید تعداد هر یک از لوازم بهداشتی نیز مساوی باشد. در محل های کار، گروه های بهداشتی (توالت، دست شویی و غیره) باید به فضای کار نزدیک باشد. فاصله افقی بین محل کار تا لوازم بهداشتی نباید بیش از ۱۵۰ متر باشد. فاصله ای که در اتفاع، برای دسترسی به گروه بهداشتی باید طی شود نباید بیش از یک طبقه (بالا یا پایین) باشد. در محل های کار باید برای مراجعان و کارکنان، لوازم بهداشتی جداگانه پیش بینی شود، مگر آن که تعداد مراجعان کمتر از ۱۵۰ نفر در روز باشد. در فضاهای عمومی مانند رستوران، باشگاه، مراکز عمومی و تجاری، باید برای مراجعان و کارکنان لوازم بهداشتی جداگانه پیش بینی شود. در فروشگاه ها و مراکز عمومی، که در آنها مواد خوراکی و آشامیدنی برای مصرف در همان محلّ فروخته نمی شود، اگر تعداد مراجعان در روز کمتر از ۱۵۰ نفر باشد، لازم نیست برای آنها لوازم بهداشتی جداگانه پیش بینی شود.

تعریف ساختمانهای خشتی: منظور از ساختمانهای خشتی ساختمانهایی هستند که دیوارهای باربر در آنها از خشت و ملات ساخته شده و به شیوه های مقرر تقویت شده باشد.

تعمیر سیستم لوله کشی گاز داخل ساختمان: هر گونه تعمیر در سیستم لوله کشی گاز ساختمان باید توسط افراد و یا شرکت های مجاز با رعایت این مقررات انجام گیرد. قبل از هر گونه تعمیر باید گاز موجود در لوله به فضای مناسب و باز تخلیه شود. تخلیه گاز در محفظه احتراق دیگهای حرارت مرکزی یا از طریق لوازم گاز سوز مجاز نمی باشد. در صورت قطع اتصال لوازم گازسوز از سیستم لوله کشی گاز، شیر مربوطه باید با درپوش مناسب مسدود و سپس مورد آزمایش نشتی قرار گیرد. هر گونه کنده کاری و انجام تعمیرات لوله گاز توکار، جهت جلوگیری از آسیب به پوشش خارجی لوله، باید در حداقل زمان ممکن انجام شود. در هنگام انجام تعمیرات لوله کشی گاز ساختمان، نباید هیچگونه تنش و بار اضافه بیش از حد مجاز به لوله وارد شود. در این مورد درز انبساط و انقباض طبیعی ساختمان باید مدنظر قرار گیرد.

تعمیر کار: فرد یا افراد مجاز و متخصص صاحب صلاحیت که وظیفه سرویس و یا تعمیر آسانسور را به عهده دارند.

تعویض هوا: تأمین شرایط بهداشتی در داخل فضای کنترل شده با عوض کردن میزان مشخصی از هوای آن با هوای تازه در هر ساعت.

تعیین طول لوله: طول لوله باید از نقطه خروجی تنظیم کننده فشار تا دورترین نقطه مصرف گاز در ساختمان اندازه گیری شود.

تعیین نوع فولاد: کارخانه سازنده باید روش تعین نوع و مشخصات مصالح مصرفی (قبل از نصب و تنظیم قطعات) را با مدارک کتبی و نمایش عملی ارائه کند. روش احراز هویت مصالح، باید با عرضه شماره و عنوان مصالح، مشخصات فنی مربوط طبق مدارک رسمی و همچنین گزارش آزمایشهای مصالح برای خواص تعیین شده ثابت کند که مصالح مناسب پیش بینی شده، مورد استفاده قرار گرفته است.

تغذیه آب به تأسیسات گرمایی و سرمایی: انشعاب آب از شبکه لوله کشی آب مصرفی برای تغذیه تأسیسات گرمایی، با آب گرم کننده یا بخار و نیز برای تغذیه تأسیسات سرمایی با آب سرد کننده، باید با پیش بینی فاصله هوایی، نصب یک شیر یک طرفه و یک خلاء، شکن یا شیر یک طرفه دوتایی حفاظت شود. اگر به داخل لوله کشی تأسیسات گرمایی یا تأسیسات سرمایی محلول های شیمیایی تزریق شود، انشعاب آب باید با فاصله هوایی یا نصب شیر اطمینان اختلاف فشار بین دو شیر یک طرفه حفاظت شود.

تغییر مکان جانبی واحد: ← سختی طبقه

تغییر مکان نسبی طبقه: تغییر مکان جانبی یک کف نسبت به کف پائین آن.

تغییر مکانهای غیر خطی چرخه ای: ← شکل پذیری

تقسیم بندی قیرها: قیرها عمدتاً به دو نوع تقسیم می شوند. اگر از معدن به دست آید قیر طبیعی و هر گاه از پالایش نفت خام حاصل شود، قیر ساختگی نام دارد.

تکیه گاه: وسیله ای دائمی که بست لوله را به اجزای ساختمان متصل می کند و در حالت یا موقعیت معینی نگه می دارد.

تکیه گاه لغزنده: وسیله ای مرکب از دو قطعه مسطح یا منحنی که یکی از آنها به لوله متصل می شود و حرکت لغزش لوله را در امتداد طولی یا عرضی امکان پذیر می سازد.

تلمبه (پمپ) بتن: در انتقال بتن به وسیله پمپ، حداکثر نسبت اندازه سنگدانه ها به کوچکترین قطر داخلی لوله انتقال بتن نباید از مقادیر زیر تجاوز کند:

الف) ۰/۳۳ برای سنگدانه های تیز گوشه

ب) ۰/۴۰ برای سنگدانه های کاملاً گردگوشه.

بتن ریزی با پمپ بتن متحرک در ارتفاع، در گود و در تراز هم سطح

تماس غیر مستقیم: تماس اشخاص و حیوانات اهلی (دام) با بدنه های هادی است که در شرایط بروز اتصالی، برقدار شده اند.

تمام تراش: ← دسته بندی سنگ های ساختمانی از نظر شکل ظاهری

تنشهای ضمن اجرا: همزمان با کار استقرار و نصب اسکلت باید اتصالات پیچی و جوشی به طور مطمئن و کامل تکمیل شود تا جوابگوی بارهای مرده، نیروی باد و تنشهای ضمن اجرا باشد.

تنظیم پای ستونها: پای ستونها و کف ستونها باید طبق مشخصات زیر تنظیم و تمام شود:

الف) استفاده از ورقهای نورد شده فولادی به ضخامت ۵۰ میلیمتر و کمتر، بدون تراش و پرداخت مجاز است، مشروط بر آنکه در سطح آنها تماس کامل برقرار شود. ورقهای نورد شده فولادی با ضخامت ۵۰ تا ۱۰۰ میلیمتر را میتوان با پرس کردن صاف و

مستوی کرد و در صورتی که پرس مناسب در دسترس نباشد، می توان با تراشیدن و صاف کردن، سطح مستوی را بوجود آورد(به استثنای حالتهای ج و د ذیل). در ورقهای ضخیمتر از ۱۰۰ میلیمتر، تمام سطوح تماس باید صفحه تراشی شده و صاف و مستوی گردد (به استثنای حالتهای ج و د ذیل).

ب) کف ستونهای غیر از ورقهای نورد شده باید به طور کلی صفحه تراشی شود (به استثنای حالتهای ج و د ذیل).

ج) سطح زیرین کف ستونها در صورتی که با ریختن دوغاب ماسه سیمان تماس کامل برقرار شود، احتیاجی به تنظیم ندارد.

د) سطح بالایی کف ستونها که در تماس با ستون قرار می گیرد در صورتی احتیاج به پرس و صاف کردن نخواهد داشت که با جوش نفوذی و به طور سرتاسری و کامل به ستون جوش شود.

تنظیم پای ستون

تنظیم فشار آب: برای تأمین یا تنظیم فشار در شبکه لوله کشی توزیع آب مصرفی ساختمان، در موارد لزوم و با تأیید، باید یکی از سیستمهای زیر یا ترکیبی از آنها طراحی و نصب شود: پمپ ومخزن تحت فشار. پمپ و مخزن ذخیره مرتفع. سیستم افزایش فشار بدون مخزن. شیر فشار شکن به منظور کاهش فشار.

تنظیم کردن کار: قبل از آنکه نصب پیچ یا اجرای جوش به صورت قطعی و دائمی انجام شود، قطعاتی که با این عمل ثابت می شوند باید به دقت تنظیم شده باشند.

تنظیم کننده فشار گاز (رگولاتور): وسیله ای است که فشار شبکه توزیع گاز را در یک مرحله تقلیل داده و آن را به میزان مجاز برای مصرف خانگی یا تجاری، ثابت نگه می دارد.

تنگ ویژه: خاموتی است بسته متشکل از یک یا چند میلگرد که هر یک از آنها در انتها به قلاب ویژه ختم شده باشند. تنگ ویژه می تواند به صورت دورپیچ باشد و در دو انتها به قلاب ویژه ختم شود.

تواتر نمونه برداری فولاد: تعداد و تواتر نمونه ها باید به گونه ای باشد که نتایج آزمایش های انجام شده بر روی آنها معرف کیفیت کل آرماتور مصرفی و حداقل به میزان زیر باشند:از هر پنجاه تن و کسر آن یک سری نمونه. از هر قطر یک سری نمونه. از هر نوع فولاد یک سری نمونه

توان کل: ← حداکثر درخواست (دیماند)

تورق در فلز پایه: اگر در لبۀ لوله خطوطی ناشی از جدایی سطوح و یا دو پوسته بودن فلز پایه مشاهده گردد، غیر قابل قبول بوده و باید سر لوله تا محل رفع عیب بریده شود .

توسعه: گسترش ساختمان موجود در سطح یا افزودن طبقات به آن.

توسعه سیستم لوله کشی گاز موجود خانگی: اضافه نمودن هر گونه انشعاب جدید به سیستم لوله کشی گاز موجود باید با اطلاع و اجازه قبلی شرکت گاز ناحیه و براساس این مقررات انجام گیرد.

توصیه ها در زمینه طراحی ساختمان: طراحی معماری ساختمان باید حتی الامکان همساز با اقلیم باشد، به نحوی که از شرایط مطلوب طبیعی حداکثر استفاده به عمل آید و در ضمن ساختمان در برابر شرایط نامطلوب اقلیمی محافظت گردد تا مقدار انرژی مورد نیاز برای تأمین گرمایش و سرمایش به حداقل رسیده و بخشی از آن از طریق طبیعی تأمین شود. به این ترتیب شرایط آسایش به نحو مطلوبتری در داخل فضای معماری تأمین می شود. علاوه بر عایق حرارت، برخی عوامل مؤثر در بهره گیری از انرژی های طبیعی در ساختمان به شرح زیر می باشند: ۱- جهت گیری ساختمان ۲- حجم کلی و فرم ساختمان ۳- جانمایی فضاهای داخلی۴- جدارهای نورگذر ۵- سایبان ها ۶- اینرسی حرارتی جدارها ۷- تعویض هوا

توف ها: ← دسته بندی بلوک سنگهای طبیعی

تهویه: روند دمیدن و یا مکیدن هوا از طریق طبیعی یا مکانیکی به هر فضایی یا از هر فضایی، برای تأمین شرایط بهداشت و آسایش (کنترل دما و احتمالاً میزان رطوبت هوا، جلوگیری از بروز میعان، جلوگیری از رشد میکروارگانیسم ها و...) چنین هوایی می تواند مطبوع شده باشد.

تهویه مطبوع: نوعی از تهویه همراه با تنظیم عواملی همچون دما، رطوبت (رطوبت گیری یا رطوبت زنی) همراه با حذف آلاینده های مختلف (بو، گرد و غبار، میکروارگانیسم ها و...) برای تأمین آسایش حرارتی.

تواتر نمونه برداری از سیمان های پرتلند: نمونه برداری از سیمان پرتلند، باید به یکی از روش های زیر صورت گیرد: از هر محموله وارده به کارگاه، ۵ کیلوگرم نمونه. از محل تسمه نقاله یا لوله انتقال سیمان به سیلو، از هر ۴۰ تن سیمان در حال انتقال، یا کمتر، ۵ کیلوگرم نمونه، به صورت پیوسته یا ناپیوسته از محل تخلیه سیمان از سیلو، به ازای هر یکصد تن، ۵ کیلوگرم نمونه. از انبار کیسه های سیمان، به ازای هر پنج تن سیمان کیسه ای، یا کمتر، یک کیسه به عنوان نمونه آزمایش های فوق حداقل ماهی یک بار، باید انجام شوند.

تیر آهن نیمرخ I: این نیمرخ از معمولترین نیمرخهای مصرفی در سازه های فلزی است ومقاومت آن در برابرخمش زیاد است انواع متداول آن عبارتند از: نیمرخ معمولی INP نیمرخ بال پهن IPB و نیمرخ IPE.

تیر در سیستم تیر - دال: تیر در دالها شامل جان تیر و قسمتی از دال است که در هر سمت تیر دارای عرضی برابر با تصویر مایل ۴۵ درجه آن قسمت از جان تیر باشد که در زیر یا در روی دال، هر کدام ارتفاع بیشتری دارد، قرار می گیرد مشروط بر آنکه این عرض در هر سمت جان بزرگتر از چهار برابر ضخامت دال نباشد.

ج (جاگذاری و بستن آرماتورها - جوشهای گوشه)

جاگذاری و بستن آرماتورها: آرماتورها باید قبل از بتن ریزی مطابق نقشه های اجرایی در جای خود قرار گیرند و طوری بسته و نگهداشته شوند که از جابجایی آنها خارج از محدوده رواداریهای مجاز جلوگیری شود. در مواردی که دستگاه نظارت محدوده مجاز رواداریها را مقرر نکرده باشد، میلگردها را باید با مراعات رواداریهای زیر جا گذاری کرد:

الف) حداکثر انحراف ضخامت پوشش بتن محافظ میلگردها ۸- میلیمتر

ب) انحراف موقعیت میلگردها با توجه به اندازه ارتفاع مقطع اعضای خمشی، ضخامت دیوارها، و یا کوچکترین بعد ستونها:

ب-۱- تا ۲۰۰ میلیمتر یا کمتر ۸ ± میلیمتر

ب-۲- بین ۲۰۰ تا ۶۰۰ میلیمتر۱۲ ± میلیمتر

ب-۳- ۶۰۰ میلیمتر یا بیشتر۲۰ ± میلیمتر

پ) انحراف فاصله جانبی بین میلگردها۳۰ ± میلیمتر

ت) انحراف موقعیت طولی خمها و انتهای میلگردها:

ت-۱- در انتهای نا پیوسته قطعات۲۰ ± میلیمتر

ت-۲- در سایر موارد۵۰ ± میلیمتر. مقدار حداکثر مجاز رواداری مذکور د برای ضخامت پوشش بتن محافظ میلگردها تا جایی معتبر است که ضخامت مذکور از دو سوم مقدار تعیین شده کمتر نشود. در نقشه های اجرایی باید ضخامت پوشش بتن برای تمامی

میلگردها از جمله خاموت ها شود. جنس، ابعاد، تعداد و فاصله لقمه ها و خرکها و سایر قطعات مورد استفاده برای تثبیت موقعیت میلگردها در جای صحیح باید طوری باشند که علاوه بر برقراری شرایط ذکر شده مانعی در برابر ریختن بتن و نقطه ضعفی در مقاومت و پایایی آن ایجاد نشود. برای به هم بستن میلگردها و عناصر غیر سازه ای به آنها باید از مفتول ها یا اتصال دهنده ها و گیره های فولادی استفاده کرد. باید توجه داشت که انتهای برجسته سیم ها، اتصال دهنده ها و گیره ها در قشر بتن محافظ (پوشش) واقع نشود. استفاده از جوشکاری با قوس اکتریکی برای به هم بستن میلگردهای متقاطع فقط برای فولادهای جوش پذیر و با تأیید دستگاه نظارت مجاز می باشد. در این صورت جوش نباید باعث کاهش سطح مقطع میلگرد و ایجاد زدگی در آن شود.

جان پناه در ساختمانهای آجری با کلاف: جان پناه به صورت دیواری کوتاه در محیط بام ساختمانها یا لبه ایوانگاهها احداث می شود. در مورد جان پناهها در صورتی که ضخامت دیوار جان پناه ۱۰ تا ۲۰ سانتیمتر باشد ارتفاع آن نباید به ترتیب از ۵۰ و ۷۰ سانتیمتر تجاوز کند.

جانمایی فضاهای داخلی: فضاهای داخل به دو دسته فضاهای اصلی و فضاهای حائل تقسیم می شوند. فضاهای اصلی فضاهایی هستند که در اکثر اوقات شبانه روز استفاده شده و افراد در آن سکونت دارند. فضاهای حائل دارای افراد ساکن نبوده و به طور مستمر مورد استفاده قرار نمی گیرد. جانمایی فضاهای اصلی و فضاهای حائل باید به نحوی صورت گیرد که فضاهای حائل ما بین فضاهای اصلی و جبهه های نامطلوب ساختمان (از نظر حرارتی) قرار گیرند تا انتقال حرارت از فضاهای اصلی به خارج (یا از خارج به فضاهای اصلی در ماههای گرم سال) به حداقل برسد. فضاهای اصلی باید رو به جبهه های مطلوب ساختمان قرار گیرند. جبهه های مطلوب ساختمان به ترتیب اهمیت عبارتند از: جنوبی، شرقی، شمالی. استقرار فضاهای اصلی رو به جنوب باعث می شود تا بتوان بخشی از گرمای مورد نیاز ساختمان در اوقات سرد را از طریق تابش آفتاب به داخل تأمین نمود.

جدا کننده ساده: جدا کننده ساده به جدا کننده ای گفته می شود که در مقطع، از یک یا چند لایه تشکیل شده است، لذا چگالی سطحی (وزن واحد سطح) آن در نقاط مختلف یکسان است. مانند در، پنجره، دیوار آجری با اندود گچ و خاک یا دیوار دو جداره آجری.

یک نمونه جداکننده ساده با پوشش گچ و خاک

جدا کننده مرکب: جدا کننده مرکب به جدا کننده ای گفته می شود که سطح آن از چند جدا کننده ساده تشکیل شده باشد. مانند دیواری که در و پنجره دارد.

جدارهای نورگذر: جداری که ضریب انتقال نور آن بزرگتر از ۰.۲ باشد. جدار نورگذر بر دو نوع شفاف و مات بوده و شامل پنجره ها، نماها و درهای خارجی نورگذر، نورگیرها و مشابه آنها است. جدارهای نورگذر شامل پنجره ها، نورگیرها و مشابه آن باید از قاب های مرغوب و بدون درز مستقیم و با حداقل نشت هوا باشند. استفاده از شیشه های دو جداره و یا دو قاب موازی برای این سطوح به ویژه در مورد پنجره ها توصیه می شود. قالب های این جدارها باید از جنس مناسب مانند چوب، پلیمرهای مرغوب و یا فلز با حداقل پل های حرارتی باشد. در صورتی که درز بندی دور قاب ها مناسب نباشد، لازم است با استفاده از

نوارهای انعطاف پذیر از نشت هوا ممانعت شود. مقدار سطوح نورگذر از نظر انتقال حرارت در ساختمان بسیار مؤثر است. هر قدر مقدار سطوح نورگذر نسبت به سطح پیوسته خارجی کمتر باشد، انتقال حرارت کمتری نسبت به خارج وجود خواهد داشت. مقدار کافی و مناسب سطوح نورگذر باعث می شود تا ضمن تأمین نور مناسب برای فضاهای داخل، از انتقال حرارت به خارج کاسته شود. سطوح نورگذر جنوبی به جذب انرژی تابشی خورشید برای تأمین بخشی از گرمای مورد نیاز در اوقات سرد کمک می نماید. سطوح نورگذر به علت مقاومت حرارتی اندک نسبت به سایر بخشهای پوسته خارجی ترجیحاً نباید رو به جهه های نامطلوب و سرد ساختمان قرار گیرند. بدین ترتیب، ساختمان در جبهه های مزبور از حداقل سطح مورد نیاز برخوردار خواهد بود.

جزئیات خاص آرماتوربندی ستون ها: میلگردهای انتظار خم شده ستونها در محل تغییر مقطع، باید دارای شرایط زیر باشند: شیب قسمت مایل میلگردهای خم شده نسبت به محور ستون باید از ۱ به ۶ تجاوز کند. قسمت های فوقانی و تحتانی قسمت مایل باید موازی با محور ستون باشند. میلگردهای انتظار باید در محل خم با خاموت ها، مارپیچ ها و یا قسمت هایی از سیستم سازه ای کف مهار شوند. مهار مذکور باید برای تحمل نیرویی معادل ۱/۵ برابر مؤلفه نیروی محاسباتی قسمت مایل در امتداد مهار، طرح شود. در صورت استفاده از خاموت ها یا مارپیچ فاصله آنها تا نقاط خم شده نباید از ۵۰ میلیمتر بیشتر باشد. خم کردن میلگردهای انتظار باید قبل از قالب بندی انجام پذیرد. در مواردی که وجه ستون یا دیوار بیشتر از ۷۵ میلیمتر عقب نشستگی یا پیش آمدگی داشته باشد میلگردهای طولی ممتد نباید به صورت خم شده به کار برده شوند، و در محل عقب نشستگی باید میلگردهای انتظار مجزا برای اتصال به میلگردهای وجوه عقب نشسته پیش بینی شوند. در هر حالت باید ضوابط مربوط به مهارها و وصله ها در منطقه تغییر مقطع رعایت شوند.

جفت کردن درزهای فشاری در ستونها: صرف نظر از نوع وصله به کار رفته (جوش شیاری با نفوذ کامل یا نسبی و یا اتصال پیچی) نامیزانی و عدم تماس کامل به مقدار کمتر از ۲ میلیمتر قابل قبول خواهد بود. اگر این بادخور از ۲ میلیمتر تجاوز کند ولی از ۶ میلیمتر کمتر باشد و بررسی مهندسی نشان دهد که سطح تماس کافی وجود ندارد، آنگاه باید فاصله بادخور را با مصالح پر کننده مناسب پر کرد. این مصالح صرفنظر از نوع فولاد اعضای متصل شونده، می‌تواند از فولاد نرمه باشد.

جفت کردن نامناسب درز فشاری در ستون

جلاها: جلاها فرآورده هایی هستند به شکل مایع، کم و بیش شفاف که به منظور پوشش محافظ سطوح همانند رنگها به کار می روند. ضمن اینکه سطح کار را نشان می دهند. جلاها با انواع رزینهای طبیعی، طبیعی اصلاح شده و مصنوعی ساخته می شوند.

جلوگیری از حریق، سوختگی و برق گرفتگی: الف: در کلیه محل هایی که خطر آتش سوزی وجود دارد، کشیدن سیگار و روشن کردن آتش های روباز ممنوع است و در این محل ها باید تابلوهای هشدار دهند از قبیل «خطر آتش سوزی»، «سیگار نکشید»، «آتش روشن نکنید» و نظایر آن نصب شود. ب: ضایعات مصالح قابل احتراق، باید در جای مناسبی جمع آوری و به طور

روزانه از محل کار خارج و به محل های مجاز حمل شوند. سوزاندن این مواد در محل کارگاه ساختمانی مجاز نیست. ج: جمع آوری و انبار نمودن روغن، گریس، پارچه های روغنی، نخاله های آلوده به روغن و مواد نفتی و نظایر آن بر روی وسایل و تجهیزات ساختمانی یا در مجاورت آنها مجاز نیست. د: انبار کردن و نگهداری موقت مواد و مصالح قابل احتراق و اشتعال از قبیل مواد سوختی، روغن، رنگ، تینر، چسب، کاغذ دیواری، چوب، گونی و غیره باید با رعایت مقررات حفاظت ساختمانها در برابر حریق صورت گیرد.

جلوگیری از سقوط افراد: قسمت های مختلف کارگاه ساختمانی و محوطه اطراف آن از قبیل پلکان ها، سطوح شیبدار، دهانه های باز در کف طبقات، چاه های آسانسور، اطراف سقف ها و دیوارهای باز و نیمه تمام طبقات، محل های عبور لوله های عمودی تأسیسات، چاه های در دست حفاری آب و فاضلاب، کانال ها، اطراف گودبرداری ها، گودال ها، حوض ها استخرها و غیره، که احتمال خطر سقوط افراد را در بر دارد، باید تا زمان پوشیده شدن و محصور شدن نهایی یا نصب حفاظ ها و نرده های دائم و اصلی، به وسیله پوشش ها یا نرده های حفاظتی محکم و مناسب و حسب مورد با استفاده از شبرنگ ها، چراغ ها و تابلوهای هشدار دهنده مناسب و قابل رویت در طول روز و شب، به طور موقت حفاظت گردند. در کلیه موارد فوق، چنانچه احتمال سقوط و ریزش ابزار کار یا مصالح ساختمانی وجود داشته باشد، باید موقتاً نسبت به نصب پاخورهای مناسب طبق شرایط مندرج در بخش ۱۲-۵-۲ اقدام گردد. ارگذاری بیش ار حد ایمنی بر روی هر گونه اسکلت، چوب بست، حفاظ، نرده، پوشش های موقتی، سرپوش دهانه ها و گذرگاه و نظایر آن مجاز نیست. برای جلوگیری از بروز خطرهایی که نمی توان به طرق دیگر ایمنی را تضمین نمود و همچنین برای جلوگیری از ورود افراد متفرقه به محوطه محصور شده یا منطقه خطر و نیز برای حفظ علائم نصب شده، باید مراقب یا مراقبینی در تمام طول روز و شب به کار گمارده شوند. به علاوه کارگاه ساختمانی یا قسمت های ساخته شده آن، در شرایطی که خطری ایمنی را تهدید کند، نباید به حال خود رها شود.

نصب حفاظ و نرده نامناسب و خطر سقوط افراد در گود

جمع کن انتخابی (کالکتیو سلکتیو): در این نوع، آسانسور به احضارهای در جهت حرکت کابین پاسخ داده و در نتیجه از توقفهای غیر ضروری در پاسخ به احضارهایی که خلاف جهت حرکت کابین است جلوگیری به عمل می آید. در هر طبقه دو دگمه با علامت بالا و پایین (به غیر از طبقات انتهایی بالا و پایین که یک دگمه می باشد)، وجود دارد. این نوع کنترل برای ساختمانهای دارای پر ترافیک توصیه میشود.

جمع کن رو به پایین (کالکتیو داژ): در این نوع، آسانسور در حین حرکت از بالا به پایین به کلیه احضارها پاسخ میدهد و برای ساختمانهای مسکونی و پر جمعیت و ساختمانهای اداری که در طبقات آن شرکتهای مستقل از هم قرار دارند و کم ترافیک هستند مناسب می باشد، دگمه احضار در طبقات، تکی است.

جمع کن رو به بالا (کالکتیو آپ): شبیه جمع کن رو به پایین است به احضارهای از پایین به بالا پاسخ می دهد و برای ساختمانهای کم ترافیک که طبقه اصلی در بالا و سایر طبقات در پایین است مناسب می باشد، دگمه احضار در طبقات، تکی است.

جنس و ساخت لوازم بهداشتی: لوازم بهداشتی باید از مصالح چگال، بادوام و در برابر آب نفوذ ناپذیر ساخته شود. سطوح داخلی و خارجی لوازم بهداشتی باید صاف و بدون منفذ باشد و پس از نصب، قسمت هایی از این سطوح بی جهت پنهان نشود یا توکار قرار نگیرد. روی هر یک از لوازم بهداشتی، شیرها و دیگر متعلقات آنها باید مارک کارخانه سازنده، یا استاندارد مورد تأییدی که ساخت بر طبق آن صورت گرفته است، به صورت ریختگی، برجسته، یا مهر پاک نشدنی نقش شده باشد. استفاده از لوازم بهداشتی کار کرده و دست دوم، آسیب دیده و معیوب مجاز نیست.

جهت گیری ساختمان: جهت گیری ساختمان نسبت به جنوب در بهره گیری از انرژی خورشیدی بسیار مؤثر است. جهت گیری مناسب به این معنی است که جدارهای نورگذر جنوبی به منظور بهره برداری بیشتر از انرژی تابشی خورشید در سردترین روز سال ساعت ۹ صبح تا ۳ بعدازظهر در معرض تابش خورشید قرار گیرند. به علاوه ساختمان به نحوی قرار گیرد که از بادهای نامطلوب در طول سال محفوظ باشد و ضمناً طی فصل گرم بتوان از نسیم ها و بادهای مطلوب به منظور تهویه طبیعی و کاهش دمای داخل استفاده کرد.

جوش اعضای فشاری ساخته شده از ورق: جوشی که بال ستون را به جان متصل می کند، باید شرایط زیر را برآورده سازد:

الف - باید بتواند برشی ناشی از تغییرات لنگر خمشی در طول ستون را انتقال دهد.

ب - در محل اتصال تیر به ستون به علت تغییرات ناگهانی لنگر خمشی، مقدار نیروی برشی بصورت موضعی تشدید خواهد یافت، لذا تقویت جوش در این ناحیه الزامی است.

پ - نیروی کششی ناشی از بال تیر، ایجاد تنش متمرکز بزرگی در این جوش می نماید، مگر اینکه نیروی مذکور با استفاده از ورقهای پیوستگی مستقیماً به بال مقابل انتقال یابد.

ت - ارجح است که این جوش پیوسته باشد.

جوش انگشتانه و کام: سطح مقطع مؤثر در برش برای جوش انگشتانه و کام برابر با سطح مقطع اسمی سوراخ و شکاف در صفحه برش به حساب می آید. استفاده از جوش انگشتانه و کام برای انتقال برش در اتصال های پوششی و یا جلوگیری از کمانش در عناصری روی هم آمده در اعضای مرکب ساخته شده، مجاز می باشد. قطر سوراخ در جوش انگشتانه نباید از ضخامت قطعه سوارخ شده با اضافه ۸ میلیمتر کمتر باشد. همچنین قطر یاد شده نباید از مقدار حداقل به اضافه ۳ میلیمتر و یا ۲/۲۵ برابر ضخامت جوش بزرگتر شود. حداقل فاصله مرکز به مرکز سوراخهای جوشهای انگشتانه ۴ برابر قطر سوراخ می باشد. پهنای شکاف در جوش کام نباید از ضخامت قطعه بریده شده به اضافه ۸ میلیمتر کمتر و همچنین از ۲/۲۵ برابر ضخامت جوش بیشتر باشد. انتهای شکاف باید به صورت نیم داره یا خطی مستقیم که در گوشه ها تبدیل به ربعی از دایره (با شعاعی بزرگتر از ضخامت قطعه) می‌شود، باشد. حداقل فاصله مرکز به مرکز شکافها در امتداد عمود بر طول، ۴ برابر پهنای شکاف و حداقل فاصله مرکز به مرکز شکافها در امتداد طول، ۲ برابر طول شکاف می باشد که طول شکاف نیز نباید از ۱۰ برابر ضخامت جوش بیشتر شود. ضخامت جوش انگشتاانه و کام در مصالحی که ضخامت آنها ۱۶ میلیمتر و یا کمتر است باید برابر با ضخامت مصالح باشد. در مصالحی که ضخامت آنها بیش از ۱۶ میلیمتر است، ضخامت این جوش باید حداقل نصف ضخامت مصالح باشد و از ۱۶ میلیمتر نیز کمتر نشود.

جوش کام

جوش پذیری: قابلیت جوش پذیری میلگردها براساس مقدار کربن معادل آنها تعیین می شود. در صورتی که مقدار کربن معادل از ۰.۱۵ درصد کمتر باشد میلگرد قابل جوشکاری است و هر چه این مقدار کمتر باشد قابلیت جوش پذیری فولاد بیشتر است. میلگردها رده S400 و S500، بسته به میزان قطر و کربن معادل آنها، ممکن است به پیشگرم کردن در هنگام جوشکاری نیاز داشته یا نداشته باشند. حداقل دمای پیشگرم میلگردها نیز به قطر و کربن معادل آنها بستگی دارد. عملیات جوشکاری میلگردهای مصرفی در بتن در دمای زیر $-18^{o}C$ ممنوع است. پس از پایان جوشکاری باید میلگرد به طور طبیعی سرد شده و به دمای محیط برسد. شتاب دادن به فرآیند سرد شدن میلگردهای جوش شده ممنوع است.

جوش کارگاهی: قبل از جوشکاری باید رنگ کارخانه ای را از روی سطوحی که جوش انجام می گیرد، توسط برس سیمی کاملاً بر طرف و پاک کرد.

جوش لب به لب: برای جوشکاری لو له های فولادی با یکدیگر یا با اتصالات فولادی باید از جوش لب به لب استفاده شود.

نمونه ای از جوش لب به لب

جوش ماهیچه ای: جوش ماهیچه ای باید برای جوشکاری لوله ها با اتصالات فولادی نوع کشویی به کار رود.

جوشکاری: در این مقررات، منظور از جوشکاری، ایجاد پیوند بین دو قطعه فولادی به کمک حرارت حاصل از قوس الکتریکی است. جوشکاری باید براساس نقشه های اجرایی و با رعایت مشخصات جوش مانند نوع، بعد و طول آن صورت گیرد. اگر اطلاعات نقشه ناقص و یا مبهم باشد، باید با تأئید دستگاه نظارت، نواقص و ابهامات را برطرف نمود. علایم ترسیمی جوش در نقشه ها باید مطابق فصل دوم آئین نامه جوشکاری باشد. در صورت ضرورت می توان از علائم دیگری به شرط بیان مفهوم آنها در نقشه ها و یا مدارک فنی پروژه، استفاده نمود. روش انجام جوشکاری شامل مواردی مانند قطر و نوع الکترود، تعداد پاس های جوشکاری، ولتاژ، شدت جریان و پیش گرمایش باید توسط سازنده و یا نصاب سازه با توجه به مندرجات آئین نامه جوشکاری تهیه و به تأئید ناظر برسد. استفاده از روش های جوشکاری پیش تأئید شده یا غیر آن بستگی به شرایط کار و نظر ناظر دارد و برای تأئید روش های جوشکاری پیشنهادی و بدون تأئید قبلی، باید از آئین نامه جوشکاری پیروی نمود. هر گاه تغییر در شرایط روش انجام جوشکاری مانند کاهش یا افزایش قطر الکترود، تعداد پاس ها، ولتاژ و شدت جریان، بیش از حدود مندرج در آئین

نامه جوشکاری ضروری باشد باید شرایط جدید انجام جوشکاری را مطابق آئین نامه جوشکاری مورد بررسی و تأئید قرار داد. تأئید کتبی ناظر در این مورد ضروری است. جفت کردن لبه قطعات در محل درز جوش باید با دقت صورت گیرد. فاصله لازم بین لبه های قطعات و رواداری این فاصله برای انواع جوش ها در آئین نامه جوشکاری ذکر شده است که باید از آن پیروی شود. در اتصال لب به لب، همبری قطعات نسبت به یکدیگر واجد اهمیت است که باید رواداریهای مذکور در آئین نامه جوشکاری مورد توجه قرار گیرند. پس از جفت کردن و تنظیم قطعات، باید آنها را به کمک پیچ،گیره، زنجیر، دستک و سایر ابزارهای مناسب در جای خود تثبیت نمود. همواره بهتر است که از قید و بست های مطابق الگوی ساخت نیز استفاده شود. وسایل تثبیت کننده باید تا تکمیل جوشکاری در جای خود بمانند. این وسایل در ترکیب با روش جوشکاری مناسب باید قادر باشند از تولید انحرافات بیش از حدود مقرر در بخش رواداری ساخت، جلوگیری نمایند. سازنده باید ترتیب جوشکاری هر عضو و برنامه کنترل تغییر شکل آن را تهیه و به اطلاع و تأئید ناظر برساند. این امر به منظور جلوگیری از بروز اعوجاج و تغییر شکل و کشیدگی منجر به عدم کفایت عضو صورت می گیرد. در صورتیکه در نقشه های ساخت و یا مشخصات فنی مقرر شده باشد، قطعات جوش شده باید به کمک حرارت، تنش زدایی گردند. هر گونه پرداخت و ماشینکاری بهتر است بعد از تنش زدایی انجام شود. جزئیات فرآیند تنش زدایی حرارتی در آیین نامه جوشکاری ارائه شده است. پیشروی کلی جوشکاری یک عضو باید از نقاطی که قطعات نسبت به یکدیگر تقریباً ثابت هستند به سمت نقاطی که از آزادی حرکت نسبی بیشتری برخوردارند، صورت گیرد. در هنگام سوار کردن هر قطعه، ابتدا اتصالاتی که بیشترین انقباض را ایجاد می کنند باید جوشکاری شوند، سپس اتصالاتی که انقباض موضعی آنها کمتر است، اجرا شوند. هنگامی که یک عضو از تعدادی قطعه کوچکتر که با جوش به یکدیگر متصل می شوند، ساخته می شود، باید کلیه جوشکاری های قطعات متشکله را پیش از سوار کردن آنها انجام داد. نوع الکترود مصرفی باید با مشخصات مکانیکی و شیمیایی فلز و نیز با خصوصیات جوش مورد نظر سازگار باشد به نحوی که درز جوش به نحو مطلوب پر شود و مقاومت لازم اتصال بدست آید. برای انتخاب الکترود مناسب باید از فصل ۴ آئین نامه جوشکاری پیروی شود. قطر الکترود مورد استفاده تابع عواملی مانند نوع و وضعیت جوش، نوع درز، ضخامت ورق های مورد اتصال و مهار جوشکار است. در آئین نامه جوشکاری برای قطر الکترود مقادیر حداقل و حداکثر بیان شده است که باید به آن توجه شود. پیش گرمایش و حفظ دمای کافی ما بین پاس های جوشکاری برای جلوگیری از ترک خوردگی جوش بسیار مؤثر و ضروری است. دمای لازم جوش به رده فولاد مبنا، فرآیند جوش و ضخامت ضخیم ترین قطعه جوش شونده ارتباط دارد و باید به آن توجه شود. در هنگام بارندگی یا مه غلیظ که سطح کار مرطوب است یا وقتی که کار در معرض وزش باد شدید قرار می گیرد، باید عملیات جوشکاری متوقف شود، مگر اینکه کار و جوشکار به نحو مناسبی حفاظت شوند. در صورتیکه دمای سطح کار از $-18^{\circ}c$ کمتر شود، باید جوشکاری متوقف شود. پس از پایان هر پاس و هر خط جوش باید روباره موجود به کمک چکش مخصوص کنده شود و سطح جوش برس زده و تمیز شود. از مصرف الکترودهای مرطوب باید پرهیز شود. این امر در مورد الکترودهای کم هیدوژن بسیار مهم آمده است و روش های ویژه ای برای خشک کردن این الکترودها در آئین نامه جوشکاری آمده است که باید به آنها رجوع شود. خال جوش ها باید از همان کیفیت جوش های اصلی برخوردار باشند. نوع الکترود خال جوش ها و جوش های اصلی باید همانند باشد. در مورد خال جوش هایی که با یک پاس جوشکاری می شوند و در جریان جوشکاری اصلی مجدداً ذوب شده و در جوش اصلی غرق می شوند، پیش گرمایش ضروری نسیت. خال جوش هایی که در جوش اصلی غرق نمی شوند، بسته به نظر ناظر می توانند دست نخورده بمانند و یا حذف شوند. سطح مقطع جوش باید از لحاظ رواداری هندسی با آئین نامه جوشکاری تطبیق داشته باشد. صلاحیت جوشکاران و کاربران دستگاههای جوشکاری باید بر طبق مندرجات آئین نامه جوشکاری تشخیص داده شود. تمامی جوش ها باید پس از پایان جوشکاری، مورد بازدید چشمی واقع شوند. عیوبی که در بازدید چشمی قابل تشخیص است شامل موارد زیر است: الف) ترک های سطحی ب) عدم یکپارچگی بین لایه های جوش و بین فلز جوش و فلز مبنا ج) عدم حصول سطح مقطع مورد نظر جوش د) گود افتادگی لبه های جوش به مقدار بیش از حد مجاز ه) تخلخل سوزنی قابل رؤیت. بسته به مشخصات فنی هر پروژه و صلاحدید ناظر یک یا چند نوع بازرسی غیر مخرب زیر باید از جوش ها به عمل آید: الف) رادیوگرافی ب) آزمایش مافوق صوت ج)آزمایش مایع نافذ د) آزمایش ذرات مغناطیسی. جزئیات نحوه انجام آزمایش های فوق در آئین نامه جوشکاری

آمده است.

جوشهای شیاری با نفوذ کامل: ← آزمایشهای غیرمخرب

جوشهای شیاری با نفوذ نسبی: ← آزمایشهای غیرمخرب

جوشهای گوشه: سطح مقطع مؤثر در جوشهای گوشه برابر با حاصلضرب طول مؤثر در ضخامت گلوگاه مؤثر در نظر گرفته می شود. طول مؤثر جوش گوشه (به جز جوشهایی که در سوراخ و شکاف قرار می گیرد) برابر با طول کلی نوار جوش شامل قسمتهای برگشت خورده می باشد. ضخامت مؤثر گلوگاه (t_e) در جوش گوشه، برابر کوتاهترین فاصله بین ریشه مقطع جوش تا سطح خارجی آن و به عبارت دیگر برابر ارتفاع وارد بر وتر مثلث مقطع جوش به حساب می آید. بعد جوش گوشه (a)، اندازه ساق مقطع جوش می باشد که از هندسه مقطع جوش بر حسب t_e قابل محاسبه است. برای جوشهای گوشه در سوراخ و شکاف، طول مؤثر برابر با طول محوری (میانتاری) که از مقطع گلوگاه جوش می گذرد، در نظر گرفته می‌شود. حداقل بعد جوش گوشه باید طبق آئین نامه تعیین شود. حداقل بعد جوش تابع ضخامت قطعه ضخیمتر می باشد. از طرفی نباید بعد جوش از ضخامت نازکترین قطعه متصل شونده تجاوز کند. حداکثر بعد جوش گوشه در لبه قطعات متصل شونده به این شرح است: در قطعات با ضخامت مساوی یا کمتر از ۷ میلیمتر، از ضخامت قطعه بیشتر نباشد. برای فرآیند غیر کم هیدروژن و بدون پیش گرمایش، T مساوی ضخامت قطعه ضخیمتر است. برای فرآیند غیر کم هیدروژن با استفاده از تدابیر پیش گرمایش، و همچنین برای فرآیند کم هیدورژن، T مساوی ضخامت قطعه نازکتر است. در این حالت شرط مربوط به حصول جوش با یک بار عبور نیز اعمال نمی گردد. اندازه جوش لازم نیست از ضخامت ورق نازکتر، بزرگتر شود. در سازه تحت بار دینامیکی، حداقل اندازه جوش ۵ میلیمتر می باشد. در جوش اتصال جان به بال نیمرخهای ورقی، اندازه جوش لازم نیست از جوش هم مقاومت جان بزرگتر اختیار گردد. در این صورت شرایط پیش گرمایش بر حسب ضخامت بال اعمال می گردد. طول مؤثر جوش گوشه که برای تحمل تنشهای محاسبه شده باشد، نباید از ۴ برابر بعد آن کمتر باشد. در انتهای تسمه های کششی اگر از جوش گوشه فقط در لبه های طولی و موازی امتداد نیرو استفاده می‌شود، طول جوش هر طرف نباید از فاصله بین آنها (تقریباً عرض تسمه) کمتر باشد و این فاصله نباید از ۲۰ سانتیمتر تجاوز کند. جوشهای گوشه منقطع برای انتقال تنشهای محاسبه شده هنگامی مجاز است که نیروی منتقله از مقاومتی که با جوش سرتاسری و حداقل بعد جوش تأمین می‌شود، کمتر باشد. استفاده از این نوع جوش در اتصال جان و بال تیر ورقها و یا دیگر مقاطع ساخته شده و اتصال ورقهای تقویتی بال، در صورتیکه تحت بارهای دینامیکی و خستگی نباشند، و اتصال سخت کننده به جان تیر ورق نیز مجاز می باشد. طول مؤثر قطعات جوش نباید از ۴ برابر بعد جوش از ۴۰ میلیمتر کمتر شود. فاصله آزاد بین قطعات جوش نباید از ۱۶ برابر ضخامت نازکترین قطعه متصل شونده وقتی که در فشار است و از ۲۴ برابر این ضخامت وقتی که در کشش است، بیشتر شود. در اتصال پوششی دو قطعه، طول همپوشانی نباید از ۵ برابر ضخامت قطعه نازکتر کمتر باشد و در هیچ حالتی از ۲۵ میلیمتر کمتر نشود. در اتصالات پوششی که ورقها و تسمه هایی تحت اثر تنشهای محوری را به یکدیگر متصل میکند، باید ضلع انتهایی هر یک از قسمتهای متصل شونده، توسط جوش گوشه اتصال یابند (جوش دو طرفه). در وضعیتی که اتصال به اندازه کافی مقید شده باشد یا تغییر شکل خمشی آنقدر محدود باشد که از باز شدن اتصال تحت اثر بار حداکثر جلوگیری شود، می توان از جوش یکطرفه استفاده کرد. استفاده از جوش گوشه در لبه سوراخ و شکاف در اتصالات روی هم، به منظور انتقال برش یا جلوگیری از کمانش و یا جدایی قسمتهای متصل شونده مجاز می باشد. جوش گوشه در انتهای اعضا: کلیه جوشهای گوشه که در لبه کناری و یا ضلع انتهایی عضو انجام می‌شود، باید در آخر ضلع و بر روی ضلع دیگر برگشت داده شود (قلاب) که حداقل طول این برگشت ۲ برابر بعد جوش می باشد. این شرایط شامل جوشهای گوشه قائم و جوشهای گوشه سربالا در تکیه گاههای لچکی (براکت) و برای نبشیهای نشیمن تیر و اتصالات نظیر می باشد. در نبشیهای اتصال تیر و ستون یا ورقهای این نوع اتصال (که انعطاف پذیری اتصال به مقدار زیادی تابع انعطاف پذیری بال برجسته نبشی یا طول قابل تغییر شکل ورق است)، برگشت در انتهای جوش گوشه نباید از ۴ برابر بعد جوش بیشتر باشد. برگشت انتها در جوش گوشه باید در نقشه ها و جزئیات اجرایی قید شود.

چ (چارک – چوب)

چارک: ← آجر

چاشنی: ← مواد افزودنی

چاه: فضایی است که ریل و برخی تجهیزات آسانسور در آن نصب می شوند و کابین و وزنه تعادل در این مکان حرکت می نمایند، معمولاً با دیواره ها، درهای طبقات و درها و دریچه های اضطراری محصور میگردد، در آسانسورهای نما باز قسمتی از دیواره ها ممکن است محصور نباشد.

چاه آسانسور: ابعاد چاه آسانسور باید متناسب با ظرفیت، نوع درو سرعت طراحی شود. در صورتیکه دیواره های اطراف چاه آسانسور بتونی باشد طراح در محلهای مورد نیاز صفاحت آهنی یا پروفیلهای فلزی مخصوصی جهت نصب اجزاء آسانسور پیش بینی نماید. در صورتیکه سازه اطراف چاه آسانسور فلزی باشد پیش بینی های لازم جهت اتصال اجزاء آسانسور به سازه ساختمان بعمل آید. استفاده از پلیتهایی که بوسیله تفنگهای چاشنی دار در بتن کار گذاشته میشوند در شرایطی که در این اجزاء دارای عملکرد در کشش هستند مجاز نیست. دیواره ها و تیغه های پوشاننده چاه آسانسور(ها) باید از مصالح مقاوم در برابر آتش (تحمل حداقل یک ساعت) ساخته شوند و در اثر حرارت، گاز و دود خطرناک از آنها متصاعد نشود. کل بارهای استاتیک و دینامیک قطعات ثابت و تجهیزات معلق آسانسور(ها) بعلاوه ظرفیت آن بر سقف چاه آسانسور وارد می شود، لذا نیروهای وارده به این سقف، باید محاسبه شده و در طراحی سازه و سقف چاه ملحوظ گردد. هنگام عملکرد اضطراری ترمز ایمنی، مجموع وزن کابین خالی بعلاوه ۱/۲۵ برابر ظرفیت با سرعتی حداقل ۱/۱۵ برابر سرعت نامی و شتاب منفی متناسب با نوع ترمز ایمنی بر روی ریلهای راهنما متوقف می گردد، هر چند که عمده نیرو به ریلهای راهنما وارد میشود ولی به دلیل اتصال آنها به سازه و وجود نیروهای جانبی، سازه آسانسور نیز باید قدرت تحمل این نیروها را داشته باشد، لذا تاثیر این نیروها باید در محاسبات سازه منظور گردد. در کابینهای دارای در، سطح داخلی دیوار(های) چاه آسانسور در سمت ورودی (های) کابین باید صاف و بدون برجستگی و یا فرورفتگی باشد. و در صورت وجود این برجستگی باید با زاویه ۶۰ درجه نسبت به سطح افق پوشانده شود. سطح داخلی دیواره چاه آسانسور در سمت ورودی طبقات کابینهای بدون درب باید کاملاً صاف و بدون برجستگی یا فرورفتگی باشد. سطح داخلی دیواره های چاه آسانسور باید با مصالح مناسب به گونه ای پوشانده شوند که کمترین خلل و فرج را دارا باشد (سیمانکاری صاف یا سفید کاری). چاه باید منحصراً برای آسانسور باشد، نصب و عبور هر گونه لوله، کابل، سیم و تجهیزات دیگر در چاه آسانسور، به جز سیم کشی و لوله های برقی مربوط به سیستم روشنایی چاه و کابلهای برق مخصوص آسانسور داخل چاه آسانسور، ممنوع است.

چاه آسانسور

چاهک: فاصله قائم بین کف پایین ترین توقف تا کف چاه آسانسور (بابعاد چاه آسانسور) را چاهک میگویند، این اندازه مانند بالاسری از اهمیت زیادی برخوردار است و از جداول استاندارد، متناسب با نوع و سرعت آسانسور انتخاب میشود. ارتفاع چاهک

طبق نقشه ها و جداول پیوست ۲ باید طراحی و اجرا شود. هنگام طراحی ستونها و فونداسیون اطراف چاهک دقت شود که ابعاد چاهک باید دقیقاً هم اندازه چاه باشد و فونداسیون پایه ستونهای اطراف چاه آسانسور پایین تر از عمق مورد نیاز چاهک طراحی و اجرا شوند. در صورتیکه امکان هر گونه دسترسی به زیر چاه آسانسور وجود داشته باشد. یعنی زیر چاهک آسانسور خالی باشد باید علاوه بر تقویت سازه کف چاهک، وزنه تعادل مجهز به سیتم ترمز ایمنی مستقل شود یا ستون محکمی در امتداد مرکز وزنه تعادل از کف چاهک تا زمین امتداد یابد. چاهک باید از نظر نفوذ رطوبت به داخل دارای عایق بندی مناسب بوده، کف آن سیمانکاری یا با موزائیک غیر لغزنده پوشیده شود و نردبان مناسب با فاصله کم از دیواره چاه بنحوی که با قطعات متحرک فاصله مناسبی داشته باشد، در آن کار گذاشته شود. در صورتیکه چاه آسانسور مشترک باشد باید چاهک ها به نحو مقتضی از کف چاهک تا ارتفاع ۲/۵ متر جداسازی شوند و بتوان بصورت ایمن از طریق هر ورودی به چاهک مربوطه رفت و آمد نمود. ضربه گیرها یا ستونهای نشیمنگاه ضربه گیر کابین و وزنه تعادل در فضای داخلی چاهک قرار می گیرند، این ضربه گیرها یا ستونها باید به نحوی در کف چاهک نصب یا اجرا شوند که پس از برخورد کابین با وزنه تعادل به آنها و فشرده شدن کامل فضای خالی بعنوان جان پناه به ارتفاع حداقل ۵۰۰ میلی متر به ابعاد ۵۰۰ × ۶۰۰ × ۱۰۰۰ میلی متر در انتهای چاهک باقی بماند.

چدن: چدن از ذوب مجدد و تصفیه آهن خام به دست می آید. مقدار کربن آن ۳ تا ۴ درصد است. جنس چدن به جنس آهن خام مصرفی بستگی دارد. مقاومت فشاری چدن نسبتاً خوب اما مقاومت کششی آن کم است. از چدن در ساخت لوله های آبرسانی و فاضلاب و قطعات مربوط مانند زانویی، سه راهه، چهارراهه و شیر و همچنین دیگهای حرارت مرکزی، رادیاتورهای ویژه جاهای نمناک مانند حمامها و در ساخت دریچه های بازدید و کنتور آب، قطعات درپوش و پله آدم رو شبکه فاضلابها استفاده می شود.

چراغهای خروج اضطراری: در راه پله ها چراغ های اضطراری باید در داخل محوطه پلکان و متصل به سیستم برق اضطراری باشند و حداقل یک چراغ سفید رنگ در هر پاگرد طبقه و یک علامت نورانی خروج اضطراری از داخل نورپردازی شده بر روی درب خروج، راهنما به سمت خارج یا خیابان، نصب شود. ضمناً باید چراغ سفید رنگ دیگری نیز در پاگرد وسط طبقات (که می تواند متصل به سیستم برق اضطراری نباشد) قرار داشته باشد. روشنائی چراغ های اضطراری راه پله ها نباید از ۴۰ وات کمتر باشد. چراغ های کنار هر پله می تواند ۱۰ وات باشد. سایر چراغ های اضطراری نباید ضعیف تر از ۲۵ وات باشند. در هر تغییر مسیر راهروها و گذرگاههای خروج یا تقاطع آنها با راهروهای عمومی و پله ها، باید یک چراغ سفید متصل به سیستم برق اضطراری نصب گردد. این چراغ باید در بالای هر علامت راهنما، هر درگاهی و راه فرار از حریق در بیرون ساختمان نیز نصب شود، مگر در صورتی که مسئول آن، نورپردازی موجود خیابان را برای روشنائی آن کافی بداند. هر راهرو عمومی، گذرگاه خروج اضطراری و راه فرار از حریق، باید حداقل یک چراغ اضطراری سفید رنگ، برای هر ۲۴ متر طول راهرو یا بخش های وابسته آن، داشته باشد و باید روشنائی عمومی که به سیستم چراغ های اضطراری متصل نمی گردد، تکمیل کننده آن باشد. در صورتیکه تعداد چراغ ها از یک چراغ اضطراری و یک چراغ عادی کمتر نباشد، می توان از چراغ اضطراری برای تأمین نور عمومی نیز استفاده کرد. چراغ اضطراری نصب شده در تقاطع یا محل تغییر جهت راهروها یا گذرگاه های خروج، بشرط آنکه طول آنها از ۲۴ متر تجاوز نکند، می تواند بعنوان چراغ الزامی اضطراری برای آن راهروها و گذرگاههای خروج نیز استفاده شود. علامت نورانی خروج باید در محل خروجی ها، یا محل قرار گیری خروجی های حریق در راهروهای عمومی نصب گردد. مگر در مواردی که آن خروجی ها محل اتصال به اتاق یا فضاهای دیگری باشد که دارای اتصال مستقیم به راهرو هستند. علامت نورانی خروج اظطراری باید در محل همه درب ها و پنجره هائی که بعنوان خروج به راه پله، سطوح شیبدار، خروجی های افقی، راهروها، پلکانهای خارجی یا گذرگاه ها استفاده می شوند، تعبیه شود. در شرایط خاصی که مسئول آن بخاطر عدم استفاده از کاربری در ساعات شب اجازه می دهد (مثل بانک ها یا کاربری های عادی دیگر)، این علائم تصویری می تواند فاقد روشنائی داخلی باشد.

چربی معدنی: ← آب غیر آشامیدنی

چربیگیر: ← *اتصال غیر مستقیم به لوله فاضلاب ساختمان*

چرخ های دستی و دامپر: حمل بتن با انواع چرخهای دستی و دامپر فقط تحت شرایط زیر مجاز است: حجم ساخت بتن از ۳۰۰ لیتر در هر نوبت تجاوز نکند، رده بتن از C16 کمتر باشد، فاصله حمل در چرخهای دستی حداکثر ۶۰ متر و در دامپر حداکثر ۱۲۰ متر باشد، وسایل مزبوری دارای چرخهای لاستیکی باشد و مسیر حمل کاملاً صاف و افقی باشد.

چرخش: ←مرکز سختی

چشم الکترونیکی: ← آزمایش و تحویل گیری آسانسور

چک لیست انرژی: چک لیست انرژی باید حاوی خلاصه اطلاعات زیر باشد:مشخصات پرونده ساختمانی و مهندس طراح. عوامل ویژه اصلی.

چوب: چوب مصالح ساختمانی است که مستقیماً از درخت به دست می آید (چوب طبیعی) یا اینکه از خرده چوبها، سرشاخه ها و ضایعات کشاورزی به همراه چسبهای مخصوص طی فرآیندهای خاص تولید می شود (چوبهای ساختگی یا تخته های مرکب) و در ساختمان به صورت تیر، ستون، خرپا، نماسازی و کفسازی به مصرف رسیده و در کارهای کمکی مانند قالب بندی و داربست به کار می رود.

ح (حادثه – حیاط)

حادثه: حادثه رخدادی غیر عمد است که به طور غیر منتظره ای اتفاق افتد و باعث خسارت مالی و یا صدمه جانی شود.

حادثه ناشی از کار: حادثه ناشی از کار رخدادی است که در حین انجام وظیفه و به سبب آن برای شاغلین در کارگاه اتفاق افتد. همچنین حوادثی که هنگام کمک رسانی به افراد حادثه دیده نیز رخ دهد. حادثه ناشی از کار محسوب می گردد.

حجم کلی و فرم ساختمان: حجم کلی و فرم ساختمان در انتقال انرژی حرارتی بسیار مؤثر است. هر قدر نسبت پوسته خارجی ساختمان به زیربنای آن کوچکتر باشد، انتقال حرارت کمتری خواهد داشت. توصیه می شود در مناطق با نیاز انرژی زیاد ساختمان به صورت متراکم طراحی شده و از مقدار سطح پوسته خارجی (نسبت به سطح زیربنای آن) کاسته شود. در اقلیم های گرم و مرطوب، و یا با نیاز سرمایی زیاد (مطابق پیوست ۳) ساختمان باید به شکلی طراحی شود که امکان استفاده از تهویه طبیعی برای تمام فضاهای داخلی فراهم گردد.

حداقل تعداد راههای خروج الزامی: براساس ضوابط این مقررات، هر طبقه یا هر بخش از یک طبقه در هر بنا باید دست کم ۲ راه خروج مجزا و دور از هم داشته باشد، مگر در مواردی که این مقررات استثنائاً راه خروج دوم الزامی ندانند. در هر بنا، چنانچه بار متصرف تمام طبقات یا بخشهایی از آنها بین ۵۰۰ تا ۱۰۰۰ نفر باشد، حداقل ۳ راه خروج مجزا و دور از هم لازم خواهد بود، و برای متصرف بیش از ۱۰۰۰ نفر، حداقل ۴ راه خروج مستقل و دور از هم باید تدارک شود. در محاسبه تعداد خروجهای هر طبقه، رعایت بار متصرف همان طبقه تکافو خواهد کرد، مشروط بر آنکه تعداد خروجها در طول مسیر خروج کاهش نیابد. به عبارت دیگر، تعداد خروجهای هر طبقه از تعداد خروجهای لازم برای طبقات بالاتر از خود کمتر نباشد.

حداقل ضخامت قطعات فولادی: به جز قطعاتی که در آنها پیش بینیهای ویژه و مؤثری برای جلوگیری از خوردگی به عمل آمده باشد، محدودیتهای زیر برای ابعاد قطعات فولادی باید رعایت شود:

الف) ضخامت اجزای اعضای سازه ای که در فضای خارج و در معرض عوامل جوی یا اثرات خورنده دیگر قرار داشته باشند، از ۶ میلیمتر کمتر نباشد. در محیطهای خشک و عاری از هر گونه آثار خورندگی، این مقدار به ۵ میلیمتر کاهش می یابد.

ب) اعضایی با مقطع لوله ای شکل و یا قوطی شکل که کاملاً آب بندی شده و بین داخل و خارج آنها هیچ نشتی صورت نگیرد، حداقل ضخامت جدار ۴ میلیمتر، و در اعضای داخلی که نسبتاً از خوردگی محفوظ باشند، ۳ میلیمتر میباشد.

حداکثر فاصله تا لبه و فاصله مرکز به مرکز: علاوه بر کنترل های لازم از لحاظ کمانش موضعی، حداکثر فاصله از مرکز هر پیچ و یا پرچ تا نزدیکترین لبه قطعه در قطعات حفاظت شده در مقابل خوردگی، ۱۲ برابر ضخامت قطعه متصل شونده می باشد ولی نباید از ۱۵۰ میلیمتر تجاوز کند. برای قطعات مرکب رنگ نشده که تحت اثر خوردگی و زنگزدگی ناشی از عوامل جوی

قرار داشته باشند، فاصله وسایل اتصال که دو ورق یا ورق و نیمرخی را متصل می کنند نباید از ۱۴ برابر ضخامت نازکترین قسمت متصل شونده و همچنین از ۲۰۰ میلیمتر بیشتر شود. فاصله تا لبه این قطعات نباید از ۸ برابر ضخامت نازکترین قطعه و یا از ۱۲۵ میلیمتر تجاوز کند.

حداکثر فشار و دمای کار مجاز: حداکثر فشار کار مجاز اجزای لوله کشی (لوله، فتینگ، فلنج، شیر و دیگر اجزای لوله کشی) توزیع آب سرد و آب گرم مصرفی در دمای کار ۶۵ درجه سانتیگراد (۱۵۰ درجه فارنهایت) نباید از ۱۰ بار (۱۵۰ پوند براینچ مربع) کمتر باشد. به منظور صرفه جویی در مصرف انرژی و جلوگیری از خوردگی و ایجاد رسوب در لوله ها، دمای آب گرم مصرفی نباید از ۶۵ درجه سانتیگراد تجاوز کند. عمر مفید لوله و دیگر اجزای لوله کشی نباید از ۵۰ سال کمتر باشد.

حدود قبولی شیار پای جوش: میزان کاهش ضخامت لوله که در اثر شیار پای جوش ایجاد می‌شود، محدود به اندازه های زیر است:

۱) در صورتی که عمق شیار از ۶ درصد ضخامت لوله تجاوز نکند، با هر طولی قابل قبول است،

۲) اگر عمق شیار بین ۶ تا ۱۲/۵ درصد ضخامت لوله باشد، در صورتی قابل قبول است که طول آن از ۵ سانتیمتر یا یک ششم طول جوش هر کدام کمتر است، تجاوز نکند،

۳) اگر عمق شیار از ۱۲/۵ درصد ضخامت لوله تجاوز کند، طول آن هر قدر هم که باشد، قابل قبول نمی باشد.

حروف و علائم و یادداشتهای فنی: در مدارک محاسباتی و نقشه ها باید از حروف و علائمی که به طور استاندارد تعیین می شود، استفاده کرد. در صورت ناکافی بودن آنها، استفاده از علائم دیگر به همراه توضیحات کافی به منظور جلوگیری از هر گونه اشتباه و سوء تعبیر احتمالی مجاز می باشد. یادداشتهای فنی برای تفهیم روش کار و یا نتایج مورد نظر باید روشن باشد. در اتصالاتی که برای کم کردن تنشهای پسماند جوشکاری و جلوگیری از تابیدگی قطعات، باید از فن آوری و ترتیب خاصی و یا از تعداد عبور جوشکاری معینی پیروی شود، لازم است آن روش دقیقاً در مدارک و نقشه ها توضیح داده شود.

حریق بند: اعضایی از بنا، شامل دیوار، سقف و کف مقاوم حریق که بتواند در مقابل سوختن تمام بار حریق واقع در فضای مربوط به خود، ایستادگی و مقاومت کند

حریم تابلوهای انتظامی، راهنمای شهری، راهنمای مسیر به قرار زیر است: حداقل فاصله لبه بیرونی تابلوها در معابر داخل شهر تا لبه سواره رو باید ۴۵ سانتیمتر باشد در مورد سایر معابر و بزرگراهها و معابر حومه شهر ضوابط شهرداری ها ملاک خواهد بود. عدم تداخل انواع دیگر تابلوها در این حریم ضروری بوده و باعث افزایش ایمنی عبور و مرور و تمرکز حواس رانندگان و عابرین می شود.

حریم تابلوهای تبلیغاتی: در برخی خیابانها و میدانها و فضاهای شهری که در ضوابط شهرداری ها مجاز شناخته شوند، اجازه نصب تابلوی تبلیغاتی داده می شود. حریم نصب تابلوهای تبلیغاتی طبق ضوابط شهرداری ها است.

حریم تابلوهای معرف کاربری: یک سوم عرض پیاده روها از حد املاک مجاور خیابان به اندازه حداکثر ۱/۵ متر عرض به شرط باقی مانند ۹۰ سانتیمتر تا لبه سواره رو حریم نصب تابلوهای معرف کاربری ها می باشد. به لحاظ مشروط بودن اجازه پیشروی تابلوهای فوق در معبر عمومی محدوده نصب تابلوهای معرف کاربری و تابلوهای انتظامی و راهنمای شهری باید همواره از هم مجزا باشد.

حفاری چاهها و مجاری آب و فاضلاب: قبل از آغاز عملیات حفاری چاهها و مجاری آب و فاضلاب و به ویژه در حفاری دستی چاهها، باید بررسیهای لازم در خصوص وجود و کیفیت موانعی از قبیل قنوات قدیمی، فاضلابها، پی ها، جنس خاک لایه های زمین و تأسیسات مربوط به آب، برق، گاز، تلفن و نظایر آن به عمل آید و در صورت لزوم با سازمانهای ذیربط تماس برقرار گردد. محل حفاری نیز باید طوری تعیین شود که به هنگام کار، خطر ریزش یا نشت قنات و فاضلاب مجاور یا برخورد با تأسیسات یاد شده وجود نداشته باشد. به منظور ایجاد تهویه کافی در عملیات حفاری چاهها و مجاری آب و فاضلاب، باید هر نوع گاز، گرد و غبار و مواد آلوده کننده دیگر که برای سلامتی افراد مضر است، به طریق مقتضی از محل کار خارج شود و در صورت لزوم باید کارگران به ماسک و دستگاههای تنفسی مناسب مجهز شوند تا همواره هوای سالم به آنها برسد. کلیه افرادی که فعالیت آنها با عملیات حفاری چاهها و مجاری آب و فاضلاب مرتبط است، باید متناسب با نوع کار به وسایل حفاظت فردی،

مجهز شوند. مقنی قبل از ورود به چاه برای عملیات چاه کنی، باید طناب نجات و کمربند ایمنی را به خود بسته و انتهای آزاد طناب را در بالای چاه در نقطه ثابتی محکم نموده و همکار وی بر سر چاه حاضر باشد. پس از خاتمه کار روزانه و یا در مواقعی که حفاری انجام نمی شود، دهانه چاه باید با صفحات مشبک مقاوم و مناسب به نحو مطمئن پوشانده شود. در حفاری چاهها و مجاری آب و فاضلاب باید ضوابط مندرج در آیین نامه و مقررات «حفاظتی چاههای دستی» لحاظ گردد.

حفاظت آب آشامیدنی: لوله کشی توزیع آب آشامیدنی در ساختمان (یا ملک) باید به ترتیبی طرح، نصب و نگهداری شود که از هر گونه آلوده شدن با آب آشامیدنی و دیگر مایعات، مواد جامد یا گازی که ممکن است از طریق اتصال مستقیم یا از طریق هر اتصال دیگری، به آن وارد شود یا در آن نفوذ کند، حفاظت شود. اگر در ساختمان غیر از لوله کشی آب آشامیدنی، لوله کشی دیگری مخصوص آب یا دیگر مایعات غیر آشامیدنی وجود داشته باشد، هر یک از این دو شبکه لوله کشی باید با رنگ یا بر چسب های فلزی مورد تأیید مشخص شود، به طوری که شناسایی هر یک از این دو شبکه لوله کشی به آسانی امکان پذیر باشد.

حفاظت اجزای ساختمان: هر قسمت از اجزای ساختمان، کف تمام شده، دیوارها و تیغه ها و سقف ها که در جریان نصب یا تعمیر تأسیسات بهداشتی آسیب ببیند یا تخریب یا جابجا شود، پس از اتمام کار تأسیساتی مربوط، باید بازسازی شود و به صورت پیش بینی شده برای آن قسمت و در وضعیت ایمن درآید. بریدن، شکافتن یا سوراخ کردن اجزای سازه ساختمان برای عبور لوله مجاز نیست، مگر آنکه در طراحی سازه ساختمان پیش بینی شده باشد. عبور لوله از دیوار، سقف و کف (بین دو طبقه) فضاهای ساختمان باید از داخل غلاف صورت گیرد. در صورت عبور لوله از دیوار، سقف و کف فضاها، که برای مقاومت معینی در برابر آتش طراحی شده باشد، فاصله بین سطح خارجی لوله و سطح داخلی غلاف باید با موادی به همان اندازه مقاوم در برابر آتش، پر شود. عبرهایی که برای لوله گذاری در مجاورت پی ساختمان حفر می شوند نباید زیر خط ۴۵ درجه ای که از سطح باربر پی رسم شده باشد، قرار گیرند. اگر لوله انشعاب آب یا فاضلاب شهر از کف وارد ساختمان شود، باید اطراف آن با مصالح ساختمانی مناسب طوری پوشانده شود که از ورود موش به داخل ساختمان جلوگیری شود. شبکه هایی که روی دهانه های خروج و تخلیه آب و فاضلاب و آب باران، در داخل یا خارج ساختمان، روی کف نصب می شود (مانند شبکه روی کفشوهای آب باران سطح بام یا محوطه) نباید سوراخ هایی با قطر یا ابعاد بزرگتر از ۱۲ میلی متر داشته باشند.

حفاظت آسانسور در مقابل آتش: در اغلب آتش سوزیهای ساختمانها، آسانسورها میتوانند نقش حیاتی در تخلیه ساختمان و نجات افراد داشته باشند در حالیکه همیشه این پیغام در آسانسورها نصب می شود که از آسانسورها هنگام آتش سوزی استفاده نشود. هنگام وقوع حریق در تمام یا قسمتی از ساختمان مشکلات تخلیه خصوصاً برای سالمندان و بیماران پیش می آید. به همین منظور توصیه می شود آسانسور در مواقع آتش سوزی در اختیار افراد ذیصلاح یا آتش نشانها قرار گیرد تا بتوانند با راندمان بیشتر عملیات تخلیه را انجام دهند. چاه آسانسور بعوان یک کانال هوایی عمل می کند و لذا راهرو طبقات باید توسط درهای ضد گسترش حریق محفوظ گردد تا از نفوذ دود و آتش به چاه آسانسور و عمل نمودن چاه آسانسور به عنوان دودکش جلوگیری شود. کابل تغذیه برق برای آسانسور باید مستقل باشد تا چنانچه در اثر آتش سوزی اتصالی برق منجر به عمل فیوزها یا کلیدهای حفاظتی دیگر گشته و سبب قطع مدار قسمتهایی از ساختمان شوند، سیستم برق آسانسور همچنان متصل و فعال باشد. در پایین ترین نقطه و یا در طبقه همکف داکت هوایی خاصی برای چاه آسانسور طراحی و ساخته شود تا در موقع آتش سوزی و نفوذ دود چاه آسانسور تهویه هوای تازه از داکت ممکن باشد. داکت فوق باید به نحوی محفوظ شود تا از ورود انسان و یا حیوانات به چاه آسانسور جلوگیری شود. در صورت الزام پیش بینی سیستم اعلام حریق در ساختمان، این سیستم باید برای موتورخانه و چاه آسانسور نیز در نظر گرفته شود. در ساختمانهای با ارتفاع ۲۸ متر و بیشتر باید سیستم کنترل آتش نشان به سیستم کنترل آسانسور اضافه شود. با فعال شدن سیستم و تشخیص دود یا آتش، کابین به طبقه همکف هدایت شود و با در باز متوقف شود و فقط با کنترل آتش نشان ادامه کار آسانسور ممکن گردد. استفاده از هر نوع وسایل آتش نشانی در مورتورخانه آسانسور به شرطی مجاز میباشد که خاص اطفاء حریق ناشی از تجهیزات آسانسور باشد. انبار کردن و یا گذاشت هر نوع مواد قابل اشتعال و یا غیر قابل اشتعال در چاه آسانسور، موتورخانه و یا چاهک آسانسور ممنوع میباشد. در صورتیکه دیواره های چاه آسانسور از نظر مقاومت به آتش درجه بندی شده باشند، باید درهای لولایی همان درجه و درهای اتوماتیک حداقل نصف آن درجه بندی را دارا باشند.

حفاظت پله برقی در مقابل آتش: حفاظت ساختمان در مقابل حریق علاوه بر رعایت این بخش الزامی می باشد. کناره ها و زیر مهاریهای اصلی پله برقی باید از مواد مقاوم به حریق ساخته شوند. برای جلوگیری از نفوذ شعله های آتش یا دود می توان در نقاط باز دو طبقه درهایی را تعبیه نمود در این صورت باید این درها بنحوی ساخته شوند که به محض رسیدن مسافران براحتی به هر دو طرف قابل باز شدن باشند. در صورت وجود درهای ضد حریق موضوع یادآوری فوق قابل از روش شدن پله برقی، مسئول مربوطه باید از قفل نبودن این درها اطمینان حاصل نماید. در صورتیکه سیستم اعلام حریق در اطراف پله برقی تعبیه شده باشد باید به نحوی به سیستم کنترل پله برقی مرتبط باشد که هنگام عملکرد آنها، پله برقیهای هم جهت با ورود افراد به ساختمان متوقف شده و کلیه پله ها در جهت تخلیه افراد از ساختمان حرکت نمایند.

حفاظت در برابر اثرهای حرارتی در بهره برداری عادی: تأسیسات الکتریکی باید طوری اجرا شده باشد که برای مواد قابل اشتعال در اثر دماهای زیاد یا قوس الکتریکی امکان بروز هیچ نوع حریق وجود نداشته باشد، همچنین در موقع بهره برداری عادی از تجهیزات الکتریکی نباید هیچ نوع خطر سوختگی برای اشخاص یا حیوانات اهلی وجود داشته باشد.

حفاظت در برابر اضافه جریان: اشخاص و حیوانات اهلی باید در برابر صدمات و همچنین وسائل و لوازم ساختمانها در برابر خسارات ناشی از دماهای زیاد و عوامل الکترو مکانیکی که ممکن است در اثر هر اضافه جریانی در قسمت های برقدار به وجود آیند، حفاظت شوند. این حفاظت ممکن است به یکی از روشهای زیر تأمین شود: قطع خودکار تغذیه در موقع بروز اضافه جریان، قبل از اینکه این اضافه جریان، با توجه به مدت زمان برقراری آن، به مقدار خطرناک برسد، محدود کردن حداکثر اضافه جریان، با توجه به مدت برقراری آن، به میزانی که بی خطر باشد.

حفاظت در برابر اضافه ولتاژ: اشخاص و حیوانات اهلی باید در برابر صدمات و همچنین وسائل و لوازم و ساختمانها باید در برابر هر نوع اثر مضری که ممکن است در نتیجه بروز اتصالی بین مدارهای با ولتاژهای مختلف ایجاد شود، محافظت شوند. اشخاص و حیوانات اهلی باید در برار صدمات و همچنین وسایل و لوازم و ساختمانها باید در برابر خسارات ناشی از ولتاژهای زیاد، که ممکن است در اثر عوامل دیگری مانند صاعقه یا قطع و وصل مدارهای به وجود آیند، محافظت شوند.

حفاظت در برابر تماس غیر مستقیم: اشخاص و حیوانات اهلی باید در مقابل خطرات احتمالی ناشی از تماس با بدنه های هادی حفاظت شوند. این حفاظت ممکن است به یکی از روشهای زیر تأمین شود: جلوگیری از عبور جریان اتصالی از بدن اشخاص یا حیوانات اهلی، محدود کردن جریان اتصالی که ممکن است از بدن عبور کند، به میزانی کمتر از جریان برق گرفتگی، قطع خودکار تغذیه، به محض بروز نقصی که ممکن است به عبور جریان از بدنی که در ماس با بدنه هادی است منجر شود، در موقعی که این جریان مساوی یا بیش از جریان برق گرفتگی باشد.

حفاظت در برابر تماس مستقیم: اشخاص و حیوانات اهلی باید در مقابل خطرات احتمالی ناشی از تماس با قسمتهای برقدار تأسیسات الکتریکی حفاظت شوند. این حفاظت ممکن است با یکی از روشهای زیر تأمین شود: جلوگیری از عبور جریان از بدن اشخاص یا حیوانات اهلی، محدود کردن جریانی که ممکن است از بدن عبور کند، به میزانی کمتر از جریان برق گرفتگی.

حفاظت در برابر جریانهای اتصالی: هادیها، به جز هادیهای برقدار، و نیز همه قعطات دیگری که برای هدایت جریانهای اتصالی پیش بینی شده اند باید بتوانند این جریانها را، بدون ایجاد دماهای زیاد، هدایت کنند.

حفاظت ساختمان: الف) سطوح و اجزای ساختمان باید با رعایت الزامات مندرج در این قسمت از مقررات در مقابل نشت حفاظت شود.

۱) زیر هر شیر برداشت آب در ساختمان باید یک دهانه تخلیه وجود داشته باشد، جز شیر آتش نشانی، شیر ماشین ظرفشویی، شیر ماشین رختشویی و لوازم مشابه دیگری که در آن ها شیر سرشلنگی آب با یک شلنگ به یک دستگاه مصرف کننده آب متصل می شود.

۲) لوازم بهداشتی (دستشویی، سینک، وان، زیردوشی و مانند آنها) که دهانه تخلیه فاضلاب آن ها قابل مسدود شدن باشد باید سرریز داشته باشد.

۳) در هر یک از فضاهای ساختمان که احتمال آب ریزی از خروجی های متعدد و جود داشته باشد باید یک کفشوی یا کانال آب رفت روی کف، که قابل مسدود شدن نباشد، نصب شود.

۴) لوله سرریز مخازن و دیگر مصرف کننده هایی که روی بام نصب می شوند، نباید روی بام رها شوند. آب خروجی از این لوازم باید به یک دریافت هدایت شود. کفشوی آب باران بام نباید به عنوان دریافت کننده سرریز این لوازم مورد استفاده قرار گیرد.

حفاظت لوله کشی: لوله هایی که از زیر یا داخل پی یا دیوار باربر ساختمان عبور می کنند باید در برابر شکسته شدن بر اثر بار وارده حفاظت شوند. در این حالت لوله باید در داخل غلاف فلزی قرار گیرد، یا از زیر طاقی ساخته شده با مصالح ساختمانی مقاوم بگذرد. اگر لوله از داخل محیط یا مصالح خورنده ای که ممکن است بر سطح خارج لوله اثر خوردگی داشته باشد، عبور کند باید سطح خارجی لوله در برابر خوردگی، با اندود و روکش های مقاوم در برابر خوردگی حفاظت شود. اندود روکش لوله نباید مانع حرکت لوله، بر اثر انقباض و انبساط، شود. هر نوع لوله کشی در تأسیسات بهداشتی باید به ترتیبی نصب شود که فشارهای وارده بر آن بیش از آن چه در ساخت لوله پیش بینی شده، نباشد، عبور لوله از دیوارها و تیغه ها، سقف و کف باید از داخل غلاف صورت گیرد. فاصله بین سطح خارجی لوله و سطح داخلی غلاف باید با مواد قابل انعطاف پر شود. در صورتی که غلاف در دیوار آتش نصب شود، موادی که برای پر کردن فاصله به کار رود باید همان مقاومتی را داشته باشد که برای دیوار آتش تعیین شده است. آن قسمت از لوله کشی آب مصرفی، فاضلاب یا آب باران که در خارج از ساختمان و زیرزمین نصب می شوند، باید با توجه به دمای هوای محل استقرار ساختمان، زیر خط تراز یخبندان و در عمق مناسب قرار گیرند. لوله های آب مصرفی یا فاضلاب که در دیوارهای خارجی ساختمان، یا هر جای دیگری که در معرض یخ زدن هستند، قرار می گیرند باید با پوشش عایق یا گرم کردن لوله، در برابر یخ زدن حفاظت شوند.

حفاظت لوله های آب زیرزمینی: لوله های توزیع آب مصرفی ساختمان در داخل ترنچ زیر سطح محوطه، یا زیر کف ساختمان، باید از لوله های فاضلاب دست کم ۱/۵ متر فاصله افقی داشته باشد. این فاصله باید با خاک کوبیده شده پر شود. اگر مسیر خط لوله توزیع آب مصرفی در زیرزمین ناگریز باید مسیر خط لوله فاضلاب را قطع کند، در این صورت باید زیر لوله آب مصرفی دست کم ۳۰۰ میلی متر از روی لوله فاضلاب فاصله قائم داشته باشد. این فاصله باید با خاک کوبید شده پر شود.

حفاظتهای فنی و ایمنی پله برقی: گوشه بین زیر سقف طبقه فوقانی و پله برقی می باید محافظ نصب گردد. قبل از راه اندازی پله برقی (ها) نسبت به عملکرد کلیه سیستمهای ایمنی باید اطمینان حاصل نمود. در محل ورود و خروج دستگیره به نرده های دو طرف پله باید محافظ دست یا انگشت یا اشیاء خارجی تعبیه نمود. در صورت بروز هر گونه خطای برقی، ترمز پله برقی باید فعال گردد و بصورت آرام حرکت پله را به طور خودکار متوقف نماید. کنترل کننده مکانیکی سرعت (گاورنر) جهت تشخیص ازدیاد یا کاهش سرعت مجاز باید در ساختار پله برقی پیش بینی گردد. جهت توقف اضطراری حرکت پله برقی دگمه قرمز رنگ قابل رویتی در گوشه پایین سمت راست ورودی و خروجی پله برقی باید نصب گردد. در هنگام شکستن پله، گیر کردن مانعی بین پله ها یا بین پله ها و صفحه شانه ای و پاره شدن زنجیر اتصال پله ها به همدیگر باید بوسیله احساسگرهای جداگانه حرکت پله متوقف گردد. عرض شیار هر پله از ۵ تا ۷ میلی متر و عمق آن از ۱۰ میلی متر نباید کمتر باشد، سطح پله باید مانع لیز خوردن افراد شود. سرتاسر اجزاء پله برقی باید در کلیه ساعات کار کرد با روشنایی یکنواخت بیش از ۵۴ لوکس روشن شود. در سطح ورودی و خروجی پله برقی باید تابلوهای قابل رویت و مقاومی حاوی نکات ایمنی و هشدار زیر نصب شوند: الف) توجه ب) مخصوص عبور افراد ج) مواظب کودکان خود باشید. د) دستگیره ها را بگیرید ه) به کناره ها تکیه نکنید. تمام فضاهای پله برقی که نیاز به بازرسی یا تعمیر دارند باید دارای درهایی باشند که در شرایط عادی بسته باشند.

حلقه انبساط: وسیله ای برای جذب حرکت لوله، ناشی از تغییر دما یا عوامل دیگر، که با ایجاد خم ها یا منحنی هایی در طول لوله، ساخته می شود.

حمل و نقل، تحویل و نگهداری سنگدانه های مصرفی در بتن: ضوابط بارگیری، محل و نقل، تخلیه، و انبار کردن سنگدانه های مصرفی در بتن به قرار زیر است: شرایط باید به گونه ای باشد که مواد خارجی و زیان آور در سنگدانه ها نفوذ نکنند. شرایط باید به گونه ای باشد که دانه های ریز و درشت در یک دپو از یکدیگر جدا نشوند. شرایط باید به گونه ای باشد که سنگدانه ها شکسته نشوند. محل نگهداری سنگدانه ها باید دور از پوشش گیاهی و مواد آلوده کننده باشد. شن های با حداکثر اندازه بیش از ۳۸ میلیمتر، باید در دو گروه کمتر و بیشتر از ۲۵ میلیمتر نگهداری شوند. شن های با حداکثر اندازه ۳۸ میلیمتر یا کمتر باید در دو گروه کمتر و بیشتر از ۱۹ میلیمتر نگهداری شوند. این کار امکان جدا شدن دانه ها از یکدیگر را کاهش می دهد. دیواره

های تقسیم دپوی مصالح سنگی باید به گونه ای مقاوم و پایدار باشد که در صورت خالی بودن یک قسمت و پر بودن قسمت مجاور، دیواره بر اثر رانش سنگدانه ها تخریب یا جابجا نشود. در هنگام بارش و یخبندان، باید سنگدانه های واقع در فضای آزاد با برزنت یا ورقه های پلاستیکی پوشانیده شود. در هنگام گرمای شدید، باید بر روی سنگدانه های واقع در فضای آزاد، سایبان درست شود. شیب مخروط های دپوی شن و ماسه نباید زیاد باشد زیرا شیب زیاد دپوها موجب جدا شدن دانه های ریز و درشت از هم می شود. سنگدانه ها تا حد امکان باید به صورت لایه هایی با ضخامت یکسان بر روی یکدیگر ریخته شده و انبار شوند. سنگدانه های باید با لودر یا وسایل مناسب دیگر به گونه ای برداشته شوند که هر بار قسمت هایی از همه لایه های افقی برداشته شوند. در صورت تخلیه سنگدانه ها هنگام باد، باید تدابیری اتخاذ گردد که از جدا شدن ذرات ریز جلوگیری شود. محل دپوی شن و ماسه باید به گونه ای باشد که همواره امکان تخلیه آب مازاد وجود داشته باشد. سنگدانه های انبار شده در دپو باید حدّاقل ۱۲ ساعت در محل مناسب باقی مانده و سپس مصرف شود. این امر موجب می شود که رطوبت سنگدانه ها به حد یکنواخت و پایدار برسد. سیلوی ذخیره سنگدانه ها حتی المقدور باید با مقطع مربع یا دایره و شیب مخروط یا هرم تحتانی آن کمتر از ۵۰ درجه باشد. مصالح سنگی باید به صورت قائم در داخل سیلو ریخته شود تا از برخورد مواد سنگی با کناره های سیلو جلوگیری شده و دانه ها از هم جدا نشوند. درصورتی که سیلوی ذخیره سنگدانه ها پر باشد امکان شکسته شدن سنگدانه ها و به هم خوردن دانه بندی آن کاهش می یابد. برای خالی کردن سنگدانه ها به داخل سیلو، باید از نردبان ویژه مصالح سنگی استفاد شود. در صورتی که شرایط به گونه ای باشد که امکان شکسته شدن سنگدانه ها در حین جابجا کردن یا انبار کردن وجود داشته باشد، باید قبل از ساخت بتن با این سنگدانه ها، بار دیگر آنها را دانه بندی کرد. ضوابط مربوط به جلوگیری از جدا شدن سنگدانه ها باید در مورد سنگدانه های گرد گوشه، که بیشتر مستعد این امر هستند، جدی تر رعایت شود. در هنگام بارش برف و یخبندان، سنگدانه ها باید به گونه ای انبار شوند که امکان یخ زدگی و نیز جمع شدن برف و یخ بین دانه ها وجود نداشته باشد. هنگام تحویل هر محموله از سنگدانه های وارده به کارگاه، باید مشخّصات مذکور در اسناد تحویل سنگدانه ها با مشخّصات سفارش داده شده و نیز سنگدانه های وارده مقایسه و انطباق آن کنترل شود. در هنگام تحویل هر محموله از سنگدانه های وارده به کارگاه، باید وضعیت ظاهری آن ها از نظر اندازه، شکل دانه ها و ناخالصی های آن با چشم کنترل شود.

حمل و نقل، نگهداری و ذخیره کردن آب مصرفی در بتن: آب مصرفی بتن در کارگاه باید به گونه ای حمل و نقل و نگهداری شود که احتمال ورود مواد مضربه به داخل آن و نیز رشد خزه ها و مواد آلی در آنها وجود نداشته باشد.

حمله سولفاتی: به علت نفوذ یون سولفات موجود در آب یا خاک مجاور بتن، موادی منبسط شونده در بتن ایجاد می شوند که با گذشت زمان باعث فروپاشی سطح بتن شده و خرابی به مرور به صورت پیشرونده به داخل بتن گسترش می یابد. به همین دلیل میزان یون سولفات موجود در آب و یا خاک باید بررسی شود.

حوادث قهری: جنگ، انقلابها، اعتصابهای عمومی، شیوع بیماریهای واگیردار، سیل، زلزله، آتش سوزیهای دامنه دار و مهار نشدنی، طوفان و حوادث مشابه که خارج از اراده و کنترل طرفین قرارداد است و اجرای کار را غیر ممکن یا موجب تاخیر می نماید،

حوادث قهری به شمار می رود و هیچیک از طرفین مسوول خسارتهای وارده ناشی از تاخیر و تعطیل کار به طرف مقابل نمی باشد.

حوضچه: تانک یا چاهکی است که زیر سطح تراز نرمال فاضلاب یا آب باران داخل ساختمان نصب می شود و فاضلاب یا آب باران ساختمان به طور ثقلی در آن می ریزد. خروج فاضلاب از این حوضچه به تراز بالاتر باید به طریق مکانیکی صورت گیرد.

حیاط: فضای باز بودن سقف و بدون تصرف که از دو یا چند طرف با دیوارهای خارجی بنا محصور باشد و اگر از همه طرف به دیوارهای خارجی بنا محصور شود، در آن صورت به آن حیاط داخلی گفته می شود.

خ (خاک رس – خیابان)

خاک رس: خاک رس، یکی از خاک های سنگین است که فرمول شیمیایی آن هیدروسیلیکات آلومینیوم است که از پوسیدن و تجزیه شدن فلدسپات ها و میکاها تحت تأثیر اسید کربنیک موجود در آب باران به وجود می آید. خاک رس خالص بی رنگ ولی خاک نباتی (FeO) آن را کبود، Fe_2O_3 آن را سرخ و هیدروکسید آهن آن را زرد می کند. خاک رس مصرفی باید عاری از مواد آلی، ریشه گیاهان و سایر بقایای نباتی باشد. وجود دانه های سنگی درشت برای مصرف خاک در شفته مشروط بر اینکه دانه بندی مناسبی داشته باشد، بلامانع است. بهترین خاک برای ساختن شفته آهکی، خاک با دانه بندی پیوسته است که ریز دانه آن از ۲۵ درصد و خاک رس آن از ۱۵ درصد خاک کمتر نباشد.

خروج: بخشی از "راه خروج" که به وسیله ساختار و تجهیزات مقاوم حریق، براساس ضوابط ومقرارت از سایر فضاهای ساختمان جدا و ایمن شده و مستقیم یا از طریق تخلیه خروج به معبر عمومی منتهی شود. به عبارتی "خروج"، آن بخش از راه خروج است که به واسطه ساختار یا تجهیزات محافظتی ویژه خود، مطابق ضوابط این مقررات از دیگر بخشهای بنا مجزا شده و فضای عبور امن و محافظت شده ای بمنظور دستیابی متصرفان به بخش "تخلیه خروج" فراهم آورد. خروجهایی که مورد تائید این مقررات می باشند، عبارتند از درگاهای خروج (واقع در جداره های بیرونی ساختمان ها)، گذرگاههای خروج، خروجهای افقی، شیبراهها و پلکان های خروج که در برابر حریق های مورد انتظار در سایر قسمتهای بنا محافظت شده باشند. ساختارهای جدا کننده خروج در بناهای با ارتفاع ۴ طبقه و بیشتر و بناهای با تصرف مخاطره آمیز باید با دیوارهای غیر سوختنی، حداقل ۲ ساعت مقاومت حریق به طور کامل دوربندی و مجزا شوند. در مواردی که تمام بنا توسط شبکه بارنده خودکار تائید شده محافظت می شود، ساعت مقاومت حریق دروبندها می تواند حداقل به یک ساعت کاهش یابد. بازشوهای واقع در دوربندهای خروج باید از لحاظ تعداد به حداقل مورد نیاز محدود شده و تمام آنها با درهای مقاوم حریق خود بسته شو از نوع تائید شده محافظت شوند. اگر چگونگی عملکرد بنا ایجاب کند که این قبیل درها بطور معمول باز باشـــند، در آن صورت می توان از درها خودکار بسته شو استفاده نمود. در این مورد باید تمام تدابیر ایمنی لازم برای اطمینان از بسته شده بموقع درها در مواقع بروز حریق اتخاذ شده باشد.

ایجاد هر گونه روزنه نفوذی در دوربندهای خروج بغیر از موارد زیر، مجاز نخواهد بود:

الف) عبور کانال های هوا و دیگر تجهیزات لازم در مواردی که تراکم هوا و ایجاد فشار مثبت در درون دوربند خروج ضروری اعلام شده باشد.

ب) عبور لوله های مربوط به شبکه های آتش نشانی.

ج) عبور لوله های برق ویژه فضای خروج. در تمام موارد فوق، روزنه های نفوذی باید بطور کامل با مواد مناسب که از گسترش حریق جلوگیری نماید، درزبندی شوند. ایجاد هر گونه بازشوی ارتباطی یا روزنه نفوذی بین دو خروج مجاور هم (مانند پلکان های طرح قیچی) که با یک ساختار از یکدیگر جدا می شوند، ممنوع است. در تمام خروجها (پلکان خروج، گذرگاه خروج، خروج افقی) که طبق ضوابط این مقررات دوربندی و جداسازی آنها الزامی اعلام شود، برای جلوگیری از گسترش آتش و دود، نازک کاری دیوارها و سقف ها فقط می تواند با مصالحی اجرا گردد که از طرف مقام قانونی مسئول مجاز شناخته می شود، مگر آنکه بمنظور پسخگویی به ضوابط اختصاصی راههای خروج در تصرفهای مختلف، برای آنها محدودیتهای بیشتری درخواست شود. فضاهای داخل دوربندهای خروج باید کاملاً آزاد و بدون مانع باشند و برای مقاصدی مانند انبار کردن کالا روی سطح پله ها یا

پاگردها استفاده نشوند. در تمام بناهای ۴ طبقه و بیشتر، هر پاگرد پله که همسطح طبقه ای واقع شود، باید دارای علامتی باشد که شماره آن طبقه را مشخص کند. این علامت همچنین باید موقعیت طبقه تخلیه خروج جهت آن را نشان دهد. علامت باید در ارتفاع تقریباً ۱/۵ متری از کف تمام شده و در موقعیتی نصب گردد که تحت هر شرایطی از جمله باز یا بسته بودن در ورود به طبقه، به راحتی دیده شود. در بناهایی که پلکان خروج، بیش از نیم طبقه پائین تر از تراز تخلیه خروج ادامه دارد، با استقرار یک مانع فیزیکی قابل عبور مانند در، جدا کننده و نظایر آن باید از به اشتباه رفتن متصرفان جلوگیری بعمل آید. فقط آن دسته از پلکان های خارجی بنا می توانند بعنوان خروج محسوب شوند که دارای مشخصاتی بشرح زیر بوده و به تائید مقام قانونی مسئول برسند:

الف) ساختار آنها توسط دیوار با زمان حداقل ۲ ساعت مقاوم حریق از فضاهای داخلی جدا شده و از نزدیکترین بازشو دست کم ۳ متر فاصله داشته باشند.

ب) به بام بخش دیگری از بنا یا بام بنای مجاور که ساختار مقاوم حریق و راه خروج ایمن و پیوسته ای دارد، ارتباط داشته باشند.

ج) به منظور پیشگیری از سقوط متصرفان، دارای دوربند یا نرده جانپناه محکم و با ارتفاع مناسب باشند. راهروها، سرسراها، زیرگذرها، روگذرها و دیگر گذرگاههای مشابه می توانند به عنوان بخشی از خروج محسوب و مورد استفاده قرار گیرند، مشروط بر آنکه علاوه بر مقررات کلی، با دیگر ضوابط این مقررات که در مورد خروجها تصریح شده نیز مطابقت داشته و با ساختار غیر سوختنی دارای دو ساعت مقاومت حریق مجزا شوند. عرض هر گذرگاه خروج باید مطابق ظرفیت خروج در نظر گرفته شود و برای بیشترین تعداد متصرفانی که ممکن است از آن عبور کنند، تکافو نماید. در مواردی که گذرگاه خروج در انتهای چند خروج واقع گردد، عرض آن باید دست کم برابر مجموع عرض تمام خروجهای منتهی به آن باشد.

نحوه نصب و مهار کانال هوا (کولر آبی)

خروجهای افقی: خروجی افقی، عبارت است از خروج از یک بنا به مکانی امن در برابر حریق در بنایی دیگر یا در همان بنا که سطح کف آنها تقریباً در یک تراز واقع شده باشد. خروج افقی می تواند راهی باشد که با عبور از میان موانع حریق یا با دور زدن حریق از طریق گذرگاه خروج به مکانی امن در همان بنا منتهی شود، مشروط بر آنکه اولاً آن دو بخش تقریباً همسطح باشند و ثانیاً آن مکان بتواند بعنوان یک فضای محافظت شده، ایمنی کافی در برابر آتش و دود ناشی از وقوع حریق در بخش دیگر و تمام بخشهای واقع در آن بنا را تأمین کند. در طرح و محاسبه ظرفیت راههای خروج هر بنا، خروج افقی می تواند بعنوان جانشین برای بخشی از راه خروج مورد استفاده قرار گیرد، مشروط بر آنکه ظرفیت دیگر راههای خروج بنا (پلکان، شیبراه و درگاههایی که به بیرون بنا باز می شوند) از ۵۰ درصد کل ظرفیت راه خروج مورد نیاز تمام بنا کمتر نباشد. هر بخش از بنا و هر منطقه حریق در داخل بنا که به یک خروج افقی مربوط گردد، باید دست کم دارای یک خروج دیگر غیر از خروج افقی، مانند پلکان خروج یا درگاه منتهی به بیرون بنا نیز باشد، در غیر اینصورت منطقه حریق مورد نظر بعنوان بخشی از منطقه حریق مجاور که دارای پلکان یا درگاه خروج منتهی به بیرون است، محسوب خواهد شد. خروجهای افقی باید به گونه ای طرح و تنظیم شود که از هر دو طرف آنها راه عبور پیوسته و قابل دسترسی تا یک پلکان خروج یا دیگر خروجهای منتهی به بیرون بنا در طرف دیگر فراهم باشد. مساحت فضای پناهدهی در هر یک از دو طرف خروجهای افقی باید برای تمام متصرفان هر دو طرف تکافو نماید. به این منظور، در هر طرف باید به ازای هر نفر، دست کم ۰/۳ متر مربع مساحت خالص در نظر گرفته شود. در تمام اوقاتی که یکی از

فضاهای طرفین خروج افقی تحت تصرف قرار دارد، هیچ یک از درهایی که باعث دستیابی متصرفان هر طرف به فضاهای سمت دیگر می شود، نباید قفل باشد. برای خروج افقی از فضایی در یک طرف دیوار مانع حریق به فضای طرف دیگر و بالعکس، چنانچه از درهای لولایی استفاده شود، باید دو باز شو در کنار هم در نظر گرفته شوند و هر یک از درها فقط در جهت خروج عمل کنند. چنانچه بین کفهای واقع در دو طرف خروج افقی، اختلاف سطح وجود داشته باشد، کفها باید فقط با شیبراه به هم مربوط شوند. طرح و اجرای راه پله در این موارد ممنوع است.

خستگی: به ندرت لازم می‌شود که اعضا و اتصالات ساختمانهای معمولی برای خستگی محاسبه شوند، زیرا تعداد نوسان بارها و تغییرات مقدار تنشهای مربوط معمولاً کوچک است. اثر باد و زلزله هم در این گروه را وارد نمی شود زیرا تعداد تکرار آنها کم است.با این وجود اعضایی که بارهای جراثقال و یا ماشینها و وسایل متحرک را تحمل می کنند و دیگر اعضایی که احتمال ضعف در اثر خستگی برای آنها وجود دارد باید در مقابل خستگی محاسبه شوند.

خشت: سطوح خشت باید صاف باشد. مقاومت فشاری خشت باید حداقل ۱۲ کیلوگرم بر سانتیمتر مربع باشد. خشت باید در محیطی که در معرض باد نبوده و احتمال ریزش برف و باران بر روی آن وجود ندارد خشک گردد به طوری که رطوبت آن کمتر از ۴ درصد باشد. ابعاد خشت ها از ۵×۲۰×۲۰ تا ۶×۲۵×۲۵ سانتیمتر و باید هم اندازه هم باشند.

خصوصیات اتاق ترانسفورماتور: اتاق ترانسفورماتور باید دارای خصوصیات زیر باشد:

الف) اتاق باید فاقد رطوبت و ضد سرایت حریق باشد، با توجه به این خواسته باید از مصالح مناسب استفاده شود.

ب) دیوارهای اتاق باید با مصالحی پوشانده شوند که گردگیر نباشد (مانند کاشی).

ج) سقف اتاق باید فاقد هر گونه نازک کاری، مانند گچکاری، باشد تا امکان سقوط اجسام و بروز اتصالی در ترانسفورماتور وجود نداشته باشد.

د) در اتاق ترانسفوراتور نباید هیچ نوع پله یا شیب بیش از حد مجاز وجود داشته باشد.

ه) تیرآهنهای ناقل ترانسفورماتور باید دارای زوار هادی چرخ باشند و با توجه به استاندارد کوچکترین و بزرگترین ترانسفورماتوری که ممکن است در اتاق نصب شود، انتخاب شده باشند.

و) در طرح اتاق باید مجاری عبور هوا با سطح مقطع کافی و حداقل تغییر در مسیر، برای خنک کردن ترانسفورماتور از راه تهویه طبیعی پیش بینی شود.

ز) در زیر محل استقرار ترانسفورماتور، و پایین تر از مسیر عبور هوای خنک کننده، باید حائلی مشبک که دارای پوشش ضد زنگ باشد پیش بینی شود. روی این شبکه حداقل به ضخامت ۲۰ سانتی متر شن یا سنگ گرانیت شکسته می ریزند تا مانع سرایت آتش احتمالی باشد.

ح) زیر حائل آتش (بند ز) باید سطحی شیبدار ساخته شود تا روغنی را که ممکن است در صورت نشت یا ترکیدن محفظه ترانسفورماتور ریخته شود، به سمت مخزن روغن هدایت کند. حداقل حجم مخزن روغن باید با حجم روغن بزرگترین ترانسفروماتور که ممکن است دراتاق نصب شود برابر باشد. برای هدایت روغن به طرف چاهکی که در پایین ترین نقطه مخزن ساخته می‌شود باید شیبهای مناسب، پیش بینی شود و یک لوله برای تلمبه کردن روغن، باید به طور دائمی این چاهک را به اتاق ترانسفورماتور وصل کند.

ط) ارتفاع کف اتاق ترانسفورماتور باید حداقل ۲۰ سانتیمتر از سطح احتمالی سیلابروهای منطقه بالاتر باشد.

ی) دریچه های ورودی و خروجی هوای خنک کننده باید مجهز به شبکه های جلوگیری کننده از دخول پرنده ها و حیوانات کوچک (مانند گربه) و آب باران به داخل اتاق باشند.

ک) کانالها یا لوله های حامل کابلها باید به نحوی در اطراف ترانسفورماتور پیش بینی، ساخته یا نصب شوند که مانع مسیر جریان هوای خنک کننده نباشد. شیب مسیر کابلها باید به سمت خارج باشد.

ل) در ورودی دیوارهای طرفین اتاق، باید نگهدارهای مناسبی برای کابلهای وصل شونده به ترانسفورماتور پیش بینی شوند.

م) در ورودی اتاق باید آهنی باشد و به سمت خارج باز شود. قفل در باید از نوعی باشد که حتی هنگامی که قفل است خارج شدن از اتاق امکانپذیر باشد.

ن) برای جلوگیری از تعریق باید برای اتاق ترانسفورماتور گرمکن برقی مجهز به ترموستات پیش بینی شود.
س) در فضای داخل و در جداره داخلی و خارجی دیوارها، سقف و کف اتاق ترانسفورماتور نباید هیچگونه لوله حامل آب، حرارت مرکزی و گاز نصب شود.
ع) هیچگونه پنجره و در ورودی دیگری غیر از در اصلی نباید در اتاق ترانسفورماتور وجود داشته باشد.

خط اصلی فاضلاب مشترک: لوله اصلی فاضلاب که افقی است و فاضلاب و آب باران ساختمان را به طور مشترک از ساختمان دور می کند.
خطوط انتقال نیروی برق: قبل از شروع عملیات ساختمانی مجری باید حریم خطوط برق عبوری از مجاور ملک را مورد بررسی قرار داده و پس از پیش بینی های لازم جهت اجرای عملیات ساختمانی و با کسب نظر مهندس ناظر، عملیات ساختمانی را شروع نماید. کلیه هادی ها، خطوط و تأسیسات برقی در محوطه و حریم عملیات ساختمانی باید برقدار فرض شوند، مگر آنکه خلاف آن ثابت گردد. برای جلوگیری از خطر برق گرفتگی و کاهش آثار زیان آور میدانهای الکترو مغناطیس ناشی از خطوط برق فشار قوی، باید مقررات مربوط به حریم خطوط انتقال و توزیع نیروی برق در کلیه عملیات ساختمانی و نیز در تعیین محل احداث بناها و تأسیسات، رعایت گردد. کلیه سیم کشی های موقت و دائم و نصب تجهیزات برقی باید با رعایت ضوابط و مقررات مبحث طرح و اجرای تأسیسات برقی ساختمانها صورت گیرد. قبل از هر گونه گود برداری و حفاری، باید در مورد وجود کابلهای زیرزمینی انتقال و توزیع نیروی برق در منطقه عملیات بررسی لازم به عمل آمده و ضمن استعلام از مراجع ذیربط، حریم های قانونی رعایت و در صورت لزوم اقدامات احتیاطی از قبیل قطع جریان، تغییر موقت یا دائم مسیر، حفاظت و ایزوله کردن این خطوط توسط مراجع مذکور انجام شود. قبل از شروع عملیات ساختمانی در مجاورت خطوط هوایی برق فشار ضعیف، باید مراتب به مسئولین و مراجع ذیربط اطلاع داده شود تا اقدامات احتیاطی لازم از قبیل قطع جریان، تغییر موقت یا دائم مسیر یا روکش کردن خطوط مجاور ساختمان با لوله های پلی اتیلن با شیلنگ های لاستیکی و نظایر آن انجام شود.
خلاء: فشار کمتر از اتسمفر هوای آزاد در داخل شبکه لوله کشی آب یا فاضلاب.
خلاء شکن: یک نوع مانع برگشت جریان که روی دهانه خروجی آب از لوله نصب می شود تا اگر فشار آب داخل لوله از فشار اتسمفر کمتر شود، از این وسیله هوا وارد شود و فشار داخلی را به فشار اتسمفر برساند و از برگشت جریان جلوگیری شود.
خم کردن لوله: برای تغییر دادن مسیر مستقیم لوله ها فولادی باید از اتصالات مناسب و استاندارد استفاده نمود، مگر آن که خم کردن لوله در محل نصب اجتناب ناپذیر باشد. در این حالت رعایت شرایط زیر الزامی است:
الف) خم کردن لوله باید فقط با استفاده از دستگاه لوله خم کن انجام شود.
ب) خمیدگی لوله باید کاملا صاف و عاری از هر گونه چین خوردگی، ترک خوردگی و یا سایر معایب مکانیکی باشد.
پ) خط جوش طولی در محل خم باید روی یکی از سطوح جانبی خم و هر چه نزدیکتر به خط میانی این سطح، که کمترین تنش کششی و فشاری به آن وارد می آید، قرار گیرد.
ت) قوس خمیدگی لوله نباید بیشتر از ۹۰ درجه باشد.
ث) شعاع انحنای قسمت داخلی خمیدگی نباید کمتر از ۶ برابر قطر خارجی لوله باشد.
ج) در قسمتی از لوله که خم می شود، نه تنها نباید هیچگونه خط جوش محیطی وجود داشته باشد بلکه وسط خمیدگی لوله باید از نزدیک ترین نقطه اتصال آن لوله به لوله یا اتصالات دیگر حداقل ۲۰ برابر قطر اسمی لوله فاصله داشته باشد.
خم کردن میلگردها: تمامی میلگردها باید به صورت سرد خم شوند، مگر آن که دستگاه نظارت روشی دیگر را مجاز بداند. خم کردن میلگردها تا حد امکان باید طوری مکانیکی به وسیله ماشین مجهز به فلکه خم کردن و با یک عبور در سرعت ثابت انجام پذیرد، بطوریکه قسمت خم شده دارای شعاع انحنای ثابتی باشد. برای خم کردن میلگردها باید از فلکه هایی استفاده شود که قطر آنها برای نوع فولاد مورد نظر مناسب باشد. سرعت خم کردن میلگردها باید متناسب با نوع فولاد و دمای محیط اختیار شود. سرعت خم کردن میلگردهای سرد اصلاح شده به طور تجربه تعیین می شود. در شرایطی که دمای میلگردها از ۵ درجه سلسیوس کمتر باشد، باید از خم کردن آنها خودداری شود. به طور کلی باز و بسته کردن خمها به منظور شکل دادن مجدد به

میلگردها مجاز نیست، مگر در موارد استثنایی که دستگاه نظارت اجازه دهد. در این صورت تمامی میلگردها باید از نظر ترک خوردگی بازرسی و کنترل شوند. خم کردن میلگردهایی که یک سر آنها در بتن قرار دارد مجاز نیست مگر آن که در طرح مشخص شده باشد یا دستگاه نظارت اجازه دهد.

خم کردن و راست کردن قطعات: به کار بردن روشهای گرم کردن موضعی و یا تغییر شکل مکانیکی برای ایجاد انحنا و یا از بین بردن به کار بردن آن (راست کردن) مجاز است. دمای موضعهای گرم شده (که باید به روش قابل قبولی اندازه گیری شود) نباید از ۵۵۰ درجه سلسیوس برای فولادهای قوی مخصوص و ۶۵۰ درجه سلسیوس برای فولادهای نرمه، بیشتر باشد.

خمش سرد: ← آزمون خمش

خمش مجدد: ← آزمون خمش

خمیر آب بندی: ← اتصال فشاری

خود تنجشی: ← اثرات خود کرنشی

خودبسته شو: اصطلاح "خودبسته شو" هنگامی که در مورد درهای حریق یا سایر بازشوهای حافظتی به کار برده شود، به مفهوم بسته بودن در (یا بازشو) در حالت عادی و بسته شدن آن پس از عبور است که برای اطمینان از انجام این عمل، در به یک وسیله مکانیکی تائید شده مجهز می شود.

خودکار: اصطلاح "خودکار" در مورد تجهیزات محافظت در برابر حریق، برای وسایل و دستگاه هایی بکار برده می شود که در اثر واکنش به برخی از محصولات احتراق، خود به خود و بدون دخالت انسان عمل کنند.

خودکار بسته شو: این اصطلاح هنگامی که در مورد درهای حریق یا سایر بازشوهای حفاظتی به کار برده شود، منظور بسته شدن در (یا باز شو) به هنگام حریق در اثر واکنش به برخی از محصولات احتراق یا از طریق گرفتن فرمان از محلی دیگر است.

خوردگی فولاد مدفون در بتن: اگر بنا به دلایلی که در ادامه ارائه می شوند لایه محافظ خوردگی بتن در روی میلگردهای مدفون در آن از بین روند با حضور اکسیژن و آب، خوردگی و فولاد به صورت پیشرونده ادامه یافته و با افزایش حجم محصولات زنگ آهن در اطراف میلگردها، تنش های داخلی در بتن موجب ترک خوردن و ور آمدن آن می شود. علل آغاز خوردگی نفوذ یون کلرید و یا گاز دی اکسید کربن به داخل بتن می باشد.

خویش فرما: خویش فرما شخصی است ذیصلاح که در کارگاه ساختمانی بدون بکارگیری کارگران دیگر و بر طبق قرار داد کتبی پیمانکاری، مسئولیت انجام تمام یا قسمتی از عملیات ساختمانی را با وسایل و ابزار کار متعلق به خود به عهده می گیرد. خویش فرما در کارگاه ساختمانی پیمانکار جزء محسوب می شود.

خیابان: هر نوع راه عبور و مرور عمومی در فضای باز، اعم از کوچه، خیابان یا بلوار که دست کم دارای ۹ متر عرض بوده و به نحوی طرح شده باشد که امکان استفاده واحدهای آتش نشانی برای اطفای حریق را فراهم آورد. معابر داخل فضاهای بسته و تونلها اگر چه مورد استفاده عبور و مرور عمومی قرار گرفته و ماشین رو باشند، به عنوان خیابان ملحوظ نمی شوند.

۵ (داربست - دیوارهای سازه ای)

داربست: داربست سازه ای است موقت شامل یک یا چند جایگاه، اجزای نگهدارنده، اتصالات و تکیه گاهها که در هنگام اجرای عملیات ساختمانی به منظور دسترسی به بنا و حفظ و نگهداری کارگران مورد استفاده قرارمی گیرد. کلیه قسمتهای داربست شامل جایگاه، اجزای نگهدارنده، تکیه گاهها، اتصالات، راههای عبور و پلکان داربست باید با استفاده از مصالح مناسب و مرغوب مانند چوب، فولاد و امثال آن توسط شخص ذیصلاح طوری طراحی، ساخته و آماده به کار شود که داربست علاوه بر ایستایی و پایداری لازم، ظرفیت پذیریش چهار برابر بار مورد نظر را داشته باشد. قطعات و اجزاء چوبی بکار برده شده در داربست باید بدون پوسیدگی، ترک خوردگی و سایر نواقصی باشد که استحکام آن را به خطر اندازد. همچنین از رنگ کردن اجزاء چوبی داربست که باعث پوشیده شدن عیوب و نواقص آن می گردد، باید خودداری شود. تخته های چوبی که برای جایگاه داربست مورد استفاده

قرار می گیرند، باید صاف، بدون هر گونه زائده و بر جستگی و عاری از مواد چسبنده و لغزنده باشند. کلیه تخته ها باید دارای ضخامت یکسان بوده و حداقل دارای ۲۵ سانتیمتر عرض و ۵ سانتیمتر ضخامت باشند و طوری در کنار یکدیگر قرار داده و مهاربندی شوند که به هیچ وجه جا بجا نشده و ابزار و مصالح از بین آنها به پایین سقوط ننماید. همچنین عرض جایگاه باید حداقل ۵۰ سانتیمتر و فاصله تکیه گاههای تخته ها حداکثر ۲۵۰ سانتیمتر باشد. اجزای فلزی داربست شامل لوله ها، بست ها، پایه ها، چفت ها و سایر قطعات آن باید سالم و بدون خوردگی، ترک و عیب باشد و همچنین لوله های داربست باید مستقیم و بدون خمیدگی باشند. کلیه عملیات مربوط به نصب، تغییر، تعمیر یا پیاده کردن داربست، باید توسط اشخاص ذیصلاح انجام شود. داربست باید در موارد ذیل توسط شخص ذیصلاح مورد بازدید، کنترل و تأیید قرار گیرد تا از پایداری، استحکام و ایمنی آن اطمینان حاصل شود. الف: قبل از شروع به استفاده از آن. ب: حداقل هفته ای یک بار در حین استفاده. ج: پس ای هر گونه تغییرات یا ایجاد وقفه در استفاده از آن. د: پس از وقوع باد، طوفان، زلزله و عوامل مشابه که استحکام و پایداری داربست مورد تردید قرار گیرد. برای جلوگیری از خطر سقوط کارگران، باید در طرف باز جایگاه کار، نرده حفاظتی نصب گردد. همچنین برای پیشگیری از افتادن مصالح و ابزار کار از روی کف جایگاه، باید در لبه های باز جایگاه پاخورهای مناسب نصب شود. در فصل سرما هنگامی که بر روی جایگاه داربست برف یا یخ وجود داشته باشد، کارگران نباید روی آن کار کنند، مگر آنکه قبلاً برف و یخ از روی جایگاه برداشته شود. از داربست نباید باری انبار کردن مصالح ساختمانی استفاده شود، مگر مصالحی که برای کوتاه مدت و برای انجام کار فوری مورد نیاز باشد. در چنین حالتی نیز باید جهت تعادل داربست، بار روی جایگاه به طور یکنواخت توزیع گردد. در پایان کار روزانه، باید کلیه مصالح و ابزار کار از روی جایگاه داربست تخلیه شود. برای تامین ایستایی داربست و جلوگیری از واژگون شدن آن رعایت موارد زیر الزامی است:

الف) پایه های داربست به نحو مطمئنی در محل تکیه گاهها مستقر شود، به طوری که از جابجایی و لغزش آنها جلوگیری به عمل آید.

ب) پایه های داربست در محل استقرار بر روی زمین، باید روی صفحات مقاوم قرار گیرند، تا از فرو رفتن آنها در زمین و بر هم خوردن تعادل داربست پیشگیری شود.

ج) داربست باید در فاصله های مناسب عمودی و افقی، به طور محکم به ساختمان متصل و مهار گردد تا از لرزش و نوسان آن در حین کار جلوگیری به عمل آید.

د) در مواردی که داربست در دو ضلع مجاور قرار می گیرد، باید در محل تلاقی به طور کامل به یکدیگر متصل و کلاف شوند.

ه) در موقع طوفان یا باد شدید از کار کردن کارگران بر روی داربست جلوگیری شود. هنگامی که در مجاورت خطوط انتقال نیروی برق نیاز به نصب داربست باشد، این کار باید با رعایت آئین نامه صورت پذیرد. هنگامی که مصالح از روی جایگاه داربست به طرف بالا کشیده می شود، باید به طریق مناسبی از برخورد آن با داربست جلوگیری به عمل آید. در موقع پیاده کردن و بر چیدن داربست چوبی، باید کلیه میخ ها از قطعات داربست به طور کامل بیرون کشیده شوند. سازه ای موقت است که برای نگهداری قالب در موقعیت مورد نظر، سکوهای کار و تحمل بارهای حین اجرا برپا می شود مشتمل بر شمع بندی، پایه های قائم، صفحات افقی، باد بندها، زیر سری ها و نظایر آن.

داربست با سازه فولادی

داربست با سازه فولادی

دارنده و مسئول علائم تصویری و تابلو: دارنده جواز، مسئول علائم تصویری و تابلو شناخته میشود. در مواردی که نیاز به اخذ جواز نباشد، مسئولین مؤسسات و نهادهای عمومی و. . . که نصب آن علائم تصویری و تابلو در حیطه وظایف آنهاست مسئول شناخته می شوند. دارنده تابلوها و علائم تصویری مسئولیت قانونی در برابر حوادث احتمالی، مانند سقوط، پرتاب قطعات، برق گرفتگی و سایر مخاطرات ناشی از نگهداری آنها در شرایط غیر ایمن را دارد. در کارگاه های ساختمانی مسئول کارگاه مسئولیت نصب و آموزش علائم و تابلوها را به عهده دارد. تمام تابلوها و علائم ایمنی باید در شرایط مناسب نگهداری شوند. بطوریکه قصد و منظور اصلی را به درستی اطلاع رسانی نمایند. نگهداری در شرایط مناسب شامل تمیز نمودن عادی تا کنترل مرتب علائم چراغ دار و صوتی و نهایتاً اطمینان از کار کرد صحیح آنها می گردد. نظافت، تعمیر و رنگ کاری تابلو به صورتیکه مغایرتی با مشخصات مجوز نداشته باشد ضروری است و نیاز به اخذ مجدد مجور ندارد. چنانچه برای تعمیر تابلو نیاز به جابجائی آن از محل نصب باشد، در صورت تأیید و تحت نظارت مسئولین ذیربط استفاده از تابلو موقت جایگزین حداکثر به مدت یکماه مجاز است. چنانچه نصب و جابجائی یا بر چیدن تابلوها و علائم تصویری موجب خسارت یا آسیب به محل نصب شود و یا وضعیت نابهنجار در محل نصب و ناهماهنگی در نمای شهری ایجاد کند، دارنده تابلو و علامت و در صورت عدم دسترسی، مالک ملک موظف به تعمیر و بازسازی محل نصب است. چنانچه به نحوی مشخصات محل نصب علائم تصویری و تابلوهای تغییر کند، بطوری که این تغییر موجب تغییر مشخصات آنها گردد، مالک و دارنده علائم تصویری و تابلوها موظف است وضعیت قرار گیری تابلو را طوری تصحیح کند که مجدداً مطابقت تابلو با مقررات مصوب تامین گردد.

دانه های پولکی: دانه های پولکی دانه هایی هستند که اندازه کوچکترین بعد آنها کمتر از ۰/۶ برابر میانگین اندازه الکهای است.

دانه های سوزنی: دانه های سوزنی دانه هایی هستند که بزرگترین بعد آنها بیشتر از ۱/۸ برابر میانگین اندازه الکها است.

در چوبی: درهای چوبی به صورتهای ساده، تمام چوب ماسیو و نیمه ماسیو تولید و به مصرف در اتاق، در کمد، در ورودی ساختمان و ... می رسد. درهای چوبی به شکلهای یک لنگه، چند لنگه، قابلمه ای، بدون قابلمه و شیشه دار تولید می شود. سطح

رویه درها باید هموار بوده و فاقد فرورفتگی، برجستگی و پیچیدگی باشد. درهای ساخته شده پس از برش نهایی باید گونیا باشند. ویژگیهای انواع درهای پیش ساخته چوبی داخلی باید مطابق استاندارد باشد.

در حریق: دری که با انجام "آزمایش حریق استاندارد" حائز شرایط مقاومت و محافظت در برابر حریق متناسب با محل استقرار خود باشد.

در دسترس: لوازم بهداشتی، دستگاه های مصرف کننده آب و اجزای لوله کشی وقتی «در دسترس» اند که درسترسی مستقیم باشد و نیازی به باز کردن، برداشتن یا جابجا کردن مانعی نباشد.

در کابین: دری است که در ورودی کابین قرار گرفته و معمولاً بطور خود کار باز و بسته میشود. سیستم محرکه باز و بسته کردن درهای خودکار طبقات معمولاً روی در کابین وجود دارد و هنگامیکه در طبقه مورد نظر توقف میکند همزمان با باز شدن یا بسته شدن در کابین، در خودکار طبقه نیز باز یا بسته میشود.

درز انبساط: در صورتی که طول یا عرض ساختمان از ۲۵ متر در مناطق خشک، یا ۳۵ متر در مناطق معتدل، یا ۵۰ متر در مناطق مرطوب تجاوز کند اجرای درز انبساط در آن الزامی است. این درز باید در محل یا محل هایی در نظر گرفته شود که فاصله بین هر دو درز متوالی از مقادیر فوق تجاوز نکند. درز انبساط باید هم در شالوده و هم در سازه اجرا شود.حداقل عرض درز انبساط برابر با $L\ (\alpha\ \Delta T)$ می باشد. در این رابطه، α ضریب انبساط حرارتی بتن است. L فاصله بین دو درز انبساط متوالی و ΔT تفاوت بین حداقل و حداکثر دمای سالیانه منطقه می باشد. در صورتی که آمار قابل قبول مورد نیاز برای ΔT وجود نداشته باشد آن را برابر با $\pm$۳۰ درجه سانتیگراد در نظر می گیریم.

درز انقطاع: در ساختمان های با پلان منظمی که نسبت طول به عرض ساختمان از ۳ بیشتر است باید با ایجاد درز انقطاع آن را به مستطیل هایی تبدیل کرد که نسبت طول به عرض آنها از ۳ بیشتر نباشد

اجرای درز انقطاع بین ساختمان موجود و سازه جدید و همچنین در پی به کمک پنلهای یونولیتی

درزهای اجرایی: تعداد درزهای اجرایی باید در کمترین حد لازم برای انجام کار انتخاب شود.در تعیین موقعیت درزهای اجرایی باید دقت کافی به عمل آید. تیپ درزهای اجرایی و موقعیت آنها بسته به اهمیت کار باید در نقشه ها منعکس یا در کارگاه به وسیله دستگاه نظارت تعیین شود. در هر حال تعیین موقعیت درزهای اجرایی را نباید به محل یا زمانی دلخواه از قبیل پایان روز کار موکول کرد. در درزهای اجرایی باید سطح بتن را تمیز کرد و دوغاب خشک شده را از روز آن زدود. درزهای اجرایی را باید در مقاطعی پیش بینی کرد که در آنها تلاش ها و به ویژه نیروهای برشی کمترین مقدار را دارند. در صورت لزوم برای انتقال نیروهای برشی و سایر تلاش ها، در محل درزهای اجرایی باید پیش بینی های لازم به عمل آید. برای تأمین پیوستگی بتن در محل درزهای اجرایی باید سطح بتن قبلی را خشن ساخت و سپس لایه بعد را ریخت. باید تمامی سطوح درزهای اجرایی را قبل از بتن ریزی جدید به صورت اشباع با سطح خشک در آورد. درزهای اجرایی نباید بدون شکل باشند بلکه باید امتدادی عمود بر امتداد تنش های عمود بر سطح داشته باشند. از ایجاد درزهای بزرگ اجرایی باید خودداری کرد و درزهای لازم را به صورت پلکانی سطوح شکسته در نظر گرفت. ایجاد درزهای اجرایی قائم باید با قالب های مناسب انجام شود. ایجاد درزهای اجرایی کف ها باید

در ثلث میانی دهانه دال ها و تیرهای اصلی و فرعی قرار گیرند. در تیرهای اصلی فاصله هر درز اجرایی تا تیر فرعی متقاطع با آنها نباید از دو برابر عرض تیر فرعی کمتر باشد. تیرها یا دال های متکی بر ستون ها یا دیوارها را تا زمانی که این اعضای قائم حالت خمیری دارند، نباید بتن ریزی کرد. بتن تیرها و سر ستون ها را باید به صورت یکپارچه با بتن دال ریخت، مگر آن که خلاف آن در نقشه ها یا دفترچه مشخصات تصریح شده باشد.

یک نمونه درز اجرایی

درزهای فشاری: در درزهای فشاری که در آنها انتقال نیرو از طریق فشار تماسی مستقیم، قسمتی از ظرفیت اتصال را تشکیل می دهد، باید سطوح قطعات در تماس به وسیله تراش دادن، سوهان زدن، سنگ زدن و یا روشهای مناسب دیگر به خوبی آماده شده باشد، بطوریکه تماس کامل بین دو قطعه برقرار گردد.

درها: تمام درهایی که در راه خروج واقع می شوند باید دست کم ۸۰ سانتیمتر عرض مفید داشته باشند. فضاهای با مساحت ۶/۵ متر مربع و کمتر، چنانچه مورد استفاده معلولان جسمی قرار نگیرند، استثنائاً می توانند با درهایی دارای حداقل ۶۰ سانتیمتر عرض مفید به راهروهای دسترس خروج باز شوند. در مواردی که از درهای دو لنگه استفاده شود، دست کم یکی از لنگه ها باید دارای ۸۰ سانتیمتر عرض مفید باشد. همچنین عرض هیچ در یک لنگه نباید از ۱۲۰ سانتیمتر بیشتر باشد. سطح کف، در دو سمت هر در یا درگاه باید افقی و هم تراز باشد. ایجاد اختلاف سطح در دو قسمت درگاهها تا فاصله دست کم به اندازه عرض بزرگترین لنگه در، مجاز نخواهد بود، مگر در مورد درهای خروج واقع در جداره های خارجی خانه های یک یا دو خانواری که سطح کف بیرون درگاهها می توانند حداکثر ۲۰ سانتیمتر نسبت به سطح کف درون درگاه پائین تر باشد. تمام درهای واقع در راه خروج باید از نوع لولایی (که بر پاشنه می چرخند) بوده و در موارد زیر، موافق خروج باز شوند:

الف) درهای واقع در دوربندی های خروج.

ب) درهای واقع در فضاهای پر مخاطره.

ج) درهای مربوط به اتاقها و فضاهای با تراکم ۵۰ نفر و بیشتر. درهای کشویی افقی، کرکره ای قائم یا گردان، چنانچه در بخش ضوابط اختصاصی راههای خروج بر حسب نوع تصرف استفاده از آنها مجاز اعلام شود، باید حسب مورد با ضوابط عمومی این بخش مطابقت داشته باشد. درهای واقع در راههای خروج باید طوری طرح، ساخته، نصب و تنظیم شوند که در تمام اوقات استفاده از بنا از سمت داخل به آسانی و فوریت قابل باز شدن بوده و هیچ عامل بازدارنده ای مانند قفل، کلون، کشو و غیره مانع خروج بموقع یا فرار متصرفان نشود. در مواردی که برای درها قفل پیش بینی می شود، باید از انواع ساده انتخاب شده و باز کردن آن مهارت و تلاش خاصی لازم نداشته باشد. همچنین هر متصرف باید بتواند بدون نیاز به کلید یا وسیله دیگر، آن را از داخل به فوریت باز کند. درهای واقع در جداره های بیرونی ساختمان ها، از این قاعده مستثنی بوده و می توانند قفل کلید خور داشته باشند، مشروط بر آنکه: اولاً) تا حد امکان در تمام اوقات استفاده از بنا، قفل نباشند و تدابیر لازم برای اطمینان از این منظور اتخاذ شده باشد. ثانیاً) در مواقع قفل بودن درها، هر کلید همواره بر روی قفل یا در نزدیکترین فاصله به گونه ای قرار گیرد که هر متصرف در هنگام خروج، آن را یافته و بتواند سریعاً قفل را باز کند. به غیر از درهای واقع در جداره های بیرونی ساختمان ها، در سایر

موارد نیز می توان از درهای با قفل بودن در، کلید را نتوان از قفل خارج کرد. نصب و استفاده از یک کلون یا زنجیر ایمنی فقط برای درهای خروج واقع درخانه های یک یا دو خانواری و واحدهای مسکونی مستقل، مانند اتاقهای هتل، متل، مسافرخانه و نظایر آن مجاز است، مشروط بر آنکه کلون در ارتفاع حداکثر ۱۲۰ سانتیمتری از کف تمام شده نصب شود و باز کردن آن نیازی به کلید نداشته باشد. چفت، بست و جزئیات اجرایی درهای دو لنگه واقع در راه خروج باید چنان باشد که برای باز شدن هر لنگه، نیازی به باز کردن لنگه دیگر نبوده و هر کدام از لنگه ها، بطور مستقل قابل باز شدن باشند. درهای خود بسته شو، مانند درها دوربند پلکان های خروج یا برخی از خروجهای افقی، نباید هیچگاه در وضعیت باز نگهداشته شوند. استثنائاً در بناهایی که محتویات آنها کم مخاطره یا معمولی باشد و نیز در هر مورد که مقام قانونی مسئول تشخیص دهد، درها را می توان از نوع خودکار بسته شو انتخاب نمود، مشروط بر آنکه نظام خودکار بسته شدن آنها مورد تائید قرار گیرد.

درهای طبقات: درهایی هستند که در محل ورودی طبقات به کابین قرار میگیرند، درهای طبقات انواع مختلفی دارند مانند درهای تلسکوپی (یک طرف بازشو)، درهای سانترال (وسط بازشوها)، درهای آکاردئونی، درهای لولایی و ... انتخاب نوع و اندازه بازشوی درهای طبقات متناسب با نوع کاربری و مطابق با استانداردهای مربوطه صورت میگیرد.

درهای طبقات، درها و دریچه های اضطراری و بازدید: حداقل ارتفاع مفید ورودی کابین در طبقات برای ورود عادی باید ۲ متر باشد. درهای طبقات باید پس از نصب ریلهای راهنما طبق نقشه های مورد نظر بصورت کاملاً شاقول نصب شوند و هیچ گونه شکاف یا جای باز غیر معمول نداشته باشند. نصب هر گونه در اضافه بجز درهای مخصوص طبقات در ناحیه ورودی به کابین ممنوع میباشند. در آسانسورهایی که فاصله بین دو طبقه متوالی آن بیش از ۱۱ متر باشد یک درب اظطراری باید در محل مناسب در نظر گرفته شود بطوریکه فاصله آنها حداکثر ۱۱ متر باشد. درها و دریچه های اضطراری در دیواره های چاه آسانسور باید حداقل ۰/۳۵ متر عرض و ۱/۲۰ متر ارتفاع داشته باشند و بازشوی آنها به سمت چاه آسانسور نباشد، و به قفل ایمنی طبق مقررات مجهز باشند. نحوه باز و بسته شدن درها و دریچه های اضطراری چاه آسانسور باید به گونه ای باشد که از سمت بیرون بدون کلید باز نشوند ولی از داخل براحتی و بدون نیاز به کلید باز و بسته شوند. همچنین در محل قفل، مدار الکتریکی توسط شرکتهای سازنده آسانسور طراحی و نصب گردد که هنگام باز شدن آنها کار کردی عادی آسانسور متوقف شود. برآمدگی یا فرورفتگی های پشت درهای طبقات (در نوع بدون در کابین، سمت چاه آسانسور) نباید به نحوی باشد که سبب گیر کردن ناخواسته دست یا لباس یا هر گونه شیء خارجی گردد. حداکثر ناصافی مجاز ۵ میلی متر میباشد. هیچگونه در، دریچه اضطراری و تخلیه هوا در سمتی که وزنه تعادل قرار می گیرد تعبیه نگردد. دریچه اضطراری برای ورود به بالای کابین در زیر سطح سقف چاه یا یکی از دیواره های چاه از فضای موتورخانه به ابعاد ۰/۶ × ۰/۶ متر باید تعبیه شود که بازشوی آن به بیرون چاه بوده و دارای قفل ایمنی باشد. حداقل ارتفاع کف به کف دو طبقه متوالی در هر سمت چاه آسانسور (آسانسورهای با در روبرو شامل این مورد نمیگردد و بصورت مجزا در نظر گرفته می شود) برای تعبیه در طبقه آسانسور طبق جدول می باشد و طبقاتی که ارتفاع آنها کمتر از ابعاد این جدول می باشد به عنوان طبقه توقف محسوب نشده آسانسور نباید در آن طبقه توقف نماید. در آسانسورهای گروهی (بیشتر از ۲ آسانسور کنار هم) در کف موتورخانه و در امتداد پاگرد جلوی در طبقه آخر دریچه ای برای حمل متعلقات داخل موتورخانه مانند موتور گیربکسی و تابلوی کنترل به توقف آخر تعبیه شود که بازشوی آن به سمت موتورخانه باشد ابعاد این دریچه متناسب با موتورو گیربکس یا وسایل سنگین داخل موتورخانه در نظر گرفته شود، همچنین قلاب سقف یا مونوریلی در سقف موتورخانه تعبیه گردد که روی این دریچه نیز کاربرد داشته باشد. طراحی و نصب درها یا دریچه ها و یا قطعات آنها باید به گونه ای باشد که در اثر حوادث عادی مانند ضربه، حریق، ترکیدگی لوله های آب و غیره به داخل چاه آسانسور سقوط ننمایند.

درهای کشویی افقی، کرکره ها و شبکه های قائم: نصب درهای کشویی با ریل افقی و همچنین درها، کرکره ها و شبکه های ایمنی با ریل قائم، در درگاههایی که بخشی از راه خروج به شمار آیند، مشروط به رعایت ضوابط زیر خواهد بود:

۱- در تمام اوقات تصرف، از هر دو طرف به راحتی قابل باز شدن باشند و چنانچه عموم مردم در بنا رفت و آمد می کنند، به وضعیت کاملاً باز ثابت شوند. البته درهای کشویی افقی خود بسته شو که دارای ساعت محافظت حریق می باشندو درهای واقع در خانه های یک یا دو خانواری، از این قاعده مستثنی خواهند بود.

۲- در مواردی که دو یا چند راه خروج پیش بینی می شود، بیش از نصف عرض کل درگاههای خروج به درهای کشویی افقی یا کرکره ای قائم اختصاص داده نشود.

۳- درهای کشویی افقی در درگاههایی که بیش از ۵۰ نفر را تخلیه می کنند، نصب نشوند.

۴- درهای کشویی افقی از هر دو طرف و درهای کرکره ای قائم از سمت داخل، به راحتی و بدون نیاز به وسیله خاص، قابل باز شدن باشند.

درهای گردان: درهای گردان باید از لحاظ ساخت، چگونگی نصب، حداکثر تعداد چرخش در دقیقه، عرض مفید و سایر مشخصات،مورد تائید مقام قانونی مسئول باشند. در راههای خروج ، استفاده از درهای گردان مشروط به رعایت ضوابط زیر خواهد بود:

۱- ضوابط خاص راههای خروج بر حسب نوع تصرف، مانع نصب این گونه درها نباشد.

۲- حداکثر عرض خروج اختصاص یافته به درهای گردان از ۵۰ درصد کل عرض خروج لازم بیشتر نشود.

۳- ظرفیت خروج هر در گردان، حداکثر ۵۰ نفر در نظر گرفته شود.

۴- در فاصله ۳ متری از دو انتهای پائینی یا بالایی، هیچ راه پله ای واقع نشده باشد.

۵- در فاصله حداکثر ۳ متری هر در گردان در همان دیوار، یک در لولایی با همان عرض وجود داشته باشد، مگر آنکه مقام قانونی مسئول وجود چنین دری را ضروری تشخیص ندهد.

در هر مورد که مطابق ضوابط این مقررات، نصب درهای گردان مجاز اعلام شده باشد، نصب کنترل کننده های گردان یا سایر وسایل مشابهی که برای کنترل عبور یکطرفه اشخاص مورد استفاده قرار گیرند نیز مجاز خواهد بود، مشروط بر آنکه موقعیت آنها مانع خروج یا فرار بموقع متصرفان نباشد و چرخش آنها به صورت آزاد و موافق خروج انجام گیرد. به هر صورت، هر کنترل کننده گردان نباید برای بیش از ۵۰ متصرف به کار گرفته شود و کل عرض خروج اختصاص داده شده به کنترل کننده ها و سایر درهای گردان نباید از ۵۰ درصد کل عرض خروج لازم بیشتر باشد.

دریافت کننده آب محوطه: دریافت کننده آب باران یا آب های سطح محوطه، به صورت کفشوی، شبکه، حوضچه یا هر شکل دیگر، که برای جمع آوری و هدایت آب های سطحی یا آب باران سطوح باز محوله طراحی شده باشد.

دریافت کننده فاضلاب: هر وسیله دریافت کننده فاضلاب، مانند کفشوی، حوضچه فاضلاب، شبکه روی کف و غیره.

دریچه بازدید: دریچه قابل دسترسی روی لوله فاضلاب یا آب باران قائم یا افقی که برای تمیز کردن و خارج کردن هر گونه مانع جریان داخل لوله و رفع گرفتگی آن، مورد استفاده قرار می گیرد. به منظور بازدید و در موارد لزوم رفع گرفتگی لوله ها در نقاط زیر باید دریچه بازدید نصب شود:

۱) در پایین ترین قسمت لوله های قائم آب باران، پیش از پایین ترین زانوی لوله

۲) در نقاط تغییر جهت لوله های افقی، اگر زاویه تغییر جهت لوله بیش از ۴۵ درجه باشد،

۳) روی لوله اصلی افقی پایین ترین قسمت شبکه لوله کشی در فاصله هر ۱۵ متر (برای لوله های کمتر از ۱۰۰ میلی متر) و در فاصله هر ۳۰ متر (برای لوله های ۱۰۰ میلی متر و بزرگ تر)، ۴) روی لوله افقی اصلی آب باران خروجی از ساختمان، بلافاصله پس از خروج از ساختمان، دریچه بازدید باید در جایی و به ترتیبی قرار گیرد که دسترسی به آن آسان باشد و به سهولت بتوان از آن نقطه با فرستادن وسایل مناسب، گرفتگی لوله را برطرف کرد.

دریچه بازدیدی که روی لوله آب باران نصب شود باید با واشر لاستیکی مناسب و پیچ ومهره کاملاً آب بند شود. اگر لوله آب باران یا قائم در اجزای ساختمان دفن شود، دریچه بازدید باید تا سطح تمام شده کف یا دیوار ادامه یابد. اندازه دریچه بازدید روی لوله آب باران، تا قطر نامی ۱۰۰ میلی متر (۴ اینچ)، باید برابر قطر نامی لوله باشد، در لوله های با قطر نامی بزرگ تر دریچه بازدید باید دست کم ۱۰۰ میلی متر باشد. همچنین به منظور بازدید و رفع گرفتگی احتمالی لوله های فاضلاب در نقاط زیر باید دریچه بازدید نصب شود: در بالاترین نقطه هر شاخه انشعاب افقی، در محل تغییر امتداد لوله های افقی فاضلاب، در صورتی که زاویه تغییر جهت لوله بیش از ۴۵ درجه باشد، در پایین ترین قسمت لوله قائم فاضلاب، قبل از زانوی پائین لوله، در نقاطی روی

لوله قائم فاضلاب که برای آزمایش با آب دریچه دسترسی لازم است، روی لوله اصلی افقی فاضلاب، حداکثر با فاصله ۳۰ متر از یکدیگر، در خورج لوله اصلی افقی، بلافاصله بعد از خروج از ساختمان.

دسترس: منطقه ای است که حدود آن از سطح محل فعالیت یا رفت آمد عادی افراد بدون هر گونه کمک، قابل لمس باشد.

دسترس خروج: بخشی از "راه خروج" که از هر نقطه ساختمان منتهی به قسمت "خروج" می شود. "دسترس خروج" آن بخش از راه خروج است که به ورودی یک خروج منتهی می شود.

دسترسی به شیرها: الف) شیرهایی که در شبکه لوله کشی آب سرد و آب گرم مصرفی ساختمان نصب می شوند باید روکار و آشکار نصب شوند، یا پس از نصب به آسانی قابل دسترسی باشند. شیرهایی که روی لوله داخل ترنچ زیر کف ساختمان، یا زیر کف محوطه نصب می شوند باید با باز کردن یک دریچه قابل دسترسی باشند. شیرهایی که روی لوله قائم داخل شفت های ساختمانی نصب می شوند باید با باز کردن یک دریچه قابل دسترسی باشند. شیرهایی که روی لوله افقی داخل ساختمان کاذب طبقات ساختمان نصب می شوند، اگر سقف کاذب قابل برداشتن نباشد، باید با بازکردن دریچه ای که در سقف کاذب پیش بینی می شود قابل دسترسی باشند. ب) شیرهایی که روی لوله کشی آب سرد و آب گرم مصرفی ساختمان قرار می گیرند باید نصب اتصال بازشو (مانند مهره ماسوره و فلنج)، نزدیک به شیر، به منظور سهولت تعمیر و تعویض، قابل بازکردن و برداشتن باشند.

دسترسی لوازم بهداشتی: الف) لوازم بهداشتی باید به نحوی نصب شوند که تمیز کردن سطوح آنها و کف و دیوار اطراف آنها به آسانی ممکن باشد. به منظور سهولت تمیز کردن کف بهتر است لوله های هر یک از لوازم بهداشتی، از سطوح دیوار نزدیک آن به شبکه لوله کشی ساختمان متصل شود. ب) برای دسترسی به اتصالات توکار اگر اتصال لوله های لوازم بهداشتی از نوع فشاری با واسطه لاستیک یا مواد آب بند دیگر باشد، باید به منظور دسترسی به این نوع اتصال، به دیوار پشت آن یک صفحه بازشدنی نصب شود، یا فضای سرویس در اطراف آن پیش بینی شود، یا روشهای دیگری که این دسترسی را آسان کند، اتخاذ شود. اگر نتوان امکان دسترسی را فراهم کرد، اتصال از نوع فشاری مجاز نیست و اتصال از نوع صلب مانند اتصال لحیمی، جوشی، دنده ای و غیره است.

دستگاه گازسوز: وسیله ای است که مشتمل بر یک یا چند مشعل بوده و گاز برای منظورهای مختلف در این مشعل ها می سوزد.

دستگاه های تصفیه آب: انشعاب آب برای تغذیه تأسیسات تصفیه آب باید با پیش بینی فاصله هوایی یا نصب یک شیر اطمینان اختلاف فشار بین دو شیر یک طرفه حفاظت شود. ← اجرای کار لوله کشی توزیع آب مصرفی

دستگیره: دستگیره ای از جنس لاستیک با الیاف مخصوص می باشد که متحرک بوده و سرعت آن با سرعت حرکت پله یکسان میباشد، افراد هنگام بالا رفتن یا پایین آمدن از آن استفاده می کنند.

دستگیره محافظ: لوله، چوب یا هر پروفیلی که در طول راه پله و بالکن برای گرفتن دست و نلغزیدن انسان نصب شود.

دسته بندی بلوک سنگهای طبیعی: بلوک سنگهای طبیعی که به مصرف کفسازی، نما و تزئینات می رسد، به چهار دسته زیر تقسیم می شود: گرانیت ها، مرمریت ها، سنگهای آهکی، توف ها

دسته بندی چوب: چوبهای طبیعی از نظر گونه به دو دسته پهن برگان و سوزنی برگان تقسیم شده که عموماً چوبهای پهن برگان «سخت چوب» و چوبهای سوزنی برگان «نرم چوب» هستند و به شکلهای گرده بینه، تیر، بینه، نعل، دونعل، قنداق، تراورس، بازو، تخته، الوار و روکش به مصرف می رسند. چوبهای ساختگی یا تخته های مرکب انواع تخته لایی، تخته فیبر، روکش و تخته خرده چوب (نئوپان) تولید و به مصرف می رسند.

دسته بندی سنگ های ساختمانی از نظر شکل ظاهری: سنگ های ساختمانی از نظر شکل ظاهری به صورت زیر دسته بندی می شوند: سنگ طبیعی شامل رودخانه ای و کوهی، سنگ کار شده شامل قواره، بادبُر (سرتراش، سرتراش گونیا شده و بادکوبه ای)، مکعبی، تمام تراش، چند وجهی نامنظم، لایه لایه، لوحه سنگ یا سنگ پلاک.

دسته بندی قطعات فلزی: قطعات سازه های فولادی به شرح زیر می باشد: پیچ های مهاری داخلی بتن، صفحات کف ستون، ستونها، تیرها، بادبندها، خرپاها، لاپه ها، دستک ها، کلاف دیوارها، پیچ و مهره و پرچ و پین اعم از موقت یا دائم، اتصالات. قطعات یا اعضا فلزی دیگری که در نقشه ها وجود دارند از نظر این مقررات جزئی از سازه فولادی محسوب نمی شود. از قبیل: صفحات مشبک کف، فلزات تزئینی یا یراق آلات، دودکش ها

سازه فولادی صنعتی متشکل از تیر و ستون و لاپه z

نمونه ای از بولتهای فولادی و صفحات کف ستون

نمونه ای از پیچ و مهره و واشرهای فولادی

یک نمونه خرپای فضایی فولادی

دسته بندی کاشی: کاشی به دو دسته کفی و دیواری تقسیم می شود. این دسته از کاشی ها اعم از لعاب دار و بدون لعاب با روش پرس کردن گرد مواد اولیه تولید می شوند و در داخل یا خارج ساختمان نصب می گردند.کلیه قطعات همجنس کاشی که همراه آن به کار می روند مانند قرنیز پله، قطعات مخصوص لبه ها و کناره ها و همچنین قطعات مخصوصی که در استخرها به کار می روند، کاشی محسوب می شوند. کاشی کفی و دیواری از نظر کیفیت سطح به سه درجه ۱ و ۲ و ۳ و درجه بندی می شوند. مواردی که باید در بررسی کیفیت سطح انواع کاشی اعم از لعاب دار یا بدون لعاب مورد نظر قرار گیرند، عبارتند از: انواع ترک، ترک های مویی لعاب، نداشتن لعاب در بعضی قسمتها، ناصاف بودن سطح، فرورفتگی، انواع سوراخ ها، ذوب نشدن لعاب، وجود خال، لکه یا هر گونه ضایعات اضافی سطحی، اشکالات زیر لعاب، اشکالات چاپ و دکور، سایه دار بودن، لب پریدگی و گوشه پریدگی. انواع ترکها در هیچ یک از کاشی ها درجه ۱ و ۲ و ۳ قابل قبول نیستند.

دستورالعمل نصب دستگاههای گازسوز: مؤسسه کار گذارنده دستگاه گازسوز باید آن را مطابق با مشخصاتی که سازنده آن توصیه کرده است نصب کند، به طوری که دستگاه به نحو رضایت بخشی کار کرده و قابل تعمیر باشد. این مؤسسه همچنین باید کلیه دستورالعملهای نصب، بهره برداری و تعمیر دستگاه را که سازنده پیشنهاد کرده است در ناحیه ای از محل نصب دستگاه قرار دهد به طوری که براحتی در دسترس اشخاص ذیصلاح باشد. چانچه کارگذارنده هر گونه تغییری در نحوه نصب وسیله گازسوز، دودکش و کلاهک تعدیل جریان آن را ضروری تشخیص دهد باید قبل از هر گونه اقدام از سازنده مربوطه کسب مجوز نماید.

دفع فاضلاب به طور خصوصی: دفع فاضلاب در سپتیک تانک، در دستگاه تصفیه فاضلاب خصوصی یا در هر سیستم دیگری که از شبکه دفع فاضلاب شهری به کلی جدا باشد.

دهانه تیرهای ساده: در تیرها و شاهتیرهایی که بر مبنای دهانه ساده طراحی و محاسبه می شوند، دهانه مؤثر برابر فاصله بین مراکز ثقل قطعاتی که عکس العمل تکیه گاه را به وجود می آورند، در نظر گرفته می شود.

دو آسانسور: در صورتیکه بیش از یک آسانسور در یک چاه وجود داشته باشد، باید دیواری ما بین قطعات متحرک دو آسانسور مجاور اجرا شود که از پایین ترین نقطه توقف کابین یا محل استقرار قطعات متحرک در چاهک شروع شده و تا ارتفاع ۲/۵ متر بالاتر امتداد یابد.

دو خم: ترکیبی از دو زانو یا دوخم در مسیر لوله کشی فاضلاب که امتداد لوله قائم فاضلاب را از قائم به افقی (با شیب) و سپس دوباره به حالت قائم تغییر می دهد. سرعت جریان فاضلاب در قسمت افقی از دو قسمت قائم کمتر است. لوله قائم فاضلاب پس از دوخم، تغییر جا می دهد. با نصب دو خم روی لوله قائم فاضلاب، زانوی بالای دو خم که فاضلاب قائم از آن به خط افقی می ریزد فشار معکوس روی شاخه افقی نزدیک به آن ایجاد می کند. زانوی پایین دو خم که فاضلاب افقی از آن به خط قائم می ریزد روی سیفون شاخه افقی نزدیک به آن مکش سیفونی ایجاد می کند. با رعایت نکات این قسمت از مقررات باید این اثر را محدود کرد تا مانع از شکستن آب هوابند سیفون های قبل و بعد از دو خم شد. اگر لوله قائم فاضلاب ناچار باید با دو خم تغییر جا دهد، باید به قسمت قائم لوله، قبل و بعد از دو خم، لوله هواکش، متصل شود. نقطه اتصال هواکش در بالاتر از دو خم باید زیر

آخرین اتصال شاخه افقی و در پایین تر از دو خم باید روی آخرین اتصال شاخه افقی باشد. بین دو نقطه اتصال هواکش که در بالا و پایین دو خم به لوله قائم فاضلاب متصل می شوند، هیچ شاخه افقی فاضلاب نباید به لوله قائم یا افقی متصل شود. زاویه زانوهای دو خم، در بالا و پایین، که بین لوله قائم فاضلاب و قسمت افقی دو خم قرار دارند، نباید از ۴۵ درجه بزرگتر باشند.اتصال هواکش و شاخه افقی فاضلاب، قبل و بعد از دو خم. در ساختمان های تا سه طبقه دو خم ممکن است بدون هواکش باشد. اگر دو خم لوله قائم بالاتر از آخرین و بالاترین اتصال شاخه افقی فاضلاب باشد، برای دو خم دیگر هواکش لازم نیست. اگر دو خم لوله قائم پایین تر از آخرین و پائین ترین اتصال شاخه الفقی فاضلاب باشد، برای دو خم دیگر هواکش لازم نیست.

دوام در برابر حریق: مدتی که مصالح یا قطعات و اجزای ساختمانی در مقابل شرایق خاص اجرای "آزمایش حریق استاندارد" همچنان عملکرد خود را حفظ نمایند.

دودکش: مجرایی است قائم به شکل استوانه یا مکعب مستطیل جهت هدایت گازهای محفظه احتراق به بیرون و بر سه نوع است: الف) دودکش ساخته شده در کارخانه: دودکشی که در کارخانه مطابق با شرایط استاندارد و مخصوص وسیله گازسوز ساخته شده باشد. ب) دودکش با مصالح ساختمانی: دودکشی که از مصالح ساختمانی مانند آجر، سنگ یا بتن ساخته شده باشد. پ) دودکش فولادی: دودکشی که از ورق فولادی گالوانیزه یا از ورق فولادی سیاه در کارگاه و یا در محل ساختمان ساخته می‌شود.

دودکش در ساختمانهای آجری با کلاف: منظور از دودکش، مجراهایی است که برای جریان دود یا هوا تعبیه می شود. ارتفاع دودکشهای اجزای مشابه آن که با مصالح بنایی اجرا می شوند نباید بیش از ۱/۵ متر از کف بام باشد و در صورتی که ارتفاع آنها از این مقدار تجاوز نماید باید به وسیله عناصر قائم فولادی یا بتن مسلح به گونه مناسبی تقویت و در کف بام گیردار شوند.

دودکش در ساختمانهای آجری بدون کلاف: منظور از دودکش، مجراهایی است که برای جریان دود یا هوا تعبیه می شود.ارتفاع دودکشها و اجزای مشابه آن که با مصالح بنایی اجرا می شوند نباید بیش از ۱/۵ متر از کف بام باشد و در صورتی که ارتفاع آنها از این مقدار تجاوز نماید باید به وسیله عناصر قائم فولادی یا بتن مسلح به گونه مناسبی تقویت و در کف بام گیردار شوند.

دودکش دوجداره: دو دودکش یک جداره که با فاصله حداقل ۲۵ میلیمتر در داخل هم قرار گرفته و به صورت هم محور می باشند.

دودکش ساختمانهای خشتی: دودکش باید به نحو مناسبی به دیوار باربر متصل گردد. در ساختمانهای دارای کلاف چوبی، دودکش باید حداقل ۱۰ سانتیمتر از عناصر چوبی، کلاف افقی یا قائم یا تیر فاصله داشته باشد و این فاصله باید با عایق جدا کننده مناسب پر شود. حداکثر ارتفاع بیرون زدگی دودکش ساخته شده از مصالح بنایی از روی بام یک متر می باشد.

دودکش ساختمانهای سنگی: حداکثر قطر خارجی دودکش ۲۰ سانتیمتر می باشد. دودکش باید به نحو مناسبی به دیوار باربر متصل گردد. در ساختمانهای دارای کلاف چوبی، دودکش باید حداقل ۱۰ سانتیمتر از عناصر چوبی، کلاف افقی و قائم یا تیر فاصله داشته باشد و این فاصله باید با عایق جدا کننده مناسب پر شود. حداکثر ارتفاع بیرون زدگی دودکش از روی سقف یک متر می باشد.

دودکش های پیش ساخته: قطعات این نوع دودکش ها، پیش ساخته بوده به طوری که سوار کردن قطعات در محل به راحتی ممکن می باشد.

دودکش های دستگاههای گاز سوز ساختمانها: برای تأمین ایمنی جان ساکنین ساختمانها، طراحی و اجرای دودکشهای دستگاههای گازسوز باید طبق این مقررات باشد. به منظور حداکثر استفاده از فضاهای مفید داخل ساختمانها، به ویژه آپارتمانها، علاوه بر دستورالعمل طراحی و اجرای دودکش مستقل برای هر دستگاه گازسوز، روش طراحی و اجرای دودکش مشترک برای چند دستگاه گازسوز با رعایت ایمنی کامل مجاز می باشد. در این طراحی، نصب دستگاههای گازسوز در فضاهای بسته ساختمانها به شرطی مجاز است که حداقل هوای تازه طبق این مقررات به راحتی وارد آن فضاها شود. گازهای دودکش دستگاههای گازسوز باید به روش صحیح و مناسبی به هوای آزاد راه داده شود. محل اتصال دودکش به کوره هایی که با گاز طبیعی در شرایط آتمسفریک کار می کنند، باید در بالاترین قسمت کوره قرار گرفته باشد. در کوره هایی که دهانه خروجی دودکش (محل اتصال دودکش) در قسمت پایین قرار دارد، باید از بالاترین نقطه محفظه کوره به وسیله لوله ای با قطر حداقل یک اینچ به قسمت عمودی لوله دودکش متصل نمود تا گاز از این معبر خارج شده و در بالای کوره جمع نشود و هنگام روشن کردن مشعل انفجار ایجاد نگردد. اگر قطر

دودکش به دست آمده از جدول کمتر از اندازه قطر کلاهک تعدیل باشد، استفاده از دودکش با قطر کوچکتر مجاز است مشروط بر اینکه: الف) قطر دودکش برای کلاهک تعدیل به قطر ۱۲ اینچ و کمتر از آن، بیش از یک اندازه جدول کوچک نشده باشد، ب) قطر دودکش برای کلاهک های تعدیل به قطر بیشتر از ۱۲ اینچ، بیش از دو اندازه جدول کوچک نشده باشد. طول افقی لوله رابط برابر ($L=0$) به معنی دودکشی است که مستقیماً و به طور عمودی بر روی کلاهک تعدیل دستگاه گازسوز نصب شده باشد. برای محاسبه قطر دودکش دستگاه های گازسوزی که در مناطق مرتفع نصب می شوند، مصرف گاز دستگاه در سطح دریا ملاک خواهد بود. هر خم ۹۰ درجه اضافه بر دو خم اول، ظرفیت لوله رابط دودکش مشترک را ۱۰٪ کاهش می دهد. بدون در نظر گرفتن جدول ظرفیت، در صورت تساوی قطر لوله رابطه و قطر دودکش مشترک، باید قطر دودکش مشترک حداقل یک اندازه بزرگتر باشد. قطر دودکش مشترک باید مساوی یا بزرگتر از بزرگترین قطر لوله رابط باشد. کلیه اتصالات مورد مصرف جهت اتصال لوله رابط ها به دودکش مشترک باید هم اندازه دودکش مشترک در محل تقاطع لوله رابط با دودکش باشد. در صورتیکه امکان نصب دودکش وجود نداشته باشد، باید شیر مصرف کننده در محل دیگری که نصب دودکش امکان پذیر است، نصب گردد. حداکثر طول لوله رابط باید ۰/۴۵ متر برای هر اینچ قطر لوله رابط باشد. در صورتی که طول لوله رابط از ۰/۴۵ متر برای هر اینچ قطر بیشتر باشد، باید از طریق افزایش قطر یا ارتفاع لوله رابط و یا ارتفاع کل دودکش ظرفیت مورد نظر تامین گردد. در صورت استفاده از دودکش مشترک دوجداره برای بیش از یکدستگاه گازسوز که در یک طبقه نصب شده اند، قسمت عمودی آن بدون خم باشد. در صورت نصب دو دستگاه گازسوز در یک طبقه، دودکش مشترک باید نزدیکتر و یا مستقیماً روی دستگاه گازسوز کوچکتر قرار گیرد. قطر لوله های رابط باید مساوی یا بزرگتر از دهانه خروجی کلاهک تعدیل باشد. برای انتخاب قطر دودکش دستگاههای گازسوزی که در مناطق مرتفع نصب می شوند، ظرفیت حرارتی وسیله گازسوز در سطح دریا ملاک می باشد. اتصال لوله های رابط دودکش مشترک فقط با استفاده از سه راهی اتصال پیش ساخته باید انجام شود. اتخاذ روشهای دیگر برای گرفتن انشعاب مجاز نیست. حداقل فاصله کلاهک دودکش با دریچه های تأمین هوای ساختمان باید یک متر در نظر گرفته شود. وسایل گازسوز دارای مشعل تحت فشار (فن دار) که در طبقات مختلف نصب می شوند باید دارای دودکش مستقل باشند و استفاده از دودکش مشترک در این شرایط مجاز نمی باشد. اتصال دودکش (مستقل یا مشترک) وسایل گازسوز بدون فن به دودکش (مستقل و یا مشترک) وسایل گازسوز فن دار و بالعکس مجاز نمی باشد. حداقل قطر دودکش های وسایل گازسوز ۱۰ سانتی متر می باشد و چنانچه محاسبات کمتر از قطر مذکور باشد حداقل همان ۱۰ سانتیمتر رعایت شود.

دودکش یک جداره: لوله ای فلزی که از ورق گالوانیزه با حداقل ضخامت یک میلیمتر و یا ورق فولادی سیاه با حداقل ضخامت ۱/۵ میلی متر ساخته شده است.

دوده: ← سیمان رنگی

دوره های یخ زدن و آب شدن: یخ زدن و آب شدن مکرر بتن در مناطق سردسیر باعث تخریب بتن می شود. این نوعن خرابی در اثر مواد شیمیایی یخ زدا شدت می یابد.

دوغاب: ۱- ماده چسباننده برای دوغاب باید سیمان، آهک یا هر دو باشد.۲- آب دوغاب باید به اندازه ای باشد که هنگام دوغاب ریزی اجزای تشکیل دهنده آن از یکدیگر جدا نشوند.۳- مقاومت فشاری دوغاب نباید از ۱۴ مگاپاسکال کمتر باشد.۴- دوغاب سیمانی باید در کمترین زمان ممکن بعد از اختلاط، مورد مصرف قرار گیرد. استفاده از دوغاب سیمانی که سیمان آن گیرش حاصل کرده و سخت شده، مجاز نیست. به هر حال، نباید از دوغابی که از شروع اختلاط آن ۱/۵ ساعت گذشته است، استفاده گردد.۵- لازم است از یخ زدن دوغاب سیمانی حداقل تا ۲۴ ساعت پس از اجرا، جلوگیری شود

دیافراگم: سیستمی افقی و یا تقریباً افقی است که نیروهای جانبی را به اجزای مقاوم قائم منتقل می نمایند. این سیستم می تواند به صورت مهاربندهای افقی در نظر گرفته شود. در ساختمانها معمولاً کفهای سازه ای تحمل کننده بارهای ثقلی نقش دیافراگم ها را به عهده دارند.

دیافراگم قائم: ← دیوار برشی

دیافراگم های سازه ای: قطعات سازه ای مانند دال های کف و سقف که نیروهای اینرسی ناشی از زلزله را به سیستم مقاوم در برابر بارهای جانبی منتقل می کنند.

دیگهای بخار: کلیه دیگهای بخار و آب گرم اعم از اینکه به صورت موقت یا دائم مورد استفاده قرار گیرند، باید توسط افراد ذیصلاح و با رعایت مقررات مبحث تأسیسات گرمایی، تعویض هوا و تهویه مطبوع نصب و راه اندازی شوند.

دیوار: بخشی از پوسته خارجی غیر نورگذر ساختمان که عمودی است یا با زاویه بیش از ۶۰ درجه نسبت به سطح افق قرار گرفته است.

دیوار باربر: دیوار باربر، دیواری است که بطور عمده زیر اثر بارهای قائمی است که در امتداد میانصفحه آن، توأم با لنگر خمشی یا بدون آن، بر آن وارد می شود.

دیوار برشی: دیوار برشی، دیواری است که بطور عمده زیر اثر بارهای افقی ای است که در امتداد میان صفحه آن وارد می آید. نقش عمده این دیوار شرکت در انتقال نیروهای جانبی ناشی از زلزله یا اثر باد است. دیوار برشی نوعی دیوار سازه ای است. دیواری است که برای مقاومت در برابر نیروهای جانبی، که در صفحه دیوار عمل می کنند، به کار گرفته می شود. به این دیوارها دیافراگم قائم نیز گفته می شود.

دیوار برشی در یک سازه فولادی قبل و بعد از بتن ریزی

دیوار جان پناه: بخش امتداد یافته دیوارهای خارجی بنا در بام که به منظور فراهم نمودن ایمنی و تفکیک همسایگی اجرا می شود.

دیوار چینی دیوارهای آجری: در ساخت دیوارهای باربر از یک نوع آجر استفاده شود. قبل از اجرا، آجرها در آب خیس شوند تا آب ملات را به خود جذب نکنند.دیوار چینی باید با ملات ماسه سیمان یا حداقل ملامت ماسه - سیمان - آهک (باتارد) انجام شود.آجرها حداقل به اندازه یک چهارم طول خود با آجرهای ردیف قبلی همپوشانی داشته باشند.امتداد رگ ها کاملا افقی باشد.بندهای قائم در دو رگ متوالی، در یک امتداد نبوده (یک رگ در میان در مقابل هم قرار گرفته باشند) و شاقولی باشند.ضخامت بندهای افقی و قائم نباید کمتر از ۱۰ میلیمتر و بیش از ۱۲ میلیمتر باشد.باید بندهای قائم (هرزه ملات) از ملات پر شوند.در دیوارهای باربر باید حداقل از سه میلگرد آجدار به قطر ۱۰ میلیمتر که هر یک به ترتیب در فواصل یک سوم، نصف ودو سوم ارتفاع دیوار و به صورت سرتاسری در طول دیوار در بندهای افقی قرار می گیرند، استفاده شود. این میلگردها باید تا محل کلافهای قائم امتداد داده شده و در داخل آنها مهار گردد.رگ های دیوار چینی در تمام قسمتهای ساختمان باید همزمان (در ارتفاع) اجرا شود و استفاده از روش هشت گیر در ساخت دیوارها مجاز نمی باشد.دیوار چینی باید کاملا شاقولی باشد.دیوارهای مهاری باید همزمان با دیوارهای باربر اجرا شوند.دیوارها در محل اجرای کلافهای قائم بتن مسلح باید به صورت هشت گیر اجرا گردند. در این حالت حداقل فاصله بین آجرهای هشت گیر نباید از بعد لازم کلاف کمتر باشد. به جای استفاده از هشت گیر می توان در هنگام اجرای دیوار با تعبیه شاخکها یا میلگردهای افقی در هر ۵۰ سانتیمتر ارتفاع، اتصال بین دیوار و کلاف را تأمین

نمود.دیوارها باید پس از اجرا حداقل به مدت سه روز مرطوب نگه داشته شود.برای حفظ انسجام ساختمان باید دیوارهای باربر با کلاف روی آن به نحو مناسب درگیر شود.

دیوار حایل: دیوار حایل، دیواری است که بطور عمده زیر اثر بارهای عمود بر میان صفحه خود قرار می گیرد.

دیوار دودبند: دیوار یا دیواره ای که راهروی خروج را قطع کرده و به یک یا چند در مجهز است. این دیوار باید مانع گسترش آتش و دود باشد.

دیوار ساختمانهای آجری بدون کلاف: دیوارهای باربر باید به طور یکنواخت در دو جهت عمود بر هر توزیع شوند. همچنین از نظر مقدار سطح مقطع و مقاومت برای مقابله با نیروهای قائم و نیروهای جانبی زلزله کافی باشند. دیوارها باید در کف و سقف محکم شوند. برای رفتار مناسب سازه ای، دیوارها باید مشخصات زیر را دارا باشند: حداقل ضخامت دیوارهای باربر آجری یک دهم ارتفاع آن دیوار یا ۳۵ سانتیمتر (طول یک و نیم آجر)، هر کدام بیشتر باشد، در نظر گرفته می شود. حداکثر طول آزاد دیوار باربر بین دو پشت بند نباید از ۵ متر بیشتر باشد. مقصود از پشت بند، دیواری است که در امتداد دیگری با دیوار باربر تلاقی می نماید. دیواری به عنوان پشت بند تلقی می شود که ضخامت آن حداقل ۲۰ سانتیمتر و طول آن با احتساب ضخامت دیوار باربر حداقل برابر یک ششم بزرگترین دهانه طرفین پشت بند باشد. کلاف قائم نیز می تواند به عنوان پشت بند محسوب شود. دیوارهای جداگر منحصراً به منظور جداسازی فضاهای ساختمان به کار می روند. وزن این دیوارها یا مستقیماً به وسیله شالوده یا با واسطه کفها توسط دیوارهای باربر تحمل می شود. دیوارهای جداگر می توانند از آجر، بلوک سفالی یا قطعات پیش ساخته گچی و نظایر آن ساخته شوند. حداقل ضخامت دیوارهای جداگر برای آجر ۱۱ سانتیمتر وبرای بلوک سفالی و قطعات پیش ساخته گچی ۸ سانتیمتر می باشد. حداکثر طول آزاد دیوار جداگر بین دو پشت بند عبارت است از ۴۰ برابر ضخامت دیوار یا ۵ متر هر کدام کمتر باشد. پشت بند باید به ضخامت حداقل معادل ضخامت دیوار و به طول حداقل یک ششم بزرگترین دهانه طرفین پشت بند باشد. به جای پشت بند می توان اجزای قائم فولادی یا چوبی در داخل دیوار قرار داد و دو سر این اجزا را به گونه مناسبی در کف و سقف طبقه مهار نمود. حداکثر ارتفاع مجاز دیوارهای جداگر از تراز کف مجاور ۳/۵ متر می باشد. در صورت تجاوز از این حد باید با تعبیه کلافهای افقی به گونه مناسبی به دیوار جداگر متصل گردد. جداگرهایی که در تمام ارتفاع طبقه ادامه دارند باید کاملا به زیر پوشش سقف مهار شوند، یعنی رج آخر دیوار با فشار و ملات کافی یا روشهای مناسب دیگر، در زیر سقف جای داده شود. لبه فوقانی جداگرهایی که در تمام ارتفاع طبقه ادامه ندارند باید با کلاف فولادی یا چوبی که به سازه ساختمان یا کلافهای احاطه کننده جداگر متصل می باشد، مهار شود. لبه قائم جداگرها نباید آزاد باشد. لبه جداگر باید به دیوار یا جداگر عمود بر آن یا یک ستونک، به نحو مناسب متصل گردد. ستونک می تواند از فولاد یا چوب ساخته شود. برای ستونک می توان از یک ناودانی نمره ۶ (یا پروفیل فولادی معادل آن) یا چوب استفاده کرد. چنانچه طول دیوار جداگر پشت بند کمتر از ۱/۵ متر باشد لبه آن می تواند آزاد باشد. در مورد اجرای دیوارهای آجری رعایت نکات زیر الزامی است: در ساخت دیوارهای باربر از یک نوع آجر استفاده شود. قبل از اجرا، آجرها در آب خیس شوند تا آب ملات را به خود جذب نکنند. دیوار چینی باید با ملات ماسه سیمان یا حداقل ملات ماسه — سیمان — آهک (با تارد) انجام شود. آجرهای حداقل به اندازه یک چهارم طول خود با آجرهای ردیف قبلی همپوشانی داشته باشند. امتداد رجها کاملا افقی باشد. بندهای قائم در دو رج متوالی، در یک امتداد نباشند (یک رگ در میان در مقابل هم قرار گرفته باشند). ضخامت بندهای افقی و قائم نباید کمتر از ۱۰ میلیمتر و بیش از ۱۲ میلیمتر باشد. باید بندهای قائم از ملات پر شوند. رجهای دیوار چینی در تمام قسمتهای ساختمان باید همزمان (در ارتفاع) اجرا شود و استفاده از روش هشت گیر در ساخت دیوارها مجاز نمی باشد. عبور لوله یا دودکش از درون دیوار مجاز نمی باشد. دیوار چینی باید کاملا شاقولی باشد. دیوارهای پشت بند باید همزمان با دیوارهای باربر اجرا شوند. دیوارهای باید پس از اجرا حداقل به مدت سه روز مرطوب نگه داشته شود.

دیوار ساختمانهای خشتی: الف) دیوارهای باربر: دیوارها باید حتی الامکان به طور منظم در هر دو جهت عمود بر هم در پلان ساختمان توزیع شوند. برای تأمین مقاومت در برابر نیروهای جانبی ناشی از زلزله، دیوارها باید در کف و سقف به نحو مناسبی مهار شوند. در هر یک از امتدادهای طولی و عرضی ساختمان مقدار دیوار نسبی در زیرزمین نباید از ۱۰ درصد و در طبقه بالای زیرزمین نباید از ۶ درصد کمتر باشد. مقدار دیوار نسبی هر طبقه در هر امتداد عبارت است از نسبت مساحت مقطع افقی دیوارهای

موازی با امتداد مورد نظر به مساحت زیر بنایی ساختمان. برای تعیین مقدار دیوار نسبی فقط دیوارهایی که ضخامت آنها ۳۵ سانتی متر یا بیشتر است، به حساب می آیند. دیوارهای بالا و پایین بازشوها در محاسبه دیوار نسبی منظور نمی شوند. دیوارهای باربر باید دارای مشخصات زیر باشند: ۱- ارتفاع هر دیوار نباید بیش از ۸ برابر ضخامت آن باشد. ۲- حداکثر طول آزاد دیوار واقع بین دو دیوار عمود بر آن، ۴/۵ متر می باشد. ۳- اگر استفاده از دیوار طویل تر از ۴/۵ متر ضروری باشد، باید برای ارضای بند (ب) از پشت بند استفاده شود. ضخامت پشت بند باید حداقل ۳۵ سانتیمتر و طول قاعده آن یک چهارم بزرگترین دهانه طرفین پشت بند و حداقل یک متر باشد. پشت بند باید همراه با دیوار اجرا شود و ارتفاع آن به اندازه دیوار باشد. ۴- حداقل ضخامت دیوارهای باربر خشتی که دارای تکیه گاه جانبی هستند، ۳۵ سانتیمتر. ۵- هواکش، لوله بخاری یا فضلاب نباید در دیوارهای باربر قرار گیرند. ۶- برای اتصال مناسبتر دیوارهای گوشه باید از کلافهای گوشه حداکثر در هر ۷۰ سانتیمتر ارتفاع دیوار استفاده شود. کلاف گوشه از سه قطعه چوب به ضخامت یک خشت و عرض ۱۰ سانتیمتر به شکل گونیا ساخته می شود. طول قطعه های متعامد یک متر و قطعه مورب نیم متر باشد. ۷- در بالای تمام دیوارهای باربر در تراز سقف باید از کلاف چوبی به قطر حدود ۱۰ سانتیمتر استفاده شود. ۸- خشتها حداقل به اندازه یک چهارم طول خود با خشتهای ردیف قبلی همپوشانی داشته باشند. ۹- بندهای قائم (کوره بند) در دو رگ متوالی، در یک امتداد نبوده (یک رگ در میان در مقابل هم قرار گرفته باشند). ۱۰- رگ های دیوار چینی در تمام قسمتهای ساختمان باید همزمان (در ارتفاع) اجرا شود و استفاده از روش هشت گیر در ساخت دیوارها مجاز نمی باشد. ب) دیوارهای جداگر: در ساختمانهای خشتی دیوار جداگر می تواند خشتی یا آجری باشد، استفاده از دیوار جداگر سنگی در این ساختمانها مجاز نمی باشد. دیوارهای جداگر باید دارای مشخصات زیر باشند: ۱- حداکثر طول آزاد دیوارهای جداگر ۱۵۰ سانتی متر می باشد و در صورت تجاوز این مقدار باید در فواصل ۱۵۰ سانتی متر از پشت بند یا وادار چوبی استفاده شود. ۲- دیوار جداگر باید در امتداد اضلاع قائم خود به دیوارهای باربر و در امتداد ضلع افقی فوقانی به طور مناسب به سقف متصل شود. ۳- دیوار جداگر باید همزمان با دیوارهای باربر ساخته شده و اتصال با قفل و بست مناسب در هنگام چیدن دو دیوار انجام شود. ۴- اتصال دیوار جداگر به دیوار باربر به وسیله چوبهایی به قطر حداقل ۵ سانتیمتر و طول حداقل ۳۰ سانتیمتر که به فاصله حداکثر ۱۰۰ سانتیمتر در دیوار باربر قرار داده می شوند، تأمین گردد. ۵- دیوار جداگر باید در یک کلاف چوبی چهار تراش محصور کننده، اجرا شود. ۶- حداقل ضخامت دیوار جداگر خشتی ۲۰ سانتیمتر می باشد. ۷- حداقل ضخامت دیوار جداگر آجری ۱۱ سانتیمتر می باشد (آجرها به صورت تیغه ای چیده نشوند). دیوار چینی باید با ملات ماسه سیمان، ماسه — سیمان — آهک (باتارد) یا ملات گچ اجرا شود. رعایت تمام موارد دیوار چینی در اجرای دیوارهای جداگر آجری الزامی است. ۸- لبه آزاد افقی دیوار جداگر باید با تیر چوبی مهار شود.

دیوار ساختمانهای سنگی: الف) دیوارهای باربر: دیوارها باید حتی الامکان به طور منظم در هر دو جهت عمود بر هم در پلان ساختمان توزیع شوند. همچنین از نظر مقدار (سطح مقطع) و مقاومت برای مقابله با نیروهای جانبی زلزله کافی باشند. دیوارها باید در کف و سقف محکم شوند و دارای مشخصات زیر باشند: ارتفاع هر دیوار نباید بیش از ۸ برابر ضخامت آن باشد. حداکثر طول آزاد دیوار واقع بین دو دیوار عمود بر آن، ۴/۰ متر می باشد. اگر طول دیوار بیش از ۴/۰ متر ضروری باشد، باید برای ارضای بند (ب) از پشت بند استفاده شود. ضخامت پشت بند باید حداقل به اندازه ضخامت دیوار و طول قاعده آن یک چهارم بزرگترین دهانه طرفین پشت بند و حداقل یک متر باشد. پشت بند باید همراه با دیوار اجرا شود و ارتفاع آن به اندازه ارتفاع دیوار باشد. حداقل ضخامت دیوارهای باربر سنگی که دارای تکیه گاه جانبی هستند باید ۴۵ سانتیمتر باشد. حداکثر ضخامت مجاز ملات ۴ سانتیمتر است. ملات مورد استفاده در دیوار چینی باید مشابه ملات های کرسی چینی باشد. بندهای قائم نباید در یک راستا باشند و از اجرای بندهای مورب ممتد پرهیز شود. از سنگهای گرد و سنگهای با زوایای تیز و شکننده نباید استفاده گردد، مگر اینکه قبلا گوشه های تیز آن زده شود. ارتفاع هیچ سنگی نباید از عرض (قاعده) آن زیادتر باشد. از مصرف سنگهای سست یا سنگهایی که خطر شکسته شدن دارند باید خود داری شود. فاصله بین سنگها باید با حداقل ۲ سانتیمتر ملات پر شود. ارتفاع سنگهای پای دیوار (فاصله اولین بند افقی تا زمین) نباید از ۳۰ سانتیمتر کمتر باشد. فاصله دو سنگ کله ازهم نباید بیش از ۱۲۰ سانتیمتر شود و در هر رگ باید از سنگ کله در دیوار چینی استفاده شود. همپوشانی یک سنگ بر روی سنگ دیگر (فاصله افقی بین دو بند قائم) حداقل باید ۱۰ سانتیمتر باشد. هواکش، لوله بخاری یا فاضلاب نباید در دیوارهای باربر قرار گیرند. برای اتصال مناسبتر

دیوارهای گوشه بایداز کلافهای گوشه در حداکثر هر ۷۰ سانتیمتر ارتفاع دیوار استفاده شود. کلاف گوشه از سه قطعه چوب به ضخامت و عرض ۱۰ سانتیمتر به شکل گونیا ساخته می شود. طول قطعه های متعامد یک متر و قطعه مورب نیم متر باشد. در بالای تمام دیوارهای باربر در تراز سقف باید از کلاف چوبی به قطر حدود ۱۰ سانتیمتر استفاده شود. توزیع سنگ ها در دیوار چینی به گونه ای باشد که سنگ های بزرگتر در پایین دیوار و سنگ های کوچکتر در بالای دیوار قرار داده شوند. ب) دیوارهای جداگر: در ساختمانهای سنگی دیوار جداگر می تواند خشتی یا آجری باشد، استفاده از دیوار جداگر سنگی در این ساختمانها مجاز نمی باشد. دیوار جداگر باید در امتداد اضلاع قائم خود به دیوارهای باربر و در امتداد ضلع افقی فوقانی به طور مناسب به سقف متصل شود. دیوار جداگر باید همزمان با دیوارهای باربر ساخته شده و اتصال با قفل و بست مناسب در هنگام چیدن دو دیوار انجام شود. اتصال دیوار جداگر به دیوار باربر به وسیله چوبهایی به قطر حداقل ۵ سانتیمتر و طول حداقل ۳۰ سانتیمتر که به فاصله حداکثر ۱۰۰ سانتیمتر در دیوار باربر قرار داده می شوند، تأمین گردد. حداقل ضخامت دیوار خشتی ۲۰ سانتیمتر می باشد. حداقل ضخامت دیوار جداگر آجری ۱۱ سانتیمتر می باشد (آجرها به صورت تیغه ای چیده نشوند). دیوار چینی باید با ملات ماسه سیمان، ماسه ــ سیمان ــ آهک (باتارد) یا ملات گچ اجرا شود. رعایت تمام موارد دیوار چینی در اجرای دیوارهای جداگر آجری الزامی است.

دیوار کتیبه: بخشی از دیوار خارجی ساختمان که پائین یا بالای پنجره (یا بازشو) واقع می شود.

دیوار مشترک: دیواری که در مرز مالکیت دو ساختمان برای بهره گیری مشترک ساخته می شود.

دیوار همبسته: دیوار همبسته نوعی دیوار سازه ای است که از دو یا چند دیوار برشی که با تیرهایی با شکل پذیری زیاد بهم متصل شده اند تشکیل یافته است.

دیواره خاکی مقاوم: در صورتی که بتن در جوار دیواره خاکی مقاوم ریخته شود و بطور دائم با آن در تماس باشد، ضخامت پوشش نباید کمتر از ۷۵ میلیمتر اختیار گردد.

دیوارها: دیوارها باید برای تمامی بارهای که به آنها وارد می شوند، از جمله بارهای با برون محوری و بارهای جانبی طراحی شوند.

دیوارهای باربر ساختمانهای آجری با کلاف: دیوارهای باربر باید به طور یکنواخت در دو جهت عمود بر هم توزیع شوند. همچنین از نظر مقدار سطح مقطع و مقاومت برای مقابله با نیروهای قائم و نیروهای جانبی زلزله کافی باشند. دیوارها باید در کف و سقف محکم شوند. برای رفتار مناسب سازه ای، دیوارها باید مشخصات زیر را دارا باشند: ۱- لبه دیوارهای پیرامونی (باربر و یا غیر باربر) باید ۳۵ سانتیمتری باشند. ۲- خامت دیوارهای باربر آجری ۳۵ سانتیمتر (طول یک و نیم آجر)، در نظر گرفته می شود. ۳- حداکثر طول آزاد دیوار باربر بین دو پشت بند نباید از ۶ متر بیشتر باشد. مقصود از پشت بند، دیواری است که در امتداد دیگری با دیوار باربر تلاقی می نماید. دیواری به عنوان پشت بند تلقی می شود که ضخامت آن حداقل ۲۰ سانتیمتر و طول آن با احتساب ضخامت دیوار باربر حداقل برابر یک ششم بزرگترین ها دهانه طرفین پشت بند باشد. کلاف قائم نیز می تواند به عنوان پشت بند محسوب شود.

دیوارهای جداگر ساختمانهای آجری با کلاف: ۱- دیوارهای جداگر منحصراً به منظور جدا سازی فضاهای ساختمان به کار می روند. وزن این دیوارها یا مستقیماً به وسیله شالوده یا با واسطه کفها توسط دیوارهای باربر تحمل می شود. ۲- دیوارهای جداگر می توانند از آجر، بلوک سفالی یا قطعات پیش ساخته گچی و نظایر آن ساخته شوند. ۳- حداقل ضخامت دیوارهای جداگر برای آجر ۱۱ سانتیمتر و برای بلوک سفالی و قطعات پیش ساخته گچی ۸ سانتیمتر می باشد. ۴- حداکثر طول آزاد دیوار جداگر بین دو پشت بند عبارت است از ۴۰ برابر ضخامت دیوار یا ۵ متر هر کدام کمتر باشد. پشت بند باید به ضخامت حداقل معادل ضخامت دیوار و به طول حداقل یک ششم بزرگترین دهانه طرفین پشت بند باشد. به جای پشت بند می توان اجزای قائم فولادی، بتن مسلح یا چوبی در داخل دیوار قرار داد و دو سر این اجزا را به گونه مناسبی در کف و سقف طبقه مهار نمود. ۵- حداکثر ارتفاع مجاز دیوارهای جداگر از تراز کف مجاور ۳/۵ متر می باشد. در صورت تجاوز از این حد باید با تعبیه کلافهای افقی به گونه مناسبی به تقویت دیوار جداگر مبادرت گردد. ۶- جداگرهایی که در تمام ارتفاع طبقه ادامه دارند باید کاملا به زیر پوشش سقف مهار شوند، یعنی رج آخر دیوار با فشار و ملات کافی یا روشهای مناسب دیگر، در زیر سقف جای داده شود. ۷- لبه فوقانی جداگرهایی که در تمام ارتفاع طبقه ادامه ندارند باید با کلاف مناسب به دیوار یا کلافهای احاطه کننده جداگر متصل شود. ۸- لبه قائم جداگرها نباید آزاد باشد. لبه جداگر باید به دیوار جداگر عمود بر آن یا یک ستونک، به نحو مناسب متصل گردد. ستونک می تواند از فولاد، بتن مسلح یا چوب ساخته شود. برای ستونک می توان از یک ناودانی نمره ۶ (یا پروفیل فولادی معادل آن)، بتن مسلح یا چوب استفاده کرد. چنانچه طول دیوار جداگر پشت بند کمتر از ۱/۵ متر باشد لبه آنمی تواند آزاد باشد.

دیوارهای ساختمان: ← کاربرد پلاستیکها در ساختمان

دیوارهای سازه ای: دیوارهایی که برای مقاومت در برابر ترکیبی از نیروهای محوری، لنگرهای خمشی و نیروی برشی ناشی از بارهای زلزله و همچنین بارهای ثقلی آنها طراحی می شوند.

ذ (ذخیره سازی آب)

ذخیره سازی آب: الف) ذخیره سازی آب در صورت لزوم و با تایید، به منظورهای زیر صورت می گیرد: جلوگیری از قطع آب در لوله کشی توزیع آب مصرفی ساختمان در مواقعی که آب ورودی از شبکه شهری به ساختمان به علت تعمیر یا علت های دیگر، قطع شود، برای آن که مقدار حداکثر مصرف آب در ساختمان به شبکه آب شهری منتقل نشود، کنترل فشار آب مورد نیاز لوله کشی توزیع آب مصرفی ساختمان، توزیع آب از بالا به پایین، منطقه بندی توزیع آب در ساختمانها بلند، به منظور حفاظت از شبکه آب شهری. ب) در ساختمانهای مسکونی بیش از ۴ طبقه یا بیش از ده واحد آپارتمانی باید مخزن ذخیره آب با گنجایش ۱۲ ساعت مصرف، براساس ۱۵۰ لیتر برای هر نفر در شبانه روز، پیش بینی شود.

ر (راه پله های موقت - ریلهای راهنما)

راه پله های موقت: در زمان احداث ساختمان برای حمل مصالح، رفت و آمد کارگران و دسترسی به طبقات، باید در اولین زمان ممکن حداقل یک راه پله موقت نصب شود و در تمام مدتی که عملیات ساختمانی ادامه دارد، به دقت از آن محافظت و نگهداری گردد. پله های راه پله موقت باید با رعایت ضوابط و مقررات و رعایت موارد زیر نصب شود: الف: پله های موقت باید دارای ابعاد یکسان بوده و عرض آنها حداقل یک متر، پهنای کف آنها حداقل ۲۵ سانتیمتر، ارتفاع آنها حداکثر ۲۲ سانتیمتر و اختلاف سطح بین دو پاگرد حداکثر چهار متر باشد. ب: از چوب، فلز، بتن و نظایر آن طوری ساخته شود که ضمن جلوگیری از لغزش و سقوط افراد، واجد استحکام و مقاومت کافی بوده و دارای ضریب ایمنی بارگذاری حداقل ۲/۵ نسبت به حداکثر بارهای وارده باشد.: در استفاده موقت از شیب راه پله های دائم، باید پله های موقتی با رعایت مفاد بندهای فوق ایجاد گردد. د: اطراف باز راه پله های موقت باید بلافاصله بعد از برپایی و نصب، با حفاظ مناسب محافظت شوند.

راه پله و پلکان: بخشی از مجموعه راه خروج شامل تعدادی پله یا سکو که در مجموع رفت و آمد از یک طبقه به طبقه دیگر را بدون تداخل و برخورد با مانع امکان پذیر می کند. تمام راه پله ها و پلکان هایی که در راه خروج واقع شوند، چه در داخل و چه در خارج بنا، به استثنای پله های واقع در راهروهای دسترسی به ردیف صندلیها در تصرفهای تجمعی – که تابع ضوابط خاص خود هستند– باید با ظوابط این بخش مطابقت داشته باشند. تمام پلکان هایی که در راه خروج واقع شوند باید دارای ساختاری پایدار و ثابت باشند. عرض راه پله ها و پاگردها نباید در هیچ قسمت از طول مسیر کاهش یابد. پاخور تمام پله ها باید از یک جنس و با یک نوع پرداخت بوده و تمام تدابیر لازم به منظور ممانعت از لغزندگی بر روی سطح آنها اتخاذ گردد. هر راه پله باید دست کم ۱۱۰ سانتیمتر عرض مفید داشته باشد، مگر آنکه مجموع تعداد متصرفان تمام طبقات استفاده کننده از راه پله کمتر از ۵۰ نفر باشد که در آن صورت عرض مفید می تواند به حداقل ۹۰ سانتیمتر کاهش داده شود. همچنین هر راه پله باید دست کم ۲۰۵ سانتیمتر تا سقف بالای خود ارتفاع داشته و بین هر دو پاگرد متوالی آن، حداکثر فاصله قائم ۳۷۰ سانتیمتر باشد. ارتفاع هر پله حداکثر ۱۸ و حداقل ۱۰ سانتیمتر خواهد بود و هر کف پله باید حداقل ۲۸ سانتیمتر پاخور و حداکثر ۲ درصد شیب داشته باشد. حداکثر اختلاف یا رواداری مجاز بین اندازه های هر دو کف یا هر دو ارتفاع متوالی، نیم سانتیمتر و در مورد تمام پله های واقع بین دو پاگرد متوالی مجموعاً ۱ سانتیمتر خواهد بود. در مواردی که پله ای به سطح شیبدار، مانند کف پیاده رو منتهی شود، اختلاف ارتفاع مجاز بین دو سر آن حداکثر ۸ سانتیمتر به ازای هر متر طول پله خواهد بود. طرح و استفاده از پله های در راههای خروج در صورتی مجاز است که حداقل اندازه کف (پاخور) هر پله در فاصله ۳۰ سانتیمتری از باریکترین قسمت، ۲۸ سانتیمتر بوده و اندازه شعاع قوس کوچکتر پله از دو برابر عرض آن کمتر نباشد. استفاده از پله های مارپیچ در راههای خروج برای حداکثر ۵ نفر مجاز خواهد بود، مشروط به آنکه با رعایت ضوابط زیر طرح شوند: الف) عرض مفید پله از ۶۵ سانتیمتر کمتر نباشد. ب) ارتفاع هر پله از ۲۴ سانتیمتر بیشتر نباشد. ج) ارتفاع مفید روی پله (قد راه پله) از ۲۰۰ سانتیمتر کمتر نباشد. د) اندازه کف (پاخور) هر پله، در فاصله ۳۰ سانتیمتری از باریکترین قسمت پله، حداقل ۲۰ سانتیمتر باشد. ه) تمام کف پله ها یک شکل و یک اندازه باشد. پلکان های واقع در راه خروج با شیب بیش از ۱ به ۱۵ باید در هر دو طرف دارای نرده دست اندازه باشند. همچنین پلکان های عریض باید به ازای هر ۷۵ سانتیمتر از عرض مفید خود، دست کم در یک سمت نرده دست اندازه داشته باشند. استثنائاً پلکان های واقع در خانه های یک یا دو خانواری و سایر واحدهای مسکونی کوچک می توانند فقط در یک سمت نرده داشته باشند. تمام پلکان های داخلی و خارجی بنا، چنانچه بعنوان خروج مورد استفاده قرار گیرند، باید مطابق ضوابط دور بندی و از سایر بخشها مجزا شوند.

راههای خروج: مسیر ممتد و بدون مانعی که برای رسیدن از هر نقطه ساختمان به یک محوطه باز یا معبر عمومی در نظر گرفته شود. راه خروج از سه بخش مشخص "دسترس خروج"، "خروج" و "تخلیه خروج" تشکیل شده است. هر بنا، هر بخش از یک بنا و هر ساختمانی که از این پس ساخته یا پرداخته شود، باید به راههای خروج اصولی، کافی و بدون مانع مجهز گردد تا در صورت بروز حریق در آن، خروج به موقع یا فرار بهنگام همه متصرفان به راحتی میسر باشد. راه خروج به مسیر پیوسته و بدون مانعی گفته می شود که از هر نقطه بنا شروع و تا معبر عمومی (کوچه یا خیابان) امتداد یابد. به این منظور باید نوع، تعداد، موقعیت و ظرفیت راههای خروج در هر بنا با توجه به وسعت و ارتفاع همان بنا، متناسب با ویژگیهای ساختمان و تصرف، طرح شده و با رعایت تعداد و خصوصیات متصرفان (به ویژه خصوصیات آنهایی که بیش از دیگران در معرض خطر قرار می گیرند)، پیش بینی های لازم برای هدایت اشخاص از بنا و یا مکانهای امن در داخل بنا صورت گیرد. هیچ بنا یا ساختمانی نباید به گونه ای جرح و تعدیل شود یا به تصرفی جدید تغییر داده شود که تعداد، عرض، کارایی یا ایمنی خروج های آن به مقدار کمتر از آنچه که قبلاً بوده است، یا در این مقررات برای تصرف جدید تصریح شده است کاهش یابد. طراحی، ساخت، پرداخت، تجهیز، نگهداری و اداره کردن هر بنا و راههای خروج آن باید به گونه ای برنامه ریزی شود که در صورت بروز حریق، متصرفان فرصت کافی برای خروج ایمن داشته باشند و در آتش و دود، گازهای سمی یا هول و هراس احتمالی گرفتار نشوند و جان و ایمنی انسانها فدای سهل انگاری و نادیده گرفتن خطرات بالقوه و در بنا نگردد. در هر بنا یا ساختمان، خروجها باید در مکانهایی طرح، ساخته، آراسته و نگهداری شوند که در تمام اوقات تصرف، از تمام نقاط بنا راه خروج آزاد و بدون مانعی در دسترس باشد. در هر بنا یا هر بخشی از یک بنا، خروجیها باید تا امکان در مکان هایی طرح شوند که متصرفان بتوانند به وضوح آنها را ببینند. در غیر اینصورت

هر راه منتهی به خروجی باید آنچنان که هر متصرف از هر نقطه بنا بتواند به سرعت راه فرار را پیدا کند، به طرزی آشکار و مشخص علامتگذاری شود. همچنین هر مسیر خروج از ابتدا تا انتها باید به گونه ای آراسته و علامتگذاری شود که راه منجر به مکان امن، به روشنی مشخص باشد و متصرفان در پیچ و خمهای ساختمان و مکانهای بن بست گرفتار نشوند. استفاده از هر گونه قفل یا وسیله سد کننده در مسیرهای خروج که احیاناً فرار بموقع را مانع شود ممنوع است، مگر در برخی از تصرفها مانند مراکز بازپروری و بهداشت روانی و یا ندامتگاهها. در این گروه از بناها نیز استفاده از قفل فقط در شرایطی مجاز خواهد بود که مراقبین بطور دائم در حال انجام وظیفه بوده یا تدابیر مؤثری برای خارج کردن متصرفان در مواقع اضطرار اتخاذ شده باشد. در طراحی هر بنا، هر بخش از یک بنا یا هر ساختمان، چنانچه راه خروج منحصر به فرد در نظر گرفته شود و به علت ویژگی ابعاد، نوع تصرف یا چگونگی طرح و تنظیم راه خروج این احتمال وجود داشته باشد که در صورت بروز حریق، آن راه با آتش و دود مسدود گردد، تأمین راه خروج دیگری بصورت مجزا و دور از مسیر خروج اول الزامی است. این دو مسیر باید طوری طراحی شوند که احتمال آنکه در موقع حریق، هر دو غیر قابل استفاده شوند، به حداقل ممکن کاهش یافته باشد. هر راه خروج قائم که طبقات یک بنا را به هم مربوط کند، باید نحوی دور بندی و محافظت گردد که از گسترش آتش، دود و گازهای سمی از طبقه ای به طبقه دیگر پیش از آنکه متصرفان وارد قسمتهای امن راه خروج شوند،جلوگیری بعمل آید

راههای خروج هتلها و خوابگاهها: در هر طبقه، از جمله طبقات زیر تراز تخلیه خروج که برای مقاصد عمومی به تصرف در آیند، باید حداقل دو خروج دور از هم در دسترس باشد. دسترسهای خروجهای مختلف نباید مسیر مشترکی به طول بیش از ۱۰ متر داشته باشند، مگر آنکه تمام بنا توسط شبکه بارنده خودکار تائید شده محافظت شود که در آن صورت، استثناءاً این طول می تواند حداکثر به ۱۵ متر افزایش یابد. طول مسیر عبور در اتاقها و سوئیتها، در این اندازه گیری ها ملحوظ نمی شود. هر اتاق یا سوئیت با مساحت بیش از ۱۸۵ متر مربع باید دست کم دو در دسترس خروج دور از هم داشته باشد. تعداد و موقعیت خروجها باید به گونه ای در نظر گرفته شود که در راهروهای دسترس خروج، فاصله بین در هر اتاق یا هر فضا تا نزدیکترین خروج، حداکثر از ۳۰ متر تجاوز ننماید، مگر آنکه تمام راه دسترس خروج و کلیه بخشهای همجوار و مربوط به آن، با ساختاری که مقاومت حریق آن معادل دوربند خروجها می باشد، از بقیه قسمتهای بنا جدا شده و تماماً توسط شبکه بارنده خودکار تائید شده محافظت شود که در آن صورت، فاصله مورد نظر می تواند حداکثر به ۶۰ متر افزایش یابد. طول راههای بیرونی دسترس خروج نیر استثناءاً می تواند حداکثر به ۶۰ متر افزایش یابد، مشروط بر آنکه ایمنی آنها مورد تائید کارشناس حفاظت از حریق قرار گیرد. در داخل اتاقها یا سوئیتها، حداکثر فاصله تا یک راهروی دسترس خروج نباید از ۲۳ متر بیشتر شود، مگر آنکه تمام بنا توسط شبکه بارنده خودکار تائید شده محافظت گردد، که در آن صورت این فاصله می تواند حداکثر به ۳۸ متر افزایش یابد. طول راه تخلیه خروج، از انتهای دوربند پلکان خروج تا معبر عمومی نباید از ۳۰ متر بیشتر باشد. تمام هتلها و خوابگاههای دارای بیش از ۲۵ اتاق، باید مجهز به تسهیلات روشنایی اضطراری باشند، مگر آنکه هر اتاق مستقیماً به بیرون بنا در تراز همکف راه داشته باشند. تمام راههای خروج باید دارای روشنایی کافی و علائم مناسب باشند.

راههای خروج اقامتگاهها و بناهای مسافرپذیر: همه اقامتگاهها، مسافرخانه ها، شبانه روزیها و پانسیونهایی که به منظور اقامت موقت یا طولانی اشخاص و برای پذیرش ۱۶ نفر و بیشتر طرح شوند، و نیز تمام منازل با همین گنجایش و بیشتر که به این منظور تغییر و تبدیل یافته و اتاقهای آنها بصورت کرایه ای و مجزا مورد استفاده قرار گیرد، باید به طور متناسب دارای راههای خروج و فرار باشند. در مواردی که این گروه بناها سطح زیربنای کمتری داشته و گنجایش آنها از ۱۶ نفر کمتر باشد، مقررات اختصاصی ساده تری ملاک عمل خواهد بود. پلکان های داخلی باید به کمک دیوارهای با مقاومت در برابر حریق ۲۰ دقیقه دوربندی شده و درهای آن مقاوم دود و خود بسته شو باشند. مجموع ظرفیت خروجهای طبقه همکف (همتراز معبر عمومی) باید برابر ظرفیت لازم برای بار متصرف این طبقه، به اضافه مجموع ظرفیتهای مقرر شده برای پلکان ها و شیبراههای منتهی به طبقه همکف در نظر گرفته شود. عرض راهروهای عمومی باید متناسب با بار متصرف بوده، برای کمتر از ۵۰ نفر حداقل ۹۰ سانتیمتر و برای بیشتر از آن حداقل ۱۱۰ سانتیمتر در نظر گرفته شود. درهر طبقه، از جمله طبقات زیر تراز تخلیه خروج که به مقاصد عمومی ساختمان به تصرف در آیند، باید حداقل دو خروج دور از هم در دسترس باشد. موقعیت خروجها باید به گونه ای طرح شود که در راهروهای عمومی، از جلوی در هر اتاق، دسترسی به خروجها تا حد ممکن در دو جهت متفاوت فراهم باشد. در مواردی که برای

دسترسی به خروجها مسیر مشترکی وجود دارد، طول مسیر مشترک نباید از ۱۰ متر بیشتر در نظر گرفته شود. هر اتاق یا هر فضای با مساحت بیش از ۱۸۵ متر مربع باید حداقل دو در دسترس خروج، دور از هم داشته باشد. تعداد و موقعیت خروجها باید به گونه ای در نظر گرفته شود که در راهروهای دسترس خروج، فاصله بین در هر اتاق یا هر فضا تا نزدیکترین خروج، حداکثر از ۳۰ متر تجاوز ننماید، مگر آنکه تمام راه دسترس خروج و کلیه بخشهای همجوار و مربوط به آن، ساختاری که مقاومت آن معادل ۱ ساعت برای ساختمان های تا ۳ طبقه، و معادل ۲ ساعت برای ساختمان های ۴ طبقه و بیشتر می باشد، از بقیه بنا جدا شده باشد و تمام بنا با شبکه بارنده خودکار تائید شده محافظت شود که در آن صورت، فاصله مورد نظر می تواند حداکثر به ۶۰ متر افزایش یابد. طول راههای بیرونی دسترس خروج نیز، استثنائاً می تواند حداکثر به ۶۰ متر افزایش یابد، مشروط بر آنکه ایمنی آنها مورد تائید مقام قاونی مسئول قرار گیرد. در داخل هر اتاق یا سوئیت یا هر واحد زندگی، حداکثر فاصله تا یک راهروی دسترس خروج نباید از ۲۳ متر بیشتر باشد، مگر آنکه تمام بنا توسط شبکه بارنده خودکار تائید شده محافظت گردد که در آن صورت، این فاصله می تواند حداکثر به ۳۸ متر افزایش یابد. تمام بناهای دارای بیش از ۲۵ اتاق باید مجهز به تسهیلات روشنایی اضطراری باشند، مگر آنکه هر اتاق مستقیماً به بیرون بنا در تراز همکف راه داشته باشد. همه راههای خروج باید دارای روشنایی کافی و علائم مناسب باشند. در بناهای مسافرپذیر کوچک، هر اتاق یا فضای خواب باید به یک راه فرار ایمن منتهی به بیرون بنا، دسترسی داشته باشد. این راه، الزامی به تبعیت از ضوابط راههای خروج ندارد، اما باید به گونه ای طرح شود که از کنار بازهای قائم محافظت نشده عبور نکند. دسترسی اتاقهای بالاتر یا پائین تر از تراز تخلیه خروج فقط باید از طریق پلکان داخلی دوربندی شده، پلکان بیرونی، یا خروج افقی تأمین گردد. هر اتاق خواب یا فضای زندگی در بناهای مسافرپذیر کوچک باید علاوه بر آنچه که شرح داده شد، یک راه فرار دیگر نیز داشته باشد، مگر آنکه آن اتاق یا فضا از طریق یک در، مستقیماً به بیرون بنا در سطح زمین یا به یک پلکان بیرون مربوط شود، که در آن صورت راه ثانویه فرار ضرورتی نخواهد داشت. در بناهای مسافرپذیر کوچک، طبقات با مساحت بیشتر از ۱۸۵ متر مربع و اتاقهای با فاصله بیشتر از ۲۳ متر تا راه ایمن فرار، باید دو راه فرار داشته باشند. در مواردی که تمام بنا توسط شبکه بارنده خودکار تائید شده محافظت شود، استثنائاً راه دوم ضرورتی نخواهد داشت. پلکان های داخلی واقع در بناهای مسافرپذیر کوچک باید با ساختار حداقل ۲۰ دقیقه مقاوم حریق دوربندی شده و بازشوهای آنها توسط درهای مقاوم حریق خود بسته شو محافظت گردد. در بناهای مسافرپذیر کوچک، عرض هیچ یک از بخشهای راه فرار نباید از ۷۰ سانتیمتر کمتر باشد. استثنائاً عرض درهای توالتها و حمامها را می توان حداقل ۶۰ سانتیمتر اختیار نمود. در بناهای مسافرپذیر کوچک، استفاده از پله های قوسی شکل مجاز خواهد بود. در بناهای مسافرپذیر کوچک، استثنائاً در مورد اتاقهای مستقل می توان با رعایت آئین نامه از درهای با قفل کلید خور استفاده نمود.

راههای خروج بناهای آپارتمانی: در درون واحدهای مسکونی، استفاده از پله های قوسی و استفاده از پله های مارپیچ مجاز خواهد بود. هر واحد مسکونی باید دست کم به دو خروج مجزا و دور از هم دسترسی داشته باشد. در موارد زیر، هر واحد مسکونی می تواند استثنائاً فقط به یک خروج، دسترسی داشته باشد:

الف) واحد مسکونی از طریق یک درگاه خروج، مستقیماً به خیابان یا حیاط مربوط شود.

ب) واحد مسکونی، مستقیماً به یک پلکان خارجی که حداکثر به دو واحد مسکونی واقع در یک طبقه اختصاص دارد، دسترسی داشته باشد.

ج) واحد مسکونی، دارای یک پلکان مختص به خود بوده که با موانع ۱ ساعت مقاوم حریق و بدون بازشو از دیگر بخشها جدا شده باشد.

هر بنای آپارتمانی با حداکثر ۵ طبقه بالاتر از همکف، به ارتفاع حداکثر ۱۸ متر، با حداکثر ۴ واحد مسکونی در هر طبقه به شرط تطبیق با ضوابط زیر، استثنائاً می تواند فقط یک پلکان خروج داشته باشد:

الف) پلکان خروج توسط موانع حریق با حداقل ۱ ساعت مقاومت، کاملاً دوربندی شده باشد و درهای حریق خود بسته شو با نرخ ۱ ساعت محافظت حریق، تمام بازشوهای واقع بین دوربند پلکان و آن بنا را محافظت کنند

ب) پلکان خروج، بیش از نیم طبقه پائین تر از تراز تخلیه خروج ادامه نداشته باشد.

ج) راهروهایی که بعنوان دسترس خروج مورد استفاده واقع می شوند، حداقل ۱ ساعت مقاومت حریق داشته باشند.

د) فاصله عبوری بین در ورودی هر واحد مسکونی تا پلکان خروج، از ۱۰ متر بیشتر نباشد.
ه) ساختارهای افقی و قائم جدا کننده واحدهای مسکونی، حداقل دارای سه چهارم ساعت نرخ مقاومت حریق باشد.
استثنا: در مواردی که تمامی بنا به شبکه بارنده خودکار تائید شده مجهز شود، تعداد طبقات بنا را می توان تا یک طبقه افزایش داد، مشروط بر آنکه اولاً در جداره های خارجی بنا به تعداد کافی پنجره در دسترس ماموران آتش نشانی فراهم بوده، ثانیاً تجهیز بنا به شبکه بارنده خودکار در کاهش خطرات حریق موثر واقع گردد. دسترسهای خروج های مختلف نباید مسیر مشترکی به طول بیش از ۱۰ متر داشته باشند، مگر آنکه تمام بنا توسط شبکه بارنده خودکار تائید شده محافظت شود که در آن صورت استثنائاً این طول می تواند حداکثر به ۱۵ متر افزایش یابد. طول مسیر عبور در درون واحدهای مسکونی مستقل، در این اندازه گیریها ملحوظ نمی شود. حداکثر طول مجاز راهروهای بن بست ۱۰ متر می باشد، مگر آنکه تمام بنا توسط شبکه بارنده خودکار تائید شده محافظت شود که در آن صورت، استثنائاً این طول می تواند به ۱۵ متر افزایش یابد. در داخل واحدهای مسکونی مستقل، فاصله عبوری تا رسیدن به راهروی دسترس خروج، نباید از ۲۳ متر بیشتر شود، مگر در مواردی که به بنا توسط شبکه بارنده خودکار تائید شده محافظت می شود که در آن صورت استثنائاً این فاصله می تواند حداکثر به ۳۸ متر افزایش یابد. تعداد و موقعیت خروجها باید به گونه ای باشد که در راهروهای دسترس خروج، فاصله بین در ورودی هر واحد مسکونی تا نزدیکترین خروج، حداکثر از ۳۰ متر بیشتر نشود، مگر آنکه تمام بنا توسط شبکه بارنده خودکار تائید شده محافظت شود که در آن صورت فاصله مورد نظر می تواند حداکثر به ۶۰ متر افزایش یابد. طول راهروهای بیرونی دسترس خروج نیز استثنائاً می تواند حداکثر به ۶۰ متر افزایش یابد، مشروط بر آنکه ایمنی آنها مورد تائید مقام قانونی مسئول قرار گیرد. تمام بناهای آپارتمانی با بیش از ۱۲ واحد مسکونی یا ۳ طبقه ارتفاع، باید دارای تسهیلات روشنایی اضطراری باشند، مگر آنکه هر واحد مسکونی، مستقیماً به بیرون بنا در تراز همکف راه خروج داشته باشد. در تمام بناهای آپارتمانی که طبق مقررات، دارای بیش از یک خروج هستند، راههای خروج باید دارای روشنایی کافی و علائم مناسب مطابق با ضوابط و مقررات باشند.

راههای خروج خانه های یک یا دو خانواری: در هر خانه یا واحد زندگی دارای دو اتاق و بیشتر، برای هر اتاق خواب یا فضای زندگی باید حداقل دو امکان فرار یا یک امکان فرار به اضافه یک روش محافظتی مناسب در نظر گرفته شود. هیچ یک از اتاقهای خواب یا فضاهای زندگی نباید فقط از طریق نردبان، پلکان تاشو یا دریچه قابل دسترس باشند، دست کم یکی از امکانات فرار باید درگاه یا راه پله ای باشد که ارتباط بدون مانع واحد زندگی را به بیرون بنا در سطح خیابان یا زمین تأمین نماید. راه فرار دوم و یا روش محافظتی معادل آن باید حسب مورد با یکی از موارد زیر مطابقت داشته باشد:
الف) یک در، راه پله،راهرو یا هال که از راه فرار اصلی مجزا و دور بوده و بتواند ارتباط بدون مانعی به بیرون بنا در سطح خیابان یا زمین تأمین نماید.
ب) یک راه عبور از میان فضاهای مجاور یا هر راه فرار تائید شده، مشروط بر آنکه در طول راه، هیچ دری که در معرض قفل شدن قرار دارد وجود نداشته و تمام مسیر از راه فرار اصلی مجزا و دور باشد.
ج) یک پنجره یا در بیرونی که از سمت داخل بدون نیاز به کلید یا هر وسیله خاص دیگر، قابل باز شدن بوده و بازشوی آن به طور مفید حداقل ۵۰ سانتیمتر عرض و ۱۰۵ سانتیمتر ارتفاع و یا حداقل ۹۰ سانتیمتر عرض و ۶۰ سانتیمتر ارتفاع داشته باشد. همچنین لبه پائینی بازشو نباید بیش از ۱۱۰ سانتیمتر از کف اتاق بالاتر واقع شده باشد. این پنجره یا در، فقط در موارد زیر می تواند به عنوان راه فرار دوم مورد قبول واقع شود: ۱) لبه بالایی بازشوی پنجره در فاصله حداکثر ۶ متری از سطح زمین واقع شده باشد. ۲) با توجه به نوع امکانات آتش نشانی، پنجره مستقیماً برای گروه امداد یا نیروهای آتش نشانی قابل دسترس باشد و موضوع مورد تائید مقام قانونی مسئول واقع گردد. ۳) پنجره یا در به یک بالکن بیرونی باز شود.
د) اتاق خواب یا فضای زندگی توسط ساختاری با حداقل ۲۰ دقیقه مقاوم حریق از تمام دیگر بخشهای آن واحد مسکونی جدا شده و به دری که برای ۲۰ دقیقه مقاومت حریق و حداقل امکان نشت دود طراحی و به طور متناسب نصب شده، مجهز شود. همچنین تمهیدات لازم به منظور تخلیه دود و تأمین هوای تازه برای متصرفان در نظر گرفته شده باشد. راه فرار دوم یا روش محافظتی معادل آن، تنها در صورتی ضروری نخواهد بود که اتاق خواب یا فضای زندگی دارای دری باشد که مستقیماً به بیرون بنا باز می شود به گونه ای که از آن طریق بتوان به سطح زمین یا معبر عمومی راه یافت. برای هر طبقه ازهر واحد مسکونی یا فضای

زندگی که مساحت آن از ۱۸۵ متر مربع بیشتر بوده یا فاصله دسترسی آن به راه اصلی از ۲۳ متر بیشتر باشد، باید دو راه فرار دور از هم پیش بینی شود. هیچ یک از مسیرهای مقرر شده به عنوان خروج یا راه فرار اصلی از هر اتاق به بیرون بنا، نباید از میان اتاق یا آپارتمانی که تحت کنترل فوری متصرفان اتاق قرار ندارد،عبور کند. همچنین این مسیرها نباید از میان فضاهایی مانند حمام و توالت که در معرض قفل شدن قرار دارند، بگذرند. حداقل عرض درهای واقع در راههای فرار، ۷۰ سانتیمتر است. در توالتها و حمامها استثنائاً می تواند به عرض حداقل ۶۰ سانتیمتر در نظر گرفته شود. انتخاب چفت در رختکن ها یا صندوقخانه ها باید از نوعی باشد که کودکان بتوانند در را از سمت داخل به راحتی باز کنند. همچنین قفل در حمامها باید دارای طرحی باشد که در مواقع اضطرار بتوان در قفل شده را از سمت بیرون باز نمود.

راههای خروج در تصرفهای اداری / حرفه ای: در بناهای اداری / حرفه ای، پلکان ها و شیبراههای داخلی چنانچه به عنوان راههای خروج الزامی برای بیش از یک طبقه مورد استفاده قرار گیرند، باید مطابق ضوابطدوربندی شوند. در بناهای اداری / حرفه ای، طبقات پائین تر از طبق همکف (زیرزمین ها) چنانچه فقط به عنوان انباری / موتورخانه و دیگر تسهیلات خدماتی بنا مورد استفاده قرار گیرند و به عنوان اداری / حرفه ای تصرف نشوند، می توانند خروجهایی مطابق ضوابط م داشته باشند. در تصرفهای اداری / حرفه ای، نصب قفل کلید خور روی درهای راه خروج به استثنای درهای اصلی ورود / خروج مجاز نخواهد بود. درهای اصلی ورود / خروج، درهایی هستند که به ضرورت نوع تصرف در موقع کار باز باشند. این درها نیز فقط با رعایت ضوابط می توانند قفل کلید خور داشته باشند. در تصرفهای اداری / حرفه ای، استفاده از پله های مارپیچ با رعایت ضوابط مجاز خواهد بود. در تصرفهای اداری / حرفه ای، استفاده از درهای کشویی افقی یا کرکره ها و شبکه های با ریل قائم به عنوان بخشی از راه خروج الزامی، با رعایت ضوابط مجاز خواهد بود. در تصرفهای اداری / حرفه ای، عرض مفید هیچ قسمت از راه خروج نباید از ۱۱۲ سانتیمتر کمتر در نظر گرفته شود. در تصرفهای اداری / حرفه ای، مجموع ظرفیت خروجهای طبقه همکف (همتر از معبر عمومی) باید برابر ظرفیت لازم برای بار متصرف این طبقه به اضافه مجموع ظرفیتهای مقرر شده برای پلکان ها و شیبراههای خروج منتهی به طبقه همکف در نظر گرفته شود. در تصرفهای اداری / حرفه ای، هر فضا در هر طبقه از بنا، از جمله طبقات زیر همکف، چنانچه برای مقاصد اداری / حرفه ای مورد استفاده قرار گیرد، تأمین حداقل دو خروج مجزا برای آن الزامی خواهد بود. موارد استثنا: هر اتاق یا فضا بامتصرفانی به تعداد کمتر از ۱۰۰ نفر می تواند فقط به یک خروج دسترسی داشته باشد، مشروط بر آنکه:

الف) خروج مورد نظر در تراز تخلیه خروج، مستقیماً به بیرون بنا منتهی شده و مجموع طول راهی که از هر نقطه اتاق یا فضا از طریق این خروج تا بیرون بنا پیموده می شود، از ۳۰ متر بیشتر نشود.

ب) چنانچه این گونه فضاها در طبقه خروج واقع نشده اند، حداکثر می توانند ۴/۵ متر با آن اختلاف ارتفاع داشته باشند، که در این صورت پلکان مورد استفاده در مسیر خروج باید کاملاً دوربندی شده و از سایر قسمتهای بنا جدا شود و هیچگونه باز شوی اضافی نداشته باشد.

در تصرفهای اداری / حرفه ای حداکثر ۳ طبقه ارتفاع و حداکثر ۳۰ نفر متصرف در هر طبقه، می توان یک خروج مجزا برای هر طبقه در نظر گرفت، مشروط بر آنکه حداکثر طول مسیر خروج از هر نقطه در هر طبقه تا بیرون بنا، از ۳۰ متر بیشتر نشده و خروج هر طبقه برای سطوح دیگر مورد استفاده قرار نگیرد. در ضمن، این خروجها باید دارای دوربندی کامل، با ساختار حداقل یک ساعت مقاوم حریق و درهای حریق خود بسته شو بوده و مستقیماً به بیرون بنا مربوط شوند. پلکان های خارجی، چنانچه با ضوابط این مقررات مطابقت داشته باشند، می توانند به عنوان تنها خروج برای هر ۳ طبقه مورد استفاده قرار گیرند.

در تصرفهای اداری / حرفه ای، هیچ راهرویی نباید بن بستی به طول بیش از ۶ متر داشته باشد، مگر آنکه تمام بنا توسط شبکه بارنده خودکار تائید شده محافظت شود، که در آن صورت حداکثر طول بن بستها می تواند ۱۵ متر باشد. دسترسهای خروجهای مختلف نباید مسیر مشترکی به طول بیش از ۲۳ متر داشته باشند، مگر آنکه تمام بنا توسط شبکه بارنده خودکار تائید شده محافظت شود، که در آن صورت استثنائاً این طول می تواند حداکثر به ۳۰ متر افزایش یابد. در تصرفهای اداری / حرفه ای، حداکثر طول مجاز دسترس خروج، ۶۰ متر خواهد بود، مگر آنکه تمام بنا توسط شبکه بارنده خودکار تائید شده محافظت شود، که در آن صورت استثنائاً، این طول می تواند حداکثر ۹۰ متر افزایش یابد. تصرفهای اداری / یا بخشهایی از آنها، حسب موارد مشخص شده در زیر باید دارای روشنایی اضطراری باشند:

الف) بنا دارای ۲ یا چند طبقه بالاتر از تراز تخلیه خروج باشد.
ب) طبقات بالاتر یا پائین تر از تراز تخلیه خروج برای ۱۰۰ متصرف یا بیشتر، مورد استفاده قرار گیرند.
ج) کل بنا برای ۱۰۰۰ متصرف یا بیشتر، مورد استفاده قرار گیرد. د) فضاهای مورد استفاده اداری / حرفه ای در زیرزمین واقع شده، یا اصولاً بدون پنجره طراحی شده باشند. در بناهای اداری / حرفه ای، راههای خروج باید دارای روشنایی کافی و علائم مناسب مطابق ضوابط این مقررات باشند.

راههای خروج در تصرفهای آموزش / فرهنگی: فضاهای مورد استفاده کودکان پیش از دبستان و دانش آموزان سال اول دبستان باید فقط در تراز تخلیه و اتاقهای مورد استفاده دانش آموزان سال دوم دبستان، حداکثر یک طبقه بالاتر از تراز تخلیه خروج واقع شوند. راهروهای دسترس خروج باید دست کم ۱۸۵ سانتیمتر عرض مفید داشته باشند. استقرار هر نوع آبخوری یا تجهیزات و تأسیسات دیگر، چه به صورت ثابت و چه به صورت قابل انتقال در راهروهای دسترس خروج به شرطی مجاز خواهد بود که عرض مفید راه به کمتر از ۱۸۵ سانتیمتر کاهش نیابد. در هر طبقه باید حداقل دو خروج دور از هم در دسترس باشند. همچنین هر اتاق یا فضا با ظرفیت بیش از ۵۰ نفر یا سطحی بیش از ۹۵ متر مربع باید حداقل از طریق دو درگاه دور از هم به راهروهای دسترس خروج منتهی به خروجهای دور از هم مربوط شود. در راهروهای دسترس خروج، هیچ بن بستی نباید طولی بیش از ۶ متر داشته باشد. درهای لولایی اگر به راهروهای دسترس خروج باز می شوند، باید عقب تر از دیوار راهرو قرار گیرند که با ترافیک راهرو برخورد نکنند، در غیر اینصورت لازم است با ۱۸۰ درجه چرخش بتوانند بر روی دیوار راهرو مستقر شوند. باز شدن درها در هر وضع و حالت نباید عرض خروج مقرر شده برای راهروها را به کمتر از نصف کاهش دهد. راهروهای دسترسی به ردیفهای صندلی باید حداقل ۱۱۰ سانتیمتر عرض مفید داشته باشند، مگر آنکه راهرو از یک طرف با دیوار مجاور باشد که در آن صورت عرض مفید آن می تواند به حداقل ۹۰ سانتیمتر کاهش یابد. راهروهایی که برای دسترسی به حداکثر ۶۰ صندلی در نظر گرفته شوند، استثنائاً می توانند حداقل ۷۵ سانتیمتر عرض مفید داشته باشند. آرایش و موقعیت راهروها و صندلی ها درهر حال باید به گونه ای باشد که بین صندلی و راهرو، حداکثر ۶ صندلی وجود داشته باشد. در مواردی که راهروها یا بالکنهای بیرونی به عنوان راه خروج استفاده شوند، فقط دست انداز یا جانپناه مناسب می تواند ارتباط آنها را با هوای آزاد جدا کند و باید از دو سمت مقابل به خروجهای امن مربوط شوند. بالکنهایی که با شیشه و مصالح نظیر آن دوربندی شوند، از لحاظ ضوابط راه خروج، راهروهای داخلی محسوب شده و تابع مقررا راههای داخلی خواهند بود. راهروها و بالکنهای بیرونی و پلکان های خروج مربوط به آنها باید ساختار مقاوم حریق با مقاومتی حداقل معادل ساختار خود بنا داشته باشند. همچنین کف آنها باید صلب و بدون سوراخ باشد. پلکان های خارجی چنانچه دست کم برابر عرض راهرو یا بالکن بیرونی منتهی به خود از دیوارهای بنا فاصله داشته باشند. نیازی به محافظت در برابر حریق های ناشی از درون بنا نخواهند داشت. در تصرفهای آموزشی / فرهنگی، طول دسترسهای خروج از هر نقطه بنا نباید از ۴۵ متر بیشتر شود، مگر آنکه تمام بنا با شبکه بارنده خودکار تائید شده محافظت شود، که در آن صورت استثنائاً این طول می تواند به حداکثر ۶۰ متر افزایش یابد. هر اتاق درس و هر فضا واقع در طبقه ای پائین تر از تراز تخلیه خروج که به قصد آموزش مورد استفاده قرار گیرد، باید دست کم به یک خروج که مستقیماً به بیرون بنا (در سطح تخلیه خروج) منجر می شود، دسترسی داشته باشد. در تصرفهای آموزشی / فرهنگی، درهای واقع در راههای خروج الزامی و همچنین درهای واقع در فضاهای تجمعی با ۱۰۰ متصرف و بیشتر نباید دارای قفل و دیگر وسایل باز دارنده باشند، مگر با رعایت ضوابط قفل دار کردن سایر درها با رعایت ضوابط این مقررات مجاز است، مشروط بر آنکه هر در، حداکثر دارای یک قفل یا وسیله بازدارنده باشد. در تصرفهای آموزشی / فرهنگی، هر اتاق، فضا یا کلاس درس که به عناوین مختلف مورد استفاده آموزشی قرار گیرد، به منظور اجرای عملیات اضطراری نجات و ایجاد تهویه، باید دارای پنجره بوده و پنجره یا پنجره های آن با ضوابط مطابقت داشته باشد. چفت و بست پنجره ها باید حداکثر در ارتفاع ۱۳۵ سانتیمتری از کف تمام شده نصب شود. بناهایی که تماماً با شبکه بارنده خودکار تائید شده بیرون بنا باشند، از این قاعده مستثنی خواهند بود. در تصرفهای آموزشی / فرهنگی، تمام فضاهای مشروح در زیر باید به روشنایی اضطراری مجهز باشند:

الف) تمام پلکان ها و راهروهای داخلی.

ب) همه فضاهایی که به طور معمول تحت تصرف قرار دارند، به استثنای فضاهای اداری، کلاسهای بزرگ عمومی، انبارها و موتورخانه ها.
ج) تمام فضاهای قابل انعطاف و مرتبط.
د) تمام بخش های دور بسته و بدون پنجره.
در تصرفهای آموزشی / فرهنگی، راههای خروج باید دارای علائم مناسب باشند، مگر آنکه موقعیت خروجها برای تمام متصرفان، مشخص و آشنا باشد.

راههای خروج در تصرفهای تجمعی: براساس ضوابط این مقررات، تمام بناهای تجمعی بر حسب بار متصرف، به سه گروه الف و ب و ج دسته بندی می شوند. در تصرفهای تجمعی گروه "الف" (تعداد متصرفان بیش از ۱۰۰۰ نفر) و "ب"(تعداد متصرفان ۳۰۱ تا ۱۰۰۰ نفر) نصب درهای کشویی یا کرکره ای با ریل افقی یا عمودی مجاز نخواهد بود. در تصرفهای تجمعی گروه "ج" (تعداد متصرفان ۵۰ تا ۳۰۰ نفر) فقط در بناهای تجاری (بازارهای سرپوشیده)، به شرط رعایت مفاد مربوطه، استثنائاً درگاه ورود / خروج اصلی می تواند کرکره یا در کشویی با ریل افقی یا عمودی داشته باشد. در تصرفهای تجمعی، درهای واقع در راههای خروج الزامی نباید دارای قفل باشند. موارد استثنا: در تصرفهای تجمعی با بار متصرف حداکثر ۵۰۰ نفر، به شرط رعایت مفاد مربوطه ، فقط درگاه ورود / خروج اصلی می تواند دارای قفل کلید خور باشد. در تصرفهای تجمعی، فضاهای که بار متصرف آنها از ۱۰۰ نفر کمتر است، به شرط رعایت مفاد مربوطه می توانند درهایی با قفل ساده داشته باشند. فضاهایی که بار متصرف آنها ۱۰۰ نفر یا بیشتر باشد نیز می توانند درهایی با قفل ساده داشته باشند، مشروط بر آنکه ویژه استفاده در مواقع اضطراری بوده و چگونگی باز شدن زبانه یا قفل، مورد تائید مقام قانونی مسئول قرار گیرد. در تصرفهای تجمعی، استفاده از درهای گردان با رعایت مفاد مربوطه مجاز خواهد بود. در تصرفهای تجمعی، نصب کنترل کننده های ورود و خروج (یا هر وسیله محدود یا ممنوع کننده عبور انسان) در مسیر راههای خروج که به هر ترتیب مانع عملکرد سریع خروج شود و یا عرض مقرر شده را کاهش دهد، ممنوع است. در آن گروه از تصرفهای تجمعی، مانند تئاترها، سینماها و دیگر فضاهای با عملکرد مشابه که به طور کلی جایگاه آنها ثابت و ردیف بندی شده می باشد، ظرفیت خروج باید تعیین گردد. در تصرفهای تجمعی، طراحی راههای خروج باید به گونه ای صورت گیرد که زمان اسمی تخلیه کامل متصرفان، از ۲۰۰ ثانیه تجاوز نکند. در تئاترها و سالنهای بزرگ اپرا و تصرفهای تجمعی مشابه، مقام قانونی مسئول می تواند پس از اطمینان از محافظت جایگاهها در برابر دود، زمان تخلیه متصرفان را متناسب با تجهزات حفاظتی افزایش دهد. هر تصرف تجمعی باید ورود / خروج اصلی با عرض کافی برای استفاده دست کم نیمی از کل متصرفان بنا، حداقل برابر با مجموع عرض مقرر شده برای تمام راهروهای ارتباطی، گذرگاههای خروج و راه پله های منجر به خود، داشته باشد. این ورود / خروج اصلی باید در تراز تخلیه خروج واقع شده یا از طریق راه پله یا شیبراه مستقیماً به خیابان منتهی گردد. هر یک از سطوح و طبقات واقع در تراز غیر تخلیه خروج نیز باید از طریق یک دسترس خروج با ظرفیت کافی برای ۵۰ درصد بار متصرف همان سطح یا طبقه، به ورود / خروج اصلی بنا مرتبط شوند. استثنائاً در آن گروه تصرفهای تجمعی که طرح ورود / خروج اصلی موردی نداشته یا تشخیص موقعیت آن برای متصرفان به سادگی ممکن نباشد، مانند استادیومها و محوط های ورزشی یا ترمینالهای مسافری و نظایر آن خروجها می توانند در پیرامون بنا توزیع شوند، مشروط بر آنکه مجموع ظرفیت آنها ۱۷ درصد بیشتر از آنچه برای برا متصرف کل بنا لازم است در نظر گرفته شود. در هر تصرف تجمعی، هر یک از سطوح و طبقات باید علاوه بر دسترسی به ورود/ خروج اصلی، خروجهای دیگری با عرض کافی برای استفاده دو سوم مجموع بار تصرف آن سطح یا طبقه داشته باشد. هر یک از خروجها باید تا حد امکان از یکدیگر و از ورود / خروج اصلی بنا دور بوده و از طریق راهروهای ارتباطی عرضی یا کناری، مطابق ضوابط این مقررات، به تخلیه خروج منتهی شود. موارد استثنا: در مواردی که فقط دو خروج مقرر می شود، عرض هر خروج باید برای استفاده دست کم نیمی از تعداد کل متصرفان بنا در نظر گرفته شود. در آن گروه تصرفان به سادگی ممکن نباشد، مانند استادیوم های ومحوطه های ورزشی یا ترمینالهای مسافری و نظایر آن، خروجها می توانند در پیرامون بنا توزیع شوند، مشروط بر آنکه مجموع ظرفیت آنها ۱۷ درصد بیشتر از آنچه که برای بار متصرف کل بنا لازم است، در نظر گرفته شود. تصرفهای تجمعی گروه "الف" باید حداقل ۴ راه خروج تا حد امکان مجزا و دور از یکدیگر داشته باشند. تصرفهای تجمعی گروه "ب" باید حداقل ۳ راه خروج تا حد امکان مجزا و دور از یکدیگر داشته باشند، مگر آنکه تعداد کل

متصرفان بنا ۵۰۰ نفر یا کمتر باشد، که در آن صورت حداقل ۲ راه خروج دور از هم نیاز خواهد بود. عرض مفید هیچ یک از این راههای خروج نباید از ۱۱۰ سانتیمتر کمتر باشد. هر تصرف تجمعی گروه "ج" چنانچه مستقیماً به دو خروج مجزا راه ندارد، باید حداقل از طریق دو درگاه جداگانه و دور از هم به راهرو یا فضای دیگری منتهی شود که آن راهرو یا فضا به عنوان دسترس خروج، از دو جهت مختلف به دو خروج مجزا و دور از هم مربوط گردد. بالکنهای داخلی یا میان طبقه هایی که بار متصرف آنها از ۵۰ نفر بیشتر نباشد، می توانند فقط یک راه خروج داشته باشند. این راه خروج می تواند به طبقه زیر منتهی شود. بالکنهای داخلی یا میان طبقه هایی که بار متصرف آنها بین ۵۱ تا ۱۰۰ نفر باشد، باید حداقل دو راه خروج دور از هم داشته باشند. این دو راه خروج می توانند به طبقه زیر منتهی شوند. بالکنهای داخلی یا میان طبقه هایی که بار متصرف آنها از ۱۰۰ نفر بیشتر است، یک طبقه مجزا محسوب شده و باید مطابق ضوابط این مقررات برای آنها راههای خروج به تعداد و عرض کافی در نظر گرفته شود. ردیفهایی که در دو انتهای خود به راهرو یا درگاه منجر می شوند، باید حداکثر دارای ۱۰۰ صندلی باشند. در این ردیفها عرض مفید راهروی بین صندلیها حداقل ۳۰ سانتیمتر تعیین شده و باید به ازای هر صندلی بیشتر از ۱۴ عدد در هر ردیف (از صندلی های پانزدهم به بعد)، معادل ۰/۸ سانتیمتر افزایش یابد، اما الزامی ندارد که این عرض از ۵۵ سانتیمتر بیشتر باشد. ردیفهایی که فقط در یک انتها به راهرو یا درگاه منجر می شوند، عرض مفید راهروی بین هر دو ردیف (که حداقل ۳۰ سانتیمتر تعییت شده است) باید به ازای هر صندلی بیشتر از ۷ عدد در هر ردیف (از صندلی های هشتم به بعد)، معادل ۱/۵ سانتیمتر افزایش یابد، اما لزومی ندارد که این عرض از ۵۵ سانتیمتر بیشتر باشد. برای تعیین بار متصرف در فضاهای که دارای نیمکت ها یا صندلی های یکسره و بدون دسته می باشند، به ازای هر ۴۵ سانتیمتر از طول نیمکت، یک نفر گرفته شوند، فاصله پشت تا پشت هر دو ردیف نیمکت یا سکو نباید از ۵۵ سانتیمتر کمتر باشد. در تصرفهای تجمعی، صندلی های تحریر با دسته های "باز و بسته شو" مجاز و قابل استفاده نخواهد بود، مگر آنکه در حالت باز بودن، دسته تحریر آنها با تمام ضوابط مربوط به حداقل فاصله مفید بین دو ردیف صندلی پشت سر هم، مندرج در این مقررات مطابقت داشته باشند. صندلی های با دسته ثابت نیز فقط در صورت تطبیق با همین ضوابط، قابل استفاده و مجاز خواهند بود. راهروهای بین ردیف صندلی ها باید به یک راهروی عرضی، یا به در یا یک راهرو میانی صندلی ها که به یک خروج دسترسی دارد منتهی شوند. در تصرفهای تجمعی، حداکثر طول مجاز ردیفهای بن بست، ۶ متر است. استثنا: طول بیشتر نیز برای ردیفهای بن بست پذیرفتنی است، مشروط بر آنکه حداکثر تعداد صندلی هایی که بین راهرو و انتهای ردیف بن بست قرار دارند، از ۲۴ عدد تجاوز نکرده و برای صندلی های هشتم به بعد (شمارش از انتهای ردیف) به ازای هر صندلی ۰/۶ سانتیمتر به عرض مفید ردیف (۳۰ سانتیمتر) اضافه شود. در جایگاههایی که ترتیب صندلی ها همانند تئاتر و نظایر آن است، حداقل عرض مفید راهروها باید حسب مورد از مقادیر زیر کمتر نباشد:

الف) در مورد پله / راهروهایی که صندلی ها در هر دو طرف آنها قرار دارند، ۱۲۰ سانتیمتر

ب) در مورد پله / راهروهایی که صندلی ها فقط در یک طرف آنها قرار دارند، ۹۰ سانتیمتر

ج) در مورد راهروهای افقی یا شیبداری که صندلی ها در دو طرف آنها قرار دارند، ۱۰۵ سانتیمتر

د) در مورد راهروهای افقی یا شیبداری که صندلی ها فقط در یک طرف آنها قرار دارند، ۹۰ سانتیمتر

ه) در مورد راهروهایی که توسط دست انداز بخشبندی می شوند، فاصله بین دست انداز یا جانپناه تا صندلی ها، ۶۰ سانتیمتر در مواردی که صندلی های غیر ثابت در مرز راهروها چیده می شوند، عرض مقرر شده برای راهروها باید مطابق مقادیر مشخص شده در زیر افزایش یابد:

الف) در مواردی که فقط در یک طرف راهرو صندلی چیده می شود، ۵۰ سانتیمتر

ب) در مواردی که در هر دو طرف راهرو صندلی چیده می شود، ۹۵ سانتیمتر .

در تمام تصرفهای تجمعی، موقعیت و تعداد خروجها باید به گونه ای انتخاب شود که حداکثر طول دسترس خروج از هر نقطه بنا تا یک خروج، از ۴۵ متر بیشتر نباشد، مگر آنکه تمام بنا به شبکه بارنده خودکار تائید شده مجهز شود، که در آن صورت این طول می تواند به حداکثر ۶۰ متر افزایش یابد. براساس ضوابط این مقررات، در تصرفهای تجمعی، طبقه یا ترازی که ورودی اصلی بنا در آن قرار دارد، تراز تخلیه خروج محسوب خواهد شد. در مواردی که جلوی ورودی اصلی در بیرون بنای یک تصرف

تجمعی، ایوان (تراس) قرار گرفته باشد، چه در سطحی بالاتر و چه در سطحی پائین تر ازتراز ورودی اصلی، تراز سطح کف این ایوان می تواند به عنوان تراز تخلیه خروج محسوب شود، مشروط بر آنکه:

الف) ایوان مورد نظر، دست کم برابر مجموع عرض خروجهای منتهی به خود، طول داشته باشد. این طول که به طور موازی با بنا اندازه گرفته می شود، در هر حال نباید از ۱۵۰ سانتیمتر کمتر باشد.

ب) ایوان مورد نظر، دست کم برابر مجموع عرض خروجهای منتهی به خود، عرض داشته باشد. این عرض که عمود بر بنا اندازه گرفته می شود، در هر حال نباید از ۳ متر کمتر باشد.

ج) پلکان ها الزامی که این ایوان را به سطح زمین مربوط می کنند باید مطابق ضوابط مربوط به پلکان های خارجی از نوع محافظت شده بوده یا حداقل ۳ متر با بنا فاصله داشته باشند.

جایگاهها و بالکنهایی که بالاتر از طبقه اصلی تصرف تجمعی قرار گیرند باید دور تا دور لبه های مشرف به سالن اصلی یا تالار، دارای دیواره یا نرده ای به ارتفاع حداقل ۶۵ سانتیمتر نسبت به کف پائینی) قرار گیرد نیز باید نرده ای با همین ارتفاع داشته باشد. ارتفاع نرده های انتهای راهروهای افقی یا شیبدار (روبروی عرض راهرو) حداقل ۹۰ سانتیمتر و ارتفاع نرده های انتهای پله / راهروها حداقل ۱۰۵ سانتیمتر خواهد بود. راهروهای عرضی نیز باید دارای نرده ای با حداقل ۶۵ سانتیمتر ارتفاع باشند، مگر آنکه پشتی صندلی های ردیف جلو، دست کم ۶۰ سانتیمتر از کف راهروهای عرضی بالاتر واقع شود. براساس ضوابط و مقررات، در تصرفهای تجمعی، راههای خروج باید دارای روشنایی کافی و علائم مناسب باشند. در تصرفهای تجمعی، تدارک روشنایی اضطراری الزامی است.

راههای خروج در تصرفهای درمانی / مراقبتی: راههای خروج در تصرفهای مراقبت تندرستی باید با ضوابط عمومی و نیز ضوابط اختصاصی این بخش مطابقت داشته باشند. در بیمارستانها و مراکز درمانی یا مراقبت پزشکی، راهروها، مسیرهای عبور و شیبراههایی که به عنوان دسترس خروج الزامی بیماران مورد استفاده قرار می گیرند، باید حداقل ۲۴۵ سانتیمتر عرض مفید داشته باشند. راهروها، مسیرهای عبور و شیبراههای سایر فضاها که فقط مورد استفاده کارکنان هستند، می توانند حداقل ۱۱۰ سانتیمتر عرض مفید داشته باشند. در مراکز نگهداری سالمندان، عقب ماندگان ذهنی و بیماران روانی، راهروها، مسیرهای عبور و شیبراههایی که به عنوان دسترس خروج الزامی بیماران مورد استفاده قرارمی گیرند، باید حداقل ۱۸۵ سانتیمتر عرض مفید داشته باشند، راهروها، مسیرهای عبور و شیبراههای سایر فضاها که فقط مورد استفاده کارکنان هستند، می توانند حداقل ۱۱۰ سانتیمتر عرض مفید داشته باشند. حداقل عرض مفید درها در مسیرهای خروج از اتاقهای خواب بیماران و فضاهای تشخیص و درمان، اتاقهای رادیوگرافی، اتاقهای عمل، اتاقهای فیزیوتراپی و اتاقهای نگهداری و پرستاری از کودکان، تابع جدول مربوطه خواهد بود. در تصرفهای مراقبت تندرستی، هر طبقه یا هر منطقه حریق باید دست کم دو خروج مجزا و دور از هم داشته باشد و حداقل یکی از دو خروج مورد نظر باید: الف: یک درگاه منتهی به بیرون بنا ب: یک پلکان ج: یک دوربند مانع دود د: یک شیبراه هـ: یا یک گذرگاه خروج باشد. مناطق حریق که خروجهایی مطابق این مشخصات نداشته باشند، به عنوان بخشی از منطقه مجاور که با ضوابط خروجی افقی تفکیک شده و دارای چنین خروجهایی هستند، محسوب خواهند شد. ۶ هر منطقه دود باید دست کم به دو خروج مجزا و دور از هم دسترسی داشته باشد. در این موارد، راه خروج می تواند از درون منطقه های دود مجاور بگذرد ولی نباید مجدداً از درون منطقه مبدا عبور نماید. هر فضای خواب و هر فضای قابل زیست باید دارای دری باشد که به طور مستقیم به بیرون بنا در سطح زمین (درگاه خروج)، یا به یک راهروی دسترسی خروج باز شود. در مورد اتاقهای خواب بیماران، دستیابی به راهروی دسترس خروج، استثنائاً می تواند از طریق یک فضای واسطه، مانند اتاق نشیمن یا انتظار انجام پذیرد، مشروط بر آنکه آتاق خواب، مورد استفاده حداکثر ۸ بیمار قرار گیرد. در مورد سایر اتاقها، دستیابی به راهروی دسترس خروج، استثنائاً می تواند از طریق یک یا چند فضای واسطه، مانند دفتر کار و غیره فراهم شود، مشروط بر آنکه هیچ یک از فضاهای واسطه از نوع پر مخاطره نباشد. هر فضا یا هر سوئیت با سطح زیربنای بیش از ۹۵ متر مربع که برای بستری بیماران مورد استفاده قرار می گیرد، باید دست کم دو در دسترس خروج دور از هم داشته باشد. سایر فضاها یا سوئیتها با داشتن سطحی بیش از ۲۳۰ متر مربع باید حداقل دو در دسترس خروج دور از هم داشته باشند. سالنها و فضاهای بستری می توانند توسط تقسیم کننده های غیر سوختنی و یا با قابلیت سوختن محدود، به بخشهای کوچکتر تفکیک شوند، مشروط بر آنکه نوع آرایش فضا هایی که به این ترتیب تفکیک

می شوند نباید مساحتی بیش از ۴۶۰ متر مربع داشته باشند. سالنها و فضاهای غیر بستری با شرایط مندرج در این بخش می توانند توسط تقسیم کننده های غیر سوختنی، یا با قابلیت سوختن محدود، به بخشهای کوچکتر تفکیک شوند، مشروط بر آنکه سطح کلی آنها از ۹۳۰ متر مربع بیشتر نبوده و یکی از دو ضابطه زیر در مورد آنها رعایت گردد: الف) حداکثر طول راه عبور از هرنقطه تا درگاه منجر به راهروی دسترس خروج ۱۵ متر باشد. ب) بیش از یک فضای واسطه بین سالن و راهروی دسترس خروج وجود نداشته باشد. تمام راهروهای دسترس خروج باید بدون آنکه از فضای واسطه ای عبور کنند، دست کم به دو خروج تائید شده منجر شوند. خروجها و دسترسهای خروج باید به گونه ای طرح و تنظیم شوند که در طول راه خروج، هیچ بن بستی به طول بیش از ۹ متر وجود نداشته باشد. در تسهیلات مراقبت تندرستی، فاصله نقاط مختلف تا درهای خروج یا خروجها، حسب مورد نباید از مقادیر مشخص شده در زیر بیشتر باشد:

الف) طول دسترس خروج از جلوی در هر اتاق در راهرو، حداکثر ۴۵ متر.

ب) طول دسترس خروج از هر نقطه در هر فضا، حداکثر ۶۰ متر. در مواردی که تمام بنا توسط شبکه بارنده خودکار تائید شده محافظت شود، فاصله های مشخص شده در "الف" و "ب" می توانند حداکثر تا ۱۵ متر افزایش یابند.

ج) فاصله پیمایش از هر نقطه داخل فضای بستری تا درگاه منجر به راهرو دسترس خروج، حداکثر ۱۵ متر.

د) فاصله پیمایش از هر نقطه در درون هر مجموعه اتاق (سوئیت) تا یک در دسترس خروج، حداکثر ۳۰ متر، مشروط بر آنکه کل طول دسترس خروج از هر نقطه تا یک خروج، از ۴۵ متر بیشتر نشود. در تسهیلات مراقبت تندرستی، هر یک از دو سمت خروجهای افقی باید حسب مورد به ازای هر یک از بیماران یا متصرفان دارای سطحی مطابق مقادیر مشخص شده باشد. بدین منظور سطح مورد نیاز می تواند بخشی از راهروها، اتاقهای بیماران، اتاقهای معالجه و درمان، سرسراها یا فضاهای غذا خوری عمومی و دیگر مکانهای کم مخاطره را شامل شود. خروجهای افقی که با راهروهای به عرض ۲۴۵ سانتیمتر و بیشتر از هر دو طرف مورد استفاده قرار می گیرند، باید توسط درهای دو لنگه لولایی (بدون وادار میانی) که هر لنگه آن حداقل ۱۰۵ سانتیمتر عرض مفید داشته و در جهت مخالف دیگری باز می شود، یا توسط درهای کشویی افقی با عرض مفید حداقل ۲۱۰ سانتیمتر محافظت شوند. خروجهای افقی که با راهروهای به عرض ۱۸۵ سانتیمتر تا ۲۴۵ سانتیمتر از هر دو طرف مورد استفاده قرار می گیرند، باید توسط درهای دو لنگه لولایی (بدون وادار میانی) که هر لنگه آن حداقل ۸۰ سانتیمتر عرض مفید داشته و در جهت مخالف دیگری باز می شود، یا توسط درهای کشویی افقی با عرض مفید حداقل ۱۶۰ سانتیمتر محافظت شوند. خروجهای افقی که فقط از یک طرف مورد استفاده قرار می گیرند، می توانند درهای یک لنگه لولایی (یا کشویی افقی) با عرض مفید حداقل ۱۰۵ سانتیمتر داشته باشند. در تسهیلات مراقبت تندرستی، حداکثر ظرفیت خروجهای افقی می تواند تا دوسوم کل ظرفیت خروجهای لازم برای تمام بنا در نظر گرفته شود. تقلیل ظرفیت خروجهای منتهی به بیرون بنا به کمتر از یک سوم ظرفیت کل خروجهای لازم برای بنا، مجاز نخواهد بود. هر خروج افقی باید دارای یک پنجره چشمی (با چشم انداز بیرونی) تائید شده باشد. در تمام تسهیلات مراقبت تندرستی، تدارک روشنایی اضطراری و علائم مناسب برای راههای خروج، الزامی است. درهای اتاقهای خواب بیماران نباید دارای قفلهای کلید دار باشد، مگر آنکه قفل از نوعی انتخاب گردد که کلید آن فقط از سمت راهرو مورد استفاده قرار گیرد و از داخل، تأثیر یا محدودیتی در خروج به وجود نیاید. در مواردی که ضرورتهای درمانی یا ملاحظات امنیتی ایجاب می کند بیمارانی تحت نظر نگهداری شوند، استفاده از قفل مجاز است، مشروط بر آنکه کلید در تمام اوقات شبانه روز در اختیار مأمور مراقب باشد. استفاده از قفل یا هر گونه زبانه که لازمه باز کردن آن، کلید یا وسیله ای خاص باشد، بر روی درهای واقع در مسیرهای خروج الزامی ممنوع است، مگر در بخشهای بهداشت روانی با رعایت مفاد مربوطه. درهایی که در مسیرهای خروج الزامی واقع نشوند، در صورت لزوم می توانند دارای قفل باشند. در هر یک از تسهیلات مراقبت تندرستی یا بخشی از آنها که قفل شدن درها براساس ضوابط این مقررات مجاز اعلام شده، باید تدابیر مطمئنی که در مواقع اضطراری، انتقال فوری بیماران را به قسمتهای امن مقدور سازد، اتخاذ شود. به این منظور، کنترل و آزاد کردن قفلها از راه دور، یا فراهم نمودن امکان حضور دایم و دسترسی فوری مراقبان به شاه کلید، الزامی است. درهای واقع در گذرگاههای خروج، دوربند پلکان ها، خروجهای افقی، موانع دود یا دوربند فضاهای مخاطره آمیز، به استثنای موتور خانه ها، گرمخانه ها و اتاقهای تأسیسات و تجهیزات مکانیکی می توانند از نوع خودکار بسته شو انتخاب شده و باز بمانند، مشروط بر آنکه نظام خودکار بسته شدن آنها مورد تائید مقام قانونی مسئول

قرار گیرد. درهای خودکار بسته شو واقع در دوربند پلکان ها باید به گونه ای نصب و نگهداری شوند که با فرمان بسته شدن هر یک از آنها در هر طبقه، کلیه درهای پلکان در تمام طبقات به طور همزمان بسته شوند. سایر درها می توانند به دلخواه در بخشهای مجزا یا در تمام بنا به طور همزمان بسته شوند.

راههای خروج در تصرفهای مراقبت بازداشتی (تحت نظری): راههای خروج در تصرفهای مراقبت بازداشتی باید با ضوابط عمومی مندرج و ضوابط اختصاصی مطابقت داشته باشند. راهروها، مسیرهای عبور و شیبراههایی که به عنوان دسترس خروج یا خروج مورد استفاده قرار می گیرند، باید حداقل ۱۱۰ سانتیمتر عرض مفید داشته باشند. در تصرفهای مراقبت بازداشتی، هر طبقه از بنا باید دسته کم دو خروج مجزا و دور از هم داشته باشد. همچنین متصرفان هر منطقه دود و هر منطقه حریق باید به دو خروج مجزا و دور از هم دسترسی داشته باشند. هر منطقه حریق و هر منطقه دود که به منظور پناه دهی متصرفان در شرایط اضطراری پیش بینی شده، باید حداقل به یک خروج تائید شده راه داشته باشد. هر اتاق خواب اگر توسط درگاه خروج، مستقیماً به بیرون بنا مربوط نیست، باید به یک راهروی دسترس خروج متصل باشد و تنها وجود یک فضای واسطه، مانند اتاق فعالیتهای روزانه یا فضای فعالیتهای گروهی یا دیگر فضاهای عمومی، بین اتاقهای خواب و راهروهای دسترس خروج، مجاز خواهد بود. اتاقهای خواب یک نفره می توانند مستقیماً به این گونه فضاهای واسطه راه داشته و با آنها حداکثر یک طبقه اختلاف سطح داشته باشند. راهروها، فضاهای ارتباطی و دیگر مسیرهای عبور که به عنوان دسترس خروج مورد استفاده قرار می گیرند، نباید بن بستهایی به طول بیش از ۱۵ متر داشته باشند. در بازداشتگاهها و زندانها که آزادی حرکت محدود و انتقال بازداشتیها از بخشی به بخش دیگر، تحت نظر و کنترل نگهبانان می باشد، حداکثر طول بن بستهای ذکر شده نباید از ۶ متر بیشتر باشد. راههای دسترسی به خروجها نباید مسیر مشترکی به طول بیش از ۱۵ متر داشته باشند، مگر آنکه تمام بنا توسط شبکه بارنده خودکار تائید شده محافظت شود، که در آن صورت حداکثر طول مسیر مشترک می تواند به ۳۰ متر افزایش یابد. در مسیرهای خروج، وجود یک اتاقک بازرسی مجاز خواهد بود، مشروط بر آنکه تدابیر لازم برای عبور کنترل نشده و بدون مانع متصرفان از درون اتاقک در شرایط اضطراری، اتخاذ شود. ر تصرفهای مراقبت بازداشتی، فاصله نقاط مختلف تا درهای دسترس خروج یا خروجها، حسب مورد نباید از مقادیری که در زیر مشخص شده بیشتر باشد:

الف) طول دسترس خروج از جلوی در هر اتاق در راهرو، حداکثر ۳۰ متر.

ب) طول دسترس خروج از هر نقطه در هر فضا، حداکثر ۴۵ متر.

ج) فاصله عبوری از هر نقطه از هر اتاق خواب تا جلوی در همان اتاق در راهروی دسترس خروج، حداکثر ۱۵ متر.

موارد استثنا: در بناهایی که تماماً توسط شبکه بارنده خودکار تائید شده محافظت شوند، مقادیر مندرج در موارد "الف" و "ب" می توانند حداکثر تا ۱۵ متر افزایش یابد. در خوابگاههای نوع باز فاصله ذکر شده در بند"ج" می تواند حداکثر به ۳۰ متر افزایش یابد مشروط بر آنکه دیوارهای دور بند خوابگاه دارای ساختار دودبندی شده باشد. در مواردی که این فاصله از ۱۵ متر بیشتر باشد، حداقل دو در دسترس خروج دور از هم در خوابگاه مورد نیاز خواهد بود. در تصرفهای مراقبت بازداشتی، حیاط های داخلی نمی توانند به عنوان تخلیه خروج مورد استفاده قرار گیرند. خروجها می توانند به یک حیاط تخلیه خروج دوربندی شده با دیوار یا حصار منتهی شوند، مشروط بر آنکه حداکثر ۲ بر از ۴ بر حیاط، دیوارهای خارجی مربوط به همان بنا بوده و برهای دیگر، حصار محوطه بشمار آیند. حیاط های دوربندی شده ای که به این منظور مورد استفاده واقع شوند، باید آنچنان وسعتی داشته باشند که به ازای هر یک از متصرفان تمام بنا، معادل ۱/۵ متر مربع سطح در فاصله حداقل ۱۵ متری تا دیوارهای خارجی بنا فراهم باشد. در تصرفهای مراقبت بازداشتی تمام خروجها می توانند از طریق تخلیه خروج به بیرون بنا منتهی شوند مشروط بر آنکه حداکثر ۵۰ درصد آنها به منطقه ای که با دیوار یک ساعت مقاوم حریق مجزا گردیده، تخلیه شوند. در تصرفهای مراقبت بازداشتی، فضاهایی که فقط مورد استفاده کارمندان واقع می شوند، با رعایت ضوابط مربوطه می توانند دارای پله های مارپیچ باشند. در تصرفهای مراقبت بازداشتی، در دو طرف هر خروج افقی باید به ازای هر نفر، حداقل ۰/۶ متر مربع سطح پییش بینی شود. در تصرفهای مراقبت بازداشتی، خروجهای افقی می توانند تا ۱۰۰ درصد ظرفیت خروج مقرر شده را شامل شوند، مشروط بر آنکه حداقل یک خروج امن، غیر از خروج افقی از طریق دیگر منطقه های حریق در دسترس و قابل استفاده باشد. درهای اتاقهای خواب اشخاص مقیم در تصرفهای مراقبت بازداشتی باید حداقل ۷۰ سانتیمتر عرض مفید داشته باشد. درهایی که فضاهای

پناه دهی را به بیرون بنا مربوط می کنند، می توانند با قفل در نظر گرفته شود و قفل آنها مطابق ضوابط از راه دور کنترل و باز و بسته شود. همچنین این درها می توانند قفل کلید خور داشته باشند، مشروط بر آنکه کلید آنها همواره در اختیار و دسترس مأموران مراقب بوده و از بیرون هم قابل باز شدن باشد. هر گونه نظام کنترل از راه دور برای قفلهای واقع در راههای خروج باید همراه با تمهیدات ویژه ای که عملکرد درست و باز شدن بموقع آنها را تضمین می کند، به کار گرفته شود. همچنین در مواردی که تخلیه کامل متصرفان یک منطقه حریق به یک فضای پناه دهی، مستلزم باز کردن بیش از ۱۰ قفل کنترل از راه دور باشد، کسب موافقت و تأمین نظریات مقام قانونی مسئول الزامی است و چنانچه درها با کلید باز شوند، تنوع کلیدهای مورد نیاز، نباید از ۲ مورد بیشتر شود. هر در یا قفل که از راه دور باز شود، باید به گونه ای ساخته، نصب و نگهداری گردد که در صورت قطع برق، به روش دستی یا مکانیکی نیز قابل باز شدن باشد. همچنین برای تأمین انرژی مورد نیاز این نوع درها یا قفلها، پیش بینی ژنراتور برق اضطراری که حداکثر ۱۰ ثانیه پس از قطع برق وارد مدار شده و حداقل ۱/۵ ساعت کار کند الزامی است، مگر آنکه در کل مجموعه، تعداد درهایی که از راه دور کنترل می شوند، از ۱۰ عدد کمتر باشند. درهایی که در شرایط اضطراری قفل آنها از راه دور باز می شود، نباید در صورت بسته شدن تصادفی، دوباره قفل شوند، مگر آنکه موقعیت در به گونه ای باشد که قفل شدن آن، راه خروج عمومی را مسدود نکند. در تصرفهای مراقبت بازداشتی، راههای خروج در تمام فضاهی و محوطه هایی که در معرض استفاده و دسترس عموم قرار دارند، باید دارای علائم مناسب مطابق ضوابط باشند.

راههای شیب دار و معابر: راه شیب دار در کارگاه ساختمانی راهی است که زاویه آن با سطح افق حداکثر ۱۱/۵ درجه (شیب ۲۰ درصد) بوده و برای عبور و مرور افراد و حمل و نقل وسایل، تجهیزات و مصالح ساختمانی مورد استفاده قرار می گیرد. معابر در کارگاههای ساختمانی عبارتند از گذرگاههای افقی که بر روی زمین یا کف طبقات یا داربست ها و غیره برای عبور و مرور افراد و حمل و نقل وسایل، تجهیزات و مصالح ساختمانی مورد استفاده قرار می گیرند. راههای شیب دار و معابر باید واجد استحکام و مقاومت کافی بوده و دارای ضریب ایمنی بارگذاری حداقل ۲/۵ نسبت به حداکثر بارهای باشند. ضمناً پوشش کف این راهها و معابر باید با استفاده از مصالح مقاوم و مناسب طوری طراحی و ساخته شود که موجب لغزش و سقوط افراد نشود و در صورت استفاده از تخته چوبی برای پوشش کف، ضخامت آنها نباید از ۵ سانتیمتر کمتر باشد. همچنین اطراف باز راههای شیب دار و معابر که احتمال سقوط افراد را در بر دارد، باید با رعایت مفاد بخش مربوطه محافظت گردند.

راه شیبدار لغزنده با شیب نامناسب

راههای شیب دار و معابر که فقط برای عبور افراد ایجاد می شوند، باید دارای حداقل ۶۰ سانتیمتر عرض باشند. راههای شیب دار و معابر که علاوه بر افراد، برای عبور گاری، چرخ دستی و یا فرغون نیز مورد استفاده قرار می گیرند، باید دارای حداقل یک متر

عرض و حداکثر ۱۸ درصد شیب (زاویه حدود ۱۰ درجه) و سطح هموار باشند. فاصله عمودی بین پاگردهای متوالی سطح شیب دار نباید بیش از ۴ متر باشد. عرض راههای شیب درا و معابری که برای حمل و جابجایی وسایل سنگین یا وسایل نقلیه استفاده می شوند، نباید کمتر از ۳/۵ متر باشد، به علاوه در طرفین آن باید موانع محکم و مناسب نصب گردد. عرض راههای شیب دار که در گودبرداریها ایجاد می شود بایستی حداقل ۴ متر بوده و جداره های آن نیز به نحو مقتضی پایدار گردند.

یک نمونه راه دسترسی غیر ایمن به گودبرداری

رده بندی بتن: رده بندی بتن براساس مقاومت مشخصه آن به ترتیب زیر است: C6-C8-C10-C12-C16-C20-C25-C30-C35-C40-C45-C50 اعداد بعد از C بیانگر مقاومت فشاری مشخصه بتن بر حسب مگاپاسکال می باشند. فقط بتن ها رده C20 و بالاتر را می توان در بتن آرمه به کار برد. برای بتن های بالاتر از رده C50 علاوه بر مقررات این بخش، ضوابط ویژه دیگری نیز باید رعایت شود.

رده میلگردهای فولادی: عبارت است از عدد مقاومت مشخصه میلگرد بر حسب N/mm^2 که پس از حرف S می آید. رده های میلگردهای عبارتند از S240، S340، S400 و S500. رده میلگردها باید در تمامی اسناد فنی (دفترچه های محاسبات، نقشه ها و غیره) قید شود.

رنگ: به طور کلی، رنگ فرآورده ای است که علاوه بر منظور زیبایی، جهت حفاظت اجزای ساختمانی در برابر عوامل طبیعی از قبیل ضربه، خراش، ساییدگی، مواد شیمیایی و شرایط اقلیمی استفاده می شود. اجزای تشکیل دهنده رنگ مایع شامل رزین، رنگدانه، حلال، پرکننده و مواد کمکی است که به عنوان پوششی تزئینی یا غیر تزئینی به کار می رود. در صورتی که رنگ فاقد رنگدانه باشد به عنوان لاک قادر به حفاظت از سطح می باشد.

رنگ در تابلوها: توصیه می گردد انتخاب رنگ تابلوها با توجه به ماهیت کاربری تعیین گردد. استفاده از رنگ های متنوع و ترکیب های گوناگون رنگی هماهنگ یا متضاد، در تابلوهای کاربری های تجاری و تبلیغاتی آزاد است. در تابلوهای ساختمانهای مسکونی، اداری، درمانی، مذهبی، آموزشی، بانک ها و سایر کاربری هایی که به تشخیص مسئول اجرای مقررات فاقد روحیه تجاری و تفریحی هستند، باید حداکثر از ۲ رنگ بدون احتساب رنگهای سفید و سیاه استفاده گردد. توصیه می شود که کلیه وزارتخانه ها و دستگاههای اجرائی هر یک برای شعب، ادارات و مؤسسات ذیربط خود تابلوهای یکسان با رنگهای مشخص تهیه نمایند تا این مؤسسات بهتر و آسان تر شناخته شوند. رنگ کلیه تابلوهای ایمنی، انتظامی، راهنمای شهری و راهنمای مسیر باید طبق مقررات کنوانسیون های بین المللی و سایر مقررات داخلی منجمله جدول رنگ های ایمنی مندرج در این مقررات باشد.

رنگ عایق هادیهای مدارهای توزیع نیرو: رنگ عایق مدارهای کابلی باید به قرار زیر باشد: - قهوه ای و سیاه برای تشخیص فازها در کابلها، (در سه فاز: دو قهوه ای و یک سیاه و یک قهوه ای)- سیاه، زرد، قرمز برای تشخیص فازها، (در مدارهای متشکل از هادیهای تک رشته ای)- آبی کمرنگ برای تشخیص هادی خنثی (N) ، (در همه موارد)- سبز و زرد (راه راه) برای تشخیص هادی حفاظتی (PE) (درهمه موارد). ترجیح دارد هادی مشترک حفاظتی – خنثی (PEN) دارای عایقی به رنگ سبز و زرد (راه راه) باشد در غیر این صورت می توان این منظور از هادی با عایق آبی کمرنگ نیز استفاده کرد. در هر صورت در هر دو انتهای

هادی مشترک حفاظتی – خنثای هر مدار، باید با نصب برچسبهای مخصوص، وظیفه دوگانه هادی مشترک مشخص شود تا از ایجاد اشتباه در حین بهره برداری جلوگیری شود.

رنگ کارخانه ای برای محافظت: آماده کردن سطوح و رنگ زدن آن در کارخانه باید مطابق با مقررات اجرایی مربوط انجام شود. به جز حالتهای ویژه ای که مشخص شده باشد، کارهای فلزی که در تماس با بتن باید قرار گیرند، لازم نیست رنگ شوند. کلیه قسمتهای باقیمانده کار فلزی (به جز حالتهایی که به وضوح مستثنا شده باشد) باید رنگ زده شود. به جز سطوح تماس بقیه سطوحی که بعد از ساخت، قابل دسترسی نخواهد بود باید قبل از جمع کردن کار، تمیز و رنگ آمیزی شود. در اتصالات اتکایی (غیر اصطکاکی)، رنگ کردن سطوح تماس به طور کلی مجاز است. در اتصالات اصطکاکی شرایط لازم در سطوح تماس باید طبق مقررات مربوط به پیچهای اصطکاکی رعایت شود. سطوحی که با ماشین کردن آماده می شوند باید در مقابل خوردگی محافظت شوند، بدین منظور از یک لایه مصالح ضد زنگ که بتوان آن را قبل از نصب به آسانی بر طرف کرد یا مصالح مخصوصی که احتیاج به بر طرف کردن نداشته باشد، میتوان استفاده کرد. به جز حالتهایی که در مدار طرح و محاسبه به عنوان شرط بخصوصی قید شده باشد، کلیه سطوحی که در فاصله ۵ سانتیمتری از محل هر جوش کارگاهی قرار می گیرند، باید از موادی که به جوشکاری صدمه می‌زند و یا در حین جوشکاری گازهای سمی و مضر تولید میکند، کاملاً پاک شود.

رنگ کارگاهی: ترتیب پاک کردن سطوح و رنگ کردن در کارگاه (از نظر اینکه وظیفه کیست و چگونه انجام می‌شود) باید از قبل تعیین شده و این شرایط در مدارک طرح و محاسبه قید شده باشد.

رنگ نافذ: ← آزمایشهای غیرمخرب

رنگهای پایه آبی: منظور از رنگهای پایه آبی رنگهایی است که قابلیت رقیق شدن توسط آب را دارند. تعداد زیادی از رزینها به صورت پایه آبی تولید و در ساخت رنگها استفاده می شوند. مهمترین رنگهای پایه آبی در ایران با رزینهای پلی و ینیل استات و آکریلیک تولید می شود که تماماً بصورت امولوسیون اند. از انواع دیگر این رزینها می توان پلی یورتان و آلکیدها را نام برد.

رنگهای پایه حلالی: منظور از رنگهای پایه حلالی، رنگهایی است که در برخی حلالهای آلی محلول اند و قابلیت حل شدن در آب را ندارند. رنگهای پایه حلالی در طیف وسیعی از رزینها مانند آلکید،پلی استر، فرمالدئید اوره، فرمالدئید ملامین، فنولیک، نیتروسلولز، اپوکسی، پلی اورتان، سیلیکون، کلروکائوچو و آکریلیک (همراه با برخی رزینهای دیگر) تولید می شود. مصرف رنگهای پایه حلالی به خاطر آلودگیهای زیست محیطی در بیشتر کشورهای صنعتی ممنوع شده است.

رنگهای سنتی: این رنگها امروزه به علت دوام کم کمتر مورد استفاده قرار می گیرند. از انواع این رنگها می توان موارد زیر را نام برد: رنگ لعابی، رنگهای بر پایه سیمان، رنگهای سیلیکات سدیم

رنگهای غیر حلالی (پودری): از این رنگها برای پوشش صنعتی پروفیلها و قطعات فلزی وسایل خانگی استفاده می شود و در آن با باردار کردن سطوح و افشاندن رنگ روی آنها و سپس پخت حرارتی سیستم رنگ اعمال می شود. در این رنگها نیز از انواع رزینها مانند پلی استر و اپوکسی استفاده می شود.

رواداری اجرای چاه: در اجرای سازه چاه آسانسور با توجه به نوع سازه و پوشش دیواره ها رواداری های ذکر شده در مقررات ساختمانی لازم الاجرا می باشد. رواداری شاقول بودن دیواره های داخل چاه آسانسور مطابق جدول مربوطه میباشد، در صورتی عدم رعایت این اندازه ها ابعاد مفید چاه پس از کسر ناشاقولی ها ملاک عمل می باشد. در صورتیکه چاه دارای چند آسانسور باشد خطوط شاقولی در سمت مجاور آسانسورها باید حداقل ۲۰۰ میلیمتر فاصله داشته باشند . نظر به اینکه در سازه های مرتفع (برجها) تغییر مکان جانبی مجاز تحت تأثیر نیروهای باد در نظر گرفته می شود، لذا باید تمهیدات خاص برای این منظور در طراحی آسانسور مد نظر قرار گیرد.

رواداریهای قالب: رواداریها را باید تا حد امکان و تا جایی که اهداف پیش بینی شده برای کل سازه یا هر قسمت از آن در حدی غیر قابل مخدوش نشود، بزرگ اختیار کرد.مبنای سنجش خطاهای احتمالی (رواداریها) نقاط و خطوطی است که در شروع کار ایجاد و تا پایان کار به نحوی مقتضی حفظ می شوند. چنانچه رواداریها توسط طراح تعیین نشده باشد، انحراف ابعاد و موقعیت قالب ها نباید از حدودی معین تجاوز کند.

قالبهای تغییر شکل داده باید از کارگاه خارج و قالبهای سالم به طور مناسبی انبار شوند

روان کننده: ← مواد افزودنی چند منظوره

روانگرائی: حالتی از دگرگونی و تغییر مکان همراه با کاهش شدید مقاومت در زمین های تشکیل شده از خاکهای ماسه ای نامتراکم اشباع می باشد که بر اثر وقوع زلزله رخ می دهد.

رودخانه ای: ← دسته بندی سنگ های ساختمانی از نظر شکل ظاهری

روز درجه سرمایش: واحدی براساس دما و زمان، که برای برآورد مصرف انرژی و تعیین بار سرمایش یک ساختمان در اوقات گرما سال به کار می رود. روز درجه سرمایش برابر است با مجموع اختلاف دمای توسط روزانه نسبت به ۲۱ درجه سانتیگراد مربوط به دوره ای از سال که دمای متوسط روزانه از ۲۱ درجه سانتیگراد بالاتر است.

روز درجه گرمایش: واحدی براساس دما و زمان، که برای برآورد مصرف انرژی و تعیین بار گرمایش یک ساختمان در اوقات سرد سال به کار می رود. روز درجه گرمایش برابر است با مجموع اختلاف دمای متوسط روزانه نسبت به ۱۸ درجه سانتیگراد مربوط به دوره ای از سال که دمای متوسط روزانه از ۱۸ درجه سانتیگراد پائین تر است.

روش اندازه گیری: روش اندازه گیری مربوط به تراز نوفه زمینه، زمان واخنش و شاخص کاهش صدای وزن یافته جدارها، باید براساس استانداردها و آئین نامه های معتبر داخلی یا بین المللی نظیر ISO انجام شود

روش ضدعفونی کردن: ابتداد باید لوله کشی با آب آشامیدنی کاملاً شستشو داده شود و داخل لوله ها از مواد زائد و زیان آور کاملاً پاک گردد. شستشو باید تکرار شود تا آب خروجی از دهانه های باز کاملاً تمیز و عاری از موارد زائد و آلوده گردد. سپس لوله کشی باید با محلول کلر ۵۰ میلی گرم در لیتر (50PPM) پر شود و همه شیرها و دهانه های باز به مدت ۲۴ ساعت بسته شود. می تواند مدت ضدعفونی را ۳ ساعت و غلظت محلول کلر را ۲۰۰ میلی گرم در لیتر (200PPM) تعیین کرد. پس از آن باید لوله کشی را از محلول کلر خالی کرد و با آب آشامیدنی دوباره شستشو کرد تا زمانی که آب خروجی از دهانه های باز بدون کلر باشد. پس از انجام کامل عمل ضد عفونی باید نمونه آب برای آزمایش میکرب شناسی برداشته شود. اگر نتیجه آزمایش نشان دهد که هنوز در لوله ها یا دیگر اجزای لوله کشی آلودگی باقی است، باید با تأیید مقام مسئول امور ساختمان، عمل ضدعفونی به ترتیب بالا تکرار شود.

روش های تعیین نسبت های اختلاط: برای بتن های رده C12 و پایین تر می توان نسبت های اختلاط را براساس تجارب قبلی و بدون مطالعه آزمایشگاهی تعیین کرد. برای بتن های پایین تر از رده C20 ، می توان «نسبت های اختلاط استاندارد» مطابق دفترچه مشخصات فنی عمومی را ملاک قرار داد مشروط بر آنکه مصالح مصرفی استاندارد باشند. برای بتن های رده C20 و بالاتر، تعیین نسبت های بهینه اختلاط باید از طریق مطالعات آزمایشگاهی و با در نظر گرفتن ضوابط براساس دوام صورت گیرد. این مطالعات ممکن است قبل از شروع عملیات اجرایی توسط طراح انجام پذیرد و نتیجه به دست آمده به عنوان «نسبت های اختلاط مقرر» در دفترچه مشخصات فنی خصوصی درج شود، یا توسط مجری به انجام رسد و نتیجه به دست آمده به عنوان «نسبت های اختلاط تعیین شده» به کار رود.

روش های عمل آوردن: برای حفظ رطوبت بتن و نیز در صورت لزوم نگهداری آن در دمایی مساعد می توان از یکی از روش های زیر استفاده کرد: ۱- هر روشی که به تداوم حضور آب اختلاط در بتن در دوره سخت شدن اولیه منجر شود، مانند استفاده از آب پاشی یا پوشش های خیس اشباع شده. ۲- هر روشی که به وسیله آن ار کاهش آب اختلاط از طریق پوشاندن یا اندود کردن سطح آن جلوگیری کند، مانند استفاده از نایلون، کاغذهای ضد آب یا کاربرد ترکیبات عمل آورنده غشایی. ۳- هر روشی که به کمک آن کسب مقاومت بتن از طریق دادن گرما یا رطوبت تسریع شود، مانند استفاده از بخار یا قالب های گرم، مشروط بر آنکه بر ویژگی ها و پایانی بتن اثر نامطلوب نداشته باشد.

روشنایی چاه: روشنایی چاه آسانسور باید به نحو مطلوب تامین گردد. دو عدد چراغ در فاصله ۰/۵ متر از بالاترین و پایین ترین نقطه چاه و مابقی چراغها به فواصل حداکثر ۷ متر با حفاظ و قابلیت روشن و خاموش شدن از موتورخانه و چاهک باید نصب شود. مدار تغذیه سیستم روشنایی موتورخانه، روشنایی چاه و پریزهای برق باید طوری در نظر گرفته شود که در صورت قطع مدار تغذیه آسانسور به منظور تعمیرات احتمالی و موارد دیگر، مدار تغذیه آنها برقرار بماند.

روشنایی راههای خروج: روشنایی راههای خروج باید به گونه ای طرح و تنظیم شود که در مواقعی از شبانه روز که بنا مورد تصرف است، روشنایی به طور مداوم و پیوسته برقرار باشد و متصرفان بتوانند راه را به درستی تشخیص داده و و مسیر خروج را به راحتی طی کنند. حداقل شدتروشنایی راههای خروج در سطح کف هیچ نقطه ای از جمله گوشه ها، تقاطع کریدورها، راه پله ها، پاگردها و پای درهای خروج نباید کمتر از ۱۰ لوکس باشد. در تصرفهای تجمعی، در حین اجرای تئاتر یا نمایش فیلم و اسلاید، شدت روشنایی کف راههای دسترس خروج، استثنائاً می تواند به حداقل ۲ لوکس کاهش داده شود. تعداد و موقعیت منابع روشنایی و طرح نور پردازی باید به گونه ای باشد که با خارج شدن یک چراغ یا منبع روشنایی از مدار، هیچ قسمت از راه خروج در تاریکی فرو نرود. برق مورد نیاز برای روشنایی مسیرهای خروج باید از منبعی مداوم و مطمئن تأمین شود. در مواردی که حفظ تداوم روشنایی مسیرهای خروج به تعویض منبع تأمین برق بستگی یابد، این تعویض باید طوری پیش بینی شود که وقفه محسوسی در روشنایی راههای خروج ایجاد نگردد. چنانچه از ژنراتورهای اظطراری استفاده می شود، شبکه باید بطور خودکار عمل نموده و وقفه ایجاد شده در روشنایی، از ۱۰ ثانیه بیشتر نشود. ژنراتورهای برق اضطراری باید بتوانند به مدت حداقل ۱/۵ ساعت، شدت روشنایی مقرر شده را تأمین کنند. پس از گذشت این زمان، شدت روشنایی می تواند به ۶ لوکس افت کند. سیستم روشنایی اضطراری باید از نوع عملکرد پیوسته یا از نوع عملکرد خودکار بدون واسطه و خود تکرار انتخاب شود. در مواردی که برای روشنایی اضطراری راههای خروج، از نیروی باطری کمک گرفته شود، نحوه طراحی سیستم، نوع باطریها و چگونگی شارژ شدن آنها باید به تائید مقام قانونی مسئول برسد.

روشهای تأمین هوای لازم برای احتراق و تهویه: شرایط مذکور در این بند به دستگاههایی مربوط می‌شود که در داخل ساختمان کار گذارنده شده یا برای احتراق، تهویه و رقیق سازی گازهای دودکش آنها از هوای داخل ساختمان استفاده می‌گردد. این شرایط در موارد زیر به کار نمی رود: ۱) دستگاههای گازسوزی که سیستم هوارسانی و دودکش آنها مستقیماً به خارج ساختمان متصل شده است و تمام هوای لازم برای احتراق آنها از فضای خارج سیستم تامین گشته و نیز تمام گازهای دودکش در فضای خارج ساختمان آزاد گردد. ۲) دستگاههای حرارتی گازسوزی که در خارج ساختمان قرار می گیرند و دارای محفظه کامل سربسته ای به شکل جزئی از کوره باشد و از هوای خارجی ساختمان برای احتراق و رقیق سازی گازهای دودکش استفاده می کند (مانند سوناهای گازی). دستگاههای گازسوز باید در محلی نصب گردند که تعویض هوا در آن محل به قدری باشد که در شرایط کار معمولی دستگاهها، احتراق رضایت بخش گاز، تخلیه مناسب گازهای دودکش و پایدار ماندن درجه حرارت محیط را امکان پذیر سازد. دستگاهها باید طوری قرار گیرند که باعث از بین رفتن جریان مناسب هوا در محیط بسته ای که در آن قرار دارند نگردند. در ساختمانهایی که منافذ آنها در خارج به حدی است که نفوذ معمولی هوا به آنها برای تامین هوای لازم دستگاه کافی نمی باشد، باید به روشهای مختلف، هوای کافی به آنها وارد نمود.

روشهای طراحی عایقکاری حرارتی: طراحی و تعیین میزان عایقکاری حرارتی پوسته خارجی ساختمانها به دو روش امکانپذیر است. روش کارکردی که در تمامی حالات قابل استفاده است و مبنای آن میزان کل نیاز انرژی سالانه است. روش تجویزی که

تنها در مورد خانه هایی ویلایی، واحدهای واقع در آپارتمانهای مسکونی با زیربنای کل کمتر از ۱۰۰۰ متر مربع و همچنین ساختمانهای گروه ۳ از نظر میزان صرفه جویی در مصرف انرژی قابل استفاده است.

روی: روی فلزی است با ته رنگ آبی و جلا دار. در گرمای تا ۱۰۰ درجه سلسیوس ترد است و در گرمای ۱۰۰ تا ۲۵۰ درجه سلسیوس از تردی آن کاسته شده و می توان به آن شکل داد، آن را نورد کرد و به شکل سیم کشید. در گرمای تا ۳۰۰ درجه سلسیوس به اندازه ای ترد می شود که می توان آن را کوبید و از آن گرد ساخت. روی برای پوشاندن ورق، لوله و سایر قطعات فولادی و نیز جلوگیری از زنگ زدن آن مصرف می شود. این قبیل محصولات به آهن سفید شهرت دارند. در جاهای نمناک از ورق، لوله، پیچ مهره و میخ فولادی روی اندود استفاده می کنند تا زنگ نزند.

ریلهای راهنما: اجزای فلزی با مقطع T هستند که برای هدایت کابین یا وزنه تعادل (در صورت وجود) بکار میروند.

ز (زاویه شیب پیاده رو متحرک - زیرزمین)

زاویه شیب پیاده رو متحرک: زاویه شیب پیاده رو متحرک حداکثر ۱۲ درجه نسبت به سطح افق میباشد.

زمین (جرم کلی زمین): جرم هادی زمین است که پتانسیل همه نقاط آن به طوری قرار دادی برابر صفر انتخاب می‌شود.

زنگ زدایی و رنگ آمیزی: کلیه قطعات فولادی باید دارای نوعی حفاظت در مقابل خوردگی باشند. در مورد استفاده سازه های فولادی تابع این مقررات از پوشش به وسیله رنگ آمیزی با رعایت ضوابط این بخش جهت حفاظت در مقابل خوردگی استفاده می شود. برای موثر بودن پوشش رنگ، سطح فولاد قبل از رنگ آمیزی باید به وسیله عملیات آماده سازی از هر گونه آلودگی، زنگ و آثار ناشی از برشکاری و جوشکاری پاکسازی شود. زنگ زدایی فلزی می تواند بسته به مشخصات فنی طرح به وسیله برس سیمی و یا روش ماسه پاشی تحت فشار و یا ساچمه زنی صورت گیرد. برای دیدن جزئیات نیازمندی های روش های فوق می توان به یکی از استانداردهای معتبر بین المللی مراجعه نمود. سطح فلز برای عملیات زنگ زدایی و رنگ آمیزی باید خشک باشد. برای جلوگیری از میعان بخار آب، لازم است درجه حرارت سطح مورد نظر حداقل ۳ درجه سانتیگراد از نقطه شبنم محیط بالاتر باشد. سطوح آماده شده به وسیله عملیات زنگ زدایی را باید بلافاصله به وسیله لایه ای از ضد زنگ برای مدت محدودی که از مقادیر زیر تجاوز ننماید، محافظت نمود. این لایه که قبل از نصب و مونتاژ و رنگ آمیزی دائم اجرا می شود، باید حداقل ۲۰ میکرون ضخامت داشته باشد: شصت روز برای محیط با رطوبت نسبی کمتر از ۶۰٪ . سی روز برای محیط با رطوبت نسبی بین ۶۰٪ تا ۷۵٪ . پانزده روز برای محیط با رطوبت نسبی بین ۷۵٪ تا ۸۵٪ . در صورت تجاوز از مدت های فوق و یا در صورت مشاهده زنگ زدگی پیش از رنگ آمیزی اصلی، باید عملیات زنگ زدایی تکرار شود. رنگ آمیزی می تواند به صورت کامل در کارگاه ساخت انجام شود و یا به صورت لایه مقدماتی در کارگاه ساخت و لایه نهایی در پای کار و یا پس از نصب، اجرا گردد. رنگ هر لایه پوشش باید با لایه قبلی تفاوت داشته باشد به نحوی که بتوان ضخامت هر لایه رابه درستی اندازه گیری نمود. نوع، ضخامت و تعداد لایه های رنگ و روش زنگ زدایی باید در مدارک ضمیمه قرار داد یا مشخصات فنی به وضوح ذکر گردد. ضخامت رنگ آمیزی بدون احتساب لایه ضد رنگ می باشد. جوش ها و یا قسمتهای جوش شده فولادی نباید قبل از پاک شدن و رویت و تصویب ناظر، رنگ آمیزی شوند. در قطعات مرکب بتن و فولاد در صورتیکه فولاد با هر نوع پوششی محافظت شده باشد، لازم است از چسبندگی مناسب بتن و فولاد اطمینان حاصل شود، در غیر ازن صورت لایه پوششی باید قبل از بتن ریزی زدوده شود. هرگاه ناحیه ای از رنگ به سطح زیر خود نچسبیده باشد و علائمی مانند تاول زدن، ترک خوردگی و یا ورقه شدن را نشان دهد، این رنگ باید به طور کامل برداشته شود و مجدداً آماده سازی شوند و سپس به گونه ای رنگ آمیزی شوند که همپوشانی مناسبی با ناحیه رنگ شده مجاور برقرار شود. در صورتیکه در هنگام حمل و نصب قطعات، رنگ آنها آسیب ببیند باید عملیات لکه گیری با همپوشانی حداقل ۵ سانتیمتر از طرفین ناحیه آسیب دیده بر روی رنگ سالم صورت گیرد. پس از پایان رنگ آمیزی در صورت عدم یکنواختی در رنگ، مناطقی که دارای ضخامت رنگ کمتر از حد مورد نظر هستند باید مجدداً آماده سازی شوند و سپس به گونه ای رنگ آمیزی شوند که همپوشانی مناسبی با ناحیه رنگ شده مجاور برقرار شود. هرگاه

ضخامت لایه رنگ خشک از مقادیر مندرج در مشخصات فنی طرح کمتر باشد، فقط در صورتی می توان بر لایه قدیمی دوباره رنگ آمیزی نمود که این لایه بی عیب و یا رفع عیب شده باشد. برای عملیات ترمیم و لکه گیری باید دستور کار دقیق و رنگ مخصوص از طرف ناظر مشخص شود.

رنگ آمیزی با ضد زنگ

زوایه شیب: حداکثر زاویه ای است که پله یا تسمه نسبت به سطح افق می سازد.
زیرزمین: قسمتی از ساختمان که تمام یا بخشی از آن پائین تر از کف زمین طبیعی قرار گرفته و به عنوان طبقه به حساب نیاید.

س (ساخت - سینک)

ساخت: شرایط مربوط به اجرا و نوع کار برای ساخت سازه ای که به روش مقاومت نهایی طرح و محاسبه شده نیز با توجه به محدودیت های زیر صادق می باشد:
الف) از لبه برش شده با قیچی در محل مفصلهای خمیری (که تحت اثر دوران زوایه ای از بارگذاری ضریبدار قرار می گیرد) باید پرهیز شود. در غیر این صورت باید لبه ها به وسیله تراشیدن ، سنگ زدن و ماشین کردن کاملا صاف شود.
ب) در محل فصلهای خمیری (که تحت اثر دوران زاویه ای از بارگذاری ضریبدار قرار می گیرد) سوراخهای پیچ و پرچ باید پیش منگنه شده، سپس برقو زده شود یا از مته برای سوراخ کامل استفاده گردد.
ساخت و تولید مصالح در کارگاه: چنانچه برخی از مواد و مصالح و فرآورده های ساختمانی در کارگاه و محل مصرف تولید شود باید برای حفظ جان کارگران هنگام بهره گیری از تجهیزات تولید، تدابیر ایمنی لازم به عمل آید. مواد و مصالح و فرآورده های ساختمانی تولیدی درکارگاه باید ویژگیهای استاندارد مطابقت داشته باشد.
ساختگاه ساختمانهای آجری با کلاف: احداث ساختمانهای مشمول این فصل بر روی زمینهای ناپایدار یا در معرض سیل، مجاز نمی باشد. منظور از زمین ناپایدار زمینی است که احتمال وقوع پدیده هایی مانند آبگونگی، نشست زیاد، سنگ ریزش و زمین لغزش در آن وجود داشته باشد یا اینکه زمین متشکل از خاک رس حساس باشد.
ساختمان: بنایی واحد که وجه های بیرونی آن در سطح و ارتفاع، از زیر پی تا بالاترین نقطه، یک پوسته معماری بسته را تشکیل دهد.
ساختمان آجری با کلاف: ساختمانی است که با آجری ساخته شده در آن بارهای قائم و جانبی توسط دیوارها تحمل می شود و کلاف بندی برای یکپارچه عمل کردن ساختمان تعبیه می شود.

ساختمان ویژه: بنایی که طرح معماری یا سازه یا تأسیسات مکانیکی و یا تأسیسات برقی آن دارای پیچدگی یا حساسیت خاص می باشد و بنا بر ضرورت نیاز به طراحی یا محاسبه یا کنترل دقیق شرایط هوا، دما، رطوبت، پاکیزگی، فشار نسبی، صدا، ولتاژ و فرکانس خاص در یک یا چند رشته ساختمانی دارد و موارد استفاده آن نیز خاص است.

ساختمان ویلایی: ساختمان مستقلی است که فقط یک واحد مسکونی دارد.

ساختمانهای آجری بدون کلاف: منظور از ساختمان بنایی سنتی آجری، ساختمانی است که با آجر ساخته شده و در آن تمام بارهای قائم و جانبی، توسط دیوارهای آجری تحمل می شود . احداث ساختمانهای بنایی سنتی آجری، یکپارچگی خود را در برابر حرکت های ناشی از زلزله حفظ نمی کنند. به همین علت احداث چنین ساختمان هایی توصیه نمی شود. ساختمانهای مشمول این فصل رفتاری ترد داشته و ساخت آنها در مناطق با خطر نسبی زیاد و خیلی زیاد ممنوع می باشد. ساخت این گونه از ساختمانها با رعایت ضوابط این فصل که بتوانند یکپارچگی نسبی خود را در مقابل نیروهای قائم حفظ نماید و مقاومت لازم را در برابر زلزله های خفیف تا متوسط را داشته باشند بلامانع است. ضوابط این فصل به مسایل اجرایی و مصالح ساختمانهای بنایی سنتی آجری محدود می شود. احداث این ساختمانها بر روی زمینهای ناپایدار یا در معرض سیل، مجاز نمی باشد. منظور از ززمین ناپایدار زمینی است که احتمال وقوع پدیده های مانند آبگونگی، سنگ ریزش و زمین لغزش در آن وجود داشته باشد یا اینکه زمین متشکل از خاک رس حساس باشد.

ساختمانهای اداری: این گروه شامل ساختمانهایی است که از مجموعه ای دفاتر کار (به صورت اتاق یا آپارتمانهای مجزا یا مرتبط یا یکدیگر) تشکیل شده و به منظور انجام خدمات اداری، تجاری، پزشکی، مشاوره ای و غیره مورد استفاده قرار می گیرند. وزارتخانه ها، مؤسسات اداری و تجاری خصوصی و دولتی، بانکها و ساختمانهای پزشکان از جلمه ساختمانهای این گروه می باشند.

ساختمانهای آموزشی و فرهنگی: این ساختمانها در بر گیرنده اتاقهای متعدد یا انواع دیگر فضاهای داخلی است که در هر یک عده ای به منظور فراگیری علوم و فنون گردهم می آیند. از جمله این ساختمانها می توان به مدارس آمادگی، ابتدایی، راهنمایی و متوسط، هنرستانهای حرفه ای، دانشگاهها و مدارس عالی، مراکز آموزشی اختصاصی وزارتخانه ها و مؤسسات اشاره نمود.

ساختمانهای با اهمیت زیاد: این گروه شامل چهار دسته زیر است:

الف) «بناهای ضروری» که قابل استفاده بودن آنها پس از وقوع زلزله اهمیت خاص دارد و وقفه در بهره برداری از آنها بطور غیر مستقیم موجب افزایش تلفات و خسارات در نواحی زلزله زده می شود مانند بیمارستانها و درمانگاهها، مراکز آتش نشانی، مراکز و تأسیسات آب رسانی، نیروگاهها و تأسیسات برق رسانی، برجهای مراقبت فرودگاهها، مراکز مخابرات، رادیو و تلویزیون، تأسیسات انتظامی و مراکز کمک رسانی و بطور کلی تمام ساختمانهایی که استفاده از آنها در نجات و امداد مؤثر می باشد.

ب) ساختمانهایی که خرابی آنها موجب تلفات زیاد می شود مانند مدارس، مساجد، استادیومها، سینماها و تاترها، سالنهای اجتماعات، فروشگاههای بزرگ، ترمینالهای مسافری، یا هر فضای سر پوشیده که محل تجمع بیش از ۳۰۰ نفر در زیر یک سقف باشد.

پ) ساختمانهایی که خرابی آنها سبب از دست رفتن ثروت ملی می گردد. مانند موزه ها، کتابخانه ها و بطور کلی مراکزی که در آنها اسناد و مدارک ملی و یا آثار پرارزش نگهداری می شود.

ت) ساختمانها و تأسیسات صنعتی که خرابی آنها موجب آلودگی محیط زیست و یا آتش سوزی وسیع می شود مانند پالایشگاهها، انبارهای سوخت و مراکز گاز رسانی.

ساختمانهای با اهمیت کم: این گروه شامل دو دسته زیر می باشد: الف - ساختمانهایی که خسارت نسبتاً کمی از خرابی آنها حادث می شود و احتمال بروز تلفات در آنها بسیار کم است. ب - ساختمانهای موقت که مدت بهره برداری از آنها از ۲ سال است.

ساختمانهای با اهمیت متوسط: در این گروه ساختمانهایی قرار دارند که خرابی آنها تلفات و خسارات قابل توجه بوجود می آورد مانند ساختمانهای مسکونی و اداری و تجاری، هتلها، پارکینگهای چند طبقه و آن دسته از ساختمانهای صنعتی که جزو گروه ساختمانهای با اهمیت زیاد نمی باشد.

ساختمانهای با پیچهای پرمقاومت: کلیه قسمتهایی که توسط پیچ به هم متصل می شوند باید در ضمن نصب با گذاردن پین یا پیچ و مهره موقت نسبت به هم کاملاً تثبیت و سوراخها هم راستا شوند. استفاده از وسایل نصب و نگهداری موقت نباید به سوراخهای پیچ صدمه زند و یا آن را گشاد کند. عدم همر استایی سوراخهای قطعات در یک اتصال موجب مردود شدن اتصال خواهد بود و در این مورد استفاده از برش شعله برای گشاد کردن سوراخها مجاز نیست، لیکن می تواند ۱۵ درصد سوراخها را بر قو زد. برقوزنی نباید قطر سوراخ را بیش از ۵ میلیمتر افزایش دهد. در حالتی که ضخامت قطعه از قطر اسمی پیچ به اضافه ۲ میلیمتر بیشتر نباشد، می توان سوراخ پیچ را توسط منگنه کردن ایجاد کرد. اگر ضخامت از قطر پیچ به اضافه ۲ میلیمتر بیشتر باشد بیاد سوراخها با مته ایجاد شود و یا با قطری کوچکتر پیش منگنه شده، سپس مته کاری شود. قطر سوراخ در حالتهای پیش منگنه و یا پیش مته کردن باید حداقل ۲ میلیمتر از قطر اسمی پیچ کوچکتر باشد. به طور کلی سوراخ کردن ورقهای ضخیمتر از ۱۲ میلیمتر و یا از فولاد پر مقاومت و خاص باید با مته ایجاد شود. در اتصال پیچ پر مقاومت، سطوحی که در تماس با سرپیچ و یا مهره آن قرار می گیرند نباشد شیبی بیش از یک بیستم نسبت به صفحه عمود بر محور پیچ داشته باشند. در صورت عدم تأمین شرط اخیر باید با استفاده از واشر شیبدار، موازی نبودن سطوح را جبران کرد. قطعاتی که با پیچ پرمقاومت به یکدیگر متصل می شوند، باید کاملاً به هم جفت شده باشند و نباید واشرهای پرکننده یا هر نوع مصالح تغییر شکل پذیر دیگری بین آنها گذارنده شود، لیکن استفاده از ورقهای پر کننده با مقاومت نظیر قطعات اتصال و ضخامت یکنواخت مجاز است. هنگامی که قطعات نصب می شوند، باید کلیه سطوح اتصال (شامل سطوح مجار کلیه پیچ ها و طرف مهره‌ها) از قستمهای پوسته شده و دیگر موارد زاید عاری باشد، مخصوصاً سطوح تماس اتصالات اصطکاکی باید کاملاً تمیز باشد و اثری از پوسته زنگ، رنگ، لاک، انواع روغن و مصالح دیگر در آنها وجود نداشته باشد. پیچهای پرمقاومت را باید مطابق با مشخصات مندرج در استاندارد مربوط مورد استفاده قرار داد.

ساختمانهای بهداشتی، درمانی و مراقبتی: این گروه شامل ساختمانهایی است که برای معالجه، استراحت و یا مراقبت از افراد اعم از عادی یا بیماران خاص و کسانی که بدلیل شرایط جسمی یا روانی قادر به مراقبت از خود نیستند مورد استفاده قرار می گیرند. بیمارستانهای معمولی و تخصصی، مهدکودکها، شیرخوارگاهها و خانه ها سالمندان در این گروه قرار می گیرند.

ساختمانهای تجاری و مراکز تجاری و داد و ستد: این گروه شامل ساختمانهایی است که بعنوان مراکز خرید و فروش کالا و نمایش اجناس مورد استفاده قرار گرفته و از مجموعه ای مرکب از سالن های تجمع و گاهی خدمات جانبی نظیر امکانات تفریحی، رستوران، آموزشی، مراقبت از اطفال و غیره تشکیل می گردد. مراکز خرید بزرگ، فروشگاههای بزرگ و بسیار بزرگ، پاساژها، بازارچه ها از جمله ساختمانهای این گروه می باشند.

ساختمانهای خاص: ساختمانهایی که خارج از تعاریف فوق قرار گرفته و دارای کاربردهای خاص هستند در این گروه قرار می گیرند. این ساختمانها معمولاً مورد مراجعه عموم مردم نیستند ولی کاربردهای خاص آنها ایجاب می نماید که مانند ساختمانهای عمومی ضرایب ایمنی بالاتری در سیستم لوله کشی گاز آنها و همچنین نصب تجهزات گازسوز اعمال گردد. از جمله این ساختمانها می توان به محلهای کار با مواد خطرناک یا ذخیره سازی این مواد، مراکز نگهداری اسناد مهم، مراکز امنیتی و حساس را نام برد.

ساختمانهای خشتی: اصولا ساختمانهای خشتی بدون کلاف، یکپارچگی خود را در برابر حرکتهای جانبی ناشی از زلزله حفظ نمی کنند. به همین علت احداث چنین ساختمانهای توصیه نمی شود. در این فصل به تعیین حداقل ضوابط و مقررات به منظور طرح و اجرای ساختمانهای خشتی پرداخته می شود به طوری که در طول عمر بنا، اجزای ساختمان یکپارچگی نسبی خود را در مقابل نیروهای قائم حفظ نماید و حداقل مقاومت لازم در برابر زلزله های خفیف تا متوسط را داشته باشد. ساخت این نوع ساختمانها در مناطق با خطر نسبی زیاد و خیلی زیاد ممنوع می باشد.

ساختمانهای سنگی: منظور از ساختمانهای سنگی ساختمانهایی هستند که دیوارهای باربر آنها از سنگ و ملات ساخته شده و به شیوه های مقرر در این فصل تقویت شده باشد اصولا ساختمانهای سنگی بدون کلاف، یکپارچی خود را در برابر حرکتهای جانبی ناشی زا زلزله حفظ نمی کنند. به همین علت احداث چنین ساختمانهایی توصیه نمی شود. در این فصل به تعیین حداقل ضوابط و مقررات به منظور طرح و اجرای ساختمانهای سنگی پرداخته می شود به طوری که در طول عمر بنا، اجزای ساختمان یکپارچگی نسبی خود را در مقابل نیروهای قائم حفظ نماید و حداقل مقاومت لازم در برابر زلزله های خفیف تا متوسط را داشته باشد. ساخت این نوع ساختمان ها در مناطق با خطر نسبی زیاد و خیلی زیاد ممنوع می باشد.

ساختمانهای عمومی: ساختمانهایی که مورد استفاده و مراجعه عموم مردم می باشد. این گروه شامل انواع گوناگون ساختمانهایی است که در آنها خدمات عمومی ارائه می‌شود و بعبارت دیگر ساختمانهایی هستند که بوسیله عموم مردم مورد مراجعه و استفاده قرار می گیرند. خصوصیت عمده مشترک در اغلب ساختمانهای عمومی حضور همزمان عده زیادی بحالت تجمع یا پراکنده در فضاهای داخلی این ساختمانهاست. معمولا ساختمانهای عمومی راههای خروجی عادی یا اضطراری معدودی دارند. حضور افراد در این ساختمانها ممکن است کوتاه مدت بوده و یا مدت طولانی ادامه پیدا کند ولی بهرحال کاربران ساختمانها معمولاً فرصت آشنایی کافی با جزئیات داخلی ساختمان را پیدا نمی کنند. برخی از ساختمانهای عمومی توسط خردسالان، بیماران و سالمندان مورد استفاده قرار می گیرد. مجموعه خصوصیات فوق و عوامل متعدد دیگری که در مورد انواع سخاتمانها متفاوت هستند ایجاب می نماید که در ساختمانهای عمومی ضرایب ایمنی بالاتری در مقابل خطرات ناشی از اتفاقات غیر مترقبه یا استفاده از نادرست از گاز طبیعی اعمال گردد. از جمله با توجه به خطرات اصلی مترتب بر کاربرد غلط گاز طبیعی مانند آتش سوزی، انفجار و گاز زدگی و یا انواع حوداثی که ممکن است در ساختمانهای عمومی روی دهد و منجر به آسیب رساندن به شبکه لوله کشی گاز ساختمان گردد و همچنین مواردی که حاضرین در ساختمان مجبور به فرار دستجمعی و هجوم به طرف راههای خروج می گردند، مشاورین موظف می باشند کلیه احتمالات فوق را مدنظر قرار داده و علاوه بر مندرجات این بخش، در صورت ضرورت سایر شرایط ویژه ساختمان را نیز در ارتباط با خطرات گاز بررسی نمایند.

ساختمانهای محل پذیرائی و اقامت موقت: ساختمانهایی که به صورت مجموعه ای از اتاقها یا آپارتمانهای محل اقامت موقت افراد و فاقد امکانات آشپزی در هر واحد اقامتی میباشند در این گروه قرار می گیرند.هتلها، مسافرخانه ها، زائر سراها، مهمانسراهای عمومی یا اختصاصی، خوابگاههای دانشجویی، متل های بین شهری از جمله ساختمانهای این گروه می باشند. مجتمع اقامتی که مرکب از تعدادی واحدهای ویلائی مستقل هستند، اگر با تشخیص مشاور در این گروه قرار نگیرند در گروه ساختمانهای مسکونی قرار می گیرند.

ساختمانهای محل تجمع: این ساختمانها محل تجمع عده ای از مردم می باشند که به منظورهای خاص نظیر برگزاری مراسم مذهبی، تفریحی، مطالعه، ورزش، سرگرمی و یا انتظار در طول مسافرت گردهم می آیند. از جمله این ساختمانها می توان مساجد، سینماها، تئاترها، سالنهای سخنرانی، مراکز همایش های تخصصی، تالارهای اجرای موسیقی، نمایشگاههای آثار هنری، موزه ها، کتابخانه ها، رستورانها، سالنهای ورزشی، اماکن تفریحی کودکان، پایانه های مسافری و حمل و نقل زمینی و هوایی را ذکر نمود.

ساختمانهای مسکونی: این گروه شامل ساختمانهایی است که بمنظور سکونت مورد استفاده قرار می گیرد.یک ساختمان مسکونی ممکن است از یک تا چند صد واحد مسکونی را شامل شود و معمولا هر واحد مسکونی دارای آشپزخانه مستقل بوده ولی سیتسم گرمایش آن ممکن است مستقل و یا با واحدهای دیگر مشترک باشند.

ساختمانهای منظم: به گروهی از ساختمانها اطلاق می شود که دارای کلیه ویژگیهای زیر باشند:

الف) منظم بودن پلان: پلان ساختمان دارای شکل متقارن و یا تقریباً متقارن نسبت به محورهای اصلی ساختمان باشد که معمولاً عناصر مقاوم در برابر زلزله در امتداد آن محورها قرار دارند و در صورت وجود فرورفتگی یا پیشامدگی در پلان، اندازه آن در هر امتداد از ۲۵ درصد بعد خارجی ساختمان در آن امتداد تجاوز ننمایند. در هر طبقه فاصله بین مرکز جرم و مرکز سختی در هر یک از دو امتداد متعامد ساختمان از ۲۰ درصد بعد ساختمان در آن امتداد بیشتر نباشد. تغییرات ناگهانی در سختی دیافراگم هر طبقه نسبت به طبقه مجاور از ۵۰٪ بیشتر نبوده و مجموع سطوح بازشو در هر کف از ۵۰٪ سطح کل دیافراگم تجاوز ننماید. در مسیر انتقال نیروی جانبی به زمین انقطاعی مانند تغییر صفحه اجزای باربر جانبی در طبقات وجود نداشته باشد.

ب) منظم بودن درارتفاع: ۱- توزیع جرم در ارتفاع ساختمان تقریباً یکنواخت باشد بطوریکه جرم هیچ طبقه ای، به استثنای بام و خرپشته بام نسبت به جرم طبقه زیر خود بیشتر از ۵۰٪ تغییر نداشته باشد.۲- سختی جانبی در هیچ طبقه ای کمتر از ۷۰٪ سختی جانبی طبقه روی خود و یا کمتر از ۸۰٪ متوسط سختی سه طبقه روی خود نباشد.۳- مقاومت جانبی هیچ طبقه ای کمتر از ۸۰٪ مقاومت جانبی طبقه روی خود نباشد. مقاومت هر طبقه برابر با مجموع مقاومت جانبی کلیه اجزای مقاومی است که برش طبقه را در جهت مورد نظر تحمل می نماید.

ساختمانهای نامنظم: ساختمانهای نامنظم به ساختمانهایی اطلاق می شود که مشمول ضوابط مربوط به ساختمانهای منظم نباشند.

ساده (پوش باتن): در این نوع، آسانسور به اولین احضار پاسخ داده و تا انجام این فرمان، احضارهای بعدی بی تاثیر است. این سیستم که ساده ترین است برای مکانهای کم ترافیک، آسانسورهای باربر و بیمار (مخصوص حمل تخت یا بارنکارد) با تعداد طبقات کم مناسب است. دگمه احضار در طبقات، تکی است.

ساروج: از ملاتهای ساروج سرد و گرم به شرح زیر می توان در اندودکاری و آب بندی قسمتهای مختلف ساختمان استفاده کرد.

ساروج سرد: ملات ساروج سرد از اختلاط ۱۰ حجم گرد آهک شکفته، ۷ حجم خاکستر الک شده، یک حجم خاک رس، یک حجم ماسه بادی و ۳۰ تا ۵۰ کیلوگرم لویی یا پشم بز (برای هر متر مکعب ملات)، آب مقدار کافی و ورز دادن آنها به دست می آید.

ساروج گرم: ساروج های گرم در واقع نوعی ملات آهک آبی هستند که از پختن و آسیاب کردن سنگهای آهکی رس دار وافزودن آب به آن دست می آیند.

سازه مخزن ذخیره آب: مخزن ذخیره آب باید در برابر اثر آب مقاوم باشد. اگر مخزن ذخیره آب فولادی است، باید سطوح داخلی و خارجی آن گالوانیزه باشد. اگر مخزن ذخیره آب فولادی غیر گالوانیزه یا غیر فولادی باشد، باید سطوح داخلی و خارجی آن با مواد مناسب، که در رنگ، طعم، بو و گوارا بودن آب اثر نگذارد و ایجاد مسمومیت نکند، اندود شود. اندود داخل مخزن نباید مواد سربی داشته باشد. مخزن ذخیره آب باید دریچه آدم رو داشته باشد تا بازرسی و تعمیر داخلی آن امکان داشته باشد. دریچه آدم رو مخزن ذخیره آب باید، در زمان بسته بودن، کاملاً هوا بند باشد. این دریچه باید دور از دسترس اشخاص غیر مسئول باشد و در برابر نفوذ مواد آلوده و حشرات و کرم ها کاملاً حفاظت شود. روی لوله ورود آب به مخزن باید یک شیر قطع و وصل و یک شیر کنترل، از نوع شناور و یا نوع دیگر، نصب شود تا از سر ریز و اتلاف آب جلوگیری شود. لبه زیر دهانه لوله ورود آب به مخزن باید دست کم ۴۰ میلی متر از روی دهانه لوله سرریز بالاتر باشد تا فاصله هوایی لازم تأمین شود. قطر نامی لوله سرریز باید دست کم دو برابر قطر لوله ورود آب به مخزن ذخیره باشد. روی لوله سرریز نباید هیچ شیری نصب شود. لوله سرریز مخزن نباید از جنس قابل انعطاف باشد. انتهای لوله سرریز باید دست کم ۱۵۰ میلی متر بالاتر یا دورتر از کف شوی یا هر نقطه تخلیه دیگر باشد. انتهای لوله سرریز نباید قابل اتصال به شلنگ باشد و برای توری مقاوم در برابر خوردگی داشته باشد. لوله سرریز باید در مسیری کشیده شود که احتمال یخ زدن نداشته باشد، یا آن که با عایق گرمایی در برابر یخ زدن حفاظت شود. لبه زیر دهانه سرریز باید دست کم ۴۰ میلی متر از حداکثر سطح آب بالاتر باشد. مخزن ذخیره آب باید لوله هواکش داشته باشد تا فشار داخل مخزن را یک آتمسفر کند. قطر نامی لوله هواکش باید دست کم برابر قطر نامی لوله ورود آب به مخزن باشد و دهانه انتهای آن توری مقاوم در برابر خوردگی داشته باشد. مخزن ذخیره آب باید در پایین ترین نقطه، لوله تخلیه آب داشته باشد که با باز کردن شیر آن بتوان تمام آب مخزن را تخلیه کرد. لوله تخلیه مخزن نباید از جنس قابل انعطاف باشد. انتهای لوله تخلیه باید دست کم ۱۵۰ میلی متر بالاتر و دورتر از کف شوی یا هر نقطه تخلیه دیگر باشد. انتهای لوله تخلیه نباید قابل اتصال به شلنگ باشد و باید با توری مقاوم در برابر خوردگی محافظت شود. لوله تخلیه باید در مسیری کشیده شود که احتمال یخ زدن نداشته باشد. روی لوله ورودی آب به مخزن باید شیر قطع و وصل نصب شود. اگر حجم مخزن بیش از ۱۰۰۰ لیتر باشد، دهانه خروجی و دهانه ورودی آب باید در دو سمت مخزن و در مقابل هم قرار گیرند تا از راکد ماندن آب جلوگیری شود. اگر گنجایش مخزن آب بیش از ۴۰۰۰ لیتر باشد، باید به جای مخزن دست کم دو مخزن به طور موازی نصب شود تا هنگام تعمیر یا تمیز کردن یکی از مخازن، آب قطع نشود. در این حالت هر مخزن باید به طور جداگانه و مستقل به شیرهای ورودی و خروجی آب، شیر کنترل، شیر تخلیه، لوله سرریز و لوله هواکش مجهز باشد.

سازه ساختمانهای آجری با کلاف: در مورد اجزای سازه ای ساختمانهای مشمول این فصل رعایت موارد کلی زیر الزامی است:

سازه علائم تصویری و تابلو: وسیله نگهدارنده سطح آگهی علائم تصویری و تابلوست.

سازه موقت: سازه موقت سازه ای است که برای تجهیز کارگاه و در جهت اجرای عملیات اصلی و حفاظتی به صورت موقت اجرا می شود.

سازه های غیرساختمانی: به کلیه سازه ها، به جز سازه هایی که به طور معمول در ساختمانها به کار برده می شود، اطلاق می گردد.

سایبان: سایبانها برای کنترل میزان تابش آفتاب به سطوح نورگذر ساختمان به کار می روند. لزوماً در همه مناطق اقلیمی به وجود سایبان نیاز نخواهد بود. برای تعیین نیاز به وجود سایبان باید اقلیم منطقه بطور دقیق مطالعه شود تا اوقات گرم سال در منطقه مورد نظر تعیین شود. در صورت وجود اوقات گرم باید در جبهه های مختلف ساختمان با توجه به اوقات گرم سال و زوایای تابش خورشید در اوقات مزبور زاویه سایبان افقی یا عمودی تعیین شود. به این ترتیب در اوقات مزبور تمامی سطح پنجره در سایه قرار گرفته و مانع از ورد تابش خورشید به داخل و افزایش دما و ایجاد شرایط نامطلوب حرارتی در فضای داخل می شود. استفاده از عایق حرارت در پوسته خارجی ساختمان سبب می شود که حرارت حاصل از منابع گرمایشی طبیعی نظیر انرژی تابشی خورشید، گرمای حاصل از ساکنین و گرمای حاصل از وسایل الکتریکی در فضای داخل باقی بماند و به عنوان منبع گرمایش کمکی مورد استفاده قرار گیرد. در نتیجه اگر در مناطق با نیاز سرمایی زیاد بر روی پنجره ها سایبان مناسب پیش بینی نشود، در اوقات گرم سال نه فقط دمای داخل طاقت فرسا شده، بلکه بار برودتی ساختمان نیز به مقدار قابل توجهی افزایش یافته و انرژی زیادی برای تأمین سرمایش لازم خواهد بود. برای پیشگیری از این امر باید روی پنجره های ساختمانهای واقع در این مناطق سایبانی با عمق مناسب تعبیه گردد. منظور از عمق مناسب سایبان، عمقی است که در اوقات گرم سال از تابش خورشید به داخل ممانعت به عمل آید و در اوقات سرد برای استفاده از گرمای تابشی خورشید امکان ورود تشعشع خورشید به داخل فراهم شود.

سایر روشهای برش: سایر روشهای برش مثل برش پلاسما و یا گوج به شرط انطباق با شرایط مندرج در بند برش گرمایی و تأیید دستگاه نظارت امکانپذیر است. به صاف و پرداخت کردن لبه های بریده شده توسط شعله، احتیاجی نیست مگر اینکه لزوم آن در مدارک طرح و محاسبه برای قسمتهای بخصوص مشخص شده باشد و یا جزء عمل آماده کردن لبه برای جوشکاری قید شده باشد. پخ زنی لبه ها باید به کمک برش حرارتی و یا سنگ زنی و یا براده برداری انجام شود و استفاده از دستگاه پخ زن که با ساز وکار لهیدگی عمل می نماید مجاز نیست.

سایش و فرسایش: در اثر عبور وسایط نقلیه و یا حرکت آب از روی سطح بتن، آسیب دیدگی به صورت جدا شدن ذراتی از سطح بتن آغاز و در نهایت به از بین رفتن قسمتی از بتن منجر می شود. با افزایش مقاومت فشاری بتن می توان مقاومت سایشی آن را افزایش داد. در بعضی موارد سطح بتن دچار تخریب می شود و این امر بویژه در کف محوطه های صنعتی مشکلاتی را به وجود می آورد. در سازه های آبی دانه های شن و ماسه موجود در آب جاری ممکن است موجب سایش سطوح شوند.

سبک دانه ها: سبک دانه ها به واسطه داشتن تخلخل زیاد دارای توده ویژه کمتری نسبت به سنگدانه های معمولی هستند و عمدتاً در ساخت اعضای سبک ساختمان و یا قطعات عایق حرارتی از آنها استفاده می شود. این سنگدانه ها خود در دو نوع طبیعی و مصنوعی به شرح زیر تقسیم می شوند. سبکدانه های طبیعی ممکن است منشاء آتشفشانی یا غیر آتشفشانی داشته باشند، مانند دیاتومه، سنگ پا، پوکه سنگ و برخی توفها. سبکدانه های مصنوعی با استفاده از مواد خام مختلف مانند خاک رس، سنگهای رسی، سنگ لوح، پرلیت، ورمیکولیت، سرباره کوره آهنگدازی طی فرآیندی به صورت منبسط شده تولید می شوند. همچنین برخی از جوشهای صنعتی و دانه های با منشاء آلی می توانند در این گروه قرار گیرند.

ستون در برابر حریق: در ستون های ساختمان های با مدت زمان مقاومت در برابر حریق ۹۰ دقیقه یا بیشتر، ملاحظات زیر باید رعایت شود: لاغری ستون ها به عدد ۵۰ محدود می گردد.درصد فولاد ستون ها (غیر از محل وصله ها) به دو درصد محدود می شود. میلگردهای طولی باید در امتداد وجوه ستون توزیع شده و میلگردهای عرضی نیز در محیط و سطح میانی مقطع توزیع شوند. برای محصور کردن بتن و آرماتورهای طولی نباید فقط به خاموت های محیطی اکتفا شود بلکه باید سنجاق ها و خاموت های میانی نیز به طور همزمان در آنها به کار برده شود.

سرب: سرب فلزی است به رنگ خاکستری مایل به آبی. به آسانی بریده شده و خراش برمی دارد. سنگین ترین و نرم ترین فلز صنعتی است. سرب را می توان به آسانی شکل داد و به صورت سرد، قابلیت برش، چکش خواری، تا خوردن، نورد و منگنه دارد و می توان آن را لحیم کرد و جوش داد. ورق سرب به عنوان مغزی عایقهای پیش ساخته و همچنین آب بندی سر ناودانها، کنارها و کنجهای بام مصرف می شود. در کارخانه های شیشه سازی، اتاقهای عکسبرداری پزشکی و همچنین محل کار کردن با پرتوهای عناصر رادیواکتیو، دیوارها، کف و سقف آنها را با ورقهای سربی می پوشانند. از ورق سربی برای تراز کردن خرپاها و تیرهای فولادی به عنوان زیرسری استفاده می شود. ← *اتصال در لوله کشی آب باران ساختمان*

سرباره کوره آهنگدازی: ← آجر ماسه آهکی

سرتراش: ← دسته بندی سنگ های ساختمانی از نظر شکل ظاهری

سرتراش گونیا شده: ← دسته بندی سنگ های ساختمانی از نظر شکل ظاهری

سرریز: آن دسته از لوازم بهداشتی که ممکن است دهانه تخلیه فاضلاب آن ها، با درپوش موقّتی مسدود شود، باید سرریز داشته باشند.سرریز باید در ارتفاعی باشد که، در زمان بسته بودن درپوش، سطح آب هرگز نتواند از تراز سرریز بالاتر رود، و هنگام باز شدن درپوش و تخلیه آب، هیچ آبی در مجاری سرریز باقی نماند. لوله تخلیه آب سرریز باید به لوله فاضلاب خروجی از لوازم بهداشتی، قابل از سیفون، متصّل شود. سرریز آب فلاش تانک توالت یا پیسوار باید در داخل همان لوازم بهداشتی بریزد که این فلاش تانک برای شستشوی آنها نصب شده است.

سرسره فرار: سطح لغزنده ای که به منظور فرار به خارج از ساختمان طراحی شده باشد. طرح و نصب سرسره های فرار در راههای خروج، فقط در مواردی مجاز خواهد بود که در ضوابط اختصاصی راههای خروج بر حسب نوع تصرف، بطور مشخص استفاده از آنها بلامانع اعلام شود. سرسره های فرار به هر حال باید مود تائید مقام قانونی مسئول قرار گیرند. جانشین نمودن سرسره فرار به عوض "خروجهای الزامی"، در تمام موارد منوط به تائید مقام قانونی مسئول و رعایت تمام مقررات عمومی مربوط به خروجها در این مقررات خواهد بود. همچنین هر سرسره فرار برای حداکثر ۶۰ نفر در نظر گرفته شود. در هر بنا و در هر بخش از یک بنا، سرسره های فرار نباید بیش از ۲۵ درصد کل ظرفیت خروجهای الزامی را به خود اختصاص دهند، مگر آنکه در بخش ضوابط اختصاصی راههای خروج بر حسب نوع تصرف، به گونه دیگری تصریح شده باشد.

سرویسهای ساختمان: برای اطلاع از نظرات، مقررات و دستورالعملهای مقامات تأمین کننده سرویسهای ساختمان نظیر برق، تلفن و غیره، باید به موقع اقدام شود و تماس و همکاری لازم تا خاتمه کار ادامه یابد. رعایت مقررات هر کدام از سازمانها مخصوصاً رعایت قانون حریم برق اجباریست.

سختی طبقه: برابر جمع سختی جانبی اعضای قائم باربر جانبی است. برای محاسبه این سختی ها می توان تغییر مکان جانبی واحدی را در سقف طبقه مورد نظر وارد کرد در حالتی که کلیه طبقات زیرین بدون حرکت باقی بمانند.

سطح تراز بحرانی: حداقل ارتفاعی است که یک مانع برگشت جریان یا خلاء شکن باید بالاتر از تراز سرریز لوازم بهداشتی و هر مصرف کننده دیگر آب، نصب شود. اگر پایین تر از آن نصب شود ممکن است برگشت جریان اتفاق بیفتد. در صورتی که سازنده این تراز را مشخص نکرده باشد، باید زیر مانع برگشت جریان یا خلاء شکن را سطح تراز بحرانی آن گرفت.

سطح حرارتی: سطوحی از دستگاه گازسوز است که گرما را از شعله یا گازهای دودکش می گیرد و به موادی مانند هوا و آب، که باید گرم شوند منتقل می نماید.

سطح خالص: سطح خالص هر طبقه از ساختمان فقط به فضاهای قابل تصرف گفته شده و سطوح مربوط به فضاهای عمومی و ارتباطی و ضخامت دیوارها را شامل نمی گردد.

سطح علائم تصویری و تابلو: سطح یکپارچه درون قاب و سازه علائم تصویری و تابلو یا در صورت نبود قاب، سطح یکپارچه آگهی پیام آن است.

سطح مفید کابین: سطح مفیدی است که برای ایستادن مسافر و یا گذاشتن بار به کار گرفته میشود و مقدار آن متناسب با ظرفیت بار یا مسافر محاسبه میشود .

سفال: فرآورده ساختمانی است که با استفاده از خاک رس، شیل و یا مواد مناسب که منشاء رسی دارند در دمای بیش از $93\ ^{\circ}C$ پخته می شود و در ساخت دیوارهای باربر و غیر باربر، پوشش بام و . . . استفاده می شود. سفال بر حسب محل استفاده به گروههای با مپوش سفالی، سفال دیواری (غیر باربر) و سفال نما و سفال سقف تقسیم می شود. ← بامپوش سفالی

سفال دیواری (غیر باربر): این نوع سفال برای ساخت دیوارهای جداگر و دیوارهای مقاوم در برابر آتش مناسب است و به صورت سوراخ دار ساخته می شود.

سفال سقف: سفال سقف برای پر کردن بین تیرچه ها به کار می رود. شکل و ابعاد آن مشابه بلوکهای سقفی سیمانی است. لبه سفالهای سقفی باید سالم بوده و بخوبی روی لبه تیرچه ها بنشیند.

سفال نما: سفال نمای ساختمانی، سفالی است که بدون نیاز به اندودکاری یا پوشش با مصالح دیگر، برای ساخت دیوارهای داخلی، خارجی و جداگرها به مصرف می رسد.

سقف اشتغال: چنانچه کارشناسان شاغل در شرکت که ظرفیت اشتغال به کار حقیقی آنان به صورت حقوقی محاسبه گردیده است یا شرکت با رعایت ضوابط و مقررات قانونی از ادامه همکاری با شاغلین انصراف حاصل نمایند مراتب حداکثر ظرف مدت یک هفته کتباً به وزارت مسکن و شهرسازی اعلام گردیده و ظرفیت اشتغال به کار شرکت مجدداً تعیین و به مرجع صدور پروانه ساختمان اعلام خواهد شد و ظرفیت اشتغال به کار استفاده شده توسط شاغلین در شرکت که از محل پروانه حقیقی به صورت حقوقی بوده است نیز عیناً از سقف اشتغال به کار شخص حقیقی کسر خواهد گردید.

سقف ساختمانهای آجری با کلاف: سقف ساختمانهای مشمول این بخش می تواند به صورت تخت، شیبدار و قوسی با رعایت شرایط زیر ساخته شود. سقفهای مربوط به ساختمانهای خشتی با رعایت ضوابط مربوط می تواند در ساختمانهای مشمول این بخش نیز اجرا شود. بخش طره ای سقف باید همزمان با سقف اجرا شده و تیرهای آن ادامه تیرهای سقف باشد.در مواردی که اجرای سقفهای طاق ضربی یا تیرچه بلوک مد نظر باشد، باید شرایط زیر مورد هر یک رعایت گردد:

الف) سقفهای طاق ضربی: فاصله بین تیرآهن های سقف از ۱ متر بیشتر نشود. تیرآهن های سقف باید در فواصل حداکثر ۲ متر توسط تیر آهن های عرضی (حداکثر یک شماره کمتر از تیرآهن اصلی) که در دل تیرآهن های سقف قرار می گیرند، به یکدیگر متصل گردند. لازم است انتهای تیرآهن های سقف توسط تیرآهن های دیگری که در امتداد عمود بر تیرهای سقف هستند، به یکدیگر متصل شوند.تیرآهن های سقف به گونه مناسبی به کلاف افقی متصل شوند.تیرآهن انتهایی سقف باید در چشمه های ۱ متری، حداقل به صورت یک چشمه در میان، با تسمه یا میلگرد به شکل ضربدری به تیرآهن کناری خود مهار شود.تکیه گاه مناسبی برای پاطاق آخرین دهانه طاق ضربی تعبیه گردد. این تکیه گاه می تواند با قرار دادن یک پروفیل فولادی و اتصال آن با کلاف زیر خود یا با جاسازی در کلاف بتنی تأمین شود. چنانچه این تکیه گاه فولادی باشد باید با میلگردها یا تسمه های کاملا کشیده و مستقیم در دو انتهای تیر و همچنین در فواصل کمتر از ۲ متر به آخرین تیرآهن سقف متصل گردد. حداقل سطح مقطع میلگرد یا تسمه که برای مهاربندی ضربدری تیرآهن های سقف یا استوار کردن آخرین دهانه به کار می رود، میلگرد با قطر ۱۴ میلیمتر یا تسمه معادل آن می باشد.

ب) سقفهای تیرچه بلوک: تیرچه های سقف به نحو مناسبی به کلاف افقی متصل شوند.میلگرد مورد استفاده در بتن پوشش سقف حداقل به قطر ۶ میلیمتر به فواصل حداکثر ۲۵ سانتیمتر در جهت عمود بر تیرچه ها، قرار داده شود. بتن پوشش روی بلوکها حداقل دارای ۵ سانتیمتر ضخامت باشد.در صورت تجاوز دهانه تیرچه ها از ۴ متر، تیرچه ها به وسیله کلاف عرضی مقطع آن حداقل ۱۰ سانتیمتر باشد به هم متصل شوند. این کلاف باید دارای حداقل ۲ میلگرد آجدار سراسری به قطر ۱۰ میلیمتر (یکی در بالا و یکی در پائین مقطع کلاف) باشد. در صورت وجود طره در سقف، لازم است حداقل به اندازه میلگردهای پایین در بالا و به طول حداقل ۱/۵ متر تعبیه شود.

پ) سقف کاذب: سقف کاذب سقفی است که وزن آن از طریق اتصال به سیستم باربر ساختمان به آن منتقل شده و بین آن و سقف اصلی فضای خالی به وجود می آید.سقفهای کاذب به صورت مستوی یا غیر مستوی ساخته می شوند.سقف کاذب باید از مصالح سبک ساخته شده و قاب بندی آن به گونه مناسبی به دیوار یا کلاف بندی ساختمان متصل گردد تا ضربه تکانهای ناشی از زلزله در آنها، موجب خرابی دیوارهای مجاور نگردد.در اجرای سقف کاذب رعایت موارد زیر الزامی است: آویزها در سقفهای کاذب به سازه اصلی ساختمان (دیوارهای باربر، کلافهای و یا سقف) متصل گردند. از آویزهایی استفاده شود که مقاومت کافی داشته و در برابر عوامل خورنده و زنگ زدگی مقاوم باشند. تعداد و فاصله آویزها بسته به نوع پوشش سقف کاذب برآورد شود، اما در هر حال نباید از ۳ عدد در هر متر مربع سقف کمتر باشد.آویزها باید شاقولی و صاف بوده و با اتصالات مناسب به سازه اصلی متصل شوند.بار وارد از طرف آویزها از باری که سقف براساس آن طراحی شده تجاوز نکند.مقاطع نیمرخهای اصلی و فرعی افقی که برای نگه داشتن سقفهای کاذب به کار می روند باید با محاسبه تعیین شود ولی به هر حال سطح مقطع نیمرخهای اصلی و فرعی از هر لحاظ نباید به ترتیب از سطح مقاومت میلگردهای فولادی ۱۰و ۶ کمتر باشد. سقفهای کاذب باید در برابر نیروهای جانبی

مقاوم باشند.در صورتی که تأسیسات حرارتی در فضای بین سقف اصلی و سقف کاذب قرار می گیرد، ایجاد درز انبساط در اطراف سقف کاذب به منظور تأمین جا برای تغییر مکانهای حرارتی ضروری است.

سقف ساختمانهای آجری بدون کلاف: سقف ساختمانهای مشمول این فصل می تواند به صورت تخت، شیبدار و قوسی با رعایت شرایط زیر ساخته شود. در زیر سقف یک کلاف افقی فولادی از تیرآهن حداقل نمره ۱۲ و یا معادل آن با یک کلاف افقی بتنی با عرض حداقل مساوی ضخامت دیوار و ارتفاع ۱۵ سانتیمتر و با حداقل چهار میلگرد طولی نمره ۱۰ و میلگردهای عرضی نمره ۶ به فاصله حداکثر ۲۰ سانتیمتر، اجرا شود. هنگام اجرای کلاف سقف، تدابیر لازم برای اتصال مناسب آن به تیرهای سقف اتخاذ گردد. سقفهایمربوط به ساختمانهای خشتی با رعایت ضوابط مربوط می تواند در ساختمانهای مشمول این فصل نیز اجرا شود.بخش طره ای سقف باید همزمان با سقف اجرا شده و تیرهای آن ادامه تیرهای سقف باشد. در مواردی که اجرای سقفهای طاق ضربی یا تیرچه بلوک مد نظر باشد، باید شرایط زیر در مورد هر یک رعایت گردد:

الف) سقفهای طاق ضربی: ۱- فاصله بین تیرآهنهای سقف از ۱ متر بیشتر نشود. ۲- تیرآهن های سقف باید در فواصل حداکثر ۲ متر توسط تیرآهن های عرضی (حداکثر یک شماره کمتر از تیرآهن سقف) که در دل تیرآهن های سقف قرار می گیرند، به یکدیگر متصل گردند. ۳- لازم است انتهای تیرآهن های سقف توسط تیرآهن های دیگری که در امتداد عمود بر تیرهای سقف هستند، به یکدیگر متصل شوند. ۴- تیرآهن های سقف به گونه مناسبی به کلاف افقی متصل شوند. ۵- تیرآهن انتهایی سقف باید در چشمه های ۱ متری، حداقل به صورت یک چشمه در میان، با تسمه یا میلگرد به شکل ضربدری به تیرآهن کناری خود مهار شود.۶- تکیه گاه مناسبی برای پاطاق آخرین دهانه طاق ضربی تعبیه گردد. این تکیه گاه می تواند با قرار دادن یک پروفیل فولادی و اتصال آن با کلاف زیر خود یا با جاسازی در کلاف بتنی تأمین شود. چنانچه این تکیه گیاه فولادی باشد باید با میلگردها یا تسمه های کاملا کشیده و مستقیم در دو انتهای تیر و همچنین در فواصل کمتر از ۲ متر به آخرین تیرآهن سقف متصل گردد. ۷- حداقل سطح مقطع میلگرد یا تسمه که برای مهار بندی ضربدری تیرآهن های سقف یا استوار کردن آخرین دهانه به کار می رود، میلگرد با قطر ۱۴ میلیمتر یا تسمه معادل آن می باشد.

ب) سقفهای تیرچه بلوک: ۱- تیرچه های سقف به نحو مناسبی به کلاف افقی متصل شوند. ۲- میلگرد مورد استفاده در بتن پوشش سقف حداقل به قطر ۶ میلیمتر به فواصل حداکثر ۲۵ سانتیمتر در جهت عمود بر تیرچه ها، قرار داده شود. ۳- بتن پوشش روی بلوکها حداقل دارای ۵ سانتیمتر ضخامت باشد. ۴- در صورت تجاوز دهانه تیرچه ها از ۴ متر، تیرچه ها به وسیله کلاف عرضی که عرض مقطع آن حداقل ۱۰ سانتیمتر باشد به هم متصل شوند. این کلاف باید دارای حداقل ۲ میگرد آجدار سراسری به قطر ۱۰ میلیمتر (یکی در بالا و یکی در پائین مقطع کلاف) باشد. ۵- در صورت وجود طره در سقف، لازم است حداقل به اندازه میلگردهای پایین در بالا هم تعبیه شود. حداقل طول این میلگردها ۱/۵ متر باشد.

سقف ساختمانهای خشتی: سقف ساختمان های خشتی می تواند به یکی از روشهای تخت، قوسی یا شیب دار ساخته شود. تبصره: استفاده از سقف شیبدار ناشی از اختلاف ارتفاع دیوارهای نگهدارنده سقف مجاز نمی باشد.

الف) سقف تخت: سقف تخت از نوع چوبی متشکل از تیر، پوشش از تخته، نی یا نظایر آن، غوره گل و اندود کاهگل می باشد. تیرهای اصلی سقف باید روی تکیه گاه چوبی یکسره (در طول دیوار) قرار گرفته و به آن متصل گردد.تیرهای چوبی سقف باید در روی دیوارها به وسیله چارچوب چوبی افقی مهار شوند. برای اتصال تیرهای چوبی باید از میخ های چوبی یا فولادی که اتصال مناسب را تأمین می کند استفاده شود.حداکثر فاصله محور تا تیرهای اصلی نباید از ۶۰ سانتیمتر بیشتر باشد.تیرهای اصل سقف باید از هر طرف ساختمان حداقل ۳۰ سانتیمتر و حداکثر ۶۰ سانتیمتر به صورت طره ادامه یابند. در صورتی که مقطع تیرهای سقف مدور باشد، باید به صورت سر و ته کنار هم قرار گیرند. روی تیرها به وسیله تخته هایی با ضخامت حداقل یک سانتیمتر یا مصالح مناسب دیگر به صورت کاملا به هم چسبیده پوشیده شود.روی تخته ها با غوره گل به ضخامت حداکثر ۱۰ سانتیمتر پوشیده شود. به منظور عایق کاری، روی غوره گل، با کاهگل به ضخامت حداکثر سه سانتیمتر اندود شود. برای عایق کاری مجدد لایه کاهگلی قبلی باید برداشته شود.

ب) سقف شیبدار: سقف شیبدار متشکل از خرپاهای چوبی، تیرچه های فرعی و پوشش مناسب روی تیرچه های فرعی می باشد.حداکثر فاصله خرپاها از یکدیگر ۴/۵ متر می باشد. خرپاهای چوبی شامل اعضای فوقانی، تحتانی و اعضای مورب و یا قائم

متصل کننده اعضای فوقانی و تحتانی می باشند. اعضای فوقانی و تحتانی خرپاها باید از چوب هایی با قطر حداقل ۸ سانتیمتر باشد. اعضای مورب و یا قائم باید از چوب هایی با قطر حداقل ۵ سانتیمتر و طول حداکثر ۱/۲ متر باشد. فاصله مرکز به مرکز تقاطع های موجود روی اعضای فوقانی و تحتانی حداکثر ۱/۲ متر باشد.اعضای مورب باید به طور مناسبی به اعضای فوقانی و تحتانی متصل شوند. همواره باید امتداد تمام اعضا در یک محل اتصال از یک نقطه به نام مفصل بگذرد. تیرچه ها باید به نحو مناسبی به اعضای فوقانی متصل شوند. فاصله محور به محور تیرچه ها نباید بیشتر از ۶۰ سانتیمتر باشد. پوشش های سقف شیبدار: پوشش روی تیرچه ها باید به روش مناسبی مانند یکی از موارد زیر انجام پذیرد: ورقهای فلزی موجدار . تخته های نازک و ملات گل آهک و سفال بام پوشش. تخته های نازک و غوره گل و اندود کاهگل. پوشش فلزی. در این نوع پوشش روی تیرچه با استفاده از ورقهای فلزی موجدار پوشانده می شود. این ورقها باید به وسیله پیچهای خم شده (پیچ سرخم) و واشرهای لاستیکی جهت آب بندی به تیرچه ها وصل شوند. پوشش سفالی: در این نوع پوشش روی تیرچه ها باید با تخته هایی به ضخامت حداقل یک سانتیمتر کاملا پوشیده شود. تخته ها با میخ های چوبی یا فلزی به تیرچه ها وصل می شوند.زهوار نگهدارنده سفال ها باید توسط میخ به تخته ها متصل گردد. سفال ها باید چنان قرار داده شوند که همپوشانی مناسب جهت آب بندی سقف را داشته باشند. پوشش غوره گل: در این نوع پوشش روی تیرچه ها باید با تخته های به ضخامت حداقل یک سانتیمتر کاملا پوشیده شوند. تخته ها باید با میخ های چوبی یا فلزی به تیرچه ها وصل شوند. روی تخته ها با استفاده از غوره گل به ضخامت حداکثر ۱۰ سانتیمتر اجرا می شود. پ) سقف قوسی: سقف قوسی از نوع خشتی، آجری یا چوبی می باشد. این سقف ها می توانند به شکل استوانه ای یا گنبدی ساخته شوند. سقف های قوسی روی چارچوب چوبی قرار می گیرند که باید به طور مناسب به آن وصل شوند. پوشش روی این سقفها باید به روش مناسبی مانند اندود کاهگل یا آجر فرش با ملات نیمچه کاه اجرا شود.حداقل بلندی قوس های استوانه ای برای دهانه های کناری باید برابر نصف دهانه و برای دهانه های میان یک سوم دهانه باشد. به منظور جذب نیروی رانش افقی باید به یکی از شیوه های زیر عمل شود: چارچوب چوبی در جهت دهانه قوس باید به فاصله هر ۱/۵ متر به وسیله یک عضو افقی (کش) در جهت عمود بر محور قوس تقویت شود. کش می تواند از چوب با قطر حداقل ۷ سانتیمتر باشد.دیوارهای کناری باید به فاصله هر ۱/۵ متر توسط پشت بند مناسبی تقویت شوند.سقف های گنبدیسقف های گنبدی باید دارای پلان دایره ای یا چند ضلعی منتظم باشند. حداقل بلندی قوس های این نوع سقف ها یک سوم دهانه گنبد است. در این قبیل سقف ها لازم است یک کلاف چوبی پیوسته بر روی دیوارها و زیر گنبد تعبیه گردد.

سقف ساختمانهای سنگی: سقف ساختمان های سنگی می تواند به یکی از روشهای تخت، قوسی،گنبدی، استوانه ای یا شیب دار ساخته شود. تبصره: استفاده از سقف شیبدار ناشی از اختلاف ارتفاع دیوارهای نگهدارنده سقف مجاز نمی باشد.

الف) سقف تخت: سقف تخت از نوع چوبی متشکل از تیر، پوشش از تخته، نی یا نظایر آن، غوره گل و اندود کاهگل می باشد.تیرهای اصلی سقف باید روی تکیه گاه چوبی یکسره (در طول دیوار) قرار گرفته و به آن متصل گردد. تیرهای چوبی سقف باید در روی دیوارها به وسیله چارچوب چوبی افقی مهار شوند. برای اتصال تیرهای چوبی از میخ های چوبی یا فولادی که اتصال مناسب را تأمین می کند استفاده شود.حداکثر فاصله محور تا محور تیرهای اصلی نباید از ۶۰ سانتیمتر بیشتر باشد.تیرهای اصلی سقف باید از هر طرف ساختمان حداقل ۳۰ سانتیمتر و حداکثر ۶۰ سانتیمتر به صورت طره ادامه یابند. در صورتی که مقطع تیرهای سقف مدور باشد، باید به صورت سر و ته کنار هم قرار گیرند.روی تیرها به وسیله تخته هایی با ضخامت حداقل یک سانتیمتر یا مصالح مناسب دیگر به صورت کاملا به هم چسبیده پوشیده شود. روی تخته ها با غوره گل به ضخامت حداکثر ۱۰ سانتیمتر پوشیده شود. به منظور عایق کاری، روی غوره گل، با کاهگل به ضخامت حداکثر سه سانتیمتر اندود شود. برای عایق کاری مجدد لایه کاهگل قبلی باید برداشته شود.

ب) سقف شیبدار: سقف شیبدار متشکل از خرپاهای چوبی، تیرچه های فرعی و پوشش مناسب روی تیرچه های فرعی می باشد.حداکثر فاصله خرپاها از یکدیگر از ۴/۵ متر می باشد. خرپاهای چوبی شامل اعضای فوقانی، تحتانی و اعضای مورب و یا قائم متصل کننده اعضای فوقانی و تحتانی می باشند. اعضای فوقانی و تحتانی خرپاها باید از چوب هایی با قطر حداقل ۸ سانتیمتر باشد.اعضای مورب و با قائم از چوب هایی با قطر حداقل ۵ سانتیمتر و طول حداکثر ۱/۲ متر باشد.فاصله مرکز به مرکز تقاطع های موجود روی اعضای فوقانی و تحتانی حداکثر ۱/۲ متر باشد. اعضای مورب باید به طور مناسبی به اعضای فوقانی و تحتانی

شوند. همواره باید امتداد تمام اعضا در یک محل اتصال از یک نقطه به نام مفصل بگذرد.تیرچه ها باید به نحو مناسبی به اعضای فوقانی متصل شوند.فاصله محور به محور تیرچه ها نباید بیشتر از ۶۰ سانتیمتر باشد.پوشش های سقف شیبدار: پوشش روی تیرچه ها باید به روش مناسبی مانند یکی از موارد زیر انجام پذیرد: ورقهای فلزی موجدار. تخته های نازک و ملات گل آهک و سفال بام پوش. تخته های نازک و غوره گل واندود کاهگل. پوشش فلزی. در این نوع پوشش روی تیرچه ها با استفاده از ورقهای فلزی موجدار پوشانده می شود. این ورقها باید به وسیله پیچهای خم شده (پیچ سرخم) و واشرهای لاستیکی جهت آب بندی به تیرچه ها وصل شوند. ۱- پوشش سفالی: در این نوع پوشش روی تیرچه باید با تخته هایی به ضخامت حداقل یک سانتیمتر کاملا پوشیده شود. تخته ها بامیخ های چوبی یا فلزی به تیرچه ها وصل شوند. زهوار نگهدارنده سفال ها باید توسط میخ به تخته ها متصل شوند. سفال ها باید چنان قرار داده شوند که همپوشانی مناسب جهت آب بندی سقف را داشته باشند. ۲- پوشش غوره گل: در این نوع پوشش روی تیرچه ها باید تخته هایی به ضخامت حداقل یک سانتیمتر کاملا پوشیده شوند. تخته ها باید با میخ چوبی یا فلزی به تیرچه ها وصل شوند. روی تخته ها با استفاده از غوره گل به ضخامت حداکثر ۱۰ سانتیمتر به طور کامل پوشیده شده و روی غوره گل اندود کاهگل به ضخامت حداکثر سه سانتیمتر اجرا می شود.

پ) سقف قوسی: سقف قوسی از نوع خشتی، آجری یا چوبی می باشد. این سقف ها می توانند به شکل استوانه ای یا گنبدی ساخته شوند. سقف های قوسی روی چارچوب چوبی قرار می گیرند که باید به طور مناسب به آن وصل شوند. پوشش روی این سقفها باید روش مناسبی مانند اندود کاهگل یا آجر فرش یا ملات نیمچه کاه اجرا شود.

ت) سقف استوانه ای: حداقل بلندی قوس های استوانه ای برای دهانه های کناری باید برابر نصف دهانه و برای دهانه های میانی یک سوم دهانه باشد. به منظور جذب نیروی رانش افقی باید به یکی از شیوه های زیر عمل شود: ۱- چارچوب چوبی در جهت دهانه قوس باید به فاصله هر ۱/۵ متر به وسیله یک عضو افقی (کش) در جهت عمود بر محور قوس تقویت شود. کش می تواند از چوب با قطر حداقل ۷ سانتیمتر باشد. ۲- دیوارهای کناری باید به فاصله هر ۱/۵ متر توسط پشت بند مناسبی تقویت شوند.

ث) سقف گنبدی: سقف های گنبدی باید دارای پلان دایره ای یا چند ضلعی منتظم باشند. حداقل بلندی قوسی های این نوع سقف ها یک سوم دهانه گنبدی است. در این قبیل سقف ها لازم است یک کلاف چوبی پیوسته بر روی دیوارها و زیر گنبد تعبیه گردد.

سلول فتوالکتریک: در تمام مواردی که از نیروی برق برای باز و بسته شدن در استفاده می شود (مانند درهای مجهز به سلول فتوالکتریک،درهای دارای پادری فشاری و غیره)، در باید به گونه ای طرح، نصب و نگهداری شود که در صورت قطع برق، به روش معمولی و به راحتی قابل باز و بسته شدن باشد.

سنگ: ۱- سنگ مصرفی در ساخت خانه های سنگی از کوه تأمین می شود و در صورت بزرگ بودن باید به وسیله پتک یا دیگر ابراز دستی به قطعات کوچکتر تقسیم شود. ۲- وزن قطعه سنگ مورد مصرف برای ساخت دیوار سنگی باید در حدی باشد که یک نفر بتواند آن را برداشته و در دیوار جای دهد. ۳- سنگهایی که در ساخت اعضای باربر مانند دیوارهای باربر، دیوارهای حائل و شالوده ها به کار برده می شوند باید از نظر ظاهر یکنواخت و بدون ترک بوده و فاقد رگه های سست و سایر کانی هایی باشند که بر اثر عوامل جوی و هوازدگی خراب شده و به استحکام لطمه می زنند. ۴- استفاده از قلوه سنگ مجاز نیست مگر اینکه به صورت شکسته و در ابعاد مورد نظر این فصل مصرف شوند. ۵- ابعاد قطعه سنگ مصرفی باید حداقل ۱۵ سانتیمتر و حداکثر به اندازه پهنای دیوار باشد. ۶- استفاده از سنگهای کهنه در صورتی که با شرایط این فصل منطبق باشند مجاز است.

سنگ پلاک: ← دسته بندی سنگ های ساختمانی از نظر شکل ظاهری

سنگ خرد شده: ← آجر ماسه آهکی

سنگ ساختمانی: سنگ از جمله مصالح ساختمانی طبیعی است که از کانیهای مختلف تشکیل شده و در صنعت ساختمان به شکلهای گوناگون در پی سازی، دیوارچینی، کفسازی و سنگ کف، پله، نماسازی، راهسازی، پل سازی و ... به مصرف می رسد. برای شکل دادن و قوراه کردن سنگ باید از ابزارهای ساده مانند پتک، چکش، قلم، تیشه و ابزارهای برش و ساب برقی استفاده کرد. ویژگیهای فیزیکی و مکانیکی انواع سنگهای ساختمانی، باید مطابق با استاندارد باشد. سنگهای ساختمانی دارای رنگهای متنوع بوده و خواص آنها نیز متفاوت است. هنگام استفاده از سنگ باید به وضیعت ظاهری ساخت و بافت، مقاومت، دوام، سختی و

تخلخل آن توجه کرد.بافت سنگ طبیعی باید سالم باشد، به عبارت دیگر باید: بدون شیار، ترک و رگه های سست و موادی باشد که بر اثر عوامل جوی و هوازدگی خراب می شوند و به استحکام سنگ لطمه می زنند.پوسیدگی نداشته باشد.متراکم، یکنواخت و همگن باشد. سنگ طبیعی باید در آب و انرود یا حل نشود و در برابر فرسایش مقاوم و پایدار باشد. در مورد سنگ های نما، باید مقدار ضریب انبساط حرارتی کانی های مختلف سنگ و همچنین ملات پشت آن نزدیک به هم باشد تا از خرد شدن سنگ و جدا شدن آن از ملات جلوگیری به عمل آید.سنگ های مصرفی در اقلیمهای سرد باید در برابر یخبندان پایدار باشند. جذب آب، میزان حل شدن در آب، پایداری در برابر هوازدگی، اسیدها و قلیاهای سنگهای ساختمانی که در برابر عوامل گوناگون قرار می گیرند باید ویژگیهای استانداردهای مربوط مطابقت داشته باشند.مقاومت در برابر سایش و ضربه سنگ کفهای پر آمد و پله ها باید با مورد مصرف آن متناسب باشد.حداقل مقاومت فشاری سنگها برای کارهای بنایی باربر باید ۱۵ مگا پاسکال باشد.سنگهای با مقاومت فشاری کمتر از ۱۵ مگا پاسکال مانند برخی توفانهای آتشفشانی، سنگ گچ و سنگ صابونی (تالکوم) باید منحصراً در کارهای غیر باربر استفاده شود.ضریب نرم شدن سنگ در آب، مورد سنگهای باربر و نما باید حداقل ۷۰ درصد باشد.در زمانی که دمای محیط کار یا هر یک از مواد و مصالح مصرفی از ۵ درجه سلسیوس کمتر باشد، انجام بنایی با سنگ مجاز نیست. مگر اینکه وسایل کافی و مجاز برای عایق کردن محیط یا گرم کردن مواد مصرفی به کار رود تا دما از مقدار مشخص شده بالا کمتر نباشد.هر قطعه سنگ باید قبل از استفاده تمیز و در صورت لزوم با آب مرطوب شود.ملات مصرفی در بنایی با سنگ باید از نوع مشخص شده باشد، در صورتی که نوع ملات مشخص نشده باشد، می توان ملات های ماسه سیمان یا با تارد مناسب انتخاب کرد.در مناطق دارای یخبندان، سنگهای مصرفی باید در مقابل یخبندان پایدار باشند. مصالح نصب سنگ و اتصالات و بند و بستهای فلزی یا باید از فلز زنگ نزن باشد و یا تمام قسمتهای آن در داخل خمیر سیمان ملات و دوغاب قرار گیرد تا از زنگ زدگی آنها جلوگیری به عمل آید. بارگیری، حمل و باراندازی مصالح سنگی باید با دقت صورت گیرد. انواع سنگهای گوناگون باید جداگانه بسته بندی و انبار شوند.

سنگ طبیعی: ← دسته بندی سنگ های ساختمانی از نظر شکل ظاهری

سنگ کار شده: ← دسته بندی سنگ های ساختمانی از نظر شکل ظاهری

سنگ لاشه: ← کرسی چینی ساختمانهای آجری با کلاف

بنایی با سنگ لاشه

سنگدانه: سنگدانه های بزرگتر از ۴/۷۵ میلیمتر (بعد چشمه های الک نمره ۴) را سنگدانه درشت یا شن، و سنگدانه های ریزتر از ۴/۷۵ میلیمتر را سنگدانه ریز یا ماسه می نامند.طبق تعریف، «بزرگترین اندازه اسمی سنگدانه» عبارت است از اندازه کوچکترین الکی که حداکثر ۱۰ درصد وزنی سنگدانه روی آن باقی بماند.

سنگدانه سبک مصرفی در بتن: به طور کلی سنگدانه های سبک مصرفی در بتن، به دو صورت تهیه می شوند: سنگدانه های حاصل از شیشه ای شدن، انبساط، گلوله شدن مواد، و یا موادی نظیر سرباره آهنگدازی، خاک رس، دیاتومه، خاکستر بادی، شیل یا سنگ لوح. سنگدانه های حاصل از فرآوری مواد طبیعی نظیر پومیس، اسکوریا و توف. سنگدانه های سبک می توانند هم در

بتن سازه ای و هم در بتن غیر سازه ای به کار روند.ویژگی های سنگدانه های سبک مصرفی در بتن سازه ای باید مطابق با استاندارد باشد. در بتن سازه ای، برای دستیابی به مقاومت مورد نیاز می توان بخشی از سنگدانه سبک را با ماسه طبیعی جایگزین نمود.

سنگدانه ها: سنگدانه ها مصالحی طبیعی یا مصنوعی هستند که در ساخت ملات، بتن و بتن آسفالتی به مصرف می رسند. سنگدانه ها در دو گروه ریزدانه (ماسه) و درشت دانه (شن) دسته بندی می شوند. اندازه ذرات ماسه حداکثر تا حدود ۵ میلیمتر و اندازه ذرات شن حداقل ۵ میلیمتر و حداکثر آن به نوع کاربرد بستگی دارد.

سنگدانه های معمولی: سنگدانه های معمولی از بستر سیل روها و رودخانه ها یا کوهها بدست می آیند و ممکن است به همان شکل طبیعی خود یا خرد شده به مصرف برسند. از این رو، ظاهری گرد گوشه یا تیز گوشه دارند و برخی از خواص آنها مانند ترکیبات شیمیایی، کانی های تشکیل دهنده، توده ویژه، سختی، مقاومت، بافت، رنگ و ... بستگی به خواص سنگ ما در دارد.

سنگدانه های واکنش زا: برخی سنگدانه ها در اثر واکنش شیمیایی با مواد قلیایی موجود در سیمان پرتلند موجب انبساط و فروپاشی بتن می شوند. دقت در انتخاب منابع سنگدانه ها، استفاده از سیمان کم قلیا و بهره گیری از مواد پوزولانی می توانند مانع بروز از این مشکلات شوند.

سنگهای آهکی: ← دسته بندی بلوک سنگهای طبیعی

سنگین دانه ها: سنگین دانه ها، سنگدانه هایی با توده ویژه بیش از ۴ هستند که عمدتاً در ساخت بتن های سپر پرتوهای هسته ای و زیانبار به مصرف می رسند. این سنگدانه ها در دو نوع طبیعی (باریت، منیتیت، هماتیت، ژئوتیت، لیمونیت، ایلمنیت، سرپانتین) و مصنوعی (آهن، فولاد، فروفسفرها و ترکیبات بر) وجود دارند.

سنین کم: آزمایش بتن در سنین کم و اثر انواع سیمان بر روی مقاومت بتن تجربیات و شواهد بدست آمده نشان دهنده این است که تأمین حدّاقل مقاومت به میزان ۷۵ درصد مقاومت بتن در سنین کم (یک تا سه روز) معمولاً تضمین کننده مقاومت مورد نظر در ۲۸ روز خواهد بود. البته این نتیجه منوط به عمل آوری صحیح و کافی است.

سه قد: ← آجر

سوختگی ناشی از قوس الکتریکی: در نقاطی که الکترود یا اهرم اتصال منفی با سطح لوله تماس پیدا کنند، سوختگی ناشی از قوس الکتریکی به وجود می آید و اگر منجر به ذوب موضعی شده باشد، غیر قابل قبول است و باید آن قسمت از لوله بریده شده و مجددا جوشکاری گردد .

سوراخ اتصالات : اندازه حداکثر برای سوراخها پیچها در آئین نامه داده شده است. سوراخهای بزرگ فقط در اتصالات اصطکاکی مجاز می باشد. سوراخهای لوبیایی کوتاه در تمام امتدادها در اتصالات اصطکاکی مجاز هستند و در اتصالات اتکایی امتداد طولی سوراخ باید عمود بر امتداد نیرو باشند. در اتصالات اتکایی، سوراخهای لوبیایی بلند فقط در امتداد عمود بر مسیر نیرو مجاز هستند و در اتصالات اصطکاکی فقط میتوانند در یکی از ورقهای اتصال و در هر امتداد اختیاری وجود داشته باشند. قطر سوراخ برای پرچکاری به اندازه ۲ میلیمتر بزرگتر از قطر اسمی پرچ تعبیه می‌شود.

سوراخ منگنه ای با قطر کامل: ایجاد سوارخ منگنه ای با قطر کامل هنگامی مجاز است که: قطر سوراخ از ضخامت ورق کوچکتر نباشد. سوراخهای عاری از زخمه هایی باشند که از تماس کامل قطعات جلوگیری می کنند. در سوراخهای منطبق بر هم که بر روی قطعات روی هم ایجاد می شوند، باید منگنه کاری در یک جهت باشد.

سوراخدار: ← آجر ماسه آهکی

سوراخکاری: سوراخکاری برای پیچ یا پرچ فقط میتواند به وسیله مته یا منگنه انجام شود. سوراخکاری با منگنه فقط برای ورقهای به ضخامت حداکثر ۱۲ میلیمتر مجاز است. لازم است در نقشه های محاسباتی، محل سوراخهایی که فقط باید به وسیله مته ایجاد شوند، مشخص شود.محور تمام سوراخها برای پیچ ها باید به نحوی با یکدیگر منطبق باشند که بتوان وسائل اتصال را در جهت عمود بر وجوه تماس بدون اعمال نیروی زیاد از میان اعضای مونتاژ شده عبور داد. گذراندن میله تنظیم از سوراخها برای تامین انطباق آنها مجاز است اما نباید منجر به تغییر شکل سوراخها شود.مته کاری بر روی بیش از یک قطعه، هنگامی مجاز است که قطعات پیش از مته کردن، به طور محکم به یکدیگر بسته شده باشند. قطعات را باید پس از اتمام مته کاری از یکدیگر جدا کرد و هر گونه براده ای را پاک نمود.

سوراخهای لوبیایی: سوراخهای لوبیایی را می توان به یکی از روشهای زیر ایجاد کرد: منگنه زنی در یک مرحله. مته کردن یا منگنه کردن دو یا چند سوراخ در طرفین و صاف کردن لبه سوراخ. برش های ماشینی

سوهان گرد: ← آماده سازی برای جوشکاری

سیستم اضافه بار: در برخی آسانسورها برای جلوگیری از اضافه بار حسگری را به شیوه های مختلف تعبیه می کنند تا هنگام سوار شدن مسافر یا گذاشتن بار بیش از ظرفیت پیش بینی شده در کابین، ضمن اعلام خبر از حرکت آسانسور تا تخلیه بار اضافی جلوگیری شود.

سیستم افزایش فشار بدون مخزن: انتخاب و تنظیم این سیستم باید به ترتیبی باشد که حداقل فشار مورد نیاز پشت شیرهای برداشت آب، مقرر شده در مبحث مربوطه ، را به طور خودکار تنظیم کند و روی شیرهای برداشت آب فشاری بیش از آنچه در این مقررات شده، ایجاد ننماید.

سیستم ترمز ایمنی (سیستم پاراشوت): سیستم مکانیکی که ترجیحاً در قسمت زیرین یا بالای چهار چوب (یوک) کابین یا وزنه تعادل (در صورت لزوم) قرار میگیرد و در مواقع اضطراری با افزایش غیر عادی سرعت، فعال شده و سبب توقف کابین یا وزنه تعادل بوسیله قفل شدن کابین یا وزنه تعادل به ریلها میشود، ترمزهای ایمنی به سه دسته تقسیم میشوند: آنی یا لحظه ای برای سرعتهای تا ۰/۶۳ متر بر ثانیه-آنی با ضربه گیر برای سرعتهای تا ۱ متر بر ثانیه و تدریجی برای سرعتهای بیشتر یا مساوی ۱ متر بر ثانیه.

سیستم تهویه: سیستمی که فضای داخل اتاق یا محل نصب دستگاه گازسوز را جهت تعویض هوا یا ایجاد جریان هوای تازه، در آن محل، به طور مستقیم یا غیر مستقیم به هوای آزاد راه می‌دهد

سیستم خرپایی افقی: ← سیستم مهاربندی افقی

سیستم دال: به مجموعه ای از قطعات صفحه ای با یا بدون تیر گفته می شود که تحت اثر بارهای عمود بر صفحه خود قرار می گیرند. سیستمهای معمول دال ها عبارتند از تیر-دال، دال تخت، دال قارچی و دال مشبک.

سیستم دوگانه یا ترکیبی: سیستم سازه ای است متشکل از قابهای خمشی همراه با دیوارهای برشی یا قابهای مهار بندی شده. در این سیستم بارهای قائم عمدتاً به وسیله قابهای خمشی تحمل می شود و بارهای جانبی به وسیله مجموعه دیوارهای برشی یا قابهای مهاربندی شده و قابهای خمشی، به نسبت سختی جانبی هر یک، تحمل می شوند. نوعی سیستم سازه ای است که در آن: الف) بارهای قائم توسط قابهای ساختمانی کامل تحمل می شوند. ب) مقاومت در برابر بارهای جانبی توسط مجموعه ای از دیوارهای برشی یا قابهای مهاربندی شده همراه با مجموعه قابهای خمشی تأمین می گردد. سهم برشگیری هر یک از این دو مجموعه با توجه به سختی جانبی و اندوکنش آن دو، در تمام طبقات، تعیین می شود. ولی سهم هر یک از آنها به تنهایی در هیچ حالت نباید کمتر از ۲۵٪ برش پایه ساختمان باشد. در ساختمانهایی تا ۸ طبقه و یا کوتاهتر از ۳۰ متر اجازه داده می شود به جای توزیع بار به نسبت سختی عناصر باربر جانبی، دیوارهای برشی یا قابهای مهار بندی شده برای ۱۰۰٪ بار جانبی و قابهای خمشی برای ۳۰٪ بار جانبی طراحی گردد. به کارگیری قابهای بتن آرمه معمولی در این سیستم مجاز نیست. دیوارهای برشی بتن آرمه را نیز می توان به صورت معمولی و یا متوسط یا ویژه به کار گرفت.

سیستم دیوارهای باربر: سیستم سازه ای است که فاقد قابهای ساختمانی کامل برای بردن بارهای قائم می باشد. در این سیستم دیوارهای باربر عمدتاً بارهای قائم را تحمل نموده و مقاومت در برابر نیروهای جانبی به وسیله دیوارهای باربر که به صورت دیوارهای برشی عمل می نمایند تأمین می شود.

سیستم غیر فعال خورشیدی: سیستمی که قسمتهایی از جدارهای پوسته خارجی را تشکیل می دهد و به گونه ای طراحی شده است که با یک مکانیسم غیر فعال، انرژی خورشیدی را در خود جمع آوری و ذخیره می نماید تا در زمان مناسب به فضای داخلی ساختمان منتقل گردد. (مانند فضای گلخانه ای).

سیستم قاب خمشی: نوعی سیستم سازه ای است که در آن بارهای قائم توسط قابهای ساختمانی کامل تحمل شده و مقاومت در برابر نیروهای جانبی توسط قابهای خمشی تأمین می گردد. سازه های فضایی خمشی کامل و یا سازه های با قابهای خمشی در

پیرامون و یا قسمتی از پلان و قابهای با اتصالات ساده در سایر قسمتهای پلان از این گروه اند. در این سیستم قابهای خمشی فولادی را می توان به صورت معمولی یا ویژه و قابهای خمشی بتن آرمه را می توان به صورت معمولی یا متوسط یا ویژه به کار برد.

سیستم قاب ساختمانی ساده: نوعی سیستم سازه ای است که در آن بارهای قائم عمدتاً توسط قابهای ساختمانی کامل تحمل شده و مقاومت در برابر نیروهای جانبی به وسیله دیوارهای برشی و یا قابهای مهار بندی شده تأمین می شود. سیستم قابهای با اتصالات خورجینی (یا رکابی) همراه با مهاربندی های قائم نیز از این گروه اند. در این سیستم قابهای مهاربندی شده را می توان به صورت هم محور یا برون محور به کار برد.

سیستم قطع و کنترل اتوماتیک: سیستمی که با روشن و خاموش کردن تأسیسات گرمایی یا سرمایی، دمای رفت یا دمای فضاها را در محدوده تعیین شده به صورت خودکار تنظیم می نماید.

سیستم مشترک فاضلاب و هواکش: الف) سیستم مشترک فاضلاب و هواکش را فقط برای کفشوی، علم تخلیه، سینک ظرفشوئی و دستشویی می توان نصب کرد. ب) در سیستم مشترک فاضلاب و هواکش، ارتفاع لوله قائم که فاضلاب لوازم بهداشتی را به لوله افقی مشترک فاضلاب و هواکش متصل می کند، باید حداکثر ۲/۴۰ متر باشد.حداکثر شیب لوله افقی مشترک فاضلاب و هواکش باید ۴ درصد باشد.

سیستم مقاوم در برابر بارهای جانبی: قسمتی از سازه که برای مقاومت در برابر نیروهای جانبی زلزله محاسبه شده باشد.

سیستم مهاربندی افقی: سیستم خرپایی افقی است که برای انتقال نیروهای جانبی به اجزاء مقاوم قائم به کار گرفته می شود.

سیستم نوین تهویه: سیستمی که برای کنترل دبی تهویه بکار می رود و به طور محسوسی دبی هوای تازه را برای صرفه جویی در مصرف انرژی محدود می کند. این سیستم ها باید مطابق با ضوابط بهداشت و مورد تأیید مراجع ذی صلاح باشند.

سیستم ها و تجهیزات روشنایی: در فضاهای پر تردد ساختمانهای عمودی، باید حداقل یک منبع روشنایی با لامپ های کم مصرف وجود داشته باشد. اگر بیش از یک منبع روشنایی در آن فضا باشد، کلید روشنایی لامپ های کم مصرف باید در محل های ورودی فضا باشد.برای روشنایی در آشپزخانه ها توصیه می شود لامپ های کم مصرف استفاده شود. کلید مربوط به روشنایی اصلی آشپزخانه باد در نزدیکترین نقطه باشد. این الزامه در مورد سایر روشنایی که صرفاً برای مقاصد تزئینی استفاده می شود وجود ندارد.تمامی سیستمهای روشنایی نصب شده درون سقف های دارای عایق حرارت که از لامپ های کم مصرف استفاده نمی کنند باید دارای رفلکتورهایی باشند که مانع از اتلاف انرژی روشنایی بصورت گرما در سقف گردند. در طراحی سیستمهای روشنایی ساختمان، محدوده شدت روشنایی معین شده در مقررات باید کاملاً رعایت گردد.

سیستمهای فراخوانی آسانسور: نحوه پاسخ به احضار مسافرین در آسانسور با توجه به نوع کاربری ساختمان میتواند متفاوت باشد و انتخاب صحیح سیستم کنترل اهمیت زیادی دارد. انواع مرسوم سیستمهای فراخوانی به شرح زیر می باشد:

سیستمهای کاهش میزان روشنایی: روشنایی فضاهای محصوری که مساحتی برابر ۱۰ متر مربع یا بیشتر داشته و بار روشنایی آن بیشتر از ۱۲ وات بر متر مربع باشد و توسط بیش از یک منبع صورت گیرد باید به نحوی کنترل گردد که بار روشنایی چراغ ها تا نصف کاهش قابل کاهش باشد. ضمن اینکه همچنان سطح روشنایی یکنواختی در تمام فضا تأمین گردد. کاهش روشنایی بصورت یکنواخت باید به یکی از طریق زیر تأمین گردد: استفاده از کاهش دهنده های نور برای کنترل تمام سیستمهای روشنایی.کنترل ردیفهای زوج و فرد توسط دو کلید. تامین کلید مستقل برای لامپ وسط سیستمهای سه لامپی. تامین کلید مستقل برای هر لامپ یا هر مجموعه.در موارد استثنای زیر لزومی برای رعایت این بند وجود ندارد:

الف) چراغهایی که با سیستمهای تشخیص حضور کنترل می شود.

ب) چراغهای راهروها

ج) چراغهایی که با سیستمهای زمان دار قابل تنظیم هستند و بصورت خودکار خاموش می شوند.

سیستمهای کنترل فضاها: هر فضایی که با دیوار جدا کننده تا زیر سقف محاط شده باشد باید یک کلید جداگانه داشته باشد. این کلید یا سیستم کنترل باید: برای افراد مجاز قابل دسترس باشد.جایی نصب شده باشد که بتوان چراغهای آن فضا را توسط کلید مزبور روشن و خاموش نمود و روشن یا خاموش بودن چراغها از محل کلید قابل رویت باشد.

سیستمهای مشترک تأمین آب گرم مصرفی برای چندین فضا: در صورتی که سیستم تأمین آب گرم مصرفی برای چندین فضا پیش بینی شده باشد، لازم است سیستم تولید آب گرم غیر برقی بوده و در فضای داخل ساختمان قرار داشته باشد.درضمن، توصیه می شود سیستم تولید آب گرم مستقل از سیستم گرمایش ساختمان طراحی شود.

سیفون: فاضلاب خروجی از هر یک از لوازم بهداشتی باید به طور جداگانه و با واسطه سیفون به شاخه افقی فاضلاب یا لوله قائم متصل شود، جز موارد زیر: ۱) سیفون جزء یک پارچه با لوازم بهداشتی باشد، ۲) فاضلاب خروجی به طور غیر مستقیم به لوله کشی فاضلاب هدایت شود، ۳) لوله سرریز مخازن آب. استفاده از سیفون های زیر مجاز نیست: ۱) سیفون هایی که روی تاج خود اتصال هواکش دارد، ۲) سیفون های "S" شکل خروجی فاضلاب از آن ها ۱۸۰ درجه با ورود آن زاویه داشته باشد، ۳) سیفون های کاسه ای. ساخت سیفون باید طوری باشد که مواد مختلف در آن رسوب نکند و باقی نماند، داخل سیفون باید صاف و بدون هر گونه زائده، برآمدگی و مانع باشد، جنس سیفون و اجزای داخلی آن باید در برابر اثر خوردگی مقاوم باشد، سیفون باید قابل دسترسی باشد و برای تمیز کردن ادواری آن پیش بینی های لازم به عمل آید، در مواردی که نصب سیفون لوله ای شکل در عمل مشکل باشد، می توان از سیفون بطری شکل برای دستشویی استفاده کرد. در این صورت همه نکاتی که در سیفون لوله ای شکل مقرر شده، در مورد سیفون بطری شکل هم باید رعایت شود. سیفون بطری شکل باید قابل باز کردن باشد و اندازه مجاری عبور فاضلاب در آن از آن چه برای سیفون لوله ای شکل مقرر شده، کوچک تر نباشد. فاصله قائم بین نقطه خروج فاضلاب از لوازم بهداشتی و تراز سرریز سیفون نباید از ۶۰ سانتی متر بیشتر باشد. مقدار عمق آب هوابند سیفون که مانع ورود هوا و گازهای داخل لوله کشی به فضاهای ساختمان می شود، نباید از ارقام زیر کمتر باشد: قطر نامی لوله خروجی فاضلاب تا ۵۰. میلی متر، عمق آب هوابند سیفون ۷۵ میلی متر، قطر لوله خروجی فاضلاب بزرگتر از ۵۰ میلی متر، عمق آب هوابند سیفون ۷۵ میلی متر. قطر لوله خروجی فاضلاب کانال آب رفت روی کف نباید کمتر از ۷۵ میلی متر و عمق آب هوابند سیفون آن نباید کمتر از ۷۵ میلی متر باشد. تغییرات فشار ناشی از فشار معکوس، مکش سیفونی یا عوامل دیگر در شبکه لوله کشی فاضلاب ساختمان نباید بیش از ۳۸± میلی متر آب باشد و عمق آب هوابند سیفون، که بر اثر این تغییرات فشار، یا تبخیر کاهش می یابد در هیچ حالتی نباید از ۲۵ میلی متر کمتر شود. وسیله ای با نگهداری مقداری آب در خود، در مسیر عبور فاضلاب، مانع از انتشار هوای آلوده و گازهای داخل شبکه لوله کشی فاضلاب در فضای ساختمانی می شود و در عین حال هیچ اثری بر جریان عادی فاضلاب ندارد.

سیفون ساختمان: هر وسیله ای که روی لوله اصلی فاضلاب (یا آب باران) خروجی از ساختمان نصب شود و مانع از جریان هوا بین شبکه لوله کشی فاضلاب (یا آب باران) ساختمان و لوله خروجی از ساختمان تا محل دفع شود.

سیفون شبکه فاضلاب ساختمان: ۱) روی لوله اصلی فاضلاب در خروج از ساختمان نصب سیفون لازم نیست، مگر آن که ضرورت آن در مواردی مورد تأیید قرار گیرد.۲) در صورت نصب سیفون روی لوله اصلی فاضلاب ساختمان نکات زیر باید رعایت شود: در طرف ورودی سیفون دریچه بازدید و هواکش باید پیش بینی شود، قطر نامی لوله هواکش نباید کمتر از نصب قطر نامی لوله فاضلاب باشد، انتهای لوله هواکش باید در خارج از ساختمان قرار گیرد و دهانه آن با توری مقاوم حفاظت شود.

سیفون های زیر کف: ۱) در صورتی که سیفون در زیر کف (در داخل خاک) قرار گیرد، اجزای آن باید در برابر خوردگی مقاوم باشد. ۲) پیش بینی های لازم برای دسترسی به آن به عمل آید. ۳) ساخت سیفون طوری باشد که در برابر نفوذ حشرات و کرم ها به داخل آن حفاظت شده باشد.

سیلرها: سیلر ماده ای است که سطح چوب را پر کرده و از جذب مواد قشرهای بعدی جلوگیری می کند. سیلر با مواد رنگزا مخلوط می شود، هر نوع جداشدگی در چوب را سفت می کند و و بنابراین سمباده زنی را آسان می سازد و بین چوب و لایه های رنگ چسبندگی ایجاد می کند.

سیلیکاتی: ← آجر ماسه آهکی

سیم بکسل: ←آسانسور کششی

سیم جوشکاری: سیم های جوشکاری در جوشکاری با گاز و در وضعیت مناسب و در لحیم کاری مورد استفاده قرار می گیرند. سیم جوشکاری باید تمیز، فاقد هر گونه آلودگی و ناخالصی بوده و سطح آن عاری از زنگ زدگی، روغن و مانند اینها باشد.

سیم کشی برای استفاده های موقت: کلیه سیم کشی هایی که برای استفاده های موقت می شود، باید با رعایت مفاد آئین نامه انجام شود. الف: برای جلوگیری از ازدیاد و پراکندگی سیم های آزاد متحرک، باید در نقاط مختلف کارگاه به تعداد کافی پریز در محل های مناسب نصب شود. ب: سیم کشی برای استفاده های موقت در صورت امکان باید در ارتفاع حداقل ۲/۵ متری از کف انجام شود. در غیر این صورت باید سیم ها طوری نصب شوند که از آسیب های احتمالی محفوظ بمانند. ج: تابلوهای برق موقت بایستی به وسیله محفظه هایی با درپوش قفل دار مسدود گردند و پیرامون آنها روی زمین یا کف، فرض و یا سکوی عایق ایجاد شود.

سیمان: سیمان های مصرفی در بتن عبارتند از سیمان ها پرتلند پنج گانه و سیمان های ویژه. ۱- سیمان مصرفی باید ویژگیهای استاندارد را داشته باشد. ۲- از انواع سیمان پرتلند، با توجه به ملاحظات طراحی و شرایط محیطی می توان در ساخت و ساز استفاده کرد.۳- نگهداری سیمان فله فقط در سیلو مجاز است. هنگام تغییر نوع سیمان، سیلوها باید کاملا تمیز شوند.۴- نگهداری و ذخیره سیمان در نقاطی که رطوبت نسبی هوا از ۹۰ درصد بیشتر است، نباید در کیسه بیش از ۶ هفته و در سیلوهای مناسب از سه ماه تجاوز کند.۵- سیمانی که برای مدت زیاد انبار شود، ممکن است به صورت کلوخه های فشرده در آید. این گونه سیمان را می توان با غلتاندن کیسه ها روی کف اصلاح کرد. چنانچه با یکبار غلتاندن کلوخه ها باز شود سیمان قابل مصرف است.۶- مصرف سیمان بنایی در ساخت بتن و بتن مسلح مجاز نیست.

سیمان رنگی: برای ساختن سیمانهای رنگی از مواد معدنی بی اثر (شیمیایی) مانند اکسید آهن، اکسید کروم و هیدروکسید کروم در حدود مجاز به سیمان می افزایند. همچنین برای ساختن سیمانهای رنگی سیاه و تیره از دوده نیز استفاده می شود.

سیمان سفید: سیمان پرتلند سفید همانند سیمان پرتلند نوع ۱ است که در تولید آن از مواد اولیه ای استفاده می شود که ترکیبات رنگزای آن در حدود مجاز باشد و عمدتاً به مصرف نماسازی، بندکشی و کارهای تزئینی می رسد.

سیمان های پرتلند: سیمان پرتلند فرآورده ای است که عموماً از اختلاط سنگ آهک و خاک رس به نسبت وزنی مناسب، آسیاب کردن و همگن کردن مخلوط به روشهای تر یا خشک، پختن مواد در کوره تا مرز عرق کردن سطح دانه ها و چسبیدن آنها به یکدیگر به صورت جوش (کلینکر)، سرد کردن و آسیاب کردن کلینکر با کمی سنگ گچ به دست می آید. سیمان پرتلند در پنج نوع ۱ تا ۵ طبقه بندی می شود. انواع سیمان های پرتلند عبارتند از: سیمان پرتلند یک (I)، یا سیمان پرتلند معمولی، که با «پ – ۱» نشان داده می شود. سیمان پرتلند نوع یک، خود به سه نوع «۳۲۵-۱» ، «۴۲۵-۱» و «۵۲۵-۱» تقسیم می شود. سیمان پرتلند نوع دو (II)، سیمان پرتلند اصلاح شده، که با «پ – ۲» نشان داده می شود. سیمان پرتلند نوع سه (III)، یا سیمان زود سخت شونده، که با «پ – ۳» نشان داده می شود. سیمان پرتلند نوع چهار (IV)، یا سیمان با حرارت زایی کم، که با «پ – ۴» نشان داده می شود. سیمان پرتلند نوع پنج (V)، یا سیمان مقاوم در برابر سولفات، که با «پ – ۵» نشان داده می شود.

سیمان های ویژه: ۱- سیمان پرتلند سفید: این سیمان، از آسیاب کردن کلینکر سیمان سفید با مقدار مناسبی سنگ گچ به دست می آید. به طور کلی این سیمان باید ضوابط استاندارد را برآورده سازد. ۲- سیمان پرتلند رنگی: سیمان پرتلند رنگی، از افزودن مواد رنگی معدنی بی اثر شیمیایی به سیمان پرتلند معمولی یا سفید به دست می آید. از سیمان پرتلند معمولی برای ساخت سیمان های پرتلند رنگی قرمز، قهوه ای و سیاه و برای ساخت سیمان های به رنگ های دیگر، از سیمان سفید استفاده می شود. ۳- سیمان پرتلند آمیخته: ۳-۱- سیمان پرتلند پوزولانی: سیمان پرتلند پوزولانی، چسباننده ای آبی است ه مخلوط کامل، یکنواخت و همگنی از سیمان پرتلند و پوزولان و سنگ گچ آسیاب شده می باشد. سیمان های پرتلند آمیخته با پوزلان های طبیعی، به دو گروه سیمان پرتلند پوزلانی معمولی و سیمان پرتلند پوزولانی ویژه تقسیم بندی می شوند. سیمان پرتلند پوزولانی معمولی، دارای پوزولان به میزان حدّاقل ۵ و حداّکثر ۱۵ درصد وزنی می باشد. این نوع سیمان با نماد «پ . پ» نشان داده می شود و برای مصارف عمومی در ساخت ملات یا بتن به کار می رود. سیمان پرتلند پوزلانی ویژه، دارای پوزولان به میزان بیش از ۱۵ درصد تا ۴۰ درصد وزنی است. این نوع سیمان با نماد «پ . پ و» نشان داده می شود و معولاً برای ساخت بتن های حجیم و نیز در موارد که بتن تحت تهاجم شیمیایی قرار می گیرد به کار می رود. این نوع سیمان، گرمای آبگیری کمی دارد، در برابر املاح شیمیایی مقاوم و مقاومت فشاری آن در روزهای اولیه (ته سه روز) کم است. پوزولان مورد استفاده در سیمان های پوزولانی باید با استاندارد مطابقت داشته باشد. ۳-۲- سیمان پرتلند روباره ای یا سرباره ای: این سیمان، از آسیاب کردن ۱۵ تا ۹۵ درصد سرباره کوره آهنگدازی فعال و

غیر کریستالی (آمورف)، با کلینکر سیمان پرتلند و مقدار مناسبی سنگ گچ به دست می آید. این نوع سیمان پایداری بیشتری در برابر سولفات ها دارد و بتن ساخته شده با آن، نفوذ پذیری کمتر و دوام بیشتری دارد. این نوع سیمان، در مقایسه با سیمان پرتلند معمولی، دیر گیرتر و گرمای آبگیری آن کمتر است. ۳-۳- سیمان بنایی: استفاده از این نوع سیمان در بتن آرمه مجاز نمی باشد، و فقط در ملات و مانند آن به کار می رود.

سیمانهای آبی: سیمان آبی، ماده چسباننده ای است که در هوا و زیر آب و جایی که هوا نباشد می گیرد و سخت می شود و در ساختن بتن و ملاتهای سیمانی به کار می رود. سیمان در اختلاط با آب سفت و سخت شده و جسمی یکپارچه تشکیل می دهد.

سیمانهای آمیخته: سیمانهای آمیخته، سیمانهایی هستند که جزء اصلی آنها کلینکر سیمان پرتلند بوده و دارای مقادیری از مواد مناسب مانند پوزولانهای طبیعی، مصنوعی یا مواد افزودنی ویژه جایگزین سیمان پرتلندمی باشند. انواع سیمانهای پرتلند آمیخته متداول در ایران عبارتند از: پوزولانی، سرباره ای، بنایی و آهکی (PKZ) .

سینک: الف) روی دهانه تخلیه آب سینک باید شبکه یا سبدی قرار گیرد که در برابر خوردگی مقاوم و قابل برداشتن باشد. ب) اگر دهانه تخلیه آب سینک با امکان قرار دادن درپوش موقتی باشد باید برای لگن سینک سرریز پیش بینی شود. پ) قطر دهانه تخلیه آب سینک باید دست کم ۴۰ میلی متر باشد. ت) اگر سینک به صورت لگن سرتاسری باشد باید هر ۵۰ سانتی متر طول آن به عنوان یک سینک مستقل تلقی شود و همه الزامات مندرج در این مقررات در مورد آن رعایت شود. ← *اتصال غیر مستقیم به لوله فاضلاب ساختمان*

ش (شاخه افقی - شیوه های اجرایی در ساختمانهای فولادی)

شاخه افقی: لوله افقی فاضلاب در طبقات ساختمان که لوله های انشعاب فاضلاب لوازم بهداشتی به آن می ریزد. این لوله فاضلاب رابه لوله قائم فاضلاب هدایت می کند.

شاخه افقی هواکش: یک لوله افقی هواکش که هواکش یک یا چند عدد از لوازم بهداشتی به آن متصل می شود. این لوله افقی به یک لوله قائم هواکش یا به دامه لوله قائم فاضلاب متصل می شود.

شاخه های افقی فاضلاب: ۱) شاخه افقی باید فاضلاب را به شاخه افقی دیگر یا به لوله قائم فاضلاب هدایت کند، مگر آن که شاخه فاضلاب در پایین ترین طبقه ساختمان باشد. ۲) اتصال شاخه افقی و لوله قائم فاضلاب، اگر قطر نامی لوله افقی بیش از ۶۵ میلی متر باشد، باید با زاویه حداکثر ۴۵ درجه باشد. در قطرهای نامی کوچکتر از ۶۵ میلی متر زاویه اتصال ممکن است بزرگتر باشد. ۳) شاخه افقی فاضلاب یا لوله افقی اصلی حتی المقدار نباید تغییر امتداد داشته باشد. در صورتی که تغییر امتداد ناگزیر باشد، باید با استفاده از اتصال ۴۵ درجه یا کوچکتر باشد. ۴) لوله افقی فاضلاب بهداشتی یک واحد (خانه یا آپارتمان)، برای اتصال به لوله قائم فاضلاب، نباید از واحد مجاور آن عبور کند.

شالوده ساختمانهای آجری با کلاف: رعایت ضوابط زیر برای شالوده ها الزامی است:

الف) شالوده ها باید در یک تراز ساخته شوند و هر گاه احداث شالوده به هر دلیل در یک تراز ممکن نباشد، هر بخشی از شالوده باید در یک تراز قرار گیرد.

ب) ساخت شالوده شیبدار به هیچ وجه مجاز نیست. در زمینهای شیبدار چنانچه ساخت شالوده ساختمان در یک تراز ممکن نباشد باید از شالوده های پلکانی استفاده شود، به طوری که این شالوده ها در جهت افقی حداقل ۵۰ سانتیمتر همپوشانی داشته و ارتفاع هر پله نباید بیش از ۳۰ سانتیمتر باشد.

پ) برای دیوارهای باربر، عرض شالوده نواری باید حداقل ۱/۵ برابر عرض کرسی چینی و عمق آن حداقل ۵۰ سانتیمتر باشد.

ت) شالوده دیوارها باید با استفاده از بتن یا حداقل شفته آهکی با عیار ۳۵۰ کیلوگرم آهک در متر مکعب شفته و یا سنگ لاشه با یکی از ملاتهای گل آهک، ماسه – سیمان آهک (باتارد) و با ماسه سیمان ساخته شود.

ث) در مناطق سردسیر و دارای یخبندان تراز روی شالوده حداقل ۴۰ سانتیمتر زیر سطح زمین قرار گیرد.

شالوده ساختمانهای آجری بدون کلاف: رعایت ضوابط زیر برای شالوده الزامی است:

الف) شالوده ها باید در یک سطح افقی ساخته شوند و هر گاه احداث شالوده به هر دلیل در یک تراز ممکن نباشد، هر بخشی از شالوده باید در یک سطح افقی قرار گیرد.

ب) ساخت شالوده شیبدار به هیچ وجه مجاز نیست. در زمینهای شیبدار چنانچه ساخت شالوده ساختمان در یک تراز ممکن نباشد باید از شالوده های پلکانی استفاده شود، به طوری که این شالوده ها در جهت افقی حداقل ۵۰ سانتیمتر همپوشانی داشته و ارتفاع هر پله نباید بیش از ۳۰ سانتیمتر باشد.

پ) برای دیوارهای باربر، عرض شالوده نواری باید حداقل ۱/۵ برابر عرض کرسی چینی و عمق آن حداقل ۵۰ سانتیمتر باشد.

ت) شالوده دیوارهای ساختمانهای مشمول این فصل باید با استفاده از شفته آهکی با عیار ۳۵۰ کیلوگرم آهک در متر مکعب شفته و یا سنگ لاشه با یکی از ملاتهای گل آهک، ماسه آهک، ماسه — سیمان - آهک (باتارد) و یا ماسه سیمان ساخته شود.

ث) در مناطق سردسیر و دارای یخبندان تراز روی شالوده حداقل ۴۰ سانتیمتر زیر سطح زمین قرار گیرد.

شالوده ساختمانهای خشتی: شالوده ها باید در یک سطح افقی ساخته شوند و هر گاه احداث شالوده به هر دلیل در یک تراز ممکن نباشد، هر بخش از شالوده باید در یک سطح افقی قرار گیرد. ساخت شالوده شیبدار به هیچ وجه مجاز نیست. در زمینهای شیبدار چنانچه ساخت شالوده ساختمان در یک تراز ممکن نباشد باید از شالوده های پلکانی شود، به طوری که این شالوده ها در جهت افقی حداقل ۵۰ سانتیمتر با یکدیگر همپوشانی داشته و ارتفاع هر پله نباید بیش از ۳۰ سانتیمتر باشد. برای دیوارهای باربر، عرض شالوده نواری باید حداقل ۱/۵ برابر عرض کرسی چینی و عمق آن حداقل ۵۰ سانتیمتر باشد. شالوده باید به یکی از دو روش زیر ساخته شود: روش اول: با استفاده از سنگ لاشه و ملات با نسبت حجمی اختلاط زیر: چهار قسمت سیمان یک قسمت آهک دوازده قسمت ماسه آب تمیز به اندازه کافی. روش دوم: با استفاده از شفته آهکی با عیار ۳۵۰ کیلوگرم آهک در متر مکعب شفته. در مناطق سردسیر و دارای یخبندان تراز روی شالوده حداقل ۴۰ سانتیمتر زیر سطح زمین قرار گیرد.

شالوده ساختمانهای سنگی: شالوده ها باید در یک سطح افقی ساخته شوند و هر گاه احداث شالوده به هر دلیل در یک تراز ممکن نباشد، هر بخش از شالوده باید در یک سطح افقی قرار گیرد. ساخت شالوده شیبدار به هیچ وجه مجاز نیست. در زمینهای شیبدار چنانچه ساخت شالوده ساختمان در یک تراز ممکن نباشد باید از شالوده های پلکانی استفاده شود، به طوری که این شالوده ها در جهت افقی حداقل ۵۰ سانتیمتر با یکدیگر همپوشانی داشته و ارتفاع هر پله نباید بیش از ۳۰ سانتیمتر باشد. برای دیوارهای باربر ، عرض شالوده نواری باید حداقل ۱/۵ برابر عرض کرسی چینی و عمق آن حداقل ۵۰ سانتیمتر باشد. شالوده باید به یکی از دو روش زیر ساخته شود: روش اول: با استفاده از سنگ لاشه و ملات با نسبت حجمی اختلاط زیر: چهار قسمت سیمان یک قسمت آهک دوازده قسمت ماسه آب تمیز به اندازه کافی. روش دوم: با استفاده از شفته آهکی با عیار ۳۵۰ کیلوگرم آهک در متر مکعب شفته. در مناطق سردسیر و دارای یخبندان تراز روی شالوده حداقل ۴۰ سانتیمتر زیر سطح زمین قرار گیرد.

شانه ثابت: قطعه ثابتی در دو انتهای پله میباشد که دارای دندانه های متناسب با شیارهای روی پله یا تسمه میباشد و از ورود اشیاء خارجی به داخل شیار پله جلوگیری میکند.

شبکه لوله کشی آب باران: شبکه لوله کشی داخل ساختمان که برای جمع آوری آب باران و دیگر آب های سطحی و هدایت آن به خارج از ساختمان، طرح و نصب می شود.

شبکه لوله کشی آب خصوصی: ← آب مورد نیاز

شبکه های لوله کشی آب ساختمان: در صورت موجود در دسترس بودن شبکه لوله کشی آب شهری، لوله کشی توزیع آب مصرفی ساختمان باید به این شبکه متصل شود و آب مورد نیاز خود را از آن دریافت کند. موجود و در دسترس بودن شبکه لوله کشی آب شهری به این معنی است که از سازمان مسئول آب شهری استعلام شود و آن سازمان آمادگی خود را برای دادن انشعاب اعلام کرده باشد. اگر شبکه آب شهری در محل ساختمان موجود و در دسترس نباشد، باید برای تأمین آب مصرفی مورد نیاز از یک منبع خصوصی، مورد تأیید مراجع صلاحیت دار قانونی، اقدام شود.

شبکه های لوله کشی فاضلاب ساختمان: در صورت موجود و در دسترس بودن شبکه لوله کشی فاضلاب شهری، لوله کشی فاضلاب ساختمان باید به این شبکه متصل شود و فاضلاب ساختمان را به آن هدایت کند. موجود در دسترس بودن شبکه لوله

کشی فاضلاب شهری به این معنی است که از سازمان مسئول فاضلاب شهری استعلام شود و آن سازمان آمادگی خود را برای گرفتن انشعاب اعلام کرده باشد. اگر شبکه فاضلاب شهری در محل ساختمان موجود در دسترس نباشد، باید برای دفع فاضلاب ساختمان، با استفاده از یکی از روشهای مورد تأیید، اقدام شود. اگر در ساختمان شبکه لوله کشی فاضلاب خاکستری پیش بینی شود فاضلاب خروجی از وان، زیردوشی، دستشویی، لگن و یا ماشین رخت شویی ممکن است به شبکه فاضلاب خاکستری هدایت شود. وارد کردن و ریختن هر گونه خاکستر، مواد نیمه سوخته (ذغال و مانند آن)، مواد پارچه ای، (مانند کهنه و قاب دستمال) مواد سمی، مواد قابل اشتعال یا قابل انفجار، گازها، مواد نفتی و چربی، محلول های اسیدی و مواد غیر قابل انحلال دیگری، که ممکن است باعث گرفتگی، مسدود شدن، آسیب دیدن یا ایجاد اضافه بار شود، به لوله کشی فاضلاب بهداشتی ساختمان و شبکه لوله کشی فاضلاب شهری، ممنوع است. فاضلاب خروجی از تأسیسات صنعتی و تولیدی نباید وارد لوله کشی فاضلاب بهداشتی ساختمان شود. ورود فاضلاب صنعتی به شبکه فاضلاب شهری به شرطی مجاز است که سازمان مسئول فاضلاب شهری تأیید کند که قبلاً تصفیه های لازم روی آن انجام گرفته است.

شبکه های هشدار: در هر بنا یا ساختمان که به دلیل بزرگی ابعاد و اندازه یا ویژگیها و جزئیات طرح یا مشخصات نوع تصرف، به هنگام بروز حریق در یک بخش، امکان بی خبر ماندن و غافلگیر شدن متصرفان در دیگر بخش ها موجود باشد، باید مطابق ضوابط این مقررات در تمام بنا یا بخشهایی که لازم است، شبکه های هشدار و اعلام حریق نصب شود. به کمک این شبکه ها و انجام تمرینهای منظم فرار از حریق این طمینان حاصل آید که تمام متصرفان در هر نقطه از بنا در همان لحظات اولیه از بروز حریق آگاه شوند و بتوانند در زمان پیش بینی شده بنا را ترک کنند.

شبکه هواکش: شبکه ای از لوله کشی که به منظور برقراری جریان هوا از لوله کشی فاضلاب یا به آن، یا به منظور تأمین جریان هوا در داخل این شبکه فاضلاب در برابر فشار معکوس یا مکش سیفونی، به کار می رود.

شرایط انبار کردن و حمل و نقل سیمان: انبار کردن سیمان باید به گونه ای صورت گیرد که نم و هوای نمناک به آن نرسیده و دسترسی به هر محموله برای انجام آزمایش براحتی صورت گیرد. نگهداری سیمان فله، فقط در سیلو مجاز است. نگهداری و ذخیره سیمان در مناطقی که رطوبت نسبی هوا از ۹۰ درصد بیشتر باشد، نباید در کیسه بیش از ۶ هفته و در سیلوهای مناسب بیش از ۳ ماه تجاوز نماید. در صورت تجاوز از این زمانها، سیمان باید قبل از مصرف آزمایش شود. مصرف سیمانهای کلوخه شده که با یکبار غلتاندن کیسه های آن نرم نشود، بدون انجام آزمایشهای تعیین کیفیت مجاز نیست.

شرایط انبار کردن و نگهداری چوب: چوب باید در انبارها به صورتی نگهداری شود که ویژگیهای آن تغییر نکرده و از گزند عوامل آسیب رسان دور باشد. انبار مواد چوبی باید به دور از آتش و مواد قابل اشتعال بوده و دارای سیستمهای اعلام و اطفای حریق باشد. چوب باید در برابر حشرات، آتش و رطوبت محافظت شود. برای مثال می توان از قیر، قطران و . . . استفاده کرد.

شرایط انتخاب و نصب تجهیزات الکتریکی: کلیه تجهیزات الکتریکی باید طوری انتخاب شوند که بتوانند به نحوی مطمئن در مقابل تنشهایی که در آنها به وجود می آیند و محیطی که در آن نصب می شوند یا احتمالاً در معرض آن قرار می گیرند ایستادگی کنند. با وجود این، اگر یکی از این اقلام تجهیزات الکتریکی از نظر ساختمان خود با محلی که در آن نصب می‌شود مطابقت نداشته باشد، به شرطی می توان از آن استفاده کرد که نوعی حفاظت اضافی، به عنوان جزئی از تأسیسات کامل الکتریکی، برای آن پیش بینی شده باشد. کلیه تجهیزات الکتریکی باید طوری انتخاب شوند که برای تجهیزات دیگر تأثیر زیان آور نداشته باشند و باعث اخلال در تغذیه برق، چه در هنگام کار عادی و چه در هنگام قطع و وصل، نشوند.

شرایط بهره برداری یک فضا: به شرایطی گفته می‌شود که کلیه اجزاء تاسیساتی و تجهیزاتی مثل سیستم تهویه و هوارسانی و مبلمان در جال بهره برداری بوده و افراد حاضر در آن فضا نیز مشغول فعالیت معمول خود باشند.

شرایط تحویل یک فضا: به شرایطی گفته می‌شود که در آن کلیه تاسیسات غیر قابل حمل و وابسته به ساختمان فعال بوده، ولی اجزاء تجهیزاتی و عوامل قابل حمل مانند تلفن، تلویزیون، جاروبرقی و همچنین افراد در آن فضا فعال نباشند.

شرایط خصوصی: شرایط خاصی است که اجرای هر ساختمان با توجه به وضعیت، موقعیت و ماهیت خود دارد و متضمن خواسته ها و نظرات خاص هر یک از طرفین قرارداد و به منظور تکمیل شرایط عمومی قرارداد است که مورد موافقت طرفین قرار گرفته

و باید مورد رعایت قرار گیرد و جز لاینفک قرارداد محسوب می‌شود. شرایط خصوصی نمی تواند مواد شرایط عمومی را نقض کند مگر در مواردی که در شرایط عمومی این اختیار پیش بینی شده باشد.

شرایط عادی جوی: شرایط جوی که بطور معمول در یک منطقه جغرافیایی حاکم است.

شرایط عمومی: شرایطی است که در تمامی انواع قراردادهای اجرای ساختمان بین صاحب کار و مجریان ساختمان منعقد می‌شود و باید مورد رعایت طرفین قرار گیرد و حاکم برقرارداد منعقده بوده و جزو لاینفک آن محسوب می‌شود.

شرایط محیطی بسیار شدید: به شرایطی اطلاق می شود که در آن قطعات بتنی در معرض گازها، آب و فاضلاب ساکن با PH حداکثر ۵، مواد خورنده، یا رطوبت همراه با یخ زدن و آب شدن شدید قرار می گیرند، از قبیل نمونه های ذکر شده در مورد شرایط محیطی شدید، در صورتی که عوامل مذکور حادتر باشند.

شرایط محیطی شدید: به شرایطی اطلاق می شود که در آن قطعات بتنی در معرض رطوبت یا تعریق شدید یا تر خشک شدن متناوب یا یخ زدن و آب شدن و سرد و گرم شدن متناوب نه چندان شدید قرار می گیرند.

شرایط محیطی فوق العاده شدید: به شرایطی اطلاق می شود که در آن قطعات بتنی در معرض فرسایش شدید، عبور وسایل نقلیه یا آب و فاضلاب جاری با PH حداکثر ۵ قرار می گیرند. رویه بتنی محافظت نشده پارکینگ ها و قطعات موجود در آبی که اجسام صلبی را با خود جابجا می کند، دارای شرایط محیطی فوق العاده شدید تلقی می شوند. شرایط محیطی جزایر و حاشیه خلیج فارس و دریای عمان بطور عمده جزو این شرایط محیطی قرار می گیرند.

شرایط محیطی متوسط: به شرایطی اطلاق می شود که در آن قطعات بتنی، در معرض رطوبت و گاهی تعریق قرار می گیرند.

شرایط محیطی ملایم: به شرایطی اطلاق می شود که در آن هیچ نوع عامل مهاجم از قبیل رطوبت، تعریق، تر و خشک شدن متناوب، یخ زدن و ذوب شدن، سرد و گرم شدن متناوب، تماس با خاک مهاجم یا غیر مهاجم، مواد خورنده، فرسایش شدید، عبور وسایل نقلیه یا ضربه موجود نباشد، یا قطعه در مقابل این گونه عوامل مهاجم بنحوی مطلوب محافظت شده باشد.

شستشوی توالت و پیسوار: توالت، پیسوار و لوازم بهداشتی دیگری که تخلیه فاضلاب آنها با عمل سیفونی صورت می گیرد، باید با فلاش والو یا فلاش تانک مجهز باشد، که هر بار مقدار معینی آب برای شستشوی لگن و پر کردن دوباره سیفون از آن ریزش کند. هر توالت یا پیسوار باید یک عدد فلاش والو یا فلاش تانک مخصوص خود داشته باشد. توالت در ساختمان های عمومی با فالش والو و در ساختمان های دیگر با فلاش تانک باشد. اگر فلاش تانک با فرمان دستی کار می کند، به کمک شیر فلوتوری یا هر مکانیسم دیگری، پس از هر بار عمل ریزش آب، دوباره تانک را، تا تراز معین از آب پر کند و پس از آن شیر فلوتوری ورود آب کاملاً بسته شود. فلاش تانک خودکار باید وسیله ای داشته باشد که به طور منظم، پس از گذشت هر فاصله زمانی معین، عمل ریزش آب را به طور کامل انجام دهد. هر فلاش تانک باید یک شیر فلوتوری ضد جریان سیفونی داشته باشد. دهانه ورود آب به تانک باید دست کم ۲۵ میلی متر بالاتر از دهانه سرریز باشد. هر فلاش تانک باید اتصال سرریز داشته باشد، تا در صورت سرریز کردن، آب را به داخل لگن توالت یا پیسوار بریزد. قطر لوله سرریز آب باید طوری انتخاب شود که در زمان حداکثر جریان آب ورودی به تانک مانع رفت تراز سطح آب تانک شود. دهانه خروجی انتهای لوله سرریز باید از تراز سرریز لگن توالت یا پیسوار بالاتر باشد. همه اجزای فلاش تانک باید، برای تعمیر و تعویض، قابل دسترسی باشد. به منظور جلوگیری از برگشت جریان، روی لوله ورودی آب به فلاش والو باید خلاء شکن قابل دسترسی نصب شود، مگر آنکه مکانیسم جلوگیری از برگشت جریان در فلاش والو پیش بینی شده باشد.

شفت: فضای ارتباطی قائم بین طبقات یا بین کف تا بام ساختمان که به منظور تعبیه آسانسور، بالابر، آشپزخانه، تأمین روشنایی، انجام تهویه، عبور دادن کانالها و لوله ها، تخلیه زباله و غیره در نظر گرفته می شود.

شکل پذیری: به قابلیت جذب و اتلاف انرژی و حفظ ظرفیت باربری یک سازه، هنگامی که تحت تأثیر تغییر مکانهای غیر خطی چرخه ای ناشی از زلزله قرار می گیرد، اطلاق می شود. عبارت است از قابلیت استهلاک انرژی توسط رفتار غیر الاستیکی کل سازه یا اعضای آن تحت اثر تغییر شکل های رفت و برگشتی با دامنه بزرگ بدون کاهش قابل ملاحظه در مقاومت آنها.

شکل پذیری زیاد: ← قاب خمشی ویژه

شکل پذیری متوسط: ← قاب خمشی بتن آرمه متوسط

شکل رویه میلگرد: میلگردهای مصرفی از نظر شکل رویه به سه دست طبقه بندی می شوند: میلگردهای با رویه صاف، یا میلگردهای ساده. این نوع رویه فقط در میلگرد S240 به کار برده می شود. این میلگردها فقط می توانند به عنوان میلگرد مارپیچ در سازه های بتن آرمه به کار روند و استفاده از آنها به عنوان میلگرد سازه ای غیر از مورد فوق، در سازه های بتن آرمه مجاز نیست. میلگردهای با رویه آجدار، که سایر میلگردها را شامل می شود. آج عبارت است از برجستگی هایی که به صورت طولی یا در امتدادی غیر از طول میلگرد در هنگام نورد بر روی آن ایجاد می شود. آج ها از نظر شکل به صورت دوکی شکل (آج با مقطع متغیر) یا به صورت یکنواخت (آج با مقطع ثابت)، و از نظر امتداد به صورت مارپیچ یا جناقی می باشند. ضوابط، مشخصات، شکل و ابعاد آج ها باید مطابق با استاندارد باشد. میلگردهای با رویه آجدار پیچیده که از پیچانیدن میلگردهای آجدار به دست می آید در این میلگردها، علاوه بر آج اولیه میلگرد، یک خط مارپیچ بر روی میلگرد نیز به چشم می خورد که هر چه میزان تابانیدن میلگرد بیشتر باشد گام این خطر کمتر خواهد بود.

شماره ذوب: عدد نشان دهنده شماره فرآیند تولید هنگام ساخت فولاد است.

شمعک: وسیله ای که با ایجاد شعله کوچکی در وسایل گازسوز، برای روشن کردن مشعل یا مشعل های اصلی دستگاه مورد استفاده قرار می گیرد. در اغلب وسایل گازسوز این شعله باعث بازنگه داشتن شیر اصلی گاز نیز می‌شود و در صورت خاموش شدن آن، جریان گاز به مشعل اصلی قطع می گردد.

شمعها: شمعها از اجرای پی عمیق می باشند که بارهای سازه را به زمین منتقل می نماید. شمعها ممکن است منفرد یا به صورت گروه شمع باشند. شمع منفرد به شمع اطلاق می شود که مستقیماً بار یک ستون را دریافت نموده و به زمین منتقل نماید. گروه شمعها به تعدادی شمع اطلاق می شود که بار خود را از یک یا چند ستون از طریق صفحه سر شمعی دریافت نمایند. مساحت کف پی یا تعداد و ترتیب قرار گرفتن شمعها باید براساس نیروهای نظیر بحرانی ترین ترکیب عامل های بدون ضریب که از پی به خاک یا شمعها منتقل می شوند و با توجه به تنش مجاز خاک یا شمعها که براساس مطالعات مکانیک خاک بدست می آیند، تعیین شوند. در مواردی که باد یا زلزله یکی از عامل های ترکیب بار باشند تنش مجاز خاک یا بار مجاز شمع را می توان حداکثر تا ۳۳ درصد افزایش داد. طراحی پی های سطحی و سر شمعی برای خمش، و بارهای محوری، برش و طول مهاری میلگرد ریشه باید در حالت حدی نهایی و براساس ضوابط فصول یازدهم، سیزدهم و هیجدهم صورت گیرد. طراحی پی های عمیق برای بارهای محوری، خمش و بارهای محوری، برش و طول مهاری میلگرد ریشه، باید در حالت حدی نهایی و براساس ضوابط فصول یازدهم، دوازدهم، سیزدهم و هیجدهم صورت گیرد. در شمع هایی که تمام طول آنها در لایه های خاک متراکم قرار دارد، بررسی کمانش ضروری نیست. اما در شمع هایی که تمام یا بخشی از طول آنها در خاک سست قرار گرفته و یا از خاک خارج باشد، بررسی کمانش با توجه به شرایط خاص تکیه گاهی ضروری است. در گروه شمعها میلگردهای طولی شمعها باید، با توجه به نوع اتصال انتخابی (گیردار یا مفصلی)، به نحوی مناسب در سر شمعی امتداد یافته و مهار شوند. ضخامت پی ها نباید کمتر از ۲۵۰ میلیمتر و ضخامت صفحه سر شمعی گروه نباید کمتر از ۴۰۰ میلیمتر اختیار شود. طراحی شمعها قائم که تحت اثر نیروی جانبی قرار می گیرند مطابق ضوابط شمع های خمشی صورت می گیرد.

شمعهای چوبی: ← قالب

Table ۲استفاده از شمعهای چوبی در قالب بندی دیوار حائل

شیار پای جوش: شیار ایجاد شده در اثر ذوب در فلز پایه و در مجاور تاج یا ریشه جوش است که به صورت پر نشده باقی مانده باشد .

شیب لوله های فاضلاب: جریان فاضلاب در داخل لوله های شاخه افقی لوله های شاخه افقی لوله های قائم و لوله های افقی اصلی باید با تأمین شیب های مناسب به طور ثقلی صورت گیرد. ۱) لوله های افقی فاضلاب باید شیب یکنواختی در جهت دور کردن فاضلاب از لوازم بهداشتی داشته باشند. ۲) شیب برعکس در لوله های افقی فاضلاب مجاز نیست. مقدار شیب لوله های افقی: ۱) شیب لوله های افقی فاضلاب باید به اندازه ای باشد که سرعت جریان فاضلاب در داخل لوله حداقل برابر ۰/۷ متر بر ثانیه (۲/۳ فوت بر ثانیه) باشد، تا شتشوی لوله ها خود به خود تأمین شود و هیچ رسوبی در لوله باقی نماند. ۲) شیب لوله های افقی فاضلاب نباید بیش از ۴ درصد باشد.

شیبراه: سطحی دارای شیب حداقل ۱ به ۲۰ و حداکثر ۱ به ۸ که به عنوان راه دسترسی مورد استفاده واقع شود. تمام شیبراههایی که در راه خروج واقع شوند، چه در داخل و چه در خارج بنا، باید با ضوابط این بخش مطابقت داشته باشند. حداکثر شیب مسیر نباید از ۱ به ۸ (۱۲/۵ درصد) و حداکثر ارتفاع آن (اختلاف تراز دو سطح افقی یا دو پاگرد که با یک شیبراه پیموده می شود) از ۳۷۰ سانتیمتر بیشتر باشد. البته در مواردی که شیب از ۱ به ۱۵ (۶/۶ درصد) بیشتر نیست، نیاز به پاگرد نخواهد بود. شیب باید از تراز پائین تا بالا کاملاً یکنواخت باشد. هر شیبراه باید حداقل ۱۱۰ سانتیمتر عرض مفید داشته باشد، مگر در مواردی که مقام قانونی مسئول، عرض کمتری را مجاز بداند، در آن صورت عرض راه می تواند تا ۷۵ سانتیمتر کاهش داده شود. تمام شیبراههای واقع در داخل و خارج بنا، چنانچه خروج محسوب شوند، باید همانند آنچه که در مورد پلکان ها و راه پله ها شرح داده شده، دوربندی، مجزا سازی و محافظت شوند. این شیبراهها و پاگردهای بین آنها باید دارای ساختاری ثابت و پایدار و کفی محکم، یکپارچه، غیر مشبک و غیر لغزنده باشند. عرض شیبراهها و پاگردهای آنها نباید در هیچ قسمت از طول مسیر خروج، کاهش یابد. طول و عرض هر پاگرد باید دست کم برابر با عرض شیبراه در نظر گرفته شود. هر شیبراه با شیب بیش از ۱ به ۱۵ باید در هر دو طرف نرده، دست گیر داشته باشد.

شیر اصلی مصرف کننده: شیر ربع گرد توپکی که بعد از کنتور بر روی لوله کشی داخلی نصب می‌شود.

شیر اطمینان: شیری هیدرولیکی است که هنگام سقوط یا افزایش ناگهانی سرعت در آسانسورهای هیدرولیک بکار میرود و هنگام افزایش جریان روغن بیش از حد مجاز، بسته شده و از سقوط یا افزایش سرعت کابین جلوگیری می نماید. ← آبگرمکن

شیر اطمینان دما: شیری که برای باز شدن در دمای معینی طراحی شده است. این شیر در دمای تنظیم شده به طور خودکار باز می شود و آب را خارج می نماید.

شیر اطمینان فشار: شیری که برای باز کردن در فشار معینی طراحی شده است. این شیر در حالت عادی، توسط فنر یا وسیله ای دیگر، بسته است و در فشار تنظیم شده به طور خودکار باز می کند و آب را خارج می نماید.

شیر اطمینان فشار – دما: شیری ترکیبی که می تواند از دما یا فشار آب داخل لوله یا مخزن فرمان گیرد، به طور خودکار باز شود و آب را خارج کند.

شیر برداشت آب: شیر انتهای لوله آب که باز کردن آن باعث خروج آب از لوله می شود و در صورت بستن آن، آب در لوله باقی می ماند.

شیر پیاده رو: شیری که در قسمت انشعاب لوله گاز ساختمان در زیرزمین نصب شود و دسترسی به آن از طریق دریچه ای واقع در سطح زمین امکان پذیر بوده و توسط آچار مخصوص باز و بسته می‌شود.

شیر تخلیه: ← آبگرمکن

شیر شناور: شیر ورودی آب به مخزن که به وسیله یک گوی شناور از تراز سطح آب داخل مخزن فرمان می گیرد و باز یا بسته می شود.

شیر شناور ضد سیفون: شیر شناور پس از یک شیر قطع و وصل نصب می شود و از برگشت جریان جلوگیری می کند.

شیر فرعی: شیر ربع گرد توپکی که بعد از انشعاب، برای هر واحد روی لوله کشی آن واحد نصب می‌شود.

شیر قبل از رگولاتور: شیر سماوری گوشواره ای که قبل از رگولاتور نصب می گردد و در حالت بسته، قابل قفل کردن بوده و باید برای فشار که تا ۴ بار (۶۰ پوند بر اینچ مربع) مناسب باشد.

شیر گاز: شیرهایی که بر روی لوله کشی گاز نصب می گردد، تا قطر ۵۰ میلیمتر (۲ اینچ) باید از نوع برنجی و ربع گرد توپکی و دنده ای طبق استاندارد و برای قطرهای بالاتر از ۵۰ میلیمتر باید از نوع فولادی ربع گرد توپکی فلنجی، جوشی و یا دنده ای طبق استاندارد باشد. دسته شیر به وسیله پیچ و مهره بر روی شیر ثابت شده باشد، به طوری که به آسانی نتوان این دسته از شیر جدا نمود. شیر باید در حالت بسته در مقابل فشار هوای ۰/۷ بار (۱۰ پوند بر اینچ مربع) کاملاً غیر قابل نشت باقی بماند.

شیر مخلوط: نصب شیر مخلوط آب سرد و آب گرم مصرفی روی لوازم بهداشتی یا هر نوع مصرف کننده دیگر آب آشامیدنی به شرطی مجاز است که روی اتصال آب سرد به شیر مخلوط یک شیر یک طرفه نصب شود و دهانه مشترک خروج آب از شیر قابل مسدود شدن نباشد. در صورتی که دهانه خروج آب از شیر تکی یا مخلوط اتصال سرشلنگی داشته باشد، نصب یک شیر یک طرفه کافی نیست و اتصال لوله آب سرد باید با لوازم برگشت جریان حفاظت شود.

شیر مصرف: شیر ربع گرد نوع توپکی که لوله کشی داخلی را به دستگاه گازسوز وصل می کند. لوله گاز مربوط به هر دستگاه گاز سوز به یک شیر مصرف مجهز است تا در مواقع ضروری بتوان با بستن این شیر از ورود گاز به دستگاه جلوگیری نمود. هر دستگاه گاز سوز باید به یک شیر مصرف مستقل مرتبط باشد. از اتصال دو یا چند دستگاه گاز سوز به یک شیر مصرف خودداری شود. انتهای شیرهای مصرفی را که به دستگاه گازسوزی مرتبط نیست و مورد استفاده قرار نمی گیرد حتماً با درپوش مسدود شود. در صورتی که برای مدت طولانی از دستگاه گازسوزی استفاده نمی شود، شیر مصرف آن بسته نگه داشته شود. در صورت ترک منزل برای مدت طولانی، کلیه شیرهای مصرف دستگاههای گازسوز بسته شوند. در شیرهای استاندارد، دسته شیر در حالت باز بودن در امتداد جریان گاز و در حالت بسته بودن عمود بر جریان گاز می باشد. در اجاق گازهایی که فاقد پیلوت می باشند، از باز کردن شیر اجاق گاز قبل از افروختن کبریت خودداری شود. در دستگاه های گازسوز که مجهز به پیلوت می باشند، اگر بعد از باز کردن شیر گاز شعله روشن نشود معلوم است که پیلوت یا تنظیم نیست و یا خاموش شده است. در هر حال باید فوراً شیر گاز را بست و به بررسی و رفع علت پرداخت. سعی شود از دستگاههای گازسوزی استفاده گردد که شیرهای آن دارای ترموکوپل باشد. به منظور جلوگیری از بازی کردن کودکان با دستگاههای گازسوز، در مواقع عدم استفاده از این وسایل، حتماً شیر اصلی مصرف آنها بسته شوند. از وارد آوردن ضربه بر روی اجاق گاز باید خودداری شود، زیرا این عمل باعث سست شدن اتصالات و نشت گاز خواهد شد. از سر رفت غذا، روی اجاق گاز جلوگیری شود. از قرار دادن دستگاه گازسوز در معرض کوران هوا و جریان باد خودداری شود. قرار گرفتن اشیاء قابل اشتعال در مجاورت بخاری ممکن است سبب آتش سوزی گردد.

شیر یک طرفه دو تایی: شامل دو عدد شیر یک طرفه فنردار با دریچه آب بند که پشت سر هم روی لوله نصب می شوند و بین این دو شیر یک انشعاب مخصوص آزمایش با شیر قطع و وصل قرار می گیرد. دو طرف این مجموعه باید شیرهای قطع و وصل روی لوله نصب شود.

شیر یک طرفه مورد تأیید: شیر یک طرفه فنردار، با دریچه آب بند، که در حالت بسته هیچ جریان معکوس یا نشت نتواند از آن عبور کند.

شیره بتن: ← قالب

شیرها و محل نصب آنها: شیرهایی که در لوله کشی گاز به کار می روند باید از نوع برنجی ربع گرد توپکی باشد، شیر اصلی مصرف در لوله کشی گاز ساختمان بلافاصله بعد از کنتور نصب شود، شیر واحد مسکونی، در ساختمانهای دارای بیش از یک واحد مسکونی باید بر روی لوله انشعاب هر واحد که از لوله های بالارونده یا انشعاب دهنده اصلی منشعب می گردد، در محل مناسبی که در معرض صدمات فیزیکی نباشد ولی قابل دسترسی برای ساکنین آن ساختمان و هر چه نزدیکتر به لوله اصلی باشد، یک سیر برای قطع سریع و کامل جریان گاز نصب شود، قطر شیرهای فرعی باید با قطر لوله تغذیه گاز هر آپارتمان که وارد آن آپارتمان می‌شود یکسان باشد، اگر ملکی دارای چند ساختمان مجزا باشد، هر ساختمان به غیر از شیر قطع کننده اصلی باید یک شیر مستقل قطع کننده داشته باشد، برای دستگاههای گازسوزی که ما بین قفسه بندی قرار می گیرند، شیر انشعاب باید طوری نصب شود که بالاتر از ارتفاع قفسه ها باشد و مستقیماً در بال یا پشت دستگاه گازسوز قرار نگیرد، در مورد سایر دستگاههای گازسوز که به طور مستقل نصب می شوند از قبیل بخاری، آب گرم کن و همچنین در مواردی که اجاق گاز خارج از قفسه بندی قرار می گیرد، شیر انشعاب باید در محلی غیر از پشت اجاق دستگاه گازسوز که به راحتی قابل دسترسی باشد، نصب شود، فواصل نصب شیر مصرف کننده از زمین و از دستگاههای گاز سوز باید مطابق با آئین نامه باشد، حداقل فاصله شیر چراغ روشنایی از سقف ۸۰ سانتیمتر و از کف ۱۷۰ سانتیمتر در نظر گرفته شود، محور لوله شیر اجاق گاز باید موازی دیوار و در امتداد دستگاه گازسوز باشد، در صورتی که لوله انشعاب مشعل از کف موتورخانه عبور نماید، ارتفاع آن زا کف باید حداقل ۵ سانتیمتر باشد، شیرهای مصرف کننده نباید داخل کابینت و یا حفظه دربسته قرار گیرد، کلیه شیرهای مصرف باید در موقع بازرسی سیستم لوله کشی نصب شده باشد، ژ) در محل هایی که شیر گاز در مجاورت کلید و پریز برق قرار می گیرد، شیر گاز باید در ارتفاع حداقل ۱۰ سانتیمتر بالاتر نصب شود.

شیرهای سرشلنگی: شیر سرشلنگی در شبکه لوله کشی آب آشامیدنی که برای آبیاری فضاهای سبز یا هر مصرف کننده دیگری کاربرد دارد باید با فاصله هوایی، شیر یک طرفه دوتایی یا یک شیر یک طرفه و یک خلاء شکن حفاظت شود. شیر تخلیه آب نباید زیر خاک قرار گیرد. حتی اگر سرشلنگی هم نباشد. این شیر باید در حوضچه مورد تأیید نصب شود. کف حوضچه باید تخلیه داشته باشد و اطمینان حاصل شود که آب در آن جمع نخواهد شد. دهانه خروجی شیر تخلیه باید نسبت به کف حوضچه دست کم ۱۵۰ میلی متر فاصله هوایی قائم داشته باشد. شیر سرشلنگی در موارد زیر نیاز به حفاظت ندارد: شیرهای تخلیه آب گرمکن و دیگ آب گرم که فقط برای تخلیه این دستگاهها کاربرد دارند. شیر سرشلنگی تغذیه آب ماشین رخت شویی و ماشین ظرفشویی، در صورتی که منابع برگشت جریان روی این دستگاهها پیش بینی شده باشد. اتصال دوش شلنگی (دوش کمر تلفنی) به لوله آب سرد مصرفی باید با نصب شیر یک طرفه دوتایی یا یک شیر یک طرفه و یک خلاء شکن حفاظت شود.

شیرهای فشار شکن: ← اجرای کار لوله کشی توزیع آب مصرفی

شیشه: شیشه جسمی است بی رنگ، شفاف، نورگذارن، سخت و شکننده. سختی شیشه ۶ تا ۷ و وزن توده ویژه آن ۲/۵ است. از شیشه برای عبور نور و در عین حال جلوگیری از تأثیر عوامل جوی به داخل ساختمان استفاده می شود.

شیشه و پشم شیشه: پشم شیشه عبارت است از الیاف بسیار نازک تارهای شیشه که تقریباً به همدیگر متصل بوده و برای گرما بندی و صدا بندی مورد استفاده قرار می گیرد. پشم شیشه را در لای کاغذ آلومینیمی، کاغذ قیراندود و تور قرار می دهند. از الیاف شیشه، نمد شیشه ای و شیشه فنری می سازند.

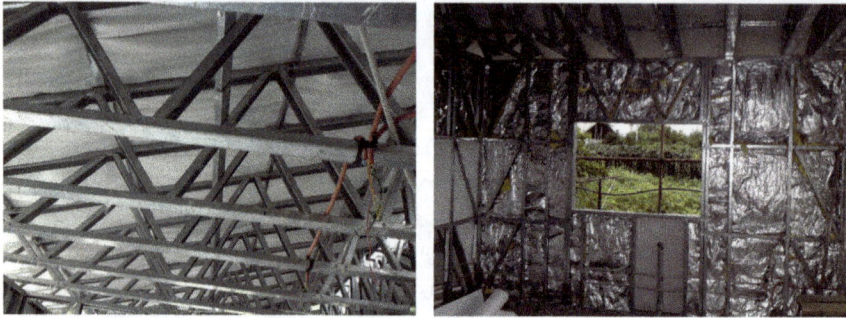

استفاده از عایق حرارتی پشم شیشه در دیوار و سقف

شیلنگهای گاز: شیلنگ های لاستیکی معمولی در برابر نفتی و گازی به سرعت فاسد می شوند. لذا برای اتصال اجاق و سایر دستگاهها که استفاده از شیلنگ برای آنها مجاز شناخته شده، به سیستم لوله کشی باید از شیلنگ های لاستیکی تقویت شده که مخصوص گاز ساخته شده است استفاده شود. طول شیلنگ های گاز نباید حداکثر از ۱۲۰ سانتیمتر بیشتر باشد. استفاده از شیلنگ های طویل برای رساندن گاز به نقاط مختلف منزل بسیار خطرناک است و باید از این کار احتراز نمود. شیلنگ های گاز نباید به هیچ وجه در معرض حرارت اجاق گاز و سایر دستگاههای گازسوز قرار گیرند. برای محکم کردن شیلنگ های گاز در انتهای لوله گاز و اجاق گاز، باید از بست های فلزی استفاده شود. بدون این بست ها امکان جدا شدن شیلنگ از لوله و خروج گاز وجود دارد. پیچانیدن سیم بجای بست باعث بریده شدن و جدا شدن شیلنگ و انتشار گاز خواهد شد. شیلنگ های لاستیکی را باید هر چند وقت یکبار مورد بازدید قرار داد تا اطمینان حاصل شود که سوراخ نشده یا ترک برنداشته باشد و یا از محل بست بریده و یا سست نشده باشد. لوله های فلزی لوله کشی گاز در منزل نیز باید هر چند وقت یکبار بازدید گردد تا در صورت زخمی شدن یا کنده شدن رنگ آنها مجدداً رنگ آمیزی شوند.

شیوه های اجرایی در ساختمانهای فولادی: ساختمانهای فولادی از نظر شیوه اجرا به سه دسته تقسیم می شوند:

الف) پیش ساخته: ساختمانهای فولادی که قطعات آن به طور کامل در کارگاه ساخت، مونتاژ و جوشکاری می شوند و اتصال آنها برای نصب در پای کار انجام می پذیرد.

ب) نیمه پیش ساخته: ساختمانهای فولادی که برخی از قطعات آن در کارگاه ساخت، مونتاژ و جوشکاری می شوند و بقیه قطعات در پای کار ساخته شده و نصب می شوند.

پ) درجا: ساختمانهای فولادی که کلیه قطعات آن در پای کار برشکاری و مونتاژ و جوشکاری شده و به وسیله اتصالات جوشی نصب می شوند.

ص (صدا – صندوقه ای)

صدا: ← ساختمان ویژه

صندوقه ای: ← پی گسترده

ض (ضخامت پوشش - ضوابط مربوط به نصب دودکش ها)

ضخامت پوشش: در صورتی که بتن دارای سطح فرو رفته و بر جسته (نقش دار یا دارای شکستگی) باشد، ضخامت پوشش باید در عمق فرورفتگی ها اندازه گیری شود.

ضد سیفون: هر شیر یا وسیله مکانیکی دیگری که عمل مکش سیفونی را حذف کند و از بین ببرد.

ضد ضربه قوچ: وسیله ای که امواج فشار ضربه قوچ را، که بر اثر توقف ناگهانی جریان آب در لوله ایجاد می شود، جذب می کند.

ضدعفونی: لوله کشی توزیع آب مصرفی ساختمان، پیش از بهره برداری، باید طبق الزامات مقرر شده از طرف مقام مسئول قانونی ضدعفونی شود. در صورتی که چنین الزاماتی رسماً منتشر نشده باشد، ضدعفونی باید طبق الزامات مقرر شده در این قسمت از مقررات صورت گیرد.

ضدعفونی، آزمایش نگهداری:

الف) کلیات: ۱) آزمایش شبکه لوله کشی توزیع آب مصرفی ساختمان باید طبق الزامات مندرج در این قسمت از مقررات انجام شود. ۲) ممکن است آزمایش لوله کشی قسمت به قسمت و در جریان پیشرفت کار، یا به طور کامل پس از نصب کلیه لوله ها و اجزای دیگر لوله کشی صورت گیرد. ۳) پیش از انجام آزمایش و تأیید لوله کشی، هیچ یک از اجزای لوله کشی نباید با عایق یا اجزای ساختمان پوشانده شود. در هنگام آزمایش همه اجزای لوله کشی باید آشکار و قابل بازرسی باشد. ۴) علاوه بر آزمایش قسمت به قسمت یا کامل لوله کشی، باید پس از خاتمه کار و نیز پس از نصب لوازم بهداشتی، آزمایش فشار با آب انجام گیرد.

ب) روش انجام آزمایش: ۱) پس از خاتمه لوله کشی و پیش از نصب لوازم بهداشتی باید دهانه های باز به طور موقت بسته شود و لوله کشی با آب به تدریج پر شود و کاملاً هواگیری گردد. پیش از اقدام به آزمایش، باید شبکه لوله کشی را به مدت حداقل دو روز پر از آب نگاه داشت. ۲) آزمایش فشار باید با آب و به کمک تلمبه دستی مخصوص آزمایش فشار آب، مجهز به فشارسنج، با فشار حداقل ۱۰ بار انجام شود. فشار سنج باید در بالاترین قسمت لوله کشی مورد آزمایش نصب شود. ۳) مدت آزمایش باید حداقل یک ساعت باشد. در این مدت اگر شکستگی یا نشت آب مشاهده شود، باید آزمایش فشار آب پس از رفع عیب تکرار شود. ۴) پس از نصب لوازم بهداشتی یک بار دیگر باید آزمایش فشار آب انجام شود. شبکه لوله کشی آب، لوازم بهداشتی و کلیه اجزای آن باید از نظر مقدار جریان و فشار کار در وضعیت کار عادی قرار گیرد. همه شیرها باید یک به یک باز و بسته شود و نسبت به آب بند بودن آنها اطمینان حاصل شود. این مرحله از آزمایش باید در فشار بهره برداری و به مدت حداقل یک ساعت انجام شود. در صورت مشاهده نشت، پس از رفع عیب، این آزمایش باید تکرار شود.

ضربه: برای حذف و یا کاهش خسارت و خرابی ناشی از ضربه ساختمانهای مجاور به یکدیگر، ساختمانهای با ارتفاع بیشتر از ۱۲ متر و یا بیشتر از ۴ طبقه از تراز پایه باید بوسیله درز انقطاع از ساختمانهای مجاور جدا شوند، و یا با فاصله ای برابر با نصف درز انقطاع از مرز مشترک با زمینهای مجاور ساخته شوند. حداقل عرض درز انقطاع در تراز هر طبقه برابر۰/۰۱ ارتفاع آن تراز از روی تراز پایه می باشد. این فاصله را می توان در محلهای لازم با مصالح کم مقاومت که در هنگام زلزله در اثر برخورد دو ساختمان به آسانی خرد می شوند پر نمود.

ضربه قوچ: برای کاهش احتمالی ضربه قوچ سرعت جریان آب در لوله کشی توزیع آب مصرفی باید کنترل شود. در جایی که در مسیر لوله کشی شیر قطع سریع قرار داشته باشد، باید وسیله حذف ضربه قوچ، از نوع مورد تأیید، نصب شود. وسیله حذف ضربه قوچ باید در محل مناسب و قابل دسترسی و در فاصله مناسب و مؤثر از شیر قطع سریع نصب شود.

ضریب انتقال خورشیدی سطح نورگذر: نسبت انرژی عبور کرده به انرژی تابیده شده به سطح نورگذر

ضریب تبادل حرارت در سطح جدار: نسبت شدت جریان حرارت سطحی به اختلاف دما بین سطح جدار و هوای محیط مجاور در حالت پایدار.

ضربه گیر (بافر): وسیله ای ارتجاعی است که برای جلوگیری از اصابت کنترل نشده کابین و یا وزنه تعادل به کف چاهک بکار می رود و طوری طراحی و انتخاب میشود که قسمتی از انرژی جنبشی کابین را مستهلک کند. ضربه گیر لاستیکی تا سرعت ۱ متر بر ثانیه، ضربه گیر فنر حلقوی تا سرعت ۱/۶ متر بر ثانیه و ضربه گیر هیدرولیک برای هر سرعتی قابل استفاده است. باید توجه داشت که ضربه گیر برای متوقف کردن کابین در سقوط آزاد طراحی نشده است.

ضوابط اختصاصی حریق ساختمان های بلند: براساس ضوابط این مقررات، هر بنایی که ارتفاع آن (فاصله قائم بین تراز کف بالاترین طبقه قابل تصرف، تا تراز پائین ترین سطح قابل دسترس برای ماشینهای آتش نشانی) از ۲۳ متر بیشتر باشد، عمارت بلند محسوب شده و علاوه بر ضوابط اختصاصی مربوط به نوع تصرف خود تابع ضوابط ساختمان های بلند نیز خواهد بود. سازه های مرتفع که به طور معمول مورد تصرف انسان قرار نمی گیرند و نیز برجهای نگهبانی و کنترل، مناره ها و نظایر آنها با بار متصرف ۵ نفر یا کمتر، مشمول مقررات این بخش نخواهند بود. در ساختمان های بلند، راههای خروج باید حداقل دارای ۱۱۰ سانتیمتر عرض مفید باشند، مگر آنکه در ضوابط اختصاصی تصرف، عرض بیشتری برای راه خروج مقرر شده باشد. در ساختمان های بلند، برای هر طبقه یا هر بخش از یک طبقه، از جمله طبقات زیر طبقه تخلیه خروج، تأمین حداقل دو خروج مجزا و تا حد امکان دور از هم الزامی است. در ساختمان های بلند، برای هر طبقه یا هر بخش از یک طبقه که بار متصرف آن از ۵۰۰ نفر بیشتر باشد، باید به تعداد تصریح شده، خروج مجزا و دور از هم در نظر گرفته شود. در مواردی که چند خروج مقرر می شود، موقعیت خروجها باید به گونه ای انتخاب گردد که برای دسترسی به هر خروج، راهی مجزا و در جهتی جداگانه فراهم باشد. البته در ابتدای دسترس خروجها از هر نقطه، مسیر مشترک به طول حداکثر ۱۵ متر مجاز است. در ساختمان های بلند، هیچ بن بستی با طول بیش از ۱۵ متر در راههای خروج مجاز نخواهد بود. طول دسترسهای خروج در ساختمان های بلند، حداکثر ۳۰ متر می باشد، مگر آنکه تمام بنا یا سازه با شبکه بارنده خودکار تائید شده محافظت شود، در آن صورت این طول می توانند به حداکثر ۴۵ متر افزایش یابد. در ساختمان های بلند، راههای خروج باید روشنایی کافی و علائم مناسب، مطابق ضوابط این مقررات داشته باشند. در ساختمان های بلند، راههای خروج باید به روشنایی اضطراری مجهز باشند، مگر آنکه ساختمان فقط در ساعات روز مورد استفاده قرار گیرد، در آن صورت اگر راههای خروج از روشنایی طبیعی کافی برخوردار باشند، با موافقت کتبی مقام قانونی مسئول، می توان از روشنایی اضطراری صرفنظر نمود. ضوابط ویژه زیر برای محافظت ساختمان های خاص الزامی است. همه ساختمان های بلند با ضوابط ویژه باید توسط شبکه های بارنده خودکار تائید شده مجهز به سیستمهای نظارت الکتریکی محافظت شوند. این شبکه ها باید مطابق روشهای استاندارد، نصب شده و در هر طبقه دارای شیر کنترل و وسایل کنترل جریان آب باشند. در ساختمان های بلند با ضوابط ویژه، علاوه بر شبکه هشدار حریق، نصب شبکه اعلام حریق نیز ضروری است. این شبکه ها باید به تائید مقام قانونی مسئول برسند. تمام ساختمان های بلند با ضوابط ویژه، باید به منظور استفاده مأموران آتش نشانی و نجات، دارای سیستم کنترل ارتباطی تلفنی دوسویه باشند و این سیستم بین ایستگاه مرکزی کنترل، اتاقک هر آسانسور، سراسرهایی که آسانسورها در آن قرار دارند، و تمام طبقاتی که توسط پلکان خروج به هم مربوط می شوند، ارتباط برقرار کند. در مواردی که سیستم ارتباط رادیویی سازمان آتش نشانی بتواند به عنوان معادل این سیستم مورد تائید قرار گیرد، استثنائاً می توان از نصب چنین تجهیزاتی صرفنظر نمود. هر عمارت بلند با ضوابط ویژه، باید به مولد نیروی برق دوم که همواره آماده استفاده است و حداقل یکی از آسانسورها را برا ماموران آتش نشانی در هنگام حریق قابل استفاده می نماید، مجهز باشد. ظرفیت مولد نیرو باید برای کار کرد همزمان و تأمین همه تجهیزاتی که در زیر نامبرده شده، کافی و مناسب باشد:

الف) شبکه روشنایی اضطراری

ب) شبکه های هشدار و اعلام حریق

ج) پمپهای آتش نشانی ساختمان

د) تجهیزات ایستگاه کنترل مرکزی

ه) دست کم یکی از آسانسورهای مربوط به همه طبقات بنا (به گونه ای که در صورت لزوم بتوان نیروی مورد نیاز آن را به هر یک از دیگر آسانسورها منتقل نمود)

و) تجهیزات مکانیکی مانع دود در دوربندها. تمام ساختمان های بلند با ضوابط ویژه باید دارای یک ایستگاه کنترل مرکزی در یک اتاق که محل آن را سازمان آتش نشانی تعیین می کند، باشند. در این ایستگاه باید بتوان به کمک نشانگرهای الکترونیک، همه تجهیزات و تأسیسات ارتباطی، حفاظتی، ایمنی و مخابراتی موجود در بنا را به درستی کنترل نمود.

ضوابط اختصاصی راههای خروج در تصرفهای انباری: در تصرفهای انباری با بار متصرف حداکثر ۵۰ نفر، استفاده از درهای کشویی افقی در راههای خروج، با رعایت ضوابط مجاز خواهد بود. در تصرفهای انباری، استفاده از پله های مارپیچ با رعایت ضوابط مجاز خواهد بود. در تصرفهای انباری، چنانچه خروجهای افقی با دو در حریق محافظت شوند، نخستین در مسیر خروج می تواند از نوع کشویی افقی خودکار بسته شو انتخاب شده که به طور معمول باز بوده و با فرمان گرفتن از تشخیص دهنده حریق به طور خودکار بسته می شود. در بعدی باید از نوع خود بسته شو باشد. نظام خود بسته شوی این درها باید مورد تائید کارشناس حفاظت از حریق باشد. در تصرفهای انباری، نصب نردبان فرار از حریق برای استفاده حداکثر ۳ متصرف مجاز خواهد بود، مشروط بر آنکه طرح، ساخت، اجرا و نوع استفاده از آن مورد تائید مقام مسئول قرار گیرد. در تصرفهای انباری، حداقل عرض مفید از ابتدای دسترس تا انتهای تخلیه خروج، نباید از ۱۱۰ سانتیمتر کمتر باشد. هر بنا که برای مقاصد انباری مورد استفاده قرار گیرد، باید دست کم دو راه خروج دور از هم داشته باشد. موارد استثنا: در تصرفهای انباری کم مخاطره، برای هر طبقه یا بخشی از آن، تدارک یک خروج مجاز خواهد بود. در تصرفهای انباری با مخاطره معمولی، تدارک یک خروج برای هر طبقه یا بخشی از آن مجاز خواهد بود، مشروط بر آنکه طول دسترس خروج، حداکثر از ۱۵ متر در بناهای بدون شبکه بارنده خودکار، و حداکثر از ۳۰ متر در بناهایی که توسط شبکه بارنده خودکار تادئید شده محافظت می شوند، بیشتر نشود. در تصرفهای انباری، برای هر طبقه یا بخشی از آن که بار متصرف از ۵۰۰ نفر بیشتر، باید به تعداد مشخص شده ، خروج مجزا و دور از هم تدارک شود. در تصرفهای انباری پر مخاطره، خروجها باید در محلهایی تدارک شوند که دسترسهای آنها از هر نقطه، دارای جهات مختلف، بدون راهروهای بن بست و بدون مسیر مشترک باشند. در تصرفهای انباری با مخاطره معمولی، دسترسهای خروج می توانند حداکثر ۱۵ متر مسیر مشترک داشته باشند، چنانچه تمام بنا توسط شبکه بارنده خودکار تائید شده محافظت شود، این طول می تواند به حداکثر ۳۰ متر افزایش یابد. تصرفهای انباری کم مخاطره، استثنائاً از مقررات این بند معاف خواهند بود. در تصرفهای انباری، طول دسترسهای خروج از هر نقطه تا نزدیکترین خروج، نباید از ۶۰ متر بیشتر باشد. موارد استثنا: در بناهایی که تماماً توسط شکبه بارنده خودکار تائید شده محافظت شوند، طول دسترس خروج می تواند به حداکثر ۱۲۰ متر افزایش یابد. در تصرفهای انباری کم مخاطره، طول دسترسهای خروج محدودیتی ندارد. هر فضا که به منظور از انبار کالاهای پر مخاطره مورد استفاده قرار گیرد، طول دسترسهای خروج در آن از هیچ نقطه نباید از ۲۳ متر بیشتر باشد، مگر آنکه تمام فضا توسط شبکه بارنده خودکار تائید شده محافظت شود که در آن صورت طول دسترس خروج می تواند حداکثر به ۳۰ متر افزایش یابد. تمام تصرفهای انباری باید از تسهیلات روشنایی اضطراری برخوردار باشند، مگر آنکه ساعات فعالیت و تصرف آنها منحصر به روز بوده و روشنایی مورد نیاز راههای خروج، توسط نورگیرهای سقفی یا پنجره به خوبی تأمین شود، یا آنکه به طور معمول مورد تصرف و استفاده انسان نباشند. در تصرفهای انباری، راههای خروج باید دارای روشنایی کافی و علائم مناسب باشند.

ضوابط اختصاصی راههای خروج در تصرفهای صنعتی: در تصرفهای صنعتی کم مخاطره و معمولی، چنانچه بار متصرف از ۵۰ نفر تجاوز ننماید، استفاده از درهای کشویی افقی در راههای خروج، با رعایت ضوابط مجاز خواهد بود. در تصرفهای صنعتی، استفاده از پله های مارپیچ با رعایت ضوابط مجاز خواهد بود. در تصرفهای صنعتی، چنانچه خروجهای افقی با دو در حریق محافظت شوند، فقط یکی از درها (نخستین در مسیر خروج) می تواند از نوع کشویی افقی خودکار بسته شو باشد. این در به طور معمول باز مانده و فقط در صورت وقوع حریق با فرمان تشخیص دهنده دود به طور خودکار بسته می شود. نظام خود بسته شوی این درها باید مورد تائید کارشناس حفاظت از حریق باشد. در بعدی باید از نوع خود بسته شو باشد. در تصرفهای صنعتی، نردبان فرار از حریق برای استفاده حداکثر ۳ متصرف مجاز خواهد بود، مشروط بر آنکه ساختار، چگونگی نصب و نوع استفاده از آن مورد تائید مقام مسئول باشد. در تصرفهای صنعتی پر مخاطره، استثنائاً می توان از سرسره های فرار تائید شده، به عنوان خروج اضطراری استفاده نمود، مشروط بر آنکه تمام متصرفان با این وسایل آشنایی کامل یافته و به طور منظم با آنها تمرین فرار کنند. در تصرفهای صنعتی، حداقل عرض مفید راههای خروج، از ابتدای دسترس تا انتهای تخلیه خروج، نباید از ۱۱۰ سانتیمتر کمتر باشد.

در تصرفهای صنعتی، برای هر طبقه یا هر بخش از هر طبقه، از جمله طبقات پائین تر از تراز تخلیه خروج که برای مقاصد صنعتی مورد استفاده قرار می گیرند، باید حداقل دو خروج دور از هم تدارک شود، مگر آنکه تصرف از نوع کم مخاطره یا معمولی بوده و طول دسترس خروج، حداکثر از ۱۵ متر بیشتر نباشد. در تصرفهای صنعتی، برای هر طبقه یا بخشی از آن که بار متصرف از ۵۰۰ نفر بیشتر باشد، باید به تعداد مشخص شده ، خروج مجزا و از هم تدارک شود. در تصرفهای صنعتی پر مخاطره، خروجها باید در محلهایی تدارک شوند که دسترسهای آنها دارای جهات مختلف و بدون مسیر مشترک باشند. در تصرفهای صنعتی کم مخاطره یامعمولی، دسترسهای خروج می توانند حداکثر ۱۵ متر مسیر مشترک داشته باشند. در تصرفهای صنعتی پر مخاطره، هیچ بن بستی نباید وجود داشته باشد و در سایر تصرفهای صنعتی، بن بستها نباید طولی بیش از ۱۵ متر داشته باشند. در تصرفهای صنعتی پر مخاطره، طول دسترس خروج نباید از ۲۳ متر بیشتر شود. در تصرفهای صنعتی کم مخاطره یا معمولی، طول دسترس خروج می تواند حداکثر به ۱۲۰ متر افزایش یابد، مشروط بر آنکه شرایط ذیل تحقق یابد:

الف) بنا فقط دارای یک طبقه باشد.

ب) تدابیر فنی و منهدسی کافی برای تهویه دود و حرارت اتخاذ شده باشد، به نحوی که در صورت بروز حریق، در تمام طول مسیرهای خروج، محدوده ای به ارتفاع حداقل ۱۸۰ سانتیمتر از کف بنا، از آتش و دود مصون بماند تا متصرفان بتوانند به راحتی خود را به خروجهای امن برسانند.

ج) تمام بنا توسط شبکه بارنده خودکار تائید شده یا دیگر شبکه های خودکار اطفای حریق تائید شده، محافظت شود. در مورد آن دسته از تصرفهای صنعتی کم مخاطره یا معمولی که برای منظور ویژه ای طرح و به همان هدف مورد استفاده قرار می گیرند، چنانچه بار متصرف نیز به طور نسبی کم بوده و بیشترین سطح کف، به ماشین آلات و دستگاهها اختصاص یافته باشد، استثنائاً بدون رعایت موارد "الف" تا "ج" فوق الذکر، طول دسترس خروج می تواند حداکثر به ۹۰ متر افزایش یابد، و چنانچه تمام بنا توسط شبکه بارنده خودکار تائید شده محافظت شود، این طول می تواند حداکثر به ۱۲۰ متر افزایش یابد. تمام تصرفهای صنعتی، باید از تسهیلات روشنایی اضطراری برخوردار باشند، مگر آنکه ساعات فعالیت و تصرف بنا منحصر به روز بوده و روشنایی لازم برای راههای خروج از طریق نورگیرهای سقفی یا پنجره ها تأمین شود. راههای خروج در تصرفهای صنعتی باید دارای روشنایی کافی و علائم مناسب باشند.

ضوابط اختصاصی راههای خروج در تصرفهای کسبی / تجاری: در همه تصرفهای کسبی / تجاری بیش از یک طبقه، تمام پلکان ها یا شیبراههای داخلی که به عنوان راه خروج مورد استفاده قرار می گیرند، باید دوربندی شوند. پلکان هایی که فقط یک طبقه زیرزمین را به همکف ارتباط می دهند نیاز به دوربندی نخواهند داشت. در مواردی که به دلیل موقعیت و شیب زمین و نیز مشخصات طراحی بنا، طبقه روی همکف با بیرون بنا همتراز و از طریق یک درگاه خروج مستقیماً به معبر عمومی مرتبط شود، درگاه مزبور می تواند به عنوان خروج افقی برای طبقه مربوط به خود مورد استفاده قرار گیرد. چنانچه موقعیت این گونه درگاهها به گونه ای باشد که به عنوان ورود / خروج اصلی نیز قابل استفاده باشند، طبقه مزبور به عنوان طبقه همکف به شمار آمده و از لحاظ خروج، تابع تمام ضوابط مشروح در این مقررات مربوط به طبقات همکف خواهد بود. در تصرفهای کسبی/ تجاری، در مورد درگاههای اصلی ورود / خروج، استفاده از درهای دارای قفل کلید خور به شرط رعایت ضوابط مجاز خواهد بود. در تصرفهای کسبی / تجاری، استفاده از درهای کشویی افقی و درها و کرکره های ایمنی قائم، با رعایت ضوابط مجاز خواهد بود. در تصرفهای کسبی / تجاری، استفاده از پلکان های مارپیچ با رعایت ضوابط مجاز خواهد بود. در فروشگاهها، مجموع ظرفیت خروجهای طبقه همکف باید برابر ظرفیت لازم برای بار متصرف این طبقه، به اضافه مجموع ظرفیتهای مقرر شده برای پلکان ها و شیبراههای منتهی به طبقه همکف در نظر گرفته شود. در تصرفهای کسبی / تجاری، هر طبقه و هر بخش از هر طبقه، از جمله طبقات زیر همکف، باید حداقل دو خروج دور از هم داشته باشد. استثنا: در فروشگاههای یک طبقه با مساحت خالص حداکثر ۲۸۰ متر مربع، چنانچه طول دسترس خروج حداکثر ۲۳ متر باشد، داشتن یک خروج مجاز خواهد بود و در مواردی که تمام این طبقه با شبکه بارنده خودکار تائید شده محافظت شود، این طول می تواند به حداکثر ۳۰ متر افزایش یابد. دسترسهای خروج نباید مسیر مشترکی با طول بیش از ۲۳ متر داشته باشند، مگر آنکه تمام بنا توسط شبکه بارنده خودکار تائید شده محافظت شود، که در آن صورت این طول می تواند به حداکثر ۳۰ متر افزایش یابد. در تصرفهای کسبی / تجاری، طول دسترس خروج نباید از ۳۰

متر بیشتر باشد، مگر آنکه بنا توسط شبکه بارنده خودکار تائید شده محافظت شود، که در آن صورت این طول می تواند به حداکثر ۶۰ متر افزایش یابد. در فروشگاهها، حداقل عرض مفید راهروهای منجر به خروجها، باید معادل عرض خروجها بوده و از ۹۰ سانتیمتر کمتر نباشد. در فروشگاههای بیش از ۳ طبقه، همچنین در فروشگاههای با مساحت خالص بیش از ۲۸۰۰ متر مربع، تأمین حداقل یک راه ارتباطی که مستقیماً به یک خروج منجر شود، در هر طبقه ضروری خواهد بود. عرض این راه نباید از ۱۵۰ سانتیمتر کمتر در نظر گرفته شود. در مواردی که درهای ورود مشتریان، فقط در یک بر یا یک دیوار خارجی بنا در نظر گرفته می شود، حداقل دو سوم مجموع عرض خروج مقرر شده برای بنا باید در همان دیوار تأمین گردد. در فروشگاههای بزرگ، دست کم نیمی از خروجها باید موقعیتی داشته باشند که برای دسترسی به آنها نیازی به عبور از میان راهروهای کنترل و پرداخت بهای اجناس نباشد، و به هر حال هیچ عاملی نباید راههای دسترسی به خروجها را مانع شود. در مواردی که چرخهای دستی و نظایر آن برای حمل کالا در اختیار مشتریان فروشگاهها قرار گیرد، باید تدابیر کافی به منظور حرکت و توقف آنها اتخاذ شود تا احتمال مسدود شدن راههای خروج به حداقل ممکن کاهش یابد. در مواردی که تمام بنا توسط شبکه بارنده خودکار تائید شده محافظت شود، ۵۰ درصد خروجها می توانند در تراز تخلیه خروج (طبقه همکف) از طریق یک راهروی تخلیه خروج به بیرون بنا تخلیه شوند، مشروط بر آنکه طول تخلیه خروج از ۱۵ متر بیشتر نباشد. در تصرفهای کسبی / تجاری، راههای خروج باید دارای روشنایی کافی و علائم مناسب باشند. در مورد خروجهایی که از تمام بخشهای فروشگاه کاملاً آشکار و قابل تشخیص باشند، استثنائاً نیاز به علامتگذاری نخواهد بود. تمام فروشگاههای با مساحت خالص بیش از ۲۸۰ متر مربع یا بیشتر از یک طبقه، باید دارای تسهیلات روشنایی اضطراری باشند.

ضوابط بهره برداری و نگهداری از سیستم لوله کشی گاز داخل ساختمانها: به طور معمول دستورالعمل بهره برداری از گاز طبیعی و توصیه های ایمنی در زمان عقد قرار داد و یا بعد از آن توسط شرکت گاز ناحیه در اختیار مشترکین قرار داده می‌شود. اجرای هر گونه تغییرات یا تعمیر در سیستم لوله کشی گاز موجود در ساختمانها باید بر طبق این مقررات انجام شود. قبل از انجام هر گونه تعمیر و یا تغییر در سیستم لوله کشی گاز داخل ساختمان مراتب باید به اطلاع شرکت گاز ناحیه مربوطه رسانده شود و بر طبق ضوابط و دستورالعمل های مربوط، مجوز لازم اخذ گردد. هر گونه عملیات ساختمانی در ساختمانهایی که دارای سیستم لوله کشی گاز طبیعی هستند، باید به نحوی انجام شود که هیچگونه آسیب و یا تنشی به سیستم لوله کشی گاز ساختمان وارد نسازد. مشترک باید کلیه ضوابط و دستورالعمل های ایمنی استفاده از گاز طبیعی را رعایت نماید. این ضوابط در (پیوست یک – راهنمای ایمنی) آورده شده است. هر گونه تغییر در ساختمان محل نصب موتورخانه که منجر به کم شدن فضا و یا مسدود و یا کم شدن مسیرهای پیش بینی شده برای تأمین هوای مورد نیاز سوخت شود، مجاز نیست. هر گونه تغییر در وسایل و لوازم گازسوز، اعم از اجاق گاز و یا سیستم حرارت مرکزی، که موجب افزایش مصرف گاز بیشتر از پیش بینی اولیه شود، مجاز نیست. هر نوع کنده کاری در مسیرهای عبور لوله گاز در داخل و یا خارج از ساختمان باید با آگاهی از مسیرهای عبور لوله گاز به نحوی انجام شود که به لوله و پوشش محافظ روی لوله هیچ گونه آسیبی وارد نشود. در صورت صدمه دیدن لوله گاز و یا پوشش روی آن در هنگام کنده کاری، هر گونه تعمیرات باید با اطلاع شرکت گاز ناحیه مربوطه انجام شود. کنتور و تنظیم کننده گاز که توسط شرکت گاز ناحیه نصب شده است، به هیچ وجه نباید دستکاری شود. در صورت مشاهده هر گونه اشکال در آن ها مراتب باید جهت تعمیر و یا سرویس به شرکت گاز ناحیه اطلاع داده شود. شیر اصلی گاز (بعد از کنتور) به هیچ وجه نباید بدون اطلاع و هماهنگی کلیه مصرف کنندگان گاز ساختمان بسته شود. وصل مجدد گاز باید با حضور و اطلاع کلیه واحدهای مصرف کننده و پس از حصول اطمینان کامل از بسته بودن شیر گاز کلیه نقاط مصرف، انجام شود. برای جلوگیری از بسته شدن اتفاقی این شیر نصب تابلوی هشدار دهند لازم است. هر گونه دستکاری در لوازم گازسوز، به ویژه تغییر در تنظیم مشعل موتورخانه و یا سوئیچ‌های حس کننده فشار گاز و هوای مشعل، باید توسط افراد و یا شرکتهای مجاز انجام شود. قطع کردن و از مدار خارج نمودن لوازم کنترل و محافظ شعله در سیستمهای حرارت مرکزی مجاز نیست. از لوله کشی گاز نباید به منظور اتصال زمین سیستم برق داخلی استفاده شود.

ضوابط حمل و نقل، انبار کردن و نگهداری فولاد: میلگردهای فولادی را باید در محل های تمیز و عاری از رطوبت و گل و خاک و سایر آلودگی ها نگهداری کرد تا از زنگ زدگی و کثیف شدن سطح آنها جلوگیری شود. از هر نوع صدمه مکانیکی یا

تغییر شکل پلاستیک، نظیر بریدگی و ضربه و . . . ، جلوگیری شود. میلگردهای پوسته شده باید ماسه پاشی و پس از برآوردن ضوابط مصرف شوند. رفع پوسته ها با استفاده از برس سیمی و سایر روش های مشابه مجاز نیست. میلگردها باید به روشی حمل و انبار شوند که دچار خمیدگی بیش از حد نشوند. میلگردها نباید به طور مستقیم بر روی زمین انبار شوند. میلگردها باید بسته به قطر و رده آنها، به صورت مجزا انبار شوند. میلگردهایی که هنوز بریده یا خم نشده اند باید به گونه ای انبار و نگهداری شوند که بر چسب و علامت کارخانه سازنده فولاد بر روی آنها قابل رؤیت باشد. میلگردها باید به نحوی تخلیه شوند که هم به کراگران صدمه نزنند و هم خود صدمه نبینند.

ضوابط کلی اجرا در برابر زلزله: کلیه عناصر باربر ساختمان باید به نحوی مناسب به هم پیوسته باشند تا در هنگام وقوع زلزله عناصر مختلف از یکدیگر جدا نشده و ساختمان بطور یکپارچه عمل کند. به خصوص در مورد سقف، علاو بر آنکه باید اتصال آن به عناصر قائم باربر - قاب و یا دیوارها - تامین شده باشد، لازم است سقف با حفظ انسجام خود بتواند مثل یک دیافراگم نیروهای ناشی از زلزله را به عناصر قائم منتقل کند. ساختمان باید در دو امتداد عمود بر هم قادر به تحمل نیروهای افقی ناشی از زلزله باشد و در هر یک از این امتدادها نیر باید انتقال نیروهای افقی به شالوده بطوری مناسب صورت گیرد.

ضوابط کلی استفاده از علائم ایمنی کلامی: ارائه کنندگان علائم ایمنی کلامی باید آگاهی کافی از زبان استفاده شده داشته و آن را به درستی تلفظ و درک کنند. ارتباط کلامی بین پیام دهنده و یک یا چند شنونده می تواند بصورت: یک متن کوتاه، جمله به جمله، گروهی از کلمات یا کلمات فرد باشد. پیامها باید حتی الامکان مختصر، ساده و واضح بوده و مهارت ارتباط کلامی پیام دهنده با قابلیت شنونده پیام طوری باشد که ارتباط به نحو مناسبی برقرار گردد. ارتباط کلامی مستقیم می تواند بصورت مستقیم (با صدای گوینده) و یا غیر مستقیم توسط صدای ضبط شده انسان و یا صدای مصنوعی پخش گردد.

ضوابط کلی استفاده از علائم صوتی: بکارگیری علائم صوتی در حریق برای آگاه نمودن مردم از وجود خطر در آن محل است. این سیستم هشدار دهنده باید طبق برنامه ریزی قبلی برای تخلیه به مواقع افراد از مکانهای مورد نظر عمل نماید. آژیر حریق علامتی صوتی است که توسط دستگاهی خاص، بدون کمک صدای انسان و با صداهای مصنوعی منتشر می شود. آژیر حریق باید دارای مشخصات زیر باشد: الف- دارای صدایی باشد که به میزان قابل توجه از صداهای محیط بلندتر باشد تا در تمام فضای محل کار شنیده شود. ب- به سادگی از میان سایر صداها و علائم صوتی دیگر قابل تشخیص باشد. ج- تا تخلیه ساکنین ادامه یابد. آژیر اعلام حریق می تواند به گونه های متفاوتی باشد ولی روش بکار گرفته شده باید متناسب با شرایط کاربری و ساختمان مورد نظر باشد. آژیر اعلام حریق می تواند با علائم نوری و چشمک زن همراه باشد. توصیه می شود که نصب سیستم هشدار دهنده با هماهنگی مسئولین و کارشناسان ذیربط انجام گیرد. در هر زمان باید فقط یک علامت صوتی منتشر شود. اگر وسیله ای قادر به پخش صدا در فرکانس های ثابت یا متغیر است، از فرکانس های متغییر بیش از 10 db بالاتر از صدای محیط استفاده شود، تا وضعیت اضطراری را القا کند. چنانچه دستگاهی بتواند علائم صوتی را در فواصل منظم و متغیر پخش نماید می توان از طول موج متغیر برای خطرات درجه بالا و یا نیاز فوری و اضطراری استفاده کرد.

ضوابط کلی استفاده از علائم نوری: علامت باید به میزان کافی روشن و قابل رویت بوده، اما باعث خیره شدن چشم نشود. رنگ علائم نوری ایمنی باید هماهنگ و مطابق جدول رنگهای ایمنی باشد. به منظور جلوگیری از سردرگمی، از به کار بردن چند علامت هشدار ایمنی نوری در کنار یکدیگر یا در نزدیکی یک منبع نور مشابه اجتناب شود. اگر یک علامت نوری بتواند به دو شکل روشن دائمی و یا چشمک زن وگردان عمل نماید، در موارد لازم از حالت چشمک زدن و گردان استفاده گردد تا باعث القاء میزان خطر بالاتر و فوریت بیشتر شود. دور و فرکانس خاموش و روشنی یک علامت ایمنی چشمک زن باید به گونه ای انتخاب شود که پیام به طور کامل منتقل گردد و باعث سردرگمی و اختلاط با دیگر علامتهای نوری موجود در محل، مانند علائم همیشه روشن نشود. اگر یک علامت نوری در کنار یک علامت صوتی بکار رود، باید بین آنها هماهنگی ایجاد شود. به این صورت که دور و فرکانس نور چشمک زن و گردان باید همزمان با افت و خیز علائم صوتی باشد.

ضوابط کنترل روش عمل آوردن و محافظت بتن: دستگاه نظارت می تواند برای کنترل کیفیت عمل آوردن و مراقبت بتن در سازه، انجام آزمایش های مقاومت روی آزمونه های عمل آمده و مراقبت شده در شرایط کارگاهی را در خواست کند. عمل آوردن آزمونه ها در کارگاه باید مطابق استانداردهای معتبر بین المللی با عنوان «روش ساختن و عمل آوردن آزمونه های بتنی در

کارگاه» باشد. در صورتی روش عمل آوردن و مراقبت رضایت بخش تلقی می شود که مقاومت فشاری آزمونه های کارگاهی در سن مشخص شده برای مقاومت مشخصه حداّقل معادل ۰/۸۵ مقاومت نظیر آزمونه های عمل آمده در آزمایشگاه یا به اندازه ۴ مگاپاسکال بیشتر از مقاومت مشخصه باشد. در غیر این صورت باید اقداماتی برای بهبود روش های مذکور صورت گیرد. در صورتی که آگاهی از کیفیت بتن در موعدهای خاصی مانند زمان باز کردن قالب ها و غیره ضرورت داشته باشد، علاوه بر آزمونه های متعارف ارزیابی مقاومت و روش عمل آوردن و مراقبت بتن آزمونه هایی از بتن گرفته می شوند و در موعدهای مورد نظر تحت آزمایش قرار می گیرند. این آزمونه ها به آزمونه های آگاهی موسومند.

ضوابط مربوط به سیستم تیرچه های بتنی: سیستم تیرچه های بتنی، مرکب از تیرچه های با فواصل تقریباً مساوی در یک امتداد و یا دو امتداد عمود بر هم و یک دال فوقانی، که در آنها محدودیت های زیر رعایت شده باشند، می توانند بصورت مجموعه طبق ضوابط دال ها طراحی شوند: الف) عرض تیرچه نباید کمتر از ۱۰۰ میلیمتر و ارتفاع کل آنها نباید بیشتر از سه و نیم برابر حداقل عرض آنها باشد. ب) فاصه آزاد بین تیرچه ها نباید بیشتر از ۷۵۰ میلیمتر باشد. در سیستم هایی که از اجزای پر کننده دائمی، مانند بلوک های سفالی و یا بلوک های بتنی، در فواصل بین تیرچه ها استفاده می شود و مقاومت فشاری مصالح این اجزا حداقل برابر با مقاومت مشخصه بتن تیرچه ها است، می توان از مقاومت جدارهایی از این اجزا که در تماس با تیرچه ها هستند در محاسبه مقاومت برشی و مقاومت خمشی منفی تیرچه ها استفاده کرد. از مقاومت سایر قسمت های اجزای پر کننده در مقاومت سیستم صرفنظر می شود. در این سیستم ها محدودیت های زیر باید رعایت شوند:

الف) ضخامت دال روی اجزای پر کننده نباید از یک دوازدهم فاصله آزاد بین تیرچه ها و نه از ۴۰ میلیمتر کمتر اختیار شود.

ب) در سیستم تیرچه های یکطرفه باید در دال فوقانی میلگردهایی عمود بر امتداد تیرچه ها قرار داد. در سیستم هایی که از قالب موقت استفاده می شود ، محدودیت های زیر باید رعایت شوند: ضخامت دال فوقانی نباید از یک دوازدهم فاصله آزاد بین تیرچه ها و نه از ۵۰ میلیمتر کمتر اختیار شود. در دال فوقانی باید میلگردهایی عمود بر تیرچه ها که براساس ضوابط مربوط به خمش و با در نظر گرفتن بارهای متمرکز، در صورت موجود بودن، طراحی شده اند، پیش بینی کرد. مقدار مقاومت برشی تأمین شده توسط بتن در تیرچه ها را می توان به اندازه ده درصد بیشتر از مقدار گفته شده در آئین نامه در نظر گرفت. مقاومت برشی تیرچه ها را می توان با استفاده از آرماتور برشی و یا زیاد کردن عرض تیرچه ها افزایش داد.

ضوابط مربوط به نصب دودکش ها: هر مصرف کننده درون سوز مانند بخاری، آب گرم کن و غیره باید دارای دودکش مناسب و لوله رابط مستقل باشد. انتهای کلیه دودکش ها باید حداقل یک متر از سطح پشت بام بالاتر بوده و از دیوارهای جانبی نیز حداقل یک متر فاصله داشته باشد. قسمت عمودی دودکش باید روی پایه های مناسب قرار گیرد تا وزن آن به پایه منتقل شود. ضمناً طول عمودی دودکش توسط بست های مناسب به دیوار محکم گردد. عبور دودکش از فضای داخلی و سقف کاذب حمام مجاز نمی باشد. در مواقع استفاده از بخارهای دیواری در اماکن عمومی باید دهانه دودکش ها حداقل در ارتفاع ۱۲۰ سانتی متر تعبیه شده باشد. دودکش مشترک حداکثر برای پنج طبقه استفاده شود. در صورتی که ساختمان بیش از پنج طبق باشد، باید از دو دودکش مشترک بر اساس جداول مربوطه استفاده گردد. داکت دودکش ها باید از بالا به هوای آزاد ارتباط داشته باشد. محل اتصال قطعات دودکش باید کاملاً دود بند شود. استفاده از قطعات لوله های سیمانی پیس ساخته سرصاف (لب به لب) ممنوع می باشد و باید از نوع نر و ماده (فنجانی) استفاده شود.

ط (طبقه - طول مسیر حرکت)

طبقه: بخشی از ساختمان که بین دو کف متوالی واقع شود. در مواردی که فاصله کف تمام شده از سطح زمین طبیعی از ۱۲۰ سانتیمتر بیشتر نباشد، فضای زیر آن طبقه به عنوان "زیرزمین" منظور می گردد.

طبقه اصلی: سطحی که معمولاً پیاده ها از سطح خیابان به آن دسترسی دارند. اگر این دسترسی به آسانسور از سطوح مختلف وجود داشته باشد، در این صورت پائین ترین طبقه، طبقه اصلی محسوب خواهد شد.

طبقه اصلی ورودی: منظور طبقه ایست که ورودی افراد پیاده به ساختمان از آن طریق انجام میشود و معمولاً هم تراز خیابان است. چنانچه در ساختمانی دسترسیهای اصلی مختلفی به یک آسانسور وجود داشته باشد پایین ترین آنها طبقه اصلی محسوب می شود.

طبقه بندی مقاطع فولادی: مقاطع فولادی به سه گروه زیر تقسیم می شود: مقاطع فشرده. مقاطع غیر فشرده. مقاطع با اجزای لاغر.

طبقه بندی میلگردها از نظر روش ساخت: ۱) فولاد گرم نورد شده ۲) فولاد سرد اصلاح شده، که بر اثر انجام عملیات مکانیکی نظیر پیچانیدن، کشیدن، نورد کردن یا گذرانیدن از حدیده، بر روی میلگردهای گرم نورد شده در حالت سرد به دست می آید. ۳) فولاد گرم اصلاح شده یا فولاد ویژه، که بر اثر انجام عملیات مکانیکی نظیر گرمایش و آب دادن، بر روی میلگردهای گرم نورد شده در حالت گرم به دست می آید.

طبقه بندی میلگردها از نظر مکانیکی: میلگردهای فولادی براساس مقاومت مشخصه آنها تقسیم بندی می شوند. فولادهای فوق از نظر شکل پذیری به سه رده طبقه بندی می شوند: فولاد نرم (S240) ، که منحنی تنش – تغییر شکل نسبی آن دارای پله تسلیم مشهود است. فولاد نیم سخت (S340 و S400)، که منحنی تنش – تغییر شکل نسبی آن دارای پله تسلیم بسیار محدود است. فولاد سخت (S500) ، که منحنی تنش – تغییر شکل نسبی آن فاقد پله تسلیم است.

طبقه خیابان: طبقه ای از بنا که از کف خیابان یا محوطه خارج بنا حداکثر با شش پله قابل دسترس باشد. در مواردی که دو یا چند طبقه ساختمان بتوانند در اثر تغییرات تراز مستقیماً به خیابان یا محوطه اطرف راه یابند، ساختمان به همان تعداد دارای طبقه خیابان خواهد بود. به همین ترتیب، چنانچه هیچ یک از طبقات بنا نتوانند با شرایط یاد شده امکان دسترسی به خیابان و محوطه خارج داشته باشند، ساختمان بدون "طبقه خیابان" منظور می گردد.

طراحی قالب: قالب باید طوری طراحی شود که بتواند بارهای وارده را قبل از این که سازه بتنی مقاومت کافی به دست آورد، با ایمنی مناسبی تحمل کند. مهمترین بارهای قائم زنده و مرده وارد بر قالب عبارتند از:

الف) وزن قالب ها و پشت بندها

ب) وزن بتن تازه

پ) وزن آرماتورها و سایر اقلام کار گذاشته شده در بتن

ت) وزن افراد، وسایل کار، گذرگاه ها و سکوهای کار معادل حداقل ۲/۵ کیلونیوتن بر متر مربع سطح افقی قالب

ث) بارهای موقت حاصل از انبار کردن مصالح

ج) فشار رو به بالای باد. مجموع بارهای مرده و زنده طراحی نباید کمتر از ۵ کیلونیوتن بر متر مربع سطح افقی قالب اختیار شود.

مهم ترین بارهای جانبی وارد بر قالب عبارتند از:

الف) رانش بتن تازه

ب) فشار و مکش باد

پ) بارهای ناشی از تغییرات دما فشار رانشی بتن تازه طبق روابط زیر محاسبه می گردد: فشار جانبی بتن برای بتن های ساخته شده از سیمان نوع یک جرم واحد ۲۴۰۰ کیلوگرم بر متر مکعب که حاوی مواد پوزولانی یا مواد افزودنی نباشد و اسلامپ آنها مساوی یا کمتر از ۱۰۰ میلیمتر باشد، مساوی فشار هیدرواستاتیک مایعی با وزن مخصوص ۲۴ کیلونیوتن بر متر مکعب می باشد.

مهم ترین بارهای ویژه عبارتنداز:

الف) بار ناشی از بتن ریزی نامتقارن

ب) ضربه حاصل از ماشین آلات و پمپ بتن

پ) نیروهای رو به بالا در قالب ها و اقلام کار گذاشته در بتن

ت) اثرهای دینامیکی نظیر اثر تخلیه بتن از جام حمل بتن

ث) بارهای حاصل از نشست نامتقارن تکیه گاه قالب

ج) بارهای ناشی از لرزندان و متراکم کردن بتن

طراحی لوله کشی آب باران: پیش از طراحی باید اطلاعات کافی ار محوطه خارج ساختمان و چگونگی اتصال لوله اصلی آب باران، که از ساختمان (یا ملک) خارج می شود، به شبکه آب باران شهری، یا چاه جذبی در محوطه خصوصی ساختمان، یا هر روش دفع دیگر، به دست آید. در صورتی که دفع آب باران در خارج از ساختمان (یا ملک) باشد، باید رقوم لوله اصلی آب باران خروجی از ساختمان (یا ملک)، با توجه به روش دفع آب باران، مشخص شود. ۳) مقدار حداکثر بارندگی در محل ساختمان در مدت یک ساعت، برای دوره برگشت حداقل ۳۰ سال، باید از آمارهای رسمی به دست آید. طراحی لوله کشی آب باران ساختمان باید طبق روش های مهندسی مورد تأیید انجام شود. روش های مهندسی برای اندازه گذاری لوله ها و دیگر اجزای لوله کشی باید مورد تأیید قرار گیرد. لوله کشی آب باران ساختمان، شامل کفشوهای آب باران بام (یا سطوح دیگر باران گیر ساختمان)، لوله های قائم و لوله اصلی افقی، باید با رعایت اهداف زیر طراحی شود: جریان آب باران در لوله ها به طور ثقلی صورت گیرد. لوله کشی، آب باران را سریع، آرام، بدون صدا، مزاحمت، نشت و آسیب رساندن به لوله ها و دیگر اجزای لوله کشی، به سمت نقطه خروج از ساختمان (یا ملک) هدایت کند. به منظور تمیز کردن و رفع گرفتگی احتمالی لوله ها و فتینگ ها، دسترسی آسان و مناسب پیش بینی شود. پیش بینی های لازم برای جلوگیری از خوردگی و فرسودگی لوله ها، فتینگ ها و اتصال ها به عمل آید. نقشه های اجرایی لوله آب باران ساختمان باید، پیش از اقدام به اجرای کار، برای بررسی و تصویب، به مسئول امور ساختمان ارائه شود. نقشه هایی اجرایی باید شامل کفشوهای دریافت کننده آب باران بام، مسیر و قطر لوله های قائم و افقی، دریچه های بازدید و دیگر اجزای لوله کشی باشد. پلان طبقه (یا طبقات) ساختمان و محوطه آن باید در نقشه ها نشان داده شود. نقشه ها باید شامل دیاگرام لوله کشی، جای کفشوی آب باران و رقوم لوله خروجی آب باران از ساختمان (یا ملک) باشد. نوع و مشخصات مصالح انتخابی باید در نقشه ها و مدارک پیوست آن مشخص شود. روش های اجرا و نصب، حفاظت و نگهداری لوله کشی آب باران باید در نقشه ها و مدارک پیوست آن مشخص شود. فشار کار طراحی لوله کشی آب باران باید در نقشه ها و مدارک پیوست آن مشخص شود. علائم نقشه کشی باید طبق یکی از استانداردهای مورد تأیید باشد.

طراحی لوله کشی توزیع آب مصرفی: طراحی لوله کشی توزیع آب مصرفی ساختمان (یا ملک) باید طبق روش های مهندسی مورد تأیید انجام شود. روش های محاسبات مهندسی برای اندازه گیری گذاری لوله ها و دیگر اجزای لوله کشی باید مورد تأیید قرار گیرد. در نقاط اتصال شبکه لوله کشی توزیع آب سرد مصرفی با شبکه لوله کشی توزیع آب گرم مصرفی، و نیز در نقاط مصرف آب سرد و آب گرم مصرفی، مانند لوازم بهداشتی و دستگاه های مصرف کننده دیگر، باید پیش بینی های لازم به عمل آید تا آب از شبکه آب گرم مصرفی به شبکه آب سرد مصرفی جریان پیدا نکند. نقشه های اجرایی لوله کشی توزیع آب مصرفی باید، پیش از اقدام به اجرای کار، برای بررسی و تصویب به مسئول امور ساختمان ارائه شود. نقشه های اجرایی لوله کشی باید شامل لوازم بهداشتی و دیگر مصرف کننده ها، جنس، مسیر و قطر نامی لوله ها و دیگر اجزای لوله کشی باشد. روش های نصب، حفاظت و نگهداری لوله کشی توزیع آب مصرفی نیز باید در مدارک پیوست نقشه ها ارائه شود. نقشه ها باید شامل پلان محوطه اختصاصی ساختمان (یا ملک) باشد که در آن ظرفیت و محل و موقعیت اتصال لوله کشی ساختمان به شبکه آب شهری مشخص شده و به تأیید سازمان متولی آب شهری رسیده باشد. نقشه ها باید شامل پلان طبقه (یا طبقات)، دیاگرام لوله کشی، طول تقریبی خطوط لوله و نقاط مصرف آب باشد. فشار کار طراحی و مشخصات مصالح انتخابی باید در نقشه ها و مدارک پیوست آن معین شده باشد. علائم نقشه کشی باید طبق یکی از استانداردهای مورد تأیید باشد.

طراحی لوله کشی فاضلاب: الف) اطلاعات پیش از طراحی: ۱) پیش از طراحی باید اطلاعات کافی از محوطه داخل و خارج ساختمان و چگونگی اتصال لوله اصلی فاضلاب ساختمان لوله خارج از ساختمان (یا ملک)، شبکه فاضلاب شهری، دستگاه تصفیه فاضلاب خصوصی، یا هر سیستم دفع دیگری به دست آورد. ۲) رقوم لوله اصلی فاضلاب خروجی ساختمان (یا ملک) باید با توجه به وضعیت شبکه فاضلاب شهری و چاله آدم رو آن، و لوله خارج ساختمان (یا ملک) که این لوله فاضلاب باید به آن متصل شود، یا چاله آدم رو دستگاه تصفیه فاضلاب خصوصی در محوطه (یا خارج از محوطه) مشخص شود.

ب) طراحی لوله کشی فاضلاب بهداشتی ساختمان باید طبق روش های مهندسی مورد تأیید انجام شود. روش های محاسبات مهندسی برای اندازه گذاری لوله ها و دیگر اجزای لوله کشی باید مورد تأیید قرار گیرد.

پ) لوله کشی فاضلاب بهداشتی ساختمان، شامل شاخه های افقی، لوله های قائم و لوله های اصلی افقی ساختمان، باید با رعایت اهداف زیر طراحی شود: ۱) فاضلاب در لوله ها به طور ثقلی جریان یابد و شبکه لوله کشی خود به خود تمیز شود. ۲) لوله کشی باید مواد جامد و مایع را از لوازم بهداشتی و مصرف کننده های دیگر آب، بدون نشت، آرام، بدون صدا، بدون مزاحمت و آسیب رساندن به لوله ها و دیگر اجزای لوله کشی، دور کند. ۳) از هر گونه نفوذ گازهای آلوده شبکه لوله کشی فاضلاب به فضاهای ساختمان جلوگیری به عمل آید. ۴) برای خروج گازهای شبکه لوله کشی فاضلاب به فضاهای خارج از ساختمان پیش بینی های لازم به عمل آید. ۵) به منظور تمیز کردن و رفع گرفتگی احتمالی لوله ها و فتینگ ها، دسترسی های آسان و مناسب پیش بینی شود. ۶) پیش بینی های لازم برای جلوگیری از خوردگی و فرسودگی لوله ها، فتینگ ها و اتصال ها صورت گیرد. ۷) در مسیر عبور جریان فاضلاب در لوله ها، گرفتگی، تراکم هوا یا رسوب مواد جامد پیش نیاید. ۸) تغییرات فشار در لوله کشی فاضلاب محدود شود، زیرا ممکن است فشار معکوس یا مکش سیفونی سبب شکسته شدن ستون آب هوا بند سیفون ها شود و در نتیجه موجب نفوذ گازهای آلوده و زیان آور به فضاهای داخل ساختمان شود. ت) تخلیه مستقیم آب از سیستمهای دیگری که دمای کار آن ها بالاتر از ۶۵ درجه سانتیگراد باشد (مانند سیستمهای توزیع بخار و کندانسیت، سیستمهای گرمایی با آب گرم کننده و غیره) به شبکه فاضلاب بهداشتی ساختمان مجاز نیست. تخلیه آب این قبیل تأسیسات، پس از عبور از سیستمهای خنک کننده مورد تأیید، به شبکه فاضلاب بهداشتی ساختمان مجاز است. نقشه ها و مدارک دیگر:

الف) نقشه های اجرایی لوله کشی فاضلاب بهداشتی ساختمان باید، پیش از اقدانم به اجرای کار، برای بررسی و تصویب به مسئول امور ساختمان ارائه شود.

ب) نقشه های اجرایی باید شامل لوازم بهداشتی و دیگر مصرف کننده های آب، جنس، مسیر و قطر نامی شاخه های افقی، لوله های قائم، لوله اصلی افقی و سایر اجزای لوله کشی فاضلاب باشد. پلان لوله کشی فاضلاب طبقه (یا طبقات) ساختمان و محوطه آن باید در نقشه ها نشان داده شود. نقشه ها باید شامل دیاگرام لوله کشی، نقاط مصرف، رقوم لوله (یا لوله های) خروجی از ساختمان (یا ملک) باشد. نوع و مشخصات مصالح انتخابی باید در نقشه ها و مدارک پیوست آن مشخص شده باشد. روش های اجرا، نصب، حفاظت و نگهداری لوله کشی فاضلاب باید در نقشه ها و مدارک پیوست آن مشخص شده باشد.

پ) علائم نقشه کشی باید یکی از استانداردهای مورد تأیید باشد.

طراحی و آماده سازی محل آسانسور: جانمایی آسانسور(ها): طراح باید محل صحیح قرار گیری آسانسور(ها) در یک ساختمان، سهولت دسترسی و رفت و آمد مسافرین و هدایت آنها به سمت آسانسور(ها) را تعیین کند. پس از مشخص شدن تعداد و ظرفیت آسانسور(ها) طراح باید با توجه به موارد زیر مکان صحیح قرار گیری آسانسور(ها) را تعیین نماید: آسانسور(ها) باید در مرکز یا مراکز حرکتی و ترافیکی ساختمان قرار گیرد، بطوریکه با کمترین حرکت و جابجایی مسافر یا بار، بتوان از نقاط مختلف ساختمان به آنها دسترسی پیدا نمود. حداکثر فاصله پیاده روی از در ورودی ساختمان یا در آپارتمانها برای سوار شدن به آسانسور(ها) در هر طبقه ۴۵ متر می باشد. در صورتیکه تعداد آسانسورها بیش از یکدستگاه باشد می توان آنها را کنار یا روبروی هم جای داد . آسانسورها باید به نحوی جایگذاری شوند که فاصله مسافران برای سوار شدن به هر کابین حداقل ممکن باشد. در صورتیکه تعداد آسانسورها سه دستگاه یا کمتر باشد می توان آنها را مجاور هم در نظر گرفت و در صورتیکه بیش از سه دستگاه باشند بهتر است طوری تقسیم شوند که حداقل در دو نقطه متفاوت یا در دو گروه روبروی هم قرار گیرند. محدودیتی در تعداد آسانسورهای متمرکز در یک منطقه وجود ندارد ولی پیشنهاد میشود تعداد آسانسورهای کنار هم در ساختمانی مسکونی بیش از ۴ دستگاه در یک ردیف نباشد. ورود و خروج افراد از آسانسور(ها) به طبقات و بالعکس باید براحتی و بدون تداخل حرکتی صورت گیرد و فضای کافی جهت انتظار در ورودی و خروجیها در نظر گرفته شود. در هتلها، بیمارستنها و ساختمانهای مسکونی برای جلوگیری از انتقال سرو صدای ناشی از کار کرد و حرکت آسانسور تمهیدات لازم پیش بینی گردد و چاه آسانسور از اطاقهای بستری یا خواب دور باشد.

طرح و اجرای ساختمانهای آجری بدون کلاف: پلان ساختمان باید واجد خصوصیات زیر باشد:

الف) طول ساختمان از دو برابر عرض آن یا ۲۵ متر بیشتر نباشد.

ب) نسبت به هر دو محور اصلی تقریباً قرینه باشد.

پ) پیشامدگی های آن الزامات زیر را برآورده نماید: اندازه پیشامدگی در هر راستایی نباید از یک پنجم بعد ساختمان در همان راستا بیشتر باشد و علاوه بر آن بعد دیگر پیشامدگی نباید از مقدار پیشامده کمتر باشد. چنانچه اتصال قسمت پیشامده با ساختمان، بیش از نصف بعد ساختمان در آن راستا باشد، این قسمت پیشامدگی تلقی نمی شود و در این صورت محدودیتی برای بعد دیگر وجود ندارد مشروط بر آن که پلان ساختمان به طور نامناسبی نامتقارن نگردد. در صورت نداشتن هر یک از الزامات فوق، باید با ایجاد درز انقطاع، ساختمان را به قطعات مناسب تقسیم نمود، به گونه ای که هر قطعه واجد شرایط یاد شده باشد. لازم نیست که درز انقطاع در شالوده ساختمان امتداد یابد. در مورد ساختمانهای آجری بدون کلاف رعایت نکات زیر الزامی است:

الف) این ساختمانها بدون احتساب زیرزمین به یک طبقه محدود می شوند.

ب) تراز روی سقف زیرزمین نباید نسبت به متوسط تراز زمین مجاور بیش از ۱/۵ متر باشد.

پ) تراز روی بام نسبت به متوسط تراز زمین مجاور نباید بیش از ۵ متر باشد.

ت) حداکثر ارتفاع طبقه به ۳ متر محدود می شود. در صورت تجاوز از این حد باید یک کلاف افقی اضافی در داخل دیوارها و در ارتفاع حداکثر ۳ متر تعبیه گردد. به این ترتیب می توان ارتفاع طبقه را حداکثر تا ۴/۵ متر افزایش داد. این کلاف ها باید به نحو مناسبی در دیوارها متصل گردد.

طرح و اجرای ساختمانهای خشتی: اجزای اصلی ساختمانهای مشمول این فصل عبارتند از شالوده، کرسی چینی، دیوارهای باربر و غیر باربر و سقف. این اجزا باید چنان اجرا شوند که هر یک پایداری موضعی خود را حفظ کرده و اتصال آنها به یکدیگر پایداری کلی ساختمان را حفظ کند. با توجه به اثر نیروهای ناشی از زلزله، پایداری کلی ساختمان منوط به انتقال صحیح نیروهای زلزله با شالوده می باشد، بدین منظور علاوه بر اجزای اصلی فوق، در اطراف بازشوهای بزرگ باید کلافهای افقی و قائم نیز تعبیه شوند.

طرح و اجرای ساختمانهای سنگی: اجزای اصلی ساختمانهای مشمول این فصل عبارتند از شالوده، کرسی چینی، دیوارهای باربر و غیر باربر و سقف. این اجزا باید چنان اجرا شوند که هر یک پایداری موضعی خود را حفظ کرده و اتصال آنها به یکدیگر پایداری کلی ساختمان را حفظ کند. با توجه به اثر نیروهای ناشی از زلزله، پایداری کلی ساختمان منوط به انتقال صحیح نیروهای زلزله به شالوده می باشد، بدین منظور علاوه بر اجزای اصلی فوق، در اطراف بازشوهای بزرگ باید کلافهای افقی و قائم نیز تعبیه شوند.

طوقه دودکش: طوقه ای متصل به دستگاه گازسوز که به صورت برجسته یا فرو رفته تعبیه شده و برای اتصال کلاهک تعدیل جریان دودکش و یا لوله رابط دودکش به کار می رود.

طول گیرایی در گروه میلگردها: طول گیرایی گروه میلگردهای سه تایی و چهار تایی در کشش یا فشار باید به ترتیب ۱/۲ و ۱/۳۳ برابر طول گیرایی یک میلگرد تنها در نظر گرفته شود. برای گروه میلگردهای دوتایی افزایش طول گیرایی الزامی نیست. برای تعیین طول گیرایی یک میلگرد در گروه میلگردها ضرایب بکار برده شده باید براساس قطر میلگرد فرضی با مقطع معادل گروه میلگردها اختیار شوند.

طول مسیر حرکت: ارتفاع بین کف طبقه اصلی ورودی تا کف بالاترین طبقه توقف آسانسور، طول مسیر حرکت نامیده میشود.

ظ (ظرفیت باربری - ظرفیت ساعتی)

ظرفیت باربری: ← شکل پذیری

ظرفیت جابجائی (یک یا چند آسانسور): درصدی از جمعیت ساختمان، که آسانسور یا آسانسورها میتوانند در زمان معینی جابجا نمایند.

ظرفیت ذخیره: ← آبگرمکن

ظرفیت راه خروج: مجموع مقدار عرضی که "مجموعه راه خروج" در تمام طول مسیرها با توجه به بار تصرف با آن اندازه می شود. در شرایط معمولی حداقل مقدار این عرض ۷۵ سانتیمتر است.
ظرفیت راههای خروج: ظرفیت راه خروج در هر طبقه، هر بخش از یک بنا و هر فضای مجزا و مشخص که به تصرف انسان در آید، باید برای تمام متصرفان (بار متصرف) همان طبقه، بخش یا فضا در نظر گرفته شود و برای تعداد اشخاص استفاده کننده از راه خروج مناسب و کافی باشد. بدین منظور، بار متصرف یا تعداد متصرفان هر بنا، هر بخش از یک بنا و بطور کلی هر فضا، نباید از حاصل تقسیم مساحت یا زیربنای اختصاص یافته به آن فضا بر واحد تصرف همان فضا که به متر مربع به ازای نفر در آئین نامه مشخص شده، کمتر در نظر گرفته شود. در مواردی که در جدول برای یک نوع تصرف، مساحت ناخالص و مساحت خالص بصورت اعداد جداگانه ارائه شده، برای تعیین بار متصرف باید در محاسبات، عدد مربوط به مساحت ناخالص برای کل بنا و عدد مربوط به مساحت خالص برای سطحی که بطور مشخص به آن تصرف اختصاص می یابد، انتخاب شود. ظرفیت خروجها نباید هیچگاه در طول مسیر کاهش یابد و چنانچه راههای خروج طبقات بالا و پائین، در طبقه ای میانی به هم مربوط و با هم ادغام شوند، ظرفیت خروج حاصله نباید از مجموع ظرفیتهای آن دو راه کمتر در نظر گرفته شود. عرض مفید راه خروج باید در باریکترین بخش مسیر اندازه گیری شود. استثنائاً در هر طرف مسیر خروج، حداکثر ۱۰ سانتیمتر پیش آمدگی در ارتفاع پائین (در حد نرده دستگیر یا پائین تر از آن) می تواند جزو عرض مفید در نظر گرفته شود. عرض هر یک از قسمتها و اجزای مختلف راه خروج، باید براساس ظرفیت خروج مندرج آئین نامه تعیین شود. ظرفیت هر راهروی دسترس خروج، عبارت است از حاصل تقسیم بار متصرف آن راهرو بر تعداد خروجهایی که راهرو به آنها منتهی می شود. ولی بهر حال ظرفیت هر راهروی دسترس خروج نباید از ظرفیت "خروج" مربوط به خود کمتر باشد. عرض هیچ یک از دسترسهای خروج نباید از ۹۰ سانتیمتر کمتر در نظر گرفته شود، مگر آنکه در این مقررات به گونه دیگری تصریح شده باشد. همچنین در تمام مواردی که دو یا چند دسترس خروج به یک خروج منتهی شوند، عرض هر دسترس باید متناسب با بار متصرف مربوط به خود در نظر گرفته شود.
ظرفیت ساعتی: ← آبگرمکن

ع (عایق (عایق حرارت) - عوامل ویژه فرعی)

عایق (عایق حرارت): مصالح یا سیستم مرکبی که انتقال گرما را از محیطی به محیطی دیگر به طور مؤثر کاهش دهد. در مواردی عایق حرارت می تواند علاوه بر کاهش انتقال حرارت، توانایی های دیگری نیز مانند باربری، صدا بندی و. . . داشته باشد. در این راهنما، بطور اختصار کلمه عایق معادل عایق حرارت استفاده می شود. تحت شرایط ویژه ای ، هوا نیز می تواند عایق حرارت محسوب شود. عایق کاری حرارتی بوسیله یک ماده یا مصالح خاص و یا توسط سیستمی با چندین کارآیی صورت می گیرد. برای مثال، یک دیوار باربر می تواند در عین حال نقش عایق کاری حرارتی را نیز تأمین کند. ولی در اکثر موارد، لازم است که لایه ای ویژه صرفاً به عنوان عایق حرارت به جدار اضافه شود. ← کاربرد پلاستیکها در ساختمان
عایق کاری: الف) لوله کشی توزیع آب گرم مصرفی، به منظور کاهش اتلاف انرژی، باید برابر الزامات مقرر شده در این قسمت عایق شوند. ب) در صورت عایق کردن لوله کشی آب گرم مصرفی، عایق کاری لوله ها باید طبق آئین نامه صورت گیرد.

عایق کاری حرارتی لوله های آب گرم و کانالهای کولر

عایق کاری حرارتی (گرمابندی): منظور استفاده از عایق های حرارت به منظور محدود کردن میزان انتقال حرارت در اجزای ساختمانی می باشد. سیستم عایق کاری حرارتی (گرمابندی) باید دو شرط زیر رادارا باشد: مقاومت حرارتی که پوسته خارجی + عایق حرارت از حد مشخص شده ای بیشتر باشد. ضریب هدایت حرارتی عایق مصرفی از حد مشخص شده ای بیشتر نباشد. مصالح بکار رفته در پوسته خارجی می تواند بدون نیاز به عایق حرارت مقاومت حرارتی مورد نیاز در مقررات را تأمین نماید. در صورت عایق کاری حرارتی (گرمابندی) مناسب عناصر ساختمان، تأمین و حفظ شرایط آسایشس حرارتی فضاهای کنترل شده براحتی و همراه با صرفه جویی در مصرف انرژی انجام می گردد.

عایق کاری حرارتی (گرمابندی) از خارج: عایق کاری حرارتی (گرمابندی) اجزای ساختمانی که با افزودن یک لایه عایق حرارت در سمت خارج صورت می گیرد.

عایق کاری حرارتی از داخل: عایق کاری حرارتی (گرمابندی) اجزای ساختمانی که با افزودن یک لایه عایق حرارت در سمت داخل به صورت می گیرد.

عایق کاری حرارتی پیرامونی: عایق کاری حرارتی با عرضی محدود در کف روی خاک در مجاورت و امتداد دیوارهای پوسته خارجی ساختمان. عایق کاری حرارتی که در آن مصالح ساختمانی مصرف شده (اعم از سازه ای و غیر سازه ای) در بخش اعظم ضخامت پوسته خارجی (دیوار، سقف، کف) مقاومت حرارتی بالایی داشته باشد.

ساخت دیوارهای عایق پیرامونی یک سازه صنعتی به کمک پانلهای عایق حرارتی

عایق کاری رطوبتی: ← کرسی چینی ساختمانهای آجری با کلاف

عایق کاری لوله ها (پوشش لوله ها): لوله هائی که روی کار نصب می شوند باید ابتدا چربی زدائی و زنگ زدائی گردیده و سپس به یک لایه ضد زنگ و یک لایه رنگ روغنی، رنگ آمیزی شوند . لوله هائی که توی کار نصب می شوند ابتدا باید چربی زدائی و زنگ زدائی شده و سپس با رعایت مراحل زیر نوارپیچی شوند:

الف) قبل از اقدام به نوارپیچی باید سطح لوله پرایمر (رنگ اولیه مخصوص نوارپیچی) زده شود. پرایمر قبل از مصرف باید در ظرف مربوطه کاملاً هم زده شود و پس از پایان پرایمر زنی نیز درب آن محکم بسته شود.

ب) پرایمر زنی در هوای بارانی، مه سنگین، در گرد و غبار و یا در شرایطی که درجه حرارت محیط پائین تر از ۵+ در جه سانتی گراد باشد مجاز نیست.

پ) پس از خشک شدن پرایمر تا حدی که اگر به آهستگی به آن انگشت زده شود، اثر انگشت بر روی آن نماند، باید نوارپیچی با روی هم پیچی ۵۰ درصد انجام شود. به این ترتیب که هر دور نوار ۵۰ درصد عرض دور قبلی را بپوشاند.

ت) نوارپیچی باید زاویه و با کشش دست یکواخت انجام شود به طوری که در هنگام نوارپیچی بیش از ۰/۵ درصد از عرض نوار کاسته نشود.

ث) در صورتی که حلقه نوار در هنگام نوارپیچی به پایان برسد، نوار جدید باید حداقل یک دور بر روی نوار قبلی پیچده شود.

ج) در محل اتمام نوارپیچی باید نوار سه دور روی هم پیچیده شود.

چ) در صورتی که نوارپیچی لوله ها قبل از جوشکاری انجام شده باشد، در این صورت باید نوارپیچی سرجوش ها و اتصالات بوسیله نوار نرم مخصوص سرجوش ها و اتصالات انجام شود.

ح) در صورت عبور لوله از نقاط مرطوب و یا عبور از نقاطی که در تماس با آب قرار می گیرد، باید نوارپیچی با یک لایه اضافه انجام شده و جمعاً دو لایه نوارپیچی با روی هم پیچی ۵۰ درصد صورت گیرد. در صورت وارد آمدن صدمه به نوارپیچی باید نوار قسمت آسیب دیده صورت دور تا دور از لوله بازگردد سپس سطح لوله به اضافه حداقل ۵ سانتی متر از هر طرف تمیز و پرایمز زده شده و مجدداً نوارپیچی گردد.

عایقکاری رطوبتی در ساختمانهای آجری با کلاف: اجرای عایقکاری رطوبتی در موارد زیر لازم است:

الف) بامهای تخت، شیبدار، قوسی و گنبدها

ب) ایوانگاهها و ایوانها

پ) کفها (در تماس با زمین نمناک و سرویسها و آشپزخانه)

ت) شالوده های (در تماس با زمین نمناک)

ث) دیوارهای زیرزمین و دیوارهای در تماس بازمین نمناک

ج) سایر قسمتهای از قبیل کف پنجره های در تماس با محیط اطراف، درپوش و دیوار جان پناه، دودکشها، بدنه و کف استخرها و منابع آب،

نماهایی که در معرض بوران قرار می گیرند. هنگام اجرای عایقکاری رطوبتی نکات زیر باید رعایت گردد: اگر عایقکاری با قیر و گونی قیر اندود انجام می شود باید موارد زیر رعایت شود: ایجاد زیرسازی مناسب برای انجام عایقکاری ضروری است. عایقکاری به هنگام بارندگی مجاز نیست. عایقکاری بر روی سطوح مرطوب مجاز نیست. قیرهای جامد را تا هنگامی که گرم و روانند باید مصرف کرد. عایقکاری در هوای سرد (زیر ۴+ درجه سلسیوس) مجاز نیست. راه رفتن روی سطوح عایقکاری شده باید با احتیاط و با استفاده از کفشهای بدون میخ انجام شود. مصرف میخ برای محکم کردن لایه های عایقکاری مجاز نیست. لایه های عایق باید از هر طرف حداقل ۱۰ سانتیمتر همپوشانی داشته و با قیر کاملا به هم چسبانده شوند. در همپوشانی لایه ها باید لایه های رویی در سمتی قرار گیرند که مطابق شیب بندی انجام شده آب از روی آنها به سمت لایه زیری سرازیر گردد. هنگامی که عایقکاری در بیش از یک لایه انجام می شود، لایه های متوالی عایق باید عمود بر هم قرار گیرند. سطوح عایقکاری شده باید پس از تکمیل با لایه محافظی پوشانده شوند. عایقکاری با عایقهای رطوبتی آماده، باید مطابق روشهای توصیه شده توسط سازندگان انجام شود.

عایقکاری رطوبتی در ساختمانهای آجری بدون کلاف: اجرای عایقکاری رطوبتی در موارد زیر لازم است:

الف) بامهای تخت، شیبدار، قوسی و گنبدها

ب) ایوانگاهها و ایوانها

پ) کفها (در تماس با زمین نمناک و کف سرویسها و آشپزخانه)

ت) سایر قسمتها از قبیل کف پنجره های در تماس با محیط اطراف، درپوش و دیوار جان پناه، دودکشها، بدنه و کف استخرها ومنابع آب، نماهایی که در معرض بوران قرار می گیرند.

ج) اگر عایقکاری با قیر وگونی و گونی قیر اندود انجام می شود باید موارد زیر رعایت شود: ۱- ایجاد زیرسازی مناسب برای انجام عایقکاری ضروری است. ۲- عایقکاری به هنگام بارندگی مجاز نیست. ۳- عایقکاری بر روی سطوح مرطوب مجاز نیست. ۴- قیرهای جامد را تا هنگامی که گرم و روانند باید مصرف کرد. ۵- عایقکاری در هوای سرد (زیر ۴+ درجه سلیسوس) مجاز نیست. ۶- راه رفتن روی سطوح عایقکاری شده باید با احتیاط و با استفاده از کفشهای بدون میخ انجام شود. ۷- مصرف میخ برای محکم کردن لایه های عایقکاری مجاز نیست. ۸- لایه های عایق باید از هر طرف حداقل ۱۰ سانتیمتر همپوشانی داشته و با قیر مناسب کاملا به هم چسبانده شوند. در همپوشانی لایه ها باید لایه های رویی در سمتی قرار گیرند که مطابق شیب بندی انجام شده آب از روی آنها به سمت لایه زیری سرازیر گردد. ۹- هنگامی که عایقاری در بیش از یک لایه انجام می شود، لایه های متوالی عایق باید عمود بر هم قرار گیرند. ۱۰- سطوح عایقکاری شده باید پس از تکمیل با لایه محافظتی پوشانده شوند.
چ) عایقکاری با عایقهای رطوبتی آماده، باید مطابق روشهای توصیه توسط سازندگان انجام شود.

عایقهای رطوبتی: عایقهای رطوبتی یا به صورت پیش ساخته نصب یا به صورت قیروگونی اجرا می شوند. عایق های رطوبتی پیش ساخته از الیاف معدنی یا آلی به صورت بافته یا نبافته ای ساخته شده و با ترکیبات قیری اصلاح شده با مواد پلیمری آغشته می گردند.

عدم نفوذ جوش: این عیب در اثر پر شدن ریشه جوش است. در صورتی که مجموع طول این عیب بیش از ۲/۵ سانتی متر یا یک هشتم طول جوش باشد (هر کدام که کمتر باشد) غیر قابل قبول بوده و باید بریده شود.

عدم یکنواختی تاج جوش: عدم یکنواختی تاج جوش از قبیل ناهمواری سطح جوش، انحراف تاج جوش و یکنواخت نبودن آن در سرتاسر جوش می باشد.

عرض مؤثر و حداقل ضخامت دال بتنی: عرض مؤثر دال بتنی که در هر طرف تیر با آن به صورت مختلط عمل می نماید. ، نباید از کوچکترین مقادیر زیر بزرگتر در نظر گرفته شود: الف) یک هشتم دهانه محور به محور تیر. ب) نصف فاصله مرکز به مرکز تیرهای مجاور. پ) فاصله محور تیر تا لبه بتن. حداقل ضخامت دال بتنی، ۸۰ میلیمتر مقرر می گردد.

علامت گذاری در کارگاههای موقت داخل جاده ها یا هنگام خط کشی خیابانها: در جاهائی که ایجاد کارگاه موقت در داخل خیابان لازم باشد، برای حفاظت جان کارگران در جاده هائی که حرکت وسایل نقلیه در آنها جریان دارند محدوده کار باید با نوارهای ممتد به صورت واضح و قابل دید ترجیحاً با رنگ سفید یا زرد و با در نظر گرفتن رنگ محیط علامت گذاری شوند. ابعاد این علامت گذاری باید با مقیاس واقعی موانع و یا مکانهائی که دارای خطر است، متناسب باشد. نوارها باید طوری تعبیه شوند که فاصله ایمن لازم بین وسیله نقلیه و ابزاری که در نزدیکی آن قرار می گیرد و محل عبور عابرین را از سواره رو، مشخص نماید. راههای دائمی محل های مسکونی حتی الامکان باید توسط علائم مشابه بند فوق علامت گذاری گردند مگر در صورتیکه حفاظ مناسب و پیاده رو داشته باشند. رعایت ضوابط و مقررات شهرداری ها و کارگاه های موقت داخل جاده ها یا هنگام خط کشی خیابانها الزامی است.

علامت نوری: بر بالاترین نقطه همه ساختمانها و سازه های بلندتر از ۲۰ متر باید حداقل یک علامت نوری (چراغ چشمک زن) قرمز رنگ نصب گردد.

علامتگذاری راههای خروج: تمام دسترسهای خروج باید با علامتهای تائید شده که سمت و جهت دستیابی به خروج را با پیکان نشان می دهد مشخص شوند، مگر آنکه خروج و مسیر دسترسی به آن به آسانی و فوریت، قابل دیدن باشد. تعداد و موقعیت این علائم باید به گونه ای انتخاب شود که فاصله هیچ نقطه ای از دسترس خروج تا نزدیکترین علامت قابل مشاهده، از ۳۰ متر بیشتر نشود. تمام خروجهای هر بنا، به استثنای درهای اصلی واقع در جداره های بیرونی، باید باعلامتهای تائید شده مشخص شوند. علامت هر خروج باید در موقعیتی نصب شود که از تمام جهات دسترسی به آن خروج به آسانی دیده شود. تمام درهای حریق بسته شو باید از هر دو طرف با علامت تائید شده ای که عبارت "در حریق – بسته نگه دارید" بر روی آن نوشته شده، مشخص شوند. علائم خروج باید موقعیتی مناسب و رنگ و طرحی متضاد با تزئینات و نازک کاریهای داخلی و سایر علائم و نشانه ها داشته باشند تا به آسانی دیده شوند. هیچ نوع تزئینات، مبلمان، تجهزات و تأسیسات نباید مانع دیده شدن علائم خروج شود. همچنین استفاده از انواع نور پردازی، نمایش تصویر و یا شیئی که روشنایی آن بیشتر از روشنایی علائم خروج بوده یا در مسیر رؤیت علائم

خروج توجه را به خود جلب کند، مجاز نخواهد بود. علائم خروج باید ساده و قابل فهم برای همگان بوده و کلمه "خروج" را بطور ساده، خوانا و آشکار نشان دهند. همراه راه عبور یا راه پله ای که خروج نبوده و به دسترس خروج نیز منجر نمی شود، اما به دلیل موقعیت خود ممکن است با یک خروج یا دسترس خروج اشتباه گرفته شود، باید با علامتی تائید شده که عبارت "خروج نیست" بر آن نوشته شده، مشخص گردد. هر یک از علائم خروج باید بوسیله یک منبع نور قابل اطمینان، از روشنایی مناسب برخوردار باشد. علائم خروج می توانند از درون روشن یا از بیرون نورپردازی شوند. اما در همه حال و در هر یک از دو حالت روشنایی عادی و اضطراری بنا، باید به خوبی دیده شوند. شدت روشنایی علائم چه از بیرون و چه از داخل نورپردازی می شوند نباید کمتر از ۵۴ لوکس باشد. در تمام مواردی که در این مقررات،پیوستگی روشنایی راههای خروج تصریح شده، علائم خروج باید بطور پیوسته روشن باشند، مگر در مواردی که همزمان با فعال شدن شبکه هشدار حریق، روشنایی علائم خروج بصورت چشمک زدن در می آیند. همچنین در تمام مواردی که در این مقررات، ضرورت استفاده از تسهیلات روشنایی اضطراری اعلام شده، علائم خروج باید به شبکه روشنایی اضطراری متصل باشند.

علائم ایمنی: علائمی هستند که توسط تابلو، رنگ، علامت نورانی (روشنایی) یا علائم صوتی، ارتباط کلامی یا علائم ناشی از حرکت دست، توصیه ها و اطلاعاتی درباره ایمن عمومی و بهداشت کار را انتقال می دهند و شامل تابلوها و علائم تصویری، علائم نورانی، علائم نوری، علائم صوتی، علائم کلامی و علائم ایمنی با حرکات دست می گردند.

علائم ایمنی با حرکات دست: حرکت یاجابه جائی بازوها و یا دستها، دارای مفهوم خاصی در رساندن پیام به شخص در حال انجام کار خطرناک (به خاطر حفظ ایمنی جان خود و سایرین) است. علائم ایمنی حرکات دست برای هدایت کردن حرکات وسایل نقلیه و دستگاه هائی چون جرثقیل ها، که ممکن است خطر ساز باشند، به کار می روند. علائم باید دقیق، ساده، سهل الاجراء و قابل درک باشند. مسئول کارگاه باید اطمینان حاصل نماید که علامت دهنده و علامت گیرنده آگاهی کامل به علائم حرکتی دست داشته و آموزش لازم را دیده باشند. در مواردی که علائم حرکت دست اعلام شده کفایت نمی کند، می توان از علائم توافق شده تکمیلی استفاده کرد. علائم توافق شده در کارگاه باید در همه قسمتها بصورت یکسان استفاده شود. چنانچه کارکنان با این علائم و آیین نامه ها آشنائی نداشته باشند آموزش آنان الزامی است. علامت دهنده باید در موقعیتی قرار گیرد که تسلط کافی بر عملیات داشته و توسط کلیه مخاطبین دیده شود، ولی خودش در معرض خطر ناشی از انجام آن عملیات قرار نگیرد. در طول عملیات وظیفه علامت دهنده فقط هدایت عملیات و انجام اقدامات لازم جهت ایمنی افراد حاضر در محوطه می باشد. در بعضی موارد به منظور حفظ ایمنی لازم است از نیروی کمکی و فرد دیگری برای هماهنگی عملیات استفاده شود. در این مورد باید اطمینان حاصل شود که شخص که علائم را دریافت می نماید از یک علامت دهنده پیروی می نماید، مگر در حالت های خاص که از قبل هماهنگ شده باشد. چنانچه انجام دهنده عملیات قادر به ادامه اجرای کار به نحو مطلوب و ایمن نباشد کل عملیات باید تا زمان دریافت دستورات بعدی متوقف گردد. چنانچه شرایط جوی به نحوی باشد که نور کم شود و یا کاهش دید پدید آید، لازم است علامت دهنده از لباس های بازتاب نور یا خود نور استفاده کند. استفاده از وسایلی مانند راکت یا بازوبندهای شبرنگ نیز برای درک و شناسائی بهتر علائم توصیه می شود.

علائم ایمنی بر روی مخازن و خطوط لوله حاوی مواد خطرناک: کاربرد علائم برای نشانه گذاری مخازن و مجراهای دارای مواد خطرناک: مخازن و مجراهایی که برای نگهداری و یا انتقال مواد خطرناک به کار می روند و لوله های روکار حاوی مواد خطرناک در محل کار، باید دارای برچسب و علامت تصویری ایمنی باشند. مگر آنکه احتمال بروز خطر بقدری کم شود که قابل توجه نباشد. نصب علائم هشدار دهنده روی لوله های کوتاه منشعب از مخزنی که خود دارای علامت هشدار دهنده است، الزامی نیست. اطلاعات تکمیلی دیگر مانند نام ماده خطرناک و یا جزئیات و نحوه مقابله با خطر را می توان به برچسب و علامت تصویری ایمنی افزود. علائم تصویری باید در جائی که به وضوح قابل مشاهده باشند نصب گردند. این علائم باید با دوام بوده و می توانند به صورت برچسب و یا بصورت نقاشی شده در موقعیت مناسب قرار گیرند. در لوله های طویل انتقال مواد خطرناک علائم تصویری را می توان در نقاط میانی نصب نمود. نصب تعداد زیادی علامت تصویری روی لوله های حاوی مواد خطرناک باعث گمراهی کارکنان می شود.

علائم ایمنی در اطراف محل خاکریزها و گودال های با خطر سقوط یا تصادم: برای جلوگیری از صدمات ناشی از سقوط افراد از ارتفاع و یا اصابت اجسام در حال سقوط یا تصادم با خاکریزها، علاوه بر نصب علائم تصویری ایمنی، در اغلب موارد نصب نرده های محافظ نیز ضروری است. در صورتی که احتمال خطر کم بوده و یا حفاظت با دیگر ابزارها ممکن نباشد، علامت گذاری مکان خطرناک ضروری است. استفاده از علامت زیر شامل نوارهای ممتد زرد و مشکی (یا قرمز و سفید)، در اطراف مکان های فوق الذکر الزامی است. در این علامت نوارها تحت زاویه ۴۵ درجه قرار دارند و دارای اندازه های مساوی اند. در اطراف گودالهای با خطر سقوط، نصب دستگاه های علامت دهنده چشمک زن نیز توصیه می شود. این دستگاه ها باید در زمان خطر احتمالی مجهز به لامپ های اضافه بوده و تحت مراقبت خاص باشند.

علائم ایمنی کلامی: پیام های ایمنی از قبل هماهنگ و تعیین شده که توسط انسان و یا صدای مصنوعی بصورت زنده یا ضبط شده ارائه می شود. از علائم ایمنی کلامی می توان به منظور هدایت عملیات مخاطره آمیز استفاده نمود. مکالمات اینگونه پیام ها باید واضح و خلاصه و به راحتی قابل درک باشد.

علائم تصویری و تابلوی ناهماهنگ با مقررات: تابلویی است که مغایر با این مقررات و ضوابط مصوب دیگر باشد.

علائم خروج اضطراری: به منظور هدایت صحیح افراد، خروجی های مختلف ساختمان باید توسط علائم و تابلوها کاملاً واضح و آشکار گردند تا مردم بدانند راههایی غیر از راهی که از آن وارد شده اند نیز برای خروج وجود دارد. باید از روشن شدن چراغها و علائم نورانی نصب شده بر فراز دربهای خروج به محض اعلام خطر اطمینان حاصل شود. اگر امکان قرار دادن علامت نورانی برفراز درب وجود ندارد، باید در محلی که به وضوح قابل رؤیت بوده و کمتر امکان کثیف و یا پنهان شدن در پشت موانع را دارد، نصب گردد. اگر خروجی در معرض دید نباشد و یا کسی را که در حال گریختن است دچار تردید نماید نصب علائم مکمل خروج اضطراری به همراه جهت نماها به تعداد لازم و در مکانهای مناسب در طول مسیر خروج، الزامی است. در ساختمانهایی که تنوع مشاغل وجود دارد هنگام نصب علائم ایمنی باید از علائم همسان استفاده شود تا مردم را در مورد مسیرهای خروجی دچار سردرگمی نکند. در اینگونه موارد مالک ساختمان مسئول نصب علائم در مکانهای عمومی (مثلاً راه پله) بوده و در صورت عدم اطلاع باید با مسئولین ذیربط در آتش نشانی هماهنگ نماید. صاحبان مشاغل آزاد نیز مسئول نصب علائم ضروری در داخل قسمت خود از ساختمان هستند. مسئولین ایمنی ساختمان باید نصب تابلوهای تکمیلی جهت باز نگهداشتن مسیرهای خروجی را، که معمولاً کمتر استفاده می شود و امکان تبدیل آنها به انباری و محل انباشت وسایل وجود دارد، الزامی کند. این علامات باید در محل هائی که به وضوح دیده شود، با مضمون «خروجی اضطراری — راه را باز نگهدارید» در قسمت مناسبی از درب نصب شوند. علائم نورانی خروج باید دارای نورپردازی داخلی و دارای حروف سفید رنگ براساس ضخامت قلم حداقل ۲۰ میلیمتر در روی زمینه شفاف سبز رنگ، حاوی ،، خروج اضطراری،، یا ،،راه پله اضطراری،، باشند و در نزدیکی درب یا پنجره ای که به خروجی اضطراری هدایت می شود نصب گردند. در صورتیکه از همه نقاط خروجی، علامت خروج اضطراری دیده نشود، باید علائم نورانی دیگری بصورت جهت نما، با نورپردازی داخلی یا خارجی با حروف سفید براساس ضخامت قلم حداقل ۱۰ میلیمتر، بر زمینه سبز در راهروها یا گذرگاه ها نصب شود. همه اتاقهای خواب در مکانهای اقامت موقت باید یک پلاک با علامت تصویری در زمینه سفید و حروف سبز که محل خروج اضطراری را بصورت واضح مشخص نماید، دارا باشند.

علائم صوتی ایمنی: پیام هائی شنیداری است که انتشار آنها با فرکانس ثابت یا متغیر صدای مصنوعی ایجاد می شود (مانند آژیر خطر). برای اینکه علائم صوتی در فواصل طولانی تر قابل شنود باشند لازم است فرکانس علامت صوتی به طرز قابل توجهی از حدود صداهای محیط بالاتر باشد (برای مثال 10 db بالاتر از سطح صدای محیط در همان فرکانس)، بطوریکه اصوات به سادگی قابل تشخیص و گوش خراش نباشد.

علائم نشانه گذاری محوطه ها و مکان های دارای مواد خطرناک: نصب علائم تصویری ایمنی در مکانهایی که محل ذخیره سازی مقدار قابل توجهی مواد خطرناک است، الزامی است. مگر آنکه برچسب های علائم تصویری ایمنی نصب شده روی ظرفهای حاوی ماده خطرناک از بیرون و یا از محوطه اطراف به وضوح دیده شوند. انبارهای محل نگهداری مواد خطرناک مختلف، باید با علامت هشدار دهنده «خطر عمومی» مشخص شوند. محل مناسب نصب برچسبها و علائم فوق الذکر در نزدیکی مکان نگهداری مواد روی درهای منتهی به اتاقهای نگهداری مواد می باشد.

علائم نوری: پیام هائی بصری است که انتشار آنها با استفاده از تابش نورهای دارای مفهوم رنگهای ایمنی صورت می گیرد و می تواند بصورت ثابت یا چشمک زن با دور و فرکانس خاموش و روشنی مختلف پیام خود را ارائه نماید. چنانچه دستگاه علامت دهنده، علامت پیوسته (دائم) و متناوب نوری منتشر نماید، از علائم متناوب بایستی برای درجات بالای خطر و یا نیازهای فوری استفاده نمود. مدت زمان چشمک زدن علائم متناوب و یا تعداد آن در مدت معین باید طوری باشد که مفهوم پیام ابلاغی بوضوح برداشت شود و از هر گونه تداخل و ابهام با دیگر علائم جلوگیری کند.

علائم هشدار دهنده الزامی در کارگاهها: نصب علائم مندرج در این مقررات در مسیرهای آمد و شد و مکانهای خطرناک (نظیر جایی که امکان لغزیدن و افتادن از بلندی برای عابران وجود دارد یا ارتفاع سقف برای عبور کوتاه است) الزامی است. نصب علائم هشدار دهنده مناسب مطابق تابلوهای هشدار دهنده در انبارها و کلیه محل هایی ذخیره مواد خطرناک، الزامی می باشد. در مواردی که احتمال تهدید سلامت و ایمنی کارکنان وجود داشته و نظارتهای لازم مهندسی و سیستمهای ایمنی قابل پیشگیری و کنترل نباشد، کارفرمایان ملزم هستند که از وجود تابلوها و علائم لازم و کافی در محیط یقین حاصل نمایند. استفاده از تابلوها و علائم ایمنی مندرج در این مقررات جانشین دیگر روش های کنترل خطر نمی باشد. برای مثال اگر در کارگاهها خطر آتش سوزی مواد قابل اشتعال وجود داشته باشد، علاوه بر اقدامات احتیاطی و پیشگیریهای ضروری در مقررات، نصب تابلوی «سیگار کشیدن ممنوع» هم الزامی است. در محیط کارگاهها کارفرمایان مسئول حفظ جان کارکنان از خطر بوده و موظف به حصول اطمینان از نصب علائم حفاظتی - ایمنی در محل های لازم هستند. پیمانکاران جزء (که خود نیز کارفرما هستند)، موظفند میزان آشنایی کارکنانشان را با علائم ایمنی کنترل نموده و از نصب علائم ایمنی مناسب و حاوی پیام درست در محل های لازم، اطمینان یابند. در محوطه های کارگاهی که وسائل نقلیه تردد می نمایند، استفاده از علائم راهنمای رانندگی منطبق با ضوابط راهنمای رانندگی و دستگاه های ذیربط الزامی است. چنانچه به هر علتی (مثل پوشیدن وسایل و ابزار ایمنی) میزان شنوائی و یا بینائی کاهش یابد، اقدام برای بهتر شدن دید و یا شنیدن هشدارهای ایمنی (مثلاً با افزایش حجم صدا و یا افزایش میزان روشنایی) الزامی است. در بعضی موارد لازم است ترکیبی بیش از یک نوع علامت ایمنی استفاده شود. برای مثال علائم نوری با یک علامت صوتی حاوی پیام خطر (مثل آژیر خطر) ترکیب گردد و یا علائم حرکات دست با ارتباط کلامی ترکیب شود تا افراد را از خطر مانع مطلع نماید. اندازه تابلوها و علائم نصب شده در محل کار باید مناسب و به سهولت قابل دید و درک باشد. در مواقعی که نور محیط ضعیف باشد بهتر است از روشنایی مصنوعی استفاده و یا علامت ایمنی را از مواد براق بازتاب تهیه نمود و یا هر دو روش را بکار برد. تابلوها و علائم تصویری ایمنی باید دوام پذیر باشد و بدرستی نصب و به دقت نگهداری گردد و در صورت لزوم تمیز، شسته و یا دوباره رنگ شود. نصب دائم تابلوها الزامی است مگر در مواردی که کارگاه و یا خطر ناشی از کار، موقت باشد. مثل استفاده از علائم هشدار دهنده موقت و قابل حمل در صورت لغزنده شدن محل عبور توسط نظافت کنندگان، در این شرایط باید از علائم ایمنی موقت استفاده کرد. نصب تعداد زیاد علامت تصویری در مجاورت یکدیگر ممنوع است. نصب تعداد زیادی تابلو در یکجا نزدیک بهم، خطر گمراهی و یا عدم توجه به پیام های آنها را در پی دارد. چنانچه شرایط تغییر یابد و احتمال خطری نباشد و دیگر نیاز به علامت خاصی نباشد، به منظور جلوگیری از اشاعه اطلاعات نادرست و گمراه نشدن افراد، مسئولین مربوطه باید علائم را از محل جمع آوری نمایند. علائم تصویری ایمنی حتی الامکان باید بصورت همسان استفاده شوند و تغییرات جزئی در آنها تنها به شرطی مجاز است که باعث اشتباه در پیام رسانی نشود. اگر در میان علائم تصویری ارائه شده در این مقررات علامت مورد نیاز یافت نشد، به شرط تبعیت از اصول کلی ذکر شده می توان علائم را طراحی کرد. علائم تصویری ایمنی باید ساده و فقط دارای جزئیات ضروری باشند. در مواردی ادغام علائم ایمنی با یک متن کوتاه بصورت زیرنویس تکمیلی برای آسان سازی فهم آن مفید است. زمینه رنگی متن تکمیلی باید همانند رنگ علائم اصلی باشد.

علائم و تابلوهای نورانی: علائمی با نور پردای داخلی که سطح آنها از موادی ساخته شده که نور از آن عبور کرده و سطح تابلو روشن و پیام واضح می شود. رنگ و شکل و پیام علائم نورانی ایمنی همانند علائم تصویری ایمنی تابع جدول رنگ های ایمنی است.

علم تخلیه فاضلاب: یک لوله قائم فاضلاب که ممکن است برای تخلیه غیر مستقیم فاضلاب خروجی از ماشین رخت شویی یا ماشین ظرفشویی به کار رود و فاضلاب ماشین از طریق شلنگ به آن ریخته شود.

عمل آوری: عمل آوردن فرایندی است که طی آن از افت بتن جلوگیری و دمای بتن در حدی رضایت بخش حفظ می شود. عمل آوردن بتن بر ویژگی های بتن سخت شده از قبیل میزان نفوذپذیری و مقاومت در برابر یخ زدن و آب شدن اثر بسزا دارد. عمل آوردن باید بلافصله پس از تراکم بتن آغاز شود تا بتن در برابر عوامل زیانبار مورد محافظت قرار گیرد. عمل آوردن بتن از مراقبت و محافظت و گاهی پروراندن تشکیل می شود. مراقبت به مجموعه تدابیری گفته می شود که باعث شود سیمان موجود در بتن به مدت کافی مرطوب بماند به طوری که حداکثر میزان آبگیری چه در لایه های سطحی دانه ها و چه در حجم آنه میسر باشد. محافظت به مجموعه تدابیری اطلاق می شود که بموجب آنها از اثر نامطلوب عوامل بیرونی مانند شسته شدن به وسیله باران یا آب جاری، اثر بادهای گرم و خشک، سرد شدن سریع یا یخبندان، لرزش و ضربه خوردن بتن جوان جلوگیری شود. منظور از پروراندن بتن سرعت بخشیدن به گرفتن و سخت شدن آن به کمک حرارت است.

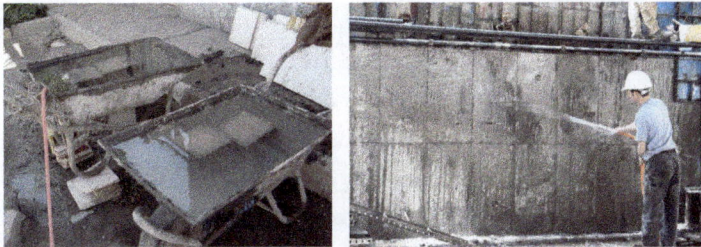

عمل آوردن نمونه های بتن و دیوار بتنی در کارگاه

عملیات خاکی: نظور از عملیات خاکی عبارت است از: خاکبرداری، خاکریزی، تسطیح زمین، گودبرداری، پی کنی ساختمانها، حفر شیارها، کانالها و مجاری آب و فاضلاب و حفر چاههای آب فاضلاب با وسایل دستی یا مکانیکی. قبل از شروع عملیات خاکی باید اقدامات زیر انجام شود:

الف) توسط شخص و یا اشخاص ذیصلاح زمین مورد نظر از لحاظ استحکام و جنس خاک و همچنین پایداری انبیه مجاور به دقت مورد بررسی قرار گیرد. به علاوه نقشه گودبرداری و پایدار سازی جداره های گود و برنامه گودبرداری تهیه شده توسط این اشخاص باید به تأیید مرجع رسمی ساختمان برسد.

ب) روش، برنامه گودبرداری و همچنین زمان شروع آن به همراه مجوز صادره توسط مرجع رسمی ساختمان در اختیار مهندس ناظر قرار گیرد.

ج) موقعیت تأسیسات زیرزمینی از قبیل کانالهای فاضلاب، قنواب قدیمی، لوله کشی آب و گاز، خطر و حادثه گردند و یا خود دچار خسارت شوند، مورد بررسی و شناسایی قرار گرفته و با همکاری سازمانهای ذیربط، نسبت به تغییر مسیر دائم و یا قطع جریان آنها اقدام گردد.

د) در صورتی که تغییر مسیر یا قطع جریان برخی از تاسیسات مندرج در بند "ج" فوق امکان پذیر نباشد، باید با همکاری سازمانهای مربوطه و به طریق مقتضی نسبت به حفاظت آنها اقدام شود. هـ: چنانچه محل گودبرداری در نزدیکی و یا مجاورت یکی از ایستگاههای خدمات عمومی از قبیل آتش نشانی، اورژانس و غیره بوده و یا در مسیر اتومبیلهای مربوطه باشد، باید قبلاً مراتب به اطلاع مسئولین ذیربط رسانده شود تا احیاناً در سرویس رسانی عمومی وقفه ای ایجاد نشود. و: کلیه اشیاء زائد از قبیل تخته سنگ، ضایعات ساختمانی و یا بقایای درخت که ممکن است مانع از انجام کار شده و یا موجب بروز حوادث شوند، از زمین مورد نظر خارج گردند. در صورتی که در عملیات خاکی از دستگاههای برقی مانند الکتروموتور برای هوادهی، تخلیه آب و نظایر آن استفاده شود، این گونه دستگاهها باید به وسایل حفاظتی مناسب مجهز باشند. چنانچه محل مورد نظر برای عملیات خاکی نظیر حفر چاه در معابر عمومی یا محلهایی باشد که احتمال رفت و آمد افراد متفرقه وجود داشته باشد، باید با اقدامات

احتیاطی از قبیل محصور کردن محوطه حفاری، نصب علائم هشدار دهنده و وسایل کنترل مسیر، از ورود افراد به نزدیکی منطقه حفاری جلوگیری به عمل آمده و دهانه این گونه محل ها در پایان کار روزانه مسدود گردند.
عملیات ساختمانی: عملیات ساختمانی عبارت است از:تخریب، گودبرداری، حفاظت گودبرداری و پی سازی، احداث، توسعه، تعمیر اساسی و تقویت بنا، خاکبرداری، خاکریزی، تسطیح زمین و ساخت قطعات پیش ساخته در محل کارگاه ساختمانی، حفر چاه ها و مجاری آب و فاضلاب و سایر تأسیسات زیربنایی.
عناصر ساختمانی: قسمت هایی از ساختمان که به منظور تأمین نیازهای سازه ای و یا غیر سازه ای طراحی و ساخته شده اند و در پیوند با یکدیگر، تمامیت یک ساختمان را شکل می بخشند (مانند بام، سقف، کف، دیوار، بازشوها و...).
عوامل شیمیایی خورنده: برخی از مواد شیمیایی باعث ایجاد واکنش با مواد تشکیل دهنده بتن می شوند. مواد اسیدی اثرات تخریبی بیشتری دارند. به همین دلیل مقابله با اثر خورنده اسیدهای قوی مستلزم اتخاذ تدابیر ویژه حفاظتی است.
عوامل ویژه: عواملی که نقش تعیین وضعیت ساختمان را از نظر میزان صرفه جویی در مصرف ایفا می کنند.
عوامل ویژه اصلی صرفه جویی انرژی: میزان صرفه جویی لازم در مصرف انرژی که برای پوسته خارجی، تأسیسات مکانیکی و روشنایی ساختمان ها مشخص می گردد، به عوامل ویژه اصلی به شرح زیر وابسته است: کاربری ساختمان، گونه بندی جغرافیایی نیاز انرژی گرمایی - سرمایی سالانه محل استقرار ساختمان، سطح زیر بنای مفید ساختمان، شهر محل احداث ساختمان، نهایتاً، براساس این عوامل گروه بندی ساختمانها از نظر میزان صرفه جویی در مصرف انرژی امکانپذیر خواهد شد.
عوامل ویژه فرعی: میزان صرفه جویی لازم در مصرف انرژی، به عوامل ویژه دیگری که عوامل ویژه فرعی نامیده می شوند نیز وابسته است. عوامل ویژه فرعی به شرح زیر می باشند: شرایط بهره گیری از انرژی خورشیدی، نوع انرژی مصرفی (برقی و غیر برقی) برای تأمین گرمایش، سرمایش و آب گرم مصرفی، نسبت سطح پوسته خارجی نورگذر ساختمان به سطح زیر بنای مفید آن، استفاده از سیستمهای نوین تهویه.

ف (فاصله هوایی - فیوز)

فاصله هوایی: ۱) در لوله کشی توزیع آب، هر فاصله قائم در فضای آزاد و بدون مانع بین لبه پایین دهانه خروجی آب از لوله یا شیر برداشت آب که به مخزن لوازم بهداشتی یا هر مصرف کننده دیگری آب می رساند، تا لبه سرریز دستگاه دریافت کننده آب، فاصله هوایی نامیده می شود. ۲) در لوله کشی فاضلاب، هر فاصله قائم در فضای آزاد و بدون مانع بین دهانه خروجی فاضلاب تا لبه سرریز وسیله ای که این فاضلاب در آن می ریزد، فاصله هوایی نامیده می شود.
فاضلاب: هر نوع فاضلاب خروجی از لوازم بهداشتی و دیگر دستگاههای مصرف کننده آب، بدون فاضلاب توالت یا پیسوار. هر نوع فاضلاب که مواد گیاهی یا حیوانی، به صورت معلق یا محلول، داشته باشد.
فاضلاب بهداشتی: فاضلاب خروجی از لوازم بهداشتی و دیگر مصرف کننده های آب، بدون آب باران، آب های سطحی یا آب های زیرزمینی.
فاضلاب خاکستری: فاضلاب خروجی از وان، زیردوشی، دستشویی، لگن یا ماشین رختشویی که در شبکه لوله کشی آب غیر آشامیدنی داخل همان ساختمان، منحصراً برای شستشوی توالت ها و پیسوارها ممکن است مورد استفاده دوباره قرار گیرد.
فراخوانی گروهی: اگر کنترل بصورت دو تایی، سه تایی یا بیشتر دو، سه یا چند آسانسور با یک فرمان کنترل شده و نزیکترین کابین هم جهت به احضار پاسخ می دهد. در این سیستم زمان انتظار مسافرین حداقل خواهد بود و برای برجهای مرتفع، هتلها و مؤسسات بزرگ که از چند دستگاه آسانسور نزدیک به هم استفاده می نمایند مناسب میباشد.

فرآورده های آزبست – سیمان: فرآورده های آزبست - سیمان شامل ورقهای صاف و موجدار و لوله می باشد. ساخت و مصرف فرآورده های آزبست - سیمان خطراتی برای محیط زیست و سلامتی انسان دارد که لازم است نکات ایمنی مربوطه رعایت گردد.

فرآورده های سیمانی: فرآورده های سیمانی محصولاتی هستند که ماده چسباننده آنها یکی از انواع سیمانهاباشد.

فرکانس: ← ساختمان ویژه

فرمان اضطراری: در مواردی که در صورت بروز خطر به قطع فوری تغذیه احتیاج باشد، وسیله قطع باید طوری نصب شود که به سادگی قابل تشخیص و به طور مؤثر و سریع قابل استفاده باشد.

فساد و خوردگی در فلز: در مواردی لازم است فساد و خوردگی مصالح در طرح محاسبه اعضای سازه در نظر گرفته شود و ابعاد آنها طوری داده شود که اثر خوردگی را جبران کند. و یا در حالت دیگر با حفاظت در مقابل خوردگی به وسیله زنگ زدن و یا راه حلهای دیگر، باید شرایط بهره برداری حفظ شود. در جاهایی که تیرها و یا ستونها در معرض عوامل جوی قرار می گیرند باید سطوح داخلی آنها (در صورتی که قسمتهای توخالی داشته باشند) برای مقابله با خوردگی کاملاً مسدود شود و به صورت آب بندی شده در آید، یا فضاهای داخلی آنها ابعاد کافی داشته باشد تا با دسترسی به داخل آنها هر چند وقت یک بار تمیز و رنگ شوند.

فسخ یا ابطال قرار داد: ←مجری حقوقی

فشار بر کنش بر کفها: در طراحی کف زیرزمینها و سایر سازه های مشابه، اثر فشار بر کنش آب زیرزمینی باید بصورت فشار کامل ایستابی بر تمام کف در نظر گرفته شود. این فشار باید براساس اختلاف رقوم زیر کف نسبت به بالاترین سطح آب زیرزمینی محاسبه شود. ضریب اطمینان موجود در مقابل فشار بر کنش کف باید حداقل برابر با ۱/۵ در نظر گرفته شود.

فشار جریان: فشار آب لوله، قبل از شیر برداشت آب و نزدیک به آن، در حالتی که شیر کاملاً باز باشد.

فشار مبنای باد: فشار مبنای باد، بنا به تعریف، فشاری است که باد با سرعتی برابر با سرعت مبنای باد بر سطحی عمود بر جهت وزش باد وارد می کند.

فشار معکوس: در لوله کشی توزیع آب، مواردی که بر اثر وجود پمپ، مخزن مرتفع، دیگ آب گرم یا بخار و مانند آنها، فشاری بیش از فشار شبکه لوله کشی توزیع آب آشامیدنی ایجاد شود و احتمال برگشت جریان و نفوذ آب از یک شبکه لوله کشی آب غیر بهداشتی به داخل شبکه لوله کشی توزیع آب آشامیدنی پیش آید. در لوله کشی فاضلاب فشاری که بر اثر کاهش سرعت جریان فاضلاب یا علت های دیگر، در جهت عکس جریان فاضلاب در داخل لوله، بعد از سیفون نزدیک ترین لوازم بهداشتی، ممکن است بر آن هوا بند سیفون وارد شود.

فشار و مقدار جریان آب: حداکثر فشار آب شبکه لوله کشی توزیع آب مصرفی، در پست شیرهای لوازم بهداشتی، در وضعیت بدون جریان نباید از ۴ بار (۴۰ متر ستون آب = ۶۰ پوند بر اینچ مربع) بیشتر باشد. اگر فشار شبکه ای که به ساختمان انشعاب می دهد، به اندازه ای باشد که فشار آب در پشت شیرهای لوازم بهداشتی، در حالت بدون جریان، بیش از ۴ بار باشد باید با نصب شیر تنظیم فشار مورد تأیید، یا روش های مورد تأیید دیگر، فشار آن را تا ۴ بار، یا بر حسب نیاز کمتر از آن، کاهش داد. شبکه لوله کشی توزیع آب مصرفی باید طوری طراحی شود و لوله ها به ترتیبی اندازه گذاری شود که در زمان حداکثر مصرف، فشار و مقدار جریان آب در لوله هایی که به لوازم بهداشتی آب می رسانند، از ارقام آئین نامه کمتر نباشد. ارقام این جدول نباید عنوان مصارف آب در لوازم بهداشتی تلقی شود. اگر فشار شبکه شهری که به ساختمان انشعاب می دهد، برای تأمین فشار و مقدار جریان باید با نصب سیستمهای افزایش فشار (بوستر پمپ، تانک فشار یا هر سیستم مورد تأیید دیگر) فشار آب را تا حدی افزایش داد که فشار پشت شیرهای لوازم بهداشتی کمتر از ارقام جدول نباشد. نصب مستقیم پمپ روی لوله انشعاب آب شهر مجاز نیست. در ساختمان های بلند تأمین حداقل فشار آب پشت شیرهای لوازم بهداشتی، در صورت لزوم و با تأیید، باید ساختمان در ارتفاع به دو یا چند منطقه تقسیم شود. حداکثر جریان آب توالت و پیسوار در سالن های تئاتر، رستوران، موزه، ورزشگاه، مسجد، استادیوم، زندان و فضاهای مشابه نباید از ارقام زیر بیشتر باشد: توالت: ۱۰ لیتر (۲/۶۵ گالن) در هر ریزش، پیسوار: ۶ لیتر (۱/۵ لیتر) در هر ریزش. اگر فشار آب شبکه شهری متغیر باشد، محاسبات و طراحی لوله کشی توزیع آب مصرفی ساختمان (یا ملک) باید براساس حداقل فشار آب شبکه شهری صورت گیرد.

فضاهایی که روشنایی آنها با نور طبیعی تأمین می شود: در مورد فضاهای محصور که در طول روز از نور طبیعی کافی بهره مند می شود و بیش از ۲۵ متر مربع مساحت دارند توصیه های زیر پیشنهاد می گردد: حداقل یک سیستم کنترل نور مصنوعی داشته باشند که سیستمهای روشنایی را صرفاً در قسمتی که از نور طبیعی بهره میگیرد کنترل نماید. کنترل سایر روشنایی های فضاهای غیر بهره مند از نور طبیعی می تواند به هر طریق مجاز دیگری صورت گیرد. در موارد استثنایی زیر لزومی به رعایت مفاد این بند نیست:

الف) در صورتی که نسبت سطح شیشه خور بخش نورگیر به سطح کل (عمودی یا افقی) کمتر از ۰/۲ برای سطوح عمودی و ۰/۲ برای سطوح افقی باشد.

ب) در صورتی که موانع طبیعی یا مصنوعی (درخت، ساختمان، . . .) از رسیدن روشنایی روز به جدارهای نورگذر جلوگیری نمایند.

فضای پناه دهی: فضایی که در مقابل حریق به میزان مشخصی مقاومت می نماید.

فضای زیستی: فضای مورد استفاده روزمره انسان ها اعم از فضای مسکونی، فضای کار و مشابه آن.

فضای کنترل شده: بخش هایی از فضای داخل ساختمان، اعم از فضای زیستی و غیرزیستی، که به علت داشتن عملکرد خاصی، بطور مداوم و تا دمایی برابر و یا بالاتر (یا پایین تر) از دمای زیستگاه، گرم (یا خنک) می شوند. شرایط حرارتی آنها در ساختمان باید در محدوده آسایش باشد. ساختمانهای مجاور ساختمان مورد نظر، از نوع فضای کنترل شده تلقی می شوند مگر آنکه از نوع ذکر شده در تعریف فضای کنترل نشده باشند.

فضای کنترل نشده: بخش هایی از فضای ساختمان که تعریف فضای کنترل شده در موردشان صادق نیست (همانند فضاهای درز انقطاع بین دو ساختمان، راه پله ها، دالان ها و پارکینگ هایی که مورد گرمایش و سرمایش قرار نمی گیرند).

فضای نصب لوازم بهداشتی: فضای نصب توالت، دستشویی، دوش، سینک و دیگر لوازم بهداشتی باید روشنایی و تعویض هوا داشته باشد. لوازم بهداشتی و لوله کشی های مربوط به آن ها باید طوری استقرار یابند و نصب شوند که مانع باز و بسته شدن عادی پنجره ها و درها نشوند. سطوح داخلی کف و دیوار فضایی که در آن توالت نصب می شود، باید صاف، قابل شستشو و غیر قابل نفوذ آب باشند. هر توالت که در ساختمانهای عمومی برای استفاده مراجعان یا کارکنان نصب می شود باید با دیوار یا تیغه و در، به صورت اتاقک خصوصی، از فضاهای مجاور جدا شود. در یک گروه بهداشتی با یک توالت، که برای استفاده یک نفر پیش بینی شده است و در آن قفل میشود دیگر لازم نیست برای توالت دیوار یا تیغه و در پیش بینی شود.

فلاش تانک: وسیلهِ ای است شامل یک مخزن و شیر شناور ورود آب که هر بار با فرمان دستی مقدار پیش بینی شده ای آب، به منظور شستشو، وارد لوازم بهداشتی کند. ← آب مورد نیاز

فلاش والو: شیری که هر بار با فرمان دستی مقدار پیش بینی شده ای آب، به منظور شستشو وارد لوازم بهداشتی می کند و با فشار آب یا مکانیسم دیگری به طور خودکار و به تدریج بسته می شود، تا از ایجاد ضربه قوچ جلوگیری شود. ← آب مورد نیاز

فلز جوش مختلط: در اتصالات مقاطع سنگین و مواردی که اثر خستگی ملاک طراحی باشد و طاقت نمونه زخم دار به عنوان شرطی برای مصالح جوش تعیین شده باشد، مصالح و روش جوشکاری برای فلز تمام جوشها اعم از خال جوش، عبور جوش در عمق و ریشه اتصال، یا عبورهای بعدی که جوش تکمیلی را در اتصال ایجاد می کند، باید سازگاری لازم را داشته بشاد تا طاقت نمونه زخم دار برای فلز جوش مختلط محرز شود.

فلزات: فلزات در ساختمان مصارف گوناگون و گسترده داشته و به صورت خالص یا به صورت ترکیبی از چند فلز مورد استفاده قرار می گیرند. فلزها عناصر ساده ای هستند که در دمای معمولی جامدند (به جز جیوه) و بیشتر آنها دارای وزن ویژه زیاد هستند. فلزها نورگذران نیستند، مگر طلا و نقره که ورق نازک آنها نورگذران است. گرما رسانی و برق رسانی فلزها خوب است و به سادگی یون مثبت تشکیل می دهند. بیشتر فلزها شکل پذیر و چکش خوارند و می توان آنها را به صورت ورقه و مفتول در آورد. فلزها جلاپذیرند و هر گاه سطح آنها جلا داده شود، درخشندگی ویژه ای که به جلای فلزی موسوم است از خود نشان می دهند و نور را باز می تابانند. فلزات ساختمانی اساساً به دو گروه آهنی و غیر آهنی تقسیم می شوند.

مفتولهای فولادی

فلزات آهنی: آهن خالص مصرف ساختمانی ندارد، اما انواع فولاد و چدن که آلیاژهای آن به حساب می آیند از پر مصرف ترین مصالح فلزی اند.

فلزات غیر آهنی: عمده ترین فلزات غیر آهنی مصرفی در ساختمان عبارتند از: آلومینیم، مس، سرب، روی و قلع. از سایر فلزات مانند نیکل و منیزیم در ساخت آلیاژه یا به عنوان پوشش استفاده می شود.

فوق روان کننده: ← مواد افزودنی چند منظوره

فوق کاهنده آب: ← مواد افزودنی چند منظوره

فولاد: فولاد آلیاژی از آهن است که با سوزندان کربن آهن خام سفید و همجوش کردن آن با کمی کربن و افزودن برخی عناصر دیگر به دست می آید. فولاد را به روشهای ریختن، آهنگری، نور دیدن، کشیدن و پرس کردن شکل می دهند. یکی از مشخصه های فولادهای ساختمانی حداقل مقاومت نهایی فولاد در آزمایش کشش استاندارد است که آن را بر حسب مگاپاسکال و با نماد St نشان می دهند، فولاد St 57 و.... ویژگیهای شیمیایی و مکانیکی و روش آزمایش آنها برای فراورده های فولادی گرم نوردیده باید مطابق استاندارد باشد. ویژگیهای میلگرد مورد استفاده برای ساخت مهار داخل پی باید منطبق بر شرایط طرح باشد روش ایجاد رزوه پیچ روی این میلگردها باید به نحوی باشد که حداقل سطح مقطع میله در ناحیه روزه شده از ۷۰٪ سطح مقطع میلگرد دست نخورده کمتر نباشد و هیچگونه شکستگی دندانه های پیچ رخ ندهد.

فولاد ساختمانی: فولاد مناسب برای سازه ای که به روش خمیری تحلیل و طراحی میشود، به طور کلی عبارت است از فولادهای نرمه کربن دار معمولی تا فولادهای پرمقاومت آلیاژی (مثلا با ترکیبی از منگنز، و انادیوم و یا کلمبیم) حد (F_y) این فولادها از حدود ۲۳۰۰ تا ۴۵۰۰ کیلوگرم بر سانتیمتر مربع متغیر و مقاومت کششی نهایی آنها حداقل ۱/۳ برابر حد جاری شدنشان می باشد. مشخصات فولاد مصرفی طبق استاندارد مربوط، باید در مدارک طرح و محاسبه قید شود.

فولادهای ساختمانی: قطعات فولادی اعم از نیمرخهای نورد شده و ورق باید از نواقصی که به مقاومت یا شکل ظاهری آنها لطمه می زند، عاری باشند. استفاده از قطعات زنگ زده و پوسته شده مجاز نیست، مگر اینکه به وسیله ماسه پاشی یا برس زنی کاملا تمیز گردند. در این حالت چنانچه سطح مقطع نیمرخها ضعیف شده باشد، سطح واقعی ضعیف شده باید در محاسبات منظور گردد. فولادی غیر استاندارد و نامشخص را در صورت نداشتن عیوب سطحی و ظاهری می توان در بخشهایی از ساختمان که دارای اهمیت زیاد نبوده و در مکانهایی که این فولادها روی استحکام ساختمان اثر سوئی به جا نمی گذارد، مانند اجزای غیر سازه ای به کاربرد.

فولادهای مصرفی: فولادهای مصرفی در سیستمهای مقاوم در مقابل نیروهای زلزله باید منطبق بر شرایط مذکور در آئین نامه باشند. این فولادها باید در عین حال دارای مقاومت نهایی کششی حداقل ۱/۳ برابر مقاومت حد تسلیم باشند.

فیتینگ: اجزای از لوله کشی که برای تغییر امتداد، گرفتن انشعاب یا تغییر قطر لوله به کار می رود، مانند زانو، سه راه، تبدیل و غیره. ← اتصال در لوله کشی آب باران ساختمان

فیلرها: فیلرها موادی هستند که در قشر نهایی سطح چوب و به منظور پر کردن حفره ها و آماده کردن سطح صاف و یکنواخت، برای رنگ زدن یا لاک زدن و نیز برای رساندن به حفره های چوب و وضوح رگه ها به کار می روند.

فیوز: وسیله ای است از طریق ذوب یک یا چند المان خود که به نحوی مخصوص طراحی و تناسب یافته اند، با قطع جریان برق اگر شدت آن از مقداری تعیین شده به مدت کافی بیشتر شود، مداری را که در آن قرار گرفته است، باز می کند. از فیوزها می توان به عنوان وسیله حفاظتی، در موارد زیر، استفاده کرد: مدارها: در برابر اتصال کوتاه و اضافه بار، دستگاهها: در برابر اتصال کوتاه، تأمین ایمنی: در صورت اتصال کوتاه بین فاز و خنثی . فیوزهای پیچی باید مجهز به قطعه محدود کننده فشنگ پذیری (ته فشنگ) باشند تا جایگزینی با فشنگی که جریان نامی آن بیشتر از فشنگ مورد نظر است امکانپذیر نباشد. خارج و داخل کردن فیوزهای تیغه ای یا چاقوی باید فقط با استفاده از فیوزکش عایق امکانپذیر باشد. هنگامی که فیوز سوار و کامل شده است هیچ یک از قسمتهای برقدار فیوز، از جمله ترمینالهای آنها، نباید در دسترس یا قابل لمس باشد. قطب ته پایه فیوزهای پیچی باید به طرف تغذیه مدار (فاز) وصل شده باشد. استفاده از فیوزهای غیر استاندارد یا فیوزهایی که المان ذوب شونده آن قابل تعویض باشد (فیوز کتابی و نظایر آن) ممنوع است. تعمیر و تعویض ترمیم المان فشنگ فیوزهای استاندارد به هر نحو و شکلی ممنوع است. استفاده از فیوز در تأسیسات انشعاب برق (کنتور) باید طبق ضوابط شرکتهای برق انجام شود.

ق (قاب پنجره - *قیرهای مایع کندگیر*)

قاب پنجره: ← کاربرد پلاستیکها در ساختمان

قاب خمشی: قابی است که در آن اتصالات تیرها به ستونها به صورت پیوسته است و رفتار اعضا و اتصالات آنها عمدتاً خمشی می باشد.

قاب خمشی بتن آرمه متوسط: قاب خمشی بتن آرمه ای است که مطابق ضوابط آئین نامه بتن ایران برای شکل پذیری متوسط طراحی شده باشد.

قاب خمشی معمولی: قابی خمشی فولادی یا بتن آرمه ای است که برای رفتار شکل پذیر طراحی نشده باشند.

قاب خمشی ویژه: قابی خمشی فولادی یا بتن آرمه ای است که برای رفتار شکل پذیر زیاد طراحی شده باشد.

قاب مهاربندی شده: قابی است به شکل خرپای قائم که برای مقاومت در برابر نیروهای جانبی مورد استفاده قرار می گیرد. اعضای مورب خرپا ممکن است به صورت هم محور و یا برون محور به اعضای اصلی خرپا متصل شوند.

قاب مهاربندی شده برون محور: نوعی قاب مهاربندی شده فولادی است که در آن اعضای مورب به طور متقارب به اعضای اصلی قاب متصل نشده اند.

قاب مهاربندی شده هم محور: قاب مهاربندی شده ای است که در آن اعضای مورب بطور متقارب به اعضای اصلی قاب متصل شده اند. در این قابها اعضا عمدتاً تحت اثر بارهای محور قرار می گیرند.

قابل دسترسی: لوازم بهداشتی، دستگاههای آب و اجزای لوله کشی وقتی «قابل دسترسی»اند که برای دسترسی به آن ها، باز کردن یک دریچه یا برداشتن مانعی لازم باشد.

قابلیت بهره برداری: سیستمهای سازه ای و اجزای آنها باید به گونه ای طراحی شوند که سختی کافی را برای محدود کردن افتادگیها، تغییر مکانهای جانبی، لرزشها و کلیه تغییر شکلهایی که به بهره برداری و رفتار مورد نظر آنها اثر می گذارند، دارا باشند.

قابلیت دسترسی برای تعمیر دستگاه گازسوز و فاصله های لازم: هر دستگاه گازسوز باید نسبت به اجزاء ساختمان محل کارگذاری و وسایل دیگر طوری قرار گیرد که امکان دسترسی به آن وجود داشته باشد. برای تمیز کردن سطوح حرارتی، تعویض صافی ها، دمنده ها، موتورها، مشعل ها، کنترل ها و لوله های رابط دودکش، روغنکاری اجزاء متحرک که احتیاج به روغنکاری دارد و تنظیم و تمیز کردن مشعل ها و پیلوت ها، باید فاصله های کافی رعایت گردد. دستگاههای گازسوز و لوله دودکش آنها باید در فواصلی نسبت به اشیاء و مواد و مصالح نصب شوند که هنگام کار کردن برای اشخاص یا اموال آنها خطر ساز نباشد.

قابلیت دسترسی تجهیزات الکتریکی: تجهیزات الکتریکی را باید طوری ترتیب داد که، در صورت لوزم، امکانات زیر وجود داشته باشد: فضای کافی برای تأسیسات اولیه و تعویض بعدی هر یک از اجزاء تجهیزات الکتریکی، دسترسی برای انجام عملیات مربوط به بهره برداری، آزمایش، بازرسی، نگهداری تعمیرات. توسعه در آینده.

قابهای خمشی با شکل پذیری معمولی: ترکیبات بارگذاری برای طراحی تیرها و ستونها و همچنین اتصال تیر به ستون، ورقهای پیوستگی، وصله تیرها و ستونها باید منطبق بر آیین نامه باشد.

قابهای خمشی ویژه: ← آزمایشهای غیرمخرب

قابهای مهار شده: در قابهایی که در آنها حرکت جانبی با تکیه کردن بر مهار بندی ها و یا دیوارهای برشی مقید می شود، ضریب طول مؤثر (K) برای اعضای فشار باید برابر یک به حساب آید. ← سیستم قاب ساختمانی ساده

قالب: سازه ای موقت است برای در بر گرفتن بتن قبل از سخت شدن و کسب مقاومت کافی برای تحمل بار خود. قالب باید بتن را در شکل مورد نظر در محدوده رواداریهای مجاز نگاه دارد، به سطح آن نمای دلخواه بدهد، و وزن بتن را تا زمان سخت شدن و کسب مقاومت کافی تحمل کند. قالب باید در برابر نیروهای ناشی از وزن و فشار بتن، به خوبی محاسبه شده و ایمنی لازم را داشته باشد، و بتن را در برابر صدمات مکانیکی حفظ کند، از کم شدن رطوبت بتن و نشت شیره آن جلوگیری نماید، عایقی مناسب در برابر سرما و گرمای محیط باشد، میلگردها و سایر اجزا و قطعاتی را که داخل بتن قرار می گیرند در محل مورد نظر نگاه دارد، در برابر نیروهای ناشی از لرزاندن و مرتعش ساختن بتن مقاومت کند و بدون آسیب رساندن به بتن از آن جدا شود. کلیه اجزای قالبها از قبیل الوارها، تخته ها، شمعهای چوبی، پانلها، پایه های فلزی و سایر قطعات مربوط که برای قالب و شمع بندی و مهار کردن در کارهای بتنی، طراحی و استفاده می شوند، باید توسط اشخاص ذیصلاح با ضریب اطمینان حداقل ۲. ۵ نسبت به بارهای وارده طراحی و ساخته شوند. در صورتی که از قالب فلزی برای قالب بندی استفاده شود، باید استانداردهای مربوطه نیز رعایت گردد. قالب بتن باید قبل از بتن ریزی توسط شخص ذیصلاح بازدید و نسبت به استحکام و پایداری کلیه اجزای قالب، مهارها و غیره اطمینان حاصل شود تا در موقع بتن ریزی از فرو ریختن قالب پیشگیری به عمل آید. در موقع برداشتن قالب بتن باید از گرفتن کامل بتن اطمینان حاصل گردد و در باز کردن و نگهداری قالب ها احتیاط های لازم به منظور حفاظت کارگران از خطر احتمالی سقوط، لغزش و یا واژگونی قالب ها به عمل آید. هیچ گونه بارگذاری اضافه بر آنچه که در طراحی منظور شده است، مجاز نیست، مگر اینکه اجزای قابلها، شمعها، پایه ها و مهارهای آن متناسب با بار اضافی تقویت شوند، به طوری که ضریب اطمینان بارگذاری کمتر از ۲. ۵ نشود. توصیه می شود سطوح فوقانی با شیب بیشتر از ۳:۲ (قائم، ۳ افقی) قالب بندی شوند، به هر حال تعبیه قالب برای سطح فوقانی شیب بیشتر از ۱:۱ الزامی است. قبل از جا گذاری آرماتورها باید تا حد امکان رویه قالب ها را نصب کرد و مواد رها ساز را روی قالب ها مالید. قطعات رویه قالب ها باید در کنار هم طوری قرار گیرند که هدر رفتن شیره بتن ممکن نباشد. قالب ها باید از هر نوع آلودگی، ملات ها، مواد خارجی و نظایر اینها عاری باشند و قبل از هر بار مصرف با مواد رها ساز پوشانده شوند. این مواد را باید چنان به کار برد که بدون آلوده شدن آرماتورها، روی سطوح قالب لایه ای یکنواخت و نازک بوجود آید. در مواردی که دسترسی به کف قالب ها دشوار یا غیر ممکن باشد، باید با تعبیه دریچه های بازدید و کفشویهای قالب امکان تمیز کردن قالب قبل از بتن ریزی فراهم گردد. در صورتی که کیفیت سطح تمام شده اهمیتی خاص داشته باشد، نباید از قطعات قالب های صدمه دیده در مراحل قبلی استفاده کرد. هنگام برداشتن قالب سطوح زیرین قطعات بتن آرمه باید با پایه هایی به عنوان پایه های اطمینان در زیر سطح باقی گذاشت، تا از بروز تغییر شکل های تابع زمان جلوگیری شود. پیش بینی پایه های اطمینان برای تیرهای با دهانه بزرگتر از پنج متر، تیرهای کنسول به طول بیشتر از دو و نیم متر، دال های با دهانه بزرگتر از سه متر، و دال های کنسول به طول بیشتر از یک و نیم متر اجباری است. تعداد پایه های اطمینان باید طوری باشد که فاصله آنها به هر حال از سه متر تجاوز نکند. مجموعه قالب بندی باید در تمامی مراحل قبل از بتن ریزی، ضمن و بعد از آن به دقت زیر نظر باشد و به منظور حفظ مجموعه در محدوده رواداریهای تعیین شده تنظیم شود. تعبیه خیز اولیه برای تیرها و دال های دهانه بزرگ به طوری که بتواند تغییر شکل دراز مدت ناشی از بار مرده را جبران نماید، الزامی است.

قالب برای بتن ریزی در زیرآب: قالب برای بتن ریزی در زیر آب، با توجه به ملاحظاتی که در مورد دیگر انواع قالب آمده است، طرح و محاسبه می شود با این تفاوت که جرم بتن ریز آب در اثر نیروی ارشمیدس به اندازه جرم آب جابجا شده کاهش

می یابد. در ناحیه جزرومد، قالب ها باید برای پایین ترین تراز آب طرح و محاسبه شوند. تغییرات در برنامه های اجرایی ممکن است بتن ریزی را که برای حالت غوطه وری برنامه ریزی شده با تغییر شرایط مواجه سازد و به این ترتیب فشار آب را از دایره عمل خارج نماید. قالب های زیر آبی را باید تا حد امکان در قطعات بزرگ و در بالای سطح آب ساخت و سپس در محل خود در زیر آب مستقر کرد. باید از به کار بردن کش های درونی در قالب که می تواند در کار بتن ریزی اختلال ایجاد کند، تا حد امکان پرهیز شود. قالب ها باید به دقت به یکدیگر متصل شده و به ترتیبی در کنار مصالح و یا قسمت های ساخته شده قبلی قرار گیرند که دوغاب و ملات تحت تأثیر فشار از درزها خارج نشود. چنانچه قالب در معرض عبور جریان آب قرار می گیرد باید از وجود منافذ کوچک در قالب که امکان شسته شدن ذرات بتن تازه را فراهم می سازد، پرهیز گردد.

قالب برداری: قالب باید موقعی برداشته شود که بتن بتواند تنش های مؤثر را تحمل کند و تغییر شکل آن از تغییر شکل های پیش بینی شده تجاوز نکند. پایه ها و قالب های باربر نباید قبل از آنکه اعضا و قطعات بتنی مقاومت کافی را برای تحمل وزن خود و بارهای وارد کسب کنند، برچیده شوند. عملیات قالب برداری و برچیدن پایه ها باید گام به گام، بدون اعمال نیرو و ضربه، طوری صورت گیرد که اعضا و قطعات بتنی تحت اثر بارهای ناگهانی قرار نگیرند، بتن صدمه نبیند و ایمنی و قابلیت بهره برداری قطعات مخدوش نشود. در صورتی که قالب برداری قبل از پایان دوره مراقبت انجام پذیرد، باید تدابیری برای مراقبت بتن پس از قالب برداری اتخاذ کرد. در صورتی که زمان قالب برداری در طرح تعیین و تصریح نشده باشد باید زمان های داده شده در آئین نامه را به عنوان حداقل زمان برای بر چیدن قالب ها و پایه ها ملاک قرار داد. زمان های داده شده با رعایت نکات مشروح زیر معتبرند: بتن با سمیان پرتلند معمولی نوع یک یا دو یا سایر سیمان هایی که روند کسب مقاومت مشابه دارند، ساخته شده باشد. در صورتی که ضمن سخت شدن بتن دمای محیط به کمتر از صفر درجه سلسیوس تنزل کند زمان های داده شده را باید اصلاح کرد. در صورت استفاده از سیمان پرتلند نوع سه یا مواد تسریع کننده یا عمل آوری با بخاری می توان زمان های داده شده را کاهش داد. در صورت استفاده از مواد کندگیر کننده، سیمان پرتلند نوع پنج، سیمان پرتلند پوزولانی یا سایر سیمان هایی که روند کسب مقاومت مشابه دارند، باید زمان های داده شده را افزایش داد. در صورتی که ملاحظاتی خاص برای جلوگیری از ترک ها (به خصوص در اعضا و قطعات با ضخامت هایی متفاوت یا رویارو با دماهای مختلف)، یا تقلیل تغییر شکل های ناشی از وارفتگی مورد نظر باشد، باید زمان های داده شده را افزایش داد. در صورتی که عمل آوردن تسریع شده یا قالب بندی خاصی مورد نظر باشد تقلیل زمان های داده شده برچیدن قالب های و پایه ها در مدتی کمتر از زمان های داده شده در آئین نامه فقط به شرط آزمایش قبلی میسر است. در صورتی که آزمایش آزمونه های آگاهی (نگهداری شده در کارگاه) حاکی از رسیدن مقاومت بتن به حداقل هفتاد درصد مقاومت مشخصه باشد، می توان قالب های سطوح زیرین را برداشت ولی برچیدن پایه های اطمینان فقط در صورتی مجاز است که علاوه بر مراعات تمامی محدودیت ها، بتن به مقاومت بیست و هشت روزه مورد نظر رسیده باشد.

قسمت برقدار: هر سیم یا هادی دیگری که با نیت برقدار شدن آن در بهره برداری عادی مورد استفاده قرار می گیرد و شامل هادی خنثی نیر می باشد ولی بطور قرار دادی هادی مشترک حفاظتی / خنثی (PEN) را شامل نمی شود. این اصطلاح الزاماً خطر برق گرفتگی را اطلاق نمی کند.

قسمت هادی بیگانه: بدنه هادی ای است که جزء تأسیسات الکتریکی نمی باشد ولی قادر است پتانسیلی را که معمولاً پتانسیل زمین است در معرض تماس قرار دهد. قسمتهای هادی بیگانه برای مثال عبارتند از: اسکلت فلزی و قسمتهای فلزی ساختمانها، لوله های فلزی گاز، آب و حرارت مرکزی و غیره و کلیه بخشهای دیگر غیر برقی که از نظر الکتریکی به آنها متصل باشند (مانند رادیاتروها، اجاقهای خوراک پزی گازی و ذغالی، طشتکهای ظرفشوییها وغیره)

قطران: هنگامی که مواد آلی مانند چوب، ذغال سنگ و تورب را در ظروف سر بسته و دور از هوا گرما دهند از آنها گازهایی متصاعد می شود که از سرد کردن آنها قطران خام به دست می آید. بر اثر پالایش و تقطیر قطران خام مواد فرار آن خارج شده و جسم جامد یا نیمه جامد از آن به جا می ماند که زفت قطران نامیده می شود. معمولترین قطرانی که در ساختمان و راهسازی مصرف دارد قطران ذغال سنگ و زفت آن است.

قطع خودکار مدار در اثر اتصال کوتاه: قطع خودکار مدار، در زمانی مجاز، مهمترین مشخصه هر سیستم الکتریکی است. بنابراین از نظر ایمنی در صورت بروز اتصالی بین یک هادی فاز و یکی از مدارهای زیر، قطع خودکار مدار، در زمانی مجاز، الزامی است:

بدنه های هادی، یاهادی حفاظتی (PE)، یا هادی حفاظتی – خنثی (PEN). ولتاژ ظاهر شده بر روی بدنه های هاد در اثر اتصالی نباید هیچگاه به مدتی طولانی از ۵۰ ولت تجاوز کند و هر چه این ولتاژ بیشتر باشد، لازم است تغذیه مدار در زمانی کوتاهتر قطع شود.

قطع ورقهای تقویتی بال ها: ورقهای تقویتی که در تمام طول تیر ادامه ندارد، باید بعد از نقطه تئوریک قطع، به اندازه اضافه طول a ادامه یابند به طوریکه که در این طولی اضافی اتصال کامل بین ورق و بال برقرار باشد. اتصال در این قسمت باید قادر باشد که در حد تنش مجاز نظیر ، با نیروی حاصل از خمش سهم ورق تقویتی در نقطه تئوریک قطع ورق، مقابله کند. حداقل اضافه طول a که از انتهای ورق تقویتی اندازه گیری می شود باید برابر باشد با:

الف) پهنای ورق تقویتی، در حالتی که جوش اتصال ورق تقویتی به تیر، پیوسته و بعد ساق آن حداقل سه چهارم ضخامت ورق تقویتی باشد و در دو لبه طرفین ورق تقویتی باشد و در دو لبه طرفین ورق تقویتی و در انتهای ورق اجرا شود.

ب) یک و نیم برابر پهنای ورق تقویتی، در حالتی که بعد جوش پیوسته در دو لبه طرفین ورق و در انتهای آن کمتر از سه چهارم ضخامت ورق تقویتی باشد.

پ) دو برابر پهنای ورق تقویتی، در حالتی که جوش پیوسته فقط در دو لبه طرفین ورق (به طول a) وجود دارد و در لبه انتهایی جوش اجزا نمی شود.

ت) اگر از دو یا چند نیمرخ نورد شده برای ساختن یک تیر خمشی استفاده شود، باید آنها را در فواصلی به یکدیگر متصل کرد که حداکثر این فواصل نباید از ۱/۵ متر تجاوز کند. به کار بردن پیچ و مهره یا میان بولت با قطعات جدا کننده بین دو نیمرخ (مانند قطعات لوله)، مجاز است مشروط بر آنکه برای تیرهایی که ارتفاع آنها ۳۰۰ میلیمتر و یا بیشتر است، در هر مقطع اتصال کمتر از دو پیچ به کار نرود. برای انتقال بارهای متمرکز از یک نیمرخ دیگر و یا تقسیم بارهای متمرکز بین تیرها باید دیافراگمهایی با سختی و صلبیت کافی را طوری تعبیه کرد که توزیع بار علمی باشد. در اتصال دیافراگمها به تیرها می توان از پیچ، پرچ و یا جوش استفاده کرد.

قطعاتی که در آن واحد در دسترس اند: هادیها یا اجزای هادی ای هستند که همزمان توسط یک شخص، یا یک حیوان اهلی، قابل لمس باشند. قطعات زیر ممکن است در آن واحد در دسترس باشند: قسمتهای برقدار، بدنه های هادی، قسمتهای هادی بیگانه، هادیهای حفاظتی، الکترودهای زمین. قطعاتی که در معرض پاشش آب دریا باشند یا در آب غوطه ور شوند طوری که یک آنها در تماس با هوا قرار گیرد، قطعات واقع در هوای دارای نمک و نیز قطعاتی که سطح آنها در معرض خوردگی ناشی از مصرف مواد یخ زدا قرار می گیرد دارای شرایط محیطی شدید محسوب می شوند.

قلاب دوخت: میلگردی که در یک انتها دارای قلابی با زاویه خم حداقل ۱۳۵ درجه و قسمت مستقیم انتهایی به طول حداقل ۶ برابر قطر میلگرد یا ۷۵ میلیمتر و در انتهای دیگر دارای قلابی با زاویه خم حداقل ۹۰ درجه و قسمت مستقیم به طول حداقل ۸ برابر قطر میلگرد باشد. این قلاب ها باید میلگردهای طولی واقع در محیط مقطع عضو را در برگیرند. محل خم ۹۰ درجه قلاب ها باید به صورت یک در میان،در مقاطع متوالی در طول عضو، عوض شود.

قلاب ویژه: قلابی است با خم حداقل ۱۳۵ درجه با انتهای مستقیمی به طول حداقل ۶ برابر قطر میلگرد و یا ۷۵ میلیمتر. این قلاب باید میلگردهای طولی را در بر گیرد و انتهای آن به سمت داخل خاموت متمایل باشد.

قلابهای استاندارد: هر یک از خم های مشروح زیر قلاب استاندارد تلقی می شود. الف) میلگردهای اصلی: ۱- خم نیمدایره (قلاب انتهایی ۱۸۰ درجه) به اضافه ۴db طول مستقیم ولی نه کمتر از ۶۰ میلیمتر در انتهای آزاد میلگرد۲- خم ۹۰ درجه (گونیا) به اضافه طول مستقیم برابر حداقل ۱۲db در انتهای آزاد میلگرد ب) برای میلگردهای تقسیم و خاموت ها:۱- خم ۹۰ درجه (گونیا) به اضافه حداقل ۶db طول مستقیم ولی نه کمتر از ۶۰ میلیمتر در انتهای آزاد میلگرد، برای میلگردهای به قطر ۱۶ میلیمتر و کمتر ۲- خم ۹۰ درجه گونیا (گونیا) به اضافه حداقل ۱۲db طول مستقیم در انتهای آزاد میلگرد، برای میلگردهای به قطر بیشتر از ۱۶ میلیمتر و کمتر از ۲۵ میلیمتر ۳- خم ۱۳۵ درجه (چنگک) به اضافه حداقل ۶db طول مستقیم ولی نه کمتر از ۶۰ میلیمتر در انتهای آزاد میلگرد

قلع: قلع فلزی است به رنگ سفید نقره ای جلادار، نرم بوده و به آسانی شکل می گیرد. قلع را می توان ریخت و لحیم کرد و بی آنکه نیاز به گرم کردن داشته باشد، آن را چکش کاری و نورد کرد. قلع به میزان کمتری نسبت به روی، برای پوشش قطعات فولادی ساختمانی مصرف می شود و در تولید انواع آلیاژهای به خصوص برنز یا مفرغ که آلیاژی از مس و قلع است نیز مورد مصرف دارد.

قواره: ← دسته بندی سنگ های ساختمانی از نظر شکل ظاهری

قیر: قیر ماده ای است چسبنده، به رنگ سیاه مایل به قهوه ای که از شمار زیادی هیدروکربنهای آلی با ترکیبات پیچیده شیمیایی ساخته شده است. قیر در دمای محیط تقریباً جامد – نیمه جامد است و بر اثر حرارت روان می شود. قیر درروغن های معدنی و حلالهایی مانند سولفید کربن و تتراکلرید کربن حل می شود.

قیرهای جامد: قیر جامد آخرین محصولی است که از تقطیر نفت خام به دست می آید و بر حسب درجات نفوذ مختلف تولیدمی گردند. حدود درجات نفوذ قیرهایی که درایران تولید می گردند ۱۰ تا ۳۰۰ درجه می باشد. قیرهایی که در ایران مستقیماً از تقطیر نفت خام تولید می شوند، عبارتند از: ۲۸۰/۳۲۰، ۲۲۰/۲۵۰، ۱۸۰/۲۰۰، ۱۳۰/۱۵۰، ۸۵/۱۰۰، ۶۰/۷۰ قیرهای جامد اکسید شده: این قیرها از اکسید شدن مخلوطی از قیرهای نرم با مواد روغنی سنگین به دست می آید و بر حسب نقطه نرمی و درجه نفوذ نامگذاری می شوند، مانند: R15/90 R85/25 .

قیرهای ساختگی: قیرهای ساختگی که از پالایش نفت خام به دست می آیند.

قیرهای طبیعی: وقتی که مواد فرار نفت خام موجود در اعماق زمین، به مرور زمان و در برابر عوامل جوی تبخیر شود ماده سیاهی از آن بر جای می ماند که قیر طبیعی نام دارد.

قیرهای مایع: این قیرها از حل کردن یکی از قیرهای جامد در حلالهای مختلف بدست می آیند و این عمل به منظور پایین آوردن گرانروی قیر انجام می گیرد. قیرهای مایع پس از مصرف و تبخیر حلال سفت شده و به صورت اولیه در می آیند. این قیرها نیز بر حسب گرانروی به سه دسته زیر تقسیم شده اند. حلالهایی که در تهیه این محصولات به کار برده می شوند ممکن است از مواد نفتی سبک، متوسط یا سنگین مانند نفتا، نفت چراغ و گازوییل باشند. از آنجا که حلال قیرهای مایع تبخیر می شود، مصرف آن برای محیط زیست آلودگیهایی در بردارد و مصرف آن در کشورهای صنعتی ممنوع شده است.

قیرهای مایع دیرگیر: این قیرها که از حل کردن قیر ۸۵/۱۰۰ در حلالهای سنگین مانند گازوییل یانفت سیاه به دست می آیند حلالشان در شرایط معمولی پس از مصرف تبخیر نمی شود، بلکه پس از تجزیه به تدریج سخت می گردد. انواع این دسته از قیرها عبارتند از: SC5-SC4-SC3-SC2-SC1-SC ویژگی انواع قیرهای مایع باید مطابق با ویژگیهای ارائه شده در استاندارد باشد. علاوه بر قیرهای نامبرده در فوق قیرهای مایع دیگر که گرانروی آنها در حد گرانروی قیرهای مایع مذکور است تهیه می گردد. حلال این قیرها همان حلالهای نامبرده در فوق می باشد. یک نوع از این قیرها که در ایران تولید می شود، عبارت است از S۱۲۵ که با حلال سبک (نفتا) تهیه می گردد.

قیرهای مایع زودگیر: این دسته از قیرها از رقیق نمودن قیر ۸۵/۱۰۰ در حلال نفتی سبک مانند نفتا به دست می آیند و چون حلال آنها در شرایط معمولی بزودی تبخیر می گردد به این جهت قیر زودگیر نامیده شده اند. انواع قیرهای این دسته عبارتند از:
RC RC1-RC2-RC4-RC5-

قیرهای مایع کندگیر: این دسته از قیرهای مایع از حل کردن قیر در حلال نفت سفید به دست می آید و چون این حلال دیرتر از حلال نفتا تبخیر می شود به نام قیرهای مایع کندگیر موسوم شده اند. انواع این قیرها عبارتنداز:
MC-MC1-MC2 MC3-MC4-MC5

ک (کابین - کوهی)

کابین: جزیی از آسانسور است که مسافر، بار یا هر دو را در خود جای میدهد کابین دارای کف برای ایستادن، دیواره هایی برای حفاظت مسافرین یا بار، سقف و معمولاً دارای درب میباشد. ←آسانسور

کابین دو درب: کابینی است که دو درب دارد، در صورتیکه در دو ضلع مجاور باشند "کابین دو درب مجاور" نامیده می شود.
کار بر روی بام ساختمان ها، سقف های شیب دار و شکننده: کارگرانی که بر روی سقف های شیب دار به کار گمارده می شوند، باید دارای تجربه کافی و توانایی جسمی لازم باشند. از کار کردن بر روی بام ساختمان ها در هنگام باد، طوفان و بارندگی شدید و یا هنگامی که سطح بام پوشیده از برف و یخ باشد، باید جلوگیری به عمل آید. هنگام کار بر روی سقف های پوشیده از صفحات شکننده از قبیل صفحات موج دار نور گیر یا روق های آزبست سیمان، باید از نردبان ها یا صفحات چوبی با عرض حداقل ۲۵ سانتیمتر استفاده شود. این نردبان ها و صفحات باید به طور محکم و مطمئن نصب گردند تا از لغزش آنها در زیر پای کارگر جلوگیری به عمل آید. تعداد نردبان ها یا صفحات چوبی باید حداقل دو عدد باشد تا هنگام نیاز به جابجا کردن یکی از آنها، کارگر مجبور به ایستادن بر روی ورق های شکننده نباشد. در لبه سطوح شیب دار باید موانع مناسب و کافی جهت جلوگیری از سقوط کارگر و یا ابزار کار نصب شود. کارگرانی که بر روی بام های شیب دار کار می کنند، باید مجهز به کمربند ایمنی و طناب مهار باشند.
کار در ساعت غیرعادی: کار در ساعت غیر عادی عبارت از کاری است که در خارج از وقت عادی (و یا از پیش تعیین شده) انجام شود. کار نگهبان و کارگران حفاظت و ایمنی، کار در ساعت غیر عادی تلقی نمی شود.
کار در شب: کار در شب عبارت از کاری است که بین ساعت ۲۲ لغایت ۶ بامداد روز بعد انجام می گیرد. ← اجازه های مخصوص قبل از اجرا
کاربرد پلاستیکها در ساختمان: مصارف پلاستیک در ساختمان به سه صورت سازه ای، نیمه سازه ای و غیر سازه ای بوده و به عنوان ماده کمکی نیز در ساختمان مصرف می شوند و گاهی از موارد بخشی از مواد مرکب ساختمانی (کمپوزیتها) را پلاستیکها تشکیل می دهند. معمولاً برای مصارف سازه ای، پلاستیکها را تقویت می کنند. کاربردها مهم پلاستیکها عبارتند از: تهیه هسته مرکزی دیوارهای ساندویچی، ماده چسباننده برای ساندویچها، سقفهای پیش ساخته، دیوارهای ساختمان،کفپوش ، قاب پنجره ، واشرهای آب بندی، درهای لایه ای، ورق (مسطح و موج دار) ، نرده (توپر و توخالی) ، پانل ، ملات و اندود، مواد افزودنی بتن،کابینت و مبلمان، لوله (زهکشی، گاز، مواد شیمیایی، آب و فاضلاب) ، لوازم اتصال، مخازن ، دستشویی و آبریزگاه، عایق، کانال، مواد پوشاننده، چسبها، مواد درزگیری و آب بندی.
کاربرد توأم انواع مختلف فولاد: کاربرد توأم انواع مختلف فولاد در یک قطعه مجاز نیست مگر آن که: الف) مشخصات مکانیکی متفاوت آنها در طراحی در نظر گرفته شود. ب) امکان اشتباه در مرحله اجرا وجود نداشته باشد. استفاده از یک نوع فولاد برای میلگردهای طولی و نوع دیگر فولاد برای میلگردهای عرضی با رعایت مورد «الف» بلامانع است.
کاربرد و نصب کلاهک تعدیل جریان دودکش: در مواردی که کلاهک تعدیل جریان دودکش لازم است:
الف) هر دستگاه گازسوزی که دارای سیتسم دودکش و هواکش باشد، جز زباله سوزها، اجاق گازهای نوع با فر و جوجه گردان، دستگاههای گازسوزی که سیستم دودکش و یا هواکش آنها مستقیماً به خارج ساختمان متصل است و دستگاههایی که برای مشعل های نیرو و یا سیستم هواکش فن دار طرح شده اند، باید همراه با دستگاه مجهز به کلاهک تعدیل جریان دودکش کار گذارده شود. ب) کلاهک هایی که همراه با دستگاه دودکش دار تأیید شده و یا به شکل پیوسته با آن ارسال شده‌اند، باید دقیقا همان طوری که سازنده دستگاه مشخص کرده است بدون هیچگونه تغییری نصب شوند.
پ) اگر سازنده برای دستگاهی که باید با کلاهک کار گذارنده شود کلاهکی ارسال نکرده باشد، مؤسسه کار گذارنده دستگاه باید کلاهکی را از نوع تأیید شده و مطابق با مشخصات و در صورت عدم وجود مشخصات، هم اندازه با طوقه دودکش همراه با دستگاه کار گذارد. کلاهک تعدیل جریان دودکش باید با دهانه ورودی هوای احتراق دستگاه در یک محل قرار گیرد. به هیچ وجه نباید کلاهک تعدیل جریان دودکش در سقف کاذب، اتاق دیگر، یا به هر روش دیگری که باعث ایجاد اختلاف فشار بین دهانه تعدیل کننده کلاهک و دریچه ورود هوای احتراق می گردد، نصب شود. کلاهک تعدیل جریان دودکش باید از نظر افقی یا قائم بودن به حالتی که برای آن حالت طرح شده نصب شود و باید در محلی قرار گیرد که دهانه تعدیل کننده کلاهک برای بازرسی کار دودکش قابل دسترسی باشد. فاصله های لازم در کارگذاری کلاهک تعدیل جریان دودکش کلاهک تعدیل جریان دودکش باید طوری قرار گیرد که فاصله دهانه تعدیل کننده آن تا هر سطحی جز سطح بدنه دستگاهی که روی آن سوار است و

سیستم دودکش که به آن متصل است از ۱۵ سانتی متر کمتر نباشد. در شرایطی که برای مورد مذکور فاصله کمتری روی بر چسب کلاهک ذکر شده باشد، این فاصله هنگام کارگذاری کلاهک نباید کمتر از مقدار ذکر شده بر روی بر چسب باشد. همچنین این فواصل نباید پس از نصب دستگاه کاهش یابند.

کارگاه ساخت: محلی مناسب که دارای امکانات و تجهیزات کافی برای عملیاتی مانند برشکاری، سوراخکاری، جوشکاری، خمکاری و همچنین نیروی انسانی ماهر باشد به نحوی که ساخت قطعات تحت نظر گروه کنترل کیفیت به صورت مطلوب انجام پذیرد

کارگاه ساختمانی: کارگاه ساختمانی محلی است که یک یا تعدادی از عملیات ساختمانی در آن انجام شود. در صورت استفاده از معابر مجاور کارگاه جهت انبار کردن مصالح، یا استقرار تجهیزات و ماشین آلات، این محل ها نیز جزء کارگاه ساختمانی محسوب می شود

کارگاه، تجهیز و برچیدن آن: محل یا محل هایی است که عملیات موضوع قرارداد در آن اجرا می‌شود، یا با اجازه صاحب کار از آن استفاده می گردد. تجهیز کارگاه، عبارت است از اقدامات و تدارکاتی که به منظور شروع و انجام کار به صورت موقت برای دوره اجرا انجام می‌شود. برچیدن کارگاه، عبارت است از جمع آوری تجهیزات، تأسیسات و یا ساختمانهای موقت و خارج کردن آنها به علاوه سایر مواد زاید و یا ماشین آلات و ابراز کار از کارگاه و تسطیح و تمیز کردن محل‌های مذکور.

کاشی: کاشی فرآورده ای سرامیکی، متشکل از دانه های ظریف بلورین و متخلخل است که معمولاً در حرارتی بالاتر از ۱۰۰۰ درجه سلسیوس پخته شده و در انواع لعابدار و بدون لعاب تولید می شود. رویه لعابی کاشی ممکن است براق، نیمه براق، مات، ساده، گلدار سفید و یا رنگی باشد.

کاشی آسفالتی: در طرحها، نقش ها و رنگهای گوناگون ساخته می شود و می توان آن را روی زیر سازی چوبی، آسفالت، ماستیک یا بتن با چسب قیری نصب کرد.

کاشی چوب پنبه ای: کاشی چوب پنبه ای از اختلاط تراشه ها و خرده های چوب پنبه با رزین و فشردن مخلوط خمیری در قالب ساخته می شود. ضخامت کاشی ۴/۵ تا ۸ میلیمتر و اضلاع کاشی های مربعی ۱۵۰ تا ۳۰۰ میلیمتر و اندازه کاشی های مستطیل ۳۰۰×۱۵۰ و ۶۰۰×۳۰۰ میلیمتر است.

کاشی شیشه ای: کاشی شیشه ای نوعی بلوک شیشه ای توپر است و برای رساندن نور از بام به زیر یا از کف زمین به زیرزمین استفاده می شود. کاشی های شیشه ای را ساده، گلدار و تار می سازند و برای ساختن آن خمیر شیشه را به اندازه خواسته شده پرس می کنند.

کاشی موزاییکی گروهی (سرامیک): کاشی های موزاییکی گروهی کفی و دیواری اعم از لعاب دار و بدون لعاب نیز به روش کاشی تولید می شوند و در داخل یا خارج ساختمانها نصب می گردند. به لحاظ کوچک بودن ابعاد کاشی های موزاییکی (سطح هر قطعه کاشی کمتر از ۱۰۰ میلیمتر مربع است) چسباندن تعدادی از آنها در کنار یکدیگر به کمک یک ورقه لفاف یا توری صورت گرفته و عرضه آنها به صورت گروهی الزامی است. کلیه قطعات سرامیکی همجنس کاشی های موزاییکی گروهی که همراه آنها به کار می روند، در این دسته قرار می گیرند. ویژگی انواع کاشی موزاییکی گروهی، باید مطابق با ویژگیهای ارائه شده در استاندارد باشد. کاشی های موزاییکی گروهی براساس مشخصات مربوط به کیفیت سطح به سه درجه ۱ و ۲ و تجاری تقسیم می شوند. انواع ترکها در هیچ یک از درجه های فوق قابل قبول نیست و به طور کلی منطبق با ویژگیهای مندرج در استاندارد باشد.

کامیون مخلوط کن: انتقال بتن با کامیون های مخلوط کن باید براساس استاندارد صورت گیرد.

کاهش فشار آب: ۱) اگر فشار ورودی به لوله کشی توزیع آب مصرفی ساختمان، یا قسمتی از آن، بیش از ارقامی باشد که در مقررات معین شده است، باید شیر فشار شکن، یا هر سیستم مورد تأیید دیگری، به منظور کاهش فشار آب تا میزان مورد نیاز، نصب شود. ۲) روی لوله خروجی از شیر فشار شکن، یا هر سیستم کاهش فشار دیگر، باید شیر اطمینان فشاری نصب شود.

کاهنده آب: ← مواد افزودنی چند منظوره

کرسی چینی ساختمانهای آجری با کلاف: در مورد کرسی چینی باید از روی سطح شالوده تا حداقل ۳۰ سانتیمتر بالاتر از کف تمام شده محوطه پیرامون ساختمان باشد. برای جلوگیری از نفوذ رطوبت باید سطح کرسی چینی با اندود و مصالح مناسب نم بندی (عایق کاری رطوبتی) شود. لازم است لایه عایق از روی کرسی از هر طرف به اندازه ۱۰ سانتیمتر به سمت پایین برگردد. عرض کرسی چینی باید حداقل ۱۰ سانتیمتر بیشتر از عرض دیوار باشد. کرسی چینی دیوارها با استفاده از سنگ لاشه، آجر یا بلوک سیمانی توپر با یکی از ملاتهای زیر اجرا شود: ملات ماسه سیمان با نسبت حجمی یک به سه (یک قسمت سیمان، سه قسمت ماسه) ، ملات ماسه – سیمان – آهک (باتارد) با نسبت حجمی یک به یک شش (یک قسمت سیمان، یک قسمت آهک، شش قسمت ماسه) ، ملات ماسه آهک با نسبت حجمی دو به پنج (دو قسمت آهک، پنج قسمت ماسه خاکی) . در زمین های مرطوب، در صورت استفاده از آجر در کرسی چینی، مصرف آجرهای ماسه آهکی یا رسی مرغوب (مهندسی) الزامی است.

اجرای عایق رطوبتی روی کرسی با استفاده از عایقهای آماده (راست) در مقایسه با قیر و گونی ناقص (چپ)

کرسی چینی ساختمانهای آجری بدون کلاف: در مورد کرسی چینی رعایت ضوابط زیرالزامی است:

الف) کرسی چینی باید از روی سطح شالوده تا حداقل ۳۰ سانتیمتر بالاتر از کف تمام شده محوطه پیرامون ساختمان باشد.

ب) برای جلوگیری از نفوذ رطوبت باید سطح کرسی چینی با اندود و مصالح مناسب نم بندی (عایق کاری رطوبتی) شود. لازم است لایه عایق از روی کرسی از هر طرف به اندازه ۱۰ سانتیمتر به سمت پایین برگردد.

پ) عرض کرسی چینی باید حداقل ۱۰ سانتیمتر بیشتر از عرض دیوار باشد. ت) کرسی چینی دیوارها با استفاده از سنگ لاشه، آجر یا بلوک سیمانی توپر با یکی از ملاتهای زیر اجرا شود: ۱- ملات ماسه سیمان با نسبت حجمی یک به سه (یک قسمت سیمان، سه قسمت ماسه) ۲- ملات ماسه – سیمان – آهک (باتارد) با نسبت حجمی یک به یک به شش (یک قسمت سیمان، یک قسمت آهک، شش قسمت ماسه - ملات ماسه آهک با نسبت حجمی دو به پنج (دو قسمت آهک، پنج قسمت ماسه خاکی).

تبصره۱: در صورت استفاده از بلوک سیمانی حفره دار، لازم است داخل حفره از ترکیب ملات و لاشه سنگ پر شود. تبصره ۲: در زمین های مرطوب استفاده از آجر در کرسی چینی، مصرف انواع آجرهای ماسه آهکی یا رسمی مرغوب (مهندسی) الزامی است.

کرسی چینی ساختمانهای خشتی: کرسی چینی باید از روی سطح شالوده تا حداقل ۳۰ سانتیمتر بالاتر از کف تمام شده محوطه پیرامون ساختمان اجرا شود. برای جلوگیری از نفوذ رطوبت باید سطح کرسی چینی با اندود و مصالح مناسب نم بندی (عایق کاری رطوبتی) شود. لازم است لایه عایق از روی کرسی از هر طرف به اندازه ۱۰ سانتیمتر به سمت پایین برگردد. پ) عرض کرسی چینی باید حداقل ۱۰ سانتیمتر بیشتر از عرض دیوار باشد. کرسی چینی دیوارها با استفاده از سنگ لاشه، آجر یا بلوک سیمانی با یکی از ملاتهای زیر اجرا شود: ملات ماسه سیمان با نسبت حجمی یک به سه (یک قسمت سیمان، سه قسمت ماسه). - ملات ماسه – سیمان – آهک (باتارد) با نسبت حجمی یک به یک به شش (یک قسمت سیمان، یک قسمت آهک، شش قسمت ماسه). - ملات ماسه آهک با نسبت حجمی دو به پنج (دو قسمت آهک، پنج قسمت ماسه). تبصره ۱: در صورت استفاده از بلوک سیمانی حفره دار لازم است داخل حفره از ترکیب ملات و لاشه سنگ پر شود. تبصره ۲: در زمین های مرطوب، در صورت استفاده از آجر در کرسی چینی، مصرف انواع آجرهای ماسه آهکی یا رسی مرغوب (مهندسی) الزامی است.

کرسی چینی ساختمانهای سنگی: کرسی چینی باید از روی سطح شالوده تا حداقل ۳۰ سانتیمتر بالاتر از کف تمام شده محوطه پیرامون ساختمان اجرا شود. برای جلوگیری از نفوذ رطوبت باید سطح کرسی چینی با اندود و مصالح مناسب نم بندی (عایق کاری رطوبتی) شود. لازم است لایه عایق از روی کرسی از هر طرف به اندازه ۱۰ سانتیمتر به سمت پایین برگردد. عرض کرسی چینی باید حداقل ۱۰ سانتیمتر بیشتر از عرض دیوار باشد. کرسی چینی دیوارها با استفاده از سنگ لاشه، آجر یا بلوک سیمانی با یکی از ملاتهای زیر اجرا شود: ۱- ملات ماسه سیمان با نسبت حجمی یک به سه (یک قسمت سیمان، سه قسمت ماسه) — ملات ماسه — سیمان — آهک (باتارد) با نسبت حجمی یک به یک به شش (یک قسمت سیمان، یک قسمت آهک، شش قسمت ماسه) ۲ - ملات ماسه آهک با نسبت حجمی دو به پنج (دو قسمت آهک، پنج قسمت ماسه خاکی). تبصره۱: در صورت استفاده از بلوک سیمانی حفره دار لازم است داخل حفره از ترکیب ملات و لاشه سنگ پر شود. تبصره۲: در زمین های مرطوب، در صورت استفاده از آجر در کرسی چینی، مصرف انواع آجرهای ماسه آهکی یا رسی مرغوب (مهندسی) الزامی است.

کششی: ← پیچهای با مقاومت زیاد

کف: عنصر ساختمانی افقی یا دال، که در بالا با یک فضای کنترل شده، و در پایین با خاک یا با فضای کنترل نشده یا فضای خارجی در تماس است. کف بخشی از پوسته خارجی ساختمان محسوب می شود.

کف شوی: ← *اتصال غیر مستقیم به لوله فاضلاب ساختمان*

کف شوی آب باران: دریافت کننده آب باران که روی بام نصب می شود و آب باران بام را به لوله قائم آب باران هدایت می کند.

کفپوشهای چوب پنبه ای: کفپوشهای چوب پنبه ای در دو نوع زیر تولید می شوند: لینولیوم: مواد اولیه ساخت لینولیوم، روغن بزرگ، گرد چوب پنبه، رزین و گرد چوب است که طی فرآیندهای خاص از آنها ورق هایی به ضخامت ۲ تا ۶ میلیمتر تهیه و به صورت توپهایی به عرض ۱۸۰۰ میلیمتر و کاشی های مربعی به ابعاد ۲۰۰ تا ۳۰۰ میلیمتر می برند.

کفپوشهای قیری: مصرف قیر در کفپوش به شکل آسفالت ماستیک و کاشی آسفالتی است.

کفسازی: ← دسته بندی بلوک سنگهای طبیعی

کفشوی: قطر نامی دهانه خروجی کفشوی نباید از ۵۰ میلی متر (۲ اینچ) کمتر باشد. در ساختمانهای عمومی قطر نامی دهانه خروجی کفشوی نباید کمتر از ۸۰ میلی متر (۳ اینچ) باشد. کفشوی باید شبکه قابل برداشتن داشته باشد. دهانه خروجی کفشوی و سیفون آن باید قابل دسترسی باشد و بتوان به سهولت آن را تمیز کرد. در اتاق هوارسان، که فضای اتاق به عنوان پلنوم هوای ورودی به دستگاه عمل می کند، کفشوی نباید با اتصال مستقیم به لوله کشی فاضلاب ساختمان نصب شود. در این حالت اتصال کفشوی باید از نوع غیر مستقیم باشد.

کفشوی آب باران بام: کفشوی آب باران بام باید از جنس مقاوم در برابر خوردگی باشد و شبکه صافی داشته باشد. کفشوی آب باران بام باید به ترتیبی باشد که شبکه صافی آن دست کم تا ۱۰۰ میلی متر بالاتر از سطح بام ادامه یابد. سطوح باز شبکه صافی باید دست کم ۱/۵ برابر سطوح دهانه لوله قائم آب باران باشد. کفشوی آب باران باید مستقیماً به لوله قائم متصل شود. نصب کفشوی بام و لوله قائم آب باران و اتصال آن ها به هم باید به کمک ضمائم و مواد آب بند به ترتیبی صورت گیرد که آب باران بام نتواند از درز بین لوله آب باران و مصالح ساختمانی نفوذ کند.

کلاف بندی قائم در ساختمانهای آجری: محلهای تعبیه و مشخصات کلافهای قائم: کلافهای قائم باید در محل تقاطع دیوارها تعبیه گردند. در صورتی که طول دیوار بین دو کلاف بیشتر از ۵ متر باشد باید کلافهای قائم با توزیع یکنواخت در فواصل کمتر از ۵ متر در داخل دیوار، تعبیه گردد. هیچ یک از ابعاد مقطع کلاف قائم بتن مسلح (با عیار سیمان حداقل ۳۰۰ کیلوگرم در متر مکعب بتن) نباید کمتر از ۲۰ سانتیمتر باشد. به جای کلاف بتن مسلح می توان از تیرآهن IPE100 (نمره ۱۰) یا پروفیل فولادی معادل آن استفاده نمود، مشروط بر آن که اتصال کلاف فولادی با دیوار به وسیله میلگردهای افقی بخوبی تأمین شود. مشخصات و محل تعبیه میلگردها در کلافهای قائم بتنی: میلگردهای طولی باید از نوع آجدار با حداقل قطر ۱۰ میلیمتر باشد. میلگردهای طولی باید در چهار گوشه کلاف با پوشش بتنی مناسب قرار گیرند و به نحو مناسبی با میلگردهای طولی کلاف افقی مهار شوند. میلگردهای طولی باید با تنگهایی به قطر حداقل ۶ میلیمتر به یکدیگر بسته شوند. فاصله تنگها از یکدیگر نباید از ۲۰ سانتیمتر

بیشتر باشد. فاصله تنگها در فاصله ۷۵ سانتیمتر از بر کلاف افقی باید حداقل به ۱۵ سانتیمتر کاهش یابد. در اطراف میلگردهای طولی باید حداقل ۲/۵ سانتیمتر پوشش بتن وجود داشته باشد. اتصال کلافهای قائم: کلافهای قائم باید به نحوی مناسب در کلیه محل های تقاطع، به کلافهای افقی متصل شوند. در نقاط تقاطعی که کلاف قائم ادامه نمی یابد میلگردهای طولی کلاف قائم باید حداقل باندازه ۳۰ سانتیمتر در داخل کلاف افقی مهار گردد. معادل کردن کلافهای قائم: به جای هر کلاف قائم می توان میلگردهایی را مطابق با محل آن (گوشه یا وسط دیوار) در طول و ارتفاع دیوار براساس ضوابط زیر، توزیع نمود: برای اجرای دیواراز ملات ماسه سیمان (با عیار سیمان حداقل ۲۰۰ کیلوگرم در متر مکعب ملات) استفاده شود. فاصله دو میلگرد قائم متوالی از ۶۰ سانتیمتر کمتر از ۱۲۰ سانتیمتر بیشتر نباشد. میگردهای قائم در فاصله حداکثر ۲۵ سانتیمتر، با میلگردهای افقی به قطر حداقل ۶ میلیمتر، به یکدیگر بسته شوند. اطراف میلگردها به صورت غوطه ای چیده شده و بندهای قائم کاملا پر گردند. دور هر میلگرد قائم، فضایی که کوچکترین بعد آن از ۶ سانتیمتر کمتر نباشد ایجاد گردیده و ضمن چیدن دیوار با ملات پر شود. میلگردهای قائم در کلافهای افقی بالا و پایین مهار شوند.

کلافها: قطعاتی که معمولاً به صورت عضو کششی نیروهای اینرسی ناشی از زلزله را منتقل می کنند و مانع جدا شدن اجزای دیگر سازه مانند پی ها و دیوارها از یکدیگر می شوند.

کلافها در ساختمانهای سنگی: کلافها اعضای مقاوم مورد نیاز برا تأمین حداقل مقاومت ساختمانهای سنگی در برابر زلزله می باشند که معمولا از چوب ساخته می شوند.

الف) کلاف های افقی: در بالا و پایین تمام بازشوهای بزرگ باید کلاف افقی چوبی قرار داده شود. این دو کلاف باید به وسیله کلافهای قائم به یکدیگر متصل شوند. حداقل قطر کلاف چوبی با مقطع دایره ای ۱۰ سانتیمتر می باشد. برای ساخت کلافهای چوبی می توان از نیرو و الوار چوبی یا ترکیبی از این دو که به نحو مناسبی به یکدیگر متصل شده اند استفاده کرد. در این صورت حداقل عرض و ضخامت کلاف باید ۱۰ سانتیمتر باشد. ضخامت هیچ یک از تیرها یا الوارهای به کار رفته در کلاف نباید از سه سانتیمتر کمتر باشد. لازم است از تخته های زیرسری به طول برابر با ضخامت دیوار، عرض ۱۵ سانتیمتر و حداقل ضخامت ۱/۵ سانتیمتر، به فاصله ۶۵ سانتیمتر، زیر کلافهای چوبی استفاده شود.

ب) کلاف های قائم: در طرفین تمام بازشوهای بزرگ باید کلاف قائم چوبی قرار داده شود. حداقل ضخامت کلافهای قائم باید ۷/۵ سانتیمتر باشد. برای ساخت کلافهای چوبی می توان از تیر یا الوار چوبی یا ترکیبی از این دو که به نحو مناسبی به یکدیگر متصل شده اند استفاده کرد. ضخامت هیچ یک از تیرها یا الوارهای به کار رفته در کلاف قائم نباید از سه سانتیمتر کمتر باشد.

پ) اتصال کلافهای افقی و قائم: کلافهای افقی و قائم باید کاملا به یکدیگر متصل شوند. اتصال کلافهای چوبی می تواند توسط میخ، بستهای فلزی یا قطعات چوبی مناسب برقرار گردد.

کلافهادر تراز زیر دیواردر ساختمانهای آجری با کلاف: این کلاف باید با بتن مسلح (با عیار سیمان حداقل ۳۰۰ کیلوگرم در متر مکعب بتن) ساخته شود به طوری که عرض آن از عرض دیوار و یا ۲۵ سانتیمتر و ارتفاع آن از دوسوم عرض دیوار و یا ۲۵ سانتیمتر کمتر نباشد.

کلافهادر تراز زیر سقف در ساختمانهای آجری با کلاف: کلاف سقف چنانچه با بتن مسلح ساخته شود، باید عرض آن هم عرض دیوار بوده مگر در دیوارهای خارجی که به منظور نماسازی می توان عرض کلاف را حداکثر تا ۱۲ سانتیمتر از عرض دیوار کمتر اختیار نمود ولی در هیچ حال عرض کلاف افقی نباید از ۲۰ سانتیمیتر کمتر باشد. ارتفاع کلاف نباید از ۲۰ سانتیمتر کمتر باشد. به جای کلاف بتن مسلح می توان از پروفیلهای فولادی معادل تیرآهن IPE100 (نمره ۱۰) استفاده نمود مشروط بر آن که کلاف فولادی بخوبی به سقف متصل شده و همچنین این کلافها به نحوی مناسب به کلاف قائم یا دیوار متصل گردد. هنگام اجرای کلاف سقف، تدابیر لازم برای اتصال مناسب آن به تیرهای سقف اتخاذ شود.

کلافهای رابط بین پی ها: پی های جدا از هم در یک سازه باید در دو امتداد ترجیحاً عمود بر هم، به وسیله کلاف های رابط بهم متصل شوند، بطوری که کلاف ها مانع حرکت دو پی نسبت به هم گردند. در سازه های یک طبقه که دارای دهانه بزرگ هستند، مانند سازه های ساختمان های صنعتی، آشیانه ها و غیره که در آنها پی ها دارای عمق استقرار و پایداری کافی در برابر نیروهای جانبی هستند، از پیش بینی کلاف در امتداد دهانه قاب می توان صرفنظر کرد. در این پی ها خاکریز اطراف پی باید بعداً

به خوبی کوبیده و متراکم شود. کلاف های رابط بین پی ها باید برای نیروی کششی معادل ده درصد بزرگترین نیروی محوری نهایی وارد به ستون های طرفین خود طراحی شوند. ابعاد مقطع کلاف رابط باید متناسب با ابعاد پی و حداقل ۳۰۰ میلیمتر اختیار شود، به گونه ای که سطح فوقانی آن با فونداسیون یکسان باشد. تعداد میلگردهای طولی کلاف ها باید حداقل چهار عدد آرماتور با قطر ۱۴ میلیمتر باشد. این میلگردها باید توسط میلگردهای عرضی به قطر حداقل ۸ میلیمتر و با فواصل حداکثر ۲۵۰ میلیمتر از یکدیگر گرفته شوند. میلگردهای طولی کلاف ها باید در پی های میانی ممتد باشند و در پی های کناری از محاذات بر ستون مهار شوند.

کمپکتور دستی مناسب برای عرضهای کم

کلاهک تعدیل جریان دودکش: وسیله ای که روی لوله رابط دودکش در محلی بلافاصله پس از دستگاه گازسوز قرار داده می‌شود و جزئی از این لوله با شمار می آید. این وسیله ممکن است درون خود دستگاه نیز تعبیه شده باشد. کلاهک تعدیل جریان دودکش به منظورهای زیر نصب می‌شود: الف) در صورت نبودن مکش، یا عدم جریان یا بسته شدن بخشی از لوله رابط دودکش که پس از کلاهک قرار دارد، بیرون آمدن محصولات احتراق را امکان پذیر می نماید، ب) مانع ورود پس جریان به دستگاه گازسوز می گردد، پ) اثرات تغییرات ایجاد شده در جریان دودکش را بر کار دستگاه گازسوز خنثی می‌نماید، ت) محصولات احتراق داخل دودکش را برای تنظیم جریان دودکش رقیق می نماید.

کلید آتش نشان: کلیدی است که در مواقع ضروری توسط آتش نشان فعال شده و کنترل آسانسور فقط توسط آتش نشان (راهبر داخل کابین) صورت میگیرد و به سایر احضارها پاسخ داده نمیشود تا کارایی آسانسور با حذف توقف های غیر ضروری بیشتر شود.

کلید جدا کننده (ایزولاتور - مجزا کننده): یک وسیله مکانیکی قطع و وصل است که در حالت قطع، فاصله جدایی لازم را طبق مشخصات تعیین شده، به وجود می آورد. کلید جدا کننده قادر است فقط هنگامی یک مدار را قطع یا وصل کند که جریانهای قابل اغماض برقرار شده یا قطع شوند و یا تغییر قابل ملاحظه ای بین ولتاژ دو سر هر یک از قطبهای کلید جدا کننده ایجاد نشود. همچنین کلید جدا کننده می تواند جریانهایی را در شرایط عادی از مدار عبور دهد و برای زمانی مشخص جریانهایی را در شرایط غیر عادی مانند اتصال کوتاه تحمل کند.

کلید جدا کننده و زیر بار (کلید ایزولاتور زیر بار): کلیدی است که هر دو خاصیت مربوط به کلیدهای جدا کننده و قطع بار را دارا باشد.

کلید خودکار (کلید اتوماتیک): وسیله مکانیکی قطع و وصل خودکار جریان است که قادر است در شرایط عادی مدار، جریانهایی را وصل یا قطع کند و یا از خود عبور دهد و در شرایط مشخص ولی غیرعادی مدار مانند اتصال کوتاه، جریانهایی را وصل کند یا به مدتی کوتاه از خود عبور دهد. این نوع کلید مجهز به وسایلی است که جریانهای غیر عادی (اضافه بار، اتصال کوتاه) را به طور خودکار قطع کند.

کلید فیوز جدا کننده: کلید جدا کننده ای است که در آن فشنگ فیوز و یا نگهدار فیوز همراه با فشنگ فیوز کنتاکتهای متحرک کلید جدا کننده را تشکیل می دهد.

کلید فیوز جدا کننده و قطع بار: کلید فیوزی است که هر دو خاصیت مربوط به کلید فیوزهای جدا کننده و قطع بار را دارا باشد.

کلید فیوز قطع بار: کلید قطع باری است که در آن فشنگ فیوز و یا نگهداری فیوز همراه با فشنگ فیوز کنتاکتهای متحرک کلید قطع بار را تشکیل می دهد.

کلید قطع بار : یک وسیله مکانیکی قطع و وصل است که قادر به وصل، عبور دادن و قطع جریان برق مدار در شرایط عادی می‌باشد. شرایط عادی ممکن است شامل وضعیتی با اضافه بارهای مشخص باشد و همینطور برای زمانی مشخص جریانهایی را در شرایط غیر عادی مدار مانند اتصال کوتاه تحمل کند.

کلید یا وسیله حفاظتی جریان باقیمانده: از انواع کلیدها یا وسایل حفاظتی جریان باقیمانده می توان برای قطع مدار تغذیه در صورت تماس یکی از هادیهای برقدار مدار با یکی از موارد زیر استفاده نمود: بدنه های هادی لوازم و تجهیزات برقی یا هادیهای بیگانه که در تماس با زمین می باشند یا هر گونه نشت جریان از مدار به زمین. شدت جریان باقیمانده عامل این نوع وسایل حفاظتی بر حسب مورد استفاده می تواند از حد چند میلی آمپر تا چند آمپر باشد. از انواع کلیدها یا وسایل حفاظتی جریان باقیمانده به شرطی که جریان باقیمانده عامل آنها بیش از ۳۰ میلی آمپر نباشد، در شرایط عادی (منازل — ادارات — کارگاهها و نظایر آنها)، می توان به عنوان وسیله حفاظتی در برابر برق گرفتگی در صورت تماس غیر مستقیم استفاده نمود. از انواع کلیدها یا وسایل حفاظتی ، می توان در شرایط عادی برای حفاظت در برابر برق گرفتگی در تماس مستقیم (تماس مستقیم بدن با یک هادی برقدار) فقط به عنوان یک حفاظت اضافی استفاده نمود. یعنی به صرف استفاده از این وسایل، نمی توان از دیگر خواسته های مقررات صرفنظر کرد. در برخی موارد مانند تماس همزمان با دو هادی فاز با یک هادی فاز و هادی خنثی، این کلیدها ممکن است کارآیی نداشته باشند. از انواع کلیدها یا وسایل حفاظتی جریان باقیمانده تنها در سیستمهای IT، TT، TN-S و C-S – TN می توان استفاده نمود. بنابراین استفاده از این وسایل در سیمکشیهای سنتی بدون هادی حفاظتی(PE) به طوری کلی ممنوع است. در سیستم TN-C استفاده از کلیدها و وسایل جریان باقیمانده فقط با اضافه کردن هادی حفاظتی به قسمتی از سیم که تحت پوشش کلید یا وسیله می باشد و تبدیل آن قسمت به TN-S ممکن خواهد بود. استفاده از کلیدها یا وسایل حفاظتی جریان باقیمانده، نصب لوازم حفاظتی در برابر اضافه بار و اتصال کوتاه (کلید خودکار — کلید مینیاتوری — فیوز) را منتفی نمی نماید. بعضی از انواع کلیدها یا وسایل حفاظتی جریان باقیمانده، ممکن است با کلیدهای خودکار به صورت اشتراکی یک واحد تشکیل دهند. کلید یا وسیله حفاظتی جریان باقیمانده باید آخرین وسیله ای باشد که در طرف مصرف مدار یعنی بعد از کلید مجزا کننده، فیوز و کلید خودکار- هر کدام که وجود داشته باشند - نصب می‌شود. اگر کلید یا وسیله حفاظتی جریان باقیمانده، با کلید خودکار به صورت اشتراکی یک واحد تشکیل داده باشد، باید مانند بالا، آخرین وسیله حفاظتی نصب شده در طرف مصرف مدار باشد.

کلیدها: کلیدها باید برای استفاده در سیستمهای جریان متناوب و از نوع قطع ووصل سریع، بدون دخالت نحوه و سرعت عمل دست، مناسب باشند. جز در مواردی که استاندارد ساخت کلید به نحوی دیگر مشخص کرده باشد، جریان اسمی کلیدها، با توجه به نوع باری که قطع و وصل می کنند، باید برابر یا بزرگتر از مقادیر ذکر شده در زیر باشند:

الف) برای بارهای با ضریب قدرت واحد (لامپهای رشته ای و نظایر آن): جریان مصرف،

ب) برای بارهای با ضریب قدرت رآکتیو (موتورها و نظایر آن): ۱/۲۵ برابر جریان مصرف،

ج) برای بارهای با ضریب قدرت خازنی (کاپاسیتیو) و مواردی نظیر لامپهای گازی با خازنهای تصحیح ضریب قدرت و موتورهای با راه اندازی خازنی و نظایر آن: ۲ برابر جریان مصرف. کلیدهای کنترل مدارها (از جمله چراغها) باید هادی فاز را قطع و وصل کنند. قطع و وصل هادی خنثی برای کنترل مدار ممنوع است. کلیدهای تبدیل نباید با استفاده از روش غلط، که در آن هم هادی فاز و هم هادی خنثی به کلید وصل می‌شود، سیم کشی شود. این ممنوعیت در مورد مدارهای شامل کلیدهای طبیعی نیز صادق است.

کلیدهای خودکار (اتوماتیک): از کلیدهای خودکار می توان به عنوان وسیله حفاظتی، در موارد زیر، استفاده کرد: مدارها و دستگاهها: در برابر اتصال کوتاه و اضافه بار، تأمین ایمنی: در صورت اتصال کوتاه بین فاز و خنثی . هیچ یک از قسمتهای برقدار

کلید نباید در دسترس یا قابل لمس باشند. چنانچه به هر دلیل (برای مثال قدرت قطع بیش از ظرفیت کلید) فیوزهایی به صورت سری با کلید خودکار نصب شوند، لازم است مراتب زیر مراعات شود: الف) بین کلید و فیوزها هماهنگی لازم وجود داشته باشد، ب) چنانچه فیوزها و کلید در یک نقطه از مدار نصب شده باشند، فیوز در طرف ورودی کلید قرار گیرد.

کلیدهای خودکار مینیاتوری: موارد استفاده کلیدهای خودکاری مینیاتوری مانند فیوزهاست. هیچ یک از قسمتهای برقدار کلیدها، از جمله ترمینالهای آنها نباید در دسترس یا قابل لمس باشد. کلیدهای نوع تابلویی که ترمینالهای آنها در دسترس است باید دارای پوشش کلی محافظ باشد. تأسیسات الکتریکی جدید استفاده از کلیدهای مینیاتوری نوع پیچی که در پایه فیوز نصب می‌شود ممنوع است.

کلیدهای مجزا کننده زیربار: به منظور کنترل و سرویس مدار یا دستگاهی که آن را تغذیه می کند، باید کلیه مدارهای خروجی از تابلو، مجهز به نوعی کلید مجزا کننده زیربار باشند. کلید مجزا کننده باید بتواند جریان نامی خود را، که از جریان نامی مدار کمتر نخواهد بود، قطع و وصل کند و قادر به ایستادگی در برابر جریانهای اتصال کوتاه احتمالی در محل نصب آن باشد. کلید مجزا کننده باید در طرف تغذیه از فیوزها یا کلیدهای خودکار محافظه مدار نصب شود. چنانچه کلید مجزا کننده از محل فیزیکی وسیله یا دستگاه تغذیه شونده قابل رؤیت نباشد باید یک کلید مجزا کننده دیگر را، که دارای مشخصات کلید مجزا کننده ذکر شده در بالا باشد به صورت تکی و مجزا در نزدیکترین محل مناسب از دستگاه نصب کرد. از بعضی از انواع کلیدهای خودکار می توان به عنوان کلید مجزا کننده نیز استفاده کرد، در این صورت هر دو شرط زیر باید برقرار باشد: الف) استانداردی که کلید طبق آن ساخته شده است قابل قبول باشد و اجاز این کار را صریحاً داده باشد، ب) در مدار مورد نظر، از فیوز استفاده نشده باشد. از کلیدهای خودکار مینیاتوری می توان به عنوان کلید مجزا کننده استفاده کرد. از کلیدهای خودکار مینیاتوری نباید به عنوان کلید کنترل مدار (قطع و وصل چراغها) استفاده کرد. کلید فیوزها (کلیدهایی که فیوزها در آن نقش تیغه های کلید را دارند) باید از نوع قابل قطع زیربار باشند، مگر در مواردی که مدار مجهز به کلید قطع بار نیز باشد. مدارهای مجهز به کلیدهای مغناطیسی (کنتاکتورها) باید دارای کلید مجزا کننده در طرف ورودی کنتاکتورها باشند.

کلیدهای مغناطیسی (کنتاکتورها): از کلیدهای مغناطیسی مجهز به رله می توان به عنوان وسیله حفاظتی در برابر اضافه جریان (اضافه بار) و کنترل مدار استفاده کرد. برای حفاظت در برابر اتصال کوتاه، همراه این کلیدها باید از فیوزها یا کلیدهای خودکار و یا هر دو استفاده شود و این وسایل باید در طرف ورودی کنتاکتورها نصب شوند .

کمانش خمشی — پیچشی: در ستونهایی که یک محور تقارن در مقطع دارند مانند نبشی (L) یا سپری (T) و همچنین ستونهای دارای دو محور تقارن در مقطع مانند مقطع صلیبی یا مقاطع ساخته شده ای که جدار آنها خیلی نازک باشد و نیز مقاطع غیر متقارن، بررسی کمانش خمشی پیچشی یا کمانش پیچشی لازم است. در این خصوص به مراجع معتبر مراجعه گردد.

کمکهای اولیه: در کلیه کارگاههای ساختمانی باید با توجه به نوع کار و متناسب با تعداد کارگران وسایل کمکهای اولیه و آموزش افراد در این زمینه، تأمین شود و تمهیدات لازم برای انتقال فوری کارگران آسیب دیده یا کارگرانی که دچار بیماریهای ناگهانی شوند، به مراکز پزشکی به عمل آید. جعبه کمکهای اولیه که دارای وسایل ضروری اعلام شده از طریق مراجع ذیربط باشد، باید در جای مناسب نصب و از هر گونه آلودگی و گرد و غبار دور نگه داشته شود و همیشه در دسترس کارگران باشد. در کارگاه ساختمانی بناهای با زیر زمین بیش از ۳۰۰۰ متر مربع باید وسایل ارتباطی برای تماس فوری با مراکز اورژانس و آتش نشانی فراهم گردد.

کنترل خاموش کردن روشنایی: در هر طبقه، تمامی سیستمهای روشنایی باید توسط یک کلید مرکزی دستی قابل کنترل باشد و برای ساختمانهای اداری، به جای آن می توان از یک کلید اتوماتیک و به روش تشخیص حضور، یا بصورت زمانی و یا با سیستم اتوماتیک دیگری که قابل کنترل باشد استفاده کرد. در موارد زیر رعایت این ضابطه لازم نیست:

الف) ساختمان یا فضای مستقلی از آن که متراژی کمتر از ۵۰۰ متر مربع دارد.

ب) روشنایی راهروها، لابی ها و فضاهای ورودی در ساختمانهای بلند (مسکونی، هتل، . . .)

ج) در مورد سیستمهای روشنایی به میزان حداکثر نیم وات بر متر مربع مانند روشنایی اضطراری که معمولاً به دلایل ایمنی پیش بینی شده است.

د) فروشگاهها و مجتمع های تجاری، رستورانها، مساجد، تئاترها، سینماها و ساختمانهای مشابه. در صورتی که یک سیستم کلیدی زمانی پیش بینی شده باشد، باید شرایط زیر برقرار باشد: براحتی در دسترس باشد. در جایی واقع شده باشد که شخص استفاده کننده بتواند به راحتی حدس بزند کلید مربوطه کدام فضا را روشن می نماید. بصورت دستی نیز کار کند اجازه دهد روشنایی حداکثر ۲ ساعت روشن باقی بماند. فضایی کمتر از ۵۰۰ متر مربع را کنترل نماید. در مجتمع های تجاری، سالنهای سخنرانی، فروشگاههای مستقل، استادیومها و ساختمانهای مشابه، فضای کنترل شده توسط هر سیستم کلیدی زمانی باید کمتر از ۲۰۰۰ متر مربع (به جای ۵۰۰ متر مربع فوق) باشد. در صورتی که از یک سیستم برنامه ریزی (زمانی) استفاده شود، باید قابلیت دادن برنامه های خاص برای روزهای تعطیل را داشته باشد تا بتوان در روزهای تعطیل تمامی سیستمهای روشنایی را خاموش نگهداشت.

کنترل سازه در برابر واژگونی: ساختمانها و سازه های غیر ساختمانی باید در کل، از نظر واژگونی پایدار باشند. لنگر واژگونی در تراز شالوده ناشی از نیروهای جانبی زلزله برابر با مجموع حاصلضرب نیروی جانبی هر تراز در ارتفاع آن تراز نسبت به زیر شالوده ساختمان یا سازه است. ضریب اطمینان در مقابل واژگونی (نسبت لنگر واژگونی) باید حداقل برابر ۱/۷۵ اختیار شود. در محاسبه لنگر مقاوم، بار تعادل برابر بار قائمی است که برای تعیین نیروهای جانبی به کار رفته است. بر این بارها باید وزن شالوده و خاک روی آن افزوده گردد. در تراز زیر شالوده این لنگر نسبت به لبه بیرونی شالوده محاسبه می شود.

کنترل کننده مکانیکی سرعت (گاورنر): وسیله ای مکانیکی است که از طریق سیم بگسل یا زنجیر به سیستم ترمز ایمنی (پاراشوت) کابین یا وزنه تعادل (در صورت وجود) وصل است تا در موقع افزایش سرعت از حد تعیین شده قفل کرده و ضمن فرمان قطع برق موتور آسانسور، سیستم ترمز ایمنی را فعال نماید.

کنترل کننده ها: وسایلی که برای تنظیم مقدار گاز، هوا، آب و یا برق در وسایل گازسوز به کار می رود. این وسایل دستی، نیمه خودکار و خودکار می باشند.

کنترل کیفیت جوش: کلیه جوشهای لوله ها و اتصالات را باید کاملاً از نظر ظاهری کنترل نمود. جوش قابل قبول جوشی است که با مهار و به طور یکنواخت در سرتاسر محل اتصال انجام شده و از نفوذ کافی برخوردار باشد. بازرسی و کنترل کیفیت جوش ها باید به وسیله مهندس ناظر انجام شود و در صورت لزوم جهت بررسی نفوذ ریشه جوش و عیوب داخلی، نمونه هایی از جوش های انجام شده بریده خواهد شد. در صورتی که کیفت جوشکاری مورد تأیید مهندس ناظر نباشد، نامبرده می تواند از ادامه جوشکار جلوگیری نماید. جوشهایی که به وسیله مهندس ناظر معیوب تشخیص داده شوند باید بریده شده و مجدداً جوشکاری شوند.

کنترل کیفیت سیستمهای لوله کشی گاز: قبل از تأیید سیستم لوله کشی گاز، تمام اجزاء آن باید مورد آزمایش و بازرسی های لازم قرار گرفته و تطابق مشخصات مصالح، طراحی و روشهای اجرایی با مقررات مسجل شده باشد، و تأیید هیچی یک از مراحل کاری و یا مصالح نباید موکول به بعد از صدور تأییدیه نهایی گردد. تأیید مصالح بکار رفته در سیستم لوله کشی گاز منوط به حصول اطمینان مهندس ناظر از کیفیت ساخت و اعتبار سازنده آنها، باز دید و بازرسی عینی اقلام و گذراندن آزمایش های لازم به صورت منفرد برای هر یک از اقلام (در صورت نیاز) و یا همراه با سیستم لوله کشی می باشد. تأیید طراحی و روش های اجرایی منوط به تطابق آنها با مقررات بوده و فقط در مواردی که در این مقررات به تشخیص مهندس ناظر واگذار شده، مهندس ناظر طرح و یا پیشنهاد تغییرات را در جهت ایجاد ایمنی بیشتر خواهد پذیرفت. انواع آزمایشها و بازرسی های غیر مخرب نظیر رادیوگرافی، اولتراسونیک، ذرات مغناطیسی مورد نیاز این مقررات نیستند، مگر آنکه در موارد خاص مهندس ناظر لزوم آنها را تشخیص دهد. در صورتی که پس از تأیید، قطعاتی از سیستم لوله کشی حذف و یا به آن اضافه شوند، محدوده تحت تأثیر قرار گرفته باید مورد آزمایش فشار قرار گیرد مگر آنکه بنا به تشخیص مهندس ناظر و با اعمال ضوابط جایگزین، سلامت و ایمنی سیستم تضمین گردد. چنانچه سیستم لوله کشی به دو یا چند قسمت تقسیم و هر قسمت جداگانه تحت آزمایش فشار قرار گیرد و قسمت های رابط که برای اتصال قسمتهای مجزا به یکدیگر مورد استفاده قرار می گیرند تحت آزمایش قرار نگرفته باشند، باید مجموعه سیستم لوله کشی تحت آزمایش قرار داده شده و قسمت های رابط به وسیله کف صابون نشت یابی شوند. روش آزمایش واندازه قطعات مورد آزمایش باید به طریق انتخاب شود که امکان تشخیص هر نوع نشت احتمالی در قطعه آزمایش را فراهم آورد. مهندس ناظر می تواند در مواردی هک ضروری بداند مدت یا فشار آزمایش را بیشتر انتخاب نماید. در این صورت سیستم

نباید تحت فشار تعیین شده هیچ گونه صدمه ای ببیند. سیستم لوله کشی گاز ممکن است در یک مرحله و یا به تدریج با پیشرفت کار تحت آزمایش قرار گیرد. چنانچه قسمتی از سیستم لوله کشی، قبلاً گاز دار شده باشد تحت هیچ شرایطی قسمت هایی که بعدا تحت آزمایش هوا قرار می گیرند، نباید به وسیله شیر از قسمت های گازدار مجزا شده باشند، بلکه باید بوسیله درپوشهای جوشی و یا دنده ای کاملا مسدود شوند به طوری که امکان نشت یا تداخل گاز و هوا وجود نداشته باشد. در صورتی که تمام یا بخشی از لوله کشی توکار باشد، مراحل بازدیدها، رفع اشکالات، آزمایش و صدور تأییدیه باید قبل از پوشاندن لوله کشی انجام شود. پوشاندن هیچ قسمت از لوله کشی توکار قبل از تأیید مهندس ناظر مجاز نمی باشد. در صورتی که لازم باشد قسمتی از لوله کشی توکار قبل از سایر قسمت ها پوشانده شود، باید کلیه مراحل بند فوق در مورد آن قسمت اجرا شود. چنانچه قسمتی از لوله کشی توکار از سایر قسمت ها پوشانده و آزمایش های مربوط به آن تکمیل شده باشد، لزوم تکرار آزمایش این قسمت به صورت یک پارچه با بقیه لوله کشی تابع تشخیص مهندس ناظر و مشابه بندهای ذیربط فوق می باشد.

کنترل نوع کار: کارخانه سازنده کار فلزی باید روشهای بازرسی و کنترل نوع کار ساخته شده را تا جایی که بطور مطمئن نشان دهد کار مطابق با مشخصات و مقررات مربوط انجام می گیرد، فراهم کند. اضافه بر روشهای بازرسی کار (مربوط به سازنده)، باید مصالح به کار رفته و مهارتهای اجرایی به طور مداوم توسط دستگاه نظارت و بازرسان اجرایی واجد شرایط، تحت بازرسی و کنترل قرار گیرد. شرایط مربوط به این نوع عملیات باید در مدارک طرح و محاسبه قید شده باشد.

کنتور: هر گونه تغییرات و جابجایی در کنتورهای برق، گاز، آب و اتصالات قبل از کنتور، فقط بایستی توسط مأموران سازمانهای و مسئولان ذیربط صورت گیرد.

کنتور گاز: دستگاهی که برای اندازه گیری حجم گاز مصرفی به کار می رود.

کنتور و تنظیم کننده گاز: تنظیم کننده و کنتورگاز توسط شرکت گاز ناحیه با رعایت تمام نکات ایمنی و فنی در محل مناسب نصب می گردد. در صورت لزوم فقط شرکت گاز ناحیه مجاز است، محل آنها از تغییر دهد.تنظیم کننده مجهز به وسایل ایمنی خاصی است که در صورت بروز هر گونه نقص در شبکه لوله کشی گاز شهر به طور خودکار جریان گاز از قطع می کند تا مصرف کننده ها در معرض خطر قرار نگیرند. در صورت روبه رو شدن با موارد قطع گاز یا نشت گاز از تنظیم کننده یا کنتور، باید از هر گونه دستکاری در آنها خودداری و از شرکت گاز ناحیه درخواست کمک گردد.

کوهی: ⟵ دسته بندی سنگ های ساختمانی از نظر شکل ظاهری

گ (گازرسانی به ساختمانهای عمومی - گیره لوله قائم)

گازرسانی به ساختمانهای عمومی: برخی از مواردی که در ساختمانهای عمومی باید رعایت گردند ذیلاً ذکر گردیده اند. اما محدود به این موارد نبوده و مشاورین موظفند از حداکثر ایمنی کاربران ساختمانها در مقابل خطرات ناشی از گاز طبیعی و متقابلا از ایمنی سیستم لوله کشی گاز ساختمان در برابر آسیب های احتمالی اطمینان حاصل نمایند.

الف) پیشگیری از گاز زدگی در اثر سوخت ناقص وسایل گاز سوز و یا نفوذ گازهای سمی حاصل از احتراق از طریق محل شکستگی دودکش های سیمانی- درزها و منافذ دودکش های فلزی بداخل فضاهای مورد استفاده افراد بخصوص در حالت خواب.

ب) پیش بینی های لازم برای آگاه سازی بموقع مسئولین یا کاربران ساختمان از نشت گاز – آتش سوزی و سایر موارد غیر عادی مرتبط با گاز.

پ) مصونیت سیستم لوله کشی گاز – وسایل گازسوز و دودکشها در هنگام بروز وقایع غیر مترقبه و یا در زمان هجوم افراد برای فرار از محل.

ت) کاهش تعداد وسایل گازسوز در فضاهای داخلی به حداقل

ث) پیش بینی تهویه کافی و انتقال کامل محصولات احتراق وسایل گازسوز به بیرون از ساختمان.

ج) استفاده از مصالح با استاندارد بالاتر نیست به مصالح مورد استفاده در سیستم لوله کشی گاز ساختنمانهای مسکونی.

چ) تفکیک سیستم لوله کشی گاز به قسمتهای متعدد بطوری که در شرایط غیرعادی بتوان هر قسمت را جداگانه از مدار خارج نمود.

ح) نصب علائم مشخص کننده محل شیرهای قطع سریع جریان گاز و دیگر نقاط ضروری در سیستم لوله کشی گاز. نصب وسایل گازسوز گرمایشی (انواع بخاری ها و آب گرمکن ها) در فضاهای داخلی ساختمانهای عمومی ممنوع است. این ممنوعیت شامل موارد زیر بوده ولی محدود به آنها نمی باشد: الف) اطاق ها، سالنها، دفاتر، کلاسها ب) کلیه فضاهای داخلی اصلی و وابسته در مهدکودکها، کودکستانها، خانه های سالمندان و محل های نگهداری معلولین جسمی و روانی. پ) فضاهای وابسته و جانبی در محلهای تجمع مانند دفاتر کار مسئولین، اطاق پروژکتور نمایش فیلم، بوفه در سینماها و سایر محلهای مشابه. ت) دفاتر کار، بایگانی، بوفه ها و غذا خوریها، آزمایشگاهها، اطاقهای نگهبانی و آسایشگاههای نگهبان، میهمانسراها در دانشگاهها و مدارس. ث) انبارهای محل نگهداری مواد قابل اشتعال، کارگاههای محل کار با مواد قابل اشتعال، کارگاههای رنگ، نجاری، خشک شوئی ها و سایر محلهای مشابه. ج) انبارهای محل نگهداری و مواد شمیائی، رختشوی خانه ها، انبارهای البسه و ملحفه در بیمارستانها، هتل ها، خوابگاهها و محل های مشابه. چنانچه شرایط خاصی ایجاب نماید که وسیله گازسوزی در ساختمان دارای محدودیت نصب گردد، رعایت موارد زیر اجباری خواهد بود:

الف) کف، سقف و دیوارهای محل نصب وسیله گازسوز و مسیر عبور دودکش آن از مصالح مقاوم در مقابل حرارت و غیر آتش گیر ساخته شود. رعایت این ضابطه حداقل تا فاصله یک متر از دستگاه گازسوز و دودکش آن الزامی بوده و درجه مقاومت مصالح بکار رفته در مقابل حرارت از بخش های ذیربط مقررات یا استانداردهای قابل قبول دیگر تعیین می‌شود.

ب) در صورت نیاز دستگاه گازسوز به دودکش و یا در صورت تشخیص مهندس ناظر در موارد دیگر، هوای مصرفی دستگاه گازسوز باید از بیرون از محل نصب آن تأمین گردد.

پ) در صورت نصب دستگاه گازسوز در محل تجمع نظیر بوفه سینماها یا آبدارخانه های محل های عمومی، علاوه بر رعایت موارد فوق، محل نصب وسیله گازسوز باید با ایجاد موانع مناسب از دسترس افراد متفرقه دور نگه داشته شود.

ت) آشپرخانه های واقع در خوابگاههای دانشجویی، پانسیون ها، مهمانسراها و مشابه آنها باید علاوه بر رعایت بندهای ذیربط فوق، در محل های ایمنی و مجزا از محل های خواب ساخته شوند.

ث) در صورتی که واحد اقامتی یا خوابگاهی به صورت آپارتمان مستقل باشد، نصب دستگاه گازسوز در آشپزخانه با رعایت ضوابط فوق مجاز است.

در متورخانه های ساختمانهای عمومی فوق و سایر مکانهای فاقد مراقبت دائم در این ساختمانهای که مشاور ضروری تشخیص می دهد نصب دستگاه اعلام خطر نشت گاز الزامی است. آژیر این دستگاه باید در اتاق نگهبانی و یا محل (محل های) مناسب دیگر نصب شود. لازم است در انتخاب محل نصب دستگاههای گازسوز و ارتباط آن با سایر فضاهای ساختمان عمومی در جهت مهار خطر گاز مونواکسیدکربن دقت های لازم توسط مشاور به عمل آید. پیش بینی نصب دستگاه اعلام خطر گاز منواکسیدکربن و یا کنترل کننده حرارت دودکش توسط مشاور الزامی است. عبور لوله های گاز از سقف های کاذب سالن های بزرگ که امکان مهار کردن لوله ها میسر نیست ممنوع است. در مواردی که امکان عبور لوله گاز (با رعایت کلیه ضوابط) از سقف های مذکور وجود داشته باشد، هیچ گونه شیر و یا اتصالات غیر جوشی در محدوده فوق نباید نصب شود. چنانچه استفاده از وسایل گازسوزی نظیر خشک کن گازی، کوره های آزمایشگاهی، آب گرم کن های دیواری، هواسازها و غیره در داخل ساختمان های عمومی ضروری باشد، باید در طراحی ساختمان و یا در هنگام نصب آنها، پیش بینی لازم جهت تامین هوای کافی برای سوخت از طریق ایجاد ارتباط با هوای آزاد به عمل آید. در ساختمانهای موجود که پیش بینی های فوق به عمل نیامده است رعایت تامین هوای تازه اجباری است.

گچ ساختمانی: گچ ساختمانی از مواد چسباننده ساختمانی (چسباننده هوایی) است که در صورت خالص بودن، سفید رنگ است. گچ را باید از اثر آب و رطوبت هوا حفظ کرد و همانند سیمان در مخازن مخصوص یا کیسه های آب بندی شده نگهداری کرد. در مناطقی که رطوبت نسبی هوا در بیشتر اوقات بیش از ۶۰ درصد باشد، مصرف گچ مناسب نیست.

گرانیت ها: ← دسته بندی بلوک سنگهای طبیعی

گرمایش پایه: گرمایش اصلی ساختمان که با دمای خارج تنظیم می گردد.

گرمایش تکمیلی: گرمایش فرعی ساختمان که برای جوابگویی به نیازهای گرمایی کوتاه مدت، در مواقعی که گرمایش پایه به تنهایی کافی نیست پیش بینی می گردد.

گرمایش مرکب: گرمایش تشکیل شده از د و مؤلفه پایه و تکمیلی

گره: محل برخورد دو یا چند عضو را گره نامند.

گروه بندی ساختمانها بر حسب شکل: ساختمانها بر حسب شکل به دو گروه منظم و نامنظم تقسیم می شوند.

گروه کنترل کیفیت: مجموعه ای از افراد واجد شرایط با تخصص و تجربه کافی در کاربرد استانداردهای ویژگی های هندسی و مکانیکی و شیمیایی مصالح فولادی، جوش، روشهای جوشکاری، عملیات ساخت و عملیات نصب که مجهز به وسائل لازم برای اندازه گیری ویژگیهای مورد نظر باشند.

گسیختگی پیچ مهاری: مهره های مهاری و اتصال دهنده های مکانیکی باید چنان طراحی شوند که قبل از گسیختگی پیچ مهاری یا گسیختگی بتن اطراف آن، به مقاومت تسلیم خود برسند.

گل آهک: نسبت حجمی خاک و آهک در ساخت ملات گل آهک ۱:۳ (یک حجم آهک و سه حجم خاک) است. برای ساخت این ملات باید نخست آهک را درون آب اختلاط پاشیده و به صورت شیره آهک در آورده و سپس به خاک افزوده و بخوبی مخلوط نمود. ← ملات آبی

گل و کاهگل: ملات گل از اختلاط خوب و آب و ورز دادن کامل آن ساخته می شود. این ملات پس از خشک شدن جمع شده و ترک می خورد. از ملات گل فقط باید به عنوان لایه بستر (ملات بین ردیفهای مختلف) در دیوارهای خشتی استفاده شود. برای جلوگیری از ترک خوردن ملات گل پس از خشک شدن به آن کاه می افزایند. برای ساختن هر متر مکعب کاهگل حدود ۴۵ تا ۵۰ کیلو گرم کاه لازم است. از ملات کاهگل فقط برای ساخت خشت و اندود کاری دیوارها و پوشش بام استفاده می شود.

گواهینامه فنی: هر یک از محموله های بیش از ۲۵ تن باید دارای گواهینامه فنی صادره از طرف تولید کننده باشند و این گواهینامه همراه محموله به مصرف کننده تحویل شود. قید موارد زیر در گواهینامه فنی الزامی است: نام و نشانی کارخانه سازنده. شماره گواهینامه. تاریخ صدور گواهینامه. علامت مشخصه نوع میلگرد. شماره ذوب یا بهر. نمره (قطر اسمی) میلگرد. طول اسمی شاخه ها. تعداد بسته ها. مشخصات فنی شیمیایی شامل ترکیبات شیمیایی و کربن معادل. مشخصات مکانیکی. رنگ انتخابی برای مقطع میلگرد. نوع ملات حک شده و به کار رفته بر روی پلاک ها الصاق.

مثالی از رنگ مقطع میلگرد که معمولا نشان دهنده قطر آن است

گودبرداری و خاکبرداری (حفر طبقات زیرزمین و پی کنی ساختمانها): در صورتی که در عملیات گودبرداری و خاکبرداری احتمال خطری برای پایداری جداره های گود، دیوارها، ساختمانهای مجاور و یا مهارها وجود داشته باشد، باید با استفاده از روشهایی نظیر نصب شمع، سپر و مهارهای مناسب و رعایت فاصله مناسب و ایمن گودبرداری و در صورت لزوم با اجرای سازه های نگهبان قبل از شروع عملیات، ایمنی و پایداری آنها تأمین گردد. در خاکبرداری های با عمق بیش از ۱۲۰ سانتیمتر که احتمال

ریزش یا لغزش دیواره ها وجود داشته باشد، باید با نصب شمع، سپر و مهارهای محکم و مناسب نسبت به حفاظت دیواره ها اقدام گردد، مگر آنکه با توجه به مطالعات ژئوتکنیک شیب دیواره از زاویه ایستایی شیب طبیعی خاک کمتر باشد.

سازه نگهبان خرپایی

سازه نگهبان مرکب از شمع و پشتبند

در مواردی که عملیات گودبرداری در مجاورت بزرگراهها، خطوط راه آهن یا مراکز و تاسیسات دارای ارتعاش انجام می شود، باید اقدامات لازم برای جلوگیری از لغزش یا ریزش دیواره ها صورت گیرد. در موارد زیر باید دیواره های محل گودبرداری، همچنین دیواره ها و ساختمانهای مجاور دقیقاً توسط شخص ذیصلاح مورد بررسی و بازدید قرار گرفته و در نقاطی که خطر ریزش یا لغزش دیواره ها به وجود آمده است، مهارها و وسایل ایمنی لازم از قبیل شمع، سپر و غیره نصب و یا مهارهای موجود تقویت گردند. الف: قبل از پایدار سازی کامل به صورت روزانه و بعد از پایدارسازی، حداقل هفته ای یک بارب: بعد از وقوع بارندگی، طوفان، سیل، زلزله و یخبندان ج: بعد از هر گونه عملیات انفجاری د: بعد از ریزش های ناگهانی هـ: بعد از وارد آمدن صدمات اساسی به مهارها. برای جلوگیری از بروز خطرهایی نظیر پرتاب سنگ، سقوط افراد، حیوانات، مصالح ساختمانی و ماشین آلات و سرازیر شدن آب به داخل گود و نیز برخورد افراد و وسائط نقلیه با کارگران و وسایل و ماشین آلات حفاری و خاکبرداری، باید اطراف محل حفاری و خاکبرداریبه نحو مناسب محصور و محافظت شود. در صورتی که حفاری و گودبرداری در مجاورت معابر و فضاهای عمومی صورت گیرد، باید فاصله حصار کارگاه تا لبه گودحداقل ۱۵۰ سانتیمتر بوده و با علائم هشدار دهنده که در شب و روز و از فاصله دور قابل رؤیت باشند، مجهز گردد. در گودبرداری هایی که عملیات اجرایی به علت محدودیت ابعاد آن با مشکل نور و تهویه هوا مواجه می گردد، لازم است نسبت به تأمین وسایل روشنایی و تهویه هوا اقدام لامز به عمل آید.

مواد حاصل از گودبرداری نباید به فاصله کمتر از یک متر از لبه گود ریخته شوند. همچنین این مواد نباید در پیاده روها و معابر عمومی به نحوی انباشته شوند که مانع عبور و مرور گردیده یا موجب بروز حادثه شوند. فاصله مناسب استقرار ماشین آلات و وسایل مکانیکی از قبیل جرثقیل، بیل مکانیکی، لودر، کامیون یا انباشتن خاکهای حاصل از گودبرداری و یا مصالح ساختمانی در مجاورت گود، که توسط شخص ذیصلاح بررسی و تعیین می گردد، باید دقیقاً از لبه گود رعایت گردد. در گودهایی که عمق آنها بیش از یک متر می باشد، نباید کارگر در محل کار به تنهایی به کار گمارده شود. در گودبرداریها، عرض معابر و راههای شیب دار (رمپ) احداثی ویژه وسائط نقلیه نباید کمتر از ۴ متر باشد. در محل گودبرداریهای عمیق و وسیع، باید یک نفر نگهبان مسئولیت نظارت بر ورود و خروج کامیونها و ماشین آلات سنگین را عهده دار باشد. برای آگاهی کارگران و سایر افراد، باید علائم هشدار دهنده در معبر و محل ورود و خروج کامیونها و ماشین آلات مذکور نصب گردد.

گونه بندی از نظر شرایط بهره گیری از انرژی خورشیدی: ساختمانها از نظر شرایط بهره گیری از انرژی خورشیدی، به چند گونه تقسیم می شوند: ۱- وجود امکان بهره گیری از انرژی خورشیدی ۲- عدم وجود امکان بهره گیری از انرژی خورشیدی

گونه بندی از نظر نوع انرژی مصرفی: ساختمانها از نظر نوع انرژی مصرفی به دو بخش تقسیم می گردند: غیر برقی: ساختمانهایی که کمتر از یا مساوی ۵۰٪ انرژی مصرفی آنها جهت گرمایش، سرمایش، تهویه و تهویه مطبوع از نوع برقی است. برقی: ساختمانهایی که بیش از ۵۰٪ انرژی مصرفی آنها جهت گرمایش، سرمایش، تهویه و تهویه مطبوع از نوع برقی است. در ساختمانهایی که گرمایش با استفاده از سیستمهای غیر برقی صورت می گیرد: اگر سرمایش توسط سیستمهای تبخیری یا جذبی تأیمن گردد انواع انرژی مصرفی غیر برقی تلقی می گردد.

گونه بندی ساختمانها با کاربری غیر مسکونی: ساختمانها غیر مسکونی از نظر نحوه استفاده به دو بخش تقسیم می گردند: استفاده منقطع: در صورتی استفاده از ساختمان (یا بخشی از آن) منقطع تلقی می شود که بتوان در هر شبانه روز حداقل ده ساعت کنترل دما (در محدوده دمای متعارف در زمان اشغال فضاها) را متوقف کرد. استفاده مداوم: در صورتی استفاده از ساختمان (یا فضاهای داخلی آن) مداوم تلقی می شود که تعریف استفاده منقطع در مورد ساختمان (یا فضای مربوطه) صادق نباشد. اگر از بعضی فضاهای ساختمان بصورت مداوم، و از برخی دیگر بصورت منقطع استفاده گردد، نوع استفاده از بخش بزرگتر ملاک تصمیم گیری برای کل ساختمان است مگر آنکه مساحت بخش یا بخشهای کوچکتر بیش از ۱۵۰ متر مربع باشد. در این صورت محاسبات حرارتی هر نوع فضا باید بصورت مستقل انجام شود. فضاهای با استفاده منقطع، در حالت های زیر با استفاده مداوم تلقی می شوند: اینرسی حرارتی زیاد جدارهای فضاهای مربوطه: فضاهایی که در آن دما را نمی توان بیش از ۷ درجه سانتیگراد زیر محدوده دمای متعارف پایین آورد. این گونه بندی در تغییرات ضریب انتقال حرارت مرجع تأثیر گذار است.

گیرداری در انتها: در تحلیل و طراحی با فرض گیرداری کامل و یا جزئی در انتهای عضو، باید تیرها، شاهتیرها و خرپاهای مربوط و همچنین اعضایی که این قطعات به آنها متصل می شوند را طوری تحلیل کرد که نیروهای برشی و لنگرهای خمشی و دیگر تلاشهای بوجود آمده نظیر، تنشهای مجاز معین شده را جوابگو باشد.

گیره اتصال به تیرآهن: وسیله ای است که به قسمت زیرین تیرآهن سقف متصل می شود و بمنظور خودداری از سوراخ کاری و جوش کاری تیرآهن، برای اتصال آویز به سقف به کار می رود.

گیره لوله قائم: وسیله ای است برای نگاه داشتن لوله قائم در موقعیت معین.

ل (لاکها - لوله یا فیتینگ بدون سرب)

لاکها: در صورتی که رنگ فاقد رنگدانه باشد به عنوان لاک یا پوشش شفاف قادر به حفاظت از سطح می باشد. هنگامی که رنگدانه به لاکهای شفاف اضافه شود نتیجه آن تولید لعاب لاکی است که خود دامنه وسیعی از لاکهای شفاف و رنگی را برای منظورهای مختلف تولید می کند.

لایه: لایه به ساختاری گفته می‌شود که چگالی حجم آن در جهات مختلف یکسان باشد. مانند اندود گچ،قیرگونی، دیوار آجری.

لایه لایه: ← دسته بندی سنگ های ساختمانی از نظر شکل ظاهری

لایی: غلاف محافظی که بین سطح خارجی لوله یا عایق آن و سطح داخلی بست گیره ای، به منظور حفاظت لوله یا عایق در برابر خوردگی، الکترولیز، محدود کردن مقدار انتقال گرما، یا توزیع بارهای وارده، نصب می شود.

لبه سرریز: لبه سرریز در لوازم بهداشتی و هر دریافت کننده آب، تراز افقی سطحی از آن دستگاه است که وقتی آب از شیر یا لوله در آن بریزد، نمی تواند از آن بالاتر رود و از لبه آن سرریز می کند.

لحیمی موئینگی: ← اتصال دو لوله مسی

لرزه گیر: ← آزمایش و تحویل گیری آسانسور

لزوم حفظ دمای آب گرم مصرفی: برای جلوگیری از اتلاف آب، لوله کشی توزیع آب گرم مصرفی باید لوله برگشت داشته باشد تا آب گرم مصرفی همواره گردش داشته باشد و دمای آب گرم خروجی به هنگام باز کردن شیرهای برداشت آب از ارقام مقرر شده کمتر نباشد. ممکن است به جای لوله برگشت، دمای آب لوله کشی توزیع آب گرم مصرفی را با روش های دیگری از (از جمله نصب نوارهای گرم کننده روی خطوط لوله)، در حد مورد نیاز به طور خودکار، کنترل کرد. در صورتی که طول خط لوله توزیع آب گرم مصرفی، از آب گرم کن تا دورترین مصرف کننده، بیش از ۳۰ متر باشد، باید با کمک لوله برگشت، یا روش های دیگر، دمای آب گرم مصرفی داخل لوله را از آب گرم کن تا فاصله ی ۳۰ متر از دورترین مصرف کننده ها، در حدود ارقام مقرر نگاه داشت. اگر مسیر لوله کشی مناسب باشد و از نظر اقتصادی مقرون به صرفه باشد، ترجیح دارد گردش آب گرم از طریق لوله برگشت تا آب گرم بدون نصب پمپ و با استفاده از کاهش وزن مخصوص آب در دمای بالاتر که آب گرم را به سمت بالا می راند، صورت گیرد. ۱) در صورت لزوم باید برای گردش آب در لوله برگشت روی این لوله پمپ نصب شود. ۲) در صورت نصب پمپ روی لوله برگشت آب گرم مصرفی باید برای پمپ کلید خودکار یا دستی پیش بینی شود تا در مواقعی که گردش آب گرم مصرفی لازم نباشد، بتوان پمپ را خاموش کرد.

لعابها: لعاب از افزودن رنگدانه به جلا تولید می شود. برای ساخت لعابها از هر نوع جلایی استفاده می شود و دوام آن بستگی زیادی به کیفیت رنگدانه دارد.

لنگر خمشی پی: لنگر خمشی مؤثر در هر مقطع پی باید با گذراندن یک صفحه قائم از سراسر پی و محاسبه لنگرهای خمشی حاصل از نیروها و فشارهای مؤثر بر تمام سطوح پی واقع در یک سمت این صفحه تعیین گردد. مقطع بحرانی برای تعیین حداکثر لنگر خمشی در پی ها، در مجاورت ستون ها و ستون پایه ها و دیوارها باید به شرح زیر در نظر گرفته شود:

الف) در بر ستون، ستون پایه و یا دیوار برای پی هایی هک زیر ستون، ستون پایه یا دیوار بتنی قرار دارند.

ب) در وسط فاصله لبه دیوار تا محور دیوار، برای پی هایی که زیر دیوار با مصالح بنایی قرار دارند.

پ) در وسط فاصله بر ستون تا لبه صفحه فولادی کف ستون، برای پی های که زیر صفحه فلزی کف ستون قرار دارند. در پی های منفرد و زیر دیوار، امکان ایجاد لنگر خمشی منفی و لزوم آرماتور گذاری در بالای مقطع پی باید کنترل شود.

لهیدگی جان: قطعات تقویتی جان در نقطه تاثیر بارها، در محلهایی که امکان تشکیل مفصل خمیری وجود دارد، باید گذارده شود. در نقاطی از عضو بار متمرکز توسط بالهای عضو دیگری که به آن (به صورت گوشه قاب) متصل است. وارد می شود و احتمال لهیدگی جان در محاذات بال فشاری یا پیدایش تنشهای کششی بزرگ در نقطه اتصال بال کششی وجود دارد، باید قطعات تقویتی جان پیش بینی شود.

لوازم اتصال: لوازم اتصال شمال پیچ، مهره، پرچ و واشر در ساخت اعضا و اسکلتهای فلزی به کار می ورند. ← کاربرد پلاستیکها در ساختمان

لوازم بهداشتی: لوازم که در ساختمان یا ملک به طور دائمی یا موقت نصب می شوند و آب از «لوله کشی توزیع آب مصرفی ساختمان» دریافت می کنند. فاضلاب خروجی از این لوازم، مستقیم یا غیر مستقیم، به «لوله کشی فاضلاب بهداشتی ساختمان» می ریزند. ظروف، مخازن و دستگاههایی که در تأسیسات گرمایی، تعویض هوا و تهویه مطبوع یا به منظور تولید، در ساختمانهای تجاری و صنعتی نصب می شوند، لوازم بهداشتی محسوب نمی شوند.

لوازم بهداشتی خصوصی: لوازم بهداشتی در خانه ها، آپارتمان ها، حمام یا توالت اتاق خصوصی هتل و متل و در جاهای مشابه که به منظور استفاده یک شخص یا یک خانواده نصب می شوند.

لوازم بهداشتی عمومی: لوازم بهداشتی در توالت های عمومی مدارس، ورزشگاهها، هتل ها، ایستگاههای راه آهن، فرودگاهها، ساختمانهای اداری، رستورانها، ساختمانهای عمومی، گردشگاههای عمومی و در جاهای مشابه که استفاده از آنها برای عموم آزاد است.

لوازم جلوگیری از برگشت جریان: لوازم و شیرهایی که برای جلوگیری از برگشت جریان آب، ناشی از فشار معکوس، یا مکش سیفونی، به کار می ورد باید برابر الزامات این قسمت از مقررات، و از نظر مشخصات ساخت و آزمایش طبق یکی از استانداردهای معتبر و مورد تأیید باشد. حداقل فاصله هوایی قائم باید از زیر دهانه خروجی لوله آب آشامیدنی تا تراز روی لبه سرریز آب هر یک از لوازم بهداشتی، هر مخزن آب، یا هر نوع دهانه تخلیه دیگر، که آب در آن می ریزد، اندازه گیری شود. شیر یک طرفه ای که برای جلوگیری از برگشت جریان آب به داخل لوله کشی آب آشامیدنی نصب می شود، باید از نوع فنردار، با نشیمن آب بند باشد و فقط در یک جهت به آب اجازه جریان دهد و در جهت دیگر هیچ نشستی نداشته باشد. شیر یک طرفه دوتایی باید شامل دو عدد شیر یک طرفه فنردار با نشیمن آب بند باشد که پشت سر هم روی لوله نصب می شود. بین این دو شیر یک طرفه یک اتصال برداشت آب با شیر قطع و وصل قرار می گیرد. دو طرف این مجموعه باید شیرهای قطع و وصل نصب شود. شیر اطمینان اختلاف فشار بین دو شیر یک طرفه باید شامل دو عدد شیر یک طرفه فنردار با نشیمن آب بند باشد. در فاصله بین این دو شیر یک طرفه یک شیر اطمینان اختلاف فشار نصب می شود. دو طرف این مجموعه شیرهای قطع و وصل و در بین آن، یک شیر برداشت برای آزمایش نصب می شود. وقتی فشار بین دو شیر یک طرفه بیش از فشار آب بالا دست (ورود آب) باشد شیر اطمینان باز و مقداری آب خارج می شود. خلاء شکن آتمسفر یک یا فشاری (فنردار)، که برای جلوگیری از برگشت جریان ناشی از مکش سیفونی نصب می شود، باید از نظر مشخصات ساخت و آزمایش طبق یکی از استانداردهای معتبر و مورد تأیید باشد. خلاء شکن باید در فشار متعارف آتمسفر یک بتواند دهانه ورود هوای آزاد را باز کند، خلاء داخل لوله را بشکند و فشار داخل را به فشار آتمسفر برساند. دهانه ورود هوا به خلاء شکن نباید زیر هود آشپزخانه یا هر جای دیگری که هوای آلوده داشته باشد، قرار گیرد. خلاء شکن باید طوری نصب شود که زیر آن دست کم ۱۵۰ میلی متر بالاتر از تراز لبه سرریز لوازم بهداشتی یا هر مصرف کننده آب دیگری قرار گیرد. خلاء شکن باید طوری نصب شود که قطعه متحرک آن حرکت قائم رو به بالا و پائین داشته باشد. نصب خلاء شکن به تنهایی برای جلوگیری از برگشت جریان ناشی از فشار معکوس کافی نیست.

لوحه سنگ : ← دسته بندی سنگ های ساختمانی از نظر شکل ظاهری

لوله اصلی افقی: لوله اصلی افقی که در پایین ترین قسمت شبکه لوله کشی فاضلاب قرار دارد و فاضلاب ساختمان را که از لوله های قائم یا لوازم بهداشتی پایین ترین طبقه در آن می ریزد، به خارج از ساختمان هدایت می کند.

لوله افقی: هر لوله یا فیتینگ که نسبت به تراز افق زاویه ای کمتر از ۴۵ درجه داشته باشد.

لوله خروجی از ساختمان: لوله خروجی از ساختمان (یا ملک) که فاضلاب لوله اصلی افقی ساختمان را به سمت شبکه فاضلاب شهری، دستگاه تصفیه فاضلاب خصوصی، یا هر سیستم دفع، هدایت می کند.

لوله خروجی فاضلاب: لوله ای که فاضلاب خروجی از لوازم بهداشتی یا دیگر مصرف کننده های آب را انتقال می دهد.

لوله رابط دودکش: لوله ای که وسیله گازسوز را به دودکش مرتبط می کند.

لوله فاضلاب بهداشتی: لوله ای که هر گونه فاضلاب ساختمان، غیر از آب باران یا آب های سطحی، را انتقال دهد.

لوله قائم: هر لوله یا فیتینگ که نسبت به تراز افق زاویه ۴۵ درجه یا بیشتر داشته باشد.

لوله قائم آب باران در داخل ساختمان: لوله قائم آب باران که در داخل ساختمان نصب می شود و آب باران را به پایین هدایت می کند.

لوله قائم آب باران روی دیوار خارجی: لوله قائم آب باران که روی دیوار خارجی ساختمان نصب می شود و آب باران بام را به پایین هدایت می کند.

لوله قائم فاضلاب: قطر لوله قائم فاضلاب باید تا جایی که امکان دارد، در تمام طول آن ثابت بماند. لوله قائم فاضلاب باید تا جایی که ممکن است مستقیم نصب شود و از به کار بردن دو خم پرهیز شود. در ساختمان های تا ۳ طبقه، آخرین و پایین ترین شاخه افقی فاضلاب که به لوله قائم متصل می شود باید دست کم ۴۵۰ میلی متر، بالاتر از زیر زانوی پایین لوله قائم باشد. در ساختمان های بلندتر از ۳ طبقه تا ۵ طبقه این فاصله باید دست کم ۷۵۰ میلی متر و در ساختمان های بلندتر از ۵ طبقه باید برابر ارتفاع یک طبقه باشد. ترجیح دارد که لوله قائم که فاضلاب طبقات را به لوله اصلی افقی می ریزد، با دو زانوی ۴۵ درجه دوردار با شعاع بزرگ، به لوله افقی متصل شود. در فاصله زانوی پایین لوله قائم فاضلاب و تا ۱۰ برابر قطر لوله بعد از آن هیچ شاخه افقی نباید به لوله افقی اصلی فاضلاب متصل شود. لوله قائمی که فاضلاب را از شاخه های طبقات می گیرد و در پایین ترین طبقه به لوله اصلی افقی فاضلاب منتقل می کند.

لوله قائم مشترک فاضلاب و هواکش: لوله قائم فاضلاب لوازم بهداشتی، بدون اتصال فاضلاب توالت و پیسوار، با رعایت الزامات مندرج در این قسمت، می تواند به عنوان هواکش این لوازم بهداشتی نیز عمل کند. این لوله قائم فاضلاب باید، بدون هر گونه دوخم، بطور قائم امتداد یابد و شاخه فاضلاب هر یک از لوازم بهداشتی به صورت جداگانه به آن متصل شود. فاضلاب توالت و پیسوار نباید به این لوله قائم وارد شود. اجرای دوخم دست کم ۱۵ سانتیمتر بالاترین انشعاب مجاز است. انتهای بالای این لوله قائم فاضلاب باید، بدون کاهش قطر نامی آن به عنوان هواکش لوله قائم فاضلاب، تا هوای آزاد ادامه یابد.

لوله کشی آب باران ساختمان: لوله کشی آب باران ساختمان از کفشوهای دریافت کننده آب باران (روی بام و دیگر سطوح باران گیر ساختمان) آغاز می شود و تا ۱/۵ متر دورتر از دیوار خارجی ساختمان (یا ملک) ادامه می یابد. لوله کشی آب باران داخل ساختمان باید از لوله کشی فاضلاب بهداشتی ساختمان کاملاً جدا باشد. لوله کشی آب باران فقط پس از خروج از ساختمان (یا ملک)، با تأیید، ممکن است به لوله فاضلاب خروجی از ساختمان (یا ملک) متصل شود. لوله کشی آب باران ساختمان، فقط مربوط به آن قسمت از لوله کشی است که آب باران در آن به طور ثقلی جریان می یابد.

لوله کشی توزیع آب گرم مصرفی: انشعاب آب از لوله کشی آب سرد برای تغذیه لوله کشی توزیع آب گرم مصرفی باید با فاصله هوایی یا نصب یک شیر یک طرفه حفاظت شود. در هر ساختمان (یا ملک) که محل سکونت یا اقامت انسان باشد، همه لوازم بهداشتی ای که برای حمام کردن، شستشو، پخت و پز، تمیزکاری، رخت شویی و نگهداری ساختمان در آن نصب شده اند باید با آب گرم مصرفی هم تغذیه شوند. در هر ساختمان (یا ملک) که محل سکونت یا اقامت نباشد، فقط لوازم بهداشتی مخصوص شستشو و حمام کردن باید با آب گرم مصرفی تغذیه شوند. حداکثر دمای کار طراحی شبکه لوله کشی آب گرم مصرفی باید ۶۵ درجه سانتی گراد باشد. حداکثر دمای آب گرم مصرفی لوازم بهداشتی در نقطه خروج آب از شیر، جز در ساختمان های ویژه، باید برابر ارقام زیر کنترل شود. وان۴۹ درجه سانتیگراد. دوش ۴۳ درجه سانتیگراد. دستشویی ۴۳ درجه سانتیگراد. سینک آشپزخانه ۶۰ درجه سانتیگراد. ۱) در مواردی که دمای مورد نیاز آب گرم مصرفی کمتر از ۶۰ درجه سانتیگراد باشد باید دمای مورد نیاز به کمک شیرهای مخلوط دستی یا خودکار، کنترل شود. ۲) در ساختمانهای ویژه، مانند کودکستان، دبستان، خانه سالمندان، ساختمان های درمانی و موارد مشابه دیگر، که دمای مورد نیاز از ارقام بالا کمتر باشد، باید دمای مورد نیاز به کمک شیرهای مخلوط دستی یا خودکار کنترل شود. فشار کار طراحی شبکه لوله کشی آب گرم مصرفی باید دست کم ۱۰ بار باشد.

لوله کشی توزیع آب مصرفی: لوله کشی توزیع آب مصرفی در ساختمان (یا ملک) از نقطه خروج لوله آب از کنتور به داخل ساختمان آغاز می شود و تا نقاط مصرف ادامه می یابد.

لوله کشی توکار: لوله کشی توکار آن است که برای دسترسی به آن باز کردن دریچه و یا برداشتن مانعی لازم باشد. در اجرای لوله کشی توکار فقط باید از اتصالات جوشی بدون درز و با روش جوشکار برق استفاده شود. جوشکاری باید یکنواخت و عاری از نواقص ظاهری باشد. لوله های توکار باید عایقکاری شوند. در صورتی که لوله های گاز با سایر لوله های تاسیساتی و کابل برق در یک کانال عمود قرار گیرند، باید لوله های گاز حداقل به فاصله ۱۰ سانتی متر با سایر لوله ها و کابل برق فاصله داشته باشد. بالا و پایین کانال باید به هوای آزاد راه داشته باشد. چنانچه لوله گاز در داخل کانال افقی مستقلی قرار داشته باشد، باید این کانال با ماسه خشک پر شود. در صورتی که امکان نفوذ آب به داخل این کانالها وجود داشته باشد، باید اطراف کانال را قیرگونی کرده و علاوه بر آن لوله را نیز عایق پوش نمود. کف کانال شیب داده شود و برای تخلیه آب در انتهای کانال کف شوی روی چاهک

نصب گرد. عبور لوله های توکار از داخل و یا دهانه چاه آب و فاضلاب ممنوع است. محل عبور لوله در کف پارکینگ یا نقاطی را که اتومبیل عبور می کند باید با حفر کانال و پر کردن آن با ماسه و یا نصب غلاف فلزی محافظت نموده تا از وارد آمدن فشار مستقیم و یا لرزش ناشی از عبور اتومبیل بر روی آن جلوگیری گردد. برای عبور لوله های توکار که در مسیر تردد ماشین آلات سنگین قرار گیرند، باید حداقل عمق کانال یک متر باشد. عمق لوله های توکار در حیاط و امثال آن باید حداقل ۴۰ سانتی متر باشد که پس از ریختن خاک نرم حداقل به ضخامت ۱۰ سانتی متر زیر لوله و ۱۵ سانتی متر روی لوله، یک ردیف موزائیک قرار داده شود و سپس روی موازئیک تا سطح زمین با خاک معمولی پر و کف سازی شود. برای جلوگیری از آسیب دیدن لوله یا پوشش آن به وسیله ریشه درخت، باید تمهیدات لازم در نظر گرفته شود. اگر لوله گاز با سایر لوله ها در کانال مشترکی قرار دارد که نمی توان آن را با ماسه پر نمود، باید دارای تهویه بوده و به هوای آزاد مرتبط باشد. لوله های گاز توکاری که به وسیله مصالح ساختمانی پوشیده می‌شود، باید از سایر لوله‌های تأسیساتی یا کابل برق، حفظ فوق مقدور نباشد، باید لوله گاز را از سایر لوله بوسیله عایق حرارتی و از کابل برق به وسیله غلاف پی وی سی یا انواع دیگر جدا نمود. در مواردی که لوله به طور قائم از سقف عبور می کند، نصب غلاف با قطر یک سانتی متر بیش از قطر لوله الزامی است و دو انتهای غلاف باید با لاستیک مسدود شود. به منظور جلوگیری از زنگ زدن لوله های توکار و محافظت آنها در برابر خوردگی، باید این لوله ها را به وسیله نوار عایق نمود.

لوله کشی داخلی: سیستم لوله کشی داخل ساختمان است که رگولاتور گاز را به وسایل گازسوز متصل می نماید.

لوله کشی روکار: لوله کشی گاز وقتی روکار یا در دسترس است که دسترسی به آن مستقیم باشد و نیازی به باز کردن، برداشتن و یا جابجا کردن هیچ مانعی نباشد. لوله کشی روکار تا قطر ۵۰ میلی متر (۲ اینچ) را می توان با استفاده از اتصالات دنده ای یا جوشکاری برقی انجام داد. برای اجرای لوله کشی روکار با قطر بیش از ۵۰ میلی متر باید از جوشکاری برقی استفاده شود. در لوله کشی روکار برای حفاظت لوله و اتصالات به روش رنگ آمیزی عمل شود. لوله کشی گاز در ساختمانها باید به ترتیب مناسبی در فواصل معین محکم و استوار شده باشد. برای این کار می توان از بست های فلزی مخصوص لوله و متناسب با قطر آن با استحکام کافی استفاده کرد. بست یا جوش دادن لوله به لوله دیگر و لوله به اسکلت فلزی ساختمان و یا به اجزاء فلزی غیر ثابت به طور مستقیم مطلقاً ممنوع است. حداکثر فاصله بین نقاط اتکاء بست یا پایه ها در لوله کشی نبایداز مقادیر درج شده در آئین نامه بیشتر باشد.

لوله کشی فاضلاب بهداشتی ساختمان: لوله کشی فاضلاب بهداشتی ساختمان از خروجی لوازم بهداشتی آغاز می شود و تا ۱/۵ متر دورتر از دیوار خارجی ساختمان (یا ملک) ادامه می یابد. این فصل از مقررات لوله کشی فاضلاب در محوطه خصوصی ساختمان را نیز دربر می گیرد. ادامه لوله کشی فاضلاب بهداشتی ساختمان، پس از دیوار خارجی ساختمان (یا ملک) و اتصال آن به شبکه لوله کشی فاضلاب شهری، دستگاه تصفیه فاضلاب خصوصی یا هر سیستم دفع فاضلاب دیگری خارج از حدود این فصل از مقررات است. لوله کشی فاضلاب بهداشتی ساختمان که فاضلاب در آن به طور ثقلی جریان می یابد باید طبق الزامات این فصل از مقررات باشد. طرح و اجرای حوضچه فاضلاب و پمپ فاضلاب که در آن قرار می گیرد و لوله کشی فاضلاب بعد از پمپ، که فاضلاب در آن تحت فشار جریان می یابد، خارج از حدود این فصل از مقررات است.

لوله کشی هواکش فاضلاب: طراحی، انتخاب مصالح و اجرای لوله کشی هواکش فاضلاب بهداشتی ساختمان باید طبق الزامات این فصل از مقررات انجام شود. اگر در ساختمان لوله کشی هواکش برای شبکه لوله کشی فاضلاب شیمیایی وجود داشته باشد، این لوله کشی هواکش شیمیایی باید هواکش فاضلاب بهداشتی ساختمان کاملاً جدا باشد. طراحی لوله کشی هواکش فاضلاب بهداشتی ساختمان باید طبق روش های مهندسی مورد تأیید انجام گیرد. روش های مهندسی برای اندازه گذاری لوله ها و دیگر اجزای لوله کشی باید مورد تأیید قرار گیرد. لوله کشی هواکش فاضلاب بهداشتی ساختمان باید طوری طراحی شود که هوا بتواند به اندازه کافی از لوله کشی فاضلاب خارج یا به آن وارد شود و در نتیجه از شکستن آب هوابند سیفون ها بر اثر فشار معکوس یا مکش سیفونی جلوگیری شود. سیفون لوازم بهداشتی در لوله کشی فاضلاب نباید در معرض اختلاف فشار هوا بیش از ۲۵ میلی متر ستون آب قرار گیرد. همه سیفون ها و لوازم بهداشتی سیفون سر خود باید طبق یکی از روش های معین شده در این فصل از مقررات دارای هواکش باشند. لوله کشی هواکشی فاضلاب بهداشتی ساختمان باید طوری طراحی شود که هوا و دیگر گازهای

داخل شبکه فاضلاب بهداشتی را به فضای خارج از ساختمان هدایت کند. لوله، فتینگ، اتصال و دیگر اجزای لوله کشی هواکش باید کاملاً آب بند و گازبند باشد.

لوله گذاری در ترنچ: کف بستری که برای نصب لوله های فاضلاب یا آب باران حفر می شود باید به فرم لوله باشد که تکیه گاه یکنواختی در سرتاسر طول لوله، پدید آید. کف بستر لوله گذاری برای تحمل وزن لوله باید محکم و مقاوم باشد. اگر ترنچ عمقی بیش از آن چه برای تراز لوله گذاری پیش بینی شده، داشته باشد در این حالت باید کف ترنچ را با لایه های ۱۵ سانتیمتری ماسه و شن نرم پر کرد و هر لایه را جداگانه کوبید تا، در تراز نصب لوله، تکیه گاه یکنواخت و مقاومی پدید آید. اگر در کف بستر لوله گذاری سنگ مشاهده شود باید قسمت سنگی را دست کم تا ۷/۵ سانتی متر زیر تراز نصب لوله تراشید و کف بستر را با ماسه و شن نرم پر کرد و کوبید تا تکیه گاه یک دست و یکنواخت و مقاومی پدید آید. لوله را نباید مستقیماً روی بستر سنگی قرار داد. تکیه گاه زیر لوله، در طول بین دو اتصال، باید پیوست باشد و وزن لوله به طور یکنواخت به این تکیه گاه منتقل شود. قرار گرفتن لوله روی تکیه گاه منقطع، فقط در زیر نقاط اتصال یا در فاصله بین دو اتصال، به طوری که زیر قسمتی از لوله خالی بماند، مجاز نیست. اگر خاک کف بستر لوله گذاری ضعیف و غیر مقاوم باشد و نتوان آن را مستقیماً به عنوان تکیه گاه لوله مورد استفاده قرار داد، باید کف بستر را به عمق دست کم دو برابر قطر لوله بیشتر حفر کرد و با لایه های ماسه و شن نرم تراز لوله گذاری پر کرد و کوبید تا تکیه گاه مناسبی پدید آید. پس از لوله گذاری باید اطراف و روی لوله را با خاک نرم سرند شده پر کرد. پر کردن باید با لایه های ۱۵ سانتیمتری باشد و هر لایه جداگانه کوبیده شود. پر کردن دو طرف لوله باید یکنواخت و متعادل باشد تا لوله را در راستای محور خود ثابت و ساکن نگاه دارد.

لوله ها و مجراهای مدفون در بتن: مدفون کردن لوله ها و مجراهای آب، فاضلاب، بخار و گاز در بتن تیرها و ستون ها و در امتداد محور آنها، یا در بتن قطعات صفحه ای و به موازات میان صفحه آنها جز در موارد زیر ممنوع است. از عبور دادن لوله ها و مجراهای مذکور عمود بر امتدادهای ذکر شده هم باید تا حد امکان احتراز کرد. در صورت ضرورت باید اطراف لوله ها و مجراها به نحوی مناسب تقویت شود. در مناطقی که بارندگی مستمر ندارند، می توان برای ساختمان های تا سه طبقه، ناودان را در داخل بتن ستون دفن کرد مشروط بر این که در انجام محاسبات سازه فضای اشغال شده توسط ناودان، خالی در نظر گرفته شود. عبور دادن لوله ها و مجراها از داخل فضای خالی تیرها و ستون های با مقطع مجوف مشروط بر این که قابل بازدید و قابل تعویض باشند بلامانع است. دفن کردن لوله ها و مجراهای تأسیساتی و برقی جز در موارد تشریح شده مجاز است، مشروط بر این که سایر ضوابط۶ رعایت شوند. لوله ها و مجراهای آلومینیومی نباید در قطعات بتنی دفن شوند مگر آن که بطرزی مؤثر روکش شده باشند به طوری که ترکیب شیمیایی میان بتن و آلومینیوم و نیز فعل و انفعال الکترو شیمیایی بین آلومینیوم و فولاد امکان پذیر نباشد. در قالب بندی پوشش های طبقات و نیز دیوارهای باربر باید عبور لوله ها و مجراهای مورد نیاز تأسیسات مکانیکی و برقی مطابق نقشه های مربوط پیش بینی شود، تا تخریب بتن پس از اتمام بتن ریزی لازم نشود. در موارد اظطراری که تعبیه سوراخ ها در زمان قالب بندی و بتن ریزی پیش بینی نشده باشد، سوراخ کردن دال یا دیوار فقط با استفاده از وسایل مناسب و مصوب مجاز است. قرار دادن لوله های پلاستیکی داخل ستون ها و دیوارها برای عبور میل مهارهای قالب به شرط پر کردن آنها با ملات ماسه سیمان پس از قالب برداری، مجاز است. در صورتی که تعداد و قطر این لوله ها در حدی باشد که هیچ یک از مقاطع بتن بیشتر از ۳ درصد تقلیل نیابد، می توان از پر کردن داخل آنها صرفنظر کرد. سطح اشغال شده توسط لوله ها و مجراهایی که همراه بست های خود در بتن ستون دفن می شوند نباید از ۳ درصد سطح مقطعی که محاسبه مقاومت قطعه بر آن اساس بوده یا برای مقابله با اثر آتش سوزی مورد نیاز است بیشتر باشد. به علاوه این گونه لوله ها و مجراها باید در حوالی محور طولی ستون قرار گیرند. به هر حال نباید عملکرد قطعه با خدشه قابل ملاحظه ای مواجه شود. در صورت برآورده نشدن شروط فوق باید اثر مجراها در مقاومت ستون ها منظور شود. - لوله ها و مجراهای در بتن دال ها، تیرها و دیوارها جز در مواردی که نقشه های آنها به تصویب مهندس طراح رسیده باشند، باید با ضوابط زیر مطابقت داشته باشند: ابعاد بیرونی آنها نباید از یک سوم ضخامت کل قطعه مورد نظر بیشتر باشد. فاصله مرکز تا مرکز هر دو لوله یا مجرای مجاور هم نباید از ۳ برابر قطر یا عرض آنها کمتر باشد.

لوله های فولادی: از لوله های فولادی با مقطع گرد برای شوفاژ و آبرسانی سرد و گرم استفاده می شود. ورق فولاد مصرفی در ساخت این لوله ها با فلز روی (گالوانیزه)، آلومینیم یا آلیاژ آلومینیم — روی پوشش داده می شود. لوله های مورد استفاده در لوله

کشی گاز باید از جنس فولاد سیاه باشد و می تواند بدون درز یا با درز باشد و کلیه مشخصات آنها از نظر ساخت، مواد، ابعاد، وزن، آزمایشها و رواداری ها (تلرانس) با استاندارد مطابقت داشته باشد و سطح بیرونی لوله ها باید صاف و هموار و سطح درونی لوله ها بیاد متناسب با فرآیند ساخت باشد.

لوله های قابل انعطاف (شیلنگ) برای اتصال وسایل گازسوز: از این لوله جهت اتصال دستگاههای گازسوز خانگی که حداکثر با فشار گاز ۷۰۰ میلی متر آب کار می کنند استفاده می‌شود. جنس این لوله باید از نوع لاستیک مصنوعی تقویت شده تا قطر حداکثر ۱۶ میلی متر باشد که جدار داخلی آن با لایه ای از مصالح مقاوم در مقابل گاز و مواد نفتی، تقویت شده است. حداکثر طول لوله لاستیکی برای اتصال وسایل گازسوز به لوله کشی گاز (شیر مصرف) خانگی باید ۱۲۰ سانتیمتر باشد.

لوله های قائم هواکش و هواکش لوله قائم فاضلاب: هر شبکه لوله کشی فاضلاب بهداشتی ساختمان که فاضلاب توالت هم داشته باشد، باید دست کم یک لوله قائم هواکش اصلی، به صورت لوله قائم هواکش یا هواکش لوله قائم فاضلاب داشته باشد. این لوله هواکش اصلی باید در نقطه ای به شبکه لوله کشی فاضلاب بهداشتی ساختمان متصل شود که قطر نامی آن کمتر از ۸۰ میلی متر (۳ اینچ) نباشد. هر لوله قائم فاضلاب که شاخه های افقی فاضلاب ۵ طبقه یا بیشتر به آن متصل می شود، جز لوله قائم مشترک فاضلاب و هواکش لوازم بهداشتی بدون توالت، باید لوله قائم هواکش داشته باشد. هر لوله قائم هواکش یا هواکش لوله قائم فاضلاب باید از قسمت بالا، بدون کاهش قطر، تا هوای آزاد ادامه یابد. هر لوله قائم هواکش باید در پایین ترین قسمت به لوله قائم فاضلاب متصل شود. نقطه اتصال باید پایین تر از آخرین و پایین ترین اتصال شاخه افقی به لوله قائم فاضلاب باشد. اگر لوله قائم هواکش به لوله افقی اصلی فاضلاب متصل شود، نقطه اتصال باید دست کم ده برابر قطر لوله افقی اصلی از زانوی زیر لوله قائم فاضلاب فاصله داشته باشد. در ساختمان بلندتر از ۱۰ طبقه، برای حداکثر هر ۱۰ طبقه، باید هواکش کمکی نصب شود. این لوله باید شیب داشته باشد و انتهای بالایی آن به لوله قائم هواکش و انتهای پائیین آن به لوله قائم فاضلاب، با زاویه ۴۵ درجه متصل شود. چند لوله قائم هواکش یا هواکش لوله قائم فاضلاب ممکن است در بالاترین طبقه و پیش از خروج از ساختمان، توسط یک لوله افقی به هم متصل شوند و از یک نقطه بام خارج شوند و تا هوای آزاد ادامه یابند. در این حالت اندازه قطر نامی لوله افقی، که چند لوله قائم هواکش را به هم متصل می کند، باید بر مبنای مجموع D. F. U لوازم بهداشتی که به کل لوله های قائم فاضلاب متصل شده اند صورت گیرد و طول لوله هواکش برای تعیین قطر نامی لوله افقی برابر فاصله دورترین نقطه اتصال لوله هواکش به پایین ترین قسمت لوله قائم فاضلاب، تا دهانه لوله هواکش در هوای آزاد، اندازه گیری شود. انتهای بالای لوله هواکش روی بام دید دست کم ۳۰ سانتی متر از کف تمام شده بام، در نقطه خروج لوله هواکش، بالاتر باشد. این ارتفاع در نقاط سردسیر باید با توجه به حداکثر ارتفاع برف افزایش یابد. اگر از بام برای سکونت، اقامت یا کار استفاده شود، باید انتهای لوله هواکش دست کم ۲/۲ متر از کف تمام شده بام بالاتر رود. در نقاط سردسیر اندازه نامی لوله هواکش، در عبور از بام، نباید کمتر از ۸۰ میلی متر (۳ اینچ) باشد و در صورتی که متوسط حداقل مطلق دمای هوای خارج در زمستان کمتر از ۱۸- درجه سانتیگراد باشد، آن قسمت از لوله هواکش که در معرض هوای سرد بیرون قرار دارد، باید با عایق گرمایی یا گرمکن برقی در برابر یخ زدن حفاظت شود. تغییر اندازه قطر نامی لوله هواکش، در عبور از بام یا بالاتر از آن، مجاز نیست، هر تغییر اندازه باید دست کم در ۳۰ سانتیمتری زیر بام انجام گیرد. انتهای لوله هواکش باید در محلی قرار گیرد که گازهای خروجی از دهانه آن به داخل فضاهای ساختمان نفوذ پیدا نکند. انتهای لوله هواکش نباید مستقیماً زیر هیچ در، پنجره های بازشو یا دهانه های ورود هوای سیستم تعویض هوای ساختمان قرار گیرد. فاصله افقی انتهای لوله هواکش از هر در، پنجره بازشو یا دهانه ورود برای سیستم تعویض هوای ساختمان باید دست کم ۳ متر باشد. مگر آن که انتهای لوله هواکش دست کم ۶۰ سانتیمتر بالاتر از آن نقاط قرار گیرد. اگر انتهای لوله هواکش به طور افقی از دیوار ساختمان خارج شود، باید دست کم ۳ متر تا محدوده زمین ملک فاصله افقی داشته باشد. دهانه این لوله باید از سطح زمین محوطه دست کم ۳ متر بالاتر باشد. انتهای لوله نباید زیر بالکن یا سایه بان دیوار خارجی ساختمان قرار گیرد. دهانه انتهای لوله هواکش روی بام باید به سمت بالا باشد. انتهای لوله هواکش روی بام، یا دیوار خارجی ساختمان، باید با توری مقاوم در برابر زنگ زدن و ورود حشرات حفاظت شود. انتهای لوله هواکش نباید در داخل شافت یا دودکش ساختمان رها شود. از شافت ها یا دودکش های ساختمان نباید به عنوان هواکش شبکه لوله کشی فاضلاب بهداشتی ساختمان استفاده شود.

لوله های قائم و لوله های افقی: جریان آب باران و در داخل کفشوی آب باران بام، لوله های قائم و لوله های افقی باید با تأمین شیب های مناسب و به طور ثقلی صورت گیرد. لوله های افقی آب باران باید شیب یکنواخت، در جهت دور کردن آب باران از لوله های قائم، داشته باشد. شیب برعکس در لوله های افقی آب باران مجاز نیست. حداقل شیب لوله های افقی آب باران در داخل ساختمان باید یک درصد باشد. اگر لوله افقی اصلی آب باران ساختمان در نقطه خروج از ساختمان (یا ملک) به لوله افقی اصلی فاضلاب ساختمان متّصل می شود، باید روی لوله افقی اصلی آب باران سیفون نصب شود. سیفون ممکن است به تعداد لوله های قائم آب باران و در زیر هر یک نصب شود و یا آن که تنها یک عدد سیفون در نقطه خروج از ساختمان و پیش به لوله افقی اصلی فاضلاب، روی لوله افقی اصلی آب باران نصب شود. سیفون آب باران باید به منظور بازید و تمیز کردن، دریچه دسترسی داشته باشد. برای انتقال آب باران بام به پایین ساختمان، لوله قائم ممکن است در داخل ساختمان یا در خارج ساختمان به طور آشکار روی دیوار خارجی نصب شود. لوله قائم آب باران ساختمان نباید به عنوان لوله فاضلاب یا هواکش مورد استفاده قرار گیرد. لوله قائم آب باران که در خارج ساختمان نصب می شود، اگر از طرف کوچه یا خیابان در معرض آسیب دیدن باشد، باید در داخل مصالح ساختمانی دیوار قرار گیرد یا با پوشش های فلزی مقاوم حفاظت شود. در صورتی که لوله قائم آب باران در خارج ساختمان در اقلیمی نصب شود که در آن احتمال یخ زدن باشد، این لوله باید با روش های مناسب در برابر یخ زدن حفاظت شود. لوله افقی، لوله قائم، فتینگ ها و اتصال های لوله کشی آب باران ساختمان باید برای شرایط آزمایش، کاملاً آب بند باشد.

لوله های مسی: استفاده از لوله های مسی با لوله با طول حداکثر ۵ متر برای اتصال سیستم لوله کشی به دستگاههای گازسوز ثابت با رعایت کلیه اصول ایمنی مجاز است. لوله های مسی باید در محل هایی نصب گردد که از صدمات احتمالی مصون بوده و با استفاده از بست های مناسب روی دیوار مهار گردد. لوله های مسی مورد مصرف باید با استانداردهای بین المللی (۱۹۸۶– ۸۸ ASTM B) مطابقت داشته باشد.

لوله های مصرفی: لوله های مورد استفاده در لوله کشی گاز ساختمانهای عمومی اعم از توکار یا روکار باید فولادی بدون درز بوده و دارای گواهی ساخت از سازندگان معتبر و استاندارد هم باشند. کلیه اتصالات مورد استفاده در لوله کشی گاز ساختمانهای عمومی باید از نوع جوش فولادی و بدون درز، ساخت سازندگان معتبر و مورد تایید انتخاب گردد.

لوله یا فیتینگ بدون سرب: لوله یا فیتینگ فلزی که نسبت سرب آن بیش از ۸ درصد نباشد.

م (ماسه - سیمان - آهک (باتارد) - میلگرد)

ماسه – سیمان – آهک (باتارد): بهترین نسبت برای ساخت ملات باتارد نسبت ۸ حجم ماسه، دو حجم سیمان و یک حجم آهک است.

ماسه آهک: نسبت حجمی ماسه و آهک در ساخت ملات ماسه آهک ۱:۳ (یک حجم آهک و سه حجم ماسه) است. برای ساخت این ملات نیز باید همانند ملات گل آهک عمل کرد. توصیه می شود در ساخت این ملات از ماسه کفی (خاکدار) استفاده شود. از این ملات فقط می توان برای اندود سطوح استفاده کرد.

ماسه سیلیسی: ← آجر ماسه آهکی

ماسه سیمان: بهترین نسبت ملات ماسه سیمان برای ساخت دیوارهای ساختمانهای آجری، بلوکی و سنگی ملات با نسبت یک حجم سیمان به ۳ حجم ماسه (۱: ۳) است. برای زودگیر کردن ملات ماسه سیمان نباید به آن گچ افزود. مواد سولفاتی موجود در ماسه، آب و یا آجر مصرفی باعث از هم گسیختگی ملات و کار آجری می شود. در مواقعی که خطر حمله سولفاتها مطرح است باید از نوع ۲ سیمان ضد سولفات (نوع ۵)، سیمان بنایی یا سیمان پوزولانی استفاده شود. برای شمشه گیری ملاتهای سیمان هرگز نباید از گچ استفاده کرد. از افزودن خاک به ملات ماسه سیمان باید خوداری کرد. ملات ماسه سیمان بعد از گیرش سیمان و سخت شدن نباید مورد استفاده قرار گیرد. به هر حال، نباید از ملات ماسه سیمانی که از شروع اختلاط آن ۲/۵ ساعت گذشته است، استفاده گردد.

ماشین رختشویی: الف) اتصال لوله آب از لوله کشی آب آشامیدنی به ماشین باید با فاصله هوایی یا لوازم جلوگیری از برگشت جریان صورت گیرد، مگر آنکه لوازم جلوگیری از برگشت جریان در داخل ماشین پیش بینی شده باشد. ب) فاضلاب خروجی از ماشین رختشویی باید با اتصال غیر مستقیم به لوازم بهداشتی دیگر، کف شوی یا علم فاضلاب بریزد.

ماشین ظرفشویی: اتصال لوله آب از لوله کشی آب آشامیدنی به ماشین باید با فاصله هوایی یا لوازم جلوگیری از برگشت جریان صورت گیرد، مگر آنکه لوازم جلوگیری از برگشت جریان در داخل ماشین پیش بینی شده باشد. فاضلاب خروجی از ماشین ظرفشویی باید با اتصال غیر مستقیم به لوازم بهداشتی دیگر، کفشوی و یا عمل فاضلاب بریزد.

ماله کشی و پرداخت بتن: ماله کشی و پرداخت بتن عبارت است از زدودن بتن اضافی روی سطح بتن، از بین بردن نقاط پست و بلند سطحی و یا به شکل خاص در آوردن سطح بتن. از جمله روشهای مختلف ماله کشی و پرداخت بتن عبارتند از: شمشه کشی، تخته ماله، ماله کشی، استفاده از ماله دست بلند، استفاده از شمشه دسته دار، جاروکشی، پرداخت. انجام هر گونه عملیات پرداخت بر روی سطوح دالهای بتنی، مادام که آب ناشی از آب انداختگی وجود داشته باشد، ممنوع است. لیسه ای کردن سطحی که ماله کشی نشده است مجاز نیست. پاشیدن سیمان خشک بر روی سطوح خیس برای جذب آب اضافی می تواند موجب ترک خوردگی سطحی شود و مجاز نیست. جاروکشی و هر گونه روشی که موجب رفع لغزندگی سطوح می شود باید زمانی صورت گیرد که بتن کاملاً سخت نشده است ولی به اندازه کافی سخت شده باشد که بافت ایجاد شده را حفظ کند.

پرداخت سطح بتن به کمک تخته ماله و ماله دسته بلند

مانع برگشت جریان: هر وسیله یا شیری که از برگشت جریان به شبکه لوله کشی آب آشامیدنی جلوگیری کند.

مانع برگشت جریان از نوع شیر اطمینان اختلاف فشار بین دو شیر یک طرفه: این وسیله شامل دو عدد شیر یک طرفه مورد تأیید است که در فاصله بین آن ها یک شیر اطمینان اختلاف فشار نصب شده است. دو طرف این وسیله شیر قطع و وصل و بین دو شیر یک طرفه شیرهای برداشت برای آزمایش نصب می شود. وقتی فشار بین دو شیر یک طرفه بیشتر از فشار آب بالا دست (ورود آب) باشد، شیر اطمینان باز می کند مقداری آب خارج می شود و فشار کاهش می یابد و مانع برگشت جریان آب به شبکه لوله کشی توزیع آب آشامیدنی می شود.

مانع حریق: صفحه یا پرده ای سرتاسری که به صورت قائم (مانند دیوار) یا افقی (مانند سقف) با زمان مشخصی از مقاومت حریق برای جلوگیری از گسترش آتش و دود از فضایی به فضای دیگر به کار گرفته می شود. این صفحات همچنین ممکن است برای حریق بند کردن بازشوها نیز مورد استفاده قرار گیرند.

مانع دود: وسیله جداسازی با مشخصات مقاوم حریق یا غیر مقاوم در برابر حریق که به صورت افقی یا قائم، مانند دیوار، کف یا سقف به منظور ممانعت از حرکت دود، طراحی و ساخته می شود. موانع دود ممکن است برای حفاظت بازشوها نیز به کار گرفته شوند.

مایعات قابل اشتعال: قبل از سوختگیری باید موتور ماشین آلات ساختمانی خاموش شود و از ریختن مواد سوختی روی اگزوز و قسمت های داغ موتور جلوگیری گردد. کلیه مایعاتی که نقطه شعله زنی آنها کمتر از ۷ درجه سانتیگراد می باشد، نباید روی سطح زمین نگهداری شوند، مگر اینکه به صورت محدود در ظرف های کمتر از ۱۸ لیتر و داخل ظروف یا مخازن حفاظت شده

نگهداری شوند. خروجی و سرریز مخازن سوخت نباید در جایی تعبیه شده باشد که مواد مذکور روی موتور، اگزوز، تابلو، کلید برق، باطری و سایر منابع ایجاد جرقه، ریخته شود. در جایی که بخار مایعات قابل اشتعال وجود دارد، نباید از وسایلی که تولید جرقه یا شعله می کند، از قبیل کبریت، فندک، سیگار، پیلوت گاز، چراغ و سایر وسایل برقی جرقه زا استفاده شود. ظروف محتوی مایعات سریع الاشتعال باید از جنس نسوز و نشکن بوده و دارای درب کاملاً محکم و محفوظ باشند و بر روی آنها بر چسبی باشد که محتویات داخل آنها را مشخص نماید. و: جهت جلوگیری از آلودگی محیط زیست، آتش سوزی و انفجار، باید از ریختن و یا نشت مایعات قابل اشتعال در معابر و مجاری عمومی جلوگیری بعمل آید.

مبلغ قرارداد – نحوه پرداخت: عبارت است از مبلغ یا درصدی که با توجه به نوع قرارداد منعقده بین صاحب کار و مجری توافق و تعیین و قرارداد درج می‌شود. میزان، موعد و نحوه پرداخت ها حسب نوع هر قرارداد باید با ذکر مراحل و مواعد پرداخت و همچنین شرایط تعدیل آن در شرایط خصوصی قید شود.

مبنای تعیین حداکثر مقاومت: برای قابهای یک یا دو طبقه حداکثر مقاومت را می‌توان با تحلیل حدی معمولی تعیین کرد و اثر کمانش و ناپایداری قاب (اثر $P-\Delta$) را نادیده گرفت. برای قابهای مهاربندی شده چند طبقه، باید اثر ناپایداری قاب را در تحلیل و طراحی مقطع مهاربندها و نیز اعضای قاب در نظر گرفت. برای قابهای مهاربندی نشده چند طبقه، باید اثر ناپایداری قاب ار مستقیماً در محاسبه مقاومت حداکثر در نظر گرفت.

مجزا سازی افقی: فاصله مشخص بین دیوارهای خارجی بنا تا "مرز مالکیت" یا سایر بناهای همسایگی، اعم از خصوصی، عمومی و خیابان که به منظور تأمین فضای باز لازم در نظر گرفته می شود

مجموعه ساختمانی: چند ساختمان یا مجتمع ساختمانی که در یک محوطه قرار دارند.

مجموعه قالب بندی: مجموعه ای است برای نگهداری بتن در شکل مورد نظر به کار می رود، مشتل بر رویه قالب، بنده قالب، پشت بندها،کلاف ها،چپ و راستها، حایلها، پایه های قائم، کمرکش های افقی، فاصله نگهدارها و نظایر آن.

محافظت از سطوح در ساختمانهای خشتی: به منظور محافظت از سطوح در معرض عوامل جوی رعایت نکات زیر الزامی است. وجوه خارجی تمام دیوارهای خارجی خشتی باید با اندود کاهگل با ضخامت حداقل ۳ سانتیمتر پوشیده شود. سطوح کلیه چوبهایی که در معرض عوامل جوی قرار دارند، باید با مواد محافظ آغشته یا رنگ شوند.

محافظت از سطوح در ساختمانهای سنگی: به منظور محافظت از سطوح در معرض عوامل جوی رعایت نکات زیر الزامی است. دیوارهای سنگی باید با ملات ماسه سیمان یا ماسه – سیمان – آهک (با تارد) بندکشی گردد. سطوح کلیه چوبهایی که در معرض عوامل جوی قرار دارند، باید با مواد محافظ آغشته یا رنگ شوند.

محدوده آسایش: شرایط حرارتی و رطوبتی که حدود ٪۸۰ ساکنین یا استفاده کنندگان در آن احساس آسایش می کنند.

محدوده دمای متعارف: محدوده دمایی که در فضاهای دارای عملکرد خاص باید حفظ گردد.

محدوده کاربرد ساختمانهای خشتی: ضوابط این فصل برای ساختمانهایی است که در نواحی دور دست ساخته می شوند به طوری که فراهم آوردن مصالح، تجهیزات و نیروهای انسانی ماهر، در آنجا مشکل می باشد. احداث این ساختمانها با حداکثر یک طبقه بالای زمین، یا دو طبقه با در نظر گرفتن یک طبقه زیرزمین مجاز است. حداکثر ارتفاع طبقات به ۸ برابر ضخامت دیوار باربر ۳/۵ متر هر کدام که کوچکتر باشد، محدود می باشد.

محدوده کاربرد ساختمانهای سنگی: ضوابط این فصل برای ساختمانهایی ایت که در نواحی دوردست ساخته می شوند به طوری که فراهم آورردن مصالح، تجهیزات و نیروی انسانی ماهر، در آنجا مشکل می باشد. احداث این ساختمانها با حداکثر یک طبقه بالای زمین، یا دو طبقه با در نظر گرفتن یک طبقه زیرزمین مجاز است. حداکثر ارتفاع طبقات به ۸ برابر ضخامت دیوار باربر یا ۳/۵ متر هر کدام به کوچکتر باشد، محدود می باشد.

محدوده کلی نصب تابلوها: تابلوهای معرف کاربری ا لزماً باید در ملک محل وقوع کاربری نصب شوند مگر در مواردی که در این مقررات آمده باشد. تابلوهای معرف کاربری فقط مجاز به نصب روی نمای اصلی ساختمان یا داخل ملک و رو به معبر عمومی می باشند. محل نصب تابلو بر ساختمان باید در صورتی انتخاب شود که هماهنگ با خطوط و سطوح اصلی معماری و نمای ساختمان بوده و به تشخیص مسئولین به معماری و نمای ساختمان لطمه ای وارد نیاورد. تابلوها نباید نمای دومی برای ساختمان

پدید آورند، بلکه باید به گونه ای طراحی و نصب شوند که جزئی از نمای ساختمان به چشم آیند. تابلوهای مجاز روی نمای اصلی ساختمان باید به گونه ای قرار گیرند که در دید عمومی بر نمای ساختمان، هیچ بخشی از تابلو از لبه های محیطی نمای ساختمان خارج نگردد. محل نصب تابلوها باید همواره از لبه های عمودی نما نسبت به دیوار همسایه حداقل ۱۵ سانتیمتر و از کف پیاده رو حداقل ۶۰ سانتیمتر فاصله داشته باشد.

محدودیت آرماتورها در پی: در پی های نواری مقدار نسبت آرماتور کششی نباید کمتر از ۰/۲۵ درصد اختیار شود، مگر آنکه آرماتور بکار رفته به اندازه یک سوم بیشتر از مقدار آرماتور تعیین شده در محاسبات باشد. در حالت اخیر این نسبت نمی تواند کمتر از ۰/۱۵ درصد اختیار گردد. در پی ها قطر میلگردها نباید کمتر از ۱۰ میلیمتر و فاصله محور تا محور آنها از یکدیگر، نباید کمتر از ۱۰۰ میلیمتر و بیشتر از ۳۵۰ میلیمتر در نظر گرفته شود. در پی های منفرد در صورتی که عملکرد پی یکطرفه باشد و یا عملکرد آن دو طرفه بوده و شکل آن مربع باشد، توزیع میلگردها در سراسر عرض پی باید بطور یکنواخت صورت گیرد. حداقل و حداکثر درصد آرماتور طولی شمع های پیش ساخته و شمع های درجا با قطر کمتر یا برابر ۸۰۰ میلیمتر مشابه ستون ها تعیین می شود. حداقل و حداکثر درصد آرماتور طولی شمع های درجا با قطر بیش از ۸۰۰ میلیمتر به ترتیب به میزان نیم درصد و سه درصد منظور می گردد. حداقل درصد فولاد طولی شمعها برای شمع های پیش ساخته معادل یک درصد و برای شمع های درجا ریخته شده معادل نیم درصد تعیین می گردد. آرماتور عرضی شمعها به صورت تنگ یا مارپیچ در نظر گرفته می شود.

حفاری و اجرای شمع بتنی با آرماتور عرضی مارپیچ

محدودیت مکان نصب علائم و تابلوها: نصب علائم و تابلوها بر تیرهای برق، پایه های علائم و چراغهای راهنمای رانندگی، درختان، صخره ها و سایر عناصر طبیعی ممنوع است. نصب تابلو تبلیغاتی بصورتی که مانع از دیده شدن تابلوی نصب شده قانونی دیگر گردد، ممنوع است. نصب تابلو و علائم دیگری که به تشخیص مسئولین باعث پنهان شدن همه یا قسمتی از هر تابلو یا چراغ هشدار دهنده و انتظامی و راهنمای رانندگی و راهنمای شهری باشد و یا به هر صورت مزاحم کار کرد آنها گردد، ممنوع است. نصب علائم و تابلوها، بصورتیکه پنجره یا درب، راه پله و نردبام، راه گریز از حریق، راه عبور آتش نشان ها، بازشو و نورگیر و راه تهویه را در ساختمانی ببندد ممنوع است. در ساختمانهائی که در طرح آنها محل نصب تابلوها پیش بینی شده (و این محل نصب به تائید مسئولین امور تابلو رسیده و با این مقررات منافاتی نداشته باشد)، دارندگان تابلو موظفند تابلو خود را در محل تعیین شده نصب نمایند.

محدودیت های فولاد گذاری جهت اعضای خمشی یا فشاری: فاصله آزاد بین هر دو میلگرد موازی واقع در یک سفره نباید از هیچیک از مقادیر زیر کمتر باشد: الف) قطر میلگرد بزرگتر ب) ۲۵ میلیمتر پ) ۱/۳۳ برابر قطر اسمی بزرگترین سنگدانه بتن. در اعضای تحت فشار و خمش فاصله محور تا محور میلگردهای طولی از یکدیگر، نباید بیشتر از ۲۰۰ میلیمتر باشد. در صورتی که میلگردهای موازی در چند سفره قرار گیرند، میلگردهای سفره فوقانی باید طوری بالای میلگردهای سفره تحتانی واقع شوند که معبر بتن تنگ نشود، فاصله آزاد بین هر دو سفره نباید از ۲۵ میلیمتر و نه از قطر بزرگترین میلگرد کمتر باشد. در اعضای فشاری با خاموت های بسته یا مارپیچ ، فاصله آزاد بین هر دو میلگرد طولی نباید از ۱/۵ برابر قطر بزرگترین میلگرد و نه از ۴۰

میلیمتر، کمتر باشد. محدودیت های فاصله آزاد بین میلگردها باید در مورد فاصله آزاد وصله های پوششی با وصله ها میلگردهای مجاور نیز رعایت شوند. در استفاده از گروه میلگردهای موازی که در آنها میلگردها در تماس با هم بسته می شوند تا به صورت واحد عمل کنند، ضوابط زیر باید رعایت شوند:

الف) تعداد میلگردهای هر گروه برای گروه های قائم تحت فشار نباید از ۴ عدد، و در سایر موارد از ۳ عدد تجاوز کند.

ب) در تمامی موارد تعداد میلگردهای هر گروه در محل وصله ها نباید بیشتر از ۴ باشد.

پ) در گروه میلگردها با بیش از دو میلگرد، نباید محورهای تمامی میلگردها در یک صفحه واقع شوند. همینطور تعداد میلگردهایی که محورهایی آنها در یک صفحه واقع می شوند جز در محل وصله ها نباید بیشتر از دو باشد.

ت) در تیرها نباید میلگردها با قطر بزرگتر از ۳۶ میلیمتر را به صورت گروهی به کار برد.

ث) گروه های میلگردهای در تماس باید در خاموت های بسته یا مارپیچ محصور شوند.

ج) در مواردی نظیر تعیین محدودیت های فاصله و حداقل ضخامت پوشش بتن محافظ، که قطر میلگردها مبنای محاسبه قرار می گیرد، قطر گروه میلگردهای در تماس معادل قطر میلگردی فرض می شود که سطح مقطع آن با سطح مقطع کل گروه مساوی باشد. ملاک اندازه گیری فاصله آزاد و حداقل ضخامت پوشش در این گونه موارد خارجی ترین سطح گروه میلگرد در امتداد مورد نظر خواهد بود.

جوشکاری غیرمجاز آرماتورها به منظور حفظ فاصله آنها

محدودیت های هندسی سازه های با شکل پذیری زیاد: در اعضای خمشی قاب ها محدودیت های هندسی زیر باید رعایت شوند:

الف) ارتفاع مؤثر مقطع نباید بیشتر از یک چهارم طول دهانه آزاد باشد.

ب) عرض مقطع نباید کمتر از سه دهم ارتفاع آن باشد.

پ) عرض مقطع نباید: ۱- بیشتر از عرض عضو تکیه گاهی، در صفحه عمود بر محور طولی عضو خمشی، به اضافه سه چهارم ارتفاع عضو خمشی در هر طرف عضو تکیه گاهی، ۲- بیشتر از عرض عضو تکیه گاهی، به اضافه یک چهارم بعد دیگر مقطع عضو تکیه گاهی در هر طرف آن، ۳- کمتر از ۲۵۰ میلیمتر، اختیار شود. برون محوری هر عضو خمشی نسبت به ستونی که با آن قاب تشکیل می دهد، یعنی فاصله محورهای هندسی دو عضو از یکدیگر، نباید بیشتر از یک چهارم عرض مقطع ستون باشد.

محدودیت های هندسی سازه های با شکل پذیری متوسط: در اعضای خمشی قاب ها محدودیت های هندسی زیر باید رعایت شوند:

الف) ارتفاع مؤثر مقطع نباید بیشتر از یک چهارم طول دهانه آزاد باشد.

ب) عرض مقطع نباید کمتر از یک چهارم ارتفاع آن باشد.

پ) عرض مقطع نباید: بیشتر از عرض عضو تکیه گاهی، در صفحه عمود بر محور طولی عضو خمشی، به اضافه سه چهارم ارتفاع عضو خشمی، در هر طرف عضو تکیه گاهی و بیشتر از عرض عضو تکیه گاهی به اضافه یک چهارم بعد دیگر مقطع عضو تکیه

گاهی، در هر طرف عضو تکیه گاهی و کمتر از ۲۵۰ میلیمتراختیار شود. برون محوری هر عضو خمشی نسبت به ستونی که با آن قاب تشکیل می دهد، یعنی فاصله محورهای هندسی دو عضو از یکدیگر، نباید بیشتر از یک چهارم عرض مقطع ستون باشد.

محدودیتهای لاغری در طراحی به روش تنش مجاز: علاوه بر تأمین ضوابط مربوط به مقاومت و صلبیت، اعضای سازه باید طوری طراحی و محاسبه شوند که دارای ظرفیت شکل پذیری لازم در برابر بارهای وارده باشند و در عین حال پایداری کلی آنها به طور مطمئن تأمین شده باشد.

محدویت بزرگترین اندازه اسمی سنگدانه های درشت: بزرگترین اندازه اسمی سنگدانه های درشت نباید از هیچیک از مقادیر زیر بیشتر باشد: ۱- یک پنجم کوچکترین بعد داخلی قالب بتن ۲- یک سوم ضخامت دال ۳- سه چهارم حدّاقل فاصله آزاد بین میلگردها ۴- سه چهارم ضخامت پوشش روی میلگردها ۵ - ۳۸ میلیمتر (۱/۵ اینچ) در بتن آرمه ۶- ۶۳ میلیمتر (۲/۵ اینچ) در بتن غیر مسلّح.

محدودیتهای انتخاب نوع سیستم سازه باربر جانبی: در انتخاب نوع سیستم سازه باربر جانبی ساختمان ضوابط زیر باید رعایت شود:

الف) در ساختمانها با بیشتر از ۱۵ طبقه و یا بلندتر از ۵۰ متر، استفاده از سیستم قاب خمشی، یا سیستم دوگانه یا ترکیبی، اجباری است. در این ساختمانها نباید برای مقابله با تمام نیروی جانبی زلزله منحصراً به دیوارهای برشی و یا قابهای مهاربندی شده اکفا نمود.

ب) در مناطق با خطر زلزله خیزی نسبی خیلی زیاد و زیاد ارتفاع ساختمان، با توجه به سیستم مقاوم باربر جانبی آن، نباید از مقادیر داده شده در آئین نامه تجاوز نماید.

پ) در ساختمانهای با اهمیت زیاد، استفاده از سیستم قاب خمشی بتن آرمه معمولی با عنوان سیستم باربر جانبی مجاز نمی باشد.

ت) در مناطق با خطر زلزله خیزی نسبی خیلی زیاد و زیاد، برای «بناهای ضروری» از گروه ساختمانهای با اهمیت زیاد فقط استفاده از سیستهائی که در آئین نامه عنوان «ویژه» دارند، مجاز می باشد.

ث) در ساختمانهای با بیشتر از سه طبقه و یا بلندتر از ده متر، استفاده از سیستم دال تخت یا قارچی و ستون سیستم قاب خمشی در صورتی مجاز است که در آن برای مقابله با نیروی جانبی زلزله از دیوارهای برشی یا قابهای مهاربندی شده استفاده شده باشد.

ج) در ساختمانهای بتن آرمه ای که در آنها از سیستم تیرچه و بلوک برای پوشش سقفها استفاده می گردد و ارتفاع تیرها برابر ضخامت سقف در نظر گرفته می شود، در صورتیکه ارتفاع تیرها کمتر از ۳۰ سانتیمتر باشد، سیستم سقف به منزله دال تخت محسوب شده و ساختمان مشمول ضابطه بند (ث) بالا می گردد.

چ) استفاده از قابهای فولادی با اتصالات خورجینی به عنوان سیستم باربر جانبی مجاز نمی باشد. این قابها، با شرط رعایت ضوابط فنی در خصوص اتصالات آنها، باید به عنوان سیستم قاب ساختمانی ساده به حساب آورده شوند.

محصولات احتراق: آنچه که در نیجه احتراق به دست می آید، به انضام گازهای بی اثر، به استثنای هوای اضافی، محصولات احتراق نامیده می‌شود.

محفظه احتراق: بخشی از دستگاه گازسوز که عمل احتراق در آن انجام می‌شود.

محفظه تجمع ذرات داخلی لوله: در مواردی که طول لوله بالا رونده ۱۵ متر یا بیشتر (ساختمانهای ۵ طبقه یا بیشتر) باشد، باید در پایین ترین قسمت آن یک سه راهی نصب شود که طول قسمت پایین آن حداقل ۱۰ سانتیمتر باشد تا ذرات داخل لوله در این محفظه جمع شده و باعث مسدود شدن مسیر نگردد. دهانه زیر این سه راهی باید مسدود شود.

محل تحویل نیروی برق (سرویس مشترک) — نقطه شروع تأسیسات برق: شرکت برق منطقه ای محل یا شرکت، مؤسسه یا تشکیلات دیگری که بنا به مقتضیات محل ممکن است عهده دار تأمین برق مشترکان باشد، از این پس به اختصار شرکت برق یا شرکت خوانده شد. صرفنظر از ولتاژ برقی که توسط شرکت، تحویل مشترکان خواهد شد، تا جایی که به انشعاب مربوط باشد، رعایت مقررات شرکت برق و مفاد این مقررات الزامی خواهد بود. آن بخش از تأسیسات و تجهیزات که انحصاراً در اختیار شرکت است، کلاً تابع مقررات شرکت خواهد بود. در مورد بخشی از تأسیسات که مقررات شرکت و این مقررات هر دو در آن تأثیر دارند، چنانچه تناقضی بین دو مقررات وجود داشته باشد، مقرراتی که از نظر ایمنی و حفاظت برتر است انتخاب و اجرا

خواهد شد. در چنین وضعیتی تشخیص با مقام مجری این مقررات خواهد بود. متقاضی یا نماینده مختار او باید قبل از شروع ساختمان و در مراحل طراحی آن با مقامات ذیربط شرکت برق تماس بگیرد و نسبت به نوع انشعاب و مشخصات کامل آن اطلاعات کافی دریافت، و طبق تشخیص و با راهنمایی شرکت نسبت به تأمین نکته های این بخش اقدام کند. این تماس باید در کلیه مراحل ساختمان ادامه دابشته باشد تا در صورت لزوم، اصلاحات و عملیات تکمیلی ملحوظ شوند.

محل سخت کننده های جان: برای تیرهای با ارتفاع ۶۰۰ میلیمتر و بزرگتر، سخت کننده های جان باید به صورت تمام ارتفاع و در هر دو طرف جان قرار داده شوند. برای تیرهایی با ارتفاع کوچکتر از ۶۰۰ میلیمتر، این سخت کنندها کافی است در یک طرف جان واقطع شوند.

محل کار: محل کار محلی است در محدوده کارگاه ساختمانی که در اختیار کار فرما باشد و کارگران به درخواست و به حساب کارفرمای خود در آنجا مشغول کار باشند و برای انجام کار به آنجا وارد شوند.

محل مخزن آب: مخزن ذخیره آب نباید در جایی ساخته یا نصب شود که در معرض نفوذ سیل یا آب زیرزمینی باشد. این مخزن نباید در محلی قرار گیرد که لوله فاضلاب یا آب غیر بهداشتی از روی آن عبور کند. اگر احتمال نفوذ آب زیرزمینی وجود داشته باشد، باید در اطراف مخزن به اندازه کافی فضای باز پیش بینی شود تا بتوان به طور ادواری مخزن را بازدید کرد و مطمئن شد که آب آلوده به داخل آن نفوذ نمی کند. اگر مخزن ذخیره آب در داخل ساختمان قرار گیرد، باید طوری نصب شود که داخل آن برای بازرسی و تعمیر قابل دسترسی باشد و مخزن در برابر گرما و سرما حفاظت شود. برای اتاقی که مخزن ذخیره آب در آن نصب می شود باید تعویض هوا و کف شوی پیش بینی شود. اگر مخزن ذخیره آب روی بام نصب شود باید برای جلوگیری ای یخ زدن یا گرم شدن آن با عایق گرمایی پوشانده شود. عایق سقف این مخازن و دریچه آدم رو آن باید قابل برداشتن باشد تا بازرسی امکان پذیر گردد.

محل نصب تابلوها: چنانچه تابلو در اتاقی مخصوص این کار نصب شده باشد و تنها افراد متخصص و مجاز اجازه رفت و آمد به آن را داشته باشند، می توان از تابلوهای نوع باز استفاده کرد. اگر تابلو در فضای عمومی که افراد غیر متخصص در آنها رفت و آمد می کنند نصب شود، فضای محدود به کف و سقف اصلی محل نصب تابلو، و عمق آن که برابر عمق تابلو است، فضای اختصاص تابلو به حساب می آید. در اطراف تابلو باید فضای کافی برای انجام عملیات و تعمیرات و بازدید و غیره وجود داشته باشد. از محل نصب تابلو اعم از اتاق مخصوص یا فضای عمومی هیچگونه دودکش یا لوله های حامل آب، گاز و حرارت مرکزی و غیره نباید عبور نماید یا آن را قطع کند.

محل نصب شیرها: در نقاط زیر باید شیرهایی که قطر داخلی آن در حالت تمام باز برابر قطر داخلی لوله یا حداکثر یک اندازه از آن کوچکتر باشد، نصب شود. در نقطه خورج لوله از کنتور آب ساختمان و روی لوله ورودی به ساختمان (یا ملک) باید یک شیر قطع و وصل، یک شیر یک طرفه و یک شیر تخلیه نصب شود. در زیر هر خط لوله قائم داخل ساختمان، که دست کم به دو طبقه از پایین به بالا آب می رساند، باید یک شیر قطع و وصل و یک شیر تخلیه نصب شود. در بالای هر خط لوله قائم داخل ساختمان، که دست کم به دو طبقه از بالا و پایین آب می رساند، باید یک شیر قطع و وصل، و در زیر آن یک شیر تخلیه نصب شود. در ورود لوله آب به هر واحد آپارتمانی باید شیر قطع و وصل و شیر یک طرفه نصب شود، اگر لوله ورود آب به هر یک از لوازم بهداشتی در آن واحد شیر قطع و وصل داشته باشد، نصب شیر قطع و وصل در ورود لوله به واحد آپارتمانی لازم نیست. در ورود لوله به یک گروه بهداشتی شامل تعدادی لوازم بهداشتی، باید شیر قطع و وصل نصب شود، مگر آنکه لوله ورود به هر یک از لوازم بهداشتی در آن گروه شیر قطع و وصل مستقل داشته باشد. در ورود لوله تغذیه آب به هر مخزن آب تحت فشار باید یک شیر قطع و وصل و یک شیر یک طرفه نصب شود. در ورود لوله تغذیه به هر مخزن ذخیره آب باید یک شیر قطع و وصل نصب شود. در نقطه ورود آب به هر دستگاه آب گرمکن باید شیر قطع و وصل و شیر یکطرفه نصب شود. شیرهای دیگر که برای حفاظت از شبکه آب آشامیدنی ساختمان لازم است باید طبق آئین نامه باشد.

محل نصب مانع برگشت جریان: الف) هر یک از لوازم جلوگیری از برگشت جریان آب باید در محل قابل دسترسی و تعمیر نصب شود. ب) مانع برگشت جریان از نوع شیر اطمینان اختلاف فشار بین دو شیر یک طرفه باید به طوری ادواری آزمایش شود و نسبت به درستی کار آن اطمینان حاصل گردد.

محل ورود انشعاب گاز به ملک مصرف کننده: محل ورود انشعاب گاز حتی الامکان باید در نزدیک ترین نقطه محدوده ملک به شبکه لوله کشی گاز شهری قرار گیرد. محل ورود انشعاب نباید در جایی قرار گیرد که احتمال صدمه دیدن داشته باشد و یا به طور کلی در محل ناامنی قرار گیرد.

محموله: عبارت است از تعدادی بسته میلگرد. مشخصه های همه بسته ها باید یکسان، ولی قطر آنها از یک بسته به بسته دیگر می تواند متفاوت باشد.

محوطه باز: فضایی که تصرفی در آن صورت نگرفته و بوسیله ساختمان محصور نشده باشد. محوطه باز باید برای جای دادن متصرفان بنا کافی باشد و اندازه ومحل آن به گونه ای باشد که به هنگام بروز حریق، ماموران آتش نشانی و ایمنی بتوانند به آن دسترسی داشته و از آن استفاده برند. محوطه باز باید در تمام اوقات شبانه روز از هر گونه موانع خالی باشد.

محیط های سولفاتی: بتنی که احتمال دارد در محیط سولفاتی، و نه محیط توأم سولفاتی و کلریدی، قرار گیرد باید دارای مقاومت مناسب و نفوذپذیری کم و تا حد امکان فاقد مواد آسیب پذیر باشند. برای تأمین این منظورها باید: برای ساختن بتن، از سیمان های پرتلند یا سیمان های پرتلند آمیخته مناسب نظیر سیمان های پرتلند روباره ای، سیمان های پرتلند آمیخته با پوزولان های طبیعی یا مصنوعی استفاده شود. نسبت آب به سیمان، با استفاده از مواد افزودنی مناسب، نظیر روان کننده ها و فوق روان کننده ها کاهش داده شود. با کاربرد مواد سیلیسی ریزدانه فعال، نظیر دوده سیلیسی (برای برخی از سولفتها) و خاکستر بادی، هیدروکسید حاصل از آبگیری سیمان، تا آنجا که ممکن است به سیلیکات کلسیم تبدیل شود. در مناطقی که علاوه بر سولفات آلوده به کلرید می باشند، باید در انتخاب نوع سیمان برای اعضا و قطعات بتن آرمه دقت بیشتری به عمل آید. بویژه از کاربرد سیمان پرتلند نوع پنج به تنهایی، که حفاظت ناچیزی در مقابل نفوذ یون کلر به بتن و ممانعت از خوردگی میلگردها دارد، خودداری گردد.

محیطهای عادی: منظور محیطهایی است که در آنها دما و رطوبت و شرایط دیگر عادی اند. در اینگونه محیطها معمولاً ژاله زایی یا تعرق صورت نمی گیرد و به عبارت دیگر، هوا از رطوبت اشباع نمی شود. اینگونه محیطها از جمله عبارتند از: منازل، ادارات، مغازه ها، محیطهای کار خشک و نظایر آنها. آشپزخانه منازل جزو محیطهای خشک به حساب می آیند.

محیطهای مخصوص: تأسیسات الکتریکی در محیطهای مخصوص که به علت اوضاع محیطی یا عملیاتی، خطرات عدیده ای را از نظر ایمنی به وجود می آورند یا تأثیر نامناسبی بر نحوه کار تجهیزات، وسایل و لوازم دارند. باید طبق مقررات مربوط به هر یک از آنها اجرا شود. این قبیل محیطها، برای مثال، عبارتند از: محوطه هایی در مراکز درمانی که در آنها از گازهای قابل انفجار استفاده می‌شود، محیط های با خطر آتش سوزی و یا انفجار، استخرهای شنا، محوطه های تأسیسات کشاورزی، محوطه های تأسیسات مربوط به کامپیوترها، محوطه های انواع تأسیسات دیگری که برای آنها مقررات مخصوص وجود دارد.

محیطهای نمناک — محیطهای مرطوب: محیطهای نمناک محیطهایی اند که در آن ها وجود نم، ژاله زایی یا آثار موارد شیمیایی و غیره ممکن است مانع کار صحیح وسائل اکتریکی شود. اینگونه محیطها برای نمونه عبارتند از: فضای تهیه علوفه، اصطبل، زیرزمین نمناک، آشپزخانه بزرگ (تجاری)، قصابی، نانوایی، سردخانه، دیگخانه، گلخانه، محیط باز (هوای آزاد) و نظایر آن. محیطهای مرطوب محیطهایی اند که در آنها علاوه بر وجود نم، دیوارها و کفها، برای نظافت، معمولاً با آب تحت فشار (آب شیلنگ) شسته می‌شود، اینگونه محیطها برای نمونه عبارتند از: رختشویخانه، کارگاه مرطوب، کارواش، حمام، اتوکشی، کارگاه یا کارخانه لبنیات و پنیربندی، قصابیهای بزرگ، دباغخانه، کارگاه و کارخانه شیمیایی، آبکاری فلزات کلیه مدارهای مربوط به موارد ذکر شده باید از منابع ایمنی تغذیه شوند.

مدار (مدار الکتریکی در تأسیسات): مجموعه ای از تجهیزات الکتریکی در یک تأسیسات است که از منبع واحد تغذیه نموده و به کمک وسائل حفاظتی واحدی در برابر اضافه جریانها حفاظت شده باشد.

مدارک مربوط به مقاومت فشاری متوسط: مجموعه مدارکی که نشان می دهند نسبت های پیشنهادی اختلاط، مقاومت فشاری متوسطی، حداّقل معادل مقاومت فشاری متوسط لازم را تأمین می کند می تواند مشتمل بر پرونده ای از آزمایش های مقاومت در شرایط کارگاهی یا چند پرونده از آزمایش های مقاومت یا مخلوهای آزمایشی آزمایشگاهی باشد. پرونده آزمایشهای مقاومت باید معرف مصالح و شرایط مورد انتظار در عمل باشد. تغییرات در مصالح و نسبتهای اختلاط نباید محدویتی بیشتر از حدود تعیین شده در طرح مورد نظر داشته باشد. به منظور تدوین مدارکی که نشان دهد مخلوط بتن مقاومت متوسط لازم را خواهد داشت،

می توان پرونده ای مشتمل بر حداقل ۱۰ آزمایش متوالی یا ۳۰ آزمایش متفرق را به کار برد مشروط بر آن این پرونده آزمایشهای انجام شده در مدت حداقل ۴۵ روز را در برگیرد. نسبتهای لازم برای اختلاط بتن را می توان براساس درونیابی خطی بین مقاومتها و نسبتهای اختلاط ذکر شده در حداقل ۲ پرونده آزمایش، مطابق سایر ضوابط این بند به دست آورد. در صورتی که در کارگاه پرونده های قابل قبول از نتایج آزمایشها موجود نباشد می توان نسبتهای اختلاط بتن را براساس مخلوطهای آزمایشی آزمایشگاهی و با مراعات شرایط زیر تعیین کرد:

الف) اختلاط مصالح باید همان باشد که در طرح مورد نظر به کار خواهد رفت.

ب) مخلوطهای آزمایشی آزمایشگاهی با نسبتهای اختلاطی و روانی لازم برای کار مورد نظر باید حداقل با سه نسبت مختلف به سیمان یا سه مقدار سیمان ساخته شوند، به طوری که محدوده ای از مقاومت های فشاری متوسط لازم را در بر گیرند.

پ) مخلوطهای آزمایشی آزمایشگاهی باید طوری طراحی شوند که اختلاف اسلامپ آنها با مقدار حداکثر مجاز اسلامپ در محدوده ۲ ± میلیمتر باشد و برای بتن حبابدار، اختلاف مقدار هوا با هوای حداکثر مجاز در محدوده ۰/۵ ± درصد باشد.

ت) برای هر نسبت آب به سیمان یا هر مقدار سیمان باید حداقل سه آزمونه ساخته و عمل آورده شوند. آزمونه ها باید در سن ۲۸ روزه یا هر سن دیگری که در طرح برای تعیین مقاومت مشخصه بتن مقرر شده آزمایش شوند.

ث) بعد از حصول نتایج آزمایشهای فشاری آزمونه ها باید نموداری رسم کرد که رابطه بین نسبت آب به سیمان یا مقدار سیمان با مقاومت فشاری در زمان آزمایش را نشان دهد.

ج) حداکثر نسبت آب به سیمان با حداقل سیمان برای تن مورد استفاده در طرح، باید نظیر قسمتی از نمودار باشد که براساس آن مقاومت فشاری متوسط لازم تأمین شود، مگر آن که مقداری کمتر برای نسبت آب به سیمان یا مقداری بیشتر برای عیار سیمان مورد نظر باشد.

آزمایش اسلامپ

مدارها (کابل کشی - سیم کشی): انتخاب نوع مدارها و مشخصات آنها باید با رعایت کلیه مقرراتی باشد که در استاندارد تأسیسات الکتریکی ساختمانها ذکر شده است، و به ویژه باید به موارد زیر توجه مخصوص شود: شدت جریان مصرفی و سطح مقطع، افت ولتاژ مجاز، اثر عوامل خارجی و شرایط محیط، نحوه نصب. اعمال ضرایب همزمانی فقط در مورد مدارهای تابلوها یا مدارهایی که غیر همزمانی دارند مجاز است. در مورد مدارهای نهایی (مانند روشنایی، پریز، موتور و غیره) نباید ضریب همزمانی اعمال شود، اینگونه مدارها با بار کامل در نظر گرفته می شوند. در انتخاب جریان مجاز هادیهای مدار باید به تأثیر مدارهای همجوار و شرایط نصب توجه و در صورت لزوم از ضریب تعدیل مناسبی استفاده شود. وسائل حفاظتی مدار باید با توجه به جریان مجاز تعدیل شده انتخاب شود. اگر به دلیل بالا بودن توان انتقالی استفاده از چند کابل مشابه به صورت موازی لازم باشد هادیهای مربوط به یک مدار، (فاز یا فازها + هادی خنثی + هادی حفاظتی در صورتی که مجزا باشند) باید کلاً در داخل یک غلاف یا پوشش قرار گیرند. در مورد کابلها این بدان معنی است که رشته های یک مدار باید فقط مربوط به یک کابل معین

باشند و در مورد سیم کشیها، رشته های مربوط به یک مدار در داخل یک لوله یا مجزا یا کانال سیم کشی (ترانکینگ) هدایت شوند. کلیه مدارها باید به نحوی در داخل مجاری ساختمانی (کانالها، رایزرها و غیره)، کانالهای مخصوص سیم کشی (مانند ترانکینگها و نظایر آن) یا لوله ها یا نگهدارهای مخصوص، مانند سینی کابل یا نردبان کابل و غیره، نصب یا هدایت شوند که بازدید، خارج کردن و نصب مجدد آنها در داخل مجاری و لوله ها و دیگر موقعیت های ذکر شده بدون ایجاد خرابی و کند و کاو، امکانپذیر باشد. برای تأمین شرط فوق لازم است در مراحل طراحی ساختمان کانالها، لوله ها، هندهول و منهولها و کانالهای قائم یا بالا رو (رایزرهای قابل بازدید یا با دسترسی) پیش بینی و احداث شود. در انتخاب سطح مقطع هادی خنثی در مدار های سه فاز، باید دقت کافی به عمل آید و در صورت لزوم سطح مقطع این هادی معادل هادیهای فاز انتخاب شود. به علل مختلف، مانند ضرایب قدرت مختلف بارهای یک فاز وصل شده، عدم امکان متعادل کردن بارها بین فازها و به خصوص وجود جریانهای هارمونیک در مدارهای تغذیه کننده لامپهای گازی مانند فلورسنت، ممکن است در بعضی موارد جریان درها دی خنثی معادل های فاز و یا حتی از آن بیشتر نیز باشد. استفاده از چاه (شافت) آسانسورها به عنوان کانال بالارو برای هر نوع مداری جز مدارها مجاز مربوط به خود آسانسور ممنوع است، مگر اینکه کانال عبور اینگونه مدارها با دیواری که حداقل ضخامت آن به اندازه عرض یک آجر (۱۰ سانتیمتر) یا معادل آن از بتن باشد از چاه (شافت) آسانسور، مجزا شده باشد. در هر حال استفاده از این دیوار بدون پیش بینی تکیه گاهها و بستر مناسب به عنوان حامل کابلها ممنوع است. چنانچه در طول یک مدار تغییر سطح مقطع داده شود، یا انشعابی با سطح مقطع کوچکتر از ان گرفته شود، در نقطه تغییر مقطع یا انشعابف باید وسیله حفاظتی مناسبی با مقطع کوچکتر پیش بینی شود، مگر آنکه:

الف) حداکثر طول مدار یا انشعاب با مقطع کوچکتر، ۳ متر باشد، یا

ب) وسیله حفاظتی در شروع مدار اصلی مناسب مدار یا انشعاب با مقطع کوچکتر باشد.

نصب کابلها بر روی دیوار یا سقف باید با استفاده از انواع بستهای مخصوص این کار، که از مواد عایق (پلاستیک) ساخته شده اند و دو عدد پیچ دارند، انجام شود. فاصله کابل از دیوار باید حداقل ۲ سانتیمتر باشد. فاصله کابلها از یکدیگر باید حداقل دو برابر قطر کابل باشد، (فاصله آزاد). اگر فاصله یاد شده از این مقدار کمتر باشد باید از ضرایب مناسبی برای کاهش ظرفیت کابلها استفاده شود. فاصله بستها یا بازوهای تکیه کابل در نصب افقی نباید از مقادیر زیر بیشتر باشد: کابلهای دارای نوعی روپوش فلزی، $35 \times D$ و کابلهای بدون روپوش فلزی، $20 \times D$. در مورد نصب کابلها صورت قائم، می توان به مقادیر افقی، ۵۰٪ اضافه کرد. چنانچه کابلها در چند لایه بر روی بازوها یا سینی کابل نصب شوند، علاوه بر حفظ فواصل آنها نسبت به هم، لازم است فاصله بین لایه ها نیز حداقل ۲۰ سانتیمتر است. کابلها باید در برابر تابش مستقیم آفتاب دارای نوعی حفاظ باشند. کابلها دفن شده در خاک باید از انواع مجاز برای این کار باشند و علاوه بر رعایت شرایط ذکر شده برای مدارها و کابلها، لازم است شرایط زیر نیز درباره آنها رعایت شود: عمق دفن کابلهای فشار ضعیف باید بین ۰/۷ تا ۱ متر باشد. عمق دفن کابلهای فشاری متوسط باید حداقل ۰/۳ متر بیشتر از کابلهای فشار ضعیف باشد. چنانچه کابلها به موازات هم کشیده شوند، کابلهای فشاری متوسط نباید مستقیماً در زیر کابلهای فشار ضعیف قرار گیرند. کابلها باید در داخل ماسه نرم خوابانده شوند، به نحوی که حداقل ۱۰ سانتیمتر ماسه اطراف کابل را احاطه کند. برای حفاظت کابل در برابر عوامل مکانیکی باید لایه ای آجر کنار هم روی ماسه چیده شود. طول آجر عمود بر محور کابل خواهد بود. چنانچه کابل به موازات هم کشیده شوند، ضمن رعایت فواصل مجاز، کل سطح کابلها باید از آخر پوشیده شده و در مورد کابلهای بیرونی، حداقل نصف طول آجر از مرکز کابل به سمت خارج قرار گیرد. به جای آجر می توان از دال بتنی مناسب یا مصالح دیگری که تصویب شده باشد، استفاده کرد. جابجا کردن، بازکردن، کشیدن یا نصب کابل در هوای آزاد، نباید در دمای کمتر از ۳+ درجه سانتی گراد انجام شود، مگر آنکه کابل، قبلاً حداقل به مدت ۷۲ ساعت در فضایی بسته (انبار) که دمای آن از ۲۰+ درجه سانتی گراد کمتر نبوده است انبار شده باشد و عملیات کابل کشی نیز ظرف مدت ۸ ساعت خاتمه یابد. جابجایی قرقره کابل پیچیده بر روی آن در دماهای کم مجاز است. کلیه وسائل انتهایی و اتصالی کابلها (سر کابلها، چند راهه ها و مفصلها و غیره) باید مناسب نوع کابل و توصیه سازنده آن باشد و کلیه دستورالعملهای سازنده اینگونه وسیله ها نیز باید در موقع نصب مراعات شود. در مورد کابلهای زره دار یا دارای نوعی پوشش فلزی باید نسبت به وجود پیوستگی الکتریکی پوشش فلزی در محلهای اتصال و انشعاب اطمینان حاصل شود. اتصال الکتریکی کابلها به وسائل و دستگاهها یا شینه ها باید با

وسائل مناسب نوع کابل انجام شود. در مورد کابلهای فشار ضعیف با توجه به سطح مقطع آنها باید از ترمینالهای پیچی یا کابلشو استفاده شود. کابلشوها باید از انواعی باشند که یا حداقل دو عدد پیچ داشته باشند و یا اتصال آنها به کمک پرس مناسب انجام شود. استفاده از کابلشوهائی که اتصال آنها به کمک لحیم (قلع و سرب) انجام می‌شود به طور کلی ممنوع است. چنانچه کابل از زیر جاده ها، محوطه های مفروش به هر نحو و یا از زیر سنگچینها عبور کند، باید در زیر سطح مفروش یا جاده برای کل طول هر کابل یک لوله محافظ از جنس پلاستیک صلب فشار قوی، از بست سیمان، سیمان یا فولاد پیش بینی شود. نسبت قطر لوله به قطر کابل نباید از حدود ۱/۳ کمتر باشد. در محلهای خروج کابل از داخل لوله، باید برای حفاظت کابل در برابر ساییدگی ناشی از تماس با لبه لوله نوعی با لشتک در نظر گرفت. کلیه سیم کشیهای داخلی ساختمانها، اعم از روکار و توکار، باید در داخل لوله های مخصوص سیم کشی یا مجاری مخصوص این کار (ترانکینگها) انجام شود و برای اجرای انشعابات، خمها، زانوها، سه و چهار راهه ها و غیره باید از وسائل و متعلقات استاندارد و مخصوص هر لوله یا مجرا استفاده شود. جعبه های زیر کلید و پریز و دیگر متعلقات مشابه در سیم کشی های توکار باید نوع لوله کشی و کلید و پریزهای مورد استفاده همگونی داشته باشد. لوله های قابل استفاده در سیم کشیهای روکار و توکار در جدول ۵ دسته بندی شده اند. اندازه لوله ها با توجه به قطر داخلی آنها باید با احتساب تعداد سیمها و قطر آنها و طول لوله و تعداد خمهای موجود در آن، به نحوی انتخاب شود که انجام سیم کشی بدون مصرف نیروی بیش از حد امکانپذیر باشد و در عایق بندی سیمها ساییدگی یا پارگی ایجاد نشود. برای تأمین این شرایط لازم است نسبت قطر داخلی لوله به قطر دسته سیمها — و یا قطر کابل چند رشته ای — حداقل برابر ۱/۳ باشد. لوله ها باید در هنگام نصب خالی باشند و سیمها یا کابل پس از تکمیل و پایان لوله کشی به داخل آنها هدایت شوند. مدارهایی که در زیر کفها قرار می گیرند باید فقط با استفاده از لوله های فولادی یا پلاستیکی صلب اجرا شوند. بستهای لوله های روکار باید دوپیچه و از انواعی باشند که لوله با دیوار یا سقفت تماس پیدا نکند و حداقل ۶ میلیمتر با آنها فاصله داشته باشد. در طول هر قسمت از لوله کشی که بین دو جعبه تقسیم یا وسیله ای مشابه قرار دارد نباید بیش از چهار خم ۹۰ درجه (جمعاً ۳۶۰ درجه) وجود داشته باشد. در محل ورود لوله به جعبه تقسیم یا تابلو یا دستگاهی مشابه باید از بوشینگ مناسب با لوله استفاده شود تا از زخمی شدن سیم یا کابل جلوگیری شود. استفاده از لوله بر در لوله کشیها ممنوع است. لوله های باید اره بریده و لبه های تیز محل برش نیز صاف شوند. تغییر نوع لوله (برای مثال فولادی به پلاستیکی) بدون تعبیه نوعی جعبه در محل تغییر ممنوع است. استفاده از انواع دیگر سیم کشی، مانند کابلهای مخصوص سیم کشی یا کابلهای با عایقبندی معدنی، به شرط رعایت کلیه مقررات مربوط به کابل کشیها و استفاده از لوازم و تجهیزات مخصوص مربوط مجاز خواهد بود. مجاری سیم کشی (ترانکینگها) اعم از فلزی یا پلاستیکی، توکار یا روکار، باید مجهز به جعبه تقسیمها، جعبه انشعابها، قطعات اتصالی و انتهایی و انواع زانوها (داخلی و خارجی) و سه راهها و چهارراهه های مناسب و مخصوص به خود باشند. مجاری سیم کشی که از داخل آن علاوه بر سیم کشیهای مربوط به قدرت، سیم کشیهای تأسیسات فشار ضعیف نیز عبور می کنند، باید حداقل به یک دیواره جدا کننده دو نوع سیم کشی مجهز باشد و این جدایی باید در سراسر مجرا و جعبه تقسیمها و جعبه انشعابها و غیره برقرار باقی بماند. مجاری فلزی باید به پیچهای مخصوص پیوستگی الکتریکی بدنه مجهز باشند و در سراسر سیستم مجرا، بدنه ها بطور کامل به یکدیگر متصل و همگی به هادی حفاظتی تابلوی مربوط وصل شوند. اتصال لوله کشی به دستگاههای دارای لرزش (مانند موتور) باید به کمک لوله های فولادی قابل انعطاف با بوشهای مناسب، که حداقل طول آنها ۲۰ سانتیمتر باشد، انجام شود. سیمهای استفاده شده در سیم کشیهای باید تا مقطع ۱۰ میلیمتر مربع از نوع تک مفتولی با عایقبندی پی. وی. سی باشند، و از این مقطع به بالا سیمها می توانند چند مفتولی باشند. جنس هادی سیمها مس خواهد بود. استفاده از سیمهای افشان در مواردی که انجام بعضی از قسمتهای سیم کشی به طور استثنائی مشکل باشد، مجاز خواهد بود. در صورت استفاده از سیمهای افشان، طبق یادآوری ۱، سرسیمها باید با لحیم کاری یکپارچه و پس از آن با استفاده از ترمینال به هم متصل شوند. سیمهای کشیده شده در لوله ها یا مجاری باید از هر نظر سالم و بدون هیچگونه شکستگی و پیچیدگی باشد و بین دو جعبه تقسیم یا در محلهای دسترسی به سر سیمها باید به صورت یکپارچه باشد. اتصالات و انشعابات باید با استفاده از ترمینالهای پیچی انجام شود. استفاده از ترمینالهای نوع دیگر، که ضمن انجام اتصال و تضمین تداوم الکتریکی، عایق بندی لازم را نیز تأمین کنند مجاز است. پیچیدن سیمها به دور هم برای ایجاد اتصال الکتریکی و عایق بندی محل اتصال با نوار چسب الکتریکی ممنوع است. برای هر محل انشعاب یا محلهای اتصال سیم کشی به وسائل مصرف کننده با کنترل کننده

مدار، نظیر چراغ، پریز، کلید، دستگاه یا وسیله و غیره، باید از نوعی جعبه یا وسیله انتهایی مانند آن استفاده شود. استفاده از سر چیق و نظایر آن ممنوع است. انجام سیم کشیهای نوع روکار با استفاده از سیمهای چندلا (مانند بندهای پلاستیکی) و بستهای میخی یا میخ معمولی، اکیداً ممنوع است. انجام سیم کشی های نوع روکار با استفاده از سیمهای به هم پیچیده (با روکش نخی روی هر رشته سیم، علاوه بر عایقبندی اصلی) و مقره های چینی کوچک (قرقره)، به شرط آنکه در هر مورد از مقام مجری این مقررات کسب اجازه شود، مجاز خواهد بود. این نوع سیم کشی را تنها در محیطهای خشک، با استفاده از کلیدها و پریزها و جعبه تقسیمهای روکار بر روی پایه های عایق (زیر کلید و پریز و جعبه) از جنس ضد جذب رطوبت، می‌توان به کاربرد. در هر حال، کلیه مقررات ایمنی در این مرود نیز معتبر خواهد بود، مانند استفاده از هادی حفاظتی، استفاده از پریزهای دارای اتصال به زمین و وصل کلیه بدنه های هادی به هادی حفاظتی و غیره. از سیمها و کابلهای مخصوص «زیرگچی» فقط در مواردی می توان استفاده کرد که طول انشعاب از محل سیم کشی ثابت تا محل مصرف کننده (مانند چراغ) بیش از ۱/۵ متر نباشد. در سایر موارد استفاده از این نوع سیم کشیها و کابل کشیها در تأسیسات اکیداً ممنوع خواهد بود.

مدارهای نهایی: در اعمال ضریب همزمانی در مورد مدارهای نهایی، روشهای زیر مورد نظر است: در مورد یک مدار نهایی که چند وسیله ثابت مجهز به وسائل کنترل مجزا را تغذیه می کند، می توان جریان اسمی را معادل جمع حداکثر تقاضای تجهیزات مختلفی که امکان استفاده همزمان.آنها وجود دارد انتخاب کرد. این عمل در مورد مدارهای نهایی مربوط به پریزهایی که تعدادی وسائل مشخص را تغذیه خواهند کرد نیز صادق است. در مورد یک مدار نهایی تغذیه کننده تعدادی پریز، که وسائل نامعلوم اند استفاده کننده از آن، نظر تعداد نوع، می توان جریان مصرفی را براساس آن گروه از نامناسب ترین وسائل وصل شده در محوطه سرویس مدار (با در نظر گرفتن نوع محل)، که ممکن است به طور همزمان مورد استفاده قرار گیرند، برآورد کرد و یا آن را با استفاده از مقررات محلی، که مقدار مصرف را برحسب واحد سطح زیربنا (با توجه به نوع محل) تعیین می کنند، تخمین زد. در مواردی که ممکن است از پریزها به منظور تغذیه وسائل گرمایشی استفاده شود، باید تقاضای جریان، معادل حداکثر مقدار گرمای لازم برای تأمین گرمایش زیر بنای مورد نظر، با احتساب هر نوع وسیله گرمایشی موجود دیگر، انتخاب شود. در مورد مدارهای نهایی تغذیه کننده اجاق آشپزی در یک آپارتمان یا منزل تک خانواری، جریان مصرفی مدار را می توان معادل ۸۰٪ مصرف کل اجاق، در حالی که این مقدار بیش از ۳/۵ کیلووات است انتخاب کرد و مورد اجاقهایی با مصرف کل بیش از ۶ کیلووات، جریان مصرفی مدار را می توان معادل ۵٪ مصرف کل آن گرفت.

مدارهای هر یک از سیستمهای جریان ضعیف: مدارهای هر یک از سیستمهای جریان ضعیف باید به طوری مستقل کشیده شود جز در مواردی که مجاز اعلام می‌شود و نباید با مدارهای سیستمهای دیگر، به خصوص با مدارهای قدرت (روشنایی، پریز، موتور و غیره) یکجا کشیده شود. مقصود این است که نباید از رشته های مختلف یک کابل یا هادیهای کشیده شده در یک لوله، برای سیستمهای مختلف یا مدارهای قدرت استفاده شود. در مواردی زیر می توان از کشیدن مدارهای سیستمهای ذکر شده به صورت یکجا استفاده کرد، مشروط به اینکه ولتاژ هیچ یک از هادیها از ولتاژ اسمی عایقبندی هادیهای جریان ضعیف مورد استفاده تجاوز نکند:تلفن، تلکس، نمابر و نظایر آن، زنگ اخبار، احضار، دربازکن، خطوط ارتباطی سیستم اعلام جریان با مرکز آتش نشانی یا مرکز اصلی (در صورت وجود). کلیه مقررات عمومی مربوط به مدارها و لوازم قدرت در مورد مدارهای تأسیسات جریان ضعیف نیز نافذند. کابلهای مربوط به هر سیستم باید از نظر قطر و سطح مقطع و ساختمان آن برای سیستم مورد نظر مناسب باشد. دفن کابلهای جریان ضعیف در زمین به شرطی مجاز خواهد بود که ساختمان کابل برای این کار مناسب باشد. چنانچه کابلهای سیستمهای جریان ضعیف در یک کانال در زیر زمین یا در یک مجرای بنایی و نظایر آن همراه با کابلهای قدرت کشیده شوند، باید نوعی حصار بنایی (آجر، دیوار آجری، دال یا کاشی) آنها را از هم جدا کند. در همه ساختمانها می توان علاوه بر سیستمهای الزامی از هر سیستم استاندارد شده دیگری نیز استفاده کرد.

مدت زمان مقاومت در برابر حریق: حداقل زمان لازم تخلیه افراد و اشیاء هم (مدت زمان مقاومت) بسته به عوامل زیر بین ۳۰ دقیقه تا ۲۴۰ دقیقه انتخاب می شود: مشخّصات هندسی ساختمان (تعداد طبقات و وسعت هر طبقه) ،میزان جمعیت ساکن در بنا، نوع مصالح اجزای سازه ای و غیر سازه ای ، فاصله ساختمان از بناهای مجاور، مشخّصات تأسیسات مکانیکی و برق و سیستمهای اعلام و اطفای حریق. مدت زمان مقاومت در برابر حریق نباید از مقادیر زیر کمتر در نظر گرفته شود: در ساختمان های خصوصی

۲ تا ۵ طبقه: ۶۰ دقیقه ، در ساختمان های خصوصی ۶ تا ۱۰ طبقه: ۹۰ دقیقه، در ساختمان های خصوصی ۱۱ تا ۲۰ طبقه و با جمعیت کمتر از ۳۰۰ نفر: ۱۲۰ دقیقه ، در ساختمان های عمومی یا ساختمان های خصوصی با جمعیت بیش از ۳۰۰ نفر: ۱۵۰ دقیقه

ملت عمل آوردن: این مدت زمان به نوع سیمان، شرایط محیطی و دمای بتن بستگی دارد و طی آن، دمای هیچ قسمت از سطح بتن نباید از ۵ در جه سلسیوس کمتر باشد.

مراحل طراحی شبکه لوله کشی گاز: در طراحی شبکه لوله کشی گاز باید اطلاعات و مدارک زیر تهیه شود:

الف) نقشه لوله کشی گاز در پلان محوطه و طبقاتی که در آنها لوله گاز کشیده خواهد شد، (اعم از زیرزمین، همکف یا طبقات بالاتر) به اضافه محل قرار گیری دودکش ها با ذکر مشخصات آن (ارتفاع، قطر، جنس و نوع)،

ب) نقشه ایزومتریک با ذکر طول و قطر لوله ها بر روی آن،

پ) زیربنا یا فضای مفید ساختمان به متر مربع و مقدار مصرف گاز هر یک از وسایل گازسوزی که به این سیستم لوله کشی متصل می‌شود و یا در آینده متصل خواهد شد بر حسب متر مکعب گاز یا کیلوکالری در ساعت،

ت) کروکی محل ملک مورد تقاضا، که باید در زیر برگ تقاضا با ذکر نشانی های لازم ترسیم شود،

ث) مقیاس نقشه ها نباید از ۱۰۰: ۱ کوچکتر باشد.

مراحل کنترل کیفیت: مراحلی از کار است که در پایان این مراحل برای ورود به مرحله بعدی تایید به مرحله قبل توسط اشخاص یا موسسات مسئول کنترل کیفیت ضروری است. این مراحل شامل مراحلی مانند تهیه مواد، برش، مونتاژ، جوش، تمیزکاری، رنگ و نصب وغیره می باشد. کم یا زیاد کردن تعداد این مراحل بنا به نظر دستگاههای فوق الذکر مقدور است.

مراقبت و نگهداری از سیلندرهای گاز تحت فشار: شیر سیلندرها باید با دست و بدون استفاده از چکش و آچار باز شود و در صورت لزوم از آچارهای مخصوص استفاده شود. سیلندرهایی که مورد استفاده نباشد، باید طوری در فضای آزاد خارج از بنا قرار داده شوند که از تابش مستقیم نور خورشید یا درجه حرارت بالا و نیز وارد آمدن ضربه، محافظت شوند. سیلندرها نباید از هیچ ارتفاعی به پایین پرتاپ شوند. در ضمن برای بالا بردن و پایین آوردن آنها، لازم است از کلافهای مخصوص استفاده شود. سیلندرها باید از محل جوشکاری و برش فاصله کافی داشته باشند به طوری که جرقه، براده یا شعله به آنها نرسد. به منظور پیشگیری از خطر انفجار سیلندرهای گاز اکسیژن، باید از آلودگی شیرآلات و اتصالات آن به روغن و گیرس خوداری شود. سیلندر های مورد استفاده در حین جوشکاری یا برش و همچنین سیلندرهای خالی باید به طور قائم نگه داشته و مهار شوند و شیر آنها حتماً بسته باشد. سیلندرهای اکسیژن به جز در هنگام جوشکاری یا برش حرارتی، باید جدا از سیلندرهای دیگر نگهداری شوند. چنانچه سیلندرها دارای نشت گاز باشند، باید بلافاصله از محل کار دور و در فضای باز و کاملاً دور از شعله یا جرقه یا منابع حرارت زا، به آهستگی و به تدریج تخلیه شوند. همچنین باید از بکار بردن سیلندری که شیر آن نسبت به بدنه تغییر و ضعیت داشته باشد، خودداری شود. کلاهک سیلندرها جز در هنگام استفاده باید بر روی شیر سیلندر قرار داشته باشد. شیلنگ های گاز باید سالم و بدون ترک باشند و همواره جهت اتصال شیلنگ به سیلندرها از بست استاندارد استفاده شده و از بکار گیری سیم به جای بست خوداری گردد. در صورتی که نیاز به گرم کردن شیر سیلندر استیلن باشد، این کار باید به وسیله آب گرم انجام شود و هرگز نباید از شعله مستقیم استفاده گردد.

مرکز اختصاصی تلفن: در ساختمانهایی که مراکز اختصاصی تلفن دارند، لازم است اتاق مرکز و در صورت نیاز اتاقهای سایر تجهیزات مربوط به سیستم تلفن در محلی مناسب، از نظر ارتباط با شبکه تلفن شهری و مدارهای داخلی ساختمان، پیش بینی شود و از آن جز برای نصب تجهیزات مربوط به تلفن، و در صورت داشتن فضای کافی برای دیگر تجهیزات جریان ضعیف، برای هیچ منظور دیگری استفاده نشود. ابعاد اتاق و راهروهای اطراف کابینت ها و میزهای مربوط باید برای انجام کلیه عملیات سرویس و تعمیرات کافی باشد. در ساختمانهای فاقد مرکز تلفن اختصاصی، محل جعبه تقسیم ترمینال اصلی که خطوط ورودی به آن وصل می‌شود باید به نحوی انتخاب شود که انجام ارتباط بین این جعبه و خطوط شبکه شهری و جعبه های تقسیم طبقات به سهولت انجام شود. جعبه تقسیمهای ترمینال طبقات یا مناطق توزیع باید با توجه به توسعه های بعدی پیش بینی شوند و برای اتصالات اضافی محل کافی داشته، به ترمینال زمین مجهز باشند. ارتباط بین جعبه تقسیمهای ترمینال طبقات و جعبه تقسیمهای نیمه اصلی

یا جعبه تقسیم مرکز تلفن باید با کابل حفاظت شده در لوله ها یا مجاری کابل، انجام شود. کابلهای مورد استفاده در سیستمهای تلفن باید نوعی پرده فلزی (فویل، زره یا نظایر آن) داشته، شامل یک رشته هادی مخصوص اتصال زمین باشد. اتصالات بین جعبه تقسیمهای ترمینال و محل دستگاه تلفن (پریز تلفن) باید مشتمل بر سه رشته هادی (شامل زمین) باشد. در ساختمانهای فاقد مرکز تلفن و اگر از نظر مقررات شرکت مخابرات بلامانع باشد، می توان به دو رشته هادی اکتفا کرد. اتصال به دستگاه تلفن می تواند به یکی از دو روش زیر انجام شود: در محل جعبه سیم کشی تلفن، جعبه انتهایی تلفن (که معمولاً به انتهای کابل دستگاه وصل است)، به صورت ثابت نصب شود، یا در محل جعبه سیم کشی تلفن، پریز محصول تلفن (با حداقل سه کنتاکت) نصب و اتصال تلفن به آن از طریق سه یا چند شاخه مناسب انجام شود. در ساختمانهای فاقد مرکز تلفن خصوصی در صورت وجود شرایط فوق می توان از پریز دوکنتاکته استفاده کرد. پریزهای دو، سه یا چند کنتاکته تلفن باید مخصوص این سیستم باشد، به گونه ای که وصل اشتباهی دو شاخه های برق به آنها دو، سه یا چند شاخه های تلفن به پریزهای برق امکانپذیر نباشد. هادیهای اتصال زمین سیمها و کابهای تلفن باید از طریق یک هادی حفاظتی، ترمینال زمین جعبه اصلی تلفن یا مرکز تلفن را به الکترود زمین ساختمان متصل کنند. کلیه مقررات عمومی برای سیم کشیها باید در مورد سیستمهای زنگ اخبار، احضار، ارتباط صوتی با در ورودی (بازکن) نیز مراعات شود. انتخاب نوع، قطر یا سطح مقطع و تعداد هادیهای هر سیستم باید با توجه به توصیه های سازنده سیستم انجام شود. ترانسفورماتورهای تأمین نیروی مورد نیاز در این سیستمهای باید از نوع ایمن، با سیم پیچیهای مجزای اولیه و ثانویه باشد. استفاده از اتوترانسفورماتور یا تقلیل دهنده های ولتاژ الکترونیکی ممنوع است. راکز سیستم اعلام حریق باید از نوع تحت مراقبت دائم باشد، به گونه ای که عمل یکی از دتکتورها سبب برهم خوردن تعادل مدار و در نتیجه اعلام حریق در آن مدار شود. قطعی یا بروز اتصالی در هر مدار باید به نحوی مطلوب ثبت و اعلام شود. بروز خرابی، از هر نوع، در یک مدار (وزن) نباید سبب از کار افتادن سایر مدارهای یا کل سیستم شود. هر مرکز باید با وسایل تأمین نیروی ایمنی مخصوص به خود (باطری) با کلیه لوازم و متعلقات مربوط، مانند دستگاه شارژ کننده و غیره، مجهز باشد تا سیستم در همه احوال آماده به کار باشد. مرکز سیستم اعلام حریق باید در محلی که خارج از دسترس عموم است نصب شود و به طور شبانه روزی تحت مراقبت افراد کار آزموده باشد. کلیه مدارهای سیستم اعلام حریق باید مستقل از سایر سیستمها کشیده شود و فقط در مواردی که بین مرکز اعلام حریق و ایستگاه آتش نشانی ارتباط وجود دارد، می توان از مدارهای سیستم تلفن برای این منظور استفاده کرد. کلیه مقررات شرکت تلفن در این مورد باید رعایت شود. در ساختمانهایی که به سیستم اعلام حریق مجهز می شوند، علاوه بر محلهای نصب انواع دتکتورها بر حسب ضرورت، در محلهای زیر نیز باید دتکتور مناسب (دودی یا حرارتی) نصب شود:

الف) اتاقهای ترانسفروماتور، اتاقهای تابلوها (اتاقهای برق)،

ب) اتاقهای مربوط به تأسیسات مکانیکی،

ج) موتورخانه آسانسور و چاه آسانسور

د) کریدورها و راه پله ها،

ه) اتاق مرکز تلفن و سیستمهای جریان ضعیف. وسائل صوتی اعلام حریق (آژیر، بوق، زنگ و نظایر آن) باید از انواعی باشند و نیز محل نصب آنها در فضاهای عمومی ساختمان باید به نحوی انتخاب شود که هنگام بروز حریق، صدای آنها به سهولت در دورترین نقاط ساختمان قابل شنیدن باشد.

دستگاههای مرکز تقویت و پخش سیستم پیام رسانی باید از نوع با ولتاژ زیاد (۵۰-۷۰-۱۰۰-۱۴۰ ولت) یا امپدانس زیاد باشد. قدرت اسمی سینوسی سیستم باید حداقل معادل جمع قدرتهای بلندگوها، با احتساب نسبت تبدیل ترانسفورماتورهای تطبیق آنها، باشد. هر مدار خروجی باید مجهز به وسیله حفاظت مخصوص به خود باشد، به نحوی که خرابی در یک مدار سبب از کار افتادگی کل سیستم نشود. انجام کلیه اتصالات باید با به کارگیری اتصالهای مخصوص برای هر مورد (فیش، ادیو، دین و غیره) انجام شود. هادیهای مدارهای میکروفن باید مخصوص این کار (مجهز به پرده یا رزه و نظایر آن) باشد و همراه با هیچ مدار دیگری، مانند مدار بلندگو، به داخل یک لوله هدایت نشود. مدارهای تغذیه کننده بلندگوها باید مستقل از سیستمهای دیگر، به داخل لوله های فولادی هدایت شوند، مگر آنکه هادیهای دارای پرده فلزی زمین شده باشند که در این صورت استفاده از لوله پلاستیکی مجاز خواهد بود. کلیه اتصالات مربوط به ترانسفورماتورهای تطبیق بلندگوها باید با لحیم کاری یا با استفاده از لحیم کاری و اتصالهای

مخصوص اجرا شود. استفاده از اتصالات پیچی، جز در مواردی که اجزای سیستم مجهز به اینگونه اتصالیهای باشند، ممنوع است. در ساختمانهایی که به سیستم پیام رسانی مجهز می شوند، علاوه بر محلهای نصب انواع بلندگو بر حسب ضرورت، در محلهای زیر نیز باید بلندگو نصب شود:

الف) کابین آسانسور،

ب) سرسرای انتظار آسانسور،

ج) راهروها و راه پله ها.

مرکز تقویت و تغییر فرکانس سیستم آنتن مرکزی باید کلیه کانالهای موجود در منطقه نصب را شامل شود و حداقل قدرت تقویت آن معادل حداکثر افت در کل سیستم توزیع شبکه محلی باشد. کلیه لوازم و وسائل به کار رفته در سیستم آنتن مرکزی باید از انواع مخصوص این کار باشد و از وسائل متفرقه و نامربوط در آن استفاده نشود. کابلهای سیستم توزیع آنتن باید از نوع هر محور با امپدانس مشخصه ۷۵ اهم باشد و سطح مقطع آن با توجه به مشخصات سیستم و افت آن انتخاب شود. مدارهای سیستم آنتن مرکزی باید به صورت مستقل از دیگر سیستمها، در لوله های مخصوص آن هدایت شوند. سیستمهای چند رسانه ای، شبکه های رایانه ای، سیستمهای حفاظتی و دزدگیر، تلویزیون مدار بسته، ساعت مرکزی، کنترل و ابزار دقیق و سیستمهای BMS (سیستم مدیریت ساختمان) علاوه بر رعایت کلیه مقررات ذکر شده برای انجام سیم کشی و کابل کشیها، در مورد هر یک از سیستمهای مورد استفاده باید همه خواستهای سازنده سیستم مراعات شود. مدارهای هر سیستم باید مستقل از مدارهای سیستمهای دیگر، از هر نوع که باشند، کشیده شوند.

مرکز سختی: مراکز سختی (صلبیت) در یک سازه چند طبقه (با فرض رفتار الاستیک خطی) نقاطی در کف طبقات اند که وقتی بر آیند نیروهای جانبی زلزله در آن نقاط وارد شوند، چرخشی در هیچ یک از طبقات سازه اتفاق نیافتد.

مرمریت ها: ← دسته بندی بلوک سنگهای طبیعی

مس: مس فلزی است سرخ رنگ، جلاپذیر و نرم. قابلیت چکش خواری آن خوب بوده و به آسانی شکل می گیرد. در حالت سرد به آسانی تا می شود، اما نمی شکند. مس را می توان جوش داد و به آسانی لحیم کرد. پس از آهن و آلومینیم پرمصرف ترین فلز صنعتی است. از مس و آلیاژهای آن که انواع برنج و مفرغ است در آب بندی و درزبندی و کارهای تزئیناتی و ساختن قطعات شیرآلات و یراق آلات و لوله سازی استفاده می شود. از ورقها و تسمه های مسی برای پوشاندن بام و آب بندی کردن و همچنین به عنوان درزپوش استفاده می شود. از لوله های مسی نیز برای انتقال آب و بخار آب استفاده می شود. همچنین لوله مارپیچ آب گرم کن را از مس می سازند. مس برای گرم رسانی و برق رسانی از توانایی بسیار خوبی برخوردار است.

مسدود نکردن روزنه ها: تابلوها و علائم تصویری نباید مانع عبور هوا و نور به داخل بنا شوند. تابلوهایی که در ۱/۵ متری دیوار خارجی بناهای دارای بازشو ساخته میشوند، باید از جنس مواد نسوز و یا پلاستیک های تأیید شده باشد.

مسدود یا محدود نمودن پیاده روها: مسدود یا محدود نمودن پیاده روها و سایر معابر و فضاهای عمومی، برای انبار کردن مصالح یا انجام عملیات ساختمانی با رعایت آئین نامه و موارد زیر امکان پذیر می باشد: وسایل، تجهیزات و مصالح ساختمانی باید در جایی قرار داده شوند که حوادثی برای عابران، خودورها، تأسیسات عمومی، ساختمان ها، ابنیه و درختان مجاور به وجود نیاورند. مصالح و وسایل فوق شب ها نیز باید به وسیله علائم درخشان و چراغ های قرمز احتیاط مشخص شوند. در مواردی که نیاز به تخلیه مصالح ساختمانی در معابر عمومی یا مجاور آن باشد، باید مراقبت کافی به منظور جلوگیری از لغزش، فرو ریختن یا ریزش احتمالی آنها به عمل آید. در مواردی که پایه های داربست در معابر عمومی قرار گیرد، باید با استفاده از وسایل مؤثر از جابه جا شدن و حرکت پایه های آن جلوگیری شود. هنگامی که بر اثر انجام عملیات ساختمانی خطری متوجه رفت و آمد عابران و یا خودروها باشد، باید با رعایت مفاد آئین نامه و با کسب نظر از مراجع ذیربط یک یا چند مورد از موارد زیر به کار گرفته شود:

الف) گماردن یک یا چند نگهبان با پرچم اعلام خطر در فاصله مناسب

ب) قرار دادن نرده های حفاظتی متحرک در فاصله مناسب از محوطه خطر و نصب چراغ های چشمک زدن یا سایر علائم هشدار دهنده

ج) نصب علائم آگاهی دهند و وسایل کنترل مسیر در فاصله مناسب

د) روشنایی محوطه خطر در تمام طول شب.

مسیر دسترسی به خروج: طول مسیر دسترسی به خروجها باید در روی کف و در طول محور مرکزی راه عبور معمول و از فاصله ۳۰ سانتیمتر مانده به دورترین نقطه هر فضا تا وسط در "خروج" و در مورد پله های واقع در مسیر، طول خط شیبی که دماغه پله ها را به هم وصل می کند، اندازه گیری شود. تمام راهروهایی که بعنوان دسترس خروج برای تخلیه افرادی با تعداد بیش از ۳۰ نفر در نظر گرفته شوند، باید توسط ساختاری با حداقل ۱ ساعت مقاوم حریق از دیگر بخشهای بنا مجزا شده و درهایی که به آنها باز می شوند دارای زمان دست کم ۲۰ دقیقه محافظت حریق باشند. طرح و نصب این درها باید به گونه ای انجام گیرد که احتمال نشت دود از آنها به حداقل ممکن کاهش یابد.

مسیر لوله های پلیمری: لوله های پلیمری ممکن است در اجزای ساختمان (کف، دیوار) دفن شوند، دفن این لوله ها باید طبق دستور کارخانه سازنده باشد. در نصب و دفن این لوله ها باید امکان انقباض و انبساط لوله پیش بینی شود. اندازه لوله هایی که به لوازم بهداشتی آب می رسانند. لوله ای که به هر دستشویی، فلاش تانک یا سینک آب می رساند باید تا نزدیک به نقطه اتصال به دستگاه، و تا دیوار یا کف نزدیک به آن ادامه یابد ولی نباید به آن متصل شود. فاصله انتهای این لوله تا نقطه اتصال نباید بیش از ۷۵ سانتی متر باشد. اتصال بین انتهای این لوله و شیر برداشت آب هر یک از لوازم بهداشتی باید توسط یک لوله قابل انحناء با قطر کمتر از نوع مورد تأیید صورت گیرد. اندازه گیری لوله ها باید طوری باشد که سرعت زیاد آب در لوله ها موجب ایجاد سرو صدای مزاحم یا سبب خوردگی و کاهش عمر لوله و دیگر اجزای لوله کشی نشود.

مسیر لوله های فلزی: لوله کشی باید در مسیرهای اجرا شود که همه جا در اطراف لوله ها و دیگر اجزای لوله کشی فضای لازم برای تعمیر، تعویض و کار با ابزار عادی وجود داشته باشد. لوله ها قائم ممکن است روکار باشند یا در داخل شفت قرار گیرند، به شرط آنکه دسترسی و تعمیر آنها آسان باشد. لوله های افقی ممکن است روکار باشند، در داخل سقف کاذب، در داخل کانال آدم رو، خزیده رو یا در داخل ترنچ قرار گیرند. در هر حالت دسترسی و تعمیر باید آسان باشد. لوله و دیگر اجزای لوله کشی فولادی گالوانیزه یا مسی نباید در دیوار یا کف دفن شود، مگر در شرایط زیر: در صورتی که قسمتی از لوله ناگزیر باید در داخل اجزای ساختمان یا زیر کف دفن شود، باید ضرورت آن مورد تأیید قرار گیرد. در صورت دفن قسمتی از لوله باید حفاظت های لازم برای جلوگیری از خوردگی و یخ زدن به عمل آید و امکان انقباض و انبساط لوله ها فراهم شود. محل اتصال لوله به لوله، به فیتینگ یا فیتینگ به فیتینگ در لوله کشی فولادی گالوانیزه یا لوله کشی مسی مطلقاً نباید در اجزای ساختمان یا زیر کف دفن شود. هیچ یک از شیرها مطلقاً نباید در اجزای ساختمان یا زیر کف دفن شود. لوله کشی باید در مسیرهایی انجام شود که در معرض آسیب نباشد، مواد زاید در آن ته نشین نشود، قابل توجه تخلیه باشد و به اجزای ساختمان آسیب وارد نکند. عبور لوله از دیوار، سقف یا کف باید از داخل غلاف صورت گیرد. لوله کشی فولادی گالوانیزه یا مسی در محوطه یا حیاط ساختمان (یا ملک) باید در داخل ترنچ زیر کف یا به طور آشکار اجرا شود. لوله داخل ترنچ باید زیر خط تراز یخ بندان نصب شود. هیچ ساختمان یا مانعی که خاک برداری و دسترسی به لوله ها و دیگر اجزای لوله کشی را مشکل کند، نباید روی مسیر لوله کشی در محوطه یا حیاط ساختمان (یا ملک) ایجاد شود.

مسئولیت ایمنی: در هر کارگاه ساختمانی مجری موظف است اقدامات لازم به منظور حفظ و تأمین ایمنی را به عمل آورد. هرگاه یک یا چند کارفرما یا افراد خویش فرما به طور هزمان، در یک کارگاه ساختمانی مشغول به کار باشند، هر کارفرما در محدوده پیمان خود مسئول اجرای مقررات ایمنی و حفاظت کار می باشد. کارفرمایانی که به طور همزمان در یک کارگاه ساختمانی مشغول فعالیت هستند، باید در اجرای مقررات مذکور با یکدیگر همکاری نموده و مجری یا پیمانکار اصلی نیز مسئول ایجاد هماهنگی بین آنها می باشد. برقراری بیمه مسئولیت مدنی و شخص ثالث از مسئولیت های مجری، کارفرما و مسئولین مربوطه نمی کاهد. کارفرمایان کارگاههای ساختمانی موظفند از شخص ذیصلاح دارای پروانه اشتغال یا مهارت فنی و یا گواهی ویژه (در حدود صلاحیت مربوطه) در عملیات ساختمانی استفاده نمایند. مجری و کارفرمایان کارگاههای ساختمانی موظفند برای تأمین سلامت و بهداشت کارگران در کارگاه ساختمانی، وسایل و تجهیزات لازم را براساس مقررات تهیه و در اختیار آنها قرار داده، چگونگی کاربرد این وسایل را به کارگران آموخته و در مورد کاربرد وسایل و تجهیزات و رعایت مقررات مذکور نیز نظارت نمایند. کارگران نیز ملزم به استفاده و نگهداری از وسایل مذکور و اجرای دستورالعمل مربوطه خواهند بود. در کارگاه

ساختمانی بناهای با زیربنای بیش از ۳۰۰۰ متر مربع و یا با ارتفاع بیش از ۱۸ متر از روی پی و یا داشتن حداقل ۲۵ نفر کارگر و همچنین در گودبرداری بیش از ۳ متر از کف گذر، مجری موظف به تعیین مسئول ایمنی و معرفی وی به کارکنان و مهندس ناظر می باشد. تعیین و حضور مسئول ایمنی در کارگاه رافع مسئولیتهای قانونی مجری و مسئولین مربوطه نمی باشد. در صورت احتمال وقوع حادثه، مجری موظف است تا تأمین ایمنی لازم از ادامه عملیات ساختمانی در موضع خطر خودداری نماید. در صورت وقوع حادثه منجر به خسارت، مجری یا فوت، مجری موظف است پس از انجام اقدامات فوری برای رفع خطر، مراتب را حسب مورد به مراجع ذیربط اعلام نماید. کارفرما نباید به هیچ کارگری اجازه دهد که خارج از ساعت عادی کار، به تنهایی مشغول به کار باشد. در صورت انجام کار در ساعت غیر عادی، باید روشنایی کافی و امکان برقراری ارتباط و نیز تمام خدمات مورد نیاز کارگران فراهم شود. مهندس ناظر نیز موظف به نظارت بر عملیات ساختمانی می باشد. هرگاه مهندس ناظر در ارتباط با عملیات ساختمانی، مواردی را خلاف این مبحث مشاهده نماید، باید ضمن تذکر به مجری، مراتب را به مرجع رسمی ساختمان اعلام نماید.

مشخصات آب: آب مصرفی باید تمیز و صاف بوده و عاری از مقادیر زیان آور روغنها، اسیدها، قلیاییها، نمکها، مواد قندی، مواد آلی یا مواد دیگری باشد که ممکن است به کارهای ساختمانی به ویژه بتن، ملاتها و میلگردها و سایر اقلام مدفون در کار آسیب برسانند. معمولا آب آشامیدنی زلال، بی بو، بی رنگ، بدون طعم را می توان در ساخت بتن و ملاتها در مناطقی که خطر خوردگی وجود نداشته باشد مورد استفاده قرار داد. مصرف آبی که دارای خزه است برای ساختن بتن و ملاتها مناسب نیست. آب گل آلوده را باید قبل از مصرف از میان حوضچه های ته نشینی گذارند و یا با روشهای دیگر تصفیه کرد تا مقدار لای و رس آن کاهش یابد.

مشخصات پله برقی: پله برقی باید قابلیت حرکت در دو جهت پایین و بالا را دارا باشد. تعویض جهت حرکت پس از تخلیه کامل افراد بعهده تکنسین مقیم و مسئول پله برقی می باشد. جهت حرکت نباید توسط مسافرین قابل تغییر باشد. باید حداقل ۲ و حداکثر ۴ پله تخت در ورودی و خروجی پله برقی جهت تسهیل پیاده شدن افراد پیش بینی گردد. نرده های پله برقی باید در دو طرف پله وجود داشته باشند جنس دیوارهای آنها معمولاً فلز است در صورتیکه جنس این دیوارها شیشه باشد باید از نوع شیشه ایمنی با مقاومت مکانیکی کافی و حداقل ۶ میلی متر ضخامت باشد. نرده های هر دو طرف باید پس از رسیدن به سطح افقی طبقات حداقل ۳۰۰ میلی متر ادامه یابند. شانه ثابت فلزی قابل تنظیم، با دندانه های متناسب با شکل دندانه های پله یا تسمه در قسمت ورودی و خروجی بصورت ثابت باید نصب گردد. دستگیره روی نرده های دو طرف پله باید متحرک و هم جهت حرکت پله بوده و سرعت حرکت آن با سرعت پله با تلورانس حداکثر ۲± درصد برابر باشد. فاصله بین کناره های خارجی دستگیره و دیواره یا مانع اطراف (در صورت وجود) نباید کمتر از ۸۰ میلی متر باشد. فاصله بین پله ها و یا فاصله بین پله ها و حفاظ کناری آنها نباید بیش از ۵ میلی متر باشد. در مکانهای کم ترافیک جهت صرفه جویی انرژی و جلوگیری از استهلاک پله برقی صفحه مسطحی در جلوی ورودی یا خروجی آن تعبیه گردد که کلیه افراد هنگام ورود و خروج از روی آن عبور میکنند در زیر این صفحه احساسگرهای قابل تنظیمی نصب میشود که اگر زمان معینی (معمولاً قابل تنظیم ۱۰ ثانیه تا ۱۰ دقیقه) فردی از روی آن عبور ننماید حرکت پله بصورت خودکار متوقف میشود. برای حرکت مجدد کافیست فردی با وزن ۱۵ کیلوگرم از روی آن عبور نماید در بعضی از انواع پله برقی به جای این صفحه از چشم الکترونیکی استفاده می شود.

مشخصات فنی سیستمهای تأسیسات گرمایی، سرمایی، تهویه، تهویه مطبوع، تأمین آب گرم مصرفی و روشنایی ساختمانها:
مشخصات فنی سیستمهای تأسیسات مورد استفاده در ساختمانها باید توسط مراجع معتبر تعیین شده باشد، تا حد کیفیت محصولات برای طراحان و مجریان سیستمهای تأسیساتی شناخته شده باشد. در صورتی وجود برچسب انرژی برای بعضی تولیدات، ترجیحاً از محصولات برچسب دار استفاده گردد.

مشخصات فیزیکی مصالح و سیستم عایق حرارت مورد استفاده در اجزای پوسته خارجی ساختمان: در صورتی که در طراحی و اجرای ساختمان از مصالح و سیستمهای عایق حرارت سنتی و متعارف استفاده گردد، لازم است مشخصات فنی مورد نیاز مربوطه (چگالی، پوشش محافظ احتمالی، . . .) به همراه نقشه ها و دیگر مدارک ارائه شود، و تا تعیین ضرایب انتقال حرارت و مقاومت های حرارتی این نوع مصالح و سیستمهای مورد استفاده در پوسته خارجی ساختمانها، مطابق دستورالعمل های ارائه شده در مراجع معتبر صورت گیرد. در صورت استفاده از مصالح و سیستمهای عایق حرارت نوین، یا زمانی که مقادیر مربوط به مصالح یا اجزای

بخصوصی در مراجع ذیصلاح یافت نشود و یا در صورتی که سازنده ای مدعی باشد تولیداتی با مشخصات حرارتی بهتر از مقادیر ذکر شده در مراجع معتبر دارد، لازم است نظریه فنی معتبر مربوط به محصول مورد نظر (حاوی ضرایب انتقال حرارت یا مقاومت های حرارتی عایق با ضخامت های مورد استفاده در طراحی ساختمان، و همچنین دیگر مشخصات فنی مورد نیاز جهت ارزیابی همه جانبه محصول و آیین اجرای مربوطه) ضمیمه مدارک گردد. در این حالت، مقادیر موجود در نظریه فنی، تا زمان اعتبار آن، ملاک عمل در طراحی و محاسبات خواهد بود. در صورت وجود بر چسب انرژی برای بعضی تولیدات، مثلاً برای عایقهای حرارت یا برای در و پنجره عایق، ترجیحاً از محصولات برچسب دار استفاده گردد.

مشخصات مصالح در اجزای مقاوم در برابر زلزله: مقاومت بتن در اجزای مقاوم در برابر زلزله برای سازه های با شکل پذیری زیاد نباید کمتر از ۲۵ مگاپاسکال و برای سازه های با شکل پذیری متوسط کمتر از ۲۰ مگاپاسکال باشد. مقاومت تسلیم مشخصه فولاد قاب ها و یا اجزای مرزی دیوارها که برای مقابله با نیروهای جانبی زلزله به کار گرفته می شوند نباید بیشتر از ۴۰۰ مگاپاسکال اختیار شود. باید از جوش دادن خاموت ها و سایر میلگردها به میلگردهای طولی خودداری شود.

مشخصات هندسی: طول دهانه مؤثر برای اعضای غیر یکپارچه با تکیه گاه معادل کمترین مقدار بین «فاصله محور به محور تکیه گاه » یا «طول آزاد بعلاوه ارتفاع عضو» در نظر گرفته می شود. برای اعضای یکپارچه با تکیه گاه، طول دهانه معادل فاصله محور به محور تکیه گاه خواهد بود. برای اعضای طره ای، این طول معادل طول آزاد آنها منظور می گردد. ابعاد در نظر گرفته شده هر عضو در تحلیل سازه نبایستی با ابعاد ارائه شده در نقشه های اجرایی بیش از ۵۰٪ اختلاف داشته باشد.

مشخّصات هندسی میلگردها: ۱) سطح مقطع اسمی میلگردهای ساده، و سطح مقطع اسمی یا مؤثر میلگردهای آجدار ۲) قطر اسمی میلگرده های ساده یا آجدار ۳) ویژگی های میلگردها باید مطابق با استاندارد باشد. ۴) تفکیک میلگردها از یکدیگر، به لحاظ هندسی، براساس قطر اسمی آنها به صورت می گیرد. ۵) طول استاندارد میلگردهای شاخه ای: طول معمول میلگردهای شاخه ای ۱۲ متر است. ۶) رواداری طول ها و قطرهای میلگردها و آجهای میلگردهای آجدار باید مطابق با استاندارد باشد.

مشخصات و محل تعبیه میلگردها در کلافهای افقی بتنی در ساختمانهای آجری: میلگردهای طولی باید از نوع آجدار با حداقل قطر ۱۰ میلیمتر باشند. میلگردهای طولی باید در چهار گوشه کلاف با پوشش بتنی مناسب، قرار گیرند. در صورتی که عرض کلاف از ۳۵ سانتیمتر تجاوز نماید تعداد میلگردهای طولی باید به ۶ عدد و یا بیشتر افزایش داده شود به گونه ای که فاصله هر دو میلگرد مجاور از ۲۵ سانتیمتر نباشد. میلگردهای طولی باید تنگهایی به قطر حداقل ۶ میلیمتر به یکدیگر بسته شوند. فاصله تنگها از یکدیگر نباید از ارتفاع کلاف یا ۲۵ سانتیمتر بیشتر باشد. فاصله تنگها در فاصله ۷۵ سانتیمتر از بر کلاف قائم باید حداقل به ۱۵ سانتیمتر کاهش یابد. پوشش بتن اطراف میلگردهای طولی نباید در مورد کلاف زیر دیوارهای از ۵ سانتیمتر و در مورد کلاف سقف از ۲/۵ سانتیمتر کمتر باشد.

مشعل: وسیله ای که گاز یا مخلوط گاز و هوا را برای ایجاد شعله در محفظه احتراق آزاد می‌نمایند. مشعل بر دو نوع است: الف) مشعل اتمسفری: مشعلی که در فشار گاز کمتر از ۳۵۵ میلی متر ستون آب مورد استفاده قرار می گیرد و در آن از نیروی فوران گاز برای مکیدن بخشی از هوای لازم برای احتراق (مواد اولیه) استفاده می گردد، این مشعل برای احتراق کامل به هوای ثانویه نیاز دارد. ب) مشعل نیرو: مشعلی که مجهز به دمنده است و گاز یا هوا و یا هر دو با فشار وارد آن می گردد.

مصالح: مصالحی که در تأسیسات بهداشتی ساختمان به کار می رود باید طبق استانداردها و مشخصات مندرج در مبحث مربوطه، و مورد تأیید باشد. مسئول امور ساختمان در شهرداری یا هر مقام قانونی ذیربط، در موارد ضروری می تواند مصالح مشابه را تأیید کند، به شرط آنکه مصالح جانشین از نظر کیفیت، کارآیی، بهداشتی، مقاومت در برابر حریق، دوام ایمنی، هم ارز مصالحی باشد که در مقررات تعیین شده است. استفاده از مصالح کار کرده یا معیوب مجاز نیست. مسئول امور ساختمان در شهرداری یا هر مقام قانونی ذیربط باید از صاحب ساختمان یا نماینده قانونی او مدارک فنی کافی درباره کیفیت فنی و آزمایش هر قلم از مصالح را طلب کند و نسبت به مناسب بودن آن برای کار مورد نظر اطمینان یابد. هزینه لازم برای آزمایش کیفیت و تهیه مدارک فنی لازم به عهده صاحب ساختمان است.

مصالح بتن: مصالح مصرفی اصلی بتن عبارتند از سیمان، مصالح سنگی درشت دانه (شن)، مصالح سنگی ریزدانه (ماسه)، و آب. علاوه بر این مصالح، مواد اصلاح کننده خواص بتن، یعنی مواد افزودنی، پوزولانها و مواد شبه سیمانی، نیز می توانند در بتن استفاده شوند.

بتن و مصالح آن، باید ضوابط و مشخّصات مندرج در مقررات را برآورده سازند. به عبارت دیگر، بتنی قابل قبول است که خود و مصالح تشکیل دهنده آن، ضوابط الزامی مربوط را برآورده سازند.

مصالح جدید یا مشابه: کیفیت کلیه مواد و مصالح و فرآورده های ساختمانی جدید، غیر از آنچه نام و مشخصات آنها در مبحث مربوطه ذکر شده است، باید قبل از مصرف تأیید مؤسسه استاندارد و تحقیقات صنعتی ایران یا مراکز علمی – تحقیقاتی مجاز رسیده و مشخصات و دامنه کاربرد آن مشخص شود و در صورت لزوم گواهینامه های فنی معتبر اخذ شود.

مصالح چوبی: چوبهای مصرفی باید خشک بوده و از نظر بافت و ظاهر یکنواخت، تمیز و عاری از ترک و صمغ، فاقد تابیدگی، پیچیدگی و سایر معایب باشد. وجود گره، بن شاخه، تجمع شیره گیاهی و صمغ در روی سطوح مرئی چوب نشانه نامرغوب بودن آن است. رطوبت الوارهای مصرفی باید با شرایط اقلیمی و مورد مصرف تناسب داشته باشد. خصوصیات فیزیکی و مکانیکی چوبهای طبیعی، در انواع مختلف گونه های چوب و در جهات طولی، شعاعی و مماسی تنه درخت با یکدیگر متفاوتند، بنابراین هنگام مصرف باید به این عوامل توجه کرد.

مصالح سنگی: مصالح سنگی بتن، باید سخت، تمیز و بادوام بوده و از هر گونه پوسیدگی و لایه های ورم کننده یا منقبض شونده به هنگام مجاورت با هوا، مواد شیمیایی مضر برای بتن و میلگردها، لایه های سست، کلوخه های رسی و ذرات میکا عاری باشد. مواد سنگی سست، ورقه ورقه، پهن و نازک یا دراز، ناپایدار در برابر هوازدگی، حمله مواد شیمیایی و واکنش زای قلیایی نباید در بتن به مصرف برسد. جنس شن و ماسه باید از سنگهای سیلیسی، سیلیکاتی یا آهکی سخت باشد. بارگیری، حمل و تخلیه مواد سنگی بتن و انبار کردن آنها باید به نحوی باشد که مواد خارجی در آنها نفوذ نکنند و دانه های ریز و درشت از یکدیگر جدا نشوند.

مصالح فولادی: مصالح به کار رفته شامل نیمرخها، ورقها، تسمه ها، میلگردها، پرچها، واشرها، مهره ها، میل مهارها، الکترودها و ... باید مطابق با استانداردهای معتبر بین المللی ترجیحاً استاندارد ISO باشد.

مصالح قالب: مصالح مناسب برای قالب را باید با توجه به ملاحظات اقتصادی، ایمنی و سطح تمام شده مورد نظر انتخاب کرد. مشخصه های فیزیکی و مکانیکی مصالح باید در ساخت قسمت های مختلف مانند بدنه، رویه، ملحقات، اجزای نگهدارنده قالب و نظایر آن مورد توجه قرار گیرند. چوب مصرفی برای قالب باید صاف، بدون پیچ و تاب، سالم و بدون گره باشد. از مصرف چوب تازه برای قالب بندی باید خودداری شود. در قالبهای آلومینیومی باید از تماس مستقیم بتن با آلومینیوم اجتناب شود.

مصالح لوازم بهداشتی: روی هر طول لوله، هر قطعه از فیتینگ لوله کشی و هر یک از لوازم بهداشتی باید نام یا مارک سازنده و استانداردی که آن قطعه بر طبق آن ساخته شده است، به طور برجسته یا با مهر پاک نشدنی، نقش شده باشد. مصالحی که در تأسیسات بهداشتی ساختمان به کار می رود باید طبق دستورالعملی که در استاندارد هر یک از داده شده نصب شود. در صورتی که دستورالعملی در دست نباشد، نصب هر یک از مصالح باید با رعایت راهنمای سازنده صورت گیرد. در صورتی که دستورالعمل استاندارد یا توصیه های سازنده هر یک از مصالح با الزامات مندرج در مقررات ساختمانی مطابقت نداشته باشد، نصب هر یک از مصالح باید طبق الزامات مبحث مربوطه صورت گیرد. لوله، فیتینگ و دیگر اجزای لوله کشی پلاستیکی باید گواهی آزمایش و مطابقت با استانداردهای مراجع صلاحیت دار را داشته باشند. لوله، فیتینگ و دیگر اجزای لوله کشی پلاستیکی، که در لوله کشی آب مصرفی ساختمان به کار می رود، باید گواهی مراجع صلاحیت دار بهداشتی را برای توزیع آب آشامیدنی داشته باشند. هر یک از اجزای لوله کشی، لوازم بهداشتی، شیرهای برداشت و دستگاههایی که در تأسیسات بهداشتی ساختمان به کار می رود باید از یک مؤسسه معتبر گواهی آزمایش و مطابقت آن با استانداردی که بر طبق آن ساخته شده، داشته باشد. موسسه گواهی کننده باید مدارک مربوط به روند آزمایش را تهیه و نگهداری کند. مدارک باید شامل جزئیات لازم برای مطابقت آن با الزامات مندرج در استاندارد مربوط، در مورد آزمایش دستگاه باشد. موسسه گواهی کننده باید شخصیت حقوقی داشته و دارای صلاحیت لازم برای آزمایش دستگاه مورد نظر باشد. موسسه گواهی کننده باید به ابزار و تجهیزات لازم برای آزمایش قطعه یا دستگاه مورد نظر مجهز باشد. موسسه گواهی کننده باید نیروی انسانی کار آزموده و با تجربه، که برای انجام عملیات آزمایش و ارزیابی آن آموزش دیده باشد، در استخدام داشته باشد.

مصالح مستعمل لوله کشی: استفاده مجدد از لوله، اتصالات و شیرهایی که قبلاً در لوله کشی گاز از آن ها استفاده شده است، بدون حصول اطمینان از سلامت و کارآیی آنها و تأیید مهندس ناظر ممنوع است.

معایب ظاهری جوش: شیار پای جوش . تخلخل. ناخالصی سرباره ای. ترک. سوختگی ناشی از قوس الکتریکی. تورق در فلز پایه. نفوذ بیش از حد. عدم نفوذ جوش. عدم یکواختی تاج جوش.

معبر عمومی: خیابان، کوچه یا موارد مشابهی از کاربرد زمین که به طور دایم در تصرف و استفاده عموم قرار گرفته و اساساً از آن طریق بتوان بدون مانع به سایر قسمت های شهر رفت و آمد نمود. عرض و ارتفاع مفید معبر عمومی باید حداقل ۳ متر باشد.

مفصل پلاستیکی: مقطعی از عضو که در آن ابتدا میلگرد کششی به حد جاری شدن رسیده باشد و سپس کرنش بتن به حد نهایی خود رسیده باشد.

مقاومت: ساختمانها و سازه ها و کلیه اعضای آنها، باید بگونه ای طراحی و ساخته شوند که بتوانند بارها ترکیبات مختلف آنها را که در مبحث مربوطه گفته شده است، تحمل نمایند و بسته به روش طراحی مورد استفاده، تنش های ایجاد شده در هر یک از اعضاء از حداکثر تنش مجاز ماده و یا از شرایط حدی مقاومت ماده، که در آن روش طراحی مشخص شده است، تجاوز نکند. ظرفیت نهائی یک عضو برای تحمل نیروهای وارده.

مقاومت حرارتی: نسبت ضخامت لایه به به ضریب هدایت حرارتی آن است. بدیهی است که مقاومت حرارتی یک پوسته تشکیل شده از چند لایه مساوی با مجموع مقاومتهای هر یک از لایه ها خواهد بود. مقاومت حرارتی قابلیت عایق بودن (از نظر حرارتی) یک یا چند لایه از پوسته و یا کل پوسته را مشخص می کند. .

مقاومت ستون: ستون باید دارای مقاومتی مساوی ۱/۲۵ برابر مقاومت دهانه با مهاربند واگرا باشد.

مقاومت فشاری: تمامی ضوابط مربوط مقاومت فشاری مشخصه بتن براساس آزمایش آزمونه های استوانه ای به ابعاد ۳۰۰×۱۵۰ میلیمتر استوار است. در صورت استفاده از آزمونه های مکعبی باید مقاومت آنها به مقاومت آنها به مقاومت نظیر آزمونه های استوانه ای تبدیل شود.

مقاومت فشاری مشخصه: مقاومت فشاری مشخصه بتن براساس آزمایش های ۲۸ روزه تعیین می شود.

مقاومت فشاری مشخصه بتن: مقاومت فشاری مشخصه بتن مقاومتی است که حداکثر ۵ درصد تمامی مقاومت های اندازه گیری شده برای رده بتن مورد نظر ممکن است کمتر از آن باشد.

مقاومت کششی: آزمایش های مقاومت کششی بتن نباید مبنای پذیرش بتن در کارگاه باشد.

مقاومت کل اتصال زمین (مقاومت کل زمین): مقاومت بین ترمینال اصلی اتصال زمین است و جرم کلی زمین.

مقاومت مشخصه فولاد: مقاومت مشخصه فولاد براساس مقدار تنش تسلیم آن (مشهود یا قرار دادی) تعیین می شود. مقاومت مشخصه فولاد عبارت است از آن مقدار تنشی که تنش تسلیم حداکثر ۵ درصد از نمونه های میلگرد فولادی کمتر از آن باشد.

مقدار مجاز سولفاتها در بتن: مقدار کل سولفات قابل حل در آب در محفوظ بتن، بر حسب $SO3$ نباید از ۴ درصد وزن سیمان بیشتر باشد و مقدار کل سولفات موجود نباید از ۵ درصد وزن سیمان در مخلوط تجاوز کند. مقدار سولفات موجود در بتن باید براساس مجموع مقادیر سولفات های موجود در مواد تشکیل دهنده بتن محاسبه شود.

مقررات آکوستیک: رعایت این مقررات در مورد کلیه مجموعه های مسکونی با بیش از هشت واحد و یا بیشتر از چهار طبقه مسکونی الزامی است.

مقررات آکوستیکی ساختمانها: مقادیر تعیین شده حداقل شاخص کاهش صدای وزن یافته (R_W) مورد نیاز برای جدا کننده های در این ساختمانها، در مناطقی مورد استفاده قرار می گیرد که تراز نوفه وزن یافته (L_{PA}) آن منطقه مساوی یا کمتر از ۷۰ دسی بل است، چنانچه تراز نوفه بیش از این مقدار باشد مقادیر حداقل باید به همان میزان افزایش یابد. مقادیر شاخص کاهش صدای وزن یافته برای جدا کننده های ساده مثل دیوار، در و پنجره از طرف آزمایشگاههای آکوستیک کشور ارائه می گردد که تعدادی از آنها در پیوست ۲ ارائه شده است. در صورتیکه جدا کننده مورد نظر، مانند نمای یک ساختمان، مرکب باشد شاخص کاهش صدای وزن یافته این جدا کننده مرکب با توجه به شاخص های تشکیل دهنده آن محاسبه می گردد. روش محاسبه در پیوست ۱ توضیح داده شده است. حداکثر میانگین زمان واکنش در بسامدهای ۵۰۰، ۱۰۰۰ و ۲۰۰۰ هرتز برای راه پله و راهرو

عمومی در ساختمانهای مسکونی ۱/۵ ثانیه تعیین شده است. حداقل شاخص کاهش صدای وزن یافته (R_W) مورد نیاز برای جدا کننده های راهرو از فضا داخلی سالن سخنرانی ۴۰ دسی بل و برای کتابخانه ۳۰ دسی بل تعیین شده است.

مقطع تبدیل یافته: مشخصات هندسی مقطع مختلط باید طبق تئوری ارتجاعی محاسبه و از مقاومت کششی بتن صرفنظر گردد. در محاسبات تنش، در هنگام تعیین مشخصات هندسی مقطع، ناحیه فشاری بتن (با وزن مخصوص معمولی و یا بتن سبک سازه‌ای) باید با سطح فولادی معادل جایگزین گردد که عرض آن از تقسیم عرض موثر بر n به دست می آید($n = E_s/E_c$). E_s و E_c به ترتیب ضریب الاستیسیته فولاد و بتن می باشد. در محاسبات تغییر شکل، در تعیین n باید اثرات خزش نیز منظور گردد. در غیاب محاسبات دقیق تر، برای ملحوظ کردن اثر تغییر شکل های دراز مدت، می توان از ضریب تبدیل ۳ استفاده نمود. میلگردهای موازی تیر فولادی در محدوده عرض موثر دال، وقتی که طبق مقررات آئین نامه بتن مسلح طراحی شده اند، می توانند در محاسبه مشخصات هندسی مقطع مختلط منظور گردند. مشروط بر اینکه برشگیرها طبق مفاد بند مربوطه تعبیه گردند.

مکش سیفونی: در لوله کشی توزیع آب، برگشت جریان از آبی که معمولاً آلوده تلقی می شود، به بشکه لوله کشی آب آشامیدنی، بر اثر کاهش فشار این شبکه به کم تر از فشار هوای آزاد. ورود آب آلوده ممکن است از لوازم بهداشتی، استخر، مخازن آب و موارد مشابهی باشد که از شبکه لوله کشی آب آشامیدنی تغذیه می شوند. در لوله کشی فاضلاب، ایجاد خلاء بر اثر افزایش سرعت جریان فاضلاب یا هر علت دیگر که ممکن است بر آب هوابند سیفون نزدیک ترین لوازم بهداشتی اثر بگذارد و آب داخل سیفون را خالی کند.

مکعبی: ← دسته بندی سنگ های ساختمانی از نظر شکل ظاهری

ملات: در ساخت ساختمانهای خشتی استفاده از ملات گل، کاهگل و گل آهک مجاز است. در ساخت ساختمانهای سنگی استفاده از ملات گل مجاز نیست و باید از ملاتهای گل آهک، ماسه سیمان و ماسه آهک استفاده شود.

ملات آبی: این نوع ملاتها زیر آب یا در هوا به طریق شیمیایی می گیرند و سفت و سخت می شوند، مانند ملاتهای سیمانی و گل آهک.

ملات هوایی: این نوع ملات ها یا به طریق فیزیکی در هوا خشک می شوند و آب آزاد آنها تبخیر می شود (مانند ملات گل و کاهگل) یا گیرش آنها به طریق شیمیایی در برابر هوا انجام می شود، مانند ملات گچ و ملات آهک هوایی. این ملاتها برای گرفتن و سخت شدن و سخت ماندن به هوا نیاز دارند.

ملاتهای اندود سیمانی: ملاتهای اندود سیمانی را به یکی از شکلهای تخته ماله، شسته، تگرگی و . . . روی سطوح اندود می کنند. از اختلاط گرد رنگ، حداکثر تا ۱۰ درصد وزنی مواد چسباننده در ملاتها و اندودهای سیمانی و آهکی، ملات رنگی به دست می آید. رنگهای مصرفی باید ازنظر شیمیایی بی اثر بوده و در برابر نور و قلیاها پایداری خوبی داشته باشد. دانه بندی ماسه برای ملات سیمانی باید مطابق استاندارد باشد.

ملاتهای آهکی: ملاتهای ماسه آهک، گل آهک، گچ و آهک، پوزولان آهک و ساروج در این گروه قرار می گیرند. ملات ماسه آهک ملاتی هوایی است و برای گرفتن و سفت و سخت شدن به دی اکسیدکربن موجود در هوا نیاز دارد. این ملات برای مصرف لای درز مناسب نیست زیر دی اکسیدکربن هوا نمی تواند به داخل آن نفوذ کند و فقط سطح رویی آن کربناتی می شود. از این رو، برای اندود سطح رویه در مناطق مرطوب مناسب است. از ملات گل آهک و شفته آهک برای جلوگیری از نشت کردن آب و همچنین پایدار کردن زمین برای بارگذاری بیشتر استفاده می شود. از ملات گچ و آهک برای اندود کردن در مناطق مرطوب استفاده می شود. ملات پوزولان – آهک برای مناطقی که مقاومت در برابر حمله مواد شیمیایی به ویژه سولفاتها مطرح است، استفاده می شود. چنانچه از گرد آجر به عنوان پوزولان در ساخت این ملات استفاده شود، به آن ملات سرخی می گویند. از ملات ساروج به عنوان ملات پایدار در برابر آب و رطوبت استفاده می شود. برای عمل آوری ملاتهای آهکی باید به مدت ۲۸ روز مرطوب نگه داشته شوند.

ملاتهای بنایی: ملات جسمی است خمیری که از اختلاط مناسب جسم چسباننده مانند دوغاب سیمان و جسم پرکننده مانند سنگدانه های مختلف ساخته شده و در صورت نیاز به مشخصات ویژه کاربری از مواد افزودنی در آن استفاده می شود. از ملات

برای چسباندن قطعات مصالح بنایی به یکدیگر، تأمین بستری برای توزیع بار، اندودکاری، نماسازی، بندکشی و . . . استفاده می شود.

ملاتهای سیمانی: خمیر سیمان و ملاتهای ماسه – سیمان، ماسه – سیمان – آهک (باتارد)، ماسه – سیمان – پوزولان و ملاتهای اندود سیمانی (سیمان – خاک سنگ گرد سنگ) در این گروه قرار می گیرند و ماده چسباننده آنها دوغاب سیمان است. حجم ماده پرکننده ملاتهای سیمانی باید بین دو ویک چهارم تا ۳ برابر ماده چسباننده باشد. سیمان دارای مقاومت خوبی به ویژه در سنین اولیه است. در مواقعی که خطر حمله سولفاتها مطرح است، در ساخت ملاتهای سیمانی بایستی از سیمانهای نوع ۲، ۵ یا پوزولانی استفاده کرد. در کارهای مختلف بنایی می توان براساس نیازهای طراحی از انواع سیمانهای مختلف مانند پوزولانی، بنایی و . . . استفاده کرد. هر چه مقدار آهک و ملات ماسه – سیمان – آهک زیادتر شود، قابلیت آب نگهداری و کارآیی ملات افزایش می یابد ولی در مقابل مقاومت فشاری آن کاهش می یابد. ⟵ ملات آبی

ملاتهای قیری (ماسه – آسفالت): این ملات از احتلاط قیر مناسب و ماسه به نسبتهای معین تولید شده و در ساختن لایه رویه پیاده روها، پوشش محافظ لایه نم بندی بامها، پر کردن درز قطعات بتنی کف پارکینگ ها، پیاده روها و . . . استفاده می شود.

ملاتهای گچی: خمیر گچ و ملاتهای گچ و خاک، گچ و ماسه و گچ و پرلیت در این گروه قرار می گیرند. ماده چسباننده این ملاتها دوغاب گچ است. ملاتهای گچی زودگیر هستند و باید به سرعت مصرف شوند. نسبت خاک یا ماسه به گچ از ۲ به ۱ تا ۱ به ۱ تغییر می کند. برای ساخت ملات گچ و ماسه باید بزرگترین اندازه ماسه مصرفی ۲ میلیمتر باشد. ملات گچ و پرلیت جاذب صوتی مناسب و عایق حرارتی خوبی است. این اندود خطر گسترش آتش را کاهش داده و به واسطه عایق بودن در کاهش نفوذ حرارت به اسکلت فولادی و بتنی ساختمان هنگام آتش سوزی مؤثر است.

آماده سازی ملات گچ و خاک

ملاتهای گلی: ملات گل و کاهگل در این گروه قرار می گیرند و ماده چسباننده آنها گل رس است. برای جلوگیری از ترک خوردگی ملات گل، به آن کاه می افزایند

ملاحظات ژئوتکنیکی: بطور کلی باید از احداث ساختمان در مجاورت گسل های فعال و محل هایی که احتمال بوجود آمدن شکستگی در سطح زمین هنگام زلزله وجود دارد، اجتناب شود. در مواردی که احداث ساختمان در چنین محلهائی اجتناب ناپذیر باشد، باید علاوه بر رعایت ضوابط این بخش، مطالعات و تمهیدات خاصی برای آنها انجام شود. در زمینهایی که ممکن است بر اثر زلزله ناپایداری ژئوتکنیکی نظیر روانگرایی در خاکهای ماسه ای سست، نشست زیاد، زمین لغزش، سنگ ریزش یا پدیده های مشابه ایجاد گردد، و یا در زمینهای متشکل از خاک رس حساس، باید امکان ساخت و شرایط لازم برای احداث بنا، با استفاده از مطالعات صحرایی و آزمایشگاهی ویژه، مطالعه و بررسی شود. برای احداث ساختمان در دامنه و یا پای شیب های طبیعی،

خاکبرداریها باید با تمهیدات لازم برای پایدار سازی همراه باشد. هر گونه بار گذاری، از جمله خاکریزی بر روی دامنه و یا در نواحی فوقانی شیب نیز باید همراه با تمهیدات لازم برای تأمین پایداری کلی شیب باشد.

ملاحظات سازه ای در آسانسورها: مقررات این بخش برای طراحی سازه ای قطعات مرتبط با آسانسور در ساختمانها که شامل قطعات و اتصالات واقع در چاه، چاهک و اتاقک موتورخانه می باشند بکار برده می شود. ضوابط طراحی سازه ای اسکلت کابین آسانسور و وزنه تعادل که براساس استانداردهای مربوطه توسط سازنده آسانسور لازم الاجرا است شامل این مقررات نمیباشد. کلیه قطعات و اتصالات سازه ای مرتبط با آسانسور باید برای مجموع وزن ماشین آلات و قسمتهای متحرک آسانسور، اثرات ضربه ای بارها و اثرات زلزله محاسبه شوند تکیه گاهها و اتصالات قطعات آسانسور به ساختمان باید برای نیروهای فوق محاسبه شده و تغییر شکل آنها از حدود معینی که توسط آئین نامه های معتبر برای آسانسورهای مختلف تعیین شده است تجاوز ننماید. برای منظور نمودن اثرات ضربه ای بارها در آسانسورها، کلیه نیروهای ایجاد شده در اثر حرکت آسانسورها در همه جهات باید به مقدار صددرصد افزایش داده شوند. نیروهای استاتیکی معادل زلزله بر هر قطعه باید با توجه به عوامل موثر بر رفتار سازه و قطعه در برابر زلزله با توجه به ضوابط مبحث «بارهای وارد بر ساختمان» و سایر منابع معتبر محاسبه شود و در تمام جهات افقی و قائم با سایر نیروهای وارد بر قطعه و سازه ترکیب گردد.

ملاحظات طراحی در برابر حریق: طراحی اجزای بتن آرمه در مقابل حریق در حالت حدی نهایی مقاومت انجام می گیرد. اثر افزایش درجه حرارت ناشی از حریق به دو شکل در محاسبه مطرح می شود:

الف) افزایش درجه حرارت یکنواخت در یک عضو یا جمعی از اعضای سازه ای و اثرات انبساط حاصله در توزیع نیروهای داخلی سیستمهای نامعین

ب) اثر گردایان حرارتی (اختلاف درجه حرارت) در اجزای بتنی و تغییر شکل های حاصله که باعث ایجاد نیروهای داخلی در اعضاء می شود.

ملاحظات کاربردی آهک: آهک باید در جایی مصرف شود که هوا نمناک باشد یا دست کم آن را به مدت ۲۸ روز با وسایلی نمناک نگه داشت. آهک شکفته را می توان انبار کرد و حمل ونقل آن از آهک زنده آسانتر است و در انبار در صورت محفوظ ماند از هوا فعالیت آن کم نمی شود. آهک زنده به سرعت از هوا رطوبت می گیرد و شکفته می شود، به همین دلیل باید آن را در جای خشک نگهداری نمود و از نفوذ هوا، رطوبت و یا آب در آن جلوگیری کرد.

ملاحظات کاربردی فولاد: کلیه قطعات فلزی باید از زنگ زدگی و نواقصی که به مقاومت و یا شکل ظاهری آنها لطمه می زند، عاری باشد. استفاده از قطعات زنگ زده و پوسته شده مجاز نیست مگر اینکه با برس زدن یا ماسه پاشی کاملاً تمیز شده باشند. اگر بر اثر برس زدن یا ماسه پاشی بر روی قطعات فلزی، سطح مقطع آنها کاهش یابد، سطح مقطع ضعیف شده باید در محاسبات مورد استفاده قرار گیرد. لبه های برش با شعله باید کاملاً یکنواخت و عاری از ناهمواریهای بیش از ۵ میلیمتر باشند. در غیر این صورت باید سنگ زدن و در صورت لزوم توسط جوش تعمیر شوند.

ممنوعیت های نصب: الف) نصب چراغ روشنایی در محل های زیر مجاز نمی باشد: ۱- اتاق خواب ۲- روبروی دریچه کولر ۳- در فاصله کمتر از یک متر از پنجره و پرده ۴- در صورت وجود سقف یا دیوار چوبی در ساختمان

ب) نصب شومینه و بخاری دیواری در اتاق خواب مجاز نمی باشد.

پ) ممنوعیت نصب لوازم گازسوز در ساختمانهای عمومی و خاص طبق ضوابط می باشد.

مناسب ترین وضع بارگذاری: در تیرهای یکسره و در قابهای نامعین در مواردی که بار زنده بیشتر از ۵۰۰ دکانیوتن بر متر مربع و یا بیشتر از یک و نیم برابر بار مرده است، موقعیت قرارگیری بار زنده در دهانه های مختلف باید طوری در نظر گرفته شود که بیشترین اثر مورد نظر را در عضو سازه ای ایجاد نماید. برای این منظور کافی است علاوه بر حالت قرار دادن بار زنده در تمام دهانه ها، حالتهای بارگذاری زیر نیز در نظر گرفته شود:

الف) قرار دادن بار زنده در دو دهانه مجاور هم

ب) قرار دادن بار زنده در دهانه های یک در میان.

منطقه حریق: بخشی از فضای داخل ساختمان که از اطراف و از سقف و کف به وسیله اعضای ساختمانی مقاوم حریق محدود شود. منطقه حریق با بررسی و اندازه گیری عرض، طول و ارتفاع حریق احتمالی ارزیابی می شود.

منگنه زنی و گشاد کردن سوراخ: منگنه کردن و گشاد کردن سوراخ در صورتی مجاز است که قطر سوراخ منگنه ای حداقل ۲ میلیمتر کوچکتر از قطر کامل سوراخ باشد و سوراخ منگنه ای پس از سوار شدن قطعات، تا رسیدن به قطر نهایی به وسیله برقو گشاد شود.

مهار: قابهای اسکلت فلزی باید به صورت شاقولی در حد خطای مجاز تعیین شده (طبق مقررات مربوط) نصب شوند. مهار موقت برای نگاه داشتن در وضع مطلوب باید (طبق مقررات مربوط) انجام شود. این مهارها در صورت استفاده، باید تمام بارهای مؤثر ضمن اجرا شامل وزن وسایل کار و نیروهای ناشی از آنها را جوابگو باشد. مهارهای موقت تا زمانی که از نظر ایمنی لازم است، باید در جای خود باقی بماند. در صورتی که ضمن اجرای کار، مصالح بر روی ساختمان دسته می‌شود و یا قطعات و ابزار کار نصب بر آن قرار می گیرد باید پیش بینیهای لازم برای تنشهای اضافی حال به عمل آمده باشد. وسیله ای است برای ثابت نگه داشتن لوله در یک نقطه، هم از نظر موقعیت و هم از نظر جهت، در شرایط دمای معین و بارهای وارده.

مهار میلگردها: مهار میلگردها در بتن به یکی از سه طریق زیر و یا با ترکیبی از آنها امکان پذیر است:

الف) پیوستگی موجود بین بتن و آرماتور در سطح جانبی آرماتور

ب) ایجاد قلاب استاندارد در انتهای میلگرد

ج) بکارگیری وسایل مکانیکی در طول میلگرد. برای مهار میلگردهای کششی به وسیله قلاب، انتهای میلگردها خم شده و به صورت قلاب در آورده می شود.

مهاربند همگرا: مهاربندی است که در آن هر دو انتهای محور اعضای مهاری با محور تیر یا ستون در یک نقطه همگرا باشد.

یک نمونه مهاربند همگرا

مهاربند همگرا ضربدری: حالتی است که در آن دو عضو مهاربند، بصورت قطری رئوس متقابل یک دهانه را به هم متصل می نمایند.

مهاربند همگرای قطری: حالتی است که فقط یک قطری در داخل دهانه وجود دارد

مهاربندهای افقی: ← دیافراگم

مهاربندی همگرای هفت و یا هشت: در این حالت در عضو مهاربند در روی یک گره در رو و یا زیر تیر با یکدیگر همگرا می باشند

مهاربندی همگرای K: دراین حالت یک جفت مهاربندی در یک طرف ستون قرار می گیرند و یکدیگر را در نقطه ای در روی ستون قطع می نمایند

مهره: مهره ها به همراه پیچ در کارهای عمومی ساختمان به کار می روند و در انواع فولادی، فولاد آلیاژی و فولادی زنگ نزن وجود دارند.

مواد آب بندی اتصال های دنده ای: برای آب بندی اتصال های دنده ای لوله های گاز باید روی دنده های خارجی لوله یا وسایل اتصال را به اندازه کافی نوار آب بندی (تفلون) پوشانید. بکار بردن نخ های کنفی با خمیر و سایر مواد، مجاز نیست.

مواد افزودنی: مواد افزودنی یا چاشنی های بتن موادی هستند که غیر از مواد اصلی (سیمان، آب و مصالح سنگی)، کمی قبل از اختلاط یا در حین اختلاط به بتن یا ملات افزوده می شوند. مقدار افزودنی ها کم است و در تعیین نسبت های اختلاط به حساب نمی آیند. مواد افزودنی معمولاً به صورت گرد یا مایع هستند و یک یا چند ویژگی بتن تازه یا سخت شده را تغییر می دهند و هدف از کاربرد آنها اصلاح برخی از این ویژگی ها است، اگر چه در عین حال ممکن است موجب اختلال و بروز عیب در پاره ای از ویژگی های مطلوب بتن شوند، که این امر نباید خارج از محدوده مجاز استاندارد باشد. مواد افزودنی باید با استانداردهای معتبر مطابقت داشته باشند. در صورت عدم تدوین تمام یا بخشی از استانداردهای مورد نیاز، باید از یکی از استانداردهای معتبر بین المللی استفاده کرد. حداّکثر میزان مصرف مواد افزودنی ۵ درصد وزنی سیمان است. استفاده از کلرید کلسیم فقط در بتن بدون فولاد مجاز است و حداکثر مقدار مصرف آن ۲ درصد وزنی سیمان است. در حال مواد افزودنی نباید بیشتر از مقداری که تولید کننده مشخص کرده است مصرف شوند.

مواد افزودنی چند منظوره: ۱- ماده افزودنی کاهنده آب / روان کننده ۲- ماده افزودنی کاهنده آب قوی / روان کننده قوی، یا فوق کاهنده آب / فوق روان کننده ۳- ماده کندگیر کننده / کاهنده آب / روان کننده ۴- ماده افزودنی کندگیر کننده / کاهنده آب / روان کننده ۵- ماده افزودنی کندگیر کننده / کاهنده آب قوی / روان کننده قوی، یا کندگیر کننده / فوق کاهنده آب / فوق روان کننده

مواد جایگزین سیمان: مواد جایگزین سیمان شامل پوزولان ها و مواد شبه سیمانی می شوند. این مواد به منظور تأمین یک یا چند خاصیت زیر، بسته به مورد، به کار می روند: ۱-کاهش مصرف سیمان ۲-کاهش سرعت و میزان گرمای آبگیری ۳- افزایش مقاومت بتن ۴- افزایش پایانی بتن از طریق کاهش نفوذ پذیری آن

مواد رنگزا: مواد رنگزا، موادی هستند که به منظور رنگ کردن سطوح چوبی به کار می رود. نقش این مواد این است که چوب را رنگ کنند بدون اینکه رگه های چوب را پنهان یا محو سازند ولی پوشش محافظتی را ارائه نمی دهند. مواد رنگزا بر مبنای نوع حلال به کار رفته برای حل کردن ماده رنگی آنها به شرح زیر تقسیم بندی شده اند: مواد قابل حل در آب. مواد قابل حل در الکل. مواد نفوذ کننده روغنی. مواد بازدارنده رگه های چوب از تورم و مواد پاک کننده رنگدانه.

مواد شبه سیمانی: مواد شبه سیمانی دارای خاصیت پنهان هیدرولیکی هستند و در صورتی که به گونه ای مناسب فعال شوند خواص سیمانی پیدا می کنند. این فقط در محیط قلیایی با آب واکنشی مشابه سیمان پرتلند نشان می دهند. متداول ترین ماده شبه سیمانی روباره یا سرباره کوره آهنگدازی است. مشخصات مواد شبه سیمانی باید با یکی از استانداردهای معتبر بین المللی مطابقت داشته باشد.

مواد عایق کاری (مواد پوششی): مواد عایق کاری برای لوله کشی هائی که توی کار نصب شده و یا در زیرزمین قرار می گیرند شامل نوارهای کار سرد و رنگ (پرایمر) سازگار با آن می باشد. در انتخاب نوار و پرایمر توجه به نکات زیر الزامی است:

الف) نوار پرامیر باید ساخت یک سازنده و از نظر مواد شمیایی همخوانی آنها باید مورد تأیید کارخانه سازنده باشد،

ب) نوارهای مورد استفاده باید نو باشد. استفاده از نوارهای مستعمل، معیوب، دارای خراش، سوراخ یا تاریخ گذاشته مجاز نیست،

پ) استفاده از پرامیرهای متفرقه، فاسد شده یا تاریخ گذشته مجاز نیست،

ت) برای نوار پیچی لوله های با قطر ۵۰ میلی متر (۲ اینچ) باید از نوار با عرض ۵۰ میلی متر و برای نوار پیچی لوله های با قطر بالاتر از ۵۰ میلی متر از نوار با عرض ۱۰۰ میلی متر استفاده شود،

ث) ضخامت نوار باید حداقل ۰/۵ میلی متر و ضخامت لایه چسبی آن حداقل ۰/۲ میلی متر باشد،

ج) در صورت استفاده از نوار نرم مخصوص نوار پیچی سرجوش ها و اتصالات باید ضخامت نوار حداقل ۰/۸ میلی متر و ضخامت لایه چسبی آن ۰/۶ میلی متر باشد،

چ) میزان چسبندگی نوار به لوله باید حداقل برابر با ۱/۵ کیلوگرم به ازاء هر سانتیمتر عرض نوار باشد،

ح) میزان چسبندگی نوار به نوار باید حداقل برابر با ۰/۵ کلیوگرم به ازاء هر سانیتمتر عرض نوار باشد.

مواد و مصالح اتصال دهنده و نصب: مواد و مصالح اتصال دهنده و نصب شامل میخ، پیچ و بستها است مصالح اتصال دهنده باید با شرایط آب و هوایی مطابقت داشته باشند.

موتورخانه: بهترین محل جانمای موتورخانه در بالای چاه آسانسور است هر چند که ممکن است بدلیل پاره ای محدودیتها، موتورخانه در پایین یا کنار چاه آسانسور باشد، فضای موتورخانه باید اندازه ای باشد که امکان جای دادن تجهیزات، فضای مناسب جهت تردد ایمن افراد مجاز و تعمیرات را دارا باشد. ابعاد موتورخانه باید طبق نقشه ها و آئین نامه طراحی و اجرا گردد. در صورت عدم امکان لحاظ هر یک از این ابعاد در طراحی موتورخانه، موارد زیر باید رعایت شود:

الف) حداقل فضای باز در جلوی تابلوهای کنترل آسانسور ۷۰۰ میلی متر باشد.

ب) حداقل فضای باز در اطراف تجهیزات ثابت ۵۰۰ میلی متر باشد.

ج) حداقل فضای باز در اطراف تجهیزات در حال چرخش ۶۰۰ میلی متر باشد.

د) حداقل ارتفاع موتورخانه از محل استقرار ماشین آلات ۱۸۰۰ میلی متر باشد.

ه) حداقل ارتفاع از روی قطعات در حال چرخش تا زیر سقف موتورخانه ۳۰۰ میلیمتر باشد.

و) در صورتیکه اختلاف ارتفاع بین سطوح داخل موتورخانه بیش از ۵۰۰ میلی متر باشد سطح بالاتر باید از نرده محصور شود و برای دسترسی به آن نردبانی تعبیه شود. ۱۵بازشوی در موتورخانه باید دارای حداقل ۹۰۰ میلی متر عرض و ۱۹۰۰ میلی متر ارتفاع باشد، بازشوی درب معمولاً به سمت بیرون و دارای قفل و کلید مطمئن در اختیار افراد صاحب صلاحیت باشد. برای جلوگیری از سقوط اجسام خارجی به داخل چاه مانعی به ارتفاع ۵۰ میلی متر در اطراف مجاری باز کف موتورخانه ایجاد شود. در صورتیکه نتوان از پله های معمول برای دسترسی به موتورخانه استفاده نمود، باید نردبان اختصاصی ایمن و غیر لغزنده دائمی برای دسترسی به موتورخانه در نظر گرفت. به منظور جابجایی تجیهزات باید مونوریلی دائمی در سقف موتورخانه پیش بینی شود در غیر اینصورت باید قلابی در مرکز چاه آسانسور در زیر سقف موتورخانه نصب گردد به طوری که بارهای وارده مطابق جدول مربوطه را تحمل نماید. روشنایی داخل موتورخانه باید بمیزان حداقل ۲۰۰ لوکس در کف تامین گردد. همچنین حداقل یک پریز در موتورخانه باید نصب گردد. دمای فضای داخل موتورخانه حتی در زمان کار کرد آسانسور باید بین ۵+ تا ۴۰+ درجه سانتیگراد باشد. مهندسین طراح باید نقشه جانمایی و مجموع نیروهای وارده و به کف موتورخانه و تجهیزات نصب شده را محاسبه یا از شرکتهای معتبر آسانسور اخذ نماید و با در نظر گرفتن ضرایب ایمنی لازم محاسبات را کنترل نموده ضمن بررسی هر گونه ضعف در اثر سوراخها و شکافها از استحکام سازه اطمینان یابند. در صورتیکه سرعت آسانسور بیش از ۲/۵ متر بر ثانیه باشد موتورخانه باید در بالای چاه آسانسور باشد. باید از موتورخانه فقط برای استقرار تجهیزات آسانسور استفاده شود و اگر ابعاد آنها مطابق مقررات باشد جزء بنای مفید ساختمان محسوب نمی شوند. فضایی است که موتور گیربکس یا سیستم رانش آسانسور و تابلو کنترل و غیره را در خود جای میدهد و ابعاد آن به ازای ظرفیتهای مختلف در جداول استاندارد قید شده است.

موزاییک: موزاییک، کفپوش متراکم شده ای است که از مصالح سنگی و سیمان و معمولاً به شکل چهارگوش ساخته می شود. موزائیک در انواع سنگ دار، شیار دار، شسته و پلاکی تولید می شود.

میان طبقه: طبقه ای واقع بین هر یک از طبقات اصلی ساختمان که حداکثر یک سوم طبقه زیر خود را داشته باشد.

میانگین زمان انتظار در طبقه اصلی: زمان متوسط بین دو نوبت حرکت متوالی کابین آسانسور در طبقه اصلی میباشد.

میزان کردن پای ستونها: کف ستونها باید در محور پیش بینی شده و در رقوم صحیح و به صورت کاملا تراز نصب شوند، به طوری که سطح زیرین آنها با بتن تماس کامل و سرتاسری داشته باشد.

میزان مقاومت حریق: مدتی که مصالح یا ترکیبی از آن، توانایی مقاومت در مقابل آتشی مستقیم مطابق "آزمایش حریق استاندارد" را داشته باشد.

میکروسوئیچ: ← آزمایش و تحویل گیری آسانسور

میلگرد: انواع میلگردهای مصرفی از نظر روش تولید به دو گروه گرم نورد شده و سرد اصلاح شده، از نظر شکل سطح رویه به دو گروه ساده و آجدار، از نظر جوش پذیری به سه گروه جوش پذیر، جوش پذیر مشروط و جوش ناپذیر و از نظر شکل پذیری به سه گروه نرم، نیمه سخت و سخت تقسیم می شوند. میگلرد به صورت کلاف، شاخه و شبکه های جوش داده شده یا بافته شده

برای مصرف عرضه می شود و براساس قطر اسمی معرفی می گردد. میگلرد براساس مقاومت تسلیم مشخصه طبقه بندی می شود. طبقه بندی میلگردهای مصرفی بر حسب نوع فولاد عبارتند از: S220، S300، S400 و S500. که اعداد بیانگر حداقل مقاومت مشخصه میگلرد بر حسب مگاپاسکال است. مقاومت مشخصه فولاد بر منبای مقدار تنش تسلیم آن تعیین می گردد. میلگرد به عنوان تقویت کننده در بتن آرمه به کار می رود. برای تسلیح عمودی و افقی دیوارها و کلافها میلگرد آجدار با حداکثر مقاومت تسلیم ۴۰۰ مگاپاسکال قابل استفاده است. میلگردهای فولادی باید تمیز و عاری از پوسته های رنگ، روغن، گرد و خاک و هر نوع آلودگی دیگر باشند، زیرا این آلودگیها سبب کاهش چسبندگی بین ماده چسباننده (بتن، دوغاب، ملات) و میلگرد می شود. استفاده از میلگردهای زنگ زده و پوسته شده مجاز نیست مگر اینکه با برس زدن با ماسه پاشی کاملا تمیز شوند. سطح مقطع واقعی ضعیف شده باید در محاسبات در نظر گرفته شود.

ن (ناحیه بحرانی - نیمرخهای توخالی)

ناحیه بحرانی: ناحیه ای است که در آن مفصل پلاستیکی تحت اثر بارهای زلزله طراحی ایجاد می شود.

ناحیه پلاستیکی: قسمتی از عضو که در آن ضمن تشکیل شدن مفصل پلاستیک، دوران پلاستیک صورت گیرد.

ناخالصی سرباره ای: سرباره مواد غیر فلزی به جامانده در جوش می باشد. ناخالصی سرباره ای یا به صورت جدا جدا و یا به صورت خطوط سرباره کشیده در جوش مشاهده می‌شود.

ناوه شیب دار: ناوه شیب دار باید فلزی یا دارای روکش فلزی بوده، کاملاً آب بند باشد و شیب آن ثابت و به گونه ای اختیار شود که هنگام حمل و عمل جدایی در اجزای بتن حادث نشود. در انتهای ناوه باید قیف قائم برای تخلیه بتن به قالب پیش بینی شود. با توجه به شرایط آب و هوایی محل کار، کنترل اسلامپ و سایر مشخصه های اصلی بتن توسط دستگاه نظارت صورت می گیرد.

نحوه اتصال در لوله کشی آب باران ساختمان: اتصال لوله به لوله و یا به فیتینگ و فیتینگ به فیتینگ در لوله کشی آب باران ساختمان و انواع اتصال باید در فشار آزمایش پس از نصب، آب بند باشند. پیش از اتصال، دهانه های لوله و فیتینگ باید از مواد اضافی پاک شود و سطوح داخلی لوله و فیتینگ از هر گونه مواد اضافی که ممکن است در برابر جریان آب باران ایجاد مانع کند، کاملاً تمیز شود. دهانه لوله و فیتینگ کاملا باز باشد و سطح داخلی فیتینگ برابر سطح مقطع داخلی لوله باشد. اگر دهانه انتهایی در کارگاه بریده می شود، خط برش باید صاف، بدون شکستگی و عمود بر محور لوله باشد. هنگام اتصال نباید مواد درزبندی، از درز محل اتصال، وارد لوله شود. اتصال لوله و فیتینگ چدنی سرکاسه دار باید از نوع کنف و سرب باشد. فاصله بین سرکاسه و انتهای بدون سرکاسه لوله یا فیتینگ، که در داخل آن قرار می گیرد، باید کاملاً خشک و تمیز باشد و ابتدا در آن کنف کوبیده شود. کنف درزگیر باید به صورت طناب و شامل ۷ تا ۱۰ رشته منظم و تاب داده شده باشد. سرب درزگیری باید دارای کیفیت یکنواخت، تمیز و عاری از مواد خارجی باشد. سرب مذاب باید روی کنف کوبیده شده ریخته شود. سرب ریزی باید به طور پیوسته و بدون انقطاع صورت گیرد. عمق سرب ریزی نباید کمتر از ۲۵ میلی متر باشد. فاصله رویه بالای سرب از لبه سرکاسه نباید از ۳ میلی متر بیشتر باشد. پس از پایان سرب ریزی باید رویه بالای آن کوبیده شود تا سرب داغ همه حفره ها و گوشه ها را کاملاً پر کند. تا پایان آزمایش لوله کشی آب باران، هیچگونه مواد رنگی یا مصالح ساختمانی نباید سطح درزبندی را بپوشاند. در اتصال لوله و فیتینگ چدنی بدون سرکاسه سطح خارجی دو سر لوله یا فیتینگی که به هم متصل می شوند باید کاملاً صاف باشد. لبه انتهای دو سر باید، با قطر خارجی کاملاً مساوی باشند و مقابل یکدیگر قرار گیرند. یک لاستیک آب بندی مخصوص، به شکل لوله و مقاوم در برابر اثر آب، طبق دستور کارخانه سازنده لوله باید روی دو سر لوله یا فیتینگ قرار گیرد. آب بندی و درزبندی لاستیک روی قسمت انتهای هر سر لوله یا فیتینگ باید با استفاده از بست حلقوی، از تسمه های فولادی زنگ ناپذیری انجام گیرد که با پیچ و مهره روی لاستیک آب بندی محکم می شوند. تسمه های فولادی باید طبق دستور کارخانه سازنده لوله باشد و سفت کردن پیچ ومهره طوری باشد که روی محیط لاستیک آب بندی فشار یکنواختی وارد شود. اتصال لوله و فیتینگ پی وی سی (PVC) باید با چسب مخصوص و در حالت سرد صورت گیرد. نوع چسب و روش اتصال باید طبق دستور

کارخانه سازنده لوله باشد. اتصال لوله و فیتینگ پلی اتیلن (PE) باید با ذوب کردن لبه دهانه های دو قسمت لوله و فیتینگ صورت گیرد. ابتداد دهانه دو قطعه در قالب مخصوص قرار می گیرد و گرم می شود. بر اثر گرم شدن، سطوح مقابل هم ذوب و درهم تنیده و یکپارچه می شود. دمای ذوب باید طبق دستور کارخانه سازنده باشد. در اتصال لوله و فیتینگ فولادی گالوانیزه اتصال لوله و فیتینگ باید از نوع دنده ای باشد. اتصال دنده ای که دنده های آن طبق استانداردهای دیگر باشد، به شرطی مجاز است که از نظر اندازه های دنده مشابه یکی از استانداردهای مقرر شده و مورد تأیید باشد. در لوله کشی آب باران ساختمان، استفاده از اتصال های زیر مجاز نیست: اتصال با سیمان یا بتن، اتصال با خمیرهای قیردار، اتصال با رینگهای لاستیکی برای لوله های با قطرهای متفاوت، استفاده از چسب برای اتصال لوله و فیتینگ پلاستیکی ناهمجنس.

نردبان: نردبان وسیله ای ثابت یا متحرک است که به منظور دسترسی، بالا رفتن یا پایین آمدن به صورت شیب دار با زاویه بیش از ۵۰ درجه نسبت به افق، در عملیات ساختمانی مورد استفاده قرار می گیرد و معمولاً شامل دو قطعه در کنار به نام پایه و قطعاتی غیر لغزنده در وسط به نام پله می باشد. به طور کلی باید هر راه پله با زوایه شیب بیش از ۵۰ درجه، نردبان در نظر گرفته شود. (نردبان متحرک، ۵۰ تا ۷۵ درجه و نردبان ثابت، ۵۰ تا ۹۰ درجه) در صورت عدم دسترسی به وسایل مطمئن برای رسیدن به نقاط فوقانی ساختمان یا برای دسترسی موقت به طبقات، قبل از ایجاد راه پله دائم یا موقت، می توان از انواع مختلف نردبان اعم از چوبی، فلزی، یک طرفه، دو طرفه، ثابت و متحرک با رعایت موارد زیر استفاده نمود: الف: از نردبانهایی که پله ها یا پایه های آن ترک خورده یا نقص دیگری داشته باشند، نباید استفاده شود. ب: پایه ها و تکیه گاه نردبان باید در جایی ثابت قرار گیرد، به طوری که امکان هیچ لغزشی وجود نداشته باشد. همچنین پله ها و پایه های نردبان به مواد روغنی و لغزنده آلوده باشد. هنگام استفاده از نردبان، حمل بار با دست ممنوع می باشد. ج: پله های نردبان فلزی باید آجدار باشند تا از لغزش پا بر روی آنها پیشگیری به عمل آید. د: نردبان را نباید جلوی دربی که باز است یا قابل باز شدن است، قرار داد مگر آنکه درب به نحو مطمئن بسته یا قفل شده باشد. هـ: طول نردبان باید حداقل یک متر از کفی که برای رسیدن به آن مورد استفاده قرار می گیرد، بلندتر بوده و این قسمت اضافی فاقد پله باشد. در مواردی که رفت و آمد زیاد است و همچنین در ساختمانهای بیش از دو طبقه، باید از نردبانهای جداگانه برای بالا رفتن و پایین آمدن استفاده شود و در هیچ حالتی نباید از یک نردبان بیش از یک نفر به طور همزمان استفاده کنند. در نردبانهای ثابت باید حداکثر در هر ۹ متر یک پاگرد تعبیه شود و هر قطعه از نردبان که بین دو پاگرد قرار دارد، نباید در امتداد قطعه قبلی باشد. همچنین نردبان و پاگرد آن باید به وسیله نرده مطابق مفاد بخش مربوطه محافظت شود. افزودن ارتفاع نردبان با قرار دادن اجسامی از قبیل جعبه یا بشکه در زیر پایه های آن یا اتصال دو نردبان کوتاه به یکدیگر مجاز نیست. به علاوه نباید نردبان یک طرفه با طول بیش از ده متر مورد استفاده قرار گیرد. نردبان دو طرفه باید مجهز به قید یا ضامنی باشد که از به هم خوردن شیب آن جلوگیری به عمل آید. ضمناً در حالت باز نباید ارتفاع آن از ۳ متر بیشتر باشد. چنانچه نردبان در محلی که احتمال لغزش دارد، قرار داده شود، باید به وسیله گوه یا کفشک لاستیکی شیار دار یا وسایل و موانع دیگر از لغزش و حرکت پایه ها جلوگیری شود. همچنین تکیه گاه بالا باید دارای استحکام کافی باشد.

نرده حفاظتی: نرده حفاظتی موقت حفاظی است قائم که باید برای جلوگیری از سقوط افراد که ارتفاع سقوط بیش از ۱۲۰ سانتیمتر باشد نصب گردد. الف: ارتفاع نرده حفاظتی موقت از کف طبقه یا سکوی کار نباید از ۹۰ سانتیمتر کمتر از ۱۱۰ سانتیمتر بیشتر باشد. همچنین ارتفاع نرده حفاظتی موقت راه پله و سطوح شیبدار نباید از ۷۵ سانتیمتر کمتر و از ۸۵ سانتیمتر بیشتر باشد. ب: نرده حفاظتی باید در فواصل حداکثر ۲ متر، دارای پایه های عمودی بوده و ساختمان و اجزای سازه آن دارای چنان مقاومتی باشد که بتواند در مقابل حداقل صد کیلوگرم نیرو بر متر مربع و ضربه وارده در تمام جهات مقاومت نماید. به علاوه نرده باید مقاومت لازم را برای مواقعی که در معرض برخورد با وسایل نقلیه و سایر وسایل متحرک قرار می گیرد، داشته باشد.

نرده حفاظتی موقت راه پله

نرده محافظ: حایل حفاظتی و ایمنی که برای جلوگیری از پرت شدن از ارتفاع طراحی شده باشد.

نسبت تغییر مکان طبقه: نسبت تغییر مکان نسبی طبقه به ارتفاع طبقه.

نسبت های اختلاط: نسبت های اختلاط مواد تشکیل دهنده بتن براساس تجارب کارگاهی و استفاده از مخلوط های آزمایشی در آزمایشگاه مبتنی بر روشهای متداول با مصالح مصرفی کارگاه تعیین می شوند.

نشانه گذاری و بسته بندی میلگردها: میلگردهای S240، S340 و S400 با قطر(mm 12 ≥ bd) به صورت کلاف و یا به صورت شاخه مستقیم با طول های مساوی بسته بندی می شوند. قطر کلاف میلگردهای کلاف باید حداقل ۲۰۰ برابر قطر میلگرد باشد. میلگردهای S240، S340 و S400 با قطر(mm 14 ≤ bd) ، و نیز تمامی میلگردهای S500 فقط به صورت شاخه مستقیم با طول های مساوی بسته بندی می شوند. بر روی شاخه های میلگردهای آجدار تولیدی، به صورت یک در میان باید علامت مشخصه ای حک شود تا از روی آن نام کارخانه سازنده و نوع میلگرد معلوم شود. هر یک از بسته های میلگرد باید دارای حداقل دو پلاک فلزی باشد که بر روی هر یک از پلاک های مزبور مشخصات زیر به صورتی خوانا حک و یا به صورتی که نتواند مخدوش شود نوشته شده باشد: شماره بسته. نوع میلگرد (ساده ۲۴۰ ، آجدار ۳۴۰ ، . . .). نمره میلگرد (قطر اسمی برحسب میلیمتر). وزن بسته (برحسب کیلوگرم). شماره ذوب یا بهر. نشانه تأییدیه کنترل کیفیت از سوی کارخانه سازنده. نام یا نشانه تجارتی کارخانه سازنده. علامت استاندارد.

نمونه ای از پلاک مشخصات محموله فولاد

نشانه های ترسیمی: استفاده از نشانه های ترسیمی متفرقه به طور کلی ممنوع خواهد بود.

نشت گاز: اگر به وسیله روشهای فوق وجود نشت گاز مشاهده گردد، باید تمام وسایل گازسوز و مجاری خروجی مربوط به این سیستم را آزمایش نمود. در صورتی که اطمینان حاصل شود که کلیه شیرها بسته است و هیچ یک از این تجهیزات نشت نمی کند، معلوم خواهد شد که نشت گاز در سیستم لوله کشی می باشد. در این شرایط باید شیر اصلی گاز را بست و پس از پیدا کردن محل

نشت گاز تعمیرات لازم را برای بر طرف کردن آن انجام داد. سپس آزمایشها را تکرار نمود. برای پیدا کردن محل نشتی گاز، هرگز از شعله استفاده نشود، برای این کار باید از مایع کف کننده مانند صابون و یا ما یع ظرفشویی استفاده کرد.

نشت گاز و استشمام بوی گاز: در صورت نشت گاز و یا استشام بوی آن، قبل از هر کاری باید دقت کرد که در محل آن هیچگونه جرقه ای زده نشود، از روشن کردن کبریت، فندک و امثال آن و همچنین از روشن و یا خاموش کردن وسایل برقی، خودداری و دستورات زیر اجرا شوند. فوراً شیر اصلی گاز بسته شود، افراد خانواده از محل آلوده به گاز خارج شوند، در و پنجره ها باز شوند، با تکان دادن حوله پنبه ای مرطوب جریان خروج هوای آلوده به گاز تسریع شود، چنانچه محل آلوده به گاز تاریک باشد، برای روشنایی محل از چراغ قوه که در خارج از فضای آلوده به گاز روشن شده، استفاده شود، در صورت بروز هر نوع آتش سوزی در ساختمان چون وجود گاز در لوله احتمالاً باعث تشدید آتش سوزی خواهد شد، فوراً شیر اصلی ورود گاز به ساختمان که بعد از کنتور قرار دارد بسته شود تا جریان گاز به داخل ساختمان قطع گردد. در صورت بروز هر گونه حادثه منجر به نشت گاز، بدون فوت وقت و با خونسردی کامل با شماره تلفن های پست امداد شرکت گاز ناحیه تماس گرفته شود. نکات مهم:

۱) باید توجه داشت که برای پیدا کردن محل نشت گاز هر گونه از شعله کبریت و امثال آن استفاده نشود و تنها با استفاده از محلول صابون و یا مایع ظرفشویی نسبت به نشت یابی اقدام گردد. تشکیل شدن حباب علامت نشت گاز است.

۲) از جابجا کردن وسایل گاز سوزی که مستقیماً به لوله ثابت متصل است باید خودداری کرد، ولی چنانچه این امر لازم باشد برای تغییر محل لوله گاز آن، باید به مؤسسه مجاز مراجعه کرد.

۳) آب بندی اتصالات گاز پس از هر تغییر وضعیت ضرورت دارد.

۴) وسایل گازسوز مانند آب گرم کن، بخاری و یا اجاق گازهای بزرگ که به طور ثابت در یک محل نصب می شوند، باید به وسیله لوله فلزی به سیستم لوله کشی ساختمان وصل گردد و از جابجایی آن خودداری شود.

۵) در صورتی که قصد توسعه لوله کشی در داخل منزل باشد، حتماً این موضوع با شرکت گاز در میان گذاشته شود تا ضمن دریافت راهنمایی لازم، چنانچه نیاز به تعویض تنظیم کننده و کنتور باشد اقدام گردد.

۶) گاهی ایجاب می کند که تغییرات جزئی در لوله کشی گاز منزل انجام شود یا به علت نقصی در سیستم لوله کشی، پاره ای تعمیرات لازم گردد، این تغییرات و تعمیرات هر چند به ظاهر ساده باشد، ولی باید توسط اشخاص متخصص یا موسسات صلاحیت دار انجام شود.

۷) توسعه لوله کشی داخلی و یا اضافه کردن دستگاههای گازسوز بدون اطلاع شرکت گاز ناحیه ممنوع است.

۸) معایب و نواقص قسمت های مختلف دستگاههای گازسوز هر قدر هم که جزئی باشد، مهم است و برای تعمیر آنها باید فوراً با نمایندگی فروش دستگاههای مزبور و یا تعمیر کاران مجرب تماس گرفته شود.

۹) اجاق گاز باید همیشه تمیز گردد، برای این کار باید شیر مصرف را بست و سپس مشعل ها و ضمائم آن را برداشته و کاملاً تمیز کرد و پس از خشک کردن، آنها را در محل خود قرار داد.

۱۰) از نصب آب گرم کن گازی در اتاقی که به طور عادی در آن هوا جریان ندارد خودداری شود زیرا، باعث کمبود اکسیژن شده و می تواند ایجاد خفگی نماید.

۱۱) نصب هر گونه وسیله گازسوز در حمام مغایر اصول ایمنی و ممنوع می باشد.

۱۲) مسدود شدن دودکش سبب سوخت ناقص گاز وسایل گازسوز و ایجاد گازهای خطرناک و مسموم کننده می‌شود که این امر باعث خفگی در اثر گازگرفتگی می گردد.

۱۳) باید همواره محل اتصال دودکش به وسایل گازسوز بازرسی و از محکم بودن آن اطمینان حاصل شود.

۱۴) در صورتی که بعد از فصل سرما، بخاری جمع آوری شود، حتماً انتهای شیر با درپوش مسدود گردد و در هنگام وصل مجدد از افراد با صلاحیت کمک خواسته شود.

۱۵) هر چه گاه یکبار کلاهک دودکش های وسائل گازسوز بازرسی گردد و چنانچه کلاهک آن افتاده باشد، در محل خود نصب شود.

۱۶) کلاهک علاوه بر اینکه از نفوذ باران و برف و افتادن سایر اشیاء و ورود پرندگان بداخل دودکش جلوگیری می کند، در منظم سوختن وسیله گاز سوز نیز مؤثر است.

۱۷) انتهای دودکش های توی کار باید حداقل یک متر از سطح پشت بام بالاتر باشد.

۱۸) لازم است که هوای کافی برای سوختن گاز، به بخاری گازسوز برسد. وجود روزنه های زیر درها برای این منظور مفید خواهد بود.

۱۹) در صورتی که سوخت بخاری ناقص بوده و یا با شعله آبی نسوزد، باید آن را جدی گرفت، زیرا ممکن است این نقص ناشی از نرسیدن هوای کافی به بخاری باشد.

نشت هوا: ورود یا خروج هوا در ساختمان از منافذ و مجراهایی غیر از محل های پیش بینی شده که باعث تعویض هوا می شود.

نصب تأسیسات بهداشتی: اجرای کار و نصب تأسیسات بهداشتی باید رعایت پایداری و مقاومت سازه ساختمان انجام گیرد و مراقبت شود که در جریان اجرای تأسیسات هیچ آسیبی به دیوارها و دیگر اجزای ساختمان وارد نشود. فاضلاب خروجی از هر یک از لوازم بهداشتی و دیگر مصرف کننده های آب باید با اتصال مستقیم یا غیرمستقیم، به طور اطمینان بخشی به شبکه لوله کشی فاضلاب بهداشتی ساختمان (یا ملک)، طبق الزامات مقرر شده در مبحث مربوطه، متصل شود. آب مصرفی هر یک از لوازم بهداشتی و دیگر مصرف کننده ها باید با اتصال مستقیم یا غیرمستقیم، به طور اطمینان بخش به شبکه لوله کشی توزیع آب مصرفی ساختمان (یا ملک)، طبق الزامات مقرر شده در مبحث مربوطه، متصل شود. هیچ یک از لوله کشی ها و دیگر اجزای تأسیسات بهداشتی، جز کفشوی یا حوضچه و پمپ کف چاه آسانسور، نباید داخل چاه آسانسور یا اتاق ماشین های آن نصب شود. تخلیه این کفشوی (یا حوضچه) باید با اتصال غیرمستقیم به شبکه لوله کشی فاضلاب بهداشتی ساختمان انجام شود. اندازه های لوله و فیتینگ در مقررات اندازه های نامی است، مگر آن جز آن مشخص شده باشد.

نصب دریچه بازدید: دریچه بازدید باید در جایی و به ترتیبی نصب شود که دسترسی به آن آسان باشد و به سهولت بتوان از آن نقطه با فرستادن فنر، یا ابزار دیگر، گرفتگی لوله را بر طرف کرد. فاصله دریچه بازدید از دیوار مقابلش باید دست کم ۴۵ سانتی متر باشد. دریچه بازدید که روی لوله فاضلاب نصب می شود باید با واشر مناسب و پیچ و مهره کاملاً آب بند و گازبند شود تا فاضلاب از آن نقطه به داخل ساختمان نشت نکند و گازهای داخل لوله به فضاهای داخل ساختمان نفوذ پیدا نکند. اگر لوله افقی یا قائم در اجزای ساختمان دفن شود دسترسی به دریچه بازدید باید با نصب یک دریچه که تا سطح تمام شده کف یا دیوار ادامه دارد، امکان پذیر شود. دریچه بازدید باید طوری روی لوله فاضلاب قرار گیرد که دهانه آن در خلاف جهت جریان فاضلاب یا عمود بر آن باشد. اگر دریچه بازدید در محلی نصب شود که احتمال یخ زدن آن داخل لوله باشد، باید آن را در برابر یخ زدن حفاظت کرد. نصب دریچه بازدید در فضاهای تهیه موارد خوراکی (مانند نانوایی، قصابی، شیرینی پزی و فضاهای پخت و پز) مجاز نیست.

نصب صنعتی سازه های فولادی: نصب هر قطعه باید براساس شماره آن قطعه در موقعیت تعیین شده طبق نقشه های نصب صورت گیرد. ترتیب و مراحل نصب قطعات و اجرای اتصالات در کل سازه باید مطابق مشخصات فنی تهیه شده توسط طراح پروژه باشد. قطعاتی که در مراحل نصب، خود ایستا نباشند، باید توسط مهار موقت به نحو مطمئنی نگهداری شوند. زمان برچیدن این مهارها باید طبق نظر ناظر تعیین گردد. برای نصب قطعات باید وسایل بلند کننده متناسب با وزن قطعات مهیا گردند. باید با تمهیدات مختلف از قبیل تعبیه وزنه های کافی در محل مناسب روی دستگاه بلند کننده، از واژگونی دستگاه جلوگیری نمود. همچنین تکیه گاههای دستگاه بلند کننده روی زمین باید از ایستایی کافی با توجه به وضع خاک موجود برخوردار باشند. در صورتیکه اجزای سازه با اتصالات پیچی به یکدیگر متصل می شوند با تمهیداتی از قبیل پیش نصب و ساخت براساس اندازه های دقیق بکار رود تا از تناسب و جفت شدن قطعات به یکدیگر در زمان نصب اطمینان حاصل شود. تمهیدات لازم برای حمل و جابجا کردن درست قطعات از قبیل نصب گیره هایی با مقاومت کافی به تعداد کافی و در محل های مناسب قطعات باید به عمل آید. قطعاتی که در موقع حمل دچار آسیب دیدگی شده اند باید قبل از نصب، ترمیم و سپس در جای خود نصب شوند. این ترمیم ممکن است بوسیله حرارت و یا چکش کاری به شرطی که باعث از بین رفتن خواص باربری قطعه نگردد، با تأئید ناظر انجام شود. پیچ های مهاری داخل پی ها که ستون ها به آنها بسته می شوند، باید قبل از بتن ریزی از نظر فواصل و محورها در تمام ارتفاع و تراز ها در مرحله

دقیقا کنترل و گزارش مربوطه تهیه گردد تا صحت اجرای پی قبل از نصب ستونها محرز گردد. در صورت عدم احراز شرط فوق باید قبل از شروع نصب، تمهیدات لازم از نظر اصلاح پی ها و یا در صورت امکان اصلاحات روی قطعات سازه فولادی پیش بینی واجرا گردد. تراز کردن کف ستون ها توسط مهره های قابل تنظیم در زیر آنها و پر کردن زیر کف ستون با ملات مقاوم بدون وارفتگی و تامین کننده تماس کامل بین کف ستون و ملات انجام می شود. برای نصب اولیه قطعات می توان از پیچ های پیش نصب بصورت موقت استفاده نمود و پس از اطمینان از صحت نصب، پیچ های اصلی را جایگذاری و محکم نمود. کلا هر گونه اعمال نیرو به ستون ها که منجر به خروج امتداد ستونها از حدود مجاز رواداری شاقولی شود، ممنوع است. تکمیل اتصالات سازه ای و پر کردن ملات زیر ورق های کف ستون نصب شده، نباید تا هنگامی که بخش قابل قبولی از سازه، تراز، شاغول، همبر و مهاربندی شده باشد، انجام شود. اتصالات سازه ای پیش از تکمیل باید دارای مقاومت کافی برای تحمل بارهای ضمن نصب با ضریب اطمینان کافی باشند. در این امر باید از مشخصات فنی طرح و نقشه های نصب و نظر ناظر پیروی شود. باید توجه کافی به اثر تغییرات دمای محیط بر ابعاد قطعات سازه ای و وسائل فلزی اندازه گیری طول در هنگام پیاده کردن نقشه و نصب سازه مبذول شود. باید از یک درجه حرارت مرجع مطابق مشخصات فنی طرح و یا نظر ناظر پیروی شود. نصب سازه زمانی پایان یافته تلقی می شود که کلیه قطعات طبق نقشه در محل خود قرار گرفته و اتصالات آنها طبق مشخصات فنی، کاملا تکمیل شده باشند و ستونها تا حد رواداری مجاز شاقول و تیرها نیز در همین حد تراز باشند. تشخیص و تأئید این امر بوسیله ناظر صورت می گیرد.

نصب قطعات پیش ساخته بتنی: قطعات پیش ساخته بتنی باید طوری طراحی و ساخته شوند ک عملیات نقل و انتقال، جابجایی و نصب و برپا کردن آنها به راحتی و با ایمنی کامل انجام شود و وزن تقریبی قطعات نیز بر روی آنها نوشته یا حک گردد. قلاب ها یا سایر وسایلی که در قطعات پیش ساخته بتنی به منظور سهولت جابجایی و بلند کردن آنها پیش بینی و تعبیه می گردند، باید از نظر فرم، ابعاد و موقعیت نصب به ترتیبی باشند که:

الف) در برابر نیروهایی که برای آنها وارد می شود، مقاومت کافی داشته باشند.

ب) در داخل خود قطعه و در اسکلت ساختمان باعث ایجاد نیروهای مخربی نگردند.

ج) پس از استقرار قطعات در محل نصب خود، به راحتی از وسایل و ادوات بالابرها و جرثقیل ها جدا گردند. د: قلاب ها و ادوات مذکور در قطعات پیش ساخته بتنی مربوط به سقف ها و پلکان ها به نحوی تعبیه شده باشند که پس از نصب قطعه، بالاتر از سطح کار قرار نگیرند. هنگام نصب قطعات پیش ساخته بتنی، محوطه اطراف ساختمان که امکان سقوط قطعات به داخل آنها وجود دارد، باید مورد مراقبت دقیق قرار گرفته و محصور گردد.

نمونه ای از قطعات پیش ساخته بتنی نصب شده

نصب کنتور: کنتور باید در داخل محدوده ملک مشترک، حتی الامکان بلافاصله پس از تنظیم کننده فشار قرار گیرد. در صورتی که مکان مناسبی در نزدیکی تنظیم کننده فشار وجود نداشته باشد باید کنتور را در جایی نصب کرد که در معرض جریان هوا باشد. در صورتی که کنتور در داخل محفظه مخصوص، که در دیوار تعبیه گردیده است، نصب شود، در این محفظه که معمولاً بسته است باید به وسیله هواکش به فضای آزاد راه داده شود، کنتور نباید در محل هایی که امکان بروز و تشدید آتش سوزی دارد، نصب گردد، کنتور باید در مکان و وضعیتی نصب گردد که به راحتی قابل خواندن و دسترسی برای تعمیر و سرویس باشد. ارتفاع محل نصب کنتور بر روی دیوار تا کف زمین باید حدود ۱/۵ متر باشد. ضمناً باید کنتور طوری نصب شود که در معرض صدمات فیزیکی قرار نداشته باشد، در زمان اجرای سیستم لوله کشی گاز باید در محلی که برای نصب کنتور در نظر گرفته شده است، یک مهره و ماسوره یا فلنج روی سیستم لوله کشی نصب شود تا در زمان نصب کنتور در این محل، مشکلی از نظر لوله کشی پیش نیاید. فاصله کنتور از منابع تولید اشتعال از قبیل کوره، آب گرم کن باید حداقل یک متر باشد، فاصله کنتور از سیم های برق که روی کار نصب شده اند باید حداقل ۱۰ سانتیمتر و از کنتور برق ۵۰ سانتیمتر باشد.

نصب لوازم بهداشتی: آن دسته از لوازم بهداشتی که روی کف یا به دیوار نصب شوند و لوله فاضلاب از کف یا دیوار به آنها متصل می شود، باید با پیچ و مهره و فلج، از نوع مقاوم در برابر خوردگی، به کف یا دیوار محکم شوند. اتصال لوله خروجی فاضلاب لوازم بهداشتی، که به لوله فاضلاب خروجی از کف یا دیوار متصل می شود، باید کاملاً آب بند و هوابند باشد. اتصال لوله ورودی آب به لوازم بهداشتی باید به نحوی باشد که برگشت جریان اتفاق نیفتد. دستشویی، توالت غربی، پیسوار و دیگر لوازم بهداشتی که به دیوار نصب می شوند، باید طوری به اجزای ساختمان متصل و محکم شوند که وزن این لوازم بهداشتی به لوله ها و اتصال ها وارد نشود. لوازم بهداشتی باید در وضعیت تراز و به موازات سطوح دیوارهای مجاور نصب شوند.

نصب هادیهای خنثی و حفاظتی: هادی خنثی (N) یا هادی مشترک حفاظتی- خنثی (PEN) باید با همان عایقبندی و دقتی که در نصب هادیهای فاز به عمل می آید نصب شود و در صورتیکه هادی حفاظتی همراه با مدار اصلی کشیده شود باید با آن نیز به ترتیب یاد شده رفتار شود.

نصب و برپایی تأسیسات الکتریکی: برای نصب تأسیسات الکتریکی باید استادکاران آزموده را به کار گرفت و از لوازم و تجهیزات مناسب استفاده کرد. در خلال عملیات نصب، نباید در مشخه های تجهیزات الکتریکی، چنان که در این مقررات مشخص شده است، خللی وارد آید. هادی حفاظتی و هادی خنثی باید با استفاده از رنگ آمیزی یا به نحوی دیگر، حداقل در محل ترمینالها قابل تشخیص باشند، این هادیها باید در تمام طول کابلها و بندهای قابل انعطاف، با استفاده از رنگ آمیزی قابل تشخیص باشند. اتصالات بین هادیها یا هادیها و تجهیزات الکتریکی باید به نحوی انجام شود که دوام و ایمنی آنها تضمین شده باشد. کلیه تجهیزات الکتریکی باید به نحوی نصب شوند که در شرایط پیش بینی شده به سیستم خنک کننده آنها خللی وارد نیاید. کلیه انواع تجهیزات الکتریکی که احتمال دارد دمای زیاد یا قوس الکتریکی ایجاد کنند، باید به نحوی مستقر یا حفاظت شوند که خطر ایجاد آتش سوزی در موارد قابل اشتعال از آنها رفع شده باشد.

نصب و راه اندازی وسایل گازسوز: نصب وسایل گازسوز فقط در محل پیش بینی شده بر طبق نقشه گازرسانی ساختمان که محل استقرار، نحوه هوارسانی و مشخصات دودکش آن به تأیید مهندس ناظر رسیده باشد، مجاز است. کلیه وسایل گازسوز باید توسط افرادی که دارای پروانه صلاحیت باشند، نصب و راه اندازی شوند. دستگاههای گازسوز و متعلقات آنها باید با استانداردهای مربوط به آن دستگاه ها مطابقت داشته باشد. قبل از اتصال هر دستگاه به لوله کشی گاز، باید اطمینان حاصل شود که دستگاه برای استفاده از گاز طبیعی تنظیم شده است. دستگاههای گازسوز را نباید در مکان هایی که معولا گازهای قابل اشتعال در فضای آنها پخش می‌شود کار گذاشت، مگر آنکه این دستگاهها در فضای مستقل دیگر نصب شود. محل نصب دستگاههای گازسوز دودکش دار باید به گونه ای انتخاب شود که قابلیت نصب دودکش طبق این مقررات وجود داشته و امکان تخلیه گازهای حاصل از احتراق به فضای خارج ممکن باشد. دستگاههای گازسوز که نیاز به دودکش ندارند باید در محلی نصب شوند که امکان تهویه و تخلیه گازهای حاصل از احتراق به صورت طبیعی و یا مکانیکی وجود داشته باشد. هنگام اتصال یک دستگاه گازسوز جدید به یک سیستم لوله کشی موجود، باید اطمینان حاصل شود که ظرفیت آن سیستم برای اتصال دستگاه جدید کافی است. در غیر این صورت، ظرفیت سیستم باید به حد لازم اضافه گردد یا لوله مجزایی با ظرفیت کافی از محل نصب کنتور تا محل دستگاه کشیده

شود. دستگاه گازسوز باید چنان کار گذارده شود که اتکاء کافی به محل نصب داشته باشد تا در اثر اتصال به لوله کشی هیچ نوع تنش غیر مجاز پیچشی، برشی، کششی و یا فشاری در محل اتصال به لوله کشی وارد نیاید.

نعل درگاه در ساختمانهای خشتی: نعل درگاه می تواند از چوب یا خشت باشد. در صورتی که نعل درگاه چوبی باشد باید از چوبهایی به قطر یا ضخامت حداقل ۵ سانتیمتر استفاده شود. مجموع قطر یا عرض چوبهای به کار رفته در نعل درگاه باید حداقل دو سوم ضخامت دیوار را بپوشاند. نعل درگاه باید از هر طرف حداقل به اندازه ضخامت دیوار ادامه داشته و در دیوار مهار شود. نعل درگاه خشتی باید به صورت قوسی با حداقل خیز برابر با یک سوم عرض دهانه درگاه ساخته شود.

نعل درگاه ساختمانهای آجری با کلاف: برای نصب نعل درگاهها رعایت شرایط زیر الزامی است: طول نشیمن نعل درگاه بر روی دیوار در هر طرف باید حداقل ۲۵ سانتیمتر باشد. در صورت استفاده از کلافهای قائم در اطراف بازشوها، نعل درگاه باید به نحو مناسبی به آنها متصل شوند. عرض نعل درگاه باید مساوی ضخامت دیوار باشد.

نعل درگاه در دیوار آجری

نعل درگاه ساختمانهای آجری بدون کلاف: برای نصب نعل درگاهها رعایت شرایط زیر الزامی است: طول نشیمن نعل درگاه بر روی دیوار در هر طرف باید حداقل ۳۰ سانتیمتر باشد. در صورت استفاده از کلافهای قائم در اطراف بازشوها، نعل درگاه باید به نحو مناسبی به آنها متصل شوند. عرض نعل درگاه باید مساوی ضخامت دیوار باشد.

نعل درگاه ساختمانهای سنگی: نعل درگاه می تواند از چوب یا خشت باشد. در صورتی که نعل درگاه چوبی باشد باید از چوبهای به قطر یا ضخامت حداقل ۵ سانتیمتر استفاده شود. نعل درگاه باید از هر طرف حداقل به اندازه ضخامت دیوار ادامه داشته و در دیوار مهار شود. نعل درگاه خشتی باید به صورت قوسی با حداقل خیز برابر با یک سوم عرض دهانه درگاه ساخته شود.

نفوذ بیش از حد: این عیب در اثر نفوذ بیش از حد ریشه جوش ایجاد می‌شود. در صورتی که نفوذ جوش در سرتاسر جوش بیش از ۳ میلی متر باشد قابل قبول نبوده و باید جوش بریده شود.

نقاشی و پوشش سطوح با مواد شیمیایی و یا دیگر مواد قابل اشتعال: هنگام نقاشی و پوشش سطوح با مواد شیمیایی و یا سایر مواد قابل اشتعال، باید محل کار به طور طبیعی تهویه گردد. چنانچه از تهویه مصنوعی استفاده شود،باید دستگاه در خارج از فضای کار قرار داده شده و قبل از شروع کار روشن گردد. در هنگام چسباندن موکت و یا پوشش های پلاستیکی و نظایر آن، استعمال دخانیات و یا استفاده از کبریت، فندک و غیره باید اکیداً ممنوع گردد. همچنین باید از عملیاتی از قبیل جوشکاری یا برش حرارتی در مجاورت محل کار جلوگیری به عمل آید. وسایل اطفاء حریق، مناسب با نوع آن باید آماده و در دسترس باشد.

نقاط مصرف (سرهای انتهایی): بر روی تمام سرهای انتهایی لوله ها باید پس از اجرای لوله کشی، یک شیر نصب گردد و دهانه خروجی این شیرها با درپوش های دنده ای طوری مسدود شوند که با باز کردن شیر، گاز نتواند از آنها نشت کند و تا وقتی که دستگاههای گازسوز به آنها متصل نشده است، مسدود بمانند. سرهای انتهایی در لوله کشی روکار باید در محل خود توسط بستهای فلزی به دیوار محکم گردد. سرهای انتهایی نباید در پشت درها واقع شود.

نقشه ها و مدارک فنی: هر ساختمان فولادی لازم است دارای مجموعه ای از نقشه های محاسباتی، نقشه های کارگاهی، نقشه های نصب و مدارک مربوط به مشخصات فنی خصوصی باشد. با توجه به اهمیت و پیچیدگی هر ساختمان ممکن است تعدادی از این مدارک مورد نیاز نبوده و یا با هر ادغام گردند. لازم است نقشه های محاسباتی به همراه مدارک مربوط قبل از آغاز هر گونه عملیات اجرایی آماده باشد. نقشه های کارگاهی و نقشه های نصب می توانند به تناسب عملیات اجرایی تحویل ناظر شود. ناظر پس از مطالعه از نظر کامل بودن اطلاعات اجرایی، آن را پس از تصویب به سازنده ابلاغ میکند. مشخصات فنی عمومی و خصوصی باید حاوی کلیه اصلاعات لازم برای اجرای پروژه با کیفیت صحیح و مطلوب باشد. قسمتی از این مشخصات ممکن است در حاشیه نقشه ها قید شود یا به صورت دفترچه های مجزا به سازنده تحویل گردد.

نقشه های اجرایی تأسیسات الکتریکی: برای دریافت مجوز و متعاقب آن اجرای تأسیسات الکتریکی در هر ساختمان لازم است نسخه های نقشه های اجرایی تأسیسات الکتریکی همراه با مدارک دیگر، به تعداد لازم حاوی اجزاء، اطلاعات و توضیحات کافی، برای تصویب، تحویل ناظر رسمی اجرای این مقررات شود. نقشه های نشان دهنده محل فیزیکی لوزام، تجهیزات، وسائل، دستگاهها، مدارها و دیگر اجزای تأسیسات باید در زمینه ای از نقشه های معماری ساختمان، شامل کلیه اجزای اصلی اجرایی آن، پیاده شود. مقایس نقشه ها نباید از ۱/۱۰۰ کوچکتر باشد. نقشه های مربوط به تأسیسات جریان ضعیف در مورد موافقت ناظری اجرای مقررات نباید از مقایس ۱/۲۰۰ کوچکتر باشد. نقشه ها و نمودارها باید خوانا و واضح باشد و به نحوی تهیه شده باشد که بین خطوط و اجزاء و نوشته‌های مربوط به تأسیسات و زمینه، هیچگونه ابهامی وجود نداشته باشد. برای نمایش اجزاء، تجهیزات و لوازم تأسیسات الکتریکی در نقشه ها و نمودارها باید از نشانه های ترسیمی استاندارد، استفاده شود. اندازه های نشانه های ترسیمی باید متناسب با مقایس نقشه های زمینه انتخاب شود. نمودارهای و اجزای توضیحی و نمودارهای بالا رو (رایزر) و طرحواره ها و جداول و غیره، که احتیاج به زمینه نقشه معماری ندارند، باید بر روی نقشه های مجزا و یا در صورت وجود حواشی خالی، در پلانها ترسیم شوند. ابعاد نقشه ها باید استاندارد و با ابعاد نقشه های معماری یکسان باشد. برای خوانا بودن نقشه ها، ذکر اندازه ها و دیگر یادداشتهای مربوط به معماری و مسائل بنایی و نظایر آن بر روی نقشه های زمینه لازم نخواهد بود، اما مقیاس نقشه حتماً باید ذکر شود. در صورت احتیاج، برای توضیح بعضی از اجزای مربوط به تأسیسات باید از نقشه های مقاطع و نماها و غیره و یا بخشی از آنها استفاده شود. هر گونه طرحواره، نمودار، جدول، نقشه توضیحی یا نقشه جزئیات که برای روشن شدن مسائل اجرایی لازم است باید جزو نقشه های اجرایی ارائه شود. در انتخاب محل و نحوه نصب کلیه تجهیزات و مسیر همه مدارها و غیره باید به ملاحظات معماری توجه شود و امکانات ساختمانی سنجیده و سایر تأسیسات موجود در نظر گرفته شود و از طریق کسب نظر مسئولان مربوط هماهنگی لازم با همه آنها به عمل آید. در کنار نشانه ترسیمی دستگاهها، وسائل، تجهیزات و دیگر اجزای مصرف کننده یا کنترل کننده برق و نظایر آن (مانند چراغها، پریزها، دستگاهها، کلیدها و غیره) باید قدرت مصرفی و سایر مشخصات مهم آنها ذکر شود. به جای این کار می توان با استفاده از نوعی کد که ممکن است از یک یا چند حرف یا عدد یا ترکیبی از آ«ها یا به روش مناسب دیگر تشکیل شده باشد، استفاده کرد و در جای دیگر از نقشه ها (شرح نشانه های اختصاری یا شرح جزئیات تابلوها و غیره) مشخصات لازم را در برابر کد مربوط ذکر کرد. نقشه های تأسیسات الکتریکی باید کلیه لوازم و اجزای پیش بینی شده را به شرح زیر در محل نصب آنها نشان دهد:

الف) چراغها، با ذکر نوع و توان مصرفی آنها،

ب) پریزها، با ذکر نوع آنها (در صورت احتیاج)،

ج) کلیدهای فرمان چراغها و دیگر تجهیزات. اگر از نظر تشخیص پیوند چراغی با کلید فرمان آن احتمال بروز سوء تفاهم وجود داشته باشد، باید با استفاده از نوعی علامت این ارتباط را مشخص کرد.

د) نوع و مشخصات اصلی اجزای تأسیسات جریان ضعیف. چنانچه تأسیسات الکتریکی ساختمان از انواع سیستمهای مختلف تشکیل شده باشد و امکان بروز سوء تفاهم در خواندن نقشه ها وجود داشته باشد، سیستمهای موجود باید به دو یا چند گروه تفکیک و بر روی دو یا چند سری نقشه زمینه ثابت و تحویل شوند.

ه) نوع و توان مصرفی و سایر مشخصات لازم وسائل، دستگاهها و لوازم نصب ثابت،

و) محل و نوع تابلوهای حفاظت و کنترل،

ز) جزئیات تابلوهای حفاظت و کنترل به صورت نمودار تک خطی، با ذکر نوع و یا توان یا جریان مجاز کلیه اجزای تشکیل دهنده آن به شرح زیر: ۱- مشخصات اصلی وسائل قطع و وصل و حفاظتی تابلو برای مدارهای ورودی و خروجی شامل نوع، جریان نامی، قدرت قطع و غیره، ۲- نوع، تعداد رشته ها و سطح مقطع مدارهای خروجی و ورودی، با ذکر تجهیزاتی که تغذیه می کنند و توان آنها برای مدارهای خروجی و مبداء مدارهای ورودی، ۳- توان کل نصب شده و حداکثر درخواست تابلو به وات یا کیلووات وضریب توان تخمین، ۴- نوع، توان مصرفی و سایر مشخصات لوازم جنبی (وسائل اندازه گیری، نشانگر، فرمان و غیره). برای تابلوهای اصلی باید اطلاعات لازم برای انتخاب صحیح شینه های اصلی، با توجه به توسعه در آینده و حداکثر قدرت اتصال کوتاه احتمالی در محل نصب، ذکر شود.

ح) مسیرها و مشخصات اصلی مدارها به شرح زیر:

۱- مدارهای نهایی قدرت – مدارهایی که تابلوها را به مصرف کننده ها و کلیدهای فرمان آنها وصل می کنند (چراغها، کلیدها، پریزها، وسائل و دستگاههای نصب ثابت و غیره) با ذکر نوع مدار (کابل، سیم و یا لوله)، نحوه نصب (توکار، روکار)، تعداد رشته ها و سطح مقطع آنها، محل جعبه تقسیمها و غیر

۲- مدارهای اصلی تغذیه کننده تابلوها، با ذکر مشخصات آنها مشابه ردیف ۱ در بالا،

۳- مدارهای مربوط به سیستمهای جریان ضعیف، با ذکر مشخصات آنها مشابه ردیف ۱ در بالا.

ط) نوع، مشخصات اصلی و در صورت داشتن مورد، توان وسائل و دستگاههای تأسیسات جریان ضعیف. برای نمایش اتصالات بین تابلوهای اصلی و فرعی و نظایر آن باید نمودار تکخطی و یا نمودار بالا رو (رایزر) مناسبی ارائه شده باشد. در ساختمانهای کوچک و یا ساختمانهایی که آپارتمانهای آن مشابه باشد و ابهامی از نظر تغذیه تابلوهای نهایی آنها وجود نداشته باشد، می توان به تهیه نقشه تأسیسات الکتریکی یک آپارتمان و نمودار بالارو اکتفا کرد.

نقشه های ساختمان: نقشه های ساختمان شامل پلان طبقات، پلان بام، نماها، مقاطع و جزئیات اجرایی پوسته خارجی ساختمان، هستند. در نقشه های پلان طبقات، پلان بام، نماها و مقاطع، محل عایق کاری حرارتی متناسب با گروه بندی ساختمان از نظر میزان صرفه جویی در مصرف انرژی باید مشخص شده باشد. جزئیات اجرایی پوسته خارجی ساختمان باید با مقایس هایی از قبیل ۱:۱، ۱:۲، ۱:۵، ۱:۱۰ (بر حسب نیاز) تهیه شوند و در آنها نحوه اجرای عایق کاری حرارتی و مشخصات فنی مصالح تشکیل دهنده پوسته خارجی نشان داده شده باشد. در صورت احداث، نقشه های مربوط به تمامی طبقات ساختمان باید ارائه گردد و در موارد بهسازی، بازسازی، تغییر کاربری، و یا توسعه ساختمان تنها ارائه اطلاعات مربوط به واحد یا واحدهای مستقل که تغییر در آنها صورت می گیرد کافی است. تمامی نقشه های نامبرده و مشخصات فنی مربوطه باید تأیید و امضای مهندس یا شرکت طراح برسد.

نقشه های سازه: نقشه های سازه باید اطلاعات کامل مقاطع، محل قرار گرفتن اعضای سازه نسبت به یکدیگر، تراز کفهای ساختمانی، محورهای مار بر مرکز ستونها، پیش آمدگیها و پس نشستگیها با اندازه های مربوط و اطلاعات مربوط به اتصالات و وصله ها را شامل باشد، بطوریکه با مراجعه به آنها پیمانکار بتواند نقشه های اجرایی کارگاهی را تهیه نماید. در مدارک طراحی و تحلیل باید گروه یا گروههای سازه ای مفروض نوشته شود. همچنین این مدارک باید حاوی اطلاعاتی در مورد مقادیر بارها، نیروهای برشی، لنگرهای خمشی و نیروهای محوری که توسط قطعات و اتصالات آنها تحمل می گردد باشد، به طوری که با مراجعه به آنها بتوان نقشه های طراحی را تهیه کرد.

نقشه های سازهای بتن آرمه: نقشه های سازهای بتن آرمه باید بر مبنای نقشه های معماری، که در آن تمامی اندازها، ارتفاع ها و سایر ویژگی های اصلی ساختمان به وضوح تعیین شده است، تهیه شوند. یک نسخه از نقشه های معماری مذکور که مبنای محاسبات سازه بتن آرمه قرار گرفته و به امضای مهندس محاسب رسیده باشد باید به نقشه های سازه بتن آرمه ضمیمه و به مقامات رسیدگی کننده تحویل شود. همراه با نقشه های سازه بتن آرمه، که برای تصویب ارائه می شوند، باید دفترچه محاسبات فنی شامل نکات زیر ارائه شود:

الف) ویژگی های اصلی به طور اختصار و معرفی ساختمان از نظر نوع بهره برداری، محل اجرا، تعداد طبقات و ارتفاع.

ب) فرضیات و مطالعات انجام شده در مورد مقاومت خاک، سطح سفره آب زیرزمینی و سایر اطلاعات ژئوتکنیکی لازم.

پ) آئین نامه ها و سایر مباحث مورد استفاده

ت) ویژگی های مصالح مورد استفاده در ساختمان از قبیل فولاد و سیمان مصرفی در بتن و مقاومت های مشخصه بتن در سنین استاندارد یا مراحل تعیین شده برای اجرا، که طراحی براساس آنها انجام پذیریفته است.

ث) فرض های محاسباتی از نظر مشخصات بارهای دائمی، سربارهای بهره برداری، بارهای جوری (باد و برف) و بارهای اتفاقی و (زلزله و...)

ج) پلان ها و نقشه قاب های بار گذاری شده.

چ) روشهای مورد استفاده برای تحلیل و طراحی، نرم افزارهای مورد استفاده برای این امر و تنش ها و ضرایب ویژه ای که مبنای محاسبه قرار گرفته اند.

ح) جزئیات عملیات محاسباتی با افزودن کروکی ها و توضیحات لازم و مشخص کردن نتایج اصلی محاسباتی به صورت واضح و روشن، بطوریکه رسیدگی به محاسبات تا حد امکان آسان باشد. در صورت به کار بردن روش های رایانه ای باید مشخصات و مبنای برنامه های مورد استفاده، فرض ها، داده های اولیه و نتایج بدست آمده ضمیمه دفترچه محاسبه شوند.

نقشه های کارگاهی: نقشه های کارگاهی حاوی کلیه اطلاعات و جزئیات لازم برای ساخت قطعات سازه باید قبل از شروع ساخت، توسط پیمانکار تهیه و به تأیید مهندس سازه رسانده شود. این اطلاعات و جزئیات باید ابعاد عناصر سازه و محل آنها، نوع و اندازه جوشها، پیچها و یا پرچها را شامل شود. در این نقشه ها باید کلیه جوشها و پیچهای کارخانه ای از جوشها پیچهای کارگاهی به خوبی متمایز شده باشد و نیز باید نوع اتصال پیچهای پرمقاومت (اتکایی یا اصطکاکی) به وضوح مشخص و حد سفت کردن پیچها قید شده باشد. نقشه های کارگاهی باید با در نظر داشتن مناسبترین نوع اجرا و با توجه به سرعت اجرا، حداقل دور ریز ورق و شرایط اقتصادی ساخت و نصب، تهیه شود. نقشه هایی است که براساس نقشه های محاسباتی برای سهولت اجرا تهیه می گردد. این نقشه ها دارای جزئیات مفصلتری نسبت به نقشه های محاسباتی می باشند. در این نقشه ها برای هر عضو یک شماره تعیین می گردد و جزئیات دقیقتری برای این عضو با ذکر کلیه ابعاد هندسی آن با مقیاس مناسب ترسیم می گردد. همچنین کلیه اتصالات با ذکر مواردی مانند ابعاد و طول و نوع جوش و یا تعداد و اندازه و طول پیچ و مهره به طور کامل ترسیم می گردد. این نقشه ها معمولاً توسط سازنده اسکلت فولادی متناسب با امکانات و تجهیزات لازم تهیه می شود و فهرستی از مشخصات و مقدار کلیه قطعات ضمیمه آنها خواهد بود.

نقشه های لوله کشی هواکش فاضلاب: نقشه های لوله کشی هواکش فاضلاب بهداشتی ساختمان باید، پیش از اقدام به اجرای کار برای بررسی و تصویب به مقام مسئول امور ساختمان ارائه شود. نقشه های اجرایی لوله کشی هواکش فاضلاب باید با نقشه های اجرایی لوله کشی فاضلاب بهداشتی ساختمان مشترک باشد و شامل لوازم بهداشتی و دیگر مصرف کننده ها، محل عبور و قطر شاخه های افقی، لوله های قائم و دیگر اجزای لوله کشی باشد. مشخصات مصالح و روش های نصب باید در نقشه، یا در مدارک پیوست آن مشخص شود. پلان لوله کشی طبقه (یا طبقات) ساختمان باید در نقشه ها نشان داده شود. نقشه ها باید شامل دیاگرام لوله کشی، نقاط اتصال لوله هواکش به لوله های فاضلاب، شیب لوله های افقی و اندازه قطر نامی لوله های باشد. نقشه ها باید خوانا باشد. علائم ترسیمی باید طبق یکی از استانداردهای مورد تأیید باشد.

نقشه های محاسباتی: نقشه هایی هستند که مشخصات کلیه پروفیلها و مقاطع سازه از قبیل ابعاد کلی مقطع، فاصله محور تا محور ستونها و تراز روی تیرها و سایر ابعاد کلی سازه و اجزای آن قید شده باشد به نحوی که با استناد به آنها بتوان نقشه های کارگاهی را تهیه نمود. این نقشه ها همچنین حاوی اطلاعات کلی در مورد اتصالات جوشی و پیچ مهره ای و سایر اطلاعات ضروری مهندسی می باشد.

نقشه های نصب: نقشه هایی است که توسط سازنده اسکلت فولادی تهیه و برای نصب اعضا در محل خود در پای کار استفاده می شود. این نقشه ها اطلاعات کافی در مورد نصب هر قطعه و موقعیت آن نسبت به قطعات دیگر را مشخص می نماید.

نقطه مصرف: نقطه ای است که در مسیر یا انتهای لوله کشی داخلی قرار گرفته و وسائل گازسوز به آن متصل می‌شود.

نکاتی که باید در اجرای لوله کشی گاز رعایت شود: نصب شیر ۵۰ میلی متر (۲ اینچ) و بزرگتر بر روی لوله تا قطر ۱۰۰ میلی متر (۴ اینچ) با استفاده از تبدیل مجاز می باشد. بست های لوله ای بالارونده باید کاملا لوله را در خود گرفته و وزن آنها را مهار نماید. ارتفاع لوله های روکار از سطح زمین در خارج از ساختمان باید طوری تعیین شود ه از صدمات خارجی محفوظ بماند. در

مواردی که لوله از داخل دیوار، چهارچوب (در پنجره و یا شیشه) عبور می کند، باید با نصب غلاف از ساییدگی لوله از طریق قاب در یا پنجره و یا شیشه جلوگیری به عمل آید. فاصله لوله روکار تا لوله های آب باید حداقل ۵ سانتی متر باشد. در مواردی که حفظ فاصله فوق امکان پذیر نباشد، باید روی لوله گاز را نوارپیچی نمود. کانال های عمودی ساختمان که لوله گاز از آنها عبور می کند، باید از پایین و بالا به هوای آزاد راه داشته باشد تا امکان جمع شدن گاز در آنها وجود نداشته باشد. عبور لوله گاز از داخل کانالهای مربوط به هواکش، آسانسور، دودکش، تهویه و امثال آن مجاز نیست. لوله گاز نباید با سیم و کابل برق داخلی و خارجی ساختمان تماس داشته باشد. فاصله سیم روکار، کلید و پریز برق با لوله های گاز باید حداقل ۵ سانتی متر باشد. شیرهای گاز باید در ارتفاع حداقل ۱۰ سانتی متر بالاتر از کلید و پریز برق نصب شود. نصب شیر گاز در تراز پایین تر از تراز ذکر شده و پایین تر از ارتفاع کلید و پریز در صورتی مجاز است که حداقل ۱۰ سانتی متر فاصل افقی از لبه کلید و پریز داشته باشد. در لوله کشی های افقی و قائم روکار که در معرض تغییرات حرارت قابل توجه قرار می گیرند، باید پیش بینی های کافی برای مقابله با انقباض و انبساط لوله به عمل آید. در صورتی که لوله در معرض ضربه های فیزیکی قرار گیرد، باید با استفاده از غلاف فلزی و یا حفاظ مقاوم از وارد آمدن ضربه به لوله جلوگیری نمود. ضمناً در صورت استفاده از غلاف باید در دو سر لوله، لاستیک مسدود کننده تعبیه گردد. در صورت استفاده از غلاف می توان فضای بین لوله و غلاف را از مواد عاقیقی مانند قیر هم پر نمود. عبور لوله گاز به صورت افقی از پشت دستگاه گازسوز باید از ارتفاعی پایین تر از سطح شعله باشد. در صورتی که لوله گاز بالاتر از دستگاه گازسوز قرار گیرد، باید حداقل ۵۰ سانتی متر از سطح شعله فاصله داشته باشد. در صورتی که لوله کشی گاز به منظور رسیدن به پشت ساختمان از روی بام عبور کند، محل عبور لوله در روی بام باید به نحوی باشد که در معرض برخورد با اجسام خارجی و مسیر عبور و مرور نباشد و در صورتی که احتمال تماس طولانی لوله با آب باران و برف وجود دارد باید پیش بینی های لازم برای جلوگیری از زنگ زدگی لوله به عمل آید.

نگهدارنده ریلها: رابطی است که ریلها را به سازه و دیواره چاه آسانسور متصل میکند، و برای اتصال آن از بست مخصوص و پیچ و مهره استفاده میشود.

نگهدارنده ریلها

نگهداری: همه سیستمهای تأسیسات بهداشتی، مصالح و اجزای آنها، چه تأسیسات موجود و چه تأسیسات جدید، باید از نظر ایمنی و بهداشتی، طبق شرایط پیش بینی شده در طرح، به درستی راهبری و نگهداری شود. صاحب مالک یا نماینده قانونی اومسئول راهبری و نگهداری درست تأسیسات بهداشتی ساختمان شناخته می شود. ←— سازمان میراث فرهنگی ←— خدمات مهندسی

نگهداری در مقابل دوران و غلت در تکیه گاه: تیرها، شاهتیرها و خرپاها باید در محل تکیه گاه خود در مقابل دوران و غلتیدن (حول محور طولی) به طور مطمئن نگهداری شوند.

نگهداری شبکه لوله کشی توزیع آب مصرفی: صاحب ساختمان (ملک) یا نماینده مجاز او موظف است شبکه لوله کشی توزیع آب مصرفی ساختمان را در وضعیت بهداشتی و سالم، طبق الزامات این مقررات، نگهداری کند. لوله کشی توزیع آب مصرفی ساختمان باید مورد بازرسی های ادواری قرار گیرد و در صورت مشاهده عیب یا نقص، نسبت به رفع آن اقدام شود.

نگهداری فاضلاب بهداشتی ساختمان: صاحب ساختمان (یا نماینده رسمی او) مسئول است که در مدت بهره برداری از ساختمان همه الزامات این قسمت از مقررات به طور کامل رعایت شود. از ریختن مواد زایدی که ممکن است سبب گرفتگی لوله یا فیتینگ شود، باید پرهیز گردد. در هر مورد پس از باز کردن دریچه بازدید و رفع گرفتگی باید دریچه بازدید و دسترسی به طور کامل آب بند و گاز بند شود و در صورت لزوم واشر لاستیکی این دریچه تعویض گردد. به هنگام استفاده از مواد پاک کننده شیمیایی باید نسبت به اثر خورندگی این مواد روی مصالح لوله ها و فتینگ ها اطمینان حاصل شود. اگر برای رفع گرفتگی لوله ها از فنر استفاده می شود باید فنر یا هر وسیله دیگری که برای رفع گرفتگی به داخل لوله ها رانده می شود، از نوعی باشد که هنگام عبور از داخل لوله ها، فتینگ ها یا سیفون ها به سطح داخلی آن ها آسیب نرساند. سیفون های لوازم بهداشتی باید بطور ادواری بازدید و تمیز شود و مواد زاید (مواد پاک کننده، صابون، مو، چربی و غیره) از داخل سیفون خارج شود. در صورت باز کردن سیفون و تمیز کردن آن، هنگام نصب مجدد باید درزهای اتصال آن کاملاً آب بند و گازبند شود.

نگهداری لوله کشی آب باران ساختمان: صاحب ساختمان (یا نماینده رسمی او) مسئول است که در مدت بهره برداری از ساختمان همه الزامات این فصل از مقررات به طور کامل رعایت شود. کفشوهای آب باران بام و شبکه صافی هر یک، باید به طور ادواری بازدید شود و از مواد اضافی تمیز گردد. دریچه های بازدید باید به طور ادواری بازدید شود. پس از باز کردن دریچه بازدید و رفع گرفتگی باید دریچه بازدید دوباره به طور کامل آب بند شود و در صورت لزوم واشر لاستیکی آن عوض شود.

نم بندی: ← کرسی چینی ساختمانهای آجری با کلاف

نما: ← دسته بندی بلوک سنگهای طبیعی

نما در در ساختمانهای آجری بدون کلاف: رعایت نکات زیر در نماسازی الزامی است: نما باید با سطح زیر کار اتصال مناسب و کافی داشته باشد تا هنگام بروز زلزله خطر جدا شدن و فرو ریختن آن وجود نداشته باشد. نما باید قابلیت تحمل شرایط اقلیمی خاص هر منطقه را داشته باشد و حتی المقدور از مصالح سبک وزن استفاده شود. نما باید به گونه ای انتخاب و اجرا شود که بروز اشکالاتی در آن (مانند ترک خوردگی) موجب آسیب دیدن سطح زیر کار بویژه اجرای سازه ای نشود. اجرای نماهای مجزا پس از تکمیل سطح زیر کار (سفت کاری) انجام شود.

نما در ساختمانهای آجری با کلاف: رعایت نکات زیر در نماسازی الزامی است: نما باید با سطح زیر کار اتصال مناسب و کافی داشته باشد تا هنگام بروز زلزله خطر جدا شدن و فرو ریختن آن وجود نداشته باشد. نما باید قابلیت تحمل شرایط اقلیمی خاص هر منطقه را داشته باشد و حتی المقدور از مصالح سبک وزن استفاده شود. نما باید به گونه انتخاب و اجرا شود که بروز اشکالاتی در آن (مانند ترک خوردگی) موجب آسیب دیدن سطح زیر کار بویژه اجزای سازه ای نشود. از اجرای نماهای مجزا قبل از تکمیل سطح زیر کار پرهیز شود.

نوار پوششی: به قسمتی از سیستم دال گفته می شود که در دو قسمت محور ستون های واقع در یک ردیف در پلان قرار می گیرد و به محورهای طولی گذرنده از وسط چشمه های مجاور محدود شود.

نوار ستونی: به قسمتی از نوار پوششی گفته می شود که در دو سمت محور ستون ها واقع شود . این نوار شامل تیر بین ستون ها در صورت وجود، نیز می شود.

نوار کناری: در سیستم تیر – دال نواری از دال است که در هر سمت تیر در نوار ستونی قرار می گیرد.

نوار میانی: نواری از سیستم دال است که در حد فاصل دو نوار ستونی قرار می گیرد.

نوع (حامل) انرژی: در مقررات ساختمانی، انرژی به دو نوع است: برقی و غیر برقی (شامل انواع مختلف مصرف سیستم انرژی فسیلی . .)

نوفه: نوفه به هر گونه صدای ناخواسته گفته می‌شود.

و

نوفه زمینه: نوفه زمینه به نوفه موجود در فضای مورد نظر اتلاق می گردد. منشاء آن می تواند خارجی، مانند نوفه وسایل ترابری یا داخلی مانند صدای ناشی از تأسیسات و یا همهمه افراد باشد.

نیروهای حین ساخت: ⟵ اتصال ستون به کف ستون

نیروهای محوری: در محاسبات قاب، باید نیروهای محوری در تیرهای قاب با مهاربندی واگرا به علت نیروهای ناشی از عناصر مهاربند و انتقال نیروی زلزله به انتهای قابها، در نظر گرفته شود.

نیروی انسانی بتن ریزی: تهیه، کاربرد، اجرا و کنترل کارهای بتنی باید به افراد صاحب صلاحیتی واگذار شود که از تجربه و دانش کافی برخوردار بوده و دارای پروانه مهارت فنی و یا گواهی لازم مراجع ذیصلاح باشد.

نیروی انسانی ماهر: اعضای گروه ساخت و نصب که هر یک به تناسب وظیفه محوله باید دارای تخصص، تجربه و توان کافی بنا به تایید مراجع ذیربط باشند.

نیروی برق اضطراری: در موارد زیر، برای تأمین مصارف اضطراری و ایمنی، باید نیروی برق به کمک مولدهایی که معمولاً نیروی محرک آنها موتورهای دیزل است، در محل تولید شود:

الف) ساختمانهای مسکونی با بیش از چهار طبقه از کف زمین و مجهز به آسانسور،

ب) ساختمانهای عمومی که نوع فعالیت آنها به نحوی است که قطع برق ممکن است خطر یا خسارت جبران ناپذیری بیافریند، ساختمانهای عمومی دارای شرایط (الف)،

ج) بیمارستانها و مراکز بهداشتی با توجه به نوع فعالیت آنها،

د) سردخانه های بزرگ،

ه) مراکز صنعتی که قطع بر طولانی مدت در آنها ممکن است موجب خسارت جبران ناپذیر شود،

و) هر نوع ساختمان یا مجموعه یا مرکز دیگری که به تشخیص مقامات ذیصلاح باید دارای نیروگاه اضطراری باشد. برآورده نیروی اضطراری لازم باید با توجه به مصارف ضروری، جریانهای راه اندازی و دیگر ملاحظات فنی مربوط به عمل آید. با توجه به نوع ساختمان یا مجموعه، در مرکز نیروی مود نیاز، ممکن است از یک مولد استفاده شود. واحدها ممکن است با راه اندازی دستی، خودکار، با وقفه کوتاه یا بی وقفه باشند. در انتخاب محل و ظرفیت و نوع واحدهای و ابعاد نیروگاه، علاوه بر ملاحظات فنی نظیر استقرار در نزدیکی مرکز بار، افت ولتاژ، شرایط راه اندازی، نحوه ایجاد ارتباط با سیستم تغذیه نیروی اصلی، انتخاب سرعت، افت توان مولد اولیه، تأمین هوای برای مصرف مولد و خنک کردن آن و غیره، مراتب زیر نیز باید مورد توجه قرار گیرند:

الف) نیروگاه در محلی ساخته و نصب شود که از نظر لرزش، سر و صدا و دود هیچ نوع اثر سویی بر فعالیتهای محل و اطراف آن نداشته باشد،

ب) حمل و نقل و نصب بهره برداری از واحدها بدون اشکال انجام پذیر باشد،

ج) فونداسیون واحدها مستقل از پی ساختمان و مجهز به لرزه گیرهایی مناسب محل استقرار باشد و آسیبی به پی های بنا نرساند،

د) صدا خفه کن (اگزوز) با توجه به محل نصب انتخاب شود. برای مثال، برای ساختمان یا محله مسکونی از صدا خفه کن مخصوص مناطق مسکونی استفاده شود،

ه) دودکش یا دودکشهای نیروگاه باید از لبه بام ساختمان محل استقرار آن بلندتر باشد و از نقطه خروج دود به فضای آزاد، مخروطی فرضی با محور قائم، که رأس آن در این نقطه و قاعده آن در جهت بالا و زاویه رأس آن ۹۰ درجه است، تا فاصله افقی ۵۰ متری هیچ ساختمان مسکونی، اداری یا عمومی را قطع نکند. در غیر این صورت ارتفاع دودکشها را باید تا حصول شرط فوق بلندتر در نظر گرفت.

و) مخزن سوخت باید طبق مقررات و ضوابط شرکت نفت و دیگر مقررات ایمنی مقامات مربوط و با حجم کافی پیش بینی شود. در انتخاب محل مخزن سوخت لازم است به راههای ارتباطی تانکر سوخت رسانی و لوله هایی که از آن به نیروگاه می رود، توجه مخصوص شود.

ز) جرثقیل سرویس، مناسب با نوع نیروگاه و واحدها پیش بینی و نصب شود.

نیروی برق ایمنی: در مواردی که قطع نیروی برق ممکن است برای افراد خطر ایجاد کند، لازم است نیروی برق ایمنی در محل خود تأمین شود. نیروی ایمنی می تواند مکمل نیروی اضطراری یا مستقل از آن باشد. انتخاب وسائل و دستگاههایی که باید از منابع ایمن تغذیه شوند بستگی به نوع کار آنها خواهد تشکیل دهد، مانند چراغهای ایمنی باطری سر خود. برای موارد زیر لازم است نیروی برق ایمنی تأمین شود:

الف) سالنها و تالارهای با بیش از ۲۰ نفر ظرفیت، بالای درهای خروجی و در راهروهای خروجی منتهی به فضای آزاد،

ب) روشنایی چراغهای مخصوص عمل و کلیه لوازم مخصوص استمرار حیات و نظایر آن،

ج) در کلیه مواردی که به هر علت ناشی از قطع برق، ممکن است ایمنی افراد به خطر افتند.

نیمرخ U یا ناودانی: این نیمرخ به صورت تک در مقابل خمش ضعیف است و برای جبران این ضعف آن را در تیرهای مرکب و مشبک و همچنین به صورت جفت به کار می برند. نیمرخ ناودانی را به صورت UNP یا CNP نمایش می دهند.

نیمرخ Z: این پروفیل را برای زیرسازی و بستن ورق های فلزی یا ورق های آزبست سیمانی در سقف های شیب دار به کار می برند.

نیمرخ سپری (سه پری): این نیمرخ ها در دو نوع به شرح زیر می باشند: سپری هایی که قاعده آنها دو برابر ارتفاعشان است.

نیمرخ نبشی: نبشی به دو صورت نبشی با بالهای مساوی و نامساوی ساخته می شود. این نیمرخ از در سازه های فلزی به خصوص در ساختن اشکال مرکب به کار می برند.

نیمرخ های چهارگوش و شش گوش: نیمرخ های چهارگوش از مقطع ۶×۶ تا ۱۵۰×۱۵۰ میلیمتر و نیمرخ های شش گوش با ابعاد از ۱۳ تا ۱۰۳ میلیمتر ساخته می شوند.

نیمرخ های سرد نور دیده: نیمرخ های سرد نور دیده در اشکال و اندازه های مختلف وجود دارد که بیشتر در ساختن در و پنجره آهنی مصرف می شوند.

نیمرخهای توخالی: نیمرخهای توخالی را طی فرآیندی از ورق فولادی و تسمه فولادی تهیه می کنند. از آنجا که نیمرخهای گرد توخالی لنگر اینرسی یکسانی حول اقطار مختلف مقطع دارند، از آنها به عنوان اعضای فشاری در اسکلت های ساختمانی، به ویژه ساخت خرپا، ستون، داربست و . . . استفاده می شود. نیمرخهای توخالی در انواع "نیمرخهای توخالی سازه ای سرد شکل گرفته بدون درز"، "نیمرخهای توخالی سازه ای گرم شکل گرفته بدون درز"، "نیمرخهای توخالی با کربن کم برای مصارف سازه ای" و "نیمرخهای توخالی سازه ای بدون درز با مقاومت زیاد" با مقاطع گرد، مربع، مستطیل و . . . ساخته می شوند.

و (واشر - ویژگیهای مصالح و تجهیزات الکتریکی)

واشر: واشرها در کارهای فلزی ساختمان به همراه پیچ ها، پیچ های دو سر و مهره ها استفاده می شوند تا سطح و فضای باربری را افزایش داده و از سایید گی جلوگیری شود. ← اتصال فشاری

واکنش قلیایی سنگدانه ها: در برخی از حالات سنگدانه هایی که از نوع خاص با اکسیدهای قلیایی سیمان واکنش داده که واکنش ها با انبساط بتن همراه است. در اثر این انبساط و در حضور رطوبت، بتن تحت تنش های داخلی قرار گرفته و ترک می خورد. این نوع آسیب دیدگی در تمامی جسم بتن ایجاد شده و به عکس آسیب دیدگی های دیگر که از سطح خارجی شروع می شوند، از درون باعث تخریب بتن می شود. به همین دلیل سنگدانه های مشکوک به توانایی واکنش زایی مانند اوپال، کلسدونی، بعضی از اشکال کواتز، کریستوبالیت، تری دیمیت و شیشه های سیلیسی باید مورد بررسی قرار گرفته و در صورت فعال بودن آنها از سیمانی با قلیایی معادل کمتر از ۰/۶ درصد برای واکنش قلیایی - سیلیسی و ۰/۴ درصد برای واکنش قلیایی کربناتی استفاده شود.

وان: اگر وان توکار نصب می شود، باید درزهای اطراف آن کاملاً آب بند و مقاوم در برابر نفوذ آب و رطوبت باشد. قطر نامی لوله خروجی فاضلاب وان باید دست کم ۴۰ میلی متر (یک ونیم اینچ) باشد. روی دهانه خروجی فاضلاب وان باید امکان قرار

دادن درپوش موقتی پیش بینی شود و وان سرریز داشته باشد. اتصال لوله فاضلاب خروجی وان به لوله فاضلاب ساختمان، و سیفون آن، باید قابل بازدید و دسترسی باشد. پنجره و درهای شیشه ای کابین وان طبق استانداردهای ایمنی باشد.

کاربرد ورق موجدار به عنوان قالب گم شو در سقف ساختمان

کاربرد ورق موجدار به عنوان قالب گم شو در عرشه پل

ورق های گچی: این ورق ها در ابعاد و ضخامتهای مختلف تولید شده که دو طرف آن می تواند با یک لایه کاغذ مخصوص پوشیده شده باشد. ورق های گچی در انواع گوناگون و در ابعاد هندسی، نوع لبه، وزن، پایداری در برابر رطوبت و فشار و همچنین استحکام مختلف تولید می شوند. قطعات پیش ساخته گچی سقف کاذب از مخلوط گچ، آب و مقدار بسیار کمی الیاف شیشه و افزدونیهای دیگر تولید می شود. قطعات سقفی اغلب برای تزئین یا به عنوان مصالح صدا گیر در پوشش سقف (روی زیر سازی مخصوص) به کار می روند.

ورق و تسمه: ورق و تسمه در ساخت قطعات مرکب مانند تیرهای مرکب، ستونهای مرکب و تقویت آنها مورد استفاده قرار می گیرند و نقش عمده ای در ساخت سازه های فلزی دارند. ورقهایی که عرض آنها کمتر از ۱۶۰ میلیمتر است، تسمه نامیده می شود. ورقها و تسمه ها در انواع با مقاومت بالا، ضد زنگ و مقاوم در برابر خوردگی تولید می شود.

ورقهای پر کننده: در اتصالات جوشی، ورقهای پر کننده ای که ضخامت آن ۶ میلیمتر و بیشتر باشد باید از لبه ورق وصله به اندازه کافی ادامه یابد و به قطعه ای که روی آن قرار می گیرد جوش شود. این جوش باید برای انتقال تنشهای ورق وصله هنگامی که به صورت برون محور بر سطح ورق پراکنده اثر می کند، کافی باشد. جوشهایی که ورق وصله را به ورق پرکننده متصل میکنند باید برای انتقال تنشهای ورق وصله کافی بوده و طول کافی داشته باشد. هر ورق پر کننده ای که ضخامت آن کمتر از ۶

میلیمتر باشد باید لبه هایش همباد ورق وصله تمام شود و بعد جوش باید به اندازه ای باشد که ضخامت ورق پر کننده را در برگیرد و جوابگوی تنشهای ورق وصله نیز باشد. در این حالت ورق پر کننده نقش سازه ای نداشته و لزومی به طراحی آن نمی باشد. در اتصالات پیچی و پرچی که تنشهای محاسبه شده ای تحمل می‌شود و پیچ و یا پرچ از میان ورق پر کننده‌ای با ضخامت بیش از ۶ میلیمتر می گذرد، ورق پر کننده باید از اطراف ورق اتصال ادامه یافته و توسط وسایل اتصال کافی نگهداری شود.

وزن اجزای ساختمان و مصالح مصرفی: در ساختمانهایی که برای جداسازی فضاها از تیغه هایی استفاده می شود که وزن یک متر مربع سطح آنها کمتر از ۲۷۵ دکانیوتن است، وزن تیغه ها را می توان با رعایت ضابطه زیر به صورت بار معادل که بطور یکنواخت بر کف ها گسترده شده است در نظر گرفت. در صورتیکه وزن یک متر مربع سطح تیغه ها از ۱۵۰ دکانیوتن بیشتر باشد، باید اثر موضعی بار تیغه ها را بطور جداگانه در طراحی کف ها منظور داشت. این بار معادل باید، به صورت مناسبی، با تقسیم وزن تیغه های هر قسمت از کف به مساحت آن قسمت تعیین گردد. در کفهایی که بار زنده آنها، از ۵۰۰ دکانیوتن بر متر مربع کمتر است این بار معادل گسترده نظیر تیغه ها، نباید کمتر از ۱۰۰ دکانیوتن بر متر مربع در نظر گرفته شود. در ساختمانهایی که از تیغه های سبک نظیر دیوارهای ساندویچی استفاده می شود این بار حداقل را می توان به ۵۰۰ دکانیوتن بر متر مربع کاهش داد مشروط بر آنکه وزن یک متر مربع تیغه ها به اضافه ملحقات آنها از ۴۰ دکانیوتن تجاوز نکند. در ساختمانهایی که برای جداسازی فضاها از تیغه هایی استفاده می شود که وزن یک متر مربع سطح آنها بیشتر از ۲۷۵ دکانیوتن است، بار تیغه ها را باید در محل واقعی خود اعمال نمود.

وزن تأسیسات و تجهیزات ثابت: وزن تأسیسات و تجهیزات ثابت از قبیل لوله های شبکه آب و فاضلاب، تجهیزات برقی، گرمایشی و تهویه ای باید به نحو مناسبی بر آورد و در محاسبه بارهای مرده منظور شود. چنانچه احتمال اضافه شدن این نوع تجهیزات در آینده وجود داشته باشد وزن آنها نیز باید در نظر گرفته شود.

وزنه تعادل: وزنه یا ترکیبی از وزنه ها است که برای متعادل که وزن کابین و بخشی از ظرفیت آسانسور بکار می رود. ←آسانسور

وسایل تجهیزات: وسایل و تجهیزات عبارت است از ابزار، ماشین آلات، داربست ها، نردبان ها، جان پناهها، سکوها، راهروها و تسهیلات مشابه و به طور کلی وسایل حفاظتی و حمایتی که در کارگاه ساختمانی به کار گرفته شوند.

وسائل جدا کننده: وسائل جدا کننده باید طوری پیش بینی شوند که برای انجام عملیات مربوط به تعمیرات، آزمایشها، کشف و رفع معایب بتوان با آنها تأسیسات الکتریکی، مدارها یا دستگاههای مستقل را از مدار خارج کرد.

وسایل جوشکاری: جوش دادن عبارت است از ایجاد پیوستگی مولکولی بین دو یا چند قطعه فلزی که حداقل یکی از آنها به طور موضعی تحت اثر حرارت به حالت خمیری یا مذاب در آمده باشد. انجام صحیح جوشکاری مستلزم شناخت و انتخاب صحیح وسایل و مصالح جوشکاری است. مصالح جوشکاری دارای انواع مختلف به شرح زیر می باشد.

وسایل حفاظت فردی: «وسایل حفاظت فردی» وسایلی است از قبیل کلاه ایمنی، کفش و پوتین ایمنی، ماسک تنفسی، نقاب و عینک حفاظتی، کمربند ایمنی، طناب مهار، طناب نجات، دستکش ایمنی، ساعد بند، چکمه و نیم چکمه لاستیکی و لباس ایمنی که کارگران، افراد خویش فرما و سایر کسانی که در کارگاه ساختمانی فعالیت و یا به دلیلی وارد کارگاه می شوند، باید متناسب با نوع کار خود، آنها را مورد استفاده قرار دهند. این وسایل توسط کارفرما تهیه و در اختیار آنها قرار می گیرد. کلیه وسایل حفاظت فردی باید از نظر کیفیت مواد مورد استفاده و مشخصات فنی ساخت، مورد تأیید استاندارد قرار گرفته و دارای مهر استاندارد مربوطه باشند. کلیه وسایل حفاظت فردی باید به طور مستمر توسط اشخاص ذیصلاح بازرسی و کنترل شده و در صورت لزوم تعمیر یا تعویض شوند تا همواره برای تأمین حفاظت کارگران آماده باشند. کلیه وسایل حفاظت فردی که قبلاً مورد استفاده قرار نگرفته اند، باید قبل از اینکه در اختیار کارگران قرار گیرند، توسط اشخاص ذیصلاح کنترل و اجازه استفاده از آنها داده شود. در تهیه و کار برد وسایل حفاظت فردی بایستی ضوابط مندرج در آیین نامه «وسایل حفاظت انفرادی» مصوب شوراى عالی حفاظت فنی لحاظ گردد. در کلیه کارگاههای ساختمانی که در آنها احتمال وارد آمدن صدماتی به سر افراد در اثر سقوط فرد از ارتفاع یا سقوط وسایل، تجهیزات و مصالح و یا برخورد با موانع وجود دارد، باید از کلاه های ایمنی استاندارد استفاده شود. برای کارهایی از قبیل جوشکاری و سیم کشی و یا هر نوع کار دیگر در ارتفاع، مانند دیوارهای و پایه های بلند و به طور کلی هر محلی که امکان تعبیه سازه های حفاظتی برای جلوگیری از سقوط کارگران وجود نداشته باشد، باید کمربند ایمنی و طناب مهار

از نوع استاندارد تهیه و در اختیار آنان قرار داده شود. قبل از هر بار استفاده از کمربند ایمنی و طناب مهار، کلیه قسمتها و اجزاء آن باید از نظر داشتن خوردگی، بریدگی و یا هر گونه عیب و نقص دیگر توسط شخص ذیصلاح مورد بازدید و کنترل قرار گیرد. کارگران مقنی که در عمق چاه کار می کنند، باید مجهز به کمربند ایمنی و طناب مهار (طناب نجات) باشند. انتهای آزاد طناب مهار باید در بالای چاه در نقطه ثابتی محکم شود تا به محض احساس خطر، امکان بالا کشیدن و نجات کارگر وجود داشته باشد. به هنگام جوشکاری، برشکاری، آهنگری، ماسه پاشی (سند بلاست)، بتن پاشی (شاتکریت) و نظایر آن که نوع کار باعث ایجاد خطرهایی برای صورت و چشم کارگران می شود، باید عنیک و نقاب حفاظتی استاندارد مناسب با نوع کار و خطرهای مربوطه تهیه و در اختیار آنان قرار گیرد. در مواردی که جلوگیری از انتشار گردو غبار، گازها و بخارهای شیمیایی زیان آور و یا تهویه محیط آلوده به مواد مزبور، از لحاظ فنی ممکن نباشد، باید ماسک تنفسی حفاظتی استاندارد مناسب با نوع کار، شرایط محیط و خطرهای مربوطه تهیه و در اختیار کارگران قرار داده شود. ماسک تنفسی که مورد استفاده قرار گرفته است، قبل از اینکه در اختیار فرد دیگری قرار داده شود، باید با آب نیم گرم و صابون شسته و کاملاً ضدعفونی گردد. ماسک های تنفسی را در مواقعی که مورد استفاده نمی باشند، باید در محفظه های در بسته نگهداری نمود. برای کلیه کارگرانی که هنگام کار پاهایشان در معرض خطر برخورد با اجسام داغ و برنده و یا سقوط اجسام قراردارند، باید کفش و پوتین ایمنی استاندارد متناسب با نوع کار و خطرهای مربوط تهیه و در اختیار آنها قرار گیرد. همچنین کارگرانی که در معرض خطر برق گرفتگی قرار دارند، باید دارای کفش ایمنی مخصوص عایق الکتریسته باشند. کفش ها و پوتین های ایمنی باید به راحتی قابل پوشیدن و در آوردن باشند و بند آنها به آسانی باز و بسته شود. در عملیات بتن ریزی و در مواردی که کار ساختمان الزاماً باید در آب انجام شود، به منظور حفاظت پای کارگران در مقابل بتن، رطوبت، آب، گل و . . . ، باید به تناسب نوع کار، چکمه یا نیم چکمه لاستیکی استاندارد تهیه و در اختیار آنان قرار گیرد. برای حفاظت دست کارگرانی که با اشیاء داغ و برنده و یا مواد خورنده و تحریک کننده پوست، سر و کار دارند، باید دستکش های حفاظتی استاندارد و ساقه دار از جنس چرم، برزنت یا لاستیک (به تناسب نوع کار و خطرهای مربوطه) تهیه و در اختیار آنان قرار داده شود. کارگرانی که با دستگاه مته برقی و یا سایر وسایلی کار می کنند که قطعات گردنده آنها احتمال درگیری با دستکش آنان را دارد، نباید از هیچ نوع دستکشی استفاده نمایند. به منظور حفظ جان کارگران برق کار که به هنگام کار در معرض خطر برق گرفتگی قرار دارند، باید دستکش عایق الکتریسته استاندارد تهیه و دراختیار آنان قرار گیرد. در تمام محل های کار باید لباس کار تمیز و متناسب با نوع کار و خطرهایی که کارگر با آن مواجه است، در اختیاری وی قرار گیرد. به علاوه لباس کار باید طوری تهیه شود که موجب بروز حادثه نشود و کارگر بتواند با آن به راحتی وظایف خود را انجام دهد. لباس کار باید متناسب با بدن کارگر استفاده کننده بوده و هیچ قسمت آن آزاد نباشد. جیب های آن کوچک و تعداد آنها کم باشد. همچنین شلوار آن باید بدون دوبل باشد. برای جوشکاری و مشاغل مشابه آن که کارگران در معرض پرتاب جرقه و سوختگی قرار دارند، باید لباس کار مقاوم در برابر جرقه و آتش استاندارد، تهیه و در اختیار آنان قرار گیرد. برای کارگرانی که در هوای بارانی و محیط های بسیار مرطوب کار می کنند، باید لباس کار ضد آب و سرپوش مناسب تهیه و تحویل گردد.

وسایل دسترسی: منظور از وسایل دسترسی، وسایلی است موقتی از قبیل داربست، نردبان، راه پله، راه شیب دار و غیره که برای دسترسی افراد به قسمتهای مختلف بنای در دست احداث، تعمیر، بازسازی و یا تخریب مورد استفاده قرار می گیرد.

وسایل گرم کننده موقت: الف: زمانی که در محل کار از بخاری یا هر وسیله گرم کننده روباز به طور موقت استفاده می شود، باید کلیه ضوابط و مقررات مربوط از قبیل درجه حرارت، فاصله وسیله گرم کننده تا مواد قابل احتراق، خروج گازهای مضر و تهویه، رعایت گردد. ب: وسایل گرم کننده موقت از قبیل بخاری های روباز و غیره، در موقع استفاده باید به نحو مطمئن روی کف قرار داده شوند، به طوری که امکان واژگون شدن آنها وجود نداشته باشد. ج: وسایل گرم کننده برقی بایستی استاندارد باشد. استفاده از وسایل برقی دست ساز مجاز نمی باشد. د: بخاری های نفتی روباز باید در فواصل زمانی کوتاه، سرویس و فتیله آنها تمیز و تنظیم شود، به طوری که از سوخت ناقص آن و تولید گازهای سمی و خطرناک جلوگیری به عمل آید. همچنین باید از ریختن نفت در بخاری های نقتی روباز، در هنگام روشن بودن آنها جلوگیری به عمل آید.

وسائل و تجهیزات اطفاء حریق: سطلهای آب و ماسه و کپسولهای خاموش کننده (متناسب با نوع حریق) و سایر وسایل قابل حمل که به منظور اطفاء حریق به کار می روند، باید در قسمتهای مختلف کارگاه ساختمانی به نحوی که همواره در معرض دید و

دسترس باشند، نصب و آماده استفاده گردند. در مواقعی که لوله ها و شیرهای آتش نشانی باید به صورت بخشی از تأسیسات دائمی ساختمان مورد استفاده قرار گیرند، لازم است با نظارت مراجع ذیصلاع نصب و آماده بهره برداری شوند. همچنین باید همیشه فاصله این لوله ها و شیرها تا خیابان مشخص و در شعاع دو متری از شیرهای برداشت (شیر آتش نشانی) یا فاصله بین آنها و خیابان، نباید هیچ گونه مصالح یا ضایعات ساختمانی ریخته شود.

وصله اتکایی: در وصله های اتکایی که در آنها برای انتقال فشار از یک میلگرد به دیگری، انتهای آن دو بهم تکیه داده می شوند باید سطوح انتهای میلگردها کاملاً گونیا بریده شوند و تماس آن دو تا حد امکان کامل باشد. زوایه سطح انتهایی هر میلگرد نباید نسبت به سطح عمود بر محور میلگرد بیش از ۱/۵ درجه انحراف داشته باشد و سطح تماس دو میلگرد بعد از سوار شدن نیز نباید بیش از ۳ درجه نسبت به اتکای کامل انحراف داشته باشد. این نوع وصله تنها در قطعاتی که دارای خاموت عرضی بسته یا مارپیچ هستند، مجاز می باشد. در ستون ها وصله آرماتورها می تواند از نوع پئوششی، جوشی، مکانیکی و یا اتکایی باشد. وصله آرماتورها باید برای تمامی ترکیبات بارگذاری مناسب باشد. وصله پوششی میلگردهایی که در فشار قرار دارند مشمول ضوابط این نوع وصله ها در فشار و میلگردهایی که در کشش قرار دارند مشمول ضوابط این نوع میلگردها در کشش می شوند. در میلگردهای کششی چنانچه تنش موجود در آنها کمتر از $0.5\ fy$ و تعداد میلگردهایی که در طول ناحیه پوشش وصله می شوند، کمتر از نصف میلگردهای کششی باشد طول پوشش باید حداقل برابر با ld و در غیر اینصورت باید حداقل برابر با $1.3\ ld$ در نظر گرفته شود. در حالت اول فاصله وصله ها در میلگردهای مختلف از یکدیگر نباید کمتر از ld اختیار شود. در قطعات تحت فشار چنانچه در ناحیه وصله پوششی آرماتور عرضی به صورت خاموت با سطح مقطع بیشتر از $0.0015hs$ وجود داشته باشد طول پوشش را می توان به اندازه ۲۰ درصد و چنانچه آرماتور عرضی به صورت مارپیچ وجود داشته باشد، طول پوشش را می توان به اندازه ۲۵ درصد کاهش داد. طول پوشش در هر حال نباید کمتر از ۳۰۰ میلیمتر اختیار شود. در محاسبه سطح مقطع خاموت تنها سطح مقطع شاخه های عمود در امتداد h منظور می گردد. در ستون ها وصله های اتکایی میلگردها را می توان به کار برد مشروط بر آنکه یا این نوع وصله برای هر تعداد از میلگردها در مقاطع مختلف انجام شود و یا در محل وصله، میلگرد اضافی به کار برده شود، به طوری که مقاومت میلگردهایی که در محل وصله ادامه دارند حداقل برابر با یک چهارم مقاومت Abfy تمامی میلگردهای موجود در آن وجه ستون باشد. ← وصله میلگردها

وصله اعضای خمشی: وصله اعضای خمشی تا حد امکان باید از محل نیروهای حداکثر (مثل وسط دهانه و یا تکیه گاه) دور باشد و در منطقه ای با نیروهای داخلی کوچک قرار گیرد. این وصله باید برای بزرگترین نیروهای داخلی زیر محاسبه گردد. ۱- نیروهای داخلی حاصل از تحلیل سازه تحت ترکیب بار بحرانی۲- متوسط نیروهای داخلی و ظرفیت خمشی مجاز مقطع کوچکتر۳- هفتاد و پنج درصد ظرفیت خمشی مجاز مقطع کوچکتر عضو و برش نظیر آن. در صورتیکه برای وصله تیر نورد شده و یا تیرورق از جوشهای شیاری نفوذی با لبه آماده شده استفاد شود، حداقل باید ظرفیت کامل مقطع کوچکتر وصله شونده را تأمین نماید. در این وصله، درز جوش بال و جان لازم است فاصله ای به اندازه ۲۵۰ میلیمتر نسبت به هم داشته باشند. وصله بال تیرهای نورد شده و تیر ورقها باید تا حد امکان از محل تنش خمشی حداکثر دور باشد. اگر از ورق پوششی برای وصله استفاده شود، سطح مقطع آن باید حداقل ۵ درصد از سطح مقطع بال وصله شونده بیشتر و مرکز ثقل آن تا حدا امکان به مرکز ثقل بال نزدیک باشد. - وصله در جان اعضای خمشی وصله در جان تیرها و تیرورقها برای نیروی برشی و سهم لنگر خمشی مربوط به جان در محل درز اتصال، محاسبه شود. اگر از ورقهای وصله جان استفاده می‌شود، حتی المقدور باید این ورقها به صورت قرینه و با ضخامت مساوی در دو طرف جان قرار گرفته و ارتفاع این روقها از سه چهارم ارتفاع جان عضو خمشی کمتر نباشد. وصله اعضای کششی باید بتواند نیروی کششی داخلی حاصل از تحلیل سازه تحت ترکیب بار بحرانی و یا ۷۵ درصد ظرفیت مؤثر مجاز کششی مقطع عضو را تأمین نماید. حداقل اتصال اتصالات اعضایی که در حمل نیرو مشارکت دارند و شامل موارد اشاره شده در بندهای قبل نمی باشند، باید حداقل برای تحمل ۵۰ درصد ظرفیت مجاز مربوطه عضو با مقطع کوچکتر محاسبه شوند. وصله در مقاطع سنگین: این بند به نیمرخهای نورد شده حجیم وسنگین و نیمرخهای مرکبی که با ورقهای ضخیمتر از ۴۰ میلیمتر ساخته می شوند، مربوط می‌شود. در وصله اینگونه اعضا چنانچه از جوش نفوذی لب به لب استفاده شودف باید برای جلوگیری از اثر انقباض ناشی از سرد شدن و شکست ناشی از تردی در جوش و مصالح مجاور آن، احتیاط های لازم به عمل آید. استفاده از پیش

گرمایش و یا الکترودهای کم هیدروژن در این خصوص لازم است. اگر جوش وصله، نقش انتقال تنشهای کششی ناشی از نیروی کششی و یا لنگر خمشی را داشته باشد، لازم است محدودیتهای مربوط به طاقت مصالح روی نمونه زخم دار طبق روش شارپی بررسی گردد. کلیه سوراخهایی که به منظور دسترسی و تسهیل جوشکاری تعبیه می‌شود (مثل سوراخ دسترسی در جان به منظور جوش لب به لب بال)، برای قرار دادن مصالح جوش در موضع مورد نظر، باید دید کامل و فراخی کافی را داشته باشد. این سوراخها و نیز قسمتهای برش داده بال درانتهای تیرها باید به صورتی کاملاً یکنواخت، با انحنای ملایم و بدون گوشه های تیز، تعبیه شود. در نیمرخهای سنگین و مقاطع مرکبی که از مصالح به ضخامت بیش از ۴۰ میلیمتر ساخته می شوند، لبه های برش داده تیر با سوراخهای دسترسی که توسط شعله بریده شده باشند را باید با سنگ زدن به صورت فلز صاف و براق در آورد. اگر قسمتهای منحنی بریده شده در تیر یا سوراخ (به شرح بالا)، توسط عمل مته کردن و یا سوهان زدن شکل گرفته باشد، به سنگ زدن و صاف کردن احتیاجی ندارد. ترتیب قرارگیری پیچها یا جوش در انتهای هر عضوی که نیروی محوری را انتقال می دهد باید طوری باشد که مرکز هندسی گروه وسایل اتصال و مرکز ثقل عضو در یک راستا قرار گیرند مگر حالتی که به برون محروی موجود در طرح و اثر آن در محاسبه توجه شده باشد. در اتصال تک نبشی و یا تک سپری تحت بار استاتیکی، می توان از برون محوری خارج از صفحه صرفنظر کرد، مشروط به اینکه از تنش مجاز وسایل اتصال ۲۰ درصد کاهش داد. وقتی که پیچهای معمولی و یا پیچهای پرمقاومت در حالت اتصال اتکایی (غیر اصطکاکی) مشترکاً با جوش استفاده شود، نباید فرض کرد که آنها در تحمل بار با جوش سهیم هستند. در این صورت کل تنش در اتصال را باید جوش به تنهایی تحمل کند. در صورت استفاده از ترکیب جوش به پیچهای پرمقاومت در اتصال اصطکاکی، می توان جوش و پیچ را در تحمل تنشها سهیم فرض کرد. اگر در ساختمانهای موجود با استفاده از جوش، تقویت یا تغییری صورت گیرد، مجاز است اتصال پیچ پرمقاومت موجود (در صورتی که تا حد لازم تنیده شده باشد) را جوابگوی بارهای موجود فرض کرد. در این صورت جوش باید تنشهای اضافی را تحمل کند. در کارهای جدید یا تغییر در کارهای موجود، می توان فرض کرد که پیچهای پرمقاومت با عمل اصطکاکی، مشترکاً با پرچ بارها را تحمل می کنند. برای اتصالات زیر باید از اتصال اصطکاکی با پیچهای پرمقاومت و یا جوش استفاده شود:

۱- وصله ستونها در سازه های با ارتفاع ۶۰ متر و بیشتر

۲- وصله ستونها در سازه های با ارتفاع ۳۰ تا ۶۰ متر، در صورتی که نسبت بعد کوچک پلان به ارتفاع در آنها ۴۰ درصد کمتر باشد.

۳- وصله ستونها در سازه های با ارتفاع کمتر از ۳۰ متر، در صورتی که نسبت بعد کوچک پلان به ارتفاع در آنها از ۲۵ درصد کمتر باشد.

۴- اتصال کلیه تیرها و شاهتیرها به ستونها و یا اتصالات هر نوع تیر یا شاهتیری که مهار ستونها به آنها مرتبط، در سازه های با ارتفاع بیش از ۴۰ متر.

۵- کلیه سازه هایی که جراثقالهای با ظرفیت بیش از ۵ تن را تحمل می کنند. وصله خرپاها یا تیرهای شیب دار سقف، اتصال خرپاها به ستونها، وصله ستونها، مهار ستونها، مهارهای زانویی بین خرپا یا تیر سقف و ستون تیکه گاههای جراثقال مشمول این امر می باشند.

۶- در اتصالات تکیه گاههای اعضایی که ماشینهای متحرک یا بارهای زنده از نوعی را تحمل می کنند که تولید ضربه و یا معکوس شدن تنشها را به همراه داشته باشد.

۷- هر اتصال دیگری که در نقشه های طرح و محاسبه قید شده باشد. در کلیه حالتهای دیگر می توان از اتصال اتکایی با پیچهای پرمقاومت یا با پیچهای معمولی، اتصال اصطکاکی با پیچ پر مقاومت و یا اتصال جوشی استفاده کرد. برای ارتفاع ساختمان، می توان فاصله بین رقوم متوسط زمین مجاور ساختمان و بالاترین تیر در ساختمان را به حساب آورد.

وصله اعضای فشاری: وصله ستونها، سطح انتهایی دو قطعه باید تا حد امکان صاف و تنظیم شود و بدون توجه به تماس مستقیم، مصالح وصله و وسایل اتصال باید طوری تنظیم شود که قطعات متصل شونده به خوبی در محل خود و محور مورد نظر نگهداری شوند. وصله باید بتواند نیرویی برابر ظرفیت مجاز غیر کوچکتر متصل شونده را تحمل کند. محل وصله ستون باید تا حد امکان از محل اتصال تیر به ستون دور باشد و در منطقه ای با نیروهای داخلی کوچک قرار گیرد. کلیه وصله های فشاری باید برای

کشش حاصل از اثر بارهای جانبی توأم با اثر ۷۵ درصد بار مرده بدون اثر بار زنده کنترل گردند، بطوریکه تنش کششی فراتر از مقدار مجاز نگردد.

وصله پوششی: وصله پوششی تنها در مورد میلگردهای با قطر کمتر از ۳۶ میلیمتر مجاز می باشد. وصله پوششی برای گروه میلگردها، به عنوان یک مجموعه میلگرد، مجاز نیست. اما هر یک از میلگردها را می توان جداگانه با وصله پوششی بهم متصل نمود. در این حالت نواحی وصله میلگردهای مختلف نباید با هم تداخل داشته باشند. طول پوشش لازم برای وصله پوششی هر دو میلگرد در گروه میلگردها باید براساس طول پوشش لازم برای هر یک از میلگردها تعیین شود . در قطعات خمشی فاصله دو میلگرد که با وصله پوششی بهم متصل می شوند نباید بیشتر از یک پنجم طول پوشش لازم و یا بیشتر از ۱۵۰ میلیمتر باشد. ← وصله میلگردها

یک نمونه وصله پوششی ستون

وصله جوشی: وصله جوشی میلگردها باید به صورت یکی از روش های زیر انجام شود:
الف) اتصال جوشی نوک به نوک خمیری (جوش الکتریکی تماسی).
ب) اتصال جوشی ذوبی با الکترود (جوش با قوس الکتریکی).

اتصال جوشی نوک به نوک خمیری فقط در شرایط کارخانه ای و در صورتی مجاز است که قطر میلگردها از ۱۰ میلیمتر برای فولادهای گرم نورد شده یا ۱۴ میلیمتر برای فولادهای سرد اصلاح شده کمتر نباشد، و نسبت سطح مقطع دو میلگرد وصله شونده از ۱/۵ تجاوز نکند. اتصال جوشی ذوبی با الکترود در صورتی مجاز است که برای هر نوع فولاد، از الکترود و روش جوشکاری مناسب آن استفاده شود. اتصال جوشی ذوبی با الکترود به طور معمول به یکی از روش های زیر انجام می پذیرد:اتصال جوشی پهلو به پهلو با جوش از یک رو یا دورو، که فقط برای میلگردهای گرم نورد شده با قطر ۶ تا ۳۶ میلیمتر مجاز است. در این روش طول نوار جوش از یک رو نباید از ۱۰ برابر قطر میلگرد کوچکتر، کمتر باشد و طول نوار جوش دورو نباید از ۵ برابر قطر میلگرد کوچکتر، کمتر اختیار شود. اتصال جوشی با وصله یا وصله های جانبی اضافه با جوش از یک رو یا دورو، فقط برای میلگردهای گرم نورد شده مجاز است. حداقل طول نوار جوش برای اتصال هر میلگرد به وصله یا وصله ها مشابه اتصال جوشی پهلو به پهلو است. اتصال جوشی نوک به نوک با پشت بند با آمادگی یا بدون آمادگی سر میلگردها، که طول پشت بند نباید کمتر از ۳ برابر قطر میلگردها برای فولادهای گرم نورد شده یا ۸ برابر قطر میلگردها برای فولادهای سرد اصلاح شده اختیار شود. فاصله دو سر میلگردهای وصله شونده از هم در حالت با آمادگی ۳ میلیمتر و در حالت بدون آمادگی باید معادل نصف قطر میلگردها باشد. در مورد فولادهای سرد اصلاح شده آماده کردن سر کردن سر هر دو میلگرد الزامی است. در صورتی که میلگردهای وصله شونده در وضعیت قائم یا نزدیک به قائم قرار گیرند، آماده کردن انتهای میلگرد فوقانی الزامی است و انتهای میلگرد تحتانی باید عمود بر محور آن بریده شود. ← وصله میلگردها

وصله مکانیکی: وصله مکانیکی میلگردها باید در کشش و فشار دارای مقاومت حداقل برابر با 1.25Abfy باشد مگر آنکه ضابط زیرتأمین شده باشد: در وصله های جوشی یا مکانیکی در موارد که مقدار آرماتور موجود در مقطع کمتر از دو برابر مورد نیاز باشد، مقاومت وصله باید برابر با 1.25Abfy باشد ولی در سایر موارد مقاومت وصله را می توان کمتر از این مقدار و مطابق ضابطه زیر در نظر گرفت:

الف) مقاومت وصله در هر میلگرد باید چنان باشد که کل میلگردهای موجود در این مقطع بتوانند نیرویی حداقل معادل دو برابر نیروی لازم در آن مقطع را تحمل نمایند. این نیرو نباید کتمر از 140Ab برای کل میگلردها در نظر گرفته شود. فاصله وصله ها از یکدیگر در مقاطع مختلف متوالی نباید کمتر از ۶۰۰ میلیمتر باشد.

ب) نیروی کششی مقاوم مورد نظر در بند الف را باید به طریق زیر محاسبه کرد:

۱- برای میلگردهای وصله داده شده برابر با نیروی مقاوم وصله

۲ - برای میلگردهای وصله نشده برابر Abfy آنها که به نسبت طول واقعی مهار شده به طول گیرایی لازم آنها کاهش داده شده است. در وصله های پوششی طول پوشش باید حداقل برابر با 1.3lb باشد. تنها در مواردی که دو شرط زیر بطور توأم تأمین باشد طول پوشش را می توان به مقدار ld کاهش داد:

الف) مقدار آرماتور موجود در ناحیه طول پوشش حداقل به اندازه دو برابر مقدار مورد نیاز باشد.

ب) حداکثر نصف آرماتور موجود در مقطع در ناحیه پوشش وصله شوند.

طول پوشش در هیچ حالت نباید کمتر از ۳۰۰ میلیمتر اختیار شود. فاصله وصله ها در میلگردهای مجاور هم باید بیشتر از ۷۵۰ میلیمتر در نظر گرفته شود. در وصله های پوششی طول پوشش برای فولادهای از نوع S400 یا با مقاومت کمتر باید حداقل برابر با 0.07fydy باشد. این طول در هر حال نباید کمتر از ۳۰۰ میلیمتر اختیار شود. در مواردی که مقاومت بتن کمتر از ۲۰ مگاپاسکال است، طول پوشش باید به اندازه سی و سه درصد افزایش داده شود. در مواردی که میلگردها با قطرهای مختلف با وصله پوشش بهم متصل می شوند طول پوشش باید برابر بزرگترین دو مقدار، طول گیرایی میلگرد با قطر بزرگتر یا طول پوشش لازم برای میلگرد با قطر کوچکتر، در نظر گرفته شود. میلگردهای با قطر بزرگتر از ۳۶ میلیمتر را می توان به میلگردهای با قطر کوچکتر از ۳۶ میلیمتر اتصال داد. ← وصله میلگردها

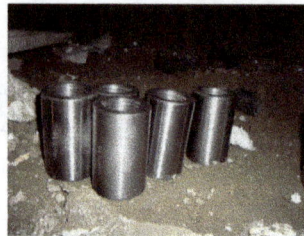

مثالهایی از وصله مکانیکی میلگردها

وصله میلگردها: وصله میلگردها به یکدیگر به یکی از چهار طریق زیر مجاز است:

الف) وصله پوششی: که با مجاور هم قرار دادن و میلگرد در قسمتی از طولشان عملی می شود. طولی که دو میلگرد باید در مجاور هم قرار داده شوند، «طول پوشش» نامیده می شود.

ب) وصله جوشی: که با جوش دادن دو میلگرد به یکدیگر انجام می شود.

ج) وصله مکانیکی: که با بکارگیری وسایل مکانیکی خاص حاصل می شود.

د) وصله اتکایی: که با بر روی هم قرار دادن دو انتهای میلگردهای فشاری عملی می گردد.

وصله جوشی میلگردهای بادبند با طول و کیفیت نامناسب

ولتاژ تماس: ولتاژی است که به هنگام بروز خرابی در عایق بندی، بین قسمتهایی که همزمان قابل لمس می باشند، ظاهر شود. طبق قرار، از این اصطلاح فقط در ارتباط با حفاظت در برابر تماس غیر مستقیم استفاده می‌شود. در بعضی موارد، مقدار ولتاژ تماس ممکن است به وسیله امپدانس شخصی که در تماس با این قسمتها است، به مقدار قابل ملاحظه، تحت تأثیر قرار گیرد.

ویژگیها و الزامات کاربردی آجر: آجرهای رسی، شیلی و شیستی باید ویژگیهای زیر را داشته باشند:کاملاً پخته، یکنواخت و سخت بوده، مقاومت فشاری، جذب آب و سایر مشخصات آنها بر حسب نوع باید مطابق با استاندارد باشد. وزن ویژه آجر مورد مصرف در اجزای باربر نباید از ۱/۷ و وزن فضایی آن از ۱/۳گرم بر سانتیمتر مکعب کمتر شود. مصرف تکه آجر شامل سه قد، نیمه، چارک و کلوک در قسمتهای درونی و پشت کار و نیز در مکانهایی که مصرف آجر درست مقدور نیست، مجاز است. مصرف آجرهای کهنه در صورتی که مطابق مشخصات بوده و کاملاً تمیز شده باشد، مانعی ندارد، ولی بهتر است به همراه آجرهای نو و در پشت کار از آنها استفاده شود. مصرف آجرهای ترک دار، کج و معوج، گود و برجسته که انحنا، گودی و برجستگی آنها از ۵ میلیمتر تجاوز نکند مشروط بر اینکه تعداد آنها از ۲۰ درصد کل آجرها بیشتر نشود، بلااشکال است. مصرف آجرهای نما که دارای آلوئک یا ترک جزئی باشد، تنها در پشت کار مجاز است آجرهای ماسه آهکی باید دارای ویژگیهای زیر باشند. ظاهر آجر ماسه آهکی باید تمیز، یکنواخت و عاری از ترک و مواد خارجی باشد. حداقل مقاومت فشاری آنها ۷.۵مگا پاسکال باشد. باید حداقل ۱۵ دوره یخ زدن و آب شدن را تحمل کنند و پس از آزمایش یخبندان، کاهش نسبی مقاومت فشاری آنها کمتر از ۲۰ درصد باشد. جذب آب آجر ماسه آهکی باید بین ۸ تا ۲۰ درصد وزنی باشد.

ویژگیها و الزامات کاربردی رنگها: انتخاب نوع رنگ باید با توجه به شرایط اقلیمی، جنس سطح زیر کار و موقعیت مکانی صورت گیرد. به طور کلی، رنگهای ساختمانی باید دارای ویژگیهای زیر باشند:سازگاری با PH سطح زیر کار، چسبندگی به سطح زیر کار، امکان رنگ آمیزی مجدد، ثبات در برابر تأثیر عوامل جوی، مقاومت در برابر آثار ناشی از آلودگی های هوا، نفوذ پذیری کافی در برابر بخار آب، مقاومت کافی در برابر آب جاری، مقاومت در برابر شستشو، عدم ایجاد مسمومیت.

ویژگیها و الزامات کاربردی سفال: تمامی انواع سفالها باید ویژگیهای زیر را دارا باشند:کاملاً پخته، یکنواخت و سخت باشند. دارای سطوح صاف و عاری از پیچیدگی باشند. حداکثر جذب آب آنها ۲۰ درصد وزنی باشد. سطوح آنها قابلیت ایجاد پیوند با ملات یا چسب را داشته باشد.

ویژگیها و الزامات کاربردی شیشه: شیشه جام باید کاملاً صاف، شفاف، بیرنگ، عاری از موج، فاقد حبابهای هوا، هر نوع لب پریدگی، لب برآمدگی، ترک، خراش، لکه، دود زدگی و خم باشد. ضخامت شیشه جام باید در تمام سطح یکنواخت باشد و صافی و یکنواختی ضخامت آن به قسمتی باشد که اگر از زاویه ۶۰ درجه پشت شیشه به جسمی که در فاصله یک متری آن قرار دارد، نگریسته شود، آن جسم کج و معوج به نظر نرسد. شیشه جام باید خاصیت رنگ آمیزی داشته باشد. شیشه جام باید خاصیت ارتجاعی و انعطاف پذیری خود را حفظ کند. شیشه جام باید در برابر عوامل جوی و هوازدگی پایدار بوده و پس از گذشت زمان کدر نشود. شیشه ایمنی می تواند رنگی، بیرنگ، شفاف یا نیمه شفاف باشد. لب پریدگیهای کوچک تا ۱۳ میلیمتری لبه شیشه

های ایمنی که ممکن است بر اثر عملیات حرارتی یا سایر مراحل تولید ایجاد شده باشد، قابل گذشت است. وجود هر گونه خراش و ترک در شیشه ایمنی مجاز نیست.

ویژگیها و الزامات کاربردی فرآورده های سیمانی: بلوکهای سیمانی باید کاملاً سالم و بدون عیب بوده و سطوح آن طوری باشد که هنگام اندودکاری چسبندگی کافی با اندود ایجاد کند. از مصرف بلوکهای معیوب باید خودداری کرد. میانگین مقاومت فشاری ۱۲ بلوک نباید از ۲۸۰ کیلوگرم بر سانتیمتر مربع (برای سطوح پر) کمتر شود، مشروط بر اینکه مقاومت فشاری هیچ یک از بلوکها از ۷۵ درصد مقدار مقاومت متوسط به دست آمده کمتر نباشد. میزان رطوبت باقیمانده از ۲ درصد برای بلوکهای با وزن مخصوص ۱۴۰۰ کیلوگرم بر متر مکعب و ۵ درصد برای بلوکهای با وزن مخصوص کمتر از ۱۴۰۰ کیلوگرم بر متر مکعب تجاوز ننماید. ضریب اصطکاک سطح رویه موزاییک باید در حدی باشد که احتمال سُرخوردن روی آن وجود نداشته باشد.

ویژگیها و الزامات کاربردی قیر: ویژگیهای عمومی قیر عبارت است از: غیر قابل نفوذ بودن در مقابل آب و رطوبت، مقاومت در برابر بازها، اسیدها و نمکها، قابلیت ارتجاع، چسبندگی، محلول بودن در برخی حلالها، عایق بودن در برابر جریان الکتریسته، تشکیل دادن فیلم پایدار بر روی اجسام، داشتن رنگ ثابت. قیری که در وضعیت های زیر قرار گرفته و خواص خود را از دست داده، قابل استفاده نیست:تجزیه شدن در دمای زیاد و تبدیل آن به زغال. نداشتن خاصیت چسبندگی در محیط مرطوب و آلوده به خاک نرم. تغییر شکل در مقابل فشار و حلالها. قشر آب بندی شده توسط قیر باید در برابر درجه حرارت پایدار بماند، در گرمای تابستان نرم و جاری نشود و در سرمای زمستان سخت نشود و ترک نخورد و این ویژگیها را در درازمدت در خود نگه دارد. در مورد قیرهایی که مصرف آنها مستلزم گرم کردن است باید چنان عمل کرد که قیر موقع گرم کردن نسوزد. مصرف امولسیونهای یخ زده و کهنه که قیر آنها جدا و لخته شده باشد، ممنوع است. قیرهای خالص و محلول باید همگن و فاقد آب باشد. شناسایی نوع چسباننده های سیاه به وسیله علایم حک شده بر روی در بشکه ها و نوشته های روی کارتن ها انجام می شود.

ویژگیهای آسانسورهای هیدرولیک: آسانسورهای هیدرولیک در ظرفیتهای مختلف با طول مسیر حرکت کم به کارگرفته میشوند و معمولاً در ظرفیتهای بالا نسبت به انواع کششی مقرون به صرفه تر میباشند، حرکت نرم و روان و قابلیت تنظیم سرعت، دقت توقف در تراز طبقه، شروع و خاتمه حرکت بدون شوک از مزایای این نوع آسانسورها می باشد. عدم نیاز به پیش بینی موتورخانه در بالای چاه و امکان قرار دادن آن در فضای دورتری از چاه نیز از مزیتهای این نوع می باشد. سیستم محرکه آسانسورهای هیدرولیک میتواند از نوع مستقیم یا غیر مستقیم باشد در نوع مستقیم جک مستقیماً به یوک کابین متصل میگردد و در نوع غیر مستقیم از طریق حرکت سیم بکسل متصل به یوک کابین موجب جابجایی آن می شود در صورتیکه سیستم از نوع مستقیم باشد جک باید دارای شیر اطمینان مخصوص باشد در صورتیکه از نوع غیر مستقیم باشد کابین باید مجهز به سیستم ترمز اظطراری (پاراشوت) و گاورنر باشد. در صورتیکه بیش از یک جک برای جابجایی کابین بکار رود باید بنحوی به همدیگر مرتبط شوند که فشار روغن آنها همواره یکسان باشد. در صورتیکه آسانسور هیدرولیک از نوعی باشد که نیاز به حفر چاه جهت استقرار جک باشد باید پیش بینی لازم جهت حفر این چاه به عمل آید. چاه جک (در صورت وجود) باید نسبت به نفوذ آب مقاوم شده و با دقت شاقولی ۲۵ میلی متر در ارتفاع ۳ متر اجرا گردد. ابعاد و نحوه اجرای چاه جک و یا سازهای مختلف اطراف چاه آسانسور (متناسب با نوع جک و سیستم حرکت کابین) باید از شرکتهای معتبر آسانسور اخذ شود. سایر الزامات مانند محاسبه تعداد، ظرفیت، جابجایی که برای آسانسورهای کششی مقرر شده، برای آسانسورهای هیدرولیک نیز لازم الاجرا می باشد.

ویژگیهای انواع سنگدانه ها: ویژگیهای انواع سنگدانه ها باید مطابق با مفاد مقررات «طرح و اجرای ساختمانهای بتن آرمه» باشد و به طور کلی بسته به مشخصات فنی سازه باید مقدار مواد زیان آور، جنس و سایر ویژگیهای شیمیایی و فیزیکی آن مورد بررسی قرار گیرد.

ویژگیهای سازه و نحوه انتخاب پله برقی: نیروهای استاتیکی و دینامیکی وارد شده از طرف پله برقی به سازه ساختمان و نیروی قابل تحمل قلابهای نصب پله برقی متناسب با عرض پله، ارتفاع، زاویه، نوع مصالح مورد استفاده توسط شرکت سازنده، متفاوت میباشد. لذا منهدسین طراح سازه باید پس از مشخص نمودن ارتفاع و زاویه و انتخاب عرض پله ، میزان نیروها و محل اثر آنها را از شرکتهای معتبر سازنده پله برقی اخذ نموده و در محاسبه و طراحی سازه لحاظ نمایند. در طراحی محل نصب پله برقی باید

پیش بینیهای لازم جهت چاهک متناسب با نوع و ارتفاع پله برقی مد نظر قرار گیرد، ابعاد و ارتفاع چاهک مذکور طبق جداول شرکتهای سازنده پله برقی طراحی می گردد.

ویژگیهای عمومی آهک: ریزی دانه های گرد انواع آهک باید به قسمتی باشد که ۹۵ درصد آن از الک ۳۰۰ میکرونی و صد در صد آن از الک ۱۸۰ میکرونی گذرد.

ویژگیهای عمومی و الزامات کاربردی چوب: چوب که در صنعت ساختمان به مصرف می رسد باید از نظر بافت و ظاهر یکنواخت، تمیز و عاری از ترک و صمغ، فاقد تابیدگی، پیچیدگی و سایر معایب باشد. وجود گره، بن شاخه، قسمتهای پوسیده و خشک شده، تجمع شیره گیاهی و صمغ روی سطوح نمایان چوب نشانه نامرغوب بودن آن است. اگر در چوب رگه های مایل در چوب با انحرافی بیش از ۳ سانتیمتر در هر متر طول نسبت به امتداد طولی الوار وجود داشته باشد، آن چوب برای ساخت در و پنجره مناسب نیست.

ویژگیهای عمومی و ملاحظات کاربردی گچ: ویژگیهای انواع گچ باید مطابق با استاندارد باشد. قطعات گچی، نباید برای ساخت اعضای باربر مورد استفاده قرار گیرند. حتی المقدور باید استفاده از ملات گچ برای چسبانیدن واحدهای بنایی باربر محدود شود. چنانچه گچ یا فرآوردهای گچی به خصوص در مناطق مرطوب در مجاورت قطعات فولادی قرار می گیرند، باید پیش از گچکاری، قطعات فولادی با رنگهای ضد زنگ پوشانیده شوند. در مناطق مرطوب، گچ و فرآورده های گچی نباید در مجاورت بتن مورد استفاده قرار گیرند. گچ را باید از اثر آب و رطوبت هوا حفظ کرد و همانند سیمان در ظروف مخصوص یا کیسه های آب بندی شده نگهداری کرد. ویژگیهای فیزیکی و مکانیکی: از این دیدگاه پلاستیکها به چهار دسته سخت، نیمه سخت، نرم و کشسان تقسیم می شوند. و تقسیم بندی پلاستیکها بر حسب رفتار حرارتی و سخت شدن: از این دیدگاه پلاستیکها به دو دسته زیر تقسیم می شوند: ترموپلاست ها (گرمانرم ها) و ترموست ها. ویژگیها مطلوب پلاستیکها سبب گسترش روز افزون مصرف آنها در ساختمان شده است. از جمله ویژگیهای آنها می توان به مواد زیر اشاره کرد: شفافیت و نور گذارانی، ثبات رنگ، پایداری در برابر هوازدگی، ثبات اندازه، طاقت، ضربه پذیری، پایداری در برابر سایش، جذب آب کم، شکل پذیری، چسب پذیری، پایداری در برابر واکنشهای شیمیایی. به علاوه اکثر پلاستیکها از مصالح ساختمانی سنتی سبکترند و تعدادی از آنها را می توان به صورت اسفنج و متخلخل در آورد و فرآورده های بسیار سبکی از آنها تولید نمود

ویژگیهای مصالح و تجهیزات الکتریکی: تجهیزات الکتریکی باید برای حداکثر ولتاژ مداوم تعیین شده (ولتاژ مؤثر در جریان متناوب) و همچنین برای اضافه ولتاژهایی که ممکن است ایجاد شود، مناسب باشد. در مورد بعضی از تجهیزات، حداقل ولتاژی که ممکن است ایجاد شود نیز باید در نظر گرفته شود. کلیه تجهیزات الکتریکی باید با توجه به حداکثر جریانی که در بهره برداری عادی طور مداوم از آنها عبور می‌کند (مقدار مؤثر در جریان متناوب) و همچنین جریان غیر عادی احتمالی و مدت زمان برقراری آن (در صورت وجود وسائل حفاظتی مدت زمان لازم برای عمل آنها) انتخاب شود. در صورتی که فرکانس بر روی ویژگیهای تجهیزات الکتریکی مؤثر باشد، فرکانس نامی تجهیزات باید با فرکانسی که ممکن است در مدار به وجود آید مطابقت داشته باشد. کلیه تجهیزات الکتریکی که بر مبنای ویژگیهای توان آن انتخاب می‌شود باید با نوع کاری که از آن گرفته می‌شود متناسب باشد و با ضریب بار و شرایط کار عادی آن مطابقت داشته باشد.

۵ (هادی - هیدروکسید کروم)

هادی: وسیله ای است که حرکت لوله را فقط در امتداد معینی امکانپذیر می سازد.

هادی حفاظتی: هادیی است که برای حفاظت در برابر برق گرفتگی لازم می باشد و هر یک از اجزای زیر را از نظر الکتریکی به هم وصل می کند: بدنه های هادی، قسمتهای هادی بیگانه ، ترمینال اصلی اتصال به زمین، الکترود زمین، نقطه زمین شده منبع تغذیه ، نقطه خنثی مصنوعی.

هادی خنثی: هادی ای است که به نقطه خنثی سیستم وصل بوده و می تواند در انتقال انرژی الکتریکی از آن استفاده کرد.

هادی مشترک حفاظتی / خنثی: هادی است که زمین شده که به صورت اشتراکی هر دو وظیفه هادیها حفاظتی (PE) و خنثی (N) را انجام دهد.

هادی همبندی برای هم‌ولتاژ کردن: هادی حفاظتی ای است که همبندی برای هم‌ولتاژ کردن را تضمین می کند.

هال انتظار: فضای مشترک و همگانی در بناهای تجمعی که به منظور سپری کردن اوقات پیش از موعد برای ورود به یک سالن اجتماعات در نظر گرفته می شود.

هال ورودی: فضای مشترک و همگانی در بناهای که به منظور کنترل و ایجاد تسهیلات برای ورود و خروج افراد در نظر گرفته می شود.

هتل: بنایی که اتاقهای آن به منظور سکونت مسافران مورد استفاده قرار گیرد. این تعریف، شامل متل و سایر بناهای مشابهی که قصد ارائه امکانات سکونتی موقت را دارند نیز می گردد. ← *اتصال غیر مستقیم به لوله فاضلاب ساختمان*

هسته محصور: قسمتی از سطح مقطع عضو، که در داخل میلگردهای عرضی و یا طولی محصور شده باشد.

همبندی اصلی برای هم‌ولتاژ کردن: در هر ساختمان، یک هادی همبندی اصلی باید کلیه قسمتهای زیر را از نظر الکتریکی به یکدیگر وصل کند:هادی حفاظتی اصلی (PE یا PEN)، هادی خنثی (N)، لوله های اصلی فلزی آب، لوله های اصلی گاز، لوله های قائم (رایزرها) تأسیسات از هر نوع، قسمتهای اصلی فلزی ساختمانها، مانند اسکلت فلزی و آرماتورهای بتن مسلح. الکترودهای اصلی و فرعی اتصال زمین.

همبندی اضافی برای هم‌ولتاژ کردن: چنانچه کمترین شکی نسبت به کارایی وسائل قطع خودکار مدار، (فیوزها، انواع کلیدهای خودکار) وجود داشته باشد، (این شک که در صورت بروز اتصالی بین فاز و خنثی یا فاز و بدنه، ممکن است این وسائل نتوانند در زمانی کوتاه و مطمئن مدار را به صورت خودکار قطع کنند)، باید از همبندی اضافی برای هم‌ولتاژ کردن استفاده کرد. همبندی اضافی ممکن است کلیه تأسیسات، قسمتی از آن و یا دستگاه یا وسیله یا محل را در برگیرد. همبندی اضافی برای هم‌ولتاژ کردن باید کلیه قسمتهای هادی یا فلزی را که به طور همزمان در دسترس اند، دربرگیرد از جمله:کلیه بدنه های هادی دستگاهها و لوازم و غیره که به صورت ثابت نصب شده باشند، قسمتهای هادی بیگانه از هر نوع ، قسمتهای اصلی فلزی ساختمانها، مانند اسکلت فلزی و آرماتورهای بتن مسلح (در صورت امکان)، هادیهای حفاظتی کلیه وسائل و دستگاههای نصب ثابت و هادیهای حفاظتی پریزها.

همبندی برای هم‌ولتاژ کردن: اتصالات الکتریکی است که پتانسیل بدنه های هادی و قسمتهای هادی بیگانه مختلف را اساساً به یک سطح می‌آورد.

هوا بندی: جلوگیری از ورود یا خروج هوا از طریق پوسته و یا درزهای عناصر تشکیل دهنده آن.

هوابند سیفون: فاصله قائم بین کف نقطه ریزش آب از سیفون به داخل شاخه افقی لوله فاضلاب و سقف لوله سیفون در پایین ترین قسمت آن.

هواکش: به مکنده به روش طبیعی و یا مکانیکی برای تخلیه هوای اتاق یا محل نصب دستگاه گازسوز گفته می‌شود. ← *اتصال لوله هواکش و شیب آن*

هواکش تر: لوله هواکش که برای انتقال فاضلاب هم مورد استفاده قرار گیرد. ← *اتصال لوله هواکش و شیب آن*

هواکش جداگانه: لوله ای که هواکش سیفون یکی از لوازم بهداشتی است. این لوله در تراز بالاتر از آن دستگاه به شبکه لوله کشی هواکش متصل می شود، یا جداگانه تا خارج از ساختمان ادامه می یابد.

هواکش حلقوی: یک شاخه افقی هواکش که به امتداد لوله قائم فاضلاب متصل می شود.

هواکش حوضچه فاضلاب: لوله هواکشی که از حوضچه یا چاهک فاضلاب، یا لوازم بهداشتی مشابه، جداگانه به خارج از ساختمان تا هوای آزاد ادامه یابد.

هواکش خشک: ← *اتصال لوله هواکش و شیب آن*

هواکش فاضلاب: ← *آزمایش لوله کشی فاضلاب بهداشتی*

هواکش قائم: هر لوله هواکش قائم که در وهله اول به منظور جریان هوا از هر قسمت شبکه لوله کشی فاضلاب به خارج، یا از خارج به آن، طرح و نصب شود.

هواکش کمکی: یک هواکش کمکی که اجازه می دهد جریان هوای بیشتری بین لوله کشی فاضلاب و لوله کشی هواکش برقرار شود.

هواکش کمکی اصلی: یک لوله از لوله قائم فاضلاب که به لوله هواکش قائم، به منظور جلوگیری از تغییرات فشار در لوله قائم فاضلاب، متصل می شود. شیب این لوله به سمت لوله قائم فاضلاب است.

هواکش لوله قائم فاضلاب: ادامه لوله قائم فاضلاب به سمت بام، پس از بالاترین اتصال شاخه افقی فاضلاب. این قسمت از لوله قائم فقط به عنوان هواکش کار می کند.

هواکش مداری: حداکثر ۸ عدد از لوازم بهداشتی، که روی کف نصب شوند (مانند توالت، دوش، وان، کفشوی)، و به یک شاخه افقی فاضلاب متصل شده باشند، ممکن است یک هواکش مداری داشته باشند. لوله فاضلاب هر یک از لوازم بهداشتی باید به صورت افقی به این شاخه افقی فاضلاب متصل شود. این شاخه افقی فاضلاب به عنوان هواکش لوازم بهداشتی که به آن متصل شده اند، نیز عمل می کند. قطر نامی این شاخه افقی فاضلاب در تمام طول نباید تغییر کند. اگر به شاخه افقی فاضلاب که هواکش مداری دارد، فاضلاب دستشویی، سینک و دستگاه های دیگری که بالاتر از کف نصب می شوند تخلیه شود، این لوازم بهداشتی باید هواکش مستقل داشته باشند. هواکش مداری هر شاخه افقی فاضلاب باید در نقطه ای پس از سیفون بالا دست ترین دستگاه به این شاخه افقی فاضلاب متصل شود. فاضلاب لوازم بهداشتی دیگر نباید به لوله هواکش مداری تخلیه شود. هواکش مداری باید به سمت نقطه اتصال آن به شاخه افقی فاضلاب شیب داشته باشد. شیب لوله هواکش مداری نباید از ۸ درصد بیشتر باشد. تعیین قطر نامی لوله هواکش مداری باید بر مبنای کل D.F.U لوازم بهداشتی، که هواکش مداری برای آنها در نظر گرفته شده است، صورت گیرد. قطر نامی شاخه افقی فاضلاب که به عنوان هواکش نیز عمل می کند، باید بر مبنای کل D.F.U لوازم بهداشتی، که هواکش مداری برای آنها در نظر گرفته شده است، تعیین شود. اگر چند شاخه افقی فاضلاب، که هر یک هواکش مداری مخصوص به خود دارد، به هم متصل شوند، قطر نامی شاخه افقی فاضلاب گروه پایین دست باید بر مبنای کل D.F.U لوازم بهداشتی که به آن متصل می شود، تعیین گردد. اگر به شاخه فاضلاب، که هواکش مداری دارد، بیش از ۴ توالت متصل شود باید برای این شاخه افقی فاضلاب هواکش کمکی نصب شود. هواکش کمکی باید بعد از پایین دست ترین لوازم بهداشتی، که هواکش مداری برای آنها در نظر گرفته شده است، به شاخه افقی فاضلاب متصل شود. فاضلاب لوازم بهداشتی دیگری که در همان طبقه واقع اند که هواکش مداری نصب شده است، تا حداکثر 4 D.F.U، می تواند به لوله هواکش کمکی تخلیه شود. اگر به شاخه افقی فاضلاب، علاوه بر لوازم بهداشتی که برای آن ها هواکش مداری نصب شده است، لوازم بهداشتی دیگری در پایین دست متصل شود، این لوازم بهداشتی باید هواکش مستقل داشته باشند.

یک شاخه افقی هواکش است که برای دو تا حداکثر هشت سیفون لوازم بهداشتی نصب می شود و از خروجی سیفون بالا دست ترین لوازم بهداشتی آغاز و به لوله قائم هواکش متصل می شود. ← اتصال لوله هواکش و شیب آن

هواکش مشترک: هواکشی که برای دو عدد از لوازم بهداشتی به طور مشترک به کار رود که معمولاً مجاور هم یا پشت به پشت هم و در یک طبقه ساختمان قرار دارند.

هواگیری: جایگزین کردن هوای درون دستگاه یا لوله کشی ها با گاز و یا برعکس جایگزین کردن گاز درون دستگاه یا لوله کشی ها با هوا یا گازهای دیگر مانند گازهای بی اثر.

هوای احتراق: هوایی که برای احتراق گاز در قبل و بعد از مشعل با گاز مخلوط می گردد.

هوای اضافی: هوایی که علاوه بر هوای مورد نیاز سوخت، از محفظه احتراق عبور می کند و برای سوخت کامل لازم است.

هوای تهویه: هوایی که برای ایجاد هوای تازه در داخل اتاق محل نصب دستگاه، به آنجا وارد می گردد.

هوای رقیق کننده: هوایی که برای رقیق کردن گازهای دودکش و تنظیم جریان در دودکش از طریق دهانه کلاهک تعدیل جریان دودکش وارد آن می گردد.

هوای سرد: به وضعیتی اطلاق می گردد که برای سه روز متوالی شرایط زیر برقرار باشد: الف – دمای متوسط هوا در شبانه روز کمتر از ۵ درجه سلسیوس باشد (دمای متوسط روزانه میانگین حداکثر و حداقل دمای هوا در فاصله زمانی نیمه شب تا نیمه روز است). ب – دمای هوا برای بیشتر از نصف روز از ۱۰ درجه سلسیوس زیادتر نباشد.

هیدروکسید کروم: ← سیمان رنگی

ی (یخ بندان – یوک)

یخ بندان : ← اجرای کار لوله کشی آب باران ساختمان

یخ زدن: ← آبگرمکن

یخ زدن و آب شدن: آسیب دیدگی بر اثر دوره های یخ زدن و آب شدن در بتن به صورت ترک خوردگی و فروپاشی آن مشخص می شود. علت این آسیب دیدگی انبساط پیشرونده خمیر سیمان سخت شده بر اثر دوره های یخ زدگی و آب شدن مکرر است.

یوک: قاب نگهدارنده ای است که کف کابین، ترمزهای ایمنی، کفشکها و سیم بکسها به آن متصل می شوند.

مراجع:

مبحث اول: تعاریف

مبحث دوم: نظامات اداری

مبحث سوم: حفاظت ساختمانها در مقابل حریق

مبحث چهارم: الزامات عمومی ساختمان

مبحث پنجم: مصالح و فراورده

مبحث ششم: بارهای وارد بر ساختمان

مبحث هفتم: پی و پی سازی

مبحث هشتم: طرح و اجرای ساختمانهای با مصالح بنایی

مبحث نهم: طرح و اجرای ساختمانهای بتن آرمه

مبحث دهم: طرح و اجرای ساختمانهای فولادی

مبحث یازدهم: اجرای صنعتی ساختمانها

مبحث دوازدهم: ایمنی و حفاظت کار در حین اجرا

مبحث سیزدهم: طرح و اجرای تاسیسات برقی ساختمانها

مبحث چهاردهم: تاسیسات مکانیکی

مبحث پانزدهم: آسانسورها های برقی و پله

مبحث شانزدهم: تاسیسات بهداشتی

مبحث هفدهم: لوله کشی گاز طبیعی

مبحث هجدهم: عایق بندی و تنظیم صدا

مبحث نوزدهم: صرفه جویی در مصرف انرژی

مبحث بیستم: علائم و تابلوها

مبحث بیست و یکم: پدافند غیرعامل

مبحث بیست و دوم: مراقبت و نگهداری از ساختمانها

کتاب های دیگر از دکتر سعید نعمتی که در انتشارات ما:

 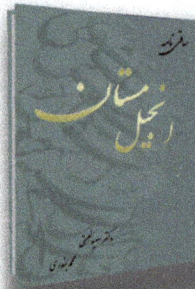 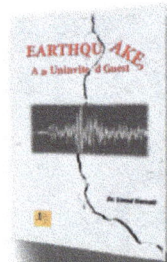

برای تهیه کتاب ها از آمازون یا وبسایت انتشارات می توانید بارکدهای زیر را اسکن کنید

kphclub.com

Amazon.com

Kidsocado Publishing House
خانه انتشارات کیدزوکادو
ونکوور، کانادا

تلفن : ۶۳۳ ۸۶۵۴ (۸۳۳) ۱+
واتس آپ:۳۳۳ ۷۲۴۸ (۲۳۶) ۱+
ایمیل:info@kidsocado.com
وبسایت انتشارات:https://kidsocadopublishinghouse.com
وبسایت فروشگاه: https://kphclub.com